U0263533

水科学前沿丛书

地下水与土壤水运动数学模型和数值方法

杨金忠　朱　焱　查元源　蔡树英　著

科学出版社

北京

内 容 简 介

本书详细论述地下水运动、土壤水运动和溶质运移的数值方法。首先简单介绍饱和-非饱和水分运动、土壤水分蒸发和地下水入渗、溶质运移问题的数学模型；其次，分别给出了一维、二维、三维和拟三维饱和-非饱和水流运动和溶质运移数值模型及相应的算例；同时，本书介绍地下水运动和溶质运移问题的不确定描述方法，详细论述了地下水和土壤水随机数值模型，重点介绍了蒙特卡罗方法、动量分析方法和随机配点法；最后介绍了数据同化在饱和-非饱和水分运动数值模拟中的应用，给出了利用集合卡尔曼滤波反求水文地质参数和实时预测的方法。

本书可供水文与水资源、农田水利、农业水土工程、水文地质、环境工程、土壤物理等专业的科研人员、工程技术人员和高等学校师生阅读和参考。

图书在版编目（CIP）数据

地下水与土壤水运动数学模型和数值方法/ 杨金忠等著. —北京:科学出版社，2016.6
（水科学前沿丛书）
ISBN 978-7-03-048291-4

Ⅰ. ①地… Ⅱ. ①杨… Ⅲ. ①地下水–关系–土壤水–数学模型–数值方法
Ⅳ. ①P641.13 ②S152.7

中国版本图书馆 CIP 数据核字(2016)第 103538 号

责任编辑：杨帅英　张力群 / 责任校对：张小霞　何艳萍
责任印制：吴兆东 / 封面设计：陈　敬

科学出版社 出版
北京东黄城根北街 16 号
邮政编码：100717
http://www.sciencep.com

北京凌奇印刷有限责任公司 印刷
科学出版社发行　各地新华书店经销
*
2016 年 6 月第 一 版　　　开本：787×1092　1/16
2022 年 7 月第六次印刷　　　印张：30　1/4
字数：692 000

定价：198.00 元

(如有印装质量问题，我社负责调换)

《水科学前沿丛书》出版说明

随着全球人口持续增加和自然环境不断恶化，实现人与自然和谐相处的压力与日俱增，水资源需求与供给之间的矛盾不断加剧。受气候变化和人类活动的双重影响，与水有关的突发性事件也日趋严重。这些问题的出现引起了国际社会对水科学研究的高度重视。

在我国，水科学研究一直是基础研究计划关注的重点。经过科学家们的不懈努力，我国在水科学研究方面取得了重大进展，并在国际上占据了相当地位。为展示相关研究成果、促进学科发展，迫切需要我们对过去几十年国内外水科学不同分支领域取得的研究成果进行系统性的梳理。有鉴于此，科学出版社与北京师范大学共同发起，联合国内重点高等院校与中国科学院知名中青年水科学专家组成学术团队，策划出版《水科学前沿丛书》。

丛书将紧扣水科学前沿问题，对相关研究成果加以凝练与集成，力求汇集相关领域最新的研究成果和发展动态。丛书拟包含基础理论方面的新观点、新学说，工程应用方面的新实践、新进展和研究技术方法的新突破等。丛书将涵盖水力学、水文学、水资源、泥沙科学、地下水、水环境、水生态、土壤侵蚀、农田水利及水力发电等多个学科领域的优秀国家级科研项目或国际合作重大项目的成果，对水科学研究的基础性、战略性和前瞻性等方面的问题皆有涉及。

为保证本丛书能够体现我国水科学研究水平，经得起同行和时间检验，组织了国内多位知名专家组成丛书编委会，他们皆为国内水科学相关领域研究的领军人物，对各自的分支学科当前的发展动态和未来的发展趋势有诸多独到见解和前瞻思考。

我们相信，通过丛书编委会、编著者和科学出版社的通力合作，会有大批代表当前我国水科学相关领域最优秀科学研究成果和工程管理水平的著作面世，为广大水科学研究者洞悉学科发展规律、了解前沿领域和重点方向发挥积极作用，为推动我国水科学研究和水管理做出应有的贡献。

刘昌明

2012 年 9 月

前　言

本书是我们多年来在地下水-土壤水运动数值方法研究成果的总结，主要阐述了求解一维、二维、三维和拟三维饱和-非饱和水流运动、溶质运移和氮磷迁移转化的确定性与随机性数值方法和数值模型。

第 1 章绪论中回顾了团队多年来的研究进展，讨论了国内外在地下水数值分析的研究成果和动态；第 2 章介绍地下水运动的基本理论和控制方程；第 3 章介绍土壤水运动和土壤水热运移的数学模型；第 4 章论述土壤腾发和地下水入渗，并详细介绍腾发量计算方法和地下水补给模型；第 5 章论述地下水和土壤水中溶质运移理论和模型；第 6～10 章给出地下水与土壤水分运动和溶质运移的数值模型，利用有限元、有限差和有限体积法建立了一维、二维、三维和拟三维地下水土壤水运动和溶质运移数值模型，并对各种模型都给出了详细算例，以便读者更好地理解数值方法和模型应用条件；第 11 章介绍地下水运动和溶质运移问题的不确定描述方法和求解不确定问题的随机数值方法，为后两章建立随机数值模型提供理论基础；第 12 章给出地下水和土壤水运动的随机数值模型的蒙特卡罗方法、动量分析方法和随机配点法，特别关注了土壤水分运动非线性数学模型的随机数值方法及其应用效果；第 13 章介绍数据同化方面所取得的研究成果，给出了利用集合卡尔曼滤波反求水文地质参数和实时预测问题的方法，应用非饱和土壤水分运动的试验数据介绍了方法的实际应用。

参加本书撰写的人员有：杨金忠（第 1 章、第 5 章、第 6 章、第 11 章、第 12 章、第 13 章），朱焱（第 8 章、第 9 章、第 10 章），查元源（第 4 章、第 7 章），蔡树英（第 2 章、第 3 章）。唐云卿、宋雪航和张玉雪参与了第 12 章和第 13 章部分内容的编写。杨金忠负责全书的统稿工作。在本研究团队中工作过的研究生陆垂裕、王丽影、林琳、李少龙、史良胜、周发超、孙怀卫、谭秀翠、廖卫红、刘昭、曾季才、毛威、赖斌、宋戈、郝培静、杨文元等参加了部分研究工作，承担了大量资料整理和编排工作；书中的部分内容是作者所在课题组多年来的研究成果，课题组的成员和研究生作出了大量贡献；研究课题曾得到国家自然科学基金委员会、国家高技术研究发展计划（"863"计划）、国家科技支撑计划的资助；本书的出版得到国家自然科学基金（41272270）和水资源与水电工程科学国家重点实验室（武汉大学）研究成果出版基金的资助，在此一并表示感谢！

限于作者水平，本书定有许多不完善和欠妥之处，敬请同行批评指正。

编　者

2015 年 3 月

目 录

第1章 绪 论

在20世纪50年代以前，地下水运动问题求解技术主要以解析方法为主，它通过数学分析手段(包括变量代换、分离变量、保角变换、积分变换等)得到各种理想化条件下水流运动的解析解。解析解在理论上和形式上都很完美，通过对解析解的分析，可以从物理机制上深入理解地下水的运动规律与特征。特别重要的是，地下水运动的解析解为求取水文地质参数提供了简洁的工具。但是，由于数学工具的局限性，只有在水流运动比较简单的条件下才有可能得到解析解，条件稍一复杂，特别是对于非均质问题、非线性问题和区域边界较为复杂的问题，就很难得出解析解。对于某些条件稍微复杂的水流运动问题，即便是可以得到解析解，但由于解的形式太过繁杂而难以在实际工作中应用。正是解析方法的这一缺点限制了它的推广和应用。

20世纪50年代至70年代初期，可求解复杂地下水运动规律的电模拟方法得到深入研究和广泛应用。这种方法根据地下水运动的达西定律与电流运动的欧姆定律的相似性以及对地下水流质量守恒方程的有限差分近似，可以利用介质的电阻和电容模拟含水层的导水性和储水性，通过测量电网络系统的电流和电压，得到相应地下水系统的渗透速率和水头分布，为非均质、各向异性、不规则的几何形状、多层结构含水层及复杂的人工干扰条件下地下水运动的模拟提供了有力的工具。用电阻网络模拟稳定流的模型在40年代末期就出现了，而模拟非稳定流的电阻-电容网络是50年代发展起来的，到60年代初期，它已成为求解大区域含水层中地下水流问题的有力工具。南京水利科学研究所对电网络模型进行了详细的研究，武汉水利电力学院建立了电阻网络和电阻-电容网络，河北地质学院使用电阻-电容网络解决了天津宝坻一个化工厂供水和邯郸某矿区地下水疏干条件下的地下水系统的模拟。电模拟方法的主要缺点是网络固定，通用性较差，难以处理潜水问题，而且只能用于地下水流的模拟，不能用于水质和其他方面的模拟(孙讷正，1981)。70年代以后，由于计算机的快速发展，求解地下水运动问题的数值方法得到快速发展，不断提出各种求解方法，开发出大量通用软件。由于数值模拟方法的便利性和通用性，几乎可以替代电网络模型而成为解决地下水运移模拟的主要方法。20世纪80年代后，电模拟模型的研究和发展受到很大的限制，已逐步退出历史舞台。

我国地下水数值模拟的研究始于20世纪70年代，特别是水文地质学家与数学家合作，从理论研究、数值方法、实际应用等不同层面开展不同类型的协作研究，经过几十年的不懈努力，数值模拟方法得到广泛的应用，已成为目前研究地下水运移问题的主要工具和手段。我国科学家在数值理论和数值方法方面的研究基本与国际前沿研究同步，利用有限差分法、有限元法、边界元法、有限解析法、有限体积法、特征线法等解决地下水渗流和溶质运移问题，各研究单位和高等学校编制了大量地下水数值计算的应用程序，撰写了多部专著和教材(薛禹群和谢春红，1980；孙讷正，1981；孙讷正，1989；陈崇希和唐仲华，1990；薛禹群和谢春红，2007；陈崇希等，2011)，对地下水模拟的推广和应用起到重要作用。数值模拟方法也是解决实际工程问题的主要技术手段，在地下水资源评价、地下水污染、地面沉降、海水入侵、非饱和带水分和盐分的运移、地热分析和地下储能、渠道渗漏、地下水管理等方面得到广泛的应用。尽管我们在实际应用方面取得了显著的成果，但是我国的研究主要是以跟踪国际前沿研究为主，自主创新不足。在理论研究方面和商业软件开发方面与国外相比明显落后，特别是国际上广泛应用的地下水数值模拟程序和商业应用软件，很难看到有中国学者开发研制的产品。我国学者在地下水运动数值方法的研究和实际应用中，编制了大量的程序代码和应用软件，积累了丰富的经验。但这些代码和软件多是为了解决不同类型的实际问题而研发的，通用性稍差，代码开源不够，程序代码和数值方法的资料系统不完善，阻碍了代码和软件的广泛应用和进一步完善，在某种程度上限制了我国在地下水运动数值模拟技术领域的国际影响力。产生这种现象的原因和突破这种限制的途径值得我们深思。

数值模拟研究的最终目的是解决生产中所提出的实际问题，当研究区域地下水和土壤水运动时，特别是研究区域地下水中溶质运移时，由于介质分布的不确定性，观测结果具有巨大的随机性和空间变异性，而我们现有的地下水运动数学理论和数值方法不能对水流运动的不确定现象进行描述和分析预测。如何对地下水运动的随机特征和空间变异性进行定量分析，是多孔介质中水分运动和溶质运移研究领域所面临的挑战性课题。20世纪90年代，在张蔚榛院士的带领下，武汉水利电力大学水利系地下水科研组成立了地下水和土壤水不确定性方法研究队伍，在地下水运动的随机理论和随机数值方法方面开展了研究，并取得了一些研究成果。

多年来，我们课题组从地下水运动的解析方法、电网络模拟方法、数值分析方法、区域地下水模拟、土壤水分运动的机理、土壤水分运动参数的实验技术、地下水和溶质运移理论和数值分析、地下水和土壤水盐运动的随机理论、地下水运动的随机数值模拟方法等领域开展了持续的研究，一直在地下水土壤水运动理论和模拟技术的前沿研究领域开展工作，秉承理论研究与实际应用相结合，针对实际应用中提出科学问题开展基础研究。由于我们课题组的主要研究领域与农田水利密切相关，除地下水运动的分析研究外，我们更关注土壤水分运动、土壤水分的蒸腾耗散、土壤水分中的盐分和养分的运移。土壤水分和溶质的运移尺度与地下水运动和研究的空间尺度具有很大的差别，土壤水研究的尺度为米的量级，在土壤深度范围内土壤水分含量和溶质浓度急剧变化；受降水、蒸发、灌溉等水分频繁交替作用的影响，土壤水分时间变化剧烈，时间尺度远小于地下水。由于土壤水分运动的非线性，土壤水分数值模拟的实际步长经常为秒的量级。土壤水是地下水的重要补给来源，也是浅层地下水的主要消耗途径。同时，土壤水分运动的包气带是地下水污染的主要源头和缓冲区。对于区域地下水资源和浅层地下水环境保护而言，土壤水分运动和溶质运移是关键的控制因素，需要将两者进行统一分析和模拟。因此，将地下水和土壤水作为一个统一的水分转化和溶质运移系统进行耦合研究的过程中，如何兼顾两者在空间尺度和时间尺度的差异而建立高效的分析方法是模拟分析的关键问题之一。在本书中，我们将地下水和土壤水进行了分别的论述，以便区分水分和溶质在两个系统中运移过程的差异，分别建立了求解地下水和土壤水分运动的数值方法，针对非饱和土壤水分运动的非线性问题，提出了不同条件下的高效数值模型。对于饱和与非饱和水流系统的耦合问题，建立考虑两系统水流时空尺度差异的有效数值方法。

书中主要采用了有限差分法、伽辽金有限元素法和有限体积法求解地下水与土壤水运动控制方程，特别是对于三维的地下水和溶质运移问题，考虑到含水层的成层特征，在平面上分层应用有限体积法，各层之间在垂向应用有限差分法，这样在程序设计方面比较简单。有限体积法由于其方法简单、物理概念清晰、局部和总体质量守恒，我们在一维的非饱和问题中主要应用该数字方法。在溶质运移问题的数值方法中，对一维和二维问题，我们应用了动坐标方法，该方法对于降低数值弥散效果明显，但是对三维饱和-非饱和问题，动坐标的重构具有较大的挑战性，程序设计及通用性困难，因此在三维的溶质运移分析中，我们还是应用了带有上风因子的数值方法，尽管该方法对降低浓度锋面的数值跳动有效，但对数值弥散效果不佳。

对于三维饱和-非饱和水分运动问题的数值方法，如果将整个水流系统统一处理为三维问题，数值方法本身难度较小，主要的问题是，应用三维的数值方法解决区域饱和-非饱和水流运动问题时，饱和带和非饱和带的空间剖分以及相应的时间步长的设定将面临很大的挑战。非饱和水流运动问题要求空间剖分的尺度很小，否则，很难刻画非饱和水流运动特征。另外，非饱和水分运动具有强烈的非线性，剖分单元太大将使得问题难以收敛。非饱和带的空间剖分要求毫米级单元大小，饱和带空间剖分常以米到公里级单元大小，对于区域问题，这种剖分的差异使得计算工作量和解法的收敛性遇到很大的困难。我们在几公里尺度大小的饱和-非饱和水流运动实际生产问题的数值模拟中，应用现有的三维数值模型难以解决实际生产问题。为此，根据饱和带和非饱和带水流运动的特征，我们提出了拟三维的数值方法。可以想象，对于区域饱和-非饱和水分运动而言，由于非饱和带厚度与地下水含水层厚度和水平延伸相比，非饱和带可视为很薄的一层上覆于饱和含水层，非饱和带中水分的蒸发和入渗主要以垂向一维运动，在宏观上，非饱和带水分的侧向运动可以忽略不计。基于此，在饱和-非饱和水分运动的拟三维数值模型中将非饱和带水分运动处理为分区控制的一维垂向运动，地下水为三维运动，将两种不同维数运动的问题进行耦合而得到拟三维数值模型。研究结果表明，该方法的计算效率明显提高，具有较好的实际应用价值。

运用随机模型模拟多孔介质中地下水流及污染物的运移方法在国外发展迅速（Dagan，1989；Gelhar，1992；杨金忠等，2000；Zhang and Lu，2002）。通过近30年的理论研究，人们对宏观弥散的尺度效应问题、非饱和水流运动的空间变异性问题和宏观水力参数与微观尺度水力参数之间的关系有了比较深入和理解，认识到控制大区域溶质运移不确定性的机理在于微观地下水流速的不均匀性，而地下水流速的不均匀性主要起源于储水介质沉积特征和水力特征的空间变异性，这些影响区域溶质运移的基本特征在室内实验中是反映不出来的。正如研究水动力弥散时分子扩散可以忽略一样，小范围测得的弥散度对大区域溶质的分散过程可以忽略不计。因而，微观的水动力弥散理论不能用于宏观的研究。另外，边界条件、起始条件、溶质转化参数等都可能具有不确定性和随机性，因此，描述地下水和溶质运移的微分方程变为随机微分方程，得到的定解问题变为随机定解问题。在了解介质特性的随机特征和空间变异特征后，求解随机定解问题的困难之一是计算工作量很大，发展新的数值方法和模型解决随机定解问题是目前研究的重要内容。由于模型参数和定解条件的随机性和不确定性，地下水随机定解问题的输出也是不确定的，表征这种不确定性的关键指标是系统输出的各阶动量，常用的低阶动量是系统输出的均值和方差，用于表示系统输出的平均状态和偏离平均状态的状况，这些量为我们更合理地实施地下水资源管理提供更多的信息。近年来我们在多孔介质中水分和溶质运移问题的理论研究基础上，关注了随机数值方法的研究。主要针对饱和与非饱和水分运动问题，研究了蒙特卡罗随机数值模型、基于 KL 随机参数分解的动量分析方法、随机配点方法，这些方法的核心之一是降低随机数值模拟的计算工作量，使得随机数值方法可以在解决实际问题中得到应用。

由于地下水随机系统参数(如水力传导度、给水度等)和定解条件(如补给和边界条件等)的空间变异性，精确地获取这些参数需要昂贵的观测和试验费用，数据同化模型可根据动态的监测数据来反演这些参数，并弥补参数不确定给模拟结果带来的偏差；地下水运移模型本身也存在局限性或误差，可通过监测数据来约束输出变量；另外，数据同化模型能够实时地更新模型参数和系统状态，可以动态地获取地下水分布状况，为地下水的科学管理提供定量分析工具，减少预测的不确定性和模型误差的不利影响。集合卡尔曼滤波方法是目前应用较广的数据同化方法。集合卡尔曼滤波方法顺序同化数据，可以实时融合观测数据；采取样本统计的方法，降低了计算成本；算法易于同现有的数值模拟工具相结合，并有较好的并行计算的潜力。书中介绍了集合卡尔曼滤波在地下水随机系统求参和预测中的应用，特别对非饱和水流问题，给出了一种简单的适应于求解非线性水流方程和解决非一致性问题的方法，并用该方法求解了非饱和水力参数反演问题。

值得说明的是，无论数值方法功能如何强大，也不过是解决地下水和土壤水运动物理问题的数值工具。目前有大量的通用开源代码(如 Modflow、Swap、SWAT、SWMS 等)和商业软件(如 Visual Modflow、FEFlow、GMS 等)可以下载或直接应用，这些代码具有标准化、规范化和通用性的特点。但我们千万不能有仅仅会利用几个代码或熟练掌握几个软件就能成功解决实际问题的思想。能够正确解决实际生产问题的关键是对地下水和土壤水运动物理过程的了解，首先是细致分析研究区域的水文地质条件、补给排泄条件、水分流动特征和规律，建立合理的水文地质模型和水流运动模型；然后在此基础上选用合理的数值模型，根据实际观测数据对模型进行识别，通过对观测数据和模拟结果差异的分析研究，实现对水文地质模型的再认识，循环往复，才有望得到正确合理的结果。实际生产问题是千差万别的，所谓"通用"代码和软件，也不可能解决实际遇到的所有问题，对于某些问题，我们需要在已有代码的基础上进行修改和补充，这就需要我们掌握一些基础代码和相应的数值方法，形成新的算法或软件，创新性地解决所遇到的问题。

第2章　地下水运动模型

地下水是存在于地表面以下的岩层(或介质)空隙中的水,包括处于地下水面以下饱和带中和地下水面以上非饱和带(包气带)中的水,还有一些伴随岩石形成而产生的水,如岩浆水等(此类水不在本书研究之内)。在水文地质学和地下水文学研究领域,主要研究对象是饱和带水,因此也把饱和带水称为地下水;在土壤学和农业植物学研究领域,主要针对非饱和带水或土壤水。饱和带水和非饱和带水有着千丝万缕的联系,二者均为本书的主要研究对象。

2.1 多孔介质和含水层

2.1.1 多孔介质

多孔介质是指由固体骨架和相互连通的孔隙、裂隙或各种类型毛细管通道所组成的材料,它广泛存在于自然界、工程材料和动植物体内(孔祥言,1999)。

在地下水研究领域,多孔介质指的是天然岩石或土壤,是由多相物质占据的共同空间,也是多相物质共存的一种组合体。在多孔介质中,未被固体骨架占据的那部分空间为空隙,它由液体或气体或气液两相物质共同占据,气液两相以固相为固体骨架,构成包括孔隙在内的介质空间。大部分孔隙相互连通,并允许流体在其中流动,这部分孔隙称为有效孔隙。而一些不连通的孔隙或虽然连通但属死端孔隙的这部分是无效孔隙。对于流体通过孔隙的流动而言,无效孔隙实际上可视为固体骨架,但对液体中的溶质而言,无效孔隙或死端孔隙对溶质的扩散起到重要的作用(达尔恩,1990;孔祥言,1999)。

多孔介质对各种流体应是可渗透的,并具有特定的渗透率,其数值只取决于孔隙的几何形态而与通过的流体性质无关。多孔介质的孔隙结构使其具有隔热性和透气性,因此隔热材料都是依靠本身的多孔特性。孔隙中可以保存足够的水分和营养供给植物吸收利用,以维持植物生命的功能,表层土壤中的水分蒸发后,表土形成干土层,土壤蒸发量减少,可维持下部土壤中的水分供植物吸收。土壤或砂层可以过滤某些大颗粒物质,起到一定的物理净化作用;土壤和砂层也可以由于其表面特征或化学特性而吸附液体中的某些物质,起到一定化学净化作用;这些物理和化学净化作用靠得也是介质的多孔特性(达尔恩,1990)。

由于多孔介质骨架的复杂性,对介质几何特性的描述一般采用统计方法。常见的统计参数有:孔隙度、比表面积、粒径分布、孔径分布等。这些参数的定义和确定方法请详见有关书籍。

按空隙的形态和结构的差别,多孔介质可分为三类,即孔隙性多孔介质、裂隙性多孔介质和多重性多孔介质。孔隙性多孔介质又分为两类:①孔隙之间在各个方向相互连通,没有明显的隶属层次关系，如砂岩、土壤、人造颗粒状材料的堆积体等；②孔隙似树枝状分布，有明显的隶属层次关系，如一般的微细血管网络。裂隙性多孔介质内的空隙主要是微小裂缝，如裂隙性的石灰岩和白云岩等。当多孔介质内兼有多种形态的微小空隙时，称多重性多孔介质，如裂隙-孔隙系统的碳酸盐岩层即是双重性多孔介质，简称双重介质。

2.1.2 含水层及其结构和划分

饱水带的岩(土)层，按其传输及给出水的性质，划分为含水层、隔水层及弱透水层(图2.1)。

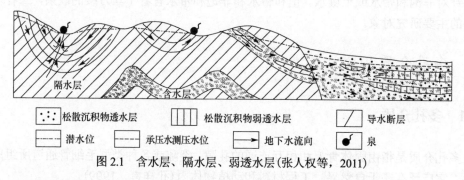

图 2.1 含水层、隔水层、弱透水层(张人权等, 2011)

含水层是指饱含水并能传输与给出相当数量水的岩层或岩层组合。含水层不仅有含水的性能，还具有透水和给水的特性。松散沉积物中的砂砾层、裂隙发育的砂岩以及岩溶发育的碳酸盐岩等，是常见的含水层。

隔水层或不透水层是指不能传输水的岩层。它可以是饱水的(如黏土)，也可以是不含水的(如胶结紧密完整的坚硬岩层、裂隙不发育的岩浆岩及泥质沉积岩)。隔水层或不透水层是相对含水层而存在的，自然界中没有绝对不透水的岩层，只有透水性强弱之分。即使裂隙极不发育的致密结晶盐，短期内是隔水或不透水的，但只要时间尺度足够长，也会发生渗透。因此，从较大时间尺度考察，所有岩层都是可渗透的。

弱透水层是本身不能给出水量，但在垂直层面方向能够传输水量的岩层。如黏土、重亚黏土等，就是典型的弱透水层，其透水能力介于含水层和隔水层之间。

良好的含水层需要满足三个构成条件：①具有储水的空间，透水性好；②具有储存地下水的地质构造，有利于地下水的聚集和储存；③有良好的补给来源。

含水层的构成条件是含水层划分的一般原则，但运用到实际工作中时，含水层、隔水层这种简单的划分尚不能满足生产需要，特别是山区基岩地区，这种划分并不完全符合客观实际。为此，需要有含水带、含水段、含水组、含水系的划分(张蔚榛等, 1998)。

(1)含水带和含水段。对于含水极不均匀的岩层，如果简单地把它们划归含水层或隔水层，显然是不合实际的，特别是在裂隙发育或岩溶发育的山区基岩地区更是如此。在这些地区，应按裂隙、岩溶的发育和分布及含水情况，在平面上划分出含水带。例如，穿越不同时代成因岩性的饱水断裂破碎带，可以被划为一个含水带。又如，某些含水很弱、厚度较大的岩层，在剖面上某些段水量可能富集，可以把它们划归含水段。

(2) 含水组和含水系。当地层时代和岩石成因类型相同的几个含水层之间有厚度不大的弱含水层或隔水层时，可以归并为一个含水组。例如，有些第四纪松散沉积物的砂层中，常夹有薄层黏性土(或呈透镜状)，它们有时有水力联系，有统一的地下水位，化学成分也相近，可划归为一个含水组。

对于同一构造中的几个含水组，彼此之间可以有相同的补给来源，或有一定的水力联系。在研究大范围地区的含水性时，可以把它划为一个含水岩系，如第四系含水岩系。

2.2　地下水运动的基本概念

2.2.1　渗流的基本概念

地下水的流动发生在上述复杂的岩土多孔介质当中，水只能在介质的空隙中流动。由于固体骨架边界的几何形状极为复杂，导致空隙中地下水运动要素的分布变化无常，我们不可能用精确的数学方式描述出阻碍流体流动的固体颗粒表面的几何形状，也就得不到其中任一点(或微观水平上)的地下水运动规律，况且这也是没有必要的。

为了避开从微观角度直接研究单个地下水质点的运动特征，采用从宏观水平上考察地下水在多孔介质中的平均运动规律，把实际上并不处处连续的水流看成连续水流，使多孔介质空间内任一点的物理量都能用坐标的连续函数来描述,用连续函数理论研究复杂的地下水流问题。为此，引入一个假想的水流代替真实的地下水流。这种假想水流充满了多孔介质的全部空间(包括空隙和固体部分)，空间内任一点所受的阻力与实际水流在空隙中所受的阻力相同,任一点的压力(或水头)和流速分别等于实际水流在该点周围一个小范围内的平均压力(或水头)和流速，称这种假想水流为渗透水流，简称渗流。假想水流所占据的空间区域称为渗流区或渗流场，是包括空隙和固体颗粒在内的全部区域。

多孔介质空间中任一点上描述宏观运动的各物理量(如流速 v、压强 p、水头 H、孔隙率 n 等)都是该点附近某个体积上相应物理量的平均值。以孔隙率 n 为例，假设 P 是多孔介质中的一个数学点(该点可以位于空隙空间里，也可位于骨架颗粒内)，以 P 为中心，任取一典型单元体体积 V_i，以 V_i 内所包含的孔隙率的平均值 n_i 作为 P 点的宏观(平均)孔隙率值。按孔隙率的定义，有

$$n_i = \frac{(V_v)_i}{V_i} \tag{2.2.1}$$

式中，$(V_v)_i$ 为典型单元体 V_i 中的孔隙体积。

用同样的方法，P 点的其他物理量都可以通过在典型单元体 V_i 内的孔隙体积 $(V_v)_i$ 取平均值而获得。这样，通过典型单元体就能以假想的连续体代替实际的多孔介质。

2.2.2　渗流运动要素

描述渗流场运动特征的各物理量(水头、水压、流速等)称为运动要素。

1. 地下水水头

P 点宏观水平的水头 H 可定义为

$$H(P) = \frac{1}{V_i} \int_{(v_v)_i} H \, \mathrm{d}V \tag{2.2.2}$$

根据水力学中关于水头的概念，渗流场中任一点的总水头是该点的位置势能、压力势能和动能三者的总和，可用水柱高度来表示，即

$$H = z + \frac{p}{\gamma} + \frac{u^2}{2g} \tag{2.2.3}$$

式中，右端第一项 z 为位置高度（或位置水头）[L]；第二项 $h_p = \dfrac{p}{\gamma}$，称为测压高度[L]，其中，p 为地下水压强（不计大气压强），γ 为地下水容重；前两项之和表示单位重量液体所具有的势能，称为测压管水头 h（测压水头），即

$$h = z + \frac{p}{\gamma}$$

式 (2.2.3) 右端第三项 $\dfrac{u^2}{2g}$ 为流速水头[L]。由于自然界中地下水的运动非常缓慢，相对于测压管水头而言，流速水头要小得多，一般情况下可忽略不计。因此，在地下水动力学中，可近似认为地下水的总水头在数值上近似等于测压水头，即

$$H \approx h = z + \frac{p}{\gamma} \tag{2.2.4}$$

位置高度 z 的数值大小随所选取的基准面的位置而变化，因此，选取的基准面位置不同，测压管水头值也就不同。但在实际计算中，一般不关心水头的绝对值，而是关心不同空间位置上的水头差值，因而基准面可任意选取，如取在含水层的水平隔水底板上，以方便计算。渗流场内任意点（如图 2.2 和图 2.3 中的 A 点或 B 点）水头值的大小可以从基准面到揭穿该点井孔的水位处的垂直距离来表示（图 2.2，图 2.3）。

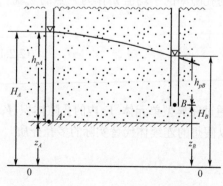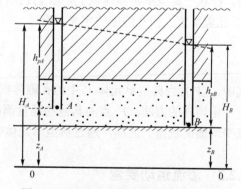

图 2.2　潜水含水层中的测压高度及水头　　　　图 2.3　承压含水层中的测压高度及水头

2. 等水头面和水力坡度

地下水在空隙介质中流动会因克服摩擦阻力而产生水头损失,使得沿流线方向各点的水头值逐渐降低。把渗流场内水头值相等的各点连成面,称为等水头面。根据水流的特点,等水头面可以是平面,也可以是曲面。它在平面图上或剖面图上则表现为水头相等的线,称为等水头线。等水头面(线)在渗流场中是连续的,不同数值的等水头面(线)不会相交。

渗流场中各点的水头是随空间和时间变化的,可表示为 $H=H(x,y,z,t)$,它构成一个标量场。该标量场构成的梯度大小为 $\left|\dfrac{\mathrm{d}H}{\mathrm{d}n}\right|$,方向沿等水头面(线)法线并指向水头增高的方向,此方向上的水头变化率最大。在地下水动力学中,把大小等于梯度值,方向沿等水头面(线)法线指向水头降低方向的矢量称为水力坡度,用 $\boldsymbol{J}$ 表示,即

$$\boldsymbol{J} = -\frac{\mathrm{d}H}{\mathrm{d}n}\boldsymbol{n} \tag{2.2.5}$$

式中,$\boldsymbol{n}$ 为法线方向单位矢量。水力坡度 $\boldsymbol{J}$ 在空间坐标系中的三个分量分别为

$$\boldsymbol{J}_x = -\frac{\partial H}{\partial x}\boldsymbol{i}, \quad \boldsymbol{J}_y = -\frac{\partial H}{\partial y}\boldsymbol{j}, \quad \boldsymbol{J}_z = -\frac{\partial H}{\partial z}\boldsymbol{k} \tag{2.2.6}$$

2.3　达西定律与连续性方程

2.3.1　水流连续性方程

连续性方程反映了流体运动的质量守恒原理,地下水运动的连续性方程也称水均衡方程。为反映一般情况,在各向异性的多孔介质中建立地下水三维不稳定流动连续性方程。假定水可压缩,多孔介质骨架在垂直方向可压缩,但水平方向不可变形。为方便起见,取直角坐标系的 x、y、z 轴分别平行于各向异性岩层渗透系数的主方向。

在地下水渗流区域内以 $P(x, y, z)$ 点为中心取一个体积无限小的平行六面体作为均衡单元体,单元体各边长分别为 Δx、Δy、Δz,并与坐标轴平行(图 2.4)。

设 P 点处地下水流速分量为 v_x、v_y、v_z,水的密度为 ρ,则单位时间内通过垂直于坐标轴方向的单位面积的水流质量分别为 ρv_x、ρv_y、ρv_z。于是,在 Δt 时段内,沿 x 方向流入流出单元体的水流质量差为

$$\left(\rho v_{x-\frac{\Delta x}{2}} - \rho v_{x+\frac{\Delta x}{2}}\right)\Delta y \Delta z \Delta t$$

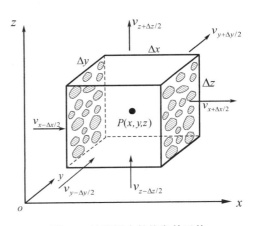

图 2.4　渗流区中的均衡单元体

其中，$\rho v_{x-\frac{\Delta x}{2}} = \rho v_x\left(x-\frac{\Delta x}{2}, y, z\right)$，$\rho v_{x+\frac{\Delta x}{2}} = \rho v_x\left(x+\frac{\Delta x}{2}, y, z\right)$，利用 Taylor（泰勒）级数展开并略去二阶导数以上的各项，可得到

$$\left(\rho v_{x-\frac{\Delta x}{2}} - \rho v_{x+\frac{\Delta x}{2}}\right)\Delta y\Delta z\Delta t = -\frac{\partial(\rho v_x)}{\partial x}\Delta x\Delta y\Delta z\Delta t$$

同理，可得到沿 y 方向和 z 方向流入流出单元体的水流质量差分别为

$$-\frac{\partial(\rho v_y)}{\partial y}\Delta x\Delta y\Delta z\Delta t, \quad -\frac{\partial(\rho v_z)}{\partial z}\Delta x\Delta y\Delta z\Delta t$$

在 Δt 时段内流入流出单元体的水流总质量差等于上述三项之和。均衡单元体内，水所占的体积为 $n\Delta x\Delta y\Delta z$，$n$ 为孔隙度，则单元体内水的质量为 $\rho n\Delta x\Delta y\Delta z$。由此可得，在 Δt 时段内单元体内水流质量（即储存质量）的变化量为

$$\frac{\partial}{\partial t}(\rho n\Delta x\Delta y\Delta z)\Delta t$$

在无源和汇的情况下，单元体内水质量的变化是由流入和流出该单元体的水质量差所造成的，根据质量守恒原理，两者应相等，即

$$-\left[\frac{\partial(\rho v_x)}{\partial x} + \frac{\partial(\rho v_y)}{\partial y} + \frac{\partial(\rho v_z)}{\partial z}\right]\Delta x\Delta y\Delta z = \frac{\partial}{\partial t}(\rho n\Delta x\Delta y\Delta z) \tag{2.3.1}$$

式 (2.3.1) 为地下水流连续性方程的一般形式。若不考虑单元的体积变化，式 (2.3.1) 可简化为

$$-\left[\frac{\partial(\rho v_x)}{\partial x} + \frac{\partial(\rho v_y)}{\partial y} + \frac{\partial(\rho v_z)}{\partial z}\right] = \frac{\partial(\rho n)}{\partial t} \tag{2.3.2}$$

如果把地下水看成是不可压缩的均质液体（$\rho=$ 常数），同时假设含水层骨架不被压缩（n、Δx、Δy、Δz 都保持不变），则有

$$\frac{\partial v_x}{\partial x} + \frac{\partial v_y}{\partial y} + \frac{\partial v_z}{\partial z} = 0 \tag{2.3.3}$$

连续性方程是研究地下水运动的基本方程，各种地下水运动的微分方程都是根据连续性方程和反映能量守恒与转化定律的方程建立起来的。

2.3.2 动量方程和达西定律

1856 年法国水力工程师达西（Henry Darcy）通过研究水在直立均匀砂柱中的渗流试验，得到了著名的达西公式：

$$Q = KA\frac{h_1-h_2}{L} = KAJ \tag{2.3.4}$$

$$v = \frac{Q}{A} = KJ \tag{2.3.5}$$

式中，Q 为渗流量；K 为渗透系数或水力传导度；A 为砂柱的横截面积，即渗流过水断面面积；$(h_1 - h_2)$ 和 L 分别为砂柱顶底断面上的测压水头差和渗流路径长度；J 为水力坡度，对于均匀介质的一维流动，渗流段内各点的水力坡度均相等；v 为渗透速度，又称达西流速，它是通过包括固体颗粒在内的过水断面上的平均流速。

达西公式建立了流量(或流速)与水头之间的关系，反映了多孔介质中水流的宏观运动规律，后人称之为达西定律。达西定律表明，地下水流动通量与水力坡度为线性关系，故又称为线性渗透定律。

达西定律是在一维均质和不可压缩流动条件下得到的地下水的宏观流动规律。若将其用于二维或三维的地下水运动，则水力坡度不是常量(沿流向是变化的)，应该用微分形式表示，即

$$v = KJ = -K\frac{dh}{ds} \tag{2.3.6}$$

式中，$-\dfrac{dh}{ds}$ 是沿流线任一点的水力坡度；s 为渗流途径。在直角坐标系中，沿三个坐标轴方向的渗流速度分量可表示为

$$v_x = -K\frac{\partial h}{\partial x}, \quad v_y = -K\frac{\partial h}{\partial y}, \quad v_z = -K\frac{\partial h}{\partial z} \tag{2.3.7}$$

若已知水头函数 $h(x, y, z)$，可由式(2.3.7)计算出渗流场内任一点的渗流速度矢量 v：

$$v = v_x i + v_y j + v_z k \tag{2.3.8}$$

式中，i、j、k 分别为三个坐标轴上的单位矢量。式(2.3.7)给出了渗流速度场与水头场之间的关系。

达西定律只适用于雷诺数不超过 1～10 的层流运动的范围，此间液体的黏滞力占优势，地下水流动速度低。超出这个范围，地下水运动不再符合达西定律。大空隙和岩层裂隙中的水流，惯性力起主要作用，雷诺数较大，水流结构复杂，此时达西定律不适用。然而，绝大多数的天然地下水运动都是服从达西定律的。

2.3.3　渗透系数及其影响因素

渗透系数 K 又称水力传导度或导水率，是反映含水层透水性能的一个极其重要的水文地质参数。大量研究结果表明，K 是一个既反映岩石孔隙介质特性(如粒度成分、颗粒排列、充填状况、裂隙性质和发育程度等)，又反映流体性质(如容重、黏滞性等)对地下水流动影响的综合参数。根据式(2.3.6)，当水力坡度 $J=1$ 时，渗透系数在数值上等于渗透速度，并具有速度的量纲。

对于水力坡度保持不变的地下水流，渗透速度 v 应与反映孔隙面积大小的参数 d^2 及水的容重 ρg 成正比，与反映流动摩擦阻力的黏滞系数 μ(或动黏滞系数 $\upsilon = \mu/\rho$)成反比。根据上述分析，地下水流速可表示为

$$v = -cd^2 \frac{\rho g}{\mu} \frac{\mathrm{d}h}{\mathrm{d}s} \tag{2.3.9}$$

式中，c 为比例系数；ρ、μ 与流体性质有关。对比式(2.3.6)，可得如下关系

$$K = cd^2 \frac{\rho g}{\mu} = k \frac{\rho g}{\mu} = k \frac{g}{\upsilon} \tag{2.3.10}$$

式中，$k = cd^2$ 与组成含水层介质的孔隙尺度大小、形状、结构等特征有关，反映了含水层孔隙介质内在渗透性能，称为内在渗透率(或渗透率)[L²]。显然，渗透率仅仅取决于岩石的性质，与液体的性质无关。

当地下水的温度和矿化度变化不大时，水的容重和黏滞性一般也不会有大的变化，渗透系数 K 可视为常数。但对于热水或卤水的运动，容重和黏滞性是变化的，此时 K 就不能视为常数。

一般来说，渗透系数 K 和渗透率 k 是不随时间变化的，但在某些特殊情况下，如在外部荷重作用下引起固结和压密、固体骨架的溶解和存在于空隙中间黏土的膨胀等，也会引起 K 和 k 随时间的改变。

根据含水层渗透系数 K 在空间和方向上的变异特征，可将含水层分为均质与非均质、各向同性与各向异性含水层。若含水层的 K 值是空间坐标的函数 $K = K(x, y, z)$，称为非均质含水层。如果含水层的 K 与渗流方向无关，称为各向同性含水层。相反，则为各向异性含水层。黄淮海平原区的渗透系数参考值见表 2.1。

表 2.1　黄淮海平原地区渗透系数经验值一览表

岩性	渗透系数/(m/d)	岩性	渗透系数/(m/d)
砂卵石	80	粉细砂	5~8
砂砾石	40~50	粉砂	2~3
粗砂	20~30	亚砂土	0.2
中粗砂	22	亚砂-亚黏土	0.1
中砂	20	亚黏土	0.02
中细砂	17	黏土	0.001
细砂	6~8		

资料来源：河北省地质局水文地质四大队，1978

含水层输水能力的大小，不仅取决于渗透系数 K，还和含水层的厚度有关，为此，引出了导水系数 T 的概念。定义为

$$T = KM \tag{2.3.11}$$

式中，M 为含水层的厚度。

导水系数 T 的物理意义是单位宽度含水层在单位水力梯度作用下的水流通量，量纲为[L²/T]。严格地讲，只有平面流动的承压含水层，才有按式(2.3.11)定义的导水系数，因无压(潜水)含水层没有严格意义下的平面流动，含水层厚度沿流程是变化的；在非稳定流中，过水断面随时间又是变化的。对于非稳定的无压渐变流，可根据含水层的平均厚度 $\bar{H}$ 定义导水系数，即

$$T = K\bar{H} \tag{2.3.12}$$

这里的 $\bar{H}$ 应取无压含水层在空间和时间上的平均值。需要再强调的是，导水系数的概念仅适用于二维地下水流动，对于三维流动是没有意义的。

2.4　含水层的储水特征

含水层是由多孔介质组成，由于含水层的孔隙特征，本身可以储存和释放水分。另外，承压含水层的水分承受一定的压力，当水分的压力变化时，水体本身和孔隙骨架可以发生变形，从而导致水体积的变化，这种变化水量的多少和能力就是含水层的储水特征。

2.4.1　水和含水层的可压缩性

1. 水的压缩性

含水层中的水体体积和密度受力后将发生变化。在等温条件下，受力时水体积 V（或密度 ρ）的变化特性可用水的压缩系数 β 表示，即在单位压力变化时单位体积中水体积的变化量。根据弹性力学的胡克定律，压缩系数可以表示为

$$\beta = -\frac{1}{V}\frac{\mathrm{d}V}{\mathrm{d}p} \tag{2.4.1}$$

对于一定质量 m 的水，其体积可表示为 $V = m/\rho$，取微分后有

$$\mathrm{d}V = \mathrm{d}\left(m\big/\rho\right) = -\frac{m}{\rho^2}\mathrm{d}\rho = -\frac{V}{\rho}\mathrm{d}\rho$$

将上式代入式(2.4.1)，则有

$$\beta = \frac{1}{\rho}\frac{\mathrm{d}\rho}{\mathrm{d}p} \tag{2.4.2}$$

对于地下水来说，β 可认为是一常数。

2. 含水层的压缩性

含水层始终受到上覆岩层骨架和水、地表建筑物等荷载压力的作用，含水层内部任一点所受的应力应处于平衡状态。由于含水层在水平方向受力的相互作用，含水层仅发生垂向压缩，作用于饱和含水介质上的总应力 σ，应与介质骨架承受的压应力 σ_e 及孔隙中水体压力 p 两者之和相平衡，即

$$\sigma = \sigma_e + p$$

当含水层埋藏较深且上覆的荷载变化不大时，总应力 σ 可假定为常数。因而当含水层中地下水的水压力降低(或上升)时，原来由水承担的压力将转嫁到含水层介质骨架上，导致介质骨架应力的增加(或降低)，即

$$\mathrm{d}\sigma_e = -\mathrm{d}p$$

上式说明，当含水层中水的压力减小（$\mathrm{d}p < 0$）时，骨架的有效应力就会增大（$\mathrm{d}\sigma_e > 0$），从而引起骨架的压缩。这就是含水层骨架的压缩性，反过来也成立。为此，可以把

含水层作为弹性体处理，用压缩系数 α 表示含水层骨架的弹性变形，有

$$\alpha = -\frac{1}{V_t}\frac{\mathrm{d}V_t}{\mathrm{d}\sigma_e} \tag{2.4.3}$$

压缩系数的物理意义是单位有效应力 σ_e 的变化引起的含水层骨架体积 V_t 的相对变化（即单位体积含水层骨架的体积变化率），负号表示随着有效应力 σ_e 增加、含水层体积变小时 α 为正值。

含水层骨架的体积包括固体颗粒的体积 V_s 和空隙的体积 V_v，而固体颗粒一般是不可压缩的，即 $V_s = (1-n)V_t =$ 常数，则

$$\frac{\mathrm{d}V_s}{\mathrm{d}\sigma_e} = 0$$

由此可得

$$\frac{\mathrm{d}V_t}{\mathrm{d}\sigma_e} = \frac{V_t}{(1-n)}\frac{\mathrm{d}n}{\mathrm{d}\sigma_e} \tag{2.4.4}$$

将式(2.4.4)代入式(2.4.3)，有

$$\alpha = -\frac{1}{(1-n)}\frac{\mathrm{d}n}{\mathrm{d}\sigma_e} = \frac{1}{1-n}\frac{\mathrm{d}n}{\mathrm{d}p} \tag{2.4.5}$$

考虑含水层压缩时侧向受到限制，一般只是垂向压缩，此时压缩系数可表示为

$$\alpha = -\frac{1}{\Delta z}\frac{\mathrm{d}(\Delta z)}{\mathrm{d}\sigma_e} = \frac{1}{\Delta z}\frac{\mathrm{d}(\Delta z)}{\mathrm{d}p} \tag{2.4.6}$$

需要说明的是，含水层并非理想的弹性体，随着水压力的降低，含水层骨架会产生压缩变形，但当水压力上升（或有效应力解除）至原有状态时，含水层的变形一般无法完全恢复，可恢复的部分为弹性变形，不能恢复的部分属塑性变形，永久性的地面沉降就是这个原因。

2.4.2 承压含水层的储水性

从数量上表征承压含水层弹性储水（释水）特性的参数是储水率 μ_e^* 和储水系数 μ_e。

1. 弹性储水率 μ_e^*（或 S_s）和储水系数 μ_e（或 S）

当承压含水层的压力水头下降（或上升）一个单位时，从单位体积含水层中释放（或储存）的水量（图2.5）称为储水率 μ_e^* $[\mathrm{L}^{-1}]$：

$$\mu_e^* = \frac{\Delta V_w}{V_t \Delta h} \tag{2.4.7}$$

式中，Δh 为承压含水层压力水头的变化

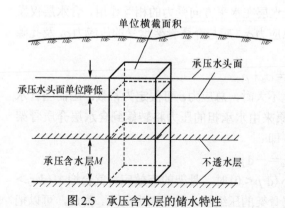

图2.5 承压含水层的储水特性

值；ΔV_w 为当压力水头变化 Δh 时，从体积为 V_t 的含水层中释放(或储存)的水量。

当承压含水层的压力水头下降(或上升)一个单位时，从单位水平面积、高度为含水层厚度 M 的含水层柱体中释放(或储存)的水量称为弹性储水系数 μ_e(无因次)：

$$\mu_\mathrm{e} = \frac{\Delta V_\mathrm{w}}{A\,\Delta h} \tag{2.4.8}$$

式中，A 为含水层的水平面积。显然有，$\mu_\mathrm{e} = M\mu_\mathrm{e}^*$。

2. 弹性储水率 μ_e^*(或 S_s)的表达形式

承压含水层类似于一个弹性容器，当从容器内抽水时，水压力下降 $(-\mathrm{d}p)$，为了平衡上覆荷载的压力，$-\mathrm{d}p$ 必转嫁到含水层骨架上，引起固体骨架承受的有效应力增加 $(\mathrm{d}\sigma_\mathrm{e} = -\mathrm{d}p)$，导致含水层压缩，压缩规律用压缩系数 α 描述。同时由于水压力下降，将导致水体积膨胀，膨胀规律由水的压缩系数 β 描述。根据上述释水机理可推求 μ_e^* 的表达形式。

设单位体积含水层因骨架压缩释放的水量为 $\mathrm{d}V_\mathrm{w}'$，由式(2.4.3)，有。

$$\mathrm{d}V_\mathrm{w}' = -\mathrm{d}V_\mathrm{t} = \alpha V_\mathrm{t}\mathrm{d}\sigma_\mathrm{e} = -\alpha V_\mathrm{t}\mathrm{d}p \tag{2.4.9}$$

根据关系 $h = z + \dfrac{p}{\gamma}$，$\gamma\mathrm{d}h = \mathrm{d}p$ 或 $\rho g\mathrm{d}h = \mathrm{d}p$，当水头下降一个单位(d$h$ =−1)时，因单位体积含水层(V_t= 1)压缩释放的水量为

$$\mathrm{d}V_\mathrm{w}' = -\alpha\rho g\mathrm{d}h = \alpha\rho g \tag{2.4.10}$$

另设因水的膨胀而产生的水体积为 $\mathrm{d}V_\mathrm{w}''$，由于 $V_\mathrm{w} = nV_\mathrm{t}$，对于单位体积含水层($V_\mathrm{t}$ = 1)发生单位水头下降(dh =−1)时，因水体积膨胀释放的水量为

$$\mathrm{d}V_\mathrm{w}'' = -\beta V_\mathrm{w}\mathrm{d}p = -\beta nV_\mathrm{t}\rho g\mathrm{d}h = \beta n\rho g \tag{2.4.11}$$

根据上述两种释水机制的作用结果，可得到当单位压力水头下降时从单位体积含水层中，由于含水层骨架压缩和水体膨胀而释放的水量 μ_e^*(储水率)为

$$\mu_\mathrm{e}^* = \alpha\rho g + \beta n\rho g = \rho g(\alpha + \beta n) \tag{2.4.12}$$

储水率综合表达了含水层的压缩和水体膨胀的数量特征，是承压含水层中非常重要的水文地质参数。对于一般常见的砂性和黏性质地的孔隙介质来说，含水层的压缩系数比水的压缩系数大 1~2 个数量级，可认为从承压含水层中抽出的水量主要来自含水层骨架的压缩。由式(2.4.12)，含水层的弹性储水系数可以表示为

$$\mu_\mathrm{e} = M\rho g(\alpha + \beta n) \tag{2.4.13}$$

式中，M 为含水层厚度。松散含水层的弹性储水系数的常用值见表 2.2。

表 2.2　常见松散岩层的弹性释水系数值

岩性	砾石、卵石	中粗砂	细砂、粉砂
μ_e 值	0.005~0.001	0.003~0.008	0.001~0.002

2.4.3　潜水含水层的储水性

潜水含水层的储水系数 μ 定义为：当潜水水位下降一个单位时，从单位水平面积、含水

层厚度为 h 的含水层中释放出来的水量(图 2.6)。潜水的储水系数又称为给水度(当水位下降时)或饱和差、自由孔隙率(当水位上升时),一般用 μ 表示,其表达形式同式(2.4.8),即

$$\mu = \frac{\Delta V_{\mathrm{w}}}{A\,\Delta h} \qquad (2.4.14)$$

式中, Δh 为潜水位下降值。

潜水含水层与承压含水层的储水系数虽然形式上相同,但它们所反映的释水机理不同。承压含水层是弹性释水,主要靠含水层骨架的压缩和水体膨胀释放水量,没有含水层的疏干,且是瞬时完成的。潜水含水层主要是重力释水,虽然随着潜水位下降也发生含水层压缩而产生弹性释水,但这部分水量占释水总量的比例很少。潜水含水层在释水过程中会发生含水层的疏干,并伴随着非饱和区土壤水分的流动,由于土壤水分流动速度很慢,因此潜水含水层的重力释水过程是一个与时间有关的缓慢过程,这种现象称为潜水含水层的滞后释水现象。含水层的土质愈细,重力释水过程进行得愈缓慢。

在地下水埋深较大的地区,当潜水位下降后并经过较长的重力释水过程,可使潜水面以上的非饱和带水分分布达到稳定状态,此时潜水面以上含水率剖面分布可以近似认为是水位下降前稳定含水率剖面分布曲线的平行下移(图 2.7)。此时给水度 μ 的大小可用两个稳定含水率剖面间的含水量差值来计算:

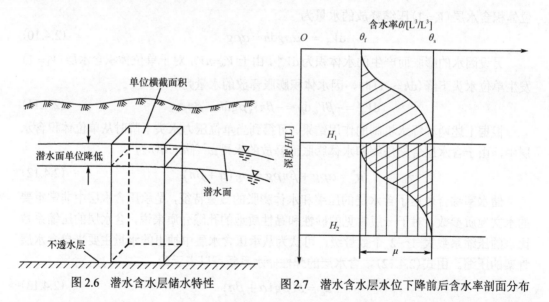

图 2.6　潜水含水层储水特性　　　　图 2.7　潜水含水层水位下降前后含水率剖面分布

$$\mu = \theta_{\mathrm{s}} - \theta_{\mathrm{f}} \qquad (2.4.15)$$

式中, θ_{s} 为饱和含水率; θ_{f} 为田间持水率,均以土层中孔隙体积的百分数表示; μ 为无因次量。在排水工程规划设计中,给水度具有十分重要的意义。给水度的常用取值见表 2.3。

表 2.3　不同岩性的给水度常用取值

岩性	冲洪积平原	冲湖积平原-滨海平原
砾石、卵石	0.23~0.26	
粗砂含砾石	0.20~0.23	

续表

岩性	冲洪积平原	冲湖积平原-滨海平原
粗砂	0.18~0.21	0.10~0.06
中砂	0.15~0.18	0.075~0.12
细砂	0.13~0.17	0.06~0.08
粉砂	0.09~0.13	0.05~0.07
细粉砂	0.105~0.15	0.055~0.08
粉土	0.06~0.08	0.045~0.074
粉土与粉质黏土互层	0.045~0.07	0.035~0.06
粉土与粉质黏土互层	0.05~0.065	0.04~0.055
粉质黏土	0.03~0.06	0.035~0.05
粉质黏土与黏土互层	0.04~0.05	0.03~0.045
黏土	0.03~0.04	0.025~0.0

资料来源：河北省地质局水文地质四大队，1978

2.5　地下水运动的偏微分方程和定解条件

2.5.1　承压水运动的基本方程

对于区域性地下水运动，含水层厚度与地下水水平流动的空间尺度相比要小得多，于是可认为地下水流动主要是沿水平面方向进行，垂向流速可以忽略，即 $\frac{\partial h}{\partial z} \approx 0$。这一假设大大降低了研究承压含水层中地下水运动的难度。

如果只考虑含水层在垂直方向上的压缩性，连续性方程(2.3.1)中水的密度 ρ、孔隙率 n 和单元体高度 Δz 均为变量，并随水的压力 p 的变化而变化，则右端项展开成为

$$\frac{\partial}{\partial t}(\rho n\Delta x\Delta y\Delta z)=\left[n\Delta z\frac{\partial\rho}{\partial t}+\rho\Delta z\frac{\partial n}{\partial t}+n\rho\frac{\partial(\Delta z)}{\partial t}\right]\Delta x\Delta y \tag{2.5.1}$$

把式(2.4.2)、式(2.4.5)、式(2.4.6)代入式(2.5.1)，整理后得

$$\frac{\partial}{\partial t}(\rho n\Delta x\Delta y\Delta z)=\left[n\Delta z\rho\beta\frac{\partial p}{\partial t}+\rho\Delta z(1-n)\alpha\frac{\partial p}{\partial t}+n\Delta z\rho\alpha\frac{\partial p}{\partial t}\right]\Delta x\Delta y$$
$$=\rho(\alpha+n\beta)\frac{\partial p}{\partial t}\Delta x\Delta y\Delta z \tag{2.5.2}$$

则式(2.3.1)成为

$$-\left[\frac{\partial(\rho v_x)}{\partial x}+\frac{\partial(\rho v_y)}{\partial y}+\frac{\partial(\rho v_z)}{\partial z}\right]\Delta x\Delta y\Delta z=\rho(\alpha+n\beta)\frac{\partial p}{\partial t}\Delta x\Delta y\Delta z \tag{2.5.3}$$

由于 $h = z + \dfrac{p}{\gamma}$，$p = \gamma(h-z) = \rho g(h-z)$，有

$$\frac{\partial p}{\partial t} = \rho g \frac{\partial h}{\partial t} + (h-z)g\frac{\partial \rho}{\partial t} = \rho g \frac{\partial h}{\partial t} + \frac{p}{\rho}\frac{\partial \rho}{\partial t} \tag{2.5.4}$$

将式 (2.4.2) 代入式 (2.5.4) 右端第二项，整理后得

$$\frac{\partial p}{\partial t} = \frac{\rho g}{1 - \beta p}\frac{\partial h}{\partial t}$$

考虑水的压缩性很小，$1 - \beta p \approx 1$，可得

$$\frac{\partial p}{\partial t} = \rho g \frac{\partial h}{\partial t} \tag{2.5.5}$$

将式 (2.5.5) 代入式 (2.5.3)，并展开左端项，有

$$-\left[\rho\left(\frac{\partial v_x}{\partial x} + \frac{\partial v_y}{\partial y} + \frac{\partial v_z}{\partial z}\right) + \left(v_x\frac{\partial \rho}{\partial x} + v_y\frac{\partial \rho}{\partial y} + v_z\frac{\partial \rho}{\partial z}\right)\right]\Delta x \Delta y \Delta z$$
$$= \rho^2 g(\alpha + n\beta)\frac{\partial h}{\partial t}\Delta x \Delta y \Delta z \tag{2.5.6}$$

由于水的密度 ρ 在空间的变化量远小于流速 v 在空间的变化量，故式 (2.5.6) 左端第二个括号项比第一个括号项小得多，可忽略不计，于是可变为

$$-\left(\frac{\partial v_x}{\partial x} + \frac{\partial v_y}{\partial y} + \frac{\partial v_z}{\partial z}\right) = \rho g(\alpha + n\beta)\frac{\partial h}{\partial t} \tag{2.5.7}$$

式 (2.5.7) 代入达西定律和储水率后，若取坐标轴方向与主渗透方向一致，可得到非均质各向异性含水层中承压水运动的基本微分方程：

$$\frac{\partial}{\partial x}\left(K_{xx}\frac{\partial h}{\partial x}\right) + \frac{\partial}{\partial y}\left(K_{yy}\frac{\partial h}{\partial y}\right) + \frac{\partial}{\partial z}\left(K_{zz}\frac{\partial h}{\partial z}\right) = \mu_e^*\frac{\partial h}{\partial t} \tag{2.5.8}$$

对于非均质各向同性介质，有 $K_{xx} = K_{yy} = K_{zz} = K(x,y,z)$，则微分方程成为

$$\frac{\partial}{\partial x}\left(K\frac{\partial h}{\partial x}\right) + \frac{\partial}{\partial y}\left(K\frac{\partial h}{\partial y}\right) + \frac{\partial}{\partial z}\left(K\frac{\partial h}{\partial z}\right) = \mu_e^*\frac{\partial h}{\partial t} \tag{2.5.9}$$

对于均质各向同性介质，$K_{xx} = K_{yy} = K_{zz} = K =$ 常数，方程可简化为

$$\frac{\partial^2 h}{\partial x^2} + \frac{\partial^2 h}{\partial y^2} + \frac{\partial^2 h}{\partial z^2} = \frac{\mu_e^*}{K}\frac{\partial h}{\partial t} \tag{2.5.10}$$

近似认为承压含水层的平均厚度 M 为常数，渗透系数 $K = K(x,y)$ 仅是 x，y 的函数，则在任一垂直剖面上，导水系数 $T(x,y) = K(x,y)M$，弹性释水系数 $\mu_e = \mu_e^* M$。在平面二维流的情况下，可利用储水系数 μ_e 和导水系数 T 表示，对非均质各向同性含水层，有

$$\frac{\partial}{\partial x}\left(T\frac{\partial h}{\partial x}\right) + \frac{\partial}{\partial y}\left(T\frac{\partial h}{\partial y}\right) = \mu_e\frac{\partial h}{\partial t} \tag{2.5.11}$$

对均质各向同性含水层，平面二维地下水运动微分方程为

$$T\left(\frac{\partial^2 h}{\partial x^2}+\frac{\partial^2 h}{\partial y^2}\right)=\mu_e\frac{\partial h}{\partial t}\tag{2.5.12}$$

或

$$a\left(\frac{\partial^2 h}{\partial x^2}+\frac{\partial^2 h}{\partial y^2}\right)=\frac{\partial h}{\partial t}\tag{2.5.13}$$

式中，$a=\dfrac{T}{\mu_e}$ 为压力传导系数，$\left[\mathrm{L}^2/\mathrm{T}\right]$。

在轴对称情况下，利用柱坐标系更为有利。对于均质各向异性含水层，柱坐标系下三维承压地下水运动的基本微分方程为

$$K_r\left(\frac{\partial^2 h}{\partial r^2}+\frac{1}{r}\frac{\partial h}{\partial r}\right)+K_\theta\frac{1}{r^2}\frac{\partial^2 h}{\partial \theta^2}+K_z\frac{\partial^2 h}{\partial z^2}=\mu_e^*\frac{\partial h}{\partial t}\tag{2.5.14}$$

对于均质各向同性含水层，式(2.5.14)可简化为

$$\frac{\partial^2 h}{\partial r^2}+\frac{1}{r}\frac{\partial h}{\partial r}+\frac{1}{r^2}\frac{\partial^2 h}{\partial \theta^2}+\frac{\partial^2 h}{\partial z^2}=\frac{\mu_e^*}{K}\frac{\partial h}{\partial t}\tag{2.5.15}$$

在二维情况下，可进一步简化为

$$a\left(\frac{\partial^2 h}{\partial r^2}+\frac{1}{r}\frac{\partial h}{\partial r}+\frac{1}{r^2}\frac{\partial^2 h}{\partial \theta^2}\right)=\frac{\partial h}{\partial t}\tag{2.5.16}$$

对于轴对称的径向流，式(2.5.16)变为

$$a\left(\frac{\partial^2 h}{\partial r^2}+\frac{1}{r}\frac{\partial h}{\partial r}\right)=\frac{\partial h}{\partial t}\tag{2.5.17}$$

式(2.5.8)至式(2.5.17)是承压水非稳定运动的基本微分方程的几种不同形式，是研究承压含水层中地下水运动的基础。方程反映了承压含水层中地下水运动的质量守恒关系，并通过达西定律反映了地下水运动中的能量守恒与转化关系。

在前述方程的建立中，仅考虑了均衡体表面的流入、流出量与均衡体内部弹性储存量的变化两个因素，没有考虑均衡体内产生水量(源)和消耗水量(汇)的因素，如入渗补给、蒸发排泄、抽水井、注水井等。这些因素的处理可根据具体情况或作为源汇项加入方程中，或作为边界条件加以刻画。对于入渗和蒸发，若为平面二维问题，往往视为面源和面汇；若是三维问题则属于上边界；对于抽水井和注水井，若将井视为一个点，则通常处理为点汇和点源(三维流问题称为空间点汇、点源；平面二维流问题称平面点汇、点源)；若将井壁视为边界(渗流与水流的分界面)，则可将井作为边界条件来刻画。

考虑源汇的影响，在式(2.5.8)至式(2.5.17)的左端加一源汇项，用 W 表示。W 也可以是空间和时间的函数。对于三维问题，W 表示单位时间从单位体积含水层流入或流出的水量；对于二维问题，W 表示单位时间从单位面积含水层中流入或流出的水量。其中流入为正，代表源；流出为负，代表汇。

加入源汇项后，式(2.5.9)为

$$\frac{\partial}{\partial x}\left(K\frac{\partial h}{\partial x}\right)+\frac{\partial}{\partial y}\left(K\frac{\partial h}{\partial y}\right)+\frac{\partial}{\partial z}\left(K\frac{\partial h}{\partial z}\right)+W=\mu_{\text{e}}^{*}\frac{\partial h}{\partial t} \qquad (2.5.18)$$

式 (2.5.11) 为

$$\frac{\partial}{\partial x}\left(T\frac{\partial h}{\partial x}\right)+\frac{\partial}{\partial y}\left(T\frac{\partial h}{\partial y}\right)+W=\mu_{\text{e}}\frac{\partial h}{\partial t} \qquad (2.5.19)$$

对于抽水或注水井的点源或点汇，式 (2.5.19) 可变换为

$$\frac{\partial}{\partial x}\left(T\frac{\partial h}{\partial x}\right)+\frac{\partial}{\partial y}\left(T\frac{\partial h}{\partial y}\right)+\sum_{i}Q_{i}\delta(x-x_{i},y-y_{i})=\mu_{\text{e}}\frac{\partial h}{\partial t} \qquad (2.5.20)$$

式中，δ 函数定义为

$$\delta(x-x_{i},y-y_{i})=\begin{cases}\infty & x=x_{i},y=y_{i}\\ 0 & \text{其他}\end{cases}$$

当地下水变化极其缓慢时，可近似看成一种相对的稳定状态。令式 (2.5.8) 至式 (2.5.20) 中右端的 $\dfrac{\partial h}{\partial t}$ 项等于 0，即可得到相应的稳定流运动方程。稳定流运动方程意味着同一时间内流入单元体的水量等于流出单元体的水量。

2.5.2 潜水运动的基本方程

1. 裘布依 (Dupuit) 假设

一般情况下，潜水面坡降和潜水流线的坡降比较平缓，潜水地下水流动可视为渐变流。在无入渗或蒸发条件下，潜水面应是一条流线。对于流动的潜水，潜水面不是水平的，从而等水头面就不是铅垂面 [图 2.8(a)]，即任一铅垂面上各点的水头 H 一般是不相等的。因此，潜水流速不仅有水平分量，也有垂直分量，潜水流属于三维流或剖面二维流问题，即 $H=H(x,y,z,t)$ 或 $H=H(x,z,t)$，这就给潜水运动的求解带来了困难。

裘布依根据潜水的渐变流特点，假设：对于潜水面上无垂直补给和排泄的剖面二维稳定流 [图 2.8(a)]，潜水面是一条流线。通过潜水面上任一点 P 的流速 v_{s} 为

$$v_{\text{s}}=-K\frac{\text{d}h}{\text{d}s}=-K\frac{\text{d}z}{\text{d}s}=-K\sin\theta \qquad (2.5.21)$$

式中，v_{s} 的方向在 P 点与潜水面相切；θ 为 v_{s} 与水平线的夹角。

裘布依假设认为，当潜水面坡度 (θ 角) 很小时，可近似用 $\tan\theta$ 代替 $\sin\theta$ [图 2.8(b)]，而 $\tan\theta=\dfrac{\text{d}H(x)}{\text{d}x}$，从而有

$$v_{\text{s}}\approx v_{x}=-K\frac{\text{d}H(x)}{\text{d}x} \qquad (2.5.22)$$

由于是剖面二维稳定流问题，式中的 H 仅随 x 变化，与 z 无关。

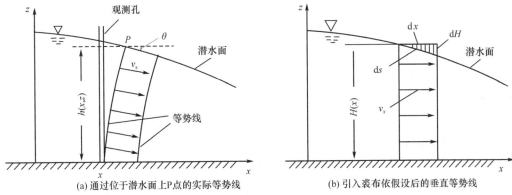

(a) 通过位于潜水面上P点的实际等势线　　　　　(b) 引入裘布依假设后的垂直等势线

图 2.8　潜水流动的裘布依假设

当隔水底板水平，并取隔水底板为基准面时，可得单宽流量 q_x 为

$$q_x = -Kh\frac{\mathrm{d}h}{\mathrm{d}x} \tag{2.5.23}$$

式 (2.5.23) 称为裘布依微分方程。

可以看出，裘布依假设实质上是在潜水垂向分速度 v_z 很小的情况下可将其忽略，把等水头面近似作为铅垂面，假设铅垂断面上不存在水力梯度和垂直流速。有了裘布依假设，可将平面二维 (x, z) 流动降为一维 (x) 流动，将空间三维 (x, y, z) 流动降为平面二维 (x, y) 流动，z 不再作为独立变量出现，从而简化了计算。但由于作了假设，据此得出的解 (水头) 只是一种近似解。然而，经验计算表明，当潜水面坡度 i 满足 $i^2 \ll 1$ 时，由裘布依假设产生的误差是很小的。但对于垂直流动分量较大的地下水流动区则是不适用的，如在非完整抽水井和非完整排水沟的中心和附近区域、渗出面附近、有入渗的潜水分水岭地段和垂直隔水边界附近等，如图 2.9 所示。

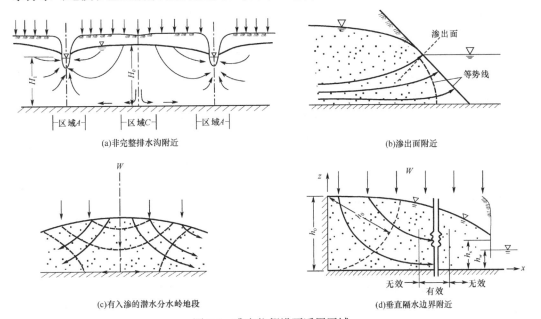

(a)非完整排水沟附近　　　　　　　　　　　　(b)渗出面附近

(c)有入渗的潜水分水岭地段　　　　　　　　　(d)垂直隔水边界附近

图 2.9　裘布依假设不适用区域

2. 布西内斯克(Boussinesq)方程

布西内斯克方程是研究潜水运动的基本微分方程，它的推导基于如下假定：①潜水流动满足裘布依假定；②含水层骨架和水不可压缩，即假定 ρ＝常数、μ_e＝0；③潜水层隔水底板水平；④潜水面上存在垂向交换水量 ε（ε 定义为单位时间、单位水平面积上含水层与外界垂向交换的水量，入渗补给或人工补给为正值，蒸发排泄为负值）。

在潜水含水层中取一柱状单元体，单元体底边分别为 Δx、Δy，高为含水层厚度 $h(x, y, t)$（由假设条件③，含水层厚度 h 等于水头值 H）。据上述假设，单元体的水量平衡方程为

$$\left\{\left[q_x\left(x-\frac{\Delta x}{2}, y\right)-q_x\left(x+\frac{\Delta x}{2}, y\right)\right]\Delta y+\left[q_y\left(x, y-\frac{\Delta y}{2}\right)-q_y\left(x, y+\frac{\Delta y}{2}\right)\right]\Delta x\right\}\Delta t$$
$$+\varepsilon\Delta x\Delta y\Delta t=\mu\left[H(t+\Delta t)-H(t)\right]\Delta x\Delta y \tag{2.5.24}$$

式中，q_x、q_y 分别为沿坐标 x、y 方向的单宽流量；μ 为潜水的给水度（水位下降时）或饱和差（水位上升时）。

引用式(2.5.23)（y 方向也类似），可得非均质各向同性含水层潜水运动方程：

$$\frac{\partial}{\partial x}\left(Kh\frac{\partial H}{\partial x}\right)+\frac{\partial}{\partial y}\left(Kh\frac{\partial H}{\partial y}\right)+\varepsilon=\mu\frac{\partial H}{\partial t} \tag{2.5.25}$$

对于均质各向同性含水层，K＝常数，式(2.5.25)变为

$$\frac{\partial}{\partial x}\left(h\frac{\partial H}{\partial x}\right)+\frac{\partial}{\partial y}\left(h\frac{\partial H}{\partial y}\right)+\frac{\varepsilon}{K}=\frac{\mu}{K}\frac{\partial H}{\partial t} \tag{2.5.26}$$

式(2.5.25)和式(2.5.26)即为具有水平隔水底板的潜水地下水运动基本微分方程，称为布西内斯克方程。方程中的含水层厚度 h 也是一个变化的量，因此方程为二阶非线性偏微分方程，求解比较困难，常需进行线性化处理后求解。

应注意的是，上述方程的推导是基于裘布依假设，并忽略了弹性储存，所取的单元体是包括整个含水层厚度在内的土柱，因此，方程所求得的解 $H(x, y, t)$ 只是整个含水层厚度上的平均水头，无法得出垂直剖面上不同深度处的水头分布。布西尼斯克方程的适用条件与裘布依假设条件相同。

均质各向同性含水层中轴对称径向流的潜水微分方程为

$$\frac{1}{r}\frac{\partial}{\partial r}\left(rh\frac{\partial H}{\partial r}\right)+\frac{\varepsilon}{K}=\frac{\mu}{K}\frac{\partial H}{\partial t} \tag{2.5.27}$$

2.5.3　定解条件和定解问题

地下水运动的基本微分方程只反映了地下水运动中水头函数所遵循的普遍规律，要获得水头函数的具体形式，还需要在时间和空间条件上加以限制以表明所研究的实际问题的特定条件，这就是初始条件和边界条件，二者合称为定解条件。一个或一组数学方程与其定解条件共同构成一个描述某实际问题的数学模型。一个物理现象或过程可被一

个数学问题合理地描述，应满足三个基本要求：①解必须存在(解的存在性)；②解必须是唯一确定的(解的唯一性)；③解必须连续依赖于求解它的参数和初始与边界条件(解的稳定性)。满足这三个基本要求的数学模型称为定解问题或适定问题，可通过各种室内外实验数据和结果来检验问题的适定性和求解的正确性。

对于稳定流问题，水头分布与时间无关，定解条件中只需要边界条件。这种仅取决于所研究区域边界条件的地下水运动问题称为边值问题。对于非稳定流，则初始条件与边界条件缺一不可。具有初始条件的地下水运动问题称为初值问题。

1. 初始条件

在渗流问题中，方程的因变量多为地下水水头。因此，通常把初始时刻($t = 0$ 或 $t = t_0$ 时刻)渗流区内水头的分布状况称为初始条件。

对于三维流问题，测压水头的初始条件为

$$h|_{t=0} = h(x, y, z, 0) \tag{2.5.28}$$

对于平面二维流问题，测压水头的初始条件为

$$h|_{t=0} = h(x, y, 0) \tag{2.5.29}$$

2. 边界条件

边界条件用于描述水头 h(或渗流量 q)在渗流区边界上所能满足的条件，表示所研究区域内部水流与外界系统之间的相互关系及作用。

一维水流的边界一般是某条线段(l)的两个端点；二维水流的边界是平面渗流区域(D)全部边界线(直线或曲线)和某些孤立的边界点与边界线；三维水流的边界是渗流空间区域(U)的全部边界面(平面或曲面)和某些孤立的边界点与边界线。

常见的边界条件有以下三种类型：

1) 第一类边界条件(Dirichlet 条件)

水头(或测压水头)分布(或方程形式)为已知的边界称为第一类边界，又称给定水头边界，用以下形式表示：

$$h|_{S_1} = h_1(x, y, z, t) \qquad (x, y, z) \in S_1 \tag{2.5.30}$$

$$\text{或} \quad h|_{\Gamma_1} = h_2(x, y, t) \qquad (x, y) \in \Gamma_1 \tag{2.5.31}$$

式中，h_1、h_2 分别为在三维和二维条件下边界段曲面 S_1 和曲线 Γ_1 上的已知水头函数。

若曲面 S_1 和曲线 Γ_1 上点的测压水头相等且等于某个常数，此时边界为一等势面或等势线。给定测压水头边界的地下水运动问题称为第一类边界问题或 Dirichlet 问题。可以作为第一类边界条件来处理的情况很多，如以地下水面为上边界的地下水流动区域，若地下水面(或测压水头)的变化已知或预先给定，即为给定测压水头边界；当含水层被河流或湖泊切割，且地下水与地表水有水力联系时，二者交界面(或线)可作为第一类边界，边界上的测压水位就是河湖的水位。

注意，给定水头边界是指边界水头的变化形式已知，但不一定是定水头，后者的水头是不随时间变化的常数。

2) 第二类边界条件(Neumann 条件)

垂直于渗流区域边界曲面 S_2 或曲线 Γ_2 上的流动通量为已知的边界称为第二类边界，又称给定通量边界。这类边界条件可表示为

$$-K\frac{\partial h}{\partial n}\bigg|_{S_2} = q_1(x,y,z,t) \qquad\qquad (x,y,z)\in S_2 \tag{2.5.32}$$

或 $\qquad\qquad -K\frac{\partial h}{\partial n}\bigg|_{\Gamma_2} = q_2(x,y,t) \qquad\qquad (x,y)\in \Gamma_2 \tag{2.5.33}$

式中，n 为 S_2 或 Γ_2 的外法线方向；q_1、q_2 均为已知函数，分别表示 S_2 上单位面积和 Γ_2 上单位宽度的侧向补给量。

对于给定通量边界问题，在数学上称为第二类边值问题，或 Neumann 问题。

3) 第三类边界条件(Cauchy 条件)

若渗流区域边界曲面 S_3 或曲线 Γ_3 上水头梯度 $\dfrac{\partial h}{\partial n}$ 和水头函数 h 的线性组合为已知，这类边界称为第三类边界条件或混合边界条件，表达形式为

$$\frac{\partial h}{\partial n} + f_1 H = f_2 \tag{2.5.34}$$

式中，f_1、f_2 均为边界上的已知函数。

具有此类边界条件的地下水运动问题称为 Cauchy 问题。图 2.10 是第三类边界条件的一种情况：承压含水层的侧向边界由两层构成，一是垂向分布的薄弱透水层；二是弱层边界外侧的地表水体(河流或湖泊)。承压含水层中的地下水通过弱透水层向河流排泄，此时边界面上的水流通量 q 为

$$q_1(x,y,z,t) = -K\frac{\partial h}{\partial n}\bigg|_{S_3} = \frac{K'}{m'}(h-h_0) \tag{2.5.35}$$

式中，K' 和 m' 分别为弱透水边界的渗透系数和厚度；h_0 为边界外侧河流的水位。

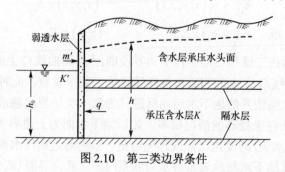

图 2.10　第三类边界条件

第3章　非饱和土壤水运动模型

当地下岩层介质中的孔隙没有被水充满时，该介质处于非饱和状态，称这种区域为非饱和带(或包气带)，其中的水分称为非饱和地下水。如果这种非饱和介质是土壤，其中的非饱和水也称为非饱和土壤水，即一般所指的土壤水。土壤水是陆地植物赖以生存的水分，也是联系地表水与地下水的纽带。在进行地面水、土壤水、地下水和大气水相互转化关系研究中，非饱和渗流理论和模型是重要的基础和工具，在水资源数量和质量的正确评价中起着关键作用。

3.1　非饱和土壤水的基本性质

3.1.1　土壤含水率

土壤是一种由固、液、气三相物质体组成的疏松多孔介质系统，其中所含液体(即水或水溶液)数量的多少，由三相体中液体水分所占整个土壤的相对比例来表示，称之为土壤含水率(或土壤含水量)，常有以下几种表示方法。

1. 重量含水率(θ_g)

土壤重量含水率(θ_g)以土壤中所含的水分重量占相应固相物质重量(烘干土重)的比值表示。对于土壤中任一点 P(物理点)处体积元ΔV_0，其中，水分的重量ΔG_w；固相物质重量ΔG_g，则

$$\theta_g = \frac{\Delta G_w}{\Delta G_g} \tag{3.1.1}$$

2. 体积含水率(θ_v)

土壤中水分占有的体积与土壤总体积(包括土壤颗粒体积和土壤孔隙体积)的比值称为土壤体积含水率，用θ_v表示。以ΔV_w表示体积元ΔV_0内水分占有的体积，则

$$\theta_v = \frac{\Delta V_w}{\Delta V_0} \tag{3.1.2}$$

3. 饱和度(ω)

饱和度是体积元ΔV_0内水的体积ΔV_w与孔隙体积ΔV_v的比值，表示孔隙被水充满的程度，即

$$\omega = \frac{\Delta V_{\mathrm{w}}}{\Delta V_{\mathrm{v}}} \tag{3.1.3}$$

体积含水率、重量含水率和饱和度按定义可用比值也可用百分数表示，三者间可以相互换算。

3.1.2　土壤水势

土壤水所具有的能量由动能和势能组成。由于水分在土壤孔隙中运动很慢，其动能可忽略不计。因此，一般情况下，土壤水能量的变化主要是考虑土壤水势能的变化。土壤水分所具有的势能称为土壤水势，简称土水势。任两点之间土壤水势能之差，即土水势差，是水分在此两点间运动的驱动力。

土壤中任一点水势的大小，可由该点的土壤水分状态与标准参照状态的势能差来定义。标准参照状态定义为：在标准大气压下，与土壤水具有相同温度，并在某一高度处的纯自由水体。土水势的单位取决于对土壤水分单位数量的规定方式：单位容积土壤水的土水势单位是压强单位 Pa 及 atm、bar（1atm=1.013×10⁵Pa；1bar=10⁵Pa）；单位重量土壤水的土水势的单位是长度单位 cm 或 m，也是通常所称的水头，数值上与水柱高度表示的压强值相等。

因此，土水势由以下各分势组成，即

$$\varphi_{\mathrm{w}} = \varphi_{\mathrm{g}} + \varphi_{\mathrm{p}} + \varphi_{\mathrm{m}} + \varphi_{\mathrm{s}} + \varphi_{\mathrm{T}} \tag{3.1.4}$$

式中，φ_{w} 为土水势，即土壤水的总势能；φ_{g} 为重力势；φ_{p} 为压力势；φ_{m} 为基质势（或称基膜势）；φ_{s} 为溶质势（渗透压势）；φ_{T} 为温度势。

一般取标准参照状态下的土水势为零。将单位数量的土壤水分从标准参考状态移至某一（点）土壤水状态时，如果环境对土壤水做了功，则该状态下土水势为正；若土壤水对环境做了功，则该状态下的土水势为负。在数值上，土水势的值与所做功的值相等。以下讨论各分势。

1. 重力势（φ_{g}）

由于重力场的存在，将单位数量的土壤水分从标准参考状态平面移至某一（点）土壤水状态时，而其他状态都不变，需要克服重力作用而做功，这种功以重力势能的形式储存于土壤水中，称为该点土壤水的重力势。

标准参考状态平面（基准面）可任意选定，研究田间土壤水分运动问题时一般选在地表或地下水水面处。垂直坐标 z 的原点设在参考平面上，其方向根据需要或取向上为正、或取向下为正。垂直坐标选定后，可得单位质量土壤水分的重力势为

$$\varphi_{\mathrm{g}} = \pm gz \tag{3.1.5}$$

单位容积土壤水分的重力势为

$$\varphi_{\mathrm{g}} = \pm \rho_{\mathrm{w}} gz \tag{3.1.6}$$

单位重量土壤水分的重力势为

$$\varphi_g = \pm z \tag{3.1.7}$$

式中，g 为重力加速度；ρ_w 为土壤水的密度。当 z 坐标向上为正时，等号右边取"＋"号，z 坐标向下为正时取"－"号。z 值本身的正负，取决于研究点相对于基准面的位置，基准面之上，z>0；基准面之下，z<0。

　　单位重量土壤水的土水势具有长度单位，一般称为水头。重力水头又称位置水头，它仅与计算点和参照基准面的相对位置有关，与土质条件无关。

2. 压力势(φ_p)

　　压力势是由于压力场中压力差的存在而引起的。多孔介质中任一点处的水分所受到的压力，与标准大气压力之间有一压力差，即称该点存在一个附加压强 Δp。由于附加压强(或压力差)的存在，使单位数量的土壤水分由该点转化为标准参考状态，而其他状态保持不变，仅由附加压强所做的功，称为该点的压力势。

　　由于取标准大气压为标准参考状态，地下水面处的土壤水压力势为零。地下水面以下的饱和土壤水的静水压力为正值，则其压力势 $\varphi_p \geqslant 0$。若所研究点位于地下水面以下深度 h 处，该点的附加压强为 $\rho_w gh$，则单位质量土壤水的压力势为

$$\varphi_p = gh \tag{3.1.8}$$

　　单位容积土壤水分的压力势为

$$\varphi_p = \rho_w gh \tag{3.1.9}$$

　　单位重量土壤水分的压力势为

$$\varphi_p = h \tag{3.1.10}$$

　　地下水面以上的非饱和土壤水，由于与大气连通，各点所承受的压力均为大气压，附加压强 $\Delta p = 0$，因而，非饱和土壤水的压力势 $\varphi_p = 0$。

3. 基质势(φ_m)

　　土壤水的基质势是由于土壤基质对水分的吸持作用引起的，这种吸持作用可概括为吸附作用和毛管作用。单位数量的土壤水分由非饱和土壤中的一点转化为标准参考状态，除土壤基质对土壤水分的吸持作用外其他状态保持不变，土壤水为了反抗土壤基质的吸持作用而对环境做的功，即为该点土壤水的基质势。由于土壤基质对水分的吸持作用，使土壤水的势能低于参照状态，因此，非饱和土壤水的基质势永远为负值，即 $\varphi_m \leqslant 0$。饱和土壤水的基质势 $\varphi_m = 0$。

　　土壤基质对水分吸持作用的大小与土壤特征和含水量的多少有关，因此，非饱和土壤水的基质势 φ_m 是土壤类型和含水率 θ 的函数。

4. 溶质势(φ_s)

　　溶质势的产生是由于可溶性物质(如盐类)溶解于土壤溶液中，溶质对水分子的吸引力降低了土壤水的势能所致。单位数量的土壤水分从土壤中一点转化为标准参考状态

时，仅由于溶液中溶质的吸引作用使土壤水对环境做的功，即为该点土壤水的溶质势。溶质势可通过渗透实验来证明。当土-水系统中存在半透膜(只允许水流通过而不允许盐类等溶质通过的材料)时，水将通过半透膜扩散到溶液中去，由于溶质分子对水的吸持作用，导致溶液比纯水具有较低的势能，这种势能差就是溶质势，也称为渗透压势。溶液的渗透压 P_s 可表示为

$$P_{\mathrm{s}} = \frac{c}{m}RT \tag{3.1.11}$$

式中，c 为单位体积溶液中含有的溶质质量，g/cm^3，也称为溶液的浓度；m 为溶质的摩尔质量，g/mol，数值上等于溶质的相对分子质量；因此，c/m 为以摩尔表示的溶液浓度，mol/cm^3；R 为摩尔气体常量，或称通用气体常数，当渗透压以 Pa 为单位时，R=8.31 × 10^{6}Pa·cm^3/(mol·K)；T 为热力学温度，K。

由此可得，含有一定溶质的单位体积土壤水的溶质势 φ_s 为

$$\varphi_{\mathrm{s}} = -\frac{c}{m}RT \tag{3.1.12}$$

土壤中并不存在半透膜，土壤水中溶质的存在并不显著地影响土壤中水分的流动，因此一般可不考虑溶质势。但在植物根系吸水时，水分被吸入根内须通过半透性的根膜，土壤溶液的势能必须高于根内势能，否则植物根系将不能吸水，甚至根茎内水分还可能被土壤吸取。为此，溶质势在研究植物根系和土壤水的相互作用中具有重要作用。

5. 温度势(φ_T)

温度势是由于温度场的温差所引起的。土壤中任一点土壤水分的温度势由该点的温度与标准参考状态的温度之差所决定。通常认为，由于温差存在对土壤水分运动通量的影响相对较小，因此，目前在分析土壤水分运动时，温度势的作用常被忽略。

土壤中温度的分布和变化对土壤水分运动的影响可能会大大超过温度势本身的作用。如温度对水的物理化学性质的影响，会进一步影响到基质势、溶质势及土壤水分参数的变化；温度对土壤水相变的影响，在土壤中水、气、热转化迁移研究中十分重要；在季节性冻融的土壤中，土壤的温度势是影响土壤水分运动的重要势能。

上述 5 种土壤水的分势能中，针对液态水在土壤中运动时，溶质势和温度势一般可不考虑。那么，在饱和土壤中，其总水势由压力势和重力势组成，一般以总水头 H 表示，可写为

$$H = h + z \tag{3.1.13}$$

式中，h 为静水压力水头，为地下水面以下深度；z 为相对于基准面的位置水头。

在非饱和土壤中，当不考虑气压势的情况下，总水势由基质势和重力势组成，即

$$\varphi = \varphi_{\mathrm{m}} + z \tag{3.1.14}$$

式中，φ_m 为基质势。若以 h 表示土壤中水分的压力势或基质势，即在饱和土壤中，h 表示土壤水分的压力水头，为正值，$h>0$；在非饱和土壤中，h 表示土壤水分的基质势，为负值，$h=\varphi_\mathrm{m}<0$。这时，式(3.1.14)可写成与式(3.1.13)相同的形式，即无论是饱和土

壤或非饱和土壤，总水势可以由式(3.1.13)统一表示。

如上所述，土壤水的基质势和溶质势均为负值，使用时多有不便。因此，将基质势和溶质势的负数定义为吸力，分别称为基质吸力和溶质吸力。在研究田间土壤水分运动时，溶质势一般不考虑。故一般所说的吸力即指土壤水的基质吸力，用 s 表示，$s=-\varphi_m=-h$。非饱和土壤的基质势为负值，因此，非饱和土壤的吸力为正值。通常土壤的吸力也称为土壤负压。

3.1.3　土壤水分特征曲线

非饱和土壤水的基质势(或土壤水吸力)是土壤含水率的函数，二者之间的关系曲线称为土壤水分特征曲线。该曲线反映了土壤水的能量与数量关系，是反映土壤水分运动基本特征的曲线。

当土壤中水分处于饱和状态时，含水率为饱和含水率 θ_s，吸力 s 或基质势 φ_m 为零。若对土壤施加微小的吸力，土壤中尚无水排出，土壤含水率仍维持饱和值；当吸力增加至某一临界值 s_a 后，土壤最大孔隙中的水分开始排出，含水率开始减小。该临界值称为进气吸力或进气值，即土壤水由饱和转为非饱和时的负压值。不同质地的土壤，其进气值不同，一般轻质土或结构良好的土壤进气值较小，重质黏性土壤的进气值较大。

目前尚不能根据土壤的基本性质从理论上得出土壤负压与含水率的定量关系，因此，土壤水分特征曲线视为土体的本构关系，只能用试验的方法测定。为了方便计算和分析，常用实测得到的结果拟合为经验公式。目前采用较多的是 Gardner 和 van Genuchten 提出的以下经验关系式。

Gardner 提出的经验公式：

$$s=-h=|h|=a\theta^{-b} \tag{3.1.15}$$

式中，s 为吸力或负压水头，cm；θ 为土壤含水率，常以体积百分数表示，cm^3/cm^3；a，b 均为经验常数，由试验测定。

van Genuchten 提出的经验公式：

$$\frac{\theta-\theta_r}{\theta_s-\theta_r}=\left(\frac{1}{1+\left(\alpha|h|\right)^n}\right)^m \tag{3.1.16}$$

式中，θ_s 为饱和土壤含水率，cm^3/cm^3；θ_r 为最大分子持水率，cm^3/cm^3；m，n，α 均为经验系数(或指数)，由试验测定，其中，$m=1-\dfrac{1}{n}$，$0<m<1$。

土壤水分特征曲线对不同质地的土壤是不同的。图 3.1 是低吸力下实测几种土壤的水分特征曲线(只取脱湿过程结果)。一般情况下，土壤的黏粒含量越高，同一负压条件下土壤含水率就越大，或同一含水率下其负压值越高。这是由于黏质土壤孔径分布较为均匀，随着负压的增大，含水率缓慢减小。砂性土壤中孔隙一般较大，达到一定负压时，大孔隙中的水分首先迅速排空，土壤中仅留存少量水分，当负压再增加时，含水率的变化就很小了。

水分特征曲线还受土壤结构的影响。同一质地的土壤，当土壤结构不同时(或土壤容重不同时)，水分特征曲线也不同，这在低负压范围内尤为明显。与疏松的土壤相比，压实的土壤降低了土壤孔隙度，压缩了其中的大孔隙，使土壤开始释水所需的吸力加大，尤其在低负压范围内，含水率变化较缓慢。但对于小孔隙，在压实和未压实情况下并没有显著变化，所以在高负压时，两者的土壤水分特征曲线是一致的。图 3.2 表示同一种土壤在不同干容重条件下的水分特征曲线。

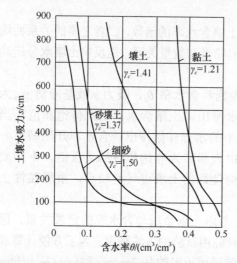

图 3.1　不同土壤的水分特征曲线(低吸力脱湿过程，γ_c 为土壤容重)

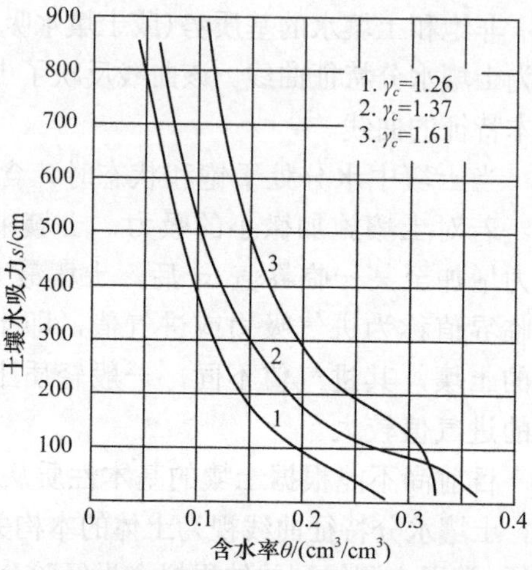

图 3.2　同一砂壤土不同干容重下的水分特征曲线(低吸力脱湿过程，γ_c 为土壤容重)

温度对土壤水分特征曲线也有影响，温度升高时，水的黏滞性和表面张力下降，基质势相应增大。在低含水率时，这种影响表现得更加明显。

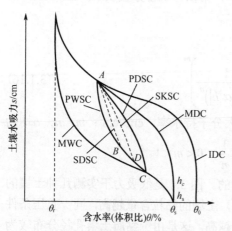

图 3.3　土壤水分特征曲线的滞后现象

土壤水分特征曲线对于同样质地和结构的土壤也非单值曲线，即使在恒温条件下，对于吸水和脱水过程，吸力(负压)与含水率的关系曲线是不同的。这种现象称为滞后现象，如图 3.3 所示。

土壤从原始充分饱和状态(含水率为 θ_0)开始脱水(或脱湿)，直到土壤含水率不随吸力的增加而产生明显变化为止，此时的土壤含水率称为残留含水率 θ_r，在这一过程测得的土壤水分特征曲线(图 3.3 中 IDC 线)称为初始脱湿曲线。土壤从 θ_r 开始重新吸水(或吸湿)，直到吸力降为零，此时含水率为 θ_s，在这一过程测得的土壤水分特征曲线(图 3.3 中 MWC 线)称为主吸湿曲线。需要注意的是，同样吸力为零，但此时的土壤含水率 θ_s 却小于原始饱和含水率 θ_0。这是由于在土壤重新充水过程中，部分土壤孔隙中的空气未能及时排出即被水膜所隔绝，阻断了空气排除通道，这就使土壤充水容积小于土壤实际孔隙，从而使饱和含水率变小。从饱和含水率 θ_s 状态再次脱湿，可测得主脱湿曲线 MDC，曲线 MDC 及 MWC 以 θ_s 和 θ_r 为起点和终点组成闭合环路。土壤在主脱(或吸)湿过程中某一时刻(如图 3.3 中点 A 或点 C)改变运动状态，所得到新的特征曲线称初始吸湿(或脱湿)扫描线(图 3.3 中 PWSC 线和 PDSC 线)；在初始扫描过程中再改变运动状态(点 B 或点 D)，所得的特征曲线称为第二次脱湿(或吸湿)扫描线(SDSC 线及 SWSC 线)，继续转变时称高次扫描线。在实际应用中，需判断土壤水分运动是属于脱湿还是吸湿，从而选择正确的　曲线。

土壤水分特征曲线的斜率是每单位基膜势变化所引起土壤含水率的变化，称为容水度(或比水容量)

$$C = \frac{\mathrm{d}\theta}{\mathrm{d}\phi_m} = \frac{\mathrm{d}\theta}{\mathrm{d}h} \tag{3.1.17}$$

式中，C 为容水度；其余符号同前。

3.2　非饱和水分运动基本方程

3.2.1　非饱和土壤水的达西定律

由饱和砂柱渗透试验得出的达西定律也可引申到非饱和土壤水分运动中，最早将达西定律延伸至非饱和水流的是 Richards(1931)，并规定导水率 K 不再是常数，是随土壤含水率(或土壤基质势)变化的函数，即非饱和土壤水的达西定律为

$$\boldsymbol{q} = -K(\theta) \cdot \nabla H \tag{3.2.1}$$

或

$$\boldsymbol{q} = -K(h) \cdot \nabla H \tag{3.2.2}$$

式中，∇H 为水势梯度；$K(\theta)$ 和 $K(h)$ 为导水率，分别是土壤含水率 θ 和土壤基质势 h 的函数。

由于 $K(h)$ 受滞后影响较大，式(3.2.2)仅适用于单纯的吸湿或脱湿过程，但式(3.2.1)可避免滞后作用的影响。

与饱和水流不同，非饱和土壤水的基质势为负值，土水势在不考虑溶质势、温度势及气压势时，只包括重力势和基质势。因此，总水头常以压力水头和位置水头之和来表示。

3.2.2　非饱和土壤的水力传导度

非饱和土壤水力传导度 K(又称导水率)是反映土壤水分在压力水头差作用下流动的

性能，可定义为在单位水头差作用下，单位断面面积上通过的流量，量纲为$[LT^{-1}]$。它是土壤含水率或土壤负压的函数。

饱和土壤的孔隙都被水充满，导水率达到最大值，且为常数。而非饱和土壤中，因土壤孔隙中部分充气，导水的孔隙相应减少，水力传导度低于饱和土壤水情况，且为负压或含水率的函数，记为$K(\theta)$或$K(h)$，并随含水率的降低而减小。土壤水的排水首先从大孔隙中开始，随着吸力的增加，大孔隙中的水被逐渐排出，水流仅能在小孔隙中流动。因此，土壤从饱和过渡到非饱和将引起导水率的急剧降低。当吸力由零增至1×10^5 Pa时，导水率可能降低几个数量级，有时会降低至饱和导水率的1/100000。

水力传导度K值的大小与土壤质地有关。当负压较低或土壤含水率较高时，砂性土壤的水力传导度比黏性土壤的要大，但是当吸力很高时，由于砂性土壤大部分孔隙中的水被排空，成为不导水的孔隙，此时砂性土壤的水力传导度反而会比黏性土壤的要低。非饱和土壤的导水率还与土壤结构有关。当土壤压密后，大孔隙减少而小孔隙增加，此时对同样的含水率，导水率将随土壤干容重的增大而减小。

非饱和土壤的水力传导度与土壤负压$-h$或含水率θ的关系通常由试验资料拟合成经验公式，一般有以下几种形式：

(1) 土壤水力传导度与负压$-h$的关系式：

$$K(h) = K_s e^{-c|h|} \tag{3.2.3}$$

$$K(h) = a|h|^{-n} \tag{3.2.4}$$

$$K(h) = \frac{a}{|h|^n + b} \tag{3.2.5}$$

式中，K_s为饱和土壤水导水率，或称渗透系数；a，b为经验常数；c，n为经验指数。

(2) 土壤水力传导度与含水率θ的关系式：

$$K(\theta) = K_s e^{-c(\theta_s-\theta)} \tag{3.2.6}$$

$$K(\theta) = K_s\left(\frac{\theta-\theta_r}{\theta_s-\theta_r}\right)^n \tag{3.2.7}$$

$$K(\theta) = K_s\left(\frac{\theta-\theta_r}{\theta_s-\theta_r}\right)^{0.5}\left\{1-\left[1-\left(\frac{\theta-\theta_r}{\theta_s-\theta_r}\right)^{1/m}\right]^m\right\}^2 \tag{3.2.8}$$

式中，θ_s为饱和含水率；θ_r为土壤残余含水率，通常采用最大分子持水率；c，m，n均为经验指数，其他符号意义同前。

土壤的水分特征曲线与水力传导度之间具有密切的关系，通过大量的理论分析和试验数据的检验，得到下面几种在实际中常用的配套使用的理论模型，在各理论模型中，通过不同的非饱和水力参数将水分特征曲线和水力传导度联系起来。

1. Van Genuchten 模型（VG 模型）

van Genuchten(1980)提出的模型能够在较大的水头变化范围内表征水分特征数据，应用较为广泛，表示为

$$S(\theta) = \left\{ 1 + \left[\alpha_{\text{VG}} \left| h(\theta) \right| \right]^{n} \right\}^{-m} \tag{3.2.9a}$$

$$K(\theta) = K_{\text{s}} \sqrt{S(\theta)} \left\{ 1 - \left[1 - S^{\frac{1}{m}}(\theta) \right]^{m} \right\}^{2} \tag{3.2.9b}$$

$$S(\theta) = \frac{\theta - \theta_{\text{r}}}{\theta_{\text{s}} - \theta_{\text{r}}} \tag{3.2.9c}$$

式中，$h(\theta)$ 为土壤水压力水头（基质势），[L]；θ 为含水率，θ_{r}、θ_{s} 分别为残留含水率和饱和含水率；$K(\theta)$ 为非饱和水力传导度，[LT^{-1}]；K_{s} 为饱和水力传导度，[LT^{-1}]；$S(\theta)$ 为饱和度；α_{VG} 为模型的形状参数，表征土壤的孔隙大小分布，也可认为是进气压力的倒数，[L^{-1}]；n 为与土壤质地有关的参数，$m = 1 - 1/n$。

2. Brooks-Corey 模型（BC 模型）

Brooks 和 Corey(1964)提出 Brooks-Corey 模型来描述土壤水分特征曲线和水力传导度：

$$S(\theta) = \left[\alpha \cdot \left| h(\theta) \right| \right]^{-n} \tag{3.2.10a}$$

$$K(\theta) = K_{\text{s}} S(\theta)^{\frac{2}{n} + 3} \tag{3.2.10b}$$

$$S(\theta) = \frac{\theta - \theta_{\text{r}}}{\theta_{\text{s}} - \theta_{\text{r}}} \tag{3.2.10c}$$

式中，α 为多孔介质进气值 h_b 的倒数，[L^{-1}]；n 为颗粒大小分布参数。其余参数与变量如式(3.2.9)所示。

3. Gardner- Russo 模型（GR 模型）

Gardner(1958)采用指数模型描述非饱和水力传导度与水头的函数关系，Russo(1988)以指数水力传导率模型为基础，推导了土壤含水率与水头的参数化表达式：

$$S(\theta) = \left\{ \exp\left[-\frac{1}{2} \alpha_{\text{GR}} \left| h(\theta) \right| \right] \left[1 + \frac{1}{2} \alpha_{\text{GR}} \left| h(\theta) \right| \right] \right\}^{2/(m_{\text{GR}}+2)} \tag{3.2.11a}$$

$$K(\theta) = K_{\text{s}} \exp\left[-\alpha_{\text{GR}} \left| h(\theta) \right| \right] \tag{3.2.11b}$$

$$S(\theta) = \frac{\theta - \theta_{\text{r}}}{\theta_{\text{s}} - \theta_{\text{r}}} \tag{3.2.11c}$$

式中，$\alpha_{GR}(\mathbf{x})$为模型的形状参数，表征土壤的孔隙大小分布，$[L^{-1}]$；m_{GR}为模型的形状参数，与孔隙的弯曲有关。其余参数与变量如式(3.2.9)所示。

由于土壤负压与含水率的关系曲线存在滞后现象，所以，土壤水力传导度随负压的变化也有滞后现象，即在同一负压下，脱湿过程中的土壤水力传导度高于吸湿过程中的水力传导度。但土壤水力传导度与含水率的关系受滞后作用的影响较小。

3.2.3 非饱和带土壤水运动的基本方程

1. 直角坐标系中的基本方程

非饱和土壤水分运动一般遵循达西定律，并符合质量守恒的连续性原理。因此，土壤水分运动基本方程可通过达西定律和连续性方程来推导。

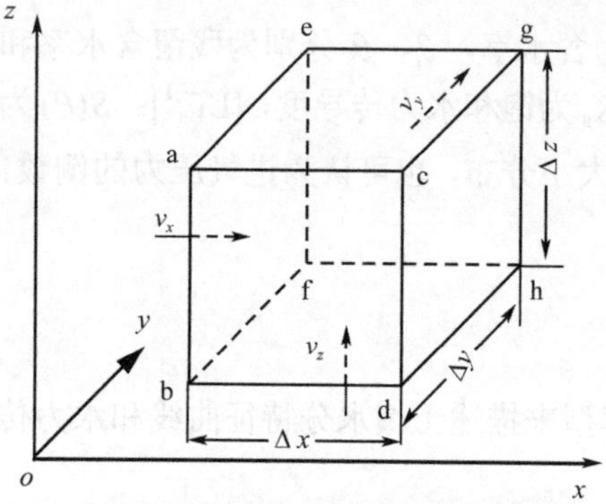

图 3.4　直角坐标系中的单元体

在直角坐标系中，取土壤水分流动空间内任一点(x, y, z)，并以该点为中心取无限小的微分单元体(平行六面体)。单元体的边长分别为Δx、Δy、Δz，并和相应的坐标轴平行，如图 3.4 所示。六面体的体积为$\Delta x\Delta y\Delta z$，由于六面体很小，可近似认为各个面上每一点流速是相等的，设其流速为v_x、v_y、v_z，在$t \sim t+\Delta t$时段内，流入单元体的质量为

$$m_{入} = \rho v_x \Delta y \Delta z \Delta t + \rho v_y \Delta x \Delta z \Delta t + \rho v_z \Delta x \Delta y \Delta t \tag{3.2.12}$$

流出单元体的质量为

$$\begin{aligned} m_{出} = {} & \rho\left(v_x + \frac{\partial v_x}{\partial x}\Delta x\right)\Delta y \Delta z \Delta t + \rho\left(v_y + \frac{\partial v_y}{\partial y}\Delta y\right)\Delta x \Delta z \Delta t \\ & + \rho\left(v_z + \frac{\partial v_z}{\partial z}\Delta z\right)\Delta x \Delta y \Delta t \end{aligned} \tag{3.2.13}$$

式中，ρ为水的密度；Δx、Δy、Δz 分别为单元体在三个坐标轴方向的长度；$\frac{\partial v_x}{\partial x}\Delta x, \frac{\partial v_y}{\partial y}\Delta y, \frac{\partial v_z}{\partial z}\Delta z$ 分别表示水流经单元体后，其流速在 x、y、z 方向的变化值。

根据单元体流体质量流入流出之差，可得到单元体流体质量的增加值为

$$\Delta m = m_{入} - m_{出} = -\rho\left(\frac{\partial v_x}{\partial x} + \frac{\partial v_y}{\partial y} + \frac{\partial v_z}{\partial z}\right)\Delta x \Delta y \Delta z \Delta t \tag{3.2.14a}$$

若用土壤含水率表示，设单元体内土壤含水率为θ，则在Δt 时间内单元体质量的变化又可表示为

$$\Delta m = \rho \frac{\partial \theta}{\partial t} \Delta x \Delta y \Delta z \Delta t \tag{3.2.14b}$$

根据质量守恒原理，式(3.2.14a)和式(3.2.14b)应相等，即

$$\frac{\partial \theta}{\partial t} = -\left(\frac{\partial v_x}{\partial x} + \frac{\partial v_y}{\partial y} + \frac{\partial v_z}{\partial z} \right) \tag{3.2.15}$$

由非饱和水分运动的达西定律

$$v_x = -K(\theta)\frac{\partial H}{\partial x}, v_y = -K(\theta)\frac{\partial H}{\partial y}, v_z = -K(\theta)\frac{\partial H}{\partial z} \tag{3.2.16}$$

式(3.2.15)可表示为

$$\frac{\partial \theta}{\partial t} = \frac{\partial}{\partial x}\left[K(\theta)\frac{\partial H}{\partial x} \right] + \frac{\partial}{\partial y}\left[K(\theta)\frac{\partial H}{\partial y} \right] + \frac{\partial}{\partial z}\left[K(\theta)\frac{\partial H}{\partial z} \right] \tag{3.2.17a}$$

式中，H 为总土水势，是基质势 h 和重力势 z 之和，即 $H=h+z$；其余符号同前。式(3.2.17a) 为非饱和土壤水运动基本方程。

在饱和土壤中，含水量和基质势均为常量。水力传导度也为常量，常称为渗透系数，则式(3.2.17a)可写为

$$\frac{\partial^2 H}{\partial x^2} + \frac{\partial^2 H}{\partial y^2} + \frac{\partial^2 H}{\partial z^2} = 0 \tag{3.2.17b}$$

式(3.2.17b)为饱和土壤水运动的拉普拉斯方程。

在饱和-非饱和土壤水分的研究中，为了统一表示土壤水分在饱和-非饱和状态的总水头，可将式(3.1.13)和式(3.1.14)统一表示为

$$H=h+z \tag{3.2.18}$$

式中，h 为土壤水分压力水头，在地下水面处 h 为零；在饱和带 $h>0$，表示土壤水的静水压力水头；在非饱和带 $h<0$，表示土壤的基质势。从饱和到非饱和带土壤水分的总水头为连续函数，这时，式(3.2.17)可用于描述饱和带和非饱和带的水流运动。

野外实际的土壤水流往往是各式各样的，为运用基本方程分析各种实际问题的方便，可将基本方程改写成各种表达形式。以下给出基本方程的几种不同表达形式。

1) 以含水率 θ 为变量的基本方程

由于基质势 h 是含水率 θ 的函数，而 θ 又是空间坐标 x、y、z 的函数，故 h 是 x、y、z 的复合函数。利用复合函数的求导，有 $\frac{\partial h}{\partial x} = \frac{\partial h}{\partial \theta}\frac{\partial \theta}{\partial x}$；$\frac{\partial h}{\partial y} = \frac{\partial h}{\partial \theta}\frac{\partial \theta}{\partial y}$；$\frac{\partial h}{\partial z} = \frac{\partial h}{\partial \theta}\frac{\partial \theta}{\partial z}$，将其代入式(3.2.16)，并令土壤水的扩散度 $D(\theta)$ 为

$$D(\theta) = K(\theta)\frac{\partial h}{\partial \theta} \tag{3.2.19}$$

可得到以含水率 θ 为变量的土壤水分运动的基本方程

$$\frac{\partial \theta}{\partial t} = \frac{\partial}{\partial x}\left[D(\theta)\frac{\partial \theta}{\partial x} \right] + \frac{\partial}{\partial y}\left[D(\theta)\frac{\partial \theta}{\partial y} \right] + \frac{\partial}{\partial z}\left[D(\theta)\frac{\partial \theta}{\partial z} \right] + \frac{\partial K(\theta)}{\partial z} \tag{3.2.20}$$

式中，z 轴取向上为正；若 z 取向下为正时，右端第 4 项前应为负号。该方程还可表示为

$$\frac{\partial \theta}{\partial t} = \nabla \cdot \left[D(\theta) \nabla \theta \right] + \frac{\partial K(\theta)}{\partial z} \tag{3.2.21}$$

或

$$\frac{\partial \theta}{\partial t} = \nabla \cdot \left[D(\theta) \nabla \theta \right] + \frac{\mathrm{d}\, K(\theta)}{\mathrm{d}\theta} \frac{\partial \theta}{\partial z} \tag{3.2.22}$$

对于垂向一维土壤水分运动，式 (3.2.21) 可简化为

$$\frac{\partial \theta}{\partial t} = \frac{\partial}{\partial z} \left[D(\theta) \frac{\partial \theta}{\partial z} \right] + \frac{\partial K(\theta)}{\partial z} \tag{3.2.23}$$

一维水平运动的情况下，重力项等于 0，方程成为

$$\frac{\partial \theta}{\partial t} = \frac{\partial}{\partial x} \left[D(\theta) \frac{\partial \theta}{\partial x} \right] \tag{3.2.24}$$

式 (3.2.23) 和式 (3.2.24) 具有扩散方程的形式，故将 $D(\theta)$ 称为扩散度。需要注意的是，土壤水分运动本质上不是扩散运动，含水率梯度 $\frac{\partial \theta}{\partial x}$ 也不是水分运动的驱动力，只是隐含地反映了基质势梯度 $\frac{\partial h}{\partial x}$。

2) 以基质势 h 为变量的基本方程

根据复合函数的求导原则，上述方程的左端为 $\frac{\partial \theta}{\partial t} = \frac{\partial \theta}{\partial h} \frac{\partial h}{\partial t} = C(h) \frac{\partial h}{\partial t}$，其中

$$C(h) = \frac{\partial \theta}{\partial h} \tag{3.2.25}$$

称为容水度 (或称比水容量)，表示单位基质势变化时的含水率变化量。

有了容水度的定义，可将式 (3.2.17) 改写成以基质势 h 为因变量的基本方程：

$$C(h) \frac{\partial h}{\partial t} = \frac{\partial}{\partial x} \left[K(h) \frac{\partial h}{\partial x} \right] + \frac{\partial}{\partial y} \left[K(h) \frac{\partial h}{\partial y} \right] + \frac{\partial}{\partial z} \left[K(h) \frac{\partial h}{\partial z} \right] + \frac{\partial K(h)}{\partial z} \tag{3.2.26}$$

或记为

$$C(h) \frac{\partial h}{\partial t} = \nabla \cdot \left[K(h) \nabla h \right] + \frac{\partial K(h)}{\partial z} \tag{3.2.27}$$

对于一维垂向流动，方程可简化为

$$C(h) \frac{\partial h}{\partial t} = \frac{\partial}{\partial z} \left[K(h) \frac{\partial h}{\partial z} \right] + \frac{\partial K(h)}{\partial z} \tag{3.2.28}$$

由于土壤水分的滞后作用，基质势和含水率不是单值函数，土壤吸湿过程和脱湿过程不同。因此，上述基本方程只能用于单一的脱湿或吸湿过程。

以上不同类型的方程中，各具其特点和适用条件，以基质势 h 和以含水率 θ 为因变量的方程是两种经常采用的形式，应选用哪一种合适，取决于求解问题的边界条件和初始条件。以含水率 θ 为因变量的方程常用于求解均质土层或全剖面为非饱和流动问题，该方程形式对于层状土壤或求解饱和-非饱和流动问题不适用；以基质水头 h 为因变量

的方程是应用较多的一种形式，可适用于饱和-非饱和水流的求解及层状土壤的水分运动分析计算，但由于非饱和土壤水的导水率 $K(h)$ 及容水度 $C(h)$ 受滞后影响较大，计算中要注意合理选取参数，若选取不当会造成较大误差。

2. 柱坐标系中的基本方程

　　在求解某些土壤水分运动问题时，采用柱坐标系会更为方便。在柱坐标系中，基本方程的推导同样采用达西定律与连续性方程相结合的方法。

　　建立以 z 轴为柱轴的柱坐标系，并取 z 向上为正，如图 3.5 所示。柱坐标系中任一点均由三个坐标描述，即垂直坐标 z，柱半径 r 和角坐标 φ。以柱坐标系中任一点为中心取一单元体，各坐标增量分别为 Δz、Δr 和 $\Delta \varphi$。

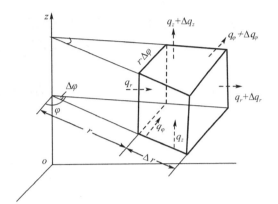

图 3.5　柱坐标系及其中的单元体
（以 z 为轴）

　　在此坐标系中，达西定律可表示为

$$\left.\begin{array}{l} q_r = -K(\theta)\dfrac{\partial H}{\partial r} \\[2mm] q_\varphi = -\dfrac{1}{r}K(\theta)\dfrac{\partial H}{\partial \varphi} \\[2mm] q_z = -K(\theta)\dfrac{\partial H}{\partial z} \end{array}\right\} \tag{3.2.29}$$

式中，q_r、q_φ、q_z 分别为沿三个坐标方向的土壤水分通量；H 为总水势。

　　在假设介质骨架和水均不可压缩的情况下，可推导出在 Δt 时间内沿上述三个坐标方向流入和流出单元体的水量差的总和为

$$-\left(q_r + r\frac{\partial q_r}{\partial r} + \frac{\partial q_\varphi}{\partial \varphi} + \frac{\partial q_z}{\partial z}\right)\Delta r \Delta \varphi \Delta z \Delta t \tag{3.2.30}$$

　　单元体体积应为 $\left(r + \dfrac{\Delta r}{2}\right)\Delta r \Delta \varphi \Delta z$，略去高阶无穷小量后，为 $r\Delta r \Delta \varphi \Delta z$，在 Δt 时间内单元体内水分的增量为

$$\frac{\partial \theta}{\partial t} r \Delta r \Delta \varphi \Delta z \Delta t \tag{3.2.31}$$

　　根据水体的质量守恒原理，式(3.2.30)与式(3.2.31)应相等，即

$$\frac{\partial \theta}{\partial t} = -\left(\frac{1}{r}q_r + \frac{\partial q_r}{\partial r} + \frac{1}{r}\frac{\partial q_\varphi}{\partial \varphi} + \frac{\partial q_z}{\partial z}\right) \tag{3.2.32}$$

式(3.2.32)为柱坐标系中土壤水分运动的连续性方程。将式(3.2.29)表达的达西定律代入连续性方程，即得到柱坐标系中土壤水分运动的基本方程

$$\frac{\partial \theta}{\partial t} = \frac{1}{r} K(\theta) \frac{\partial H}{\partial r} + \frac{\partial}{\partial r}\left[K(\theta) \frac{\partial H}{\partial r}\right] + \frac{1}{r^2}\frac{\partial}{\partial \varphi}\left[K(\theta) \frac{\partial H}{\partial \varphi}\right] + \frac{\partial}{\partial z}\left[K(\theta) \frac{\partial H}{\partial z}\right] \quad (3.2.33)$$

代入总水头势 $H=h+z$、扩散度 $D(\theta)$ 等，并简化后得基本方程为

$$\frac{\partial \theta}{\partial t} = \frac{1}{r}\frac{\partial}{\partial r}\left[rD(\theta) \frac{\partial \theta}{\partial r}\right] + \frac{1}{r^2}\frac{\partial}{\partial \varphi}\left[D(\theta) \frac{\partial \theta}{\partial \varphi}\right] + \frac{\partial}{\partial z}\left[D(\theta) \frac{\partial \theta}{\partial z}\right] + \frac{\partial K(\theta)}{\partial z} \quad (3.2.34)$$

对于平面轴对称问题，式(3.2.34)成为

$$\frac{\partial \theta}{\partial t} = \frac{1}{r}\frac{\partial}{\partial r}\left[rD(\theta) \frac{\partial \theta}{\partial r}\right] \quad (3.2.35)$$

同理，可推得以 x(或 y) 轴为柱轴的柱坐标系的基本方程：

$$\frac{\partial \theta}{\partial t} = \frac{1}{r}\frac{\partial}{\partial r}\left[rD(\theta) \frac{\partial \theta}{\partial r}\right] + \frac{1}{r^2}\frac{\partial}{\partial \varphi}\left[D(\theta) \frac{\partial \theta}{\partial \varphi}\right] + \cos\varphi \frac{\partial K(\theta)}{\partial r}$$
$$- \frac{\sin\varphi}{r}\frac{\partial K(\theta)}{\partial \varphi} + \frac{\partial}{\partial x}\left[D(\theta) \frac{\partial \theta}{\partial x}\right] \quad (3.2.36)$$

3.2.4　非饱和土壤中水、气、热耦合运移方程

以上模型都是在等温条件下建立起来的。然而在自然条件下，土壤水分的转化和运移并非在等温条件下进行，土壤中含水率的非均匀分布和时空变化会引起土壤中各点的热特性参数(比热容和热导率等)各不相同，并随时间变化。土壤中的热流及温度的分布和变化也会对土壤水的运移和转化产生影响。此外，由温度差形成的温度势梯度本身也可导致水分的流动。为此，当对土壤水的研究涉及农田蒸发蒸腾的能量转换、地表覆盖物的温度效应、农田土壤冻融作用等方面时，必须考虑水、气、热耦合运移模型。

以 Philip 和 de Vries(de Vries，1958；Philip and de Vries，1957)为代表的学者应用微观力学机制建立了多孔介质中水、气、热耦合运移模型，该模型包括水分运移方程和热运移方程，利用两个方程耦合求解，得到水分运动的解。

1. 水分运移方程

土壤中水分的总通量 q_m 可表示为

$$q_m = q_1 + q_v = -\rho_1 K \nabla(h+z) - D\nabla \rho_v \quad (3.2.37)$$

式中，q_1、q_v 分别为液态水及水汽的通量；∇ 为向量算子；$\nabla(h+z)$ 为总水头梯度；ρ_1、ρ_v 分别为水、水汽的密度；K 为导水率；D 为水汽扩散系数；h 为土壤水基质势；z 为垂向坐标。

考虑吸湿热对于压力场的作用，在式(3.2.37)中增加温度梯度对水分通量的影响，得到：

$$q_m = q_1 + q_v = -\rho_1 K \nabla(h+z) - D\nabla \rho_v - \rho_1 D_{Ta} \nabla T \quad (3.2.38)$$

式中，T 为温度；D_{Ta} 为温度梯度作用下吸附水流的运移系数。单位体积土壤中的总水

量为 $\rho_l\theta + \rho_v\theta_a$，其中，$\theta$、$\theta_a$ 分别为土壤体积含水率及含气率，$\theta+\theta_a = n$，n 为孔隙率。根据质量守恒原理，有

$$\frac{\partial}{\partial t}(\rho_l\theta + \rho_v\theta_a) = -\nabla \cdot q_m \tag{3.2.39}$$

将式(3.2.38)代入式(3.2.39)后，经整理，得到水分运动方程(杨金忠和蔡树英，1989；蔡树英和张瑜芳，1991)

$$S_h\frac{\partial h}{\partial t} + S_T\frac{\partial T}{\partial t} = \nabla \cdot \left[(K + D_{hv})\nabla h + (D_{Tv} + D_{Ta})\nabla T\right] + \frac{\partial K}{\partial z} \tag{3.2.40}$$

其中

$$S_h = \left(1 - \frac{\rho_v}{\rho_l}\right)\frac{\partial \theta}{\partial h}\bigg|_T + \frac{\theta_a}{\rho_l}\frac{\partial p_v}{\partial h}\bigg|_T$$

$$S_T = \left(1 - \frac{\rho_v}{\rho_l}\right)\frac{\partial \theta}{\partial T}\bigg|_h + \frac{\theta_a}{\rho_l}\frac{\partial \rho_v}{\partial T}\bigg|_h$$

式中，D_{hv} 为基质势梯度作用下水汽的给水系数；D_{Tv} 为温度梯度作用下水汽的给水系数。

2. 热运移方程

多孔介质中任一点处的热通量为

$$q_h = -\lambda\nabla T - \rho_l L D_{hv}\nabla h + C_l(T - T_0)q_m \tag{3.2.41}$$

式中，λ 为土壤的热传导系数，$J/(cm \cdot \text{℃} \cdot s)$；$\nabla T$ 为温度梯度；∇h 为水头梯度；L 为水的蒸发潜热，J/g；C_l 为水的比热容，$J/(cm^3 \cdot \text{℃})$；T_0 为参照系的温度，℃。土壤的热传导系数可以表示为

$$\lambda = \sum_{i=1}^{5} k_i\theta_i\lambda_i \bigg/ \sum_{i=1}^{5} k_i\theta_i \tag{3.2.42}$$

式中，$i=1$，2，3，4，5 分别表示水、汽、石英、有机质和其他物质组分；k_i 为各组分中固体颗粒的温度梯度与水体温度梯度之比；λ_i、θ_i 为各组分热传导系数和组分体积份数。各参数的计算方法可参见 Milly(1982，1984)。

在单位体积多孔介质中的总热量为

$$Q = C(T - T_0) + L_0\rho_v\theta_v - \rho_l\int_0^{\theta_l} W\mathrm{d}\theta \tag{3.2.43}$$

式中，$C = \sum_{i=1}^{5} C_i\theta_i$ 为含水、水汽介质中的热容量，cal/cm^3，C_i 为各组分体积热容量；L_0 为参考温度 T_0 下的蒸发潜热，cal(1cal=4.1868J)，在 T_0=20℃时，L_0=585cal/g；W 为微分吸湿热；蒸发潜热 L 和微分吸湿热 W 可以表示为(de Vries，1958；Philip and de Vries，1957；Milly，1982，1984)

$$L = L_0 + (C_v - C_l)(T - T_0) \tag{3.2.44}$$

$$W = -j^{-1}g(h - T\frac{\partial h}{\partial T}) \tag{3.2.45}$$

式中，C_v 为常温下水蒸气比热容；C_l 为水的比热容；j 为热功当量；g 为重力加速度。

热量连续性方程可以表示为

$$\frac{\partial Q}{\partial t} = -\nabla q_h \tag{3.2.46}$$

将式(3.2.41)和式(3.2.43)代入式(3.2.46)得到土壤中热量守恒方程：

$$C_h\frac{\partial h}{\partial t} + C_T\frac{\partial T}{\partial t} = \nabla(\lambda\nabla T) + \nabla(\rho_l L D_{hv}\nabla h) - \nabla(C_l(T-T_0)q_m) \tag{3.2.47}$$

式中，

$$C_T = C + H_1\frac{\partial \rho_v}{\partial T}\bigg|_h + H_2\frac{\partial \theta_l}{\partial T}\bigg|_h$$

$$C_h = H_1\frac{\partial \rho_v}{\partial T}\bigg|_T + H_2\frac{\partial \theta_l}{\partial T}\bigg|_T$$

$$H_1 = (T - T_0)C_v\theta_v + L_0\theta_v$$

$$H_2 = (T - T_0)(C_l\rho_l - C_v\rho_v) - L\rho_v - \rho_l W$$

式(3.2.40)和式(3.2.47)及其相应的定解条件组成了水、气、热耦合运动的定解问题。对于一维问题，可以简化为

$$S_h\frac{\partial h}{\partial t} + S_T\frac{\partial T}{\partial t} = \frac{\partial}{\partial z}\left[(K + D_{hv})\frac{\partial h}{\partial z}\right] + \frac{\partial}{\partial z}\left(D_{Tv}\frac{\partial T}{\partial z}\right) + \frac{\partial K}{\partial z} \tag{3.2.48}$$

$$C_h\frac{\partial h}{\partial t} + C_T\frac{\partial T}{\partial t} = \frac{\partial}{\partial z}\left(\lambda\frac{\partial T}{\partial z}\right) + \frac{\partial}{\partial z}\left(p_l L D_{hv}\frac{\partial h}{\partial z}\right) - \frac{\partial}{\partial z}[C_l(T-T_0)q_m] \tag{3.2.49}$$

由于方程中系数也为 h 和 T 的函数，方程具有高度的非线性，可利用迭代法求解(杨金忠和蔡树英，1989；蔡树英和张瑜芳，1991)。

3.3　非饱和土壤水分运动参数的求解

3.3.1　基本参数求解概述

非饱和水分运动方程中包含了一些重要的参数，如非饱和土壤水力传导度 $K(\theta)$ [或 $K(h)$]、扩散度 $D(\theta)$、容水度(或比水容量)$C(h)$，当我们求解方程的时候，都须先得到这些参数才能对土壤水分运动进行定量分析。因此，土壤水分运动参数是研究土壤水分运动规律时需要首先解决的问题。

在参数已知的条件下，利用建立的数学模型求解土壤中含水率(或基质势)的分布及其随时间的变化，称为正问题的求解。根据室内外试验实测的土壤水分和土壤水势资料或实际观测的土壤水分动态资料，反过来确定土壤水分运动参数的求解方法，称为求解逆问题，也就是求参数的问题。求解逆问题(求参数)的方法一般可分为两大类：直接解

法和间接解法。

直接解法就是从正问题的基本方程和定解条件出发，求出其解析解或半解析解的数学表达式，在这种表达式中，将欲求的参数视为未知数，而把其他参数和量视为已知数，从而求出未知的参数或参数表达式。通过各种室内外实验确定参数的方法就属于直接解法。

间接解法首先假定一个(或几个)基本方程中的参数值，利用解析方法或数值方法求解方程的正问题，得出某时刻各点的土壤含水率或基质势值(即方程中的因变量)，将这些计算值与试验值(或田间观测点的实测值)进行比较，若两者相差大于给定值，需修改参数，重复上述计算和比较，直到两者之间的差值满足要求，此时对应的参数值就是所要求解的参数。用间接法求参数，必须已知基本方程中因变量的实测值，并需反复修改参数进行比较。为了缩短计算过程，在修改参数和计算时，可采用最优化方法，如最小二乘原理、优选法和单纯形法等。

3.3.2 土壤水分运动参数的室内外实验确定方法

1. 土壤水分特征曲线及容水度的测定

土壤水分特征曲线是土壤含水率与土壤负压之间的关系曲线 $h(\theta)$，是反映土壤持水特性的曲线。如测得这一关系曲线，则容水度 $C(h)$ 也就可以相应求得。一般实验测定方法有以下 4 种。

1)土壤含水率剖面法

对于具有一定深度的均匀土壤，设法保持土壤底端地下水位不变，而土壤表层水分不蒸发(即蒸发强度 $\varepsilon=0$)，土壤中的水分经过长时间的再分布，最终必达到稳定状态，如图 3.6 所示。

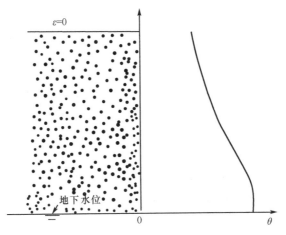

图 3.6 稳定土壤剖面法

根据达西定律，有

$$\varepsilon = -K(\theta)\left(\frac{\partial h}{\partial z}+1\right)=0 \tag{3.3.1}$$

因 $K(\theta)\neq 0$，故 $\frac{\partial h}{\partial z}+1=0$，取地下水面为坐标原点，则 $z=0$ 时，$h=0$，得出

$$h=-z \tag{3.3.2}$$

式 (3.3.2) 说明，当坐标取向上为正时，土壤剖面上任一点的 z 坐标与该点的含水率 θ 之间的关系曲线即为 h 与 θ 关系曲线。测出各点的土壤含水率，就可求得土壤水分特征曲线。

这种方法既适合于在室内用土柱法测量，也适合野外试验测量。野外测量时，地表需用不透水材料覆盖，防止水分蒸发，待地下水面以上土壤剖面含水率分布达到稳定后，取土样测定不同位置处的含水率，即可绘制 $-z$ 与 θ 或 h 与 θ 关系曲线。由于土柱长度和野外试验条件所限，此方法测出的负压值较小 (负压在 $1\sim2$m 水柱高)。另外，这种方法一般只适用于均质土壤，适用范围较窄。

2) 负压计(张力计)法

这种方法是用负压计(张力计)测定土壤水负压，用称重法测定相对应的土壤含水率。适合测定低负压(小于 $500\sim800$cm 的水柱高)条件下的水分特征曲线。

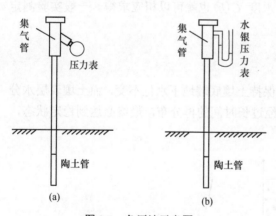

图 3.7　负压计示意图

负压计(张力计)由陶土管、集气管和压力计三部分组成(图 3.7)。陶土管由一种多孔材料构成，该材料在一定负压值范围内具有可透水而不透气的功能。压力计用于测定负压值，可以采用机械真空表(负压表)，也可以采用充水或充水银的 U 形管压力计。陶土管、集气管和压力计三部分之间密闭相连。

用负压计测定土壤水吸力是利用土壤水中的势能与仪器中水的势能相平衡的原理。初始测定时，使仪器中的纯自由水处于势能为 0 的状态，将陶土管插入被测的土壤中(陶土管外侧与土壤接触良好)，由于陶土管的透水作用，管中的纯自由水通过多孔陶土壁与土壤水建立水力联系，即管中的水很快流向势能低的非饱和土壤，而在管中形成负压。当陶土管内外的势能值达到平衡时，仪器内部的势能就是陶土管处土壤水的势能(或吸力)，其大小通过压力计表示出来。若忽略陶土管内外水的溶质势差和温度势差，并取坐标原点位于陶土管的中心处，此时，被测土壤水的基质势 φ_{m} 为

$$\varphi_{\mathrm{m}} = \varphi_{\mathrm{wp}}+z \tag{3.3.3}$$

式中，φ_{wp} 为压力计读出的负压值(<0)；z 为压力表的位置。

在室内测定水分特征曲线,可将土样装于专用的试验容器中,陶土管埋入土样的中心。先使土样达到饱和,称重,然后开始土壤脱湿过程的测定。首先,敞开土样蒸发(根据经验控制蒸发时间或蒸发量),再密封土样使其内部水分均匀,达到稳定后,读取负压值,并称重,这样就得到一组 h 与 θ 数据;如此逐级进行,直到土样含水率达到风干含水率状态,就可绘出土壤脱湿全过程的 h 与 θ 关系曲线。然后将土样从风干含水率开始浸水增加含水率,用同样方法逐级测定,直到饱和,从而得到土样吸湿全过程的 h 与 θ 关系曲线。

负压计法既可以用于室内扰动土样和原状土样水分特征曲线的测定,也可以用于野外土壤水分特征曲线的测定。只是野外土壤含水率的测定需采用其他方法。

这种方法试验设备和操作简单,但测定的吸力范围有限($0\sim0.8\text{bar}$)($1\text{bar}=10^5\text{Pa}$),且试验时间较长。但其测定范围也已包括土壤有效水分的 $50\%\sim75\%$,实用性较大。

3)砂性漏斗法

砂性漏斗法是在饱和的试样上施加一定压力,然后测定其排水过程(或在下部加负压,然后测定其吸水过程),从而求得水分特征曲线的方法。试验装置由砂性漏斗、供水部分和量测部分组成(图 3.8)。砂性漏斗是一个底部装有多孔板(可用陶土板)的玻璃(或有机玻璃)漏斗,土样置于多孔板上,板下水室连通一个悬挂水柱,形成对土样的吸力。漏斗顶端加盖以防止土样水分蒸发,但不密封。供水部分的作用是保持一定的水位,量测部分用于测量排出的水量。

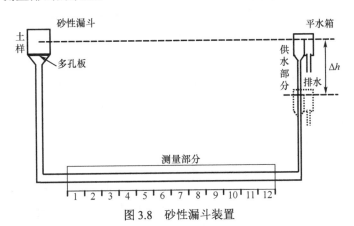

图 3.8　砂性漏斗装置

砂性漏斗法是利用漏斗里的土样通过多孔板与悬挂水柱建立水力联系,当处于平衡状态时,漏斗中的土壤含水量由起始土壤含水量和排水量测量结果确定;土壤水的总土水势 φ 与多孔板下边的自由水总水势 φ_{w} 相等,土壤水的基质势等于多孔板下自由水的压力势,$\varphi_{\text{m}}=\varphi_{\text{pw}}$,而自由水所受压力是负压,故所测得土壤水的基质势为

$$\varphi_{\text{m}} = -\Delta h \tag{3.3.4}$$

这种方法仅适用于室内测量,土样可为扰动土或原状土,吸湿曲线和脱湿曲线均可测量,但只能测定低负压范围($0\sim0.8\text{bar}$)的水分特征曲线。试验前把多孔板浸水一天,清除漏斗水室和水管中的气泡,然后把已知干容重的土样装进漏斗进行饱

和，使水柱出水口水面与土样中心齐平。试验开始时，将水柱出口下降某一 Δh 距离，相当于对土样施加负压 Δh，在该负压作用下，土样开始排水，量测出稳定后的总排水量，由排水量计算出土样含水率，即可得到负压与含水率的对应值。逐级降低水柱出口，得到一系列负压 Δh_i 与含水率 θ_i 的对应值，从而完成脱湿 $h(\theta)$ 曲线。同理也可以在砂性漏斗底部使负压逐步减小，形成吸水过程，测得土壤吸湿 $h(\theta)$ 曲线。

4) 压力薄膜仪法

用压力薄膜仪测定水分特征曲线的原理类似于砂性漏斗法，不同的是砂性漏斗法对土样施加的是负压，压力薄膜仪法施加的是正压。该仪器由带有薄膜或多孔板的压力室、排水和测量系统及控制压力室压力的调压系统三部分组成(图 3.9)。

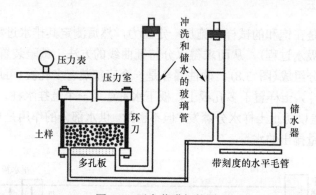

图 3.9　压力薄膜仪装置

土样放入密闭压力室的薄膜板(陶土板)上，通过与板下水室的自由水相联系，当压力室内气压增加，陶土板上土样中的总土水势高于板下的自由水势时，土样便开始排水，待陶土板上土壤水和板下自由水的水势相等时(达到平衡状态)，排水停止，此时，土样的基质势等于压力室内压力的负值，即

$$\varphi_{\mathrm{m}} = -\varphi_{\mathrm{p}} \tag{3.3.5}$$

当已知土样初始含水率时，可根据排水量计算平衡后的土壤含水率。增加压力，重复上述过程，得到一系列土壤负压和对应的土壤含水率，从而测得脱湿 $h(\theta)$ 曲线。同样可以将加压改为减压，排水改成供水，形成土样吸湿，可测出吸湿过程的水分特征曲线。

由于压力薄膜具有承受较高压力而不漏气的特点，这种方法可测出从低压到高压的整个过程，一般压力可达 10～20 个大气压，得到完整的水分特征曲线。有的压力室可以做成便于称重的装置，用称重法测得含水率。还可以用如同高压锅的压力室，一次放入多个不同的土样。

2. 非饱和土壤水力传导度和土壤扩散度的测定

土壤水力传导度、扩散度都与水分特征曲线密切相关，若已测得水分特征曲线，则

容水度 $C(h) = C(\theta) = \dfrac{\mathrm{d}\theta}{\mathrm{d}h}$，而扩散度与水力传导度之间有关系：$D(\theta) = K(\theta)\dfrac{\partial h}{\partial \theta} = \dfrac{K(\theta)}{C(\theta)}$。
因此，只要测得了其中之一，另一个也就确定了。

水力传导度和扩散度的确定方法很多，分为稳定流和非稳定流两类。

1) 稳定流方法

稳定流的方法是在试验过程中流量和水力坡降不随时间变化的情况下测定的方法。测得的水力传导度仅与测定位置的压力水头及含水率有关。

A. 短柱法

短柱法是将土样放入较短土柱的两块多孔板之间进行试验，土柱前端连有可控制压力(水头)的供水装置，后端连有排水装置。根据土柱放置方向，分为水平短柱法和垂直短柱法两种，如图 3.10 和图 3.11 所示。控制土柱两端的水位，在土柱各断面之间形成一定压力差 Δh，此压力差通过两多孔板之间的测压装置测得。由达西定律计算通过单位断面的流量。

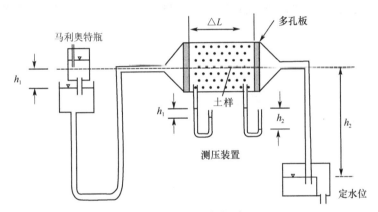

图 3.10　水平短柱法

对于水平短柱，在稳定流情况下，q 为常量，有 $K = -q \cdot \dfrac{\Delta L}{\Delta h}$。当 ΔL 很小时，Δh 也很小，K 可看成是相应于平均负压 $\bar{h}$ 的 K 值。测量不同的负压值 $\bar{h}$ 所对应的 K 值，即可得 K 与 $\bar{h}$ 的关系曲线。若已求得水分特征曲线，可由 $\bar{h}$ 查得含水率 θ，求得 $K(\theta)$ 关系曲线。

对于垂直短柱，流速等于垂向流速，即 $v = q = -K_z\left(\dfrac{\Delta h}{\Delta z} + 1\right)$。如果土柱很短，可忽略重力项，则 $q \approx K_z \dfrac{\Delta h}{\Delta z}$。在土柱两端压力差的作用下，

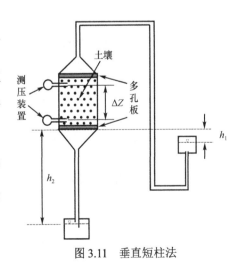

图 3.11　垂直短柱法

水分从土样中排出，测量排出水量 q 和两端压力，即可得到 $K(h)$ 曲线，若已测得水分特征曲线，便可求得 $K(\theta)$ 关系。

这种方法测定水力传导度的负压范围很小，一般只能达到 $0\sim500\mathrm{cm}$ 水柱高。土柱长度和断面直径只能几厘米，否则会影响精度。

B. 垂直土柱下渗法

利用 $50\sim200\mathrm{cm}$ 长均匀填充的垂直土柱，每隔一定距离（如 $20\mathrm{cm}$）埋设一个负压计，初始含水率上下均匀。土柱顶部装有密闭供水室，供水室底部与土壤用滤网或多孔板隔开，以防供水时破坏表层土壤；供水室一侧与马利奥特瓶（以下简称"马氏瓶"）补水装置相连，马氏瓶刀口位置距土壤表面的距离（忽略滤网或多孔板厚度）为作用水头 h_w，如图 3.12 所示。调整好作用水头后开始试验。首先向供水室供水，使土壤表面保持一定的入渗流量，随着入渗的进行，表层含水率逐渐增大而负压逐渐减小，当入渗进行到一定阶段后水流会达到稳定状态，表层土壤剖面达到了某一恒定的压力水头和含水率，也即压力坡降不变，$\dfrac{\partial h}{\partial z}=0$，根据达西定律，此时表层入渗强度为 $\varepsilon=q=-K\left(\dfrac{\partial h}{\partial z}-1\right)=K$。

当入渗达到稳定状态时，由试验装置读出入渗强度 ε 和所对应的表层土壤的负压值 h，便可得到水力传导度，$\varepsilon=K(h)$。此时表层含水率 θ_0 也不变，可求得相应于 θ_0 的导水率 $K(\theta_0)$。

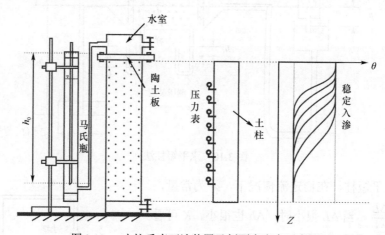

图 3.12　土柱垂直下渗装置及剖面含水率示意图

抬高马氏瓶刀口位置，使作用水头 h_w 增加，土柱上部含水率 θ_0 也增加，待稳定后，又可求得另一含水率所对应的导水率值。当作用水头从较小值开始，逐级增加，便可测得导水率 K 随含水率 θ 的变化曲线。

这种实验方法计算简便易操作，但只能测定吸湿过程的水力传导度。

C. 垂直土柱稳定蒸发法

可以利用垂直下渗的试验装置（图 3.13），但有两点不同，①土柱顶端不密封，且要造成表土蒸发的条件；②从土柱下端用马氏瓶供水，并保持一定水位。经过较长时间蒸发，待蒸量与下部补给水量相等时达到稳定状态，读出蒸发强度 ε（即马氏瓶的补水量）

和各断面的 $\dfrac{\Delta h}{\Delta z}$，由式(3.3.1)，可计算出 K 值，即

$$K = -\dfrac{\varepsilon}{\dfrac{\Delta h}{\Delta z}+1} \tag{3.3.6}$$

利用式(3.3.6)，每两个相邻断面的负压平均值对应一个 K 值，可得出 $K(h)$ 的关系曲线；同样，也可得出 K 与 θ 关系，其中 θ 取每两个相邻断面含水率的平均值。

此方法概念清楚，试验和计算简便，可用于室内扰动土和原状土的测定，缺点是达到稳定蒸发所需时间较长。

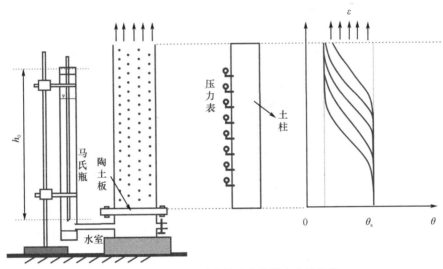

图 3.13　垂直土柱蒸发的水力传导率定量装置

2）非稳定流方法

非稳定流方法是利用土壤剖面上水流的压力坡降和含水率随时间变化的过程或土柱入流量和出流量的变化过程来测定土壤的水力传导度和扩散度，主要有瞬时剖面法和入流-出流法两种。

A.瞬时剖面法

在进行均质土壤土柱的蒸发(水分向上运动)或入渗(水分向下运动)试验时，可以测出不同时刻土壤剖面的瞬时含水率分布和负压分布，通过计算求得非饱和水力传导度。

对非饱和垂直一维流动，当 z 坐标向上为正时，由达西定律可导出水力传导度 K 的计算公式：

$$K = -\dfrac{q}{\dfrac{\Delta h}{\Delta z}+1} \tag{3.3.7}$$

可见，只要能获得某一点处土壤水的通量 q 和负压梯度 $\frac{\Delta h}{\Delta z}$，就可计算出相应的导水率 K 值。

以上渗无蒸发条件下的土柱试验为例，如图 3.14 所示。在土柱不同深度装有负压计，以测定相应深度的瞬时负压值。利用马氏瓶从底部供水，可维持所需水位不变，并能测量补给的水量。土柱顶部防止蒸发，但不必密封。

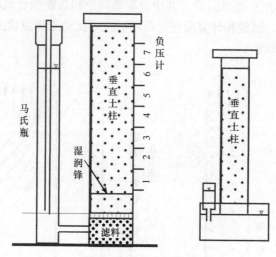

图 3.14　垂直上渗装置

根据负压计的读数，可求得某断面 z 处两相邻时刻（如 t_0，t_1）负压梯度 $\frac{\Delta h}{\Delta z}$，并得到 $t_0 \sim t_1$ 时段内负压梯度的平均值。

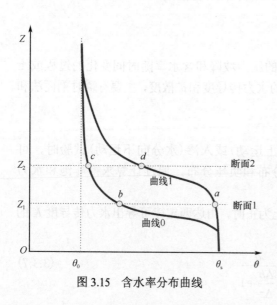

图 3.15　含水率分布曲线

含水率的测定可采用 γ 射线仪；或已知水分特征曲线，由测量出的负压值通过水分特征曲线推算要求时刻的含水率分布。另外，土柱内水量的增加等于马氏瓶的补水量，可对所得含水率的分布进行水量平衡验证。

在从底部供水条件下，若 t_0 时刻剖面上含水率分布为 $\theta(t_0)$（图 3.15 中曲线 0），经过一定时间上渗后，t_1 时刻剖面上含水率分布为 $\theta(t_1)$（图 3.15 中曲线 1），则在 $t_0 \sim t_1$ 时段内，任一断面 z 处的土壤水分运动通量为 $q(z)$，根据连续性原理，断面 1 到断面 2 的流量之差等于两断面间土层中水量的变化，即

$$q_1 - q_2 = \int_{z_1}^{z_2} \frac{\partial \theta}{\partial t} \mathrm{d}z \tag{3.3.8}$$

令 $z_1=0$，z_2 取任一断面 z，式(3.3.8)可写为

$$q_0 - q(z) = \int_0^z \frac{\partial \theta}{\partial t}\mathrm{d}z = \frac{\partial}{\partial t}\int_0^z \theta\,\mathrm{d}z \tag{3.3.9}$$

为便于计算，式(3.3.9)可进一步近似为

$$q_0 - q(z) = \frac{1}{\Delta t}\left[\int_0^z \theta(t_1)\mathrm{d}z - \int_0^z \theta(t_o)\mathrm{d}z\right] \tag{3.3.10}$$

式中，$z_1=0$ 处的通量 q_0 可由马氏瓶的补水量求得；右端方括号内的值可由 t_0 和 t_1 时刻的含水率分布求得，或用图解法(图 3.15 中 a、b、c、d 所围的区域面积)求得。至此，可求出任一断面 z 处在 Δt 时段内的平均通量 $q(z)$。取一系列的 z 断面，按上述方法分别求出平均的通量 $q(z)$、负压梯度 $\frac{\Delta h}{\Delta z}$ 和含水率值，就可得出 K 与 h(或 K 与 θ)关系。

瞬时剖面法方法简单，不需要达到稳定流条件，边界条件可根据实际情况给定，对扰动土、原状土、均质土和非均质土均适用，可计算吸湿和脱湿过程。无论通过室内实验或野外试验，只要能获取边界流量 q_1、实测的剖面含水率和负压值(或水分特征曲线)等资料，就可计算得到水力传导度。值得注意的是，测量土壤负压和含水率的精度要求较高，否则可能对结果产生影响。

B. 出流-入流法

a)短柱出流法

这种方法包括前述的压力薄膜仪法和砂性漏斗法，就是将饱和土样置于压力室(或砂性漏斗)内的多孔板(或压力薄膜)之上，对压力室施加一定压力(或对砂性漏斗施加负压)后，土样中的水分便通过多孔板(或薄膜)排出。逐级施加压力，测定排出水量与时间的关系，直至排水结束。利用实测资料通过理论计算出扩散度和水力传导度。

以下以砂性漏斗出流(图 3.16)为例，介绍出流法的计算原理。

为便于理论分析，首先做如下假定：

i)土样厚度 l 较薄，可忽略重力作用；

ii)当负压改变量 Δh 较小时，在此负压变化范围内，土壤含水率 θ 与负压 h 呈直线关系，$\theta=c_0+Ch$，C 为比水容量，假定 c_0 和 C 在 Δh 变化范围内均为常数；

iii)在 Δh 变化范围内，导水率 K 和扩散率 D 为常数。

在以上假定条件下，分别给出瞬时变压和渐变变压出流法的计算公式。

在瞬时变压出流方法中，根据上述假定和瞬时变压出流条件，以负压为变量的一维非饱和非稳定土壤水运

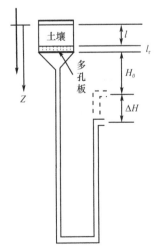

图 3.16　砂性漏斗出流示意图

动的定解问题为

$$\frac{\partial h}{\partial t} = D(\theta)\frac{\partial^2 h}{\partial z^2} \tag{3.3.11a}$$

$$h = H_0, \quad t = 0, \quad 0 \leqslant z \leqslant l \tag{3.3.11b}$$

$$\frac{\partial h}{\partial z} = 0, z = 0, t \geqslant 0 \tag{3.3.11c}$$

$$K(\theta)\frac{\partial h}{\partial z} = K_r\frac{-(H_0 + \Delta h) + h}{l_r}, z = l, t > 0 \tag{3.3.11d}$$

式中，z 为垂直坐标，取向下为正；l 为砂性漏斗土样高度；t 为从负压改变的瞬时起算的时间；K_r，l_r 分别为砂性漏斗多孔底板的渗透系数和厚度。可见，式(3.3.11b)为初始条件；式(3.3.11c)为上边界条件(无蒸发)；式(3.3.11d)为下边界条件，即在土柱和多孔底板接触处，水由土样底部流出的通量与通过多孔板的通量相等(假设多孔板的含水率不变)。

令，$R_s = \dfrac{l}{K(\theta)}, R_r = \dfrac{l_r}{K_r}$ 分别为砂性漏斗土样和多孔底板的阻抗；$P = \dfrac{R_r}{R_s} = \dfrac{K(\theta)l_r}{K_r l}$ 为阻抗比。

将边界条件和初始条件代入求解方程，可得到出流理论公式

$$\frac{W_\infty - W_{\bar{t}}}{W_\infty} = \sum_{m=1}^{\infty}\frac{2\mathrm{e}^{-\alpha_m^2 \bar{t}}}{\alpha_m^2(1 + P + P^2\alpha_m^2)} \tag{3.3.12}$$

式中，$\bar{t} = \dfrac{Dt}{l^2}$ 为无因次时间；$W_{\bar{t}}$ 为无因次时间 $\bar{t}$ 的累计出水量；W_∞ 为由负压改变 Δh 而引起的总出水量；α_m 为方程 $\alpha_m\tan\alpha_m = \dfrac{1}{P}, m = 1, 2, 3, \cdots$ 对应的解。

式(3.3.12)右端的级数收敛较快，当 $\bar{t}$ 较大时，仅取级数的第一项就可满足要求，此时可得到出流的近似理论公式为

$$\frac{W_\infty - W_t}{W_\infty} = \frac{2\mathrm{e}^{-\alpha_1^2\frac{Dt}{l^2}}}{\alpha_1^2(1 + P + P^2\alpha_1^2)} \tag{3.3.13}$$

Gardner 在假设多孔板的阻抗很小的条件下，给出了近似的出流公式。即当 R_r 远小于 R_s 时，阻抗比 P 可认为趋近于 0。由 $\alpha_m\tan\alpha_m = \dfrac{1}{p}$ 解得 $\alpha_1 = \dfrac{\pi}{2}$，代入式(3.3.13)，可得

$$\frac{W_\infty - W_t}{W_\infty} = \frac{8}{\pi^2}\mathrm{e}^{-\left(\frac{\pi}{2}\right)^2\frac{Dt}{l^2}} \quad (P \approx 0) \tag{3.3.14}$$

对式(3.3.14)两边取常用对数，得

$$\lg\frac{W_\infty - W_t}{W_\infty} = \lg\frac{8}{\pi^2} - 0.4343\left(\frac{\pi}{2}\right)^2\frac{D}{l^2}t \tag{3.3.15}$$

式 (3.3.15) 表明，$\lg\dfrac{W_\infty-W_t}{W_\infty}$ 与时间 t 呈直线关系，可通过图解法求出扩散度 D。

由试验数据点绘 $\lg\dfrac{W_\infty-W_t}{W_\infty}$ 与 t 关系曲线，应为一条直线，图解求出直线的斜率 m，

由式 (3.3.15) 知，$m=-0.4343\left(\dfrac{\pi}{2}\right)^2\dfrac{D}{l^2}$，可解出扩散度 D。再由关系求得水力传导度 $K(\theta)$：

$$K(\theta)=D(\theta)\frac{\Delta\theta}{\Delta h}=D(\theta)\frac{W_\infty}{V_s\Delta h} \tag{3.3.16}$$

式中，V_s 为土样的体积。

Gardner 的方法只适用于多孔板的阻抗 R_r 很小或土样的阻抗 R_s 很大的情况，否则计算所得的 D、K 值较实际值偏小。依据近似出流公式 (3.3.13)，对其两边取对数

$$\lg\frac{W_\infty-W_t}{W_\infty}=\lg\frac{2}{\alpha_1^2(1+P+P^2\alpha_1^2)}-0.4343\alpha_1^2\frac{D}{l^2}t \tag{3.3.17}$$

针对式 (3.3.17)，若绘制 $\lg\dfrac{W_\infty-W_t}{W_\infty}$ 与 $\dfrac{D}{l^2}t$ 关系曲线，则直线的斜率为

$$\tan\beta=-04343\alpha_1^2 \tag{3.3.18}$$

若绘制 $\lg\dfrac{W_\infty-W_t}{W_\infty}$ 与 $\dfrac{t}{l^2}$ 关系曲线，相应直线的斜率为

$$\tan\beta'=-0.4343\alpha_1^2D(\theta) \tag{3.3.19}$$

两式相比，得

$$\frac{m'}{m}=\frac{\tan\beta'}{\tan\beta}=D(\theta) \tag{3.3.20}$$

然而由于 D 未知，无法获得 $\lg\dfrac{W_\infty-W_t}{W_\infty}$ 与 $\dfrac{D}{l^2}t$ 关系曲线。实际中需首先根据试验资料绘制 $\lg\dfrac{W_\infty-W_t}{W_\infty}$ 与 $\dfrac{t}{l^2}$ 关系曲线 (图 3.17)，图解求出斜率 $m'=\tan\beta'$ 和直线在 $\lg\dfrac{W_\infty-W_t}{W_\infty}$ 轴上的截距 $\lg I$，其中，$I=\dfrac{2}{\alpha_1^2(1+P+P^2\alpha_1^2)}$。

当 $t=0$，且 $\dfrac{W_\infty-W_t}{W_\infty}$ 已知时，可自式 (3.3.17) 求出 P 值，再由 $\alpha_1\tan\alpha_1=\dfrac{1}{P}$ 解得 α_1，进而由

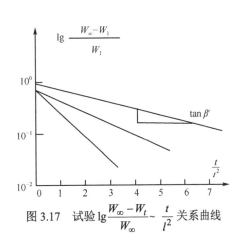

图 3.17　试验 $\lg\dfrac{W_\infty-W_t}{W_\infty}\sim\dfrac{t}{l^2}$ 关系曲线

式 (3.3.18) 求得 $\tan\beta$。为便于计算，可预先根据式 (3.3.17) 绘制 $\dfrac{W_\infty-W_t}{W_\infty}$ 与 P 理论曲线和

$\tan\beta$ 与 P 理论曲线，在已知 $\dfrac{W_\infty - W_t}{W_\infty}$ 的情况下，直接查理论曲线图得到 $\tan\beta$ 值。此时，$\tan\beta$ 和 $\tan\beta'$ 均已求得，即可通过式(3.3.20)计算 $D(\theta)$ 和式(3.3.16)计算 $K(\theta)$。

在实际情况下，瞬时变压是很难实现的。即使土壤负压的改变在很短的时间内完成，也还是得有一个作用的过程，在这个过程中，压力是逐渐变化的，因此，需要研究渐变流出流问题。以下仍以前述三条假定来分析渐变变压出流的过程。假定改变 Δh 值的总时间为 T，并且 Δh 的改变随时间呈线性变化，则式(3.3.11d)应改写成

$$K(\theta)\frac{\partial h}{\partial z} = K_r \frac{-\left(H_0 + \dfrac{t}{T}\Delta h\right) + h}{l_r}, z = l, 0 \leqslant t \leqslant T \tag{3.3.21}$$

渐变变压出流的定解问题由式(3.3.11a)、式(3.3.11b)、式(3.3.11c)和式(3.3.21)构成，求解该定解问题，可得到渐变变压的出流公式

$$\frac{W_{\bar{t}}}{W_\infty} = \frac{1}{T}\left[\bar{t} + \sum_{m=1}^\infty \frac{2}{\alpha_m^4(1+P+P^2\alpha_m^2)}\left(\mathrm{e}^{-\alpha_m^2\bar{t}} - 1\right)\right] \tag{3.3.22}$$

和

$$\frac{W_{\bar{T}}}{W_\infty} = \frac{1}{T}\left[\bar{T} + \sum_{m=1}^\infty \frac{2}{\alpha_m^4\left(1+P+P^2\alpha_m^2\right)}\left(\mathrm{e}^{-\alpha_m^2\bar{T}} - 1\right)\right] \tag{3.3.23}$$

式中，$W_{\bar{t}}$ 为某时刻 $\bar{t}$ 的出流量；$W_{\bar{T}}$ 为变压结束时 $\bar{T}$ 的出流量；W_∞ 为最终出流量，其他符号意义同前。

上述可见，出流法比较简单，适用于扰动土样与非扰动土样，但受多孔板限制，一般只用于低压范围。用压力薄膜仪法，压力范围可加大，但这两种方法采用的土样都较小，排水量也较小，一定程度上影响精度。另外，试验过程中对环境温度敏感，最好在恒温条件下进行。

b) 水平土柱入渗法

水平土柱入渗法是测定土壤扩散度 $D(\theta)$ 的非稳定流方法，基本原理是建立在水平半无限($0<x<\infty$)、非稳定一维非饱和水流方程基础上，通过 Boltzmann 变换求得扩散度 D 的计算公式，最后计算求出 $D(\theta)$ 值。

实验装置为分节的圆形有机玻璃柱，水平向放置(图 3.18)，柱长 70～80cm，内径 4cm，每节长度 3～5cm。土样均质各向同性，初始含水量均匀。在有机玻璃柱一端装有多孔板和定水位供水箱，供水箱水位保持在土柱进水断面的最下方，维持一个接近饱和的稳定边界含水率，使水分在非饱和土壤吸力作用下进行水平渗流。

图 3.18 水平土柱入渗试验示意图

在整个实验过程中记录进水量和湿润前锋位置，以便校核。待湿润锋到达整个土柱长度的 3/4 位置时停止供水，实验结束。迅速将土柱卸除，从湿润锋开始均匀取土，烘干测定含水量，取样密度由可以控制住湿润前锋和浓度锋面而定。每个土柱一般取样 25～35 个。

忽略重力作用，一维水平运动的定解问题为

$$\frac{\partial \theta}{\partial t} = \frac{\partial}{\partial x}\left[D(\theta)\frac{\partial \theta}{\partial x}\right] \tag{3.3.24a}$$

$$\theta = \theta_a, x > 0,\ t = 0 \tag{3.3.24b}$$

$$\theta = \theta_b,\ x = 0,\ t > 0 \tag{3.3.24c}$$

式中，θ_a 为初始含水率；θ_b 为土柱始端边界含水率(始终保持接近饱和含水率水平)。

求解上述定解问题，得到解析解，从中解出 $D(\theta)$ 的计算公式。采用 Boltzmann 变换，将其转化为常微分方程求解，得到

$$D(\theta') = -\frac{1}{2}\left(\frac{\mathrm{d}\lambda}{\mathrm{d}\theta}\right)_{\theta=\theta'}\int_{\theta_i}^{\theta} \lambda(\theta)\mathrm{d}\theta \tag{3.3.25a}$$

式中，$\lambda = xt^{-\frac{1}{2}}$ 为 Boltzmann 变换参数；$D(\theta')$ 为含水率为 θ' 时的扩散度。

根据试验资料，点绘出 $\theta \sim \lambda$ 关系曲线，代入式(3.3.25a)，求得不同含水率 $\theta=\theta'$ 时的扩散度 $D(\theta)$ 值。

试验求解的方法分为两种：

(1)通过测定某一时刻 t' 时的土壤剖面含水率分布的方法求扩散度 $D(\theta')$。对于试验中的某一时刻 t'，式(3.3.25a)可写为

$$D(\theta') = -\frac{1}{2t'}\left(\frac{\partial x}{\partial \theta}\right)_{\substack{\theta=\theta' \\ t=t'}}\int_{\theta_i}^{\theta'} x(\theta)\mathrm{d}\theta \tag{3.3.25b}$$

为了根据式(3.3.25b)计算 $\theta=\theta'$ 时的扩散度 $D(\theta')$，需根据试验资料绘出某一时刻 t' 时 $\theta \sim x$ 关系曲线，如图 3.19 所示。式中，

$\left(\dfrac{\partial x}{\partial \theta}\right)_{\substack{\theta=\theta' \\ t=t'}}$ 为 $\theta=\theta'$ 处 $\theta \sim x$ 曲线的斜率，可

自图上量得。积分 $\int_{\theta_i}^{\theta'} x(\theta)\mathrm{d}\theta$ 为图上阴影

部分的面积，将各值代入式(3.3.25)即可求得 $D(\theta')$。

采用这种方法不需要有专门测定土壤含水率分布的设备，只要在 t' 时间时，用取土称重法确定土壤剖面各点的含水率。

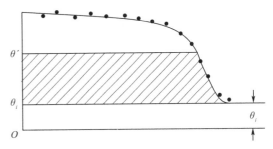

图 3.19　水平土柱法的土壤含水量分布

(2)通过已知某一定点(观测点)x' 处含水率随时间变化过程线资料求扩散度 $D(\theta')$。此时，式(3.3.25b)可写为

$$D(\theta') = \frac{1}{4} \frac{x'^2}{[t(\theta')]^{\frac{3}{2}}} \left(\frac{\partial [t(\theta)]}{\partial \theta} \right)_{\substack{\theta=\theta' \\ x=x'}} \int_{\theta_i}^{\theta'} \frac{1}{\sqrt{t(\theta)}} d\theta \tag{3.3.26}$$

首先，绘制含水率变化过程 θ 与 t 关系曲线；然后，根据 $\theta=\theta'$ 处曲线斜率确定 $\frac{\partial t(\theta)}{\partial \theta}$ 和用数值积分法确定 $\int_{\theta_i}^{\theta'} \frac{1}{\sqrt{t(\theta)}} d\theta$ 值，将以上各值代入式(3.3.26)，求得 $D(\theta)$。

这种方法要求在不取土情况下，观测各时间土壤剖面含水率，因此，需利用同位素、负压计或电测仪等仪器设备，连续测定土壤含水率的变化过程。

3.3.3　土壤水分运动参数的野外确定方法

上述各种参数测定方法均为室内实验方法，由于试样本身及试验环境与野外实际状况的差异，室内实验所得参数与野外试验结果相比，后者更符合实际情况。然而，通过野外试验测定土壤水分运动参数，要比室内试验困难得多。这里简单介绍几种常用的野外参数确定方法。

1. 土壤水分特征曲线的野外测定

在田间选择某均质土壤地段，地表无植被，地下水位稳定，并具有一定埋深。先用防水材料覆盖地表，防止水分蒸发，经过一段时间后，地下水位以上土壤剖面含水率分布达到稳定。此时，在土壤剖面上不同位置 z 处(以地下水位处为 0 点，z 坐标向上为正)取土测量含水率，或通过中子仪、TDR 等手段测量含水率，绘制含水率 θ 与位置 z 的关系曲线，此即为该土壤的水分特征曲线。

该方法简单易行，但受地下水埋深的限制，所测定的吸力范围较低，而且含水率达到稳定所需的时间较长。

2. 土壤水力传导度的野外测定

1) 田间垂直入渗试验法

该方法的原理同瞬时剖面法，对于垂直一维入渗的土壤水流运动，可得到非饱和水力传导度计算公式(取 z 坐标向下为正)：

$$K(\theta) = \frac{-q}{\frac{\partial h}{\partial z} - 1} \tag{3.3.27}$$

可见，用式(3.3.27)求解土壤水力传导度，需要测定的资料为田间土壤剖面上不同时刻的含水率分布和负压分布，以及各断面的土壤水通量和负压梯度。根据地下水位埋藏的深浅，可分为两种方法测定：①当地下水位埋藏较浅(如小于 2m)，用内排水法；②当地下水位埋藏较深，用土壤水分再分配法。

A. 内排水法

　　在地下水位埋藏较浅的情况下，从地表进行淹灌，使地下水位以上的土层达到较高的含水率，停止淹灌，土壤高含水率的水分向下运动，形成内排水。利用测定内排水过程中的含水率和负压资料来计算导水率 $K(\theta)$ 的方法称为内排水法。

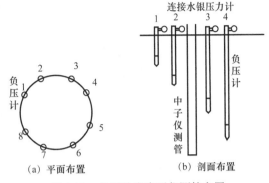

图 3.20　负压计和中子仪测管布置

　　试验方法：首先选定一裸土地块，在地块中心位置埋设中子仪测管，在以测管为中心、直径为 30cm 左右的圆周上，均匀埋设不同深度的负压计，如图 3.20 所示。在大于圆周的较大范围内(如 10m×10m)围埝淹灌，以形成垂直一维下渗条件。当地下水位以上土壤达到较高含水率后，停止淹灌，随即用防水材料覆盖地表防止蒸发，此时，地表处土壤水通量 $q_0=0$。随时间的延长，土壤剖面含水率逐渐减小。用负压计测定不同时刻的土壤剖面负压分布，用中子仪测定含水率分布。

　　测得不同时刻剖面土壤含水率分布如图 3.21 所示。在断面 z 处向下的土壤水通量为

$$q(z) = \int_0^z \frac{\partial \theta}{\partial t} \, \mathrm{d}z \tag{3.3.28}$$

　　也可用图解积分法求解，即用图 3.21 中阴影图形面积(即图中 t_1 和 t_2 时刻的剖面含水率曲线所夹的面积)除以Δt，就可得到 $q(z)$。再由负压分布曲线求出 z 断面在 Δt 时段内的平均负压梯度 $\frac{\partial h}{\partial z}$，代入式(3.3.27)即可得出断面平均含水率所对应的导水率 K。取不同的断面，重复上述计算，可求出导水率 K 与含水率θ(或负压 h)的关系。

B. 土壤水分再分配法

　　在地下水位埋藏较深的情况下进行地表淹灌，不可能使全剖面上的土壤都达到较高的含水率，只能是上部土层含水率增高较多，而下部土层含水率增高较少或没有增高。当地表入渗停止并加以覆盖后，剖面上的土壤水分就会发生再分配现象。水分再分配的原理和试验方法与内排水法一样，只是不同时刻土壤剖面的含水率分布曲线形状不同于内排水的情况。由于剖面上含水率不均匀，再分配过程中，上部土壤含水率的减少将导致下部土壤含水率增加，含水率分布如图 3.22 所示。

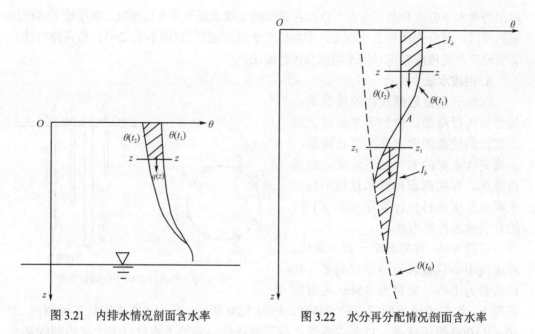

图 3.21　内排水情况剖面含水率　　　　　　图 3.22　水分再分配情况剖面含水率

由图 3.22 可见，t_1 和 t_2 时刻的含水率分布曲线有交叉点 A，A 点以上两曲线所围成的面积代表 $t_2-t_1=\Delta t$ 时段内 A 点以上土壤剖面中减少的水分，A 点以下两曲线围成的面积代表同时段内 A 点以下土壤剖面中增加的水分。如取 A 点以上任一断面 $z\text{-}z$ 来计算该处通量 $q(z)$ 值，则和内排水法一样，$q(z)$ 为图中阴影图形面积 I_a 除以 Δt；根据实测负压分布，可求出 Δt 时段内 $z\text{-}z$ 断面处的平均负压梯度 $\dfrac{\partial h}{\partial z}$；由式 (3.3.27) 可求出相应于断面 $z\text{-}z$ 处含水率 θ 的导水率 $K(\theta)$。对 A 点以下的任一断面 $z_1\text{-}z_1$ 亦可进行同样计算，为简化起见，断面 $z_1\text{-}z_1$ 处的通量 $q(z_1)$ 可用图中阴影图形 I_b 的面积除以 Δt 得到。

2) 现场定位观测法

前述的田间垂直入渗试验都是在地表覆盖的情况下进行的，因此，地表处的土壤水分通量 $q_0=0$。但自然条件的地表是无覆盖的，地表处的通量是随时间变化并未知的，此时可以用现场定位观测方法获得的土壤含水率和负压资料来分析计算导水率 $K(\theta)$，其原理同瞬时剖面法。

在田间设置定位观测点(负压计也可水平安装在专设的观测井内不同的高度)，观测不同时刻的剖面土壤含水率和负压分布。根据负压观测资料，可计算任一断面 z 处在 $t_2-t_1=\Delta t$ 时段内的平均负压梯度 $\dfrac{\partial h}{\partial z}$。虽然通过观测得到了剖面含水率的分布，但要想求得任一断面 z 处的通量 $q(z)$，还需用到零通量面的概念。

当测得某一时间土壤剖面的负压 h 分布后，根据土壤总土水势 $\varphi=h+z$(z 坐标向上为正)，可计算出土壤剖面上总土水势分布，如图 3.23(a)所示。

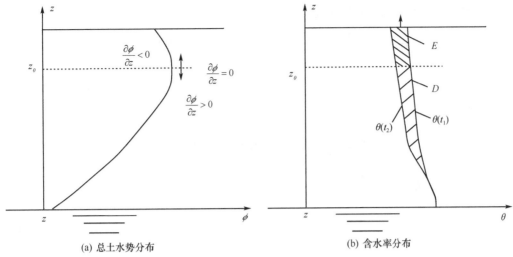

(a) 总土水势分布

(b) 含水率分布

图 3.23 有零通量面时总土水势 ϕ 与含水率 θ 的分布

由达西定律

$$q(z) = -K(\theta)\frac{\partial \varphi}{\partial z} \qquad (2.3.29)$$

在总土水势梯度 $\frac{\partial \varphi}{\partial z}=0$ 处，有通量 $q=0$，此处即为零通量面，如图 3.23（a）中 $z=z_0$ 处。

从观测得到不同时刻的剖面土壤含水率分布资料中，取 t_1 和 t_2 两个时刻的含水率分布 $\theta(t_1)$ 和 $\theta(t_2)$，绘制曲线如图 3.23（b）所示，则时段 $\Delta t = t_2 - t_1$ 内任一断面 z 处的土壤水分运动通量 $q(z)$（向上为正）为

$$q(z) = \int_{z_0}^{z}\left[\theta(t_1) - \theta(t_2)\right]\mathrm{d}z \qquad (3.3.30)$$

式中，积分值也可简单地用图解法得出。

可见，在有零通量面存在的情况下，可计算出任一断面 z 处的 $q(z)$ 和 $\frac{\partial \varphi}{\partial z}$，从而得出导水率 $K(\theta)$：

$$K(\theta) = -\frac{q(z)}{\dfrac{\partial \varphi}{\partial z}} \qquad (3.3.31)$$

实际上零通量面随时间的变化是移动的，即 t_1 和 t_2 两个时刻的零通量面的位置并不重合。但是，当时间间隔 $\Delta t = t_2 - t_1$ 较小时，可取时段内平均负压来计算。

如果天然条件下不存在零通量面，可在定位观测点进行灌水（或喷洒）试验，灌水停止后，地表不进行覆盖，任其自然蒸发，这样可形成上层土壤蒸发而下层土壤入渗的土壤水分运动状态，从而有零通量面的出现。此时利用定位观测方法可求得导水率 $K(\theta)$。

3) 基于土壤含水量数据的瞬时剖面法

查元源等（2011）根据 van Genuchten 模型和非饱和达西定律，得到了均质土壤条件下，水分通量 q、有效含水率 S_e 及其导数 $\mathrm{d}S_e/\mathrm{d}z$ 的非线性方程。依据不同时刻含水率剖

面，得到该时刻不同深度的瞬时通量：

$$q = K_s[1-(1-S_e^{\frac{1}{m}})^m]^2\left[\frac{m-1}{\alpha m}(S_e^{-\frac{1}{m}}-1)^{-m}S_e^{-1\frac{1}{m}-\frac{1}{2}}\frac{\mathrm{d}S_e}{\mathrm{d}z}+S_e^{\frac{1}{2}}\right] \tag{3.3.32}$$

另外，根据瞬时剖面法原理，在边界通量已知的情况下，推求不同深度的瞬时通量（以上边界通量 $q_m^{t_j}$ 已知为例）：

$$q_{z_i}^{t_j} = q_m^{t_j} + \frac{1}{t_{j+1}-t_{j-1}}\sum_{k=i}^{m}\left(\theta_{zk}^{t_{j+1}}-\theta_{zk}^{t_{j-1}}\right)\Delta z \tag{3.3.33}$$

建立非线性数学模型：

$$\boldsymbol{a}_* = \left\{\boldsymbol{a}\,\bigg|\,\min\sum_{i=1}^{k}\left[\hat{q}\left(S_{e,i},\frac{\mathrm{d}S_e}{\mathrm{d}z}\bigg|_i,\boldsymbol{a}\right)-q_i\right]^2\right\} \tag{3.3.34}$$

式中，k 为可计算的通量组数；$\hat{q}\left(S_{e,i},\dfrac{\mathrm{d}S_e}{\mathrm{d}z}\bigg|_i,\boldsymbol{a}\right)$ 为参数向量取 $\boldsymbol{a}$ 时，由式 (3.3.32) 计算的水分通量；q_i 为由式 (3.3.33) 计算得到的水分通量。可采用非线性最小二乘法求解模型，由式 (3.3.34) 得到最优参数向量 $\boldsymbol{a}_*$，即得到了 VG 模型中的所有水力参数。

第4章　腾发量与地下水补给计算模型

4.1　土壤-作物-大气连续系统

在区域地下水和土壤水系统中，作物腾发量、地下水蒸发量和地下水补给量是十分重要的水平衡要素，特别是在农业水资源的开发利用和水资源平衡分析中，腾发量和补给量很大程度上决定了地下水资源的可利用量。地下水和土壤水系统分别通过地下潜水面和土壤表层与外界发生联系，土壤-作物-大气之间的相互作用决定了地下水系统的垂向补给和排泄。一般，我们将土壤、作物和大气构成的连续系统称为 SPAC 系统(Philip, 1966)，SPAC系统涉及多种介质和交界面，但从其水分的循环和能量的分布而言，SPAC 系统是一个连续的系统，可以通过连续分布的能量指标"水势"描述系统在不同水量转换环境中的能量变化。SPAC 系统通过太阳辐射获取能量，从而实现土壤增温、液态水汽化等变化。在此过程中，SPAC 系统遵循能量守恒定律。如果忽略 SPAC 系统的能量存储，土壤-大气界面和作物-大气界面的总能量通量为 0。农业科学中通过土壤-大气界面和作物-大气界面水通量(即蒸发或蒸腾)预测土壤、作物的水分状况，而该水通量隐含地表示了能量通量。

4.1.1　能量平衡方程

SPAC 系统的总能量平衡方程为

$$R_n = G + \lambda E + H + \Delta S + P_n \tag{4.1.1}$$

式中，R_n 为太阳净辐射，代表 SPAC 系统的净能量输入，一般认为该能量通量从 SPAC系统的上边界进入，该边界高度称为净辐射高度；G 为由于温度梯度等产生的土壤热通量，代表了 SPAC 系统下边界的能量交换；λE 为潜热通量(即蒸发时向大气输送的能量通量)，它是水分蒸发(泛指水分由液态变为气态)质量通量 $E^*[\mathrm{M/(L^2 \cdot T)}]$ 与汽化潜热系数 $\lambda[\mathrm{FL/M}]$ 之积；H 为显热通量，即 SPAC 系统中，由于湍流运动从地面向大气传输的热量通量；ΔS 为 SPAC 存储能量的增量；P_n 为作物光合作用消耗的能量。式中的物理量均具有单位面积功率的量纲，常用单位为 $\mathrm{W/m^2}$ 或者 $\mathrm{MJ/(m^2 \cdot d)}$。

式(4.1.1)是 SPAC 系统的总能量平衡方程，其中每项均表达了特定的物理过程，而这些项还可以细化为更多的子物理过程。由于 ΔS 和 P_n 一般很小，SPAC 系统的能量平衡方程中一般将其忽略。净辐射包含了短波辐射的吸收和反射(太阳短波辐射为 R_{si}，其中反射的部分为 αR_s)，以及长波辐射的反射和吸收。蒸发和蒸腾属于典型的潜热交换，但湿润土表或者作物冠层的露水也属于潜热交换的产物。

4.1.2　净辐射

净辐射是 SPAC 系统进入和流出辐射之和，

$$R_n = R_{si}(1-\alpha) - R_{lo} + R_{li} \qquad (4.1.2)$$

式中，R_{si} 为入射太阳短波辐照度，W/m^2；α 为反照率，在 $0\sim1$ 之间；R_{lo} 为地球表面长波辐射，W/m^2；R_{li} 为大气云层长波辐射，W/m^2。

由于太阳的温度高达 6000K，而地球(包括大气云层)大约只有 285K，两者光波长度显著不同，分别称为短波和长波。

如果分别测量了入射短波辐射 R_{si} 和反射的短波辐射 R_{sr}，则可以求出反照率。但是辐射资料一般难以获取，我们通过其他资料来估计辐射。除了天气因素(云层多少，日照数)，太阳辐照度一般受到纬度、日序数和高程的影响。纬度和日序数影响太阳辐射角，从而影响了辐射路径(影响吸收和散射损失)以及地表的能量密度。

为此，我们先求地外辐射 R_a，该值仅与纬度、日序数有关。其计算公式为

$$R_a = \frac{24 \times 60}{\pi} G_{SC} d_r \left[\omega_s \sin\phi \sin\delta + \cos\phi \cos\delta \sin\omega_s \right] \qquad (4.1.3)$$

式中，π 为圆的角度；G_{SC} 为太阳常数，$0.08202MJ/(m^2 \cdot min)$；$d_r$ 为日地相对距离[-]；ϕ 为地理纬度，rad；δ 为日倾角，rad；ω_s 为日照时数角，rad。其中的系数是时间(一天的分钟数)除以角度。其中

$$d_r = 1 + 0.033\cos\left(\frac{2\pi J}{365}\right) \qquad (4.1.4)$$

$$\delta = 0.4101\cos\left[\frac{2\pi(J-172)}{365}\right] \qquad (4.1.5)$$

$$\omega_s = \arccos\left(-\tan\delta\tan\phi\right) \qquad (4.1.6)$$

式中，J 为日序数，以年为周期，1 月 1 日为 1，1 月 2 日为 2，以此类推。地球运行轨道为椭圆，式(4.1.4)反映出冬季为近日点，夏季为远日点。

太阳短波辐射 R_{si} 可近似估计为

$$R_{si} = \left(0.25 + 0.5\frac{n}{N}\right)R_a \qquad (4.1.7)$$

式中，n 为实际日照时数；N 为最大可能日照时数。R_a 约为 $1366W/m^2$，而 R_{si} 不超过前者的 75%，即 $1030W/m^2$。

R_{lo} 是地球表面长波辐射，可以根据斯蒂芬-玻尔兹曼定律计算

$$R_{lo} = \varepsilon\sigma T^4 \qquad (4.1.8)$$

式中，σ 为斯蒂芬-玻尔兹曼常数，值为 $5.67 \times 10^{-8} W/(m^2 \cdot K)^4$；$T$ 为地球表面温度，K；ε 为发射率(emissivity)。土壤和作物表面的反照率和发射率与表面的性质有关。例如，反照率几乎与土壤含水量呈线性关系。净长波辐射定义为

$$R_{nl} = R_{lo} - R_{li} \qquad (4.1.9)$$

有经验公式可以直接计算该值：

$$R_{nl} = \left[a\frac{n}{N} + b\right]\left(a_1 + b_1 e_d^{0.5}\right)\sigma T_a^4 \qquad (4.1.10)$$

式中，e_d 为在露点温度下空气中水的饱和水气压，kPa，T_a 为空气温度。$\left(a_1 + b_1 e_d^{0.5}\right)$ 代表了地表的净发射率 ε'。R_{lo} 与地表空气温度有关，而 R_{li} 与云层空气温度有关。由于一般仅测量地表气温，故采用 ε' 来修正式 (4.1.8) 中的发射率。参数 a, b, a_1, b_1 与气候有关，其中 a, b 是反映云量的因子。可以从 Jensen 等 (1990) 上找到参数的取值。

许多气象站仅提供最大和最小气温，此时可以近似认为

$$T_a^4 \approx \frac{T_{a\,max}^4 + T_{a\,min}^4}{2} \tag{4.1.11}$$

4.1.3　潜热通量

潜热通量是蒸发通量 E 与汽化潜热系数 λ 的乘积。在 25℃ 时，λ 约为 2.44×10^6 J/kg。其与温度的关系为

$$\lambda = 2.501 - 2.370 \times 10^{-3} T \tag{4.1.12}$$

式中，T 单位为℃，λ 单位为 10^6 J/kg。其中 E 可以通过蒸渗仪或者水量平衡模型求得，但平衡模型要求其他水量平衡要素已知。通过涡度相关或者波文比方法可以测量 E 的大小。波文比的定义为显热通量和潜热通量之比 (Bowen, 1926)。如果能通过仪器测得波文比，则根据能量平衡式 (4.1.1) 可得

$$\lambda E = \frac{R_n - G}{\beta_r + 1} \tag{4.1.13}$$

其中，β_r 为波文比。另外还可以通过理论模型对其进行预测，如 Penman-Monteith 公式或复杂的场表面能量平衡模型。

4.1.4　显热通量

显热通量是 SPAC 系统的"表面"通过对流或者传导的方式散失热量。由于空气热传导性质较差，故绝大部分显热依靠空气运动产生的对流效应传输热量，与空气动力过程中的湍流运动有关，而湍流与层的粗糙度、风速、温度梯度有关。由于该项也难以测量，故最常见的方法是测量其他项，再根据能量平衡式 (4.1.1) 计算。例如，如果已知波文比，则仅需知道能量平衡式中的太阳辐射和土壤热通量，即可以同时求得显热通量和潜热通量两个未知量。

尽管该动力过程非常复杂，我们有时采用简单的阻力方法估算显热通量 $H(\mathrm{W/m^2})$：

$$H = \frac{\rho_a C_p \left(T_z - T_0\right)}{r_{aH}} \tag{4.1.14}$$

式中，ρ_a 为空气密度，kg/m³，通常情况下可以用 $\rho_a = 1.291 - 0.00418 T_a$ 估计；T_a 为空气温度，℃；C_p 为空气比热，1.013×10^3 J/(kg·K)；T_z 为测量高度处的空气温度，℃；T_0 为"表面"空气温度，℃；r_{aH} 为显热通量的空气动力学阻力，s/m。

SPAC 系统存在作物，空气动力阻力意义上的"表面"高度是根据测量的"表面"以上的对数风速剖面外插得到风速为 0 处的高度，可以表示为 $d + z_{om}$，典型值为 2/3 到 3/4 倍的 h_c。其中，d 为零平面等效高度，z_{om} 是粗糙度的动量长度，h_c 为作物高度。

显热、潜热和动量通量阻力的普遍形式为

$$r_a = \frac{1}{k^2 u_z} \left[\ln\left(\frac{z_m - d}{z_o} \right) \right]^2 \qquad (4.1.15)$$

式中，k 为卡尔曼常数，0.41；z_o 为粗糙长度，m；z_m 为参考测量高度，m；u_z 为测量高度 z 处的风速，m/s；如果是没有作物的土壤表面，式中的 d 为 0，且对于表面光滑的土壤，z_o 通常取值 0.003 m。

因为需要测量作物以上不同高度的温度和风速，d 和 z_o 通常难以得到合适的取值。Campbell(1977)建议采用估计农作物高度 h_c 估计：

$$d = 0.64 h_c \qquad (4.1.16)$$

$$z_{om} = 0.13 h_c \qquad (4.1.17)$$

且认为

$$z_{oH} = 0.2 z_{om} \qquad (4.1.18)$$

对于针叶林，式(4.1.16)和式(4.1.17)的系数分别修正为 0.78 和 0.075。

4.1.5　土壤热通量

如果数据充足，土壤热传导可以用一维热传导方程描述：

$$C \frac{\partial T}{\partial t} = k_T \frac{\partial}{\partial z} \left(\frac{\partial T}{\partial z} \right) \qquad (4.1.19)$$

式中，C 为体积比热容，J/(m$^3 \cdot$ K)；k_T 为热传导系数，J/(s $\cdot$ m $\cdot$ K)；T 为土壤温度，℃；z 和 t 分别为剖面深度和时间。计算得到温度剖面以后，可以通过下式计算每点的热通量 G：

$$G = -k_T \frac{\partial T}{\partial z} \qquad (4.1.20)$$

由于数据缺失，采用上式计算土壤热通量难以实现。土壤热通量在能量平衡中所占的比例较小，故通常采用估算的方式。例如，以日为时段计算 G 为(有效深度设为 0.18 m)

$$G = 0.38 \Delta T_a \qquad (4.1.21)$$

式中，ΔT_a 为时段内的温度增量。当以月为计算时段时，系数修正为 0.14。在以月为时段计算参考作物腾发量时，有时会忽略土壤热通量。

在 SPAC 系统的能量平衡式(4.1.1)中，包含 R_n，λE，H，G 四项重要的能量平衡项。其中，R_n 是能量的输入，且容易获取结果。G 所占的比例较小，可以采用经验公式估计。λE 和 H 可以通过波文比关联起来，但是通常情况下，波文比也难获取。由于能量平衡项 λE 关系到水量平衡项，故需要先获取 H 值。由于 H 的计算模型较为复杂，需要有较多的简化和参数，因此会形成不同的公式。

4.2　作物腾发量的计算方法

作物腾发量是水均衡计算中非常重要的平衡要素。在区域范围内的水量平衡中，由于水平面积远大于厚度,使得降雨、腾发等面源平衡要素,远比其他平衡要素重要。测量降雨量较为简单,但是腾发量不易测量,这给水量平衡计算带来了较大的困难和不确定性。在农业设计和生产中,必须预先估计腾发量或作物需水量,计算水量平衡,才能实现科学的农田水文管理,以及设计调节农田水分状况的灌溉排水系统。

4.2.1　腾发量的概念及影响因素

1. 腾发量的概念

发生在水体表面的蒸发,称为水面蒸发。发生在土壤表面或岩体表面的蒸发,通常称为土壤蒸发。发生在植物表面的蒸发,称为植物蒸腾或植物蒸散发。发生在一个流域或区域内的水面蒸发、土壤蒸发和植物蒸腾的总和称为流域蒸散发或陆地蒸发。

在生产中,将作物叶面蒸腾量与棵间蒸发量分开是比较困难的,通常将叶面蒸腾量与棵间蒸发量合称为腾发量。作物蒸腾和土壤蒸发是将土壤中的水分由液态转变为气态,并通过叶片和作物间的土壤表面向大气中扩散,腾发过程包含了能量的消耗。虽然腾发量的概念较为明确,但是由此引申出不同条件下的腾发量的定义,如参考作物腾发量 ET_0、潜在作物腾发量 ET_c、实际腾发量 ET_a。

联合国粮农组织(FAO)1977 年将参考作物腾发量定义为土壤水分充足,高度一致,生长旺盛,完全覆盖地面条件下,高度为 8~15 cm 的开阔草地(地块的长、宽度均大于200 m)蒸散发量。显然,此定义下的参考作物腾发量会随着气候及地区发生改变,不利于通过参考作物腾发量计算实际作物需水量。因此,在 1998 年,FAO 将参考作物腾发量的定义修改为一种假想的草在土壤水、肥、气、热等作物生长条件理想化下的作物冠层蒸发蒸腾总量。假想的草被称为参考作物,其高度为 0.12 m,24 小时内水汽、叶面阻力固定等于 70 s/m,光照短波反射率为 0.23。这里规定的株高、阻力值和光照反射率定义了一个特殊的参考作物冠层,是 Penman-Montieth 公式计算参考作物腾发量的基础假设之一。

潜在作物腾发量则未对作物高度、阻力值以及光照反射率作要求,其定义为土壤水、肥、气、热等条件理想化下的作物冠层蒸发蒸腾总量。对应的,在田间实际作物生长条件下,水分通过植物和棵间土壤进入大气的水分通量称为实际腾发量,由于实际田间腾发所处的条件不同于理想情况,实际腾发量相比潜在值有所减少。用数学语言表示为

$$ET_c = K_c ET_0 = (K_{cb} + K_e) ET_0 \tag{4.2.1}$$

$$ET_a = (K_s K_{cb} + K_e) ET_0 \tag{4.2.2}$$

式中,K_c 为作物系数,等于作物潜在腾发量与参考作物腾发量的比值,该值与具体作物的生理指标及生育期有关,一些常见的作物系数可以考虑 FAO 推荐取值,K_{cb} 和 K_e 分别为基础作物系数和蒸发系数,分别代表了作物系数中作物蒸腾和株间蒸发所占的贡献。K_{cb} 和 K_e 的取值 0~1.4。K_s 为胁迫折减系数,取值 0~1。

参考作物腾发量 ET_0 值基本上考虑了所有的气候因素,作物系数 K_c 主要随着作物不同生育期的生理指标变化,与气候的相关性较小。这种定义使得可以在不同地点和气候条件

下使用 K_c 的标准值或曲线。这也是采用参考作物腾发量计算作物需水量得以流行的原因。

2. 腾发量的影响因素

作物腾发是水分通过土壤-植物-大气系统的连续传输过程，大气、土壤、作物三个组成部分中的任何一部分的有关因素都会影响腾发量的大小。显然，在土壤水分充足条件下，大气因素是影响腾发量的主要因素。在土壤水分不足条件下，大气因素和其他因素均有明显的影响。

气象条件(或者大气蒸发力)是土壤水分充足条件下影响作物腾发量的主要因素。具体来说，气象因素可以分为辐射、气温、湿度和风速四大因素。太阳辐射为水分相变提供能量，因此辐射越大，ET 越大。辐射量又与日照时长、云层多少等相关。气温决定了空气的持水能力(饱和水汽压)，温度越高，ET 越大。湿度则决定了空气的实际水分(实际水汽压)，湿度越大，ET 越小。风速影响了水汽分子向大气移动的速度，风速越大，ET 越大。这些气象因素的影响综合体现在参考作物腾发量 ET_0 的计算值上。

作物种类和作物生育阶段也会对腾发量产生影响。在不同的作物种类和生育阶段中，作物的生理指标(如叶面积指数、株高和根系深度、密度等)不尽相同。通常，较大的叶面积指数腾发量也较大；较深的根系可以让作物更广泛的吸收水分，从而降低水分胁迫的影响，增大腾发量。作物的主要影响则集中体现在作物系数 K_c 的值上。

土壤含水量对实际腾发量也有一定的影响。当土壤水分充足时，实际腾发量按照潜在的速率进行。当根系层的土壤含水量低于某个临界值时，腾发的实际速率低于潜在速率。临界含水量与土壤和作物均有一定的关系。土壤水分的影响集中体现在胁迫折减系数 K_s 上。

4.2.2 腾发量模型及计算方法

作为一种重要的水文平衡要素，腾发量有多种计算方法。主要包括试验测定法和理论模型估算法。基于试验的测定方法包括蒸发皿测定法、蒸渗仪测定法等；理论模型估算法则包括 Penman-Montieth 公式、Hargreaves 公式和 Priestley-Taylor 公式等。

1. 简单方法

1)蒸发皿测定法

蒸发皿测定法是利用直接测定的蒸发皿中水分的蒸发量来估算腾发量。不同直径的蒸发皿观测的蒸发量与天然水面蒸发量关系较为密切，与腾发量具有一定的相关性。蒸发皿的成本较低，可以较好地估计水面蒸发。然而，由水面蒸发换算成参考作物腾发量具有较大的不确定性：

$$ET_0 = \alpha E_e \tag{4.2.3}$$

式中，E_e 为蒸发皿观测值，α 为转换系数。由于 α 本身与气象条件仍然有较为密切的关系，故采用蒸发皿估计 ET_0 值的精度较低，仅推荐在气象资料极度缺乏时采用。

2) 蒸渗仪测定法

蒸渗仪法是一种基于水量平衡原理发展起来的作物蒸发蒸腾量测定方法。将蒸渗仪(装有土壤和植物的容器)埋设于土壤中，并对土壤水分进行调控，有效地反映实际的蒸发蒸腾过程，再通过对蒸渗仪的称量，就可以得到蒸发蒸腾量。蒸渗仪又可以分为大型蒸渗仪和微型蒸渗仪。前者具有高精度的称重系统，数据自动采集，不破坏作物根系，可以直接测量大田的腾发量，但较高的造价限制了它的广泛应用。微型蒸渗仪价格低廉，安装方便，但降雨以及套筒隔绝土柱内外水热交换会造成一定误差。

蒸渗仪法的一个显著优点就在于它能直接测定蒸渗仪内的蒸发蒸腾耗水量。其误差主要来源于蒸渗仪内外土壤的空间变异性、植物种类及其密度分布差异。

3) 水量平衡法

水量平衡法是计算陆面蒸散发的最基本方法，在一个闭合流域内，如不考虑相邻区域的水量调入与调出，其水量平衡方程可以写作

$$\Delta W = P - R - \mathrm{ET}_a \tag{4.2.4}$$

式中，P 为降水量；R 为径流量；ΔW 为蓄水变化量。对于多年平均情况，只要知道多年平均降水量和径流量，就可以求得多年平均陆面蒸发量。在较大的水文尺度上，ΔW 一般可以认为等于 0，而降水量和径流量都可以实测，获取长时间平均的实际 ET_a。在较小的水文尺度上，ΔW 一般变化较大，故需要测量含水量等值。例如，在田间尺度上，常常通过 TDR、中子仪等测量剖面含水量逐日的含水量变化，推求 ET_a 的大小。该方法充分考虑了水量平衡各个要素间的相互关系，可以宏观地控制各要素的计算。但是它要求水量平衡方程中各分量的测定值足够精确。

2. 参考作物腾发量计算模型

1) Penman 公式

Penman 公式及其后续修改和发展的公式是采用能量平衡及空气动力学的观点分析潜在腾发量的大小。公式的发展和修改主要基于空气动力学项的计算。相比于通过水面蒸发或者经验公式计算，其精度较高。其缺点是要求的资料相对较多。

1948 年，Howard Penman 结合能量平衡原理和空气动力学准则，建立了联合模型，即

$$\lambda E = \frac{\Delta (R_n - G) + \gamma \lambda E_a}{\Delta + \gamma} \tag{4.2.5}$$

式中，λE 为蒸发潜热通量，$\mathrm{MJ/m^2 \cdot d}$，即水分蒸发成水蒸气所需要的能量，而 λ 为气化潜热，$\mathrm{MJ/kg}$，代表单位质量水分变成气体需要吸收的能量，在温度为 20℃时为 2.45，且由于随温度变化不大而可视为常数。量纲分析知 E 的单位为 $\mathrm{kg/m^2}$，其意义是单位面积上蒸发掉的水分总量，考虑到水的密度为 $1 \times 10^3 \mathrm{kg/m^3}$，可以将其视为以 mm 为单位的水深。$\Delta$ 为饱和水汽压-温度曲线斜率 $\frac{\partial e}{\partial T}$，$\mathrm{kPa/℃}$；$\gamma$ 为温度计常数，$\mathrm{kPa/℃}$，随温度

变化，但常温下约为 0.066。R_n 为净辐射通量，MJ/(m^2·d)；G 为进入土壤中的显热通量，MJ/(m^2·d)。E_a 为水蒸气运输通量，mm/d 或者 kg/m^2·d。可以看出，(R_n-G) 代表能量平衡项；而 λE_a 则代表了空气动力学项。理论上 Δ 计算为

$$\Delta = \frac{e_s^0 - e_a^0}{T_s - T_a} \tag{4.2.6}$$

式中，e^0 为饱和水气压，[kPa]；T 为温度，[℃]。下标的 s 和 a 分别代表作物界面及大气界面处的水气压或温度。另外，该式成立的一个附加条件 e_s^0 在温度 T_s 下的饱和水气压，即

$$e_s^0 = e^0\left(T_s\right) \tag{4.2.7}$$

E_a 定义为

$$E_a = W_f\left(e^0 - e_a\right) \tag{4.2.8}$$

式中，E_a 的单位也是 mm/d；W_f 被称为风函数，mm/(d·kPa)，常常用在参考高度[m]处的风速 U_z[m/s]的经验公式表示（如 $a+bU_z$）；e^0 为平均温度下的饱和水气压，[kPa]；e_a 为参考高度平面上的水气压。$e^0 - e_a$ 代表了饱和水气压空缺，正是这个差值造成了空气动力学意义上的水汽运动。e_a 与参考高度上的空气湿度有关：

$$e_a = e^0 \text{RH} \tag{4.2.9}$$

式中，RH 为平均相对湿度，[-]。概念上来说，e_a 在露点温度下等于 e^0。由于不同的学者提出了不同的风函数以及 $e^0 - e_a$ 的计算方法，导致出现了非常多的 Penman 公式。

空气动力学项-水蒸气运输通量 E_a 采用动量表面气动阻力 r_a 表示：

$$E_a = \frac{\varepsilon \rho_a / P86400\left(e^0 - e_a\right)}{r_a} \tag{4.2.10}$$

式中，ε 为水气在空气中的摩尔比，为 0.622。P 为气压，[kPa]，数字是时间单位秒(s)与天(d)之间的转换系数。其中 r_a 的计算方法为

$$r_a = \frac{\left[\ln\left(\dfrac{z-d}{z_0}\right)\right]^2}{k^2 U_z} \tag{4.2.11}$$

式中，r_a 的单位为[s/m]；z 为风速测高，[m]；d 为零平面高度，[m]，大约为参考作物高度的 2/3；z_0 为空气动力学表面动量粗糙长度，[m]，大约为参考作物高度的 1/10；k 是 Karman 常数，为 0.41。实际应用中，z_0 常常会再被缩小 1/10，以获得合理的结果。式(4.2.10)常常过高估计了 E_a，特别是位于多风、干燥的地区。

在 Penman 联合模型中，不确定的因素是风函数和饱和水气压空缺 $e^0 - e_a$ 的计算方法，特别是露点的估计方法。在众多的改进 Penman 公式中，Kimberly Penman 公式影响较大。

2) Penman-Monteith 公式

在原始的 Penman 公式中，空气动力学项 E_a 是隐格式表达在经验公式当中。即使采

用式(4.2.10)，也仅采用了动量表面气动阻力 r_a 的概念，而没有考虑地表表面阻力项(这说明了 z_0 为什么要被人为地减小)(图 4.1)。

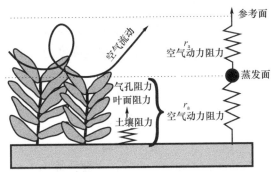

图 4.1　水气运动简化表面阻力(bulk surface r_s)及空气动力学阻力(aerodynamic r_a)(来源于 FAO56)

注意到，事实上阻力项应该分为两个部分，一是水分从土壤运动到叶片蒸发面的阻力；另一个是叶片蒸发面到参考水平面的阻力。例如，参考作物是指 12cm 高的修剪过的草或苜蓿草；而气象资料的参考高度一般为 2m。对于小于 15cm 的植物，有

$$LAI = 24h_c \tag{4.2.12}$$

式中，h_c 指作物高度，[m]。如果草地未修剪，则另有公式：

$$LAI = 1.5\ln h_c + 5.5 \tag{4.2.13}$$

而表面阻力与叶面积指数呈反比

$$r_s = \frac{100}{0.5LAI} \tag{4.2.14}$$

即叶面积指数越大，吸水蒸腾过程越容易。对于标准高度的草地(h_c=0.12 m)或者苜蓿草(h_c=0.5 m)，其块表面阻力分别为 70 s/m 和 40 s/m。

凡是单独考虑块表面阻力项的 Penman 公式称为 Penman-Monteith 公式，其表达式为

$$\lambda ET_0 = \frac{\Delta\left(R_n - G\right) + \dfrac{86400\rho_a C_P\left(e_s^0 - e_a\right)}{r_{av}}}{\Delta + \gamma\left(1 + \dfrac{r_s}{r_{av}}\right)} \tag{4.2.15}$$

式中，ρ_a 为空气密度，[kg/m³]；C_P 为干燥空气的比热，约为 1.013×10^{-3} MJ/(kg · ℃)；e_s^0 为平均饱和水汽压，[kPa]，采用最大温度和最小温度对应饱和水汽压的平均值；r_{av} 为水气块表面空气动力学阻力，[s/m]；r_s 为冠层阻力，[s/m]；e_a 为平均实际水气压，[kPa]。

式(4.2.15)将冠层简化为一片大叶子，其中包含两个参数：一个为大气物理学范畴物理量 r_{av}，主要受到风速影响，仅受到冠层结构的轻微影响，因此可以忽略；另一个决定于冠层生物学行为，且受到作物参数(光衰减率；叶片气孔阻力)和环境因素(辐射；蒸气压亏缺量)共同影响。

空气动力学阻力 r_{av} 的计算方法为

$$r_{av} = \frac{\ln\left(\dfrac{z_w - d}{z_{0m}}\right)\ln\left(\dfrac{z_r - d}{z_{0v}}\right)}{k^2 U_z} \quad\quad (4.2.16)$$

式中，z_w 为风速标高，m；z_{0m} 为动量粗糙长度，m；z_r 为湿度标高，m；z_{0v} 为水气粗糙长度，m。该公式修改于式(4.2.11)，考虑了湿度测量高度的修正。冠层空气动力学参数可以估计为

$$d = 2h_c / 3 \quad\quad (4.2.17)$$

$$z_{0m} = 0.123h_c \quad\quad (4.2.18)$$

$$z_{0v} = 0.1z_{0m} \quad\quad (4.2.19)$$

式(4.2.15)被称为 ASCE Penman-Monteith 公式，主要计算由 Jensen 等(1990)完成。

Allen 等对 ASCE Penman-Monteith 公式进行简化。主要假设参考作物的高度为 0.12 m，表面阻力为 70 s/m，而反照率为 0.23。他们定义参考作物为："高度为 0.12m、叶面阻力为 70 s/m，光照短波反射率为 0.23 的假想作物"。进一步假设 λ 为常数，并对式(4.2.15)中的空气密度进行简化处理，他们得到了采用固定 70 s/m 表示表面阻力、用简单风函数($208/U_z$)表示空气动力学阻力的 FAO56 Penman-Monteith 公式：

$$ET_0 = \frac{0.408\Delta\left(R_n - G\right) + \gamma\dfrac{900}{T + 273}U_2\left(e_s^0 - e_a\right)}{\Delta + \gamma\left(1 + 0.34U_2\right)} \quad\quad (4.2.20)$$

这里，ET_0 为参考作物的腾发量，[mm/d]；T 为平均温度，[℃]；U_2 为2m 高风速，[m/s]，且气温、湿度、露点等参数均假设为2m 处测量。该公式计算每天的腾发，如果需要计算小时值，则将常数 900 除以 24，并将 $\left(R_n - G\right)$ 的单位采用[MJ/(m^2·h)]。其中具体各项的计算如下：

净辐射是指短波辐射 R_{ns} 与长波辐射(地球反射长波能量)R_{bl} 之差，计算公式为

$$R_n = R_{ns} - R_{bl} \quad\quad (4.2.21)$$

其中，短波辐射项 R_{ns} [MJ/(m^2·d)]的计算公式为

$$R_{ns} = \left(1 - \alpha\right)\left(a_2 + b_2\frac{n}{N}\right)R_a \quad\quad (4.2.22)$$

式中，经验系数 α (反照率)、a_2 和 b_2 取值为 0.23，0.21，0.56。n 为实际日照，来自输入资料。N 为最大日照，与日照时数角 W_s 有关：

$$N = 7.64W_s \qu\quad (4.2.23)$$

式中，W_s 与地理纬度 ψ [rad]和日倾角 δ [rad]有关：

$$W_s = \arccos\left(-\tan\psi \cdot \tan\delta\right) \quad\quad (4.2.24)$$

而日倾角 δ 与日序数 J 有关：

$$\delta = 0.409\sin(0.0172J - 1.39) \quad\quad (4.2.25)$$

这里要求输入的数据仅日期，由日期可以得到日序数 J。而式(4.2.22)中 R_a 称为大气边缘辐射，即无损耗情况下的太阳辐射，其计算公式为

$$R_a = 37.6 d_r^{-2} (W_s \sin\psi \sin\delta + \cos\psi \cos\delta \sin W_s) \tag{4.2.26}$$

式中，$R_a [\mathrm{MJ/(m^2 \cdot d)}]$，也有学者采用单位[mm/d]表示，即隐含 λ 值在内，注意区分。式 (4.2.21) 中的长波辐射代表了地球受太阳辐射后反射的能量。其计算公式为

$$R_{bl} = 2.01 \times 10^{-9} \left(0.9\frac{n}{N} + 0.1\right)\left(0.56 - 0.079 e_d^{0.5}\right) T_k^4 \tag{4.2.27}$$

其中，T_k 为热力学平均温度：

$$T_k = T + 273.2 \tag{4.2.28}$$

式中，T 为摄氏温度单位（℃）。

实际水汽压 e_d（注意单位 Kpa 还是 mbar）与饱和水汽压 e_a 有关：

$$e_d = e_a \frac{\mathrm{RH_{mean}}}{100} \tag{4.2.29}$$

其中，$\mathrm{RH_{mean}}$ 为平均相对湿度，%，也有公式用最大和最小湿度计算代替式 (4.2.29)。

饱和水汽压与温度有关（注意是 Kpa 还是 mbar），计算公式为

$$e_a = 6.11 \exp\left(\frac{17.27T}{T + 237.3}\right) \tag{4.2.30}$$

平均温度则是基本的输入数据。

饱和水汽压-温度曲线斜率 Δ（Kpa/℃）为

$$\Delta = \frac{4098 e_a}{(T + 237.3)^2} \tag{4.2.31}$$

湿度表常数（Kpa/℃）为

$$\gamma = 0.00163 P / \lambda \tag{4.2.32}$$

P 为大气压强，与高程有一定关系，可以换算。而 λ 为水的汽化潜热（MJ/kg^2），与温度有关：

$$\lambda = 2.501 - 2.361 \times 10^{-3} T \tag{4.2.33}$$

该值变化非常小，一般可以认为是常数 2.45。如果风速标高不是 2 m，也可以进行换算。

式 (4.2.20) 比较适合计算日均或者月平均的参考作物腾发量。由于该式十分复杂，可以参考其他资料进行处理。该公式要求的输入资料有：日照（辐射）、最大和最小温度、露点温度（或者最大、最小相对湿度）、风速以及测量站的高程和纬度。

可以看出，不同 Penman 公式的主要区别在于空气动力学项的处理，而是否考虑空气动力学项，是 Penman 方法区别于其他方法的主要特征。

3) Hargreaves 公式

该公式是 FAO 推荐气象资料缺乏时 ET$_0$ 的计算公式。主要输入仅两项，最高温度和最低温度。计算公式如下：

$$\mathrm{ET}_0 = C R_a \left(T_{max} - T_{min}\right)^E \left(\frac{T_{max} + T_{min}}{2} + T\right) \tag{4.2.34}$$

式中，C、E、T 为经验系数，推荐取值为 0.0023，0.5，17.8；R_a 为月天文辐射总量，$MJ/(m^2 \cdot d)$，由式(4.2.35)确定：

$$R_a = \frac{24}{\pi} G_{sc} d_r \left[W_s \sin(\phi)\sin(\delta) + \cos(\varphi)\cos(\delta)\sin(W_s) \right] \quad (4.2.35)$$

其中：

(1)日地相对距离(d_r)计算公式为

$$d_r = 1 + 0.033\cos\left(\frac{2\pi}{365}J\right) \quad (4.2.36)$$

(2)日序数(J)计算公式为

$$J = D_M - 32 + \mathrm{Int}\left(275\frac{M}{9}\right) + 2\mathrm{Int}\left(\frac{3}{M+1}\right) + \mathrm{Int}\left(\frac{M}{100} - \frac{\mathrm{Mod}(Y,4)}{4} + 0.975\right) \quad (4.2.37)$$

式中，I 为日序数；D_M 为该日在该月所处的天数；M 为月份；Y 为年份；Int 代表取正。

(3)日倾角(δ)计算公式为

$$\delta = 0.4093\sin\left(\frac{2\pi}{365}J - 1.39\right) \quad (4.2.38)$$

(4)地理纬度(φ)计算公式为

$$\varphi = \frac{\pi}{180} \times \mathrm{latitude} \quad (4.2.39)$$

式中，φ 为地理纬度，以 rad 为单位。Latitude 为地理纬度，以(°)为单位。

(5)日照时数角(W_s)计算公式为

$$W_s = \arccos\left[-\tan(\phi)\tan(\delta)\right] \quad (4.2.40)$$

某些研究根据地域的性质不同对上述公式中的系数做了一定的修正，但总体上该公式仅要求输入日最高温度和最低温度，对输入数据要求较低。

4) Priestley-Taylor 公式

该公式稍微比 PM 公式简单，其考虑了能量平衡，但不直接考虑空气动力学项，即风速对参考作物腾发量没有影响。公式的基本形式为

$$\mathrm{ET}_0 = \alpha \frac{\Delta}{\Delta + \gamma} \frac{(R_n - G)}{\lambda} \quad (4.2.41)$$

式中，公式系数 α 为 1.26。其他要素的计算方法与 PM 公式一致。

5) Jansen-Haiser 方法

计算公式为

$$\lambda\mathrm{ET}_0 = C_T(T_{\mathrm{mean}} - T_i)R_s \quad (4.2.42)$$

式中，R_s 为太阳辐射，可以从辐射观测站读入，也可以由理论计算得到(比较笼统的概念，其类似于净辐射)；T_{mean} 为平均温度；T_i 为温度读取校正截距；C_T 为系数，该值与温度一起构成辐射转化为蒸腾的系数；λ 为水的汽化潜热，MJ/kg^2，将能量单位转化为

质量单位。该公式需要输入的部分是平均温度和太阳辐射 R_s。

6) 公式分类及应用

无疑，考虑了空气动力学项的 PM(Penman-Monteith)公式是最复杂的。目前以公式依靠主要气象资料的来源来判断方法的归属。将气象数据分为三个大来源：温度(代表性的数据为日均温，最大温度和最小温度)、辐射(代表性的数据为辐射量或者日照时间)、气动项(湿度和风速)。可以看出，某些方法采用了其中一种数据，而某些方法采用了多种数据。

从以上的公式可以发现，这类公式基于的原理均是温度-辐射-气动方法为基础，其中最复杂完备的是 PM 公式，因为它考虑了很复杂的空气动力学项，从能量平衡及气体运动的角度分析，包含了其他模型所不能体现的风速对参考作物腾发量的影响。表 4.1 给出几个常用模型及其对输入的要求。

表 4.1　ET_0 计算公式输入要求

模型	输入项
PM	温度(最大&最小/平均)；湿度(最大&最小/平均)；实际日照；风速
Hargreaves	最大温度；最小温度
Priestley–Taylor	温度(最大&最小/平均)；实际日照
Jansen-Haiser	平均温度；辐射(可选)

可知输入要求依次为 PM＞Priestley–Taylor＞ Jansen-Haiser＞ Hargreaves。最核心的数据是温度数据。其次是辐射和湿度数据，最后是风速数据。这也反映了这些要素在参考作物腾发量计算中的地位。从模型精度和应用广度上，PM 公式无疑是气象条件允许下的首选。

为评估各种模型应用情况，表 4.2 给出几个常见土壤水均衡模型所采用的参考作物腾发量模块。

表 4.2　常见水文模型 ET_0 模块

模型名	采用公式及参考文献
SWAT	PM 公式(Howell and Evett，2004) Priestley–Taylor 公式 Hargreaves 公式(Neitsch et al.，2002)
SVAT/Daisy	PM 公式 Makkink 公式(Makkink，1957) Resistance network 模型(van der Keur et al.，2001)
DPM	Priestley–Taylor 公式 Jensen-Haise 公式(Vaccaro，2006)
Infil 3.0	Priestley–Taylor 公式(USGS，2008)
GSFLOW	水面蒸发公式 Jensen-Haise 公式 Hamon 经验公式(温度法)(Markstrom and Survey，2008)
MIKE-SHE	FAO PM(1998)公式(开放式嵌入) 双层阻力分析法(直接计算实际腾发量)(Shuttleworth and Gurney，1990；Shakya，2008)
HELP 3.0	修改 Penman 公式(Schroeder et al.，1994)
HYDRUS1D4.xx	FAO56 PM 公式(Šimůnek et al.，2008)

可以看出，被 FAO 推荐的 PM 公式尚未完全得以推广，这一方面是因为这些模型的发展历史都比较早，模型的模块尚未更新该部分内容；另一方面也说明了其他经验模型的优势，即要求较少的气象资料，使其有存在的合理性。

4.3　作物根系吸水的计算方法

4.3.1　根系吸水影响因素

植物根系吸水受到多种因素的影响，其中包括气象因子、植物因子、土壤因子三个方面，根系吸水模型必须全面考虑这三个方面的影响。

1. 气象因子

气象条件决定着植物对水分的需求。在不同的大气蒸发力条件下，植物与土壤的水分关系不同，当大气蒸发力高时，植物在土壤含水量较高时也表现缺水。当大气蒸发力低时，即使土壤含水量较低，植物也不一定表现出缺水。气象因子综合体现在参考作物腾发量 ET_0 上。ET_0 主要与日照、气温、湿度和风速等因素有关。

2. 植物因子

在 SPAC 系统的水分运移中，植物是联系土壤和大气的主要环节。植物的生理指标，如株高、根系深度和密度以及叶面积指数等对蒸腾具有较大的影响。根系对植物吸水起着主导作用，植物根系在土壤中的分布主要是用根系的根长密度、根系深度等指标来表达的。一般认为在土壤水分充足时，根系密度对吸水速率影响较小；随着土壤变干，根系在吸水方面就起着很重要的作用，这是因为发达的根系可以减轻土壤水流阻力，使得水分或盐分胁迫的影响减小。在遭遇较长时间的水分亏缺（低于凋萎系数时），植物根系甚至会萎蔫失去生理活性而死亡。当植物处于土壤含水量较高时，作物叶面积与根系吸水速率成正比，在土壤含水量较低时，这种相关性就很小，叶面积指数的减小会导致植物对水分状况的敏感性下降。作物生理指标往往体现在作物系数 K_c 上，K_c 值越大，说明植物生理需水要求越高。特别地，双作物系数法分离了蒸腾（根系吸水）和株间蒸发：

$$K_c = K_{cb} + K_e \tag{4.3.1}$$

式中，K_{cb} 和 K_e 分别为蒸腾和蒸发在其中的比例。FAO 提供了各种不同作物不同生育期的 K_{cb} 值，并提出根据湿度、风速、株高对该系数进行调整。因此，参数 K_{cb} 反映了植物属性对根系吸水量的影响。

除了双作物系数法，另外一种最常见的方法即是根据叶面积指数分割蒸发量 E 和蒸腾量 T。该方法将入射光穿透冠层比 τ 用于分割 E 和 T：

$$\tau = \exp(-f \cdot \mathrm{LAI}) \tag{4.3.2}$$

式中，f 为消光系数，大约为 0.82，也有文献取 0.5；而 E 和 T 分得的比例分别为 τ 和 $1-\tau$。与此类似有人提出冠层指数 k 的概念，而 E 和 T 分得的比例分别为 k 和 $1-k$，其计算方法为

$$k = \max\left\{0.9\left(\frac{LAI}{3}\right)^{0.5}, 0.9\right\} \tag{4.3.3}$$

显然，这些计算方法考虑了叶面积指数对根系吸水的影响。

3. 土壤因子

土壤对植物根系吸水的影响主要包括土壤性质以及土壤水分状态两个方面。首先，土壤水力和物理特性对于水分在土壤根系的传输和植物根系生长发育都有一定的影响。植物根系吸水模式表明，根系的吸水速率与土壤和植物两者之间的水势差成正比，与土壤含水量(土壤水势)有着密切的关系。不同土壤质地、结构致使土壤持水性各异，也影响了水分的运移和植物根系从土壤中吸取水分的难易程度。不仅如此，不同土壤条件下植物根系的生长发育、根系的分布状况也不同。

4.3.2　根系吸水模型及计算方法

1. 根系吸水分配模型

在土壤水模拟当中，根系吸水是作为空间分布的源汇项出现的。一般情况下，先根据气象条件计算参考作物腾发量。根据实际的作物以及叶面积指数得到潜在蒸腾 T_c 的大小。T_c 再进一步分配到根系的各个层当中，并根据土壤水的情况计算实际发生的根系吸水量。例如，一维模型中根系潜在吸水项 $S_c[\mathrm{T}^{-1}]$ 可以计算为

$$S_c = \frac{\beta(z)}{\int_0^{L_r} \beta(z)\,\mathrm{d}z} T_c \tag{4.3.4}$$

式中，L_r 为根系长度，$[\mathrm{L}]$；T_c 为作物潜在蒸腾量，$[\mathrm{L/T}]$；β 为吸水分布函数，$[\mathrm{L}^{-1}]$，一般可以用根系密度函数代替。该式也可以稍作修改，推广考虑三维模型中的根系吸水项分布。

在实际应用中，根系密度函数难以获取，因此存在一些简单的理论模型。例如，MIKE-SHE 假设根系密度函数为

$$\log\beta(z) = \log\beta_0 - \mathrm{AROOT}\cdot z \tag{4.3.5}$$

式中，β 为根系分布密度函数，沿深度积分为 1；β_0 为土壤表层根系密度，$[\mathrm{L}^{-1}]$，AROOT 为形状描述系数，如果为 0 则为均匀分布，如果为 1，则是对数分布，该参数的具体影响如图 4.2 所示。

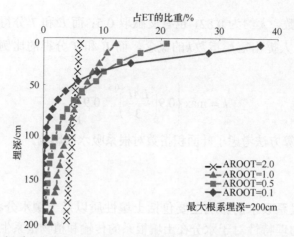

图 4.2　根系分布参数 AROOT 对根系密度分布的影响（MIKE SHE 文档）

SWAT 采用经验参数 β_w 和根系深度 L_r[L]描述根系形状，并得到根系密度累积函数为 β' [−]

$$\beta'(z) = \frac{1}{1-\exp(-\beta_w)}\left[1-\exp\left(-\beta_w \cdot \frac{z}{L_r}\right)\right] \tag{4.3.6}$$

其中，SWAT 中 β_w 的默认值为 10。这样设置后，50%的根系将会集中于 $0.06L_r$ 深度以上。将 $\beta'(z)$ 对深度 z 求导，即可以得到根系密度函数。如图 4.3 所示，可以看出根系密度也是呈上大下小的形状。

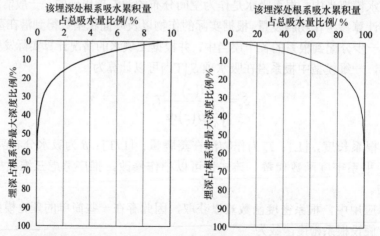

图 4.3　根系吸水在土壤深度范围内的密度和累积分布曲线（SWAT 2005 技术文档）

2. 根系吸水折减模型

考虑土壤水分或盐分胁迫作用，实际产生的根系吸水项调整 S_a[T^{-1}]为

$$S_a = \alpha S_c \tag{4.3.7}$$

式中，α 为因土壤水分胁迫折减因子，其值为 0～1。一般地，有通过负压或者含水量的方

法来计算折减因子的大小。例如，FAO 推荐采用含水量为指标，计算折减因子的大小：

$$\alpha = \max\left[0, \min\left(1, \frac{\theta - \theta_{wp}}{\theta_c - \theta_{wp}}\right)\right] \tag{4.3.8}$$

式中，θ_{wp} 为凋萎系数，θ_c 为根系吸水临界含水率，两者均与土质、植物及气候有关。θ_c 的计算如下式：

$$\theta_c = \theta_{wp} + (1 - p)(\theta_{fc} - \theta_{wp}) \tag{4.3.9}$$

式中，θ_{fc} 为田间持水量；p 由下式计算

$$p = p_{tab} + 0.04(5 - ET_c) \tag{4.3.10}$$

其中 p_{tab} 与作物有关，一般取值为 0.45～0.55；ET_c 如前所述为作物的潜在腾发量。

在 HYDRUS 等模型中应用负压 h（取负值）作为计算变量。其中以 Feddes 模型和 van Genuchten 提出的 S 型模型最为常用（图 4.4）。前者的计算公式为

$$\alpha(h) = \begin{cases} 0, & (h_1 < h \leq 0) \\ \dfrac{h - h_1}{h_2 - h_1}, & (h_2 < h \leq h_1) \\ 1, & (h_3 < h \leq h_2) \\ \dfrac{h - h_4}{h_3 - h_4}, & (h_4 < h \leq h_3) \\ 0, & (h \leq h_4) \end{cases} \tag{4.3.11}$$

式中，h_1 为作物厌氧点，$h > h_1$ 时，土壤非常湿润，作物根系无法呼吸停止吸水，α 为 0；h 在 h_1 和 h_2 之间，土壤含水量减小，根系吸水能力部分恢复，α 随着 h 的减小而增大，反映了作物生长厌氧点到最佳适宜水分点间土壤水势变化对根系吸水速率的影响；h_2 和 h_3 之间是最适宜作物根系吸水的土壤负压范围，α 为 1；当土壤负压超过 h_3 意味着根区土壤有效供水不足、水分胁迫发生，h_3 的大小取决于作物潜在蒸腾率；h_4 为作物凋萎点，$h < h_4$ 时，土壤含水率太小，作物根系无法从土壤中吸水，α 为 0。该公式适用于旱作物。

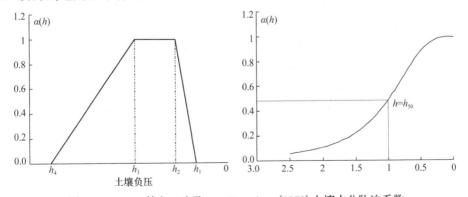

图 4.4　Feddes 等（1978）及 van Genuchten（1978）土壤水分胁迫系数

van Genuchten 在 1987 年提出土壤水分胁迫系数为

$$\alpha(h,\pi) = \frac{1}{1+[(h+\pi)/h_{50}]^p} \tag{4.3.12}$$

式中，π 为土壤水溶质水头，mm，与根系层土壤水盐分浓度有关，当不考虑土壤盐分的影响时，$\pi=0$；p 为经验系数，对大多数作物而言，$p \approx 3$；h_{50} 为作物潜在蒸腾率减少 50%时相应的土壤水负压值，该值与作物生理特性有关，通常作物耐旱吸水能力愈强，h_{50} 绝对值愈大。由式 (4.3.12) 可知，α 随着土壤负压的增大而减小，直至土壤饱和。该式没有考虑饱和之前，由于土壤水分过多而对根系吸水的抑制作用，因此对于水稻根系吸水可使用此模型。

由于水头 h 的变化范围较大，导致其对应的方程参数也变化范围较大，难以校正。而水均衡模型中的根系吸水模型一般以含水量为变量，参数 (如凋萎系数) 具有一定的物理概念和取值经验。

3. 系吸水补偿模型

对于一些根系较深的作物，当表层的含水量不足时，较深处的根会吸收比不缺水情况下更多的水分，这种现象被称为根系吸水补偿现象。SWAT 通过以下公式考虑该机制：

$$T_i' = T_i + \text{epco} \cdot \sum_{j=1}^{i-1}\left(T_j - T_j'\right) \tag{4.3.13}$$

式中，T_i 和 T_i' 分别为考虑补偿吸水前后第 i 层分配的吸水量。$T_j - T_j'$ 代表了第 j 层根系吸水亏缺值。epco 为根系吸水补偿系数，为 0.01~1，值越大，说明根系吸水补偿能力越强。

4.4　作物冠层截留的计算方法

4.4.1　截留过程概念

冠层截留是作物冠层叶片存储一部分降雨或灌溉水分，并直接用于蒸发消耗的过程。在农林科学中，截留量和根系吸水量一样，是非常重要的水均衡项。截留直接影响到了雨水对地面的冲蚀、土壤中水分的收支、地表径流和水分蒸发蒸腾等。研究表明，冬小麦灌溉后的截留水量可以达到总灌溉水量的 40%。叶片储水的能力与叶面积指数有明显的关系，而叶面积指数与作物的种类和生长阶段有关。灌溉后存储在冠层的水分，可以用于蒸散发的消耗。由于土壤水分的消散比冠层水分的消耗需要耗费更多的能量，故作物一般先消耗冠层水量，当大气蒸发力仍然有剩余时，再考虑消耗土壤水 (图 4.5)。

4.4.2　截留模型及计算

冠层和土壤一样，是存储水分的一个水库，降雨和灌溉使其增加；而蒸发使其存储

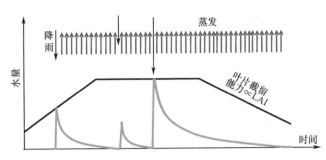

图 4.5　截留基本过程

量减少。一般地，水文模型用较为简单的概念模型处理水分的动态变化过程。定义输入参数 C_{cm}[L]，该值只与作物的种类有关，为作物叶面积最大时对应的截留能力。而实际生长阶段上某天的截留能力为

$$C_{ca} = C_{cm} \frac{LAI}{LAI_{max}} \tag{4.4.1}$$

式中，C_{ca} 为某天叶片实际储水能力，[L]；LAI 为叶面积指数；LAI_{max} 为作物生育阶段中最大的叶面积指数。在降水或灌溉发生后，必须将冠层的储水量填充至 C_{ca}，剩余部分称之为穿透净雨 P_{tf}：

$$P_{tf} = \max\left\{0, P - C_{ca} + C_s^j\right\} \tag{4.4.2}$$

其中，C_s^j 为叶片存储水分，[L]，上标 j 代表时间。接受降雨补给后，叶片储水变为

$$C_s^{j+1} = \min\left\{C_{ca}^{j+1}, P + C_s^j\right\} \tag{4.4.3}$$

对应地，产生的截留水 I_t[L]为

$$I_t = C_s^{j+1} - C_s^j \tag{4.4.4}$$

在一些农林科学中，常常通过统计试验的方法，建立降水 P 与 I_t 的统计关系。这种方法需要较多的试验数据。注意到 C_{ca} 随作物生长而改变，因此也随时间而变。

与土壤中的水分一样，叶片中的水分也会有蒸发过程。潜在腾发量 ET_c 反映了大气、作物对土壤的水分要求，而满足此要求第一部分的水分则是叶片存储水分。叶片上水分蒸发 E_{can} 计算公式为

$$E_{can} = \min\left\{ET_c, C_s^{j+1}\right\} \tag{4.4.5}$$

经历蒸发后剩余的叶片储水量记为 C_s^{j+2}，则：

$$C_s^{j+2} = C_s^{j+1} - E_{can} \tag{4.4.6}$$

如果剩余潜在腾发量 $ET_c - E_{can}$ 不为 0，则将继续消耗土壤水，按照前述的根系吸水模型进行计算。

由于截留量的影响因素较少，各种水文模型的截留概念模型与上述概念模型具有相似之处。例如，HELP 3.0 模型中，实际截留 I_t 采用一个指数模型计算：

$$I_t = C_{cm}\left[1 - \exp\left(-\frac{P}{C_{cm}}\right)\right] \tag{4.4.7}$$

式中，C_{cm} 被建议取值为 0.05 inch，或者采用经验公式估计：

$$C_{cm} = \begin{cases} 0.05 \dfrac{C_b}{14000} & C_b < 14000 \\ 0.05 & C_b \geqslant 14000 \end{cases} \tag{4.4.8}$$

式中，C_b 为单位面积植被覆盖量，量纲为 $[M/L^2]$，这里需要采用 kg/h 的单位。经验公式 (4.4.7) 充分考虑了降雨对截留量大小的影响，但是缺少对叶片上已存储水分的影响，可能导致叶片实际储水超过叶片储水能力。

BEACH 模型采用的截留计算公式为

$$I_t = 0.25\text{LAI}\left(1 + \dfrac{1}{1 + \dfrac{fP}{0.25\text{LAI}}}\right) \tag{4.4.9}$$

式中

$$f = 1 - \exp(-\mu\text{LAI}) \tag{4.4.10}$$

式中，μ 为光照利用参数，取决于土地利用情况，其中草地取 0.35，作物取 0.45，树木取 $0.5 \sim 0.77$。这里和 HELP3.0 类似，将截留量与降雨直接进行关联。

4.5 地下水补给量的计算方法

地下水补给是含水层或含水系统从外界获得水量的过程。补给源有大气降水、灌溉水、地表水、凝结水、灌溉回归水、含水层间的越流及专门的人工回灌补给等。本节主要论述降雨和灌溉等面状补给源对区域地下水的补给作用。降雨和灌溉对地下水补给量是指降雨和灌溉水到达地表后，通过作物截留、地表坑塘填蓄和地表径流等水量消减作用，剩余的部分渗入地表以下，通过作物蒸腾和土壤蒸发，经非饱和带土壤进行调蓄后，最后进入到饱和含水层的水量。由此可见，地下水补给量与降雨量(或灌溉量)大小、作物冠层截留、地表形态和径流、植被分布和耗水状况、非饱和土壤特征和土壤含水量、地下水位埋深等诸多因素有关。由于降雨入渗过程的复杂性，一般很难得到通用的地下水补给的关系表达。为简单起见，在实际地下水模拟分析和地下水资源评价中，常将地下水补给量表示为降雨量(或灌溉量)与地下水补给系数之积，即

$$R = \beta \cdot P \tag{4.5.1}$$

式中，R 为地下水补给量，$[L^3]$；β 为地下水补给系数，对于降雨入渗补给，β 称为降雨入渗系数，对于灌溉入渗补给，β 称为灌溉回归系数；P 为降雨量或灌溉水量，$[L^3]$。

地下水补给系数与土壤岩性、地形地貌、地下水埋深等有关，是一个地域性很强的参数，在实际工作中应根据当地条件实地求解。降雨入渗系数的常用值见表 4.3，灌溉回归系数的常用值见表 4.4。

表 4.3　降雨入渗系数 β

分区	包气带特征	地下水位埋深/m				
		<2	2~4	4~6	6~8	>8
冲洪积平原区	中砂、粗砂	0.28~0.3	0.35~0.45		0.3~0.35	
	细砂、粉砂	0.26~0.28	0.28~0.32		0.28~0.30	
	粉土	0.14~0.23	0.23~0.33	0.33~0.38	0.28~0.25	0.25~0.23
	粉质黏土	0.11~0.16	0.16~0.24	0.22~0.18	0.18~0.16	0.16~0.14
	黏土	0.09~0.13	0.14~0.14	0.16~0.12	0.14~0.10	0.12~0.10
冲湖积平原及滨海平原	细砂、粉砂	0.25~0.36	0.36~0.40	0.40~0.28	0.28~0.24	0.24~0.22
	粉土	0.14~0.24	0.20~0.28	0.29~0.22	0.26~0.20	0.18~0.16
	粉质黏土	0.12~0.19	0.15~0.26	0.26~0.18	0.18~0.14	0.14~0.12
	黏土	0.11~0.13	0.13~0.15	0.15~0.13	0.13~0.12	0.12~0.11

资料来源：中国地质调查局.2004.地下水流数值模拟技术要求

表 4.4　灌溉回归系数 β_g

分区	包气带特征	β_g类别	灌水定额/(m³/亩)	不同地下水位埋深(m)的β_g					
				1~2	2~3	3~4	4~6	6~8	>8
冲洪积平原	粉质黏土、黏土	$\beta_{g井}$	40~50	0.22~0.23	0.20	0.15~0.18	0.13~0.16	0.10~0.13	0.10~0.11
	粉质黏土、黏土	$\beta_{g渠}$	50~70	0.25~0.26	0.23~0.25	0.20~0.21	0.17~0.19	0.14~0.15	0.10~0.13
	粉土、粉细砂	$\beta_{g井}$	40~50	0.27	0.20~0.25	0.15~0.22	0.13~0.19	0.10~0.19	0.10~0.13
	粉土、粉细砂	$\beta_{g渠}$	50~70	0.26~0.30	0.25~0.27	0.20~0.25	0.17~0.22	0.15~0.18	0.10~0.16
冲湖积平原-滨海平原	黏土	$\beta_{g井}$	40~50	0.17	0.11	0.08	0.07	0.07	0.07
	粉质黏土	$\beta_{g井}$	40~50	0.18~0.20	0.16~0.18	0.13~0.16	0.11~0.13	0.10	0.08~0.10
	粉质黏土	$\beta_{g渠}$	50~70	0.19~0.22	0.17~0.20	0.16~0.18	0.13~0.15	0.12	0.10
	粉土	$\beta_{g井}$	40~50	0.20~0.27	0.19~0.22	0.17~0.18	0.14~0.15	0.11~0.13	0.10~0.11
	粉土	$\beta_{g渠}$	50~70	0.22~0.27	0.20~0.25	0.18~0.23	0.15~0.20	0.17	0.13
	粉质黏土与粉土互层	$\beta_{g井}$	40~50	0.19	0.18	0.16	0.13		
	粉质黏土与粉土互层	$\beta_{g渠}$	50~70	0.30	0.19	0.17	0.14		
	粉质黏土与粉土互层	$\beta_{g井}$	80	0.23	0.23				

注：$\beta_{g井}$为井灌的灌溉回归系数，$\beta_{g渠}$为渠灌的灌溉回归系数
资料来源：中国地质调查局.2004.地下水流数值模拟技术要求

　　为了得到更可靠的地下水补给量，可通过建立考虑降雨(灌溉)、截留、非饱和带水均衡等水平衡过程的数学模型，提高确定地下水补给量的精度。然后，将所得到的地下水补给量代入地下水模拟模型中，分析和研究地下水的运动过程和水量均衡规律。下面主要介绍我们在华北平原地下水补给分析中应用和改进的地下水补给模型 Infil3，详细说明地下水补给分析的一般过程。

4.5.1　INFIL3.0 模型

　　INFIL3.0 模型(USGS Report 2008)以栅格为基础，采用分布式的参数，基于水量平

衡的流域地下水补给分析模型，用来计算通过根系带以下日入渗水量的时空分布。INFIL3.0 模型模拟的水分平衡过程包括：降水、积雪、升华、融化、入渗、腾发、根区排水及水量分配、相邻栅格的地表径流水量交换、根区下界面的净入渗等。模型采用逐日的气象、土壤岩性、流域的地理空间属性等资料。净入渗量被定义为穿过根区下边界的水量，认为根区下边界是包气带中影响腾发量的最大深度。

　　INFIL3.0 以天为时间步长计算水量平衡，以小时为步长计算能量平衡方程(用于计算潜在腾发量)，对根区进行分层计算净入渗量和实际腾发量。模型的主要优点在于可以生成水量平衡模型中所有要素的时空分布，包括有逐日、逐月、逐年及年均数据，这些结果有助于理解净入渗、径流、潜在补给的过程。模型的结果可以通过 GIS 图件显示，可用于分析评价气象、地形、流域属性(如植被、土壤、地质)等因素对径流和潜在补给空间分布的影响。

1. 水量平衡方程

　　根区水量平衡方程如式(4.5.2)所示：

$$\mathrm{NI}_d^i = \mathrm{RAIN}_d^i + \mathrm{MELT}_d^i + \mathrm{Ron}_d^i - \mathrm{Roff}_d^i - \sum(\Delta W_d^i) - \mathrm{ET}_d^i \tag{4.5.2}$$

式中，i，d 分别为栅格位置标识和时间标识；NI_d^i 为净入渗量，mm；RAIN_d^i 为降雨量，mm；MELT_d^i 为融雪量，mm；Ron_d^i 为地表径流输入水量，mm；Roff_d^i 为地表径流输出水量，mm；$\sum(\Delta W_d^i)$ 为根区各层水分储量变化，mm；ET_d^i 为根区实际腾发量，mm。各要素示意图如图 4.6 所示。

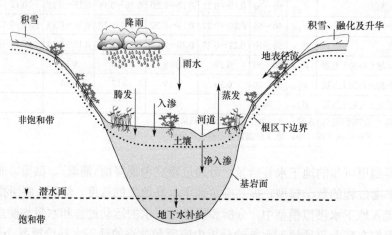

图 4.6　INFIL3.0 水量平衡方程各要素示意图

　　INFIL3.0 模拟过程包括，①模型输入参数的预处理；②模型初始化；③判断流域个数进行循环模拟；④逐日水量平衡计算；⑤数据结果处理。模型计算流程图如图 4.7 所示。

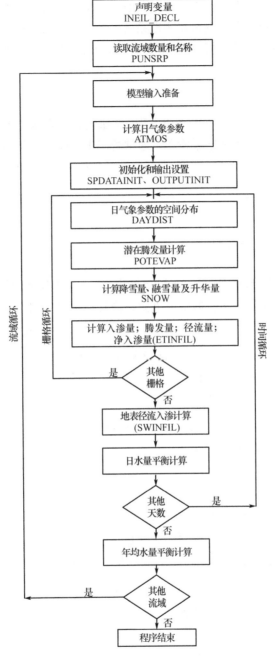

图 4.7　INFIL3.0 模型计算流程图

2. 空间离散

在水平方向上，将流域划分为面积相等的正方形栅格，栅格是提取流域属性(土壤类型，水文地质结构，植被类型，高程，坡度，坡向等)空间分布的基础。在垂直方向上，每个栅格单元离散为六层，包括五层土壤和一层基岩层，在模拟时可根据实际情况进行调整。根区土壤分层用于表示作物根系密度的空间分布、裸土最大蒸发深度、根区水量的空间分布。当没有基岩层或模拟范围内均为土层时，可将基岩层厚度设为零。

3. 时间步长及初始条件

INFIL3.0 采用日步长计算水量平衡方程。土壤的初始含水量可指定为土壤饱和含水量、土壤凋萎系数或根据实际结果输入。通常情况下，模型在初始运行时，需要预留出一段时间(2~3 年)，用于消除初始条件的不确定性对计算结果的影响。

4. 水均衡分析模型

1) 潜在腾发量计算(POTEVAP)

POTEVAP 主要根据净辐射能 $(Rn)_d^i$ (d 标识天；i 标识栅格位置)计算潜在腾发量。净辐射能等于净短波辐射与净长波辐射之差，净长波辐射采用下式计算，

$$Ln = 5.6697 \times 10^{-8} (0.98 - \varepsilon_{ac})(TA_d^i)^4 (HSTEP)(3600.) \tag{4.5.3}$$

式中，Ln 为净长波辐射，J/m²；ε_{ac} 为净空反射率，无量纲；TA_d^i 为 d 天 i 栅格日均气温，K；HSTEP 为时间步长，小时。

净空反射率(ε_{ac})由下式计算：

$$\varepsilon_{ac} = 9.2 \times 10^{-6} (TA_d^i)^2 \tag{4.5.4}$$

根区各层腾发量采用改进的 Priestley-Taylor 公式计算：

$$\lambda(PET)_d^i = \alpha(\frac{S}{S+\gamma})_d^i \left[(Rn)_d^i - G_d^i \right] \tag{4.5.5}$$

式中，$\lambda(PET)_d^i$ 为潜热通量，MJ/(m²·d)；λ 为水的汽化潜热，MJ/kg；$(PET)_d^i$ 为 d 天 i 栅格潜在腾发量，mm/d；α 为经验系数，对自由蒸发表面常记为 1.26，无量纲；S 为饱和气压与温度曲线的斜率，kPa/K；γ 为湿度常数，kPa/K；$(Rn)_d^i$ 为 d 天 i 栅格净辐射能，MJ/(m²·d)；G_d^i 为土壤热通量，MJ/(m²·d)。

水的汽化潜热 λ 由式(4.5.6)确定：

$$\lambda = 2.51 - 0.002361T_s \tag{4.5.6}$$

式中，T_s 为水表面温度，假定为 20 ℃，则，λ 等于 2.45 MJ/kg。

$\left(\frac{S}{S+\gamma}\right)_d^i$ 是水汽密差曲线的斜率，其是平均温度的函数，计算公式如式(4.5.7)所示

$$\left(\frac{S}{S+\gamma}\right)_d^i = -13.281 + 0.083864(TA_d^i) - 0.00012375(TA_d^i)^2 \tag{4.5.7}$$

云层覆盖影响能量平衡方程计算，通过经验函数公式将云层的影响转化为降水对潜

在腾发量计算的影响,即降水越大,腾发越少。当有降水时,潜在腾发采用式(4.5.8)进行修正,

$$(\text{PETRS})_d^i = \frac{(\text{PET})_d^i}{((\text{PETADJ})(\text{PPT})_d^i + 1)} \tag{4.5.8}$$

式中,$(\text{PETRS})_d^i$ 为 d 天 i 栅格修正的潜在腾发量,mm;$(\text{PET})_d^i$ 为 d 天 i 栅格由能量方程计算得到的潜在腾发量,mm;(PETADJ) 为修正因子,mm;$(\text{PPT})_d^i$ 为 d 天 i 栅格降水量,mm/d。

该方程采用经验方法研究云层覆盖产生降水的情况对潜在腾发的影响,该方程不适用于有持久云量覆盖,但没有降雨产生的地区。

2) 固体降水的蒸发入渗分析(SNOW)

SNOW 可以计算降雪、积雪量、融雪、升华等,当温度高于 0℃,降水以雨水(RAIN_d^i)来考虑;当温度低于 0℃ 时,降水以降雪(SNOW_d^i)来考虑。如果发生升华,潜在腾发量则需要更新,如式(4.5.9)所示

$$(\text{PETRS})_d^i = (\text{PETRS})_d^i - (\text{SUBLIM})_d^i \tag{4.5.9}$$

3) 根区水平衡计算(ETINFIL)

ETINFIL 用于计算根区水平衡,主要包括四个步骤,①计算可入渗量和径流量;②入渗水量在根区各层的分配;③计算根区各层腾发量;④计算净入渗量及根区储水变化量。

(1) 可入渗量和径流量计算

降水最大入渗量根据土壤饱和渗透系数进行计算,雨季采用式(4.5.10)计算,非雨季采用式(4.5.11)计算。

$$\text{IC}_p = \frac{K_{\text{sat}}}{24/\text{stormsum}} \tag{4.5.10}$$

$$\text{IC}_p = \frac{K_{\text{sat}}}{24/\text{stormwin}} \tag{4.5.11}$$

式中,IC_p 为降雨最大入渗量,mm;K_{sat} 为土壤饱和渗透系数,mm/d;stormsum 和 stormwin,分别表示雨季和非雨季降水持续时间,以小时计。24 为单位转换因子,hours/day。

对于融雪的入渗量采用一个类似的方程,

$$\text{IC}_m = \frac{K_{\text{sat}}}{24/\text{melttime}} \tag{4.5.12}$$

式中,IC_m 为融雪最大入渗量,mm;melttime 为表示融雪持续时间,以小时计。

在初始计算时,降水量与 IC_p 比较,当降雨量小于 IC_p,进入根区的入渗量为当日降水量;当降水量大于 IC_p,则入渗量为 IC_p,且产生径流量。若有融雪时,采用相同的方法进行判断。

(2) 入渗水量在根区的分配

水量分配由表层开始，首先计算第一层最大储水量（最大储水量等于该土层的孔隙度与土层厚度的乘积），若入渗水量可以使第一层达到饱和，第二层的入渗水量由第二层最大储水量决定；若入渗水量无法使第一层达到饱和状态，则采用修正的经验排水模型计算第一层到第二层的入渗量，计算公式如式(4.5.13)所示：

$$DR_j^i = (VWCA_j^i - VWCB_j^i)(THCK_j^i)(1,000) \tag{4.5.13}$$

式中，DR_j^i 为 i 栅格由 j 层进入到 $j+1$ 层的排水量，mm；$THCK_j^i$ 为栅格 i 处第 j 土层厚度，m；1000 为单位转换因子，mm/m；$VWCA_j^i$ 为时段初体积含水量，由式(4.5.14)计算得到；$VWCB_j^i$ 为时段末体积含水量，由式(4.5.15)计算得到：

$$VWCA_j^i = (GA2_j^i)(GT_j^i + GC2_j^i)^{-GB^i} \tag{4.5.14}$$

$$VWCB_j^i = (GA2_j^i)[(GT_j^i + 1) + GC2_j^i]^{-GB^i} \tag{4.5.15}$$

式(4.5.13)中其余变量由以下方程确定：

$$GA2_j^i = \{(SPOR_j^i)^{(GN^i+1)}[(THCK_j^i)(1000)/(GN^i)(K_{sat\,j}^i)(\Delta t)]\}^{1/GN^i}$$

$$GT_j^i = [(VWCC_j^i/GA2_j^i)^{(1/-GB^i)}] - GC2_j^i$$

$$GC2_j^i = [(YHCK_j^i)(1000)(SPOR_j^i)]/[(GN^i)(K_{sat\,j}^i)(\Delta t)]$$

$$GN^i = (2)(SOILB^i) + 3$$

$$GB_j^i = 1/GN^i$$

$$VWCC_j^i = SOILMM_j^i/THCK_j^i/1000$$

式中，$SPOR_j^i$ 为 i 栅格 j 层土壤孔隙率，无量纲；$K_{sat\,j}^i$ 为 i 栅格 j 层饱和渗透系数，mm/d；Δt 为时间步长，d；$SOILB^i$ 为 i 栅格土壤排水作用系数，无量纲；$SOILMM_j^i$ 为 i 栅格 j 层土壤含水量，mm。

其余各土层排水入渗过程同上所述。在水流入渗过程中，从一个土层到下一土层的最大入渗水量也由式(4.5.10)或式(4.5.11)计算得到。任何超过土层渗入能力的水分形成一个临时储水项，用于后续的径流计算和根区水分的最终分配计算。

(3)根区各层腾发量计算

各土层的腾发量由修正的 Priestley-Taylor 公式计算，该公式与式(4.5.5)中的经验系数 α 有关，修正后的公式已经成功用于干旱和半干旱地区，当表示为土壤含水量的函数时，α 由 α' 代替，方程如下：

$$\alpha' = \alpha(1 - e^{\beta \Theta}) \tag{4.5.16}$$

式中，α、β 为系数；Θ 为相对饱和度。

修正的 Priestley-Taylor 公式可用于计算裸土蒸发和植被蒸腾。裸土蒸发主要在上部两个非零厚度土层计算。对于第一层采用式(4.5.17)计算：

$$BSE_1^i = \{BARSOIL2[1 - e^{(BARSOIL1)(\Theta_1^i)}]\}(PEVAP_1) \tag{4.5.17}$$

式中，BSE_1^i 为 i 栅格第一层土蒸发量，mm；BARSOIL2 为裸土系数 α，无量纲；BARSOIL1 为裸土系数 β，无量纲；Θ_1^i 为 i 栅格第一层的相对饱和度，无量纲；PEVAP_1 为修正的潜在蒸发量，mm。

第一层的 PEVAP_1 由式(4.5.18)计算，

$$\mathrm{PEVAP}_1 = (1 - \mathrm{VEGCOV}^i)(\mathrm{PETRS}_d^i) \tag{4.5.18}$$

式中，VEGCOV^i 为 i 栅格的植被覆盖度，%；PETRS_d^i 为 d 天 i 栅格修正后的潜在腾发量，mm。

对于第二层，

$$\mathrm{BSE}_2^i = \{\mathrm{BARSOIL2}[1 - e^{(\mathrm{BSEF})(\mathrm{BARSOIL1})(\Theta_2^i)}]\}(\mathrm{PEVAP}_2) \tag{4.5.19}$$

式中，BSE_2^i 为 i 栅格第二层土日蒸发量，mm；BSEF 为修正因子，无量纲；Θ_2^i 为第二层土的相对饱和度，无量纲；PEVAP_2 由式(4.5.20)定义，

$$\mathrm{PEVAP}_2 = (\mathrm{PEVAP}_1) - (\mathrm{BSE}_1^i) \tag{4.5.20}$$

植被的蒸腾量也采用 Priestley-Taylor 修正公式计算，但其中考虑了根系密度和根区含水量的影响，通过权重因子（WGT_j^i）体现。蒸腾量计算见式(4.5.21)：

$$\mathrm{TRANS}_j^i - \mathrm{WGT}_j^i\{\mathrm{SOILET2}[1 - e^{(\mathrm{SOILET})(\Theta_j^i)}]\}(\mathrm{PTRANS}) \tag{4.5.21}$$

式中，TRANS_j^i 为 i 栅格 j 层土壤作物蒸腾量，mm；SOILET2 为蒸腾系数 α，无量纲；SOILET1 为蒸腾系数 β，无量纲；Θ_j^i 为 i 栅格 j 层土相对饱和度，无量纲；PTRANS 为修正的潜在蒸腾量，mm，由式(4.5.22)计算得到，

$$\mathrm{PTRANS} = (\mathrm{VEGCOV}^i)(\mathrm{PETRS}_d^i) \tag{4.5.22}$$

式中，VEGCOV^i 为 i 栅格的植被覆盖度，%；PETRS_d^i 为 d 天 i 栅格修正后的潜在腾发量，mm。

WGT_j^i 为 j 层的权重因子，无量纲，由式(4.5.23)计算得

$$\mathrm{WGT}_j^i = (\Theta_j^i)(\mathrm{RZDEN}_j^i) \bigg/ \sum_{j=1}^{6} (\Theta_j^i)(\mathrm{RZDEN}_j^i) \tag{4.5.23}$$

式中，Θ_j^i 为 i 栅格 j 层相对饱和度，无量纲；RZDEN_j^i 为 i 栅格 j 层根系密度，%。

根区总腾发量为 ET_d^i，由式(4.5.24)计算得

$$\mathrm{ET}_d^i = \mathrm{BSE}_1^i + \mathrm{BSE}_2^i + \sum_{j=1}^{6} \mathrm{TRANS}_j^i \tag{4.5.24}$$

(4) 净入渗量及根区存储水变化量计算

最终计算包括净入渗量、根区各层含水量变化、栅格单元径流量的计算。净入渗量最终值为基岩导水率，当基岩饱和时，该值为基岩饱和导水率；当基岩非饱和时，该值为基岩非饱和导水率；当基岩埋深较大，可认为其厚度为 0，此时净入渗量为土壤第 5 层导水率。

根区各层含水量变化在 ETINFIL 中等于 6 个土层水量变化之和 $\sum_{j=1}^{6}\left(\Delta W_d^i\right)_j$，同时也等于 6 个土层最终储水量减去其调用程序前的初始储水量。此外，过剩的水量产生地表径流 Roff_d^i，其值为降雨入渗过剩水量、水量分配过剩水量以及实际腾发计算过剩水量之和。

4）径流入渗计算（SWINFIL）

栅格的地表水演算将上游栅格单元 i 的出流量 Roff_d^i 作为当前栅格单元 i 的入流量 Ron_d^i，只有当上层土壤完全饱和后，才发生水量下排。而水量下排的过程则与 ETINFIL 的计算一样，从顶层入渗，多余的水量到底层后向上运移，直至形成新一轮的地表径流并参与下一个栅格单元的径流计算。经过这一模块的入渗计算，更新了根区水量变化之和 $\sum_{j=1}^{6}\left(\Delta W_d^i\right)_j$。

4.5.2　INFIL3.0 模型的适用性和改进

1. 模型适用性

早期 INFIL 模型主要用在计算干旱-半干旱区，之后对模型进行了改进，可以实现区域尺度模拟，对根区进行分层，各土层之间可连续排水，地表径流参与入渗计算，这些修正都被融合到了 INFIL3.0 中。

INFIL 模型用于计算净入渗或潜在补给，主要目的是：①计算降雨和融雪产生补给量的大小和空间分布；②计算由径流产生的补给量的大小和空间分布，尤其是在渗透性好的河床产生的渗漏量；③计算潜在补给或净入渗对气象变量的响应。

INFIL3.0 在湿润地区、浅层包气带区、优先流补给地区、多阴天或多雾地区的适用性较弱。模型水均衡计算的时间步长为 1 天，因此在径流响应延迟超过 1 天的地区，模型适用性较弱。净入渗量的计算与气象数据的关系更为密切，而实际补给量的计算则更依赖于区域多年平均的气候条件以及非饱和带的水文地质属性。

同时，由于模型不包含渠道、蓄水池、水库等地表储水体的计算，对于人工储水设施较多的区域，模型适用性较弱；此外，模型没有考虑茂密林冠层对降雨的拦蓄作用，而这一部分被拦蓄的水量往往在水均衡过程中占较大比重，因此，模型在植被林冠层密集的地区的适用性较弱。

2. 模型改进

INFIL3.0 模型在石津灌区、华北平原等地进行适用性分析，在原模型的基础上考虑了灌溉水量对地下水补给的影响，并根据华北平原干旱-半干旱条件，改用 FAO-56 Penman-Monteith 公式计算作物潜在腾发量。

1) 灌溉水量模块改进

考虑了灌溉水量在栅格单元上的空间分布，并按照植被覆盖度的高低，对各栅格灌溉水量大小进行权重配比，即植被覆盖度高的地方，认为其作物需水大，由人为控制灌入的水量更接近各农业分区提供的灌溉水量。这样就避免为弱透水面、荒地等地区分配多余的水量，提高了计算的精度。为研究植被覆盖度变化对地下水补给的影响，加入植被覆盖度参考值，其值等于多年植被覆盖度，利用植被覆盖度变化分配和调整灌溉水量。

2) 潜在腾发量模块改进

已有研究表明，Priestley-Taylor 公式在非雨季的潜在腾发量计算值普遍与 Penman 公式计算结果存在明显差异，并认为空气动力学项与辐射项的比值对 Priestley-Taylor 公式计算结果的影响很大。相比于 Priestley-Taylor 公式，Penman-Monteith 公式更多地考虑了空气动力学对作物腾发量的影响，采用能量平衡和水汽扩散理论，其计算精度较高，但该公式仅限于气象资料完备的区域。

在腾发量计算模块 POTEVAP (采用了 Priestley-Taylor 公式) 的基础上，增加了利用 Penman-Monteith 公式计算潜在腾发量的计算模块 PM_POTEVAP。通过 Penman-Monteith 计算得到的参考作物腾发量不能作为潜在腾发量，在 FAO-56 中推荐采用系数 K_c 求取标准条件下的作物腾发量 (即潜在作物腾发量 PET)：

$$PET = K_c \cdot ET_0 \tag{4.5.25}$$

式中，K_c 值与植被覆盖状况有关，应用作物系数与植被指数 NDVI 之间存在的线性关系进行计算：

$$K_c = 1.25 NDVI + 0.2$$

因此采用上式计算作物系数，并通过式 (4.5.25) 计算得到各栅格单元的潜在腾发量。

4.5.3　地下水补给模型应用示例

1. 参数输入

1) 气象数据

改进后的 INFIL3.0 模型要求输入研究区域在指定时期内的完整气象数据，包括日降水量、日照时数、2 m 高度日平均风速、日平均相对湿度、平均气温、日最高气温、日最低气温等。算例选取华北平原及周边相关气象站 (图 4.8) 共 26 个。

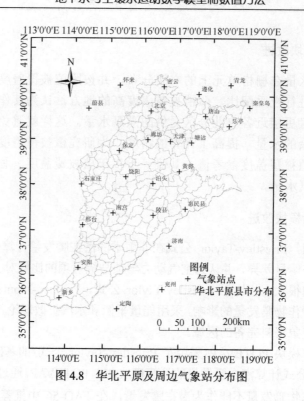

图 4.8　华北平原及周边气象站分布图

2) 地理属性参数

模型需要输入研究区域的地理属性参数，如坡度、坡向、流向、汇流累积量，以及网格单元方位、高程、上游单元数等，如图 4.9 所示。

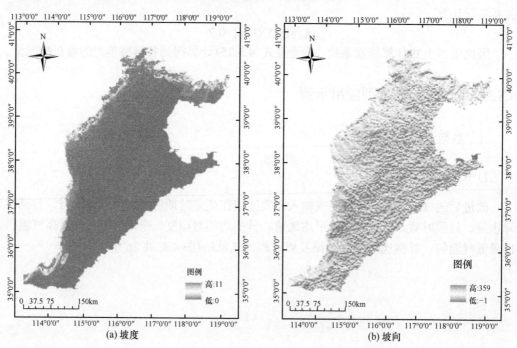

(a) 坡度　　　　　　　　　　　　　　　　(b) 坡向

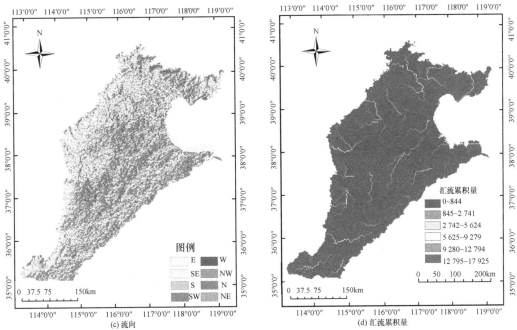

(c) 流向　　　　　　　　　　　　　　(d) 汇流累积量

图 4.9　华北平原地理属性空间分布图

3) 灌溉水量数据

由于难以获取更为精确的灌溉资料, 算例搜集华北平原研究区域内以行政划分为单位的多年平均灌水量, 剔除透水面后, 按照植被覆盖度权重, 重新分配灌溉水量, 如图 4.10 为剔除弱透水面后的灌溉水量分配空间分布图。

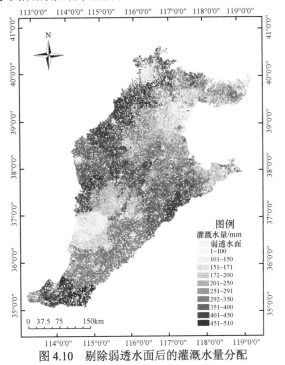

图 4.10　剔除弱透水面后的灌溉水量分配

图 4.11　土壤类型泰森多边形分区

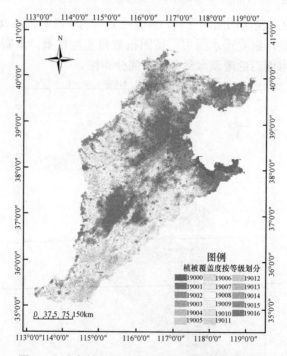

图 4.12　多年植被覆盖度梯度输入数据(5 月为例)

4) 土壤属性数据

算例搜集华北平原及其周边共 57 个土壤数据点的土壤参数,对其孔隙率、田间持水率、凋萎系数、饱和水力传导度，以及根区排水、土壤蒸发蒸腾系数等进行泰森多边形分区，如图4.11为土壤属性数据的泰森多边形分区。

5）植被属性数据

算例中，植被覆盖度大小由5%到100%，以19 000到19 016来代表17种典型植被类型，为各个网格单元赋予植被覆盖度、根系层深度和各根区层的根系密度等植被属性数据，如图4.12为模型输入参数在计算区域的空间分布。

2. 模型计算结果

1）时间变异性

算例计算得到华北平原各水均衡项的逐年、逐月和逐日变化。通过统计华北平原水均衡项的多年平均值和多年各月平均值，得到如图4.13所示的逐年变化规律，如图4.14所示的多年逐月变化规律。

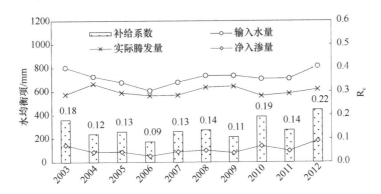

图4.13　华北平原水均衡项逐年变化规律

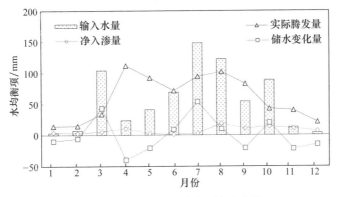

图4.14　华北平原水均衡项年内变化

2) 空间变异性

算例计算得到华北平原各水均衡项及潜在补给系数的多年平均值空间分布，如图 4.15 所示。

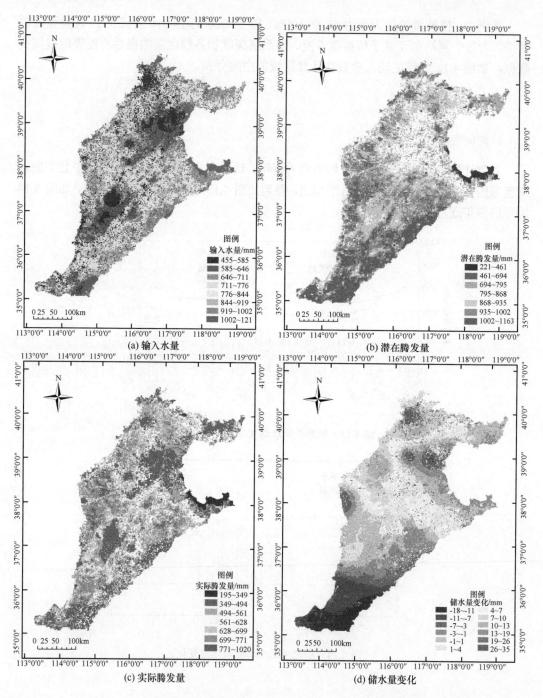

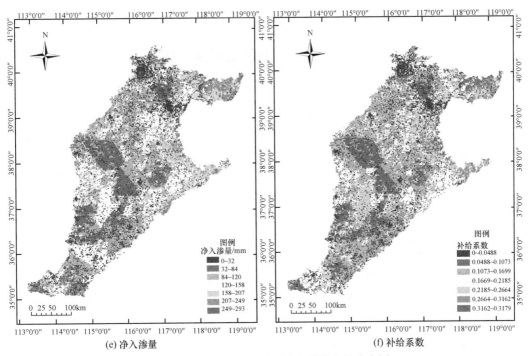

(e) 净入渗量　　　　　　　　　　　　　　(f) 补给系数

图 4.15　华北平原水均衡项多年均值空间分布图

第5章　溶质运移模型

地下水并不是完全的纯水，而是含有一定溶质的水溶液。溶液中被分散的物质称为溶质，溶质分散其中的介质称为溶剂。无论对低浓度的地下水，还是高浓度的海水，水中所含盐分的质量与水分的质量相比含量较小，所以，在地下水的研究中，一般将水分视为溶剂，将其中所含的盐分视为溶质。通常对地下水的溶质运移而言，水中盐分、污染物、油脂、有别于水分的其他化学成分统称为溶质。根据各种溶质化学性质的不同，在水中的溶解度、分散程度和扩散能力是不同的。同时，溶质在地下水中可以发生一系列物理、化学、物理化学和生物化学等作用，导致溶解在地下水中和吸附在含水层岩石骨架上的溶质浓度发生变化。

含水层或土壤中水分所含的溶质过量，将会导致地下水水质恶化、土壤盐碱化、土壤污染等一系列水土环境问题，严重影响人类生活和生产的发展。为了保护我们赖以生存的水土环境，需要了解溶质在水土环境中的运移规律和分布特征，以便有效保护地下水和土壤水不受污染。地下水中的溶质处在一个物理、化学和生物的相互联系和连续变化的系统中，其运动十分复杂。研究地下水溶质运移问题的基本理论是多孔介质中的对流-弥散理论。

5.1　多孔介质中的水动力弥散

5.1.1　多孔介质中的水动力弥散现象

设在区域的某部分中含有某种可溶解的物质，实验证明，在流体的流动过程中，可溶物质所分布的空间会不断扩大，引起溶质的分散，这种现象称为水动力弥散。

弥散现象一个最简单明显的例子是土柱中的稳定驱替实验。在由浓度为 C_0 的水溶液所饱和的均质土柱中，水流运动是稳定的，在开始某一瞬间 $t=0$，边界 $x=0$ 处用另一浓度 $C_1 \neq C_0$ 的水溶液去驱替土柱中的水。在土柱的末端测量示踪剂浓度的变化 $C(t)$，并绘制示踪剂相对浓度 $C(t)/C_0$ 与观测时间 t 的关系曲线，称这种相对浓度过程线为穿透曲线，如图 5.1 所示。如果不存在弥散现象，穿透曲线应呈现出图 5.1 中实线所示的活塞式曲线，即以平均流速移动的直立锋面。而实际上，由于水动力弥散作用，使两种溶液的混合超前于驱替的平均流速，穿透曲线显示出的是图 5.1 中虚线所示的"S"形曲线。可以发现，随着时间的延长，过渡带宽度越来越大。在此过渡带中，溶液的浓度由被驱替溶液的浓度逐渐变化到驱替溶液的浓度。

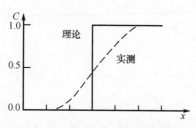

图 5.1　砂柱末端实测的穿透曲线与无弥散时的理论穿透曲线

水动力弥散现象出现在许多与多孔介质中的流体流动有关的现象中：①石油开采过程中用水驱替石油；②海滨地带的海水入侵；③储存在地下岩层中的核废料随地下水的运动；④土壤中肥料的运移；⑤盐碱地改良过程中盐分的运动等。水动力弥散理论是多孔介质中由一种可溶混流体驱替另一种可溶混流体现象的定量描述，在此基础上我们可以对多孔介质中溶质的分布过程进行预测，达到控制、管理和应用的目的。

5.1.2 水动力弥散机理

溶质在多孔介质中的运移可由两种过程进行描述，由平均流速所携带溶质的对流运移(实际上这种作用并不出现，为描述和计算方便而引入)和由水动力弥散作用而引起溶质的分散。

1. 溶质的对流运移

地下水中的溶质随着地下水的运动而产生运移的现象称为对流。单位时间内通过土壤(或含水层)单位过水断面的溶质质量称为溶质通量，溶质的对流通量，用 J_C 表示，则有

$$J_C = qc = v\theta c \tag{5.1.1}$$

式中，q 为土壤水流通量，[L/T]；c 为地下水中溶质浓度，[M/L^3]；v 为土壤水溶液的平均孔隙流速，[L/T]；θ 为土壤含水量，[-]，对于饱和土壤，θ 即为土壤孔隙度 n。

2. 溶质的水动力弥散

水动力弥散是大量个别的溶质质点通过介质孔隙的实际运移过程，由于发生于孔隙中的各种物理和化学作用，使得溶质质点的实际运移相对于平均溶质运移所表现出的分散现象。溶质的水动力弥散由两部分组成，即分子扩散和机械弥散(或对流扩散)。

分子扩散是由于液体中浓度梯度的存在而引起的一种物质运移现象。浓度梯度使高浓度处的物质向低浓度处运移，以求浓度达到均一。分子扩散的本质是由于分子热运动，而与流速无关，即使水为静止的，只要存在浓度梯度，分子扩散作用就会发生。

与自由溶液中溶质的分散现象类似，土壤水中溶质的分子扩散通量(用 J_d 表示)服从费克(Fick)第一定律，只是由于多孔介质的存在，饱和土壤水也仅仅充满土壤的孔隙(孔隙度为 n)，故饱和土壤水中溶质的分子扩散通量为

$$J_d = -nD_s \frac{\partial c}{\partial L} \tag{5.1.2}$$

对于非饱和土壤水，用含水率 θ 代替孔隙度 n，溶质的分子扩散通量成为

$$J_d = -\theta D_s \frac{\partial c}{\partial L} \tag{5.1.3}$$

式中，D_s 为土壤水中溶质分子扩散系数，$[L^2/T]$；L 为扩散方向的距离，$[L]$；$\frac{\partial c}{\partial L}$ 为沿扩散方向的溶质浓度梯度。在土壤多孔介质中，液相仅占土壤总容积的一部分，分子扩散系数远比在自由溶液中的要小。随着土壤含水率的降低，液相所占区域减少，实际扩散的途径加长，因此其分子扩散系数趋向减小。一般也将溶质在土壤中的分子扩散系数仅表示为含水率的函数 $D_s(\theta)$，而与溶质的浓度无关。

机械弥散是由于土壤颗粒和孔隙在微观尺度上的不均匀性而导致溶质在流动过程中逐渐分散，并占有越来越大的渗流区域范围的溶质运移现象，是指微观尺度上质点流速相对于孔隙平均流速的差异所引起的溶质分散现象，这种作用起因于固体骨架的结构及微观流速对于流体质点运动的影响，反映了空隙介质骨架结构的特征。机械弥散作用由三种机理引起：①流体的黏滞性，以及粗糙的孔隙表面作用在流体上的阻力，使单个孔隙通道横断面的不同点上，流体分子在流动过程中具有不同流速，因而在单个孔道中会产生分散；②由于孔隙大小及光滑程度不同，沿不同孔隙轴向的最大流速有差异；③由于孔隙通道的曲折性、交叉性和分支性，使流线沿平均方向出现偏差。宏观上土壤水分流动区域的渗透性不均一，也可促成或加剧机械弥散的作用。实验和理论研究证明(Bear and Bachmat, 1990；Bear and Cheng, 2010)，机械弥散也服从费克(Fick)第一定律。由机械弥散引起的溶质通量 J_h 也可表示为类似的形式，对非饱和土壤水，有

$$J_h = -\theta D_h \frac{\partial c}{\partial L} \tag{5.1.4}$$

式中，D_h 为机械弥散系数，$[L^2/T]$。据 Bear 等的分析认为(Bear, 1972)，机械弥散系数与孔隙流速 v 成正比关系，即

$$D_h(v) = \alpha v \tag{5.1.5}$$

式中，α 称为弥散度$[L]$，与土壤质地和结构有关。

显然，分子弥散和机械弥散通量的表达形式是类似的，但二者的机理完全不同。一般情况下，机械弥散与分子扩散是以不可分割的形式同时存在的，二者综合作用的结果，就形成了水动力弥散。通常称 $D = D_s + D_h$ 为水动力弥散系数。水动力弥散所引起的溶质通量 J_D 可表示为

$$J_D = -\theta D \frac{\partial c}{\partial L} = -\theta [D_h + D_s] \frac{\partial c}{\partial L} \tag{5.1.6}$$

当对流速度相当大时，机械弥散的作用远大于分子扩散作用，此时在水动力弥散中只考虑机械弥散作用即可；反之，当土壤溶液静止时，机械弥散完全不起作用，只剩分子扩散了。

对于机械弥散和分子扩散的划分完全是人为的，这两个过程是以不可分开的形式出现在多孔介质溶质的分散过程中。机械弥散和分子扩散的共同作用称为水动力弥散。

对任一流体质点，其在多孔介质中的运动途径和运动规律是确定的，可以用流体力学的热力学方程进行描述。但是由于多孔介质结构的复杂性，试图用流体力学中描述流体质点运动的方法去分析多孔介质中的流体运动是不可能的。水动力弥散理论是在比流体质点更宏观的多孔介质中溶质运移的层次去描述质点迁移的宏观特征，水动力弥散是描述流体质点相对于平均渗透流速的分散，此平均流速是可以在宏观上观测和测量得到的。水动力弥散作用是由于我们用平均流速去描述溶质运移而不是用真实流速描述溶质运移时而引入的一种相对于平均性质的分散。

3. 大尺度水动力弥散机理

上面述及的溶质运移的对流弥散理论是相对于局部尺度而言，也就是说，溶质在多孔介质中的分散是由于孔隙尺度上介质的不均匀性所引起。在此尺度上，溶质在运移过程中，携带溶质运动的实际流体质点流速相对于孔隙尺度上的平均流速（达西流速）的分散而导致的溶质水动力弥散作用。微观尺度溶质运移的水动力弥散理论得到大量的实验室研究数据的验证。而在实际问题中，如地下水污染和海水入侵问题，溶质运移的距离远大于实验室尺度，在这种宏观尺度上，介质的不均匀性不但体现在孔隙尺度上，由于地层的沉积和成岩作用的影响，地层岩性和水力性质具有强烈的空间变异性。在宏观尺度上的溶质分散更主要的是受介质宏观空间变异性的控制。在进行大区域地下水溶质运移分析时，由于不可能得到空间每一点介质的分布特征，我们不可能了解区域中每一点地下水流速的具体细节，难以利用微观尺度的水动力弥散理论进行分析，只能从更大尺度宏观单元上了解地下水运动的一般特征和分布规律。由于含水层的空间变异性，在足够大的不同空间单元上（如层状非均质地层的某一层含水层）各点地下水真实流速与其平均流速相差甚大。这样一来，即使可以给出单元上较为精确的平均流速值，但由于忽略了流速在此尺度范围内的变异特征（如各层间的变异性），则导致由于此尺度上流速的变异而引起溶质的分散。

大量的野外试验结果表明，由试验观测资料反求到的弥散系数比室内小尺度上同类介质的弥散系数相差几个数量级（Gelhar et al., 1992），并且所得到的弥散系数并不是一个物理参数，其随溶质运移距离的增大而增加。这种弥散系数的巨大差异完全是由于溶质运移在不同尺度上的运移机理、所研究问题观测结果的取样尺度以及含水层渗透性能的特征尺度不同而致。也就是说，研究孔隙尺度或局部尺度的溶质运移问题，主要是考虑孔隙尺度上介质的不均匀性；而研究宏观区域尺度的溶质运移问题，主要是介质的空间变异性主导了溶质的分散过程，更大尺度的介质不均匀性引起地下水浓度分布，在此尺度上，微观尺度上的不均匀性所引起溶质的分散相对于宏观尺度上介质的空间变异性所引起溶质的分散作用可以忽略不计。

图 5.2(a) 所表示的是层状含水层，其主要特点为含水层的水力特性在水平方向上是均匀的，而在垂直方向上具有明显的变异性。由于每一层的土壤渗透系数具有较大的变异性，各层中地下水的水平向流速差异较大。假设在地下水流入端加入一

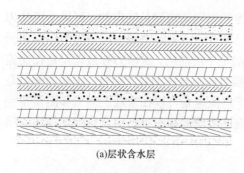

(a)层状含水层

(b)透晶体状含水层

图 5.2　两种简化的非均匀含水层
示意图

个脉冲的溶质注入，可以想象，在每一层中溶质的分布具有近似正态分布的形状，其主要受微观尺度不均匀性的影响；但由于各层流速不同，各正态分布的峰值距地下水流入端的距离相差很大。宏观的浓度分布是各层浓度分布的平均值，由于各层间地下水流速的差异，宏观的地下水浓度分散将远大于每一层地下水浓度的分散程度，各层中溶质的分散在宏观浓度分散中所起的作用很小，宏观的地下水浓度分布主要由地层的宏观变异性决定。

图 5.2(b) 所表示的含水层更为接近于实际情况，如河湖相沉积和冰积含水层就属此类，含水层的主要分布特征为层状结构，主要含水层和隔水层都近于水平分布，但每一含水层或隔水层并不连续分布，随着沉积韵律的不同，沿水平方向分布有大小不等的透晶体，含水层渗透性能在水平方向的变化远小于其在垂直方向的变化。在此类含水层中溶质运移的分散过程与均值含水层的比较。由图 5.3 可见，非均匀含水层中溶质的不均匀性和分散程度将远大于均质含水层。

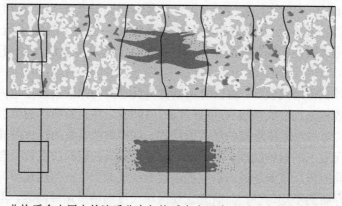

图 5.3　非均质含水层中的溶质分布与均质含水层中溶质分布的比较(引自 http://www.egr.msu.edu/igw/DL/)

5.1.3　水动力弥散系数(D)

水动力弥散系数(D)是表征在一定流速条件下，多孔介质对某种污染物质弥散能力的参数，它综合反映了流体和介质的特性，依赖于流体速度、分子扩散和介质特性。由于水动力弥散是机械弥散和分子扩散两部分共同作用的结果，因此，水动力弥散系数 D 可表示为机械弥散系数 D' 和分子扩散系数 D'' 之和，即 $D=D'+D''$。和多孔介质中水的渗透系数一样，水动力弥散系数也是一个张量。

在实际多孔介质中，影响水动力弥散系数的因素很多，相互之间的关系也非常复杂，通常需借助理想模型的研究方法，将多孔介质用一个假想的、简化的模型来代替，从而将在该模型中发生的弥散现象用精确的数学方法来求解。在此基础上，对弥散系数的主要影响因素逐项加以讨论分析，再将其结果类推到实际的多孔介质中。

1. 研究水动力弥散的理论模型

理论(理想)模型可以给出弥散系数的结构，揭示弥散系数与孔隙骨架、水流参数及分子扩散系数之间的关系。具有代表性的机械弥散系数的理论模型是由 Bachmat 和 Bear(1964) 及 Bear 和 Bachmat(1990) 导出的相互连通的空间毛管网络模型，其形式为

$$D'_{ij} = a_{ijmn} \frac{u_m u_n}{u} f(P_e, \delta) \tag{5.1.7}$$

式中，D'_{ij} 为机械弥散系数，为二阶对称张量；u 为地下水流速，$[L^2/T]$；u_m、u_n 为地下水实际流速分量，$[L^2/T]$；右端的函数 $f(P_e, \delta)$ 具有如下关系式：

$$f(P_e, \delta) = \frac{P_e}{P_e + 4\delta^2 + 2} \tag{5.1.8}$$

式中，P_e 为分子扩散的 Peclet 数，$[-]$；$\delta = \dfrac{\bar{l}}{\bar{R}}$，其中，$\bar{l}$ 为毛管的平均长度，$[L]$；$\bar{R}$ 为毛管的平均水力半径，$[L]$。显然，当 Peclet 数很大时，$f(P_e, \delta)$ 近似等于 1。

a_{ijmn} 为多孔介质的弥散度，是一个完全由介质的空隙性所决定的参数，包括毛管的传导系数 B，毛管的平均长度 $\bar{l}$ 和曲折率 $\bar{T}$。a_{ijmn} 是一个四阶张量，在三维空间中共有 $3^4 = 81$ 个分量，但对于各向同性介质，则只有 36 个非零分量，且仅涉及两个数 α_L 和 α_T，即

$$a_{ijmn} = \alpha_T \delta_{ij} \delta_{mn} + \frac{\alpha_L - \alpha_T}{2} \left(\delta_{im} \delta_{jn} + \delta_{in} \delta_{jm} \right) \tag{5.1.9}$$

式中，α_L 和 α_T 分别为各向同性介质的纵向和横向弥散度，$[L]$；δ_{ij} 的取值规律为，当 $i=j$ 时，为 1，当 $i \neq j$ 时，为 0。

将式 (5.1.9) 代入式 (5.1.7) 中，并取 $f(P_e, \delta) \approx 1$，得到

$$D'_{ij} = \alpha_T u \delta_{ij} + (\alpha_L - \alpha_T) \frac{u_i u_j}{u} \qquad (i, j = 1, 2, 3) \tag{5.1.10}$$

由式 (5.1.10) 可见，弥散系数张量的各向异性完全由地下水运动的方向决定，弥散系数的主方向与地下水运动的方向一致。在直角坐标系中，依据式 (5.1.10)，可得到三维和二维地下水渗流中机械弥散系数张量的分量的表达形式。如对二维渗流中的弥散问题，i, j 表示 x, y 两个方向，由式 (5.1.10) 可得

$$D'_{xx} = \alpha_L \frac{u_x^2}{u} + \alpha_T \frac{u_y^2}{u}$$

$$D'_{xy} = D'_{yx} = (\alpha_L - \alpha_T)\frac{u_x u_y}{u} \tag{5.1.11}$$

$$D'_{yy} = \alpha_T \frac{u_x^2}{u} + \alpha_L \frac{u_y^2}{u}$$

若直角坐标系中一个坐标轴(如 x 轴)与平均流动方向一致,则称该轴(x 轴)为弥散主轴,弥散主轴的主方向即为弥散主方向。在以 x 轴为弥散主轴的情况下,即 $u_x = u$,$u_y = 0$,有

$$D'_{xx} = \alpha_L u; \qquad D'_{xy} = D'_{yx} = 0; \qquad D'_{yy} = \alpha_T u \tag{5.1.12}$$

一般情况下,渗流场中不同点的平均孔隙流速的方向是不同的,弥散主轴也会随孔隙流速方向的变化而变化。只有当地下水总体呈均匀流动(即满足处处有 u_x=常数,u_y=0)时,上式关系才对整个流场有效。

多孔介质分子扩散系数 D'' 也是二阶对称张量,其分量为

$$D''_{ij} = D_m T''_{ij} \tag{5.1.13}$$

式中,D_m 为纯溶液中的分子扩散系数;T''_{ij} 为多孔介质曲折率张量的分量。

显然 $T''_{ij}<1$,所以 $D''_{ij}<D_m$,说明多孔介质中溶液的分子扩散系数小于纯溶液中的分子扩散系数。这是因为多孔介质中通道曲折,减少了分子扩散的有效性。

2. 分子扩散系数和机械弥散系数

在自由溶液中,分子扩散通量服从费克(Fick)定律,即

$$J_a = -D_d \frac{\partial C}{\partial L} \tag{5.1.14}$$

式中,D_d 为自由溶液中的分子扩散系数,$[L^2/T]$;C 为溶液浓度,$[M/L^3]$;L 为扩散方向的距离,$[L]$。

由于多孔介质的存在,使得介质中分子扩散系数 D'' 小于溶液中的分子扩散系数 D_d,其关系为 $D''=TD_d$,其中 T 为多孔介质的弯曲率。

以 J_m、D' 分别表示机械弥散通量和机械弥散系数,则有

$$J_m = -D' \frac{\partial C}{\partial L} \tag{5.1.15}$$

Bear(1969)分析认为机械弥散系数 D' 与孔隙平均流速 v 有关,常可近似表示为

$$D' = \alpha \cdot v^\beta \tag{5.1.16}$$

式中,β 为经验指数,认为该值一般为 1~1.3;α 为经验系数,当 β=1 时,α 称为弥散度,$[L]$。

水动力弥散作用使得溶质不仅沿水平流动方向散布,也会沿垂直于平均流动方向扩展,前者称为纵向弥散,后者称为横向弥散。实验室得到的不同类型介质的纵向弥散度值见表 5.1。

表 5.1　实验室测得的不同孔隙介质的弥散度值

研究者	土柱内径/cm	长度/cm	示剂	介质材料	d_{50}/mm	n	d_{60}/d_{50}	$V/(\text{cm/sec})$	α/cm	β	测量方法
Gupta 等 (1974,1980)			硝酸钠	砂		0.33		0.41~1.65	0.35	1.16	化学
				砂加 50%黏土		0.347		0.39~1.57	0.97	1.16	分析
Harleman 等 (1963b)			NaCl	塑胶球	0.96	0.36	1.14	0.00608~0.13	0.03~0.21	1.2	电导
Harleman 等 (1963a)	9.78	可变	NaCl	砂	0.45~1.4			0.0046~0.38	0.026~0.24	1.2	电导
			NaCl	塑胶玻璃球	0.39~2			0.0083~0.13	0.05~0.17	1.2	
Rumer (1962)	14	83.8	NaCl	石英砂	1.65	0.39	1.26	0.0364~0.43	0.2	1.083	电导
			NaCl	玻璃球	0.39	0.39	1.13	0.0127~0.184	0.027	1.105	
Klotz 等 (1980)	1~50	25~400	$NH_4{}^{82}Br$	人工配制砂样	0.61~6.3	0.28~0.29	<2	10^{-3}~1	0.1~1	1.07~1.1	
			$Na^{131}I$ NaCl	天然砂样	0.17~8.5	0.13~0.26	1.13~31.3	10^{-4}~1	0.1~102	1.07~1.09	
杨金忠 等 (1985,1986)	12	50	NaCl	轻壤		0.487		0.0010~0.0013	0.08~0.12		
	12	50	NaCl	中壤		0.5		0.0044~0.0064	0.12~0.84		电导
	10	100	NaCl	细砂	0.22	0.42~0.45	1.516	0.005~0.08	0.21~0.27	1.2~1.4	
	10	100	NaCl	粗砂	0.55	0.45	1.379	0.001~0.06	0.6	1.36	

3. 水动力弥散的尺度效应

多孔介质水动力弥散尺度效应是指孔隙介质中弥散度随着溶质运移距离的增加而增大的现象。大量的室内和野外实验表明，由于研究区域的尺度不同，所得到的弥散系数差别悬殊，相差可达 3~5 个数量级；即使在同一含水层，溶质运移距离越大，测出的弥散度也越大。充分说明了弥散度与研究区域大小有关，即在室内或在小尺度范围内获得的弥散度不能应用于野外大区域的溶质运移问题。

尺度效应是指溶质运移的机理随研究尺度不同而发生变化，其研究方法包括以下几种：①空间平均方法，将微观尺度的溶质运移方程在不同的宏观尺度上进行空间平均，识别不同尺度上的溶质运移方程，探讨宏观弥散参数对空间平均尺度不同的变化特征和规律；②随机方法，根据含水层非均质的特性，按其物理性质、水力性质和溶质运移性质所遵循的随机模型分布，建立溶质运移随机方程和水动力弥散系数的表达式；③通过室内与野外水动力弥散试验，深入研究尺度效应的影响因素。

1) 弥散系数的尺度效应问题

在地下水动力弥散理论中，用弥散度或弥散系数来表示空隙介质的弥散特征。根据Bear(1972)的定义，弥散度是反映空隙介质骨架结构的特征长度，反映了对弥散作用起决定作用的空隙介质性质，即孔隙度、颗粒形状、大小、颗粒的不均匀系数、空隙连通性与弯曲率等。大量室内外弥散试验表明，弥散度主要受空隙介质中颗粒不均匀系数与颗粒大小的影响，水动力弥散主要受空隙介质空间变化特征的影响。

显然，在微观水平上无法反映介质特性的空间变化，要想解决实际地下水溶质运移问题，必须从微观水平上升到宏观水平。一般的作法是，将单组分的对流扩散方程的各未知量在典型单元体上取空间平均。典型单元体是能够反映空隙介质结构特征在宏观上"均匀"的最小单位。

多孔介质的非均质性都是普遍存在的，从微观尺度到宏观尺度，通常将多孔介质水动力弥散现象划分为 4 种尺度：空隙、实验室、单含水层与区域含水层。空隙尺度中的非均质主要表现为空隙大小的变化；实验室尺度中的非均质，是细砂到粗砂大小的变化及更细粒的充填分布；在单含水层尺度下则表现为细砂-粗砂沉积韵律的变化；而在区域尺度下，则表现为不同成因所形成含水层的分布与变化。

那么，利用典型单元体的概念能否描述水动力弥散中的尺度效应呢？对于空隙尺度的多孔介质，如果存在着一个包含一定数量的颗粒及空隙而能得到一个稳定的孔隙度值，这种介质是均匀的，可以得出相应的渗透系数与弥散度值；但随着研究范围的扩大，从微观尺度到宏观尺度是连续变化的，相应的典型单元体也会增大，不能得到一定尺度下具有稳定的弥散度和渗透系数"均质"。

2) 宏观弥散与微观弥散

宏观弥散与微观弥散的机制是相同的，即由于多孔介质的不均匀性而造成的流速非均匀性，是产生水动力弥散的主要因素。弥散度反映了多孔介质骨架结构的特征长度，它随着研究尺度的增加而增大。

　　大量的研究结果表明，控制大区域溶质运移的机理是宏观地下水流速的不均匀性，而地下水流速度的不均匀性主要起源于含水介质的空间变异性，这些影响区域溶质运移的基本特征在室内实验中是反映不出来的。对某一地区地下水中污染物运动和扩散过程的预报，必须首先得到表征该地区污染物弥散特征的参数——弥散度。Gelhar 等(1992)对世界范围内所收集的多个大区域弥散资料进行了分析，他们将资料的可信度进行了分级，并详细给出各观测场的具体条件。研究结果表明，纵向弥散度随着试验尺度的增加而增大，但若考虑数据可信度的因素时，这种变化趋势则不甚明显。可靠性较大的试验范围一般小于250m。在试验范围为$10^{-1}\sim10^{5}\mathrm{m}$ 时，纵向弥散度为$10^{-2}\sim10^{4}\mathrm{m}$。裂隙介质和孔隙介质间弥散度的差别不大。在一个给定的试验尺度内，纵向弥散度的变化为两三个数量级，而可靠性较高的数据一般相差两个数量级。水平横向弥散度比纵向弥散度小一个数量级，垂直横向弥散度比水平横向弥散度小一个数量级(图5.4)。

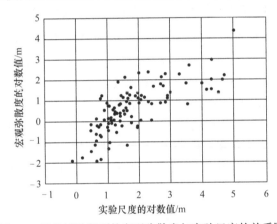

图 5.4　野外试验得到的宏观弥散度与实验尺度的关系图

3) 宏观弥散度的理论表达

　　将野外水力传导度表示为随机函数，利用随机场理论得到非均匀介质宏观弥散度的理论表达，下面简单介绍几种宏观弥散度与水力传导度统计参数的关系和理论表达式。

　　(1) 层状含水层

　　设饱和渗透系数 K 在水平方向的相关尺度远大于垂直方向，K 仅为垂直坐标 z 的函数，水力坡度近似为常数。通过理论分析得到宏观纵向弥散度为(Dagan，1989；Gelhar et al.，1979；Martheron and Marsily，1980)

$$A_{11} = \frac{\sigma_k^2}{\langle K \rangle^2} \langle V \rangle t \qquad\qquad t \to 0$$

$$A_{11} = \frac{\sigma_k^2}{\langle K \rangle^2} \frac{\lambda^2}{3\alpha_T} \qquad\qquad t \to \infty$$

(5.1.17)

式中，A_{11} 为纵向弥散度；σ_k^2、$\langle K \rangle$ 分别为渗透系数的方差和均值；α_T 为孔隙尺度横向弥散度；$\langle V \rangle$ 为沿水平方向的地下水平均流速；$\lambda = 3.16\lambda_e$，λ_e 为 K 的相关函数为 $1/e$ 时的相关距离。在式(5.1.17)中取 $\sigma_f^2 = 1$，$\lambda = 1$ m，$\alpha_T = 0.003$ m，$\langle V \rangle t = 2$ m，可得到 $A_{11} = 3.44$ m，$t \rightarrow 0$；$A_{11} = 191$ m，$t \rightarrow \infty$，此宏观弥散度值要远大于孔隙尺度的弥散度。

(2)溶质在三维非均匀含水层中的运动(忽略孔隙弥散的情况)

渗透系数为对数正态分布随机场，其相关函数满足负指数形式，若忽略孔隙弥散作用，平均水流沿 x_1 方向，对三维溶质运移问题，得到以下结果(Dagan，1982a，1984，1987，1988)：

$$A_{11} = \sigma_f^2 \lambda_f \left[1 - \frac{4}{\tau^2} + \frac{24}{\tau^4} - \frac{8}{\tau^2}(1 + \frac{3}{\tau} + \frac{3}{\tau^2})e^{-\tau} \right],$$

$$A_{22} = A_{33} = \sigma_f^2 \lambda_f \left[\frac{1}{\tau^2} - \frac{12}{\tau^4} + (\frac{12}{\tau^4} + \frac{12}{\tau^3} + \frac{5}{\tau^2} + \frac{1}{\tau})e^{-\tau} \right], \tau = \langle V \rangle t / \lambda_f \tag{5.1.18}$$

当溶质运移时间较短或时间很长时，弥散度趋于以下值：

$$A_{11} = \frac{8}{15}\sigma_f^2 \langle V \rangle t, \qquad A_{22} = A_{33} = \frac{1}{15}\sigma_f^2 \langle V \rangle t, t \rightarrow 0$$

$$A_{11} = \sigma_f^2 \lambda_f, \qquad A_{22} = A_{33} = 0, t \rightarrow \infty \tag{5.1.19}$$

以上结果表明，在溶质运移早期，宏观弥散度随溶质运移时间或溶质运移距离线性增大，对于三维和二维溶质运移问题，横向弥散度与纵向弥散度之比分别为 1/8 和 1/3。当溶质运移时间较长时，纵向弥散度趋于一常数，而横向弥散度趋于零。由以上公式也可以看出，渗透系数的方差和相关距离是影响宏观弥散度的关键统计参数。

(3)溶质在三维非均匀含水层中的运动(考虑孔隙弥散的情况)

考虑孔隙尺度弥散作用的影响，用谱分析方法，得到以下宏观弥散度的结果(Gelhar and Axness，1983)：

$$A_{11} = \frac{\sigma_f^2 \lambda_f}{\gamma^2}, \quad A_{22} = A_{33} = \frac{\sigma_f^2(\alpha_L + 4\alpha_T)}{15\gamma^2} \tag{5.1.20}$$

式中，$\gamma = \exp(\sigma_f^2/6)$。以上结果表明，宏观横向弥散由孔隙尺度的弥散作用决定。由于 $\lambda_f \gg \alpha_L$，$A_{22}/A_{11} = (\alpha_L + 4\alpha_T)/15\lambda_f$，一般相当小，这与 Dagan(1982a，1984，1987，1988)的结果相一致，但这里所得到的宏观横向弥散度并不等于零。

(4)吸附溶质在三维非均匀含水层中的运动(忽略孔隙弥散的情况)

土体对溶质的吸附作用除决定于溶质本身的化学性质外，还与土体颗粒的大小和土壤结构有关。野外试验表明，土壤对溶质的吸附作用也具有很大的空间变异性。若含水层和溶质间发生均衡吸附作用，吸附项浓度和土壤溶液间的关系可以表示为

$$C_s(x,t) = K_d(x)C(x,t) \tag{5.1.21}$$

式中，$K_d(x)$ 为吸附常数，为空间随机函数。由于土壤吸附作用空间变异性的影响，溶质在大区域的弥散作用更加复杂。对于吸附溶质通过区域非均匀含水层的运移过程，宏观弥散度可以表示为(Sposito et al.，1986；Bellin et al.，1993)：

$$A_{11} = \sigma_f^2 \lambda_f \left[1 - \frac{4}{\tau^2} + \frac{24}{\tau^4} - \frac{8}{\tau^2}(1 + \frac{3}{\tau} + \frac{3}{\tau^2}) e^{-\tau} \right] + \left(1 - \frac{1}{\langle R \rangle} \right)^2 \lambda_f \sum_{n=1}^{\infty} \frac{\sigma_f^{2n}}{n \cdot n!}(1 - e^{-nt})$$

$$\pm 2 \left(1 - \frac{1}{\langle R \rangle} \right) \sigma_f^2 \lambda_f \left\{ 1 - \frac{2}{\tau} \left[e^{-\tau} \left(\frac{1}{\tau} + 1 \right) - \frac{1}{\tau} \right] \right\} \tag{5.1.22}$$

$$A_{22} = A_{33} = \sigma_f^2 \lambda_f \left[\frac{1}{\tau^2} - \frac{12}{\tau^4} + \left(\frac{12}{\tau^4} + \frac{12}{\tau^3} + \frac{5}{\tau^2} + \frac{1}{\tau} \right) e^{-\tau} \right], \qquad \tau = \langle V \rangle t / \lambda_f$$

式中，$\langle R \rangle = 1 + \langle K_d \rangle$ 为宏观平均滞后因子；正负号为 $\ln K$ 和 $\ln K_d$ 的相关关系，当 $\ln K$ 与 $\ln K_d$ 正相关时取正。以上结果表明：①吸附作用只影响纵向弥散度，而对横向弥散作用影响极小；②宏观弥散度随着土壤吸附作用的增大而增大；③吸附系数与渗透系数间的相关关系对宏观弥散作用影响很大。

(5)吸附溶质在非饱和非均匀含水层中的运动(忽略水头梯度的变异性)

溶质通过饱和土体和非饱和土体运动的主要差别在于非饱和土体水力传导率是待求水头压力(或含水量)的函数，流速的求解是个非线性问题。另外，非饱和水力传导率还决定于土壤结构。将非饱和水力传导率表示为指数形式，溶质对非均匀土体有均衡吸附作用，并设 $\ln[K_s(x)]$，$\alpha(x)$，和 $\ln[K_d(x)]$ 均为正态分布的随机函数，在忽略水头梯度变异性的条件下，应用 Lagrange 分析方法得到宏观纵向弥散度的解析表达式(Yang et al., 1996)：

$$A_{11} = A_{11}^1 + A_{11}^2 + A_{11}^3$$

$$A_{11}^1 = \lambda_f \left(\sum_{n=1}^{\infty} \sum_{k=0}^{n} \frac{C_n^k \sigma_f^{2(n-1)} H^{2k} \sigma_a^{2k}}{[n + k(\rho - 1)] n!} \left\{ 1 - \exp \left[-n - k(\rho - 1) \frac{z_c}{\lambda_f} \right] \right\} \right)$$

$$+ \frac{1}{\langle R \rangle^2} \left(\frac{\theta_s - \theta_r}{\langle \theta \rangle} \right)^2 \exp \left[2E + B^2 \sigma_a^2 \right] \frac{\lambda_f}{\rho} \sum_{n=1}^{\infty} \frac{(B^2 \sigma_a^2)^n}{n \cdot n!} \left[1 - \exp(-n\rho \frac{z_c}{\lambda_f}) \right] \tag{5.1.23}$$

$$- \frac{2}{\langle R \rangle} \frac{\theta_s - \theta_r}{\langle \theta \rangle} \exp \left[E + \frac{1}{2} B^2 \sigma_a^2 \right] \frac{\lambda_f}{\rho} \sum_{n=1}^{\infty} \frac{(-BH \sigma_a^2)^n}{n \cdot n!} \left[1 - \exp(-n\rho \frac{z_c}{\lambda_f}) \right]$$

当 $\ln[K_s]$ 与 $\ln[K_d]$ 线性相关时

$$A_{11}^2 = -2(1 - \frac{1}{\langle R \rangle}) \left\{ \sum_{n=1}^{\infty} \frac{(\beta \sigma_f^2)^n}{n \cdot n!} \left[1 - \exp(-n \frac{z_c}{\lambda_f}) \right] \right\} \lambda_f$$

$$A_{11}^3 = (1 - \frac{1}{\langle R \rangle})^2 \left\{ \sum_{n=1}^{\infty} \frac{(\beta^2 \sigma_f^2)^n}{n \cdot n!} \left[1 - \exp(-n \frac{z_c}{\lambda_f}) \right] \right\} \lambda_f \tag{5.1.24}$$

当 $\ln[K_s]$ 与 $\ln[K_d]$ 不相关时

$$A_{11}^2 = 0$$

$$A_{11}^3 = (1 - \frac{1}{\langle R \rangle})^2 \left\{ \sum_{n=1}^{\infty} \frac{\sigma_d^{2n}}{n \cdot n!} \left[1 - \exp(-n \frac{z_c}{\lambda_d}) \right] \right\} \lambda_d \tag{5.1.25}$$

以上结果表明：①当含水量趋于饱和时，计算结果趋于文献(Dagan, 1982a, 1984; Bellin et al., 1993)的结果；②宏观弥散度随σ_f^2和$CVa= \sigma_a^2/A$的增大而增大；③当平均含水量较低时，含水量的空间变异性对宏观弥散度有很大影响；④宏观弥散度随平均含水量的降低而增大；⑤吸附系数与渗透系数的相关关系对宏观弥散度影响很大。

(6)吸附溶质在非饱和非均匀含水层中的运动(忽略孔隙弥散度的情况)

Yang 等(1997)在较为一般的条件下得到吸附性溶质在三维非饱和非均匀介质中运动平均浓度所遵循的基本方程，以及方程中宏观弥散系数的表达形式。假设条件为：①水力传导率和水分特征曲线由负指数形式表达；②稳定非饱和水分运动；③在孔隙尺度溶质运移满足对流-弥散方程；④土壤和溶质间达到均衡吸附；⑤Ln[K_s]，Ln[K_d] 和α为二阶平稳的正态分布空间随机函数。宏观弥散系数可表示为

$$A_{ij} = \int_0^{Z_c} \frac{1}{<P>^2} C_{p_i p_j} (\frac{p_1}{<P>} \xi, \frac{p_2}{<P>} \xi, \frac{p_3}{<P>} \xi) \mathrm{d}\xi$$

$$P_i = q_i / \theta R, \qquad R = 1 + \rho K_d / \theta, \qquad <P>^2 = |P_i P_i| \qquad (5.1.26)$$

只要给出饱和渗透系数、吸附系数和α参数的统计特性，由上式可求得宏观弥散度。以上结果表明：①当溶质运移距离大于 5 倍的饱和渗透系数的相关尺度时，水力梯度的空间变异性对宏观弥散度的影响可以忽略不计；②纵向弥散度远大于横向弥散度；③当溶质运移距离大于 5～10 倍的λ_f时，A_{11}趋于常数，$A_{22}=A_{33}$趋于 0；④在溶质运移初期，A_{22}出现一个峰值；⑤吸附特征对宏观弥散度有重要影响。

5.2　溶质运移的对流－弥散方程

多孔介质中的溶液运动体系为一多相分散体系，其中包含有固体颗粒、液体和气体，对于饱和水流运动来说，一般假设气体不存在。含有溶质的水体在多孔介质中的运动空间即为孔隙空间，由于多孔介质结构的复杂性和分布的随机性，其孔隙的分布是杂乱无章的。而我们一般所观测到的多孔介质中的水流现象，都是流体在孔隙中微观运动的宏观表现。因而我们需要研究其中各宏观物理量的关系，和其所遵从的基本规律，这就是水动力弥散方程。

5.2.1　饱和水流运动问题的水动力弥散方程

1. 基本方程

根据质量守恒原理，考虑溶质在多孔介质运动的对流和水动力弥散作用，可以得到溶质在多孔介质中运动的水动力弥散方程，该方程也称为对流-弥散方程。

$$\frac{\partial nC}{\partial t} = -\left(\frac{\partial J_x}{\partial x} + \frac{\partial J_y}{\partial y} + \frac{\partial J_z}{\partial z} \right) - \left[\frac{\partial}{\partial x}(q_x C) + \frac{\partial}{\partial y}(q_y C) + \frac{\partial}{\partial z}(q_z C) \right] \qquad (5.2.1)$$

式中，n 为孔隙度，[-]；C 为溶质浓度，[M/L^3]；t 为时间，[T]；$J_i (i = 1, 2, 3)$ 为溶质通

过过水断面的水动力弥散通量，$[M/(L^2 \cdot T)]$；$q_i (i = 1, 2, 3)$ 为水流的达西流速，$[L/T]$。

将水动力弥散通量 $J_i = -nD_{ij} \dfrac{\partial C}{\partial x_j}$（$D_{ij}$ 为水动力弥散系数张量，$[L^2/T]$）；和平均孔隙流

速 $v_x = \dfrac{q_x}{n}$，$v_y = \dfrac{q_y}{n}$，$v_z = \dfrac{q_z}{n}$ 代入式 (5.2.1)，并假设孔隙度 n 为常数，可得到水动力弥散方

程：

$$
\begin{aligned}
\frac{\partial C}{\partial t} = {} & \frac{\partial}{\partial x}\left(D_{xx}\frac{\partial C}{\partial x}\right) + \frac{\partial}{\partial x}\left(D_{xy}\frac{\partial C}{\partial y}\right) + \frac{\partial}{\partial x}\left(D_{xz}\frac{\partial C}{\partial z}\right) + \frac{\partial}{\partial y}\left(D_{yy}\frac{\partial C}{\partial y}\right) \\
& + \frac{\partial}{\partial y}\left(D_{yx}\frac{\partial C}{\partial x}\right) + \frac{\partial}{\partial y}\left(D_{yz}\frac{\partial C}{\partial z}\right) + \frac{\partial}{\partial z}\left(D_{zz}\frac{\partial C}{\partial z}\right) + \frac{\partial}{\partial z}\left(D_{zx}\frac{\partial C}{\partial x}\right) \\
& + \frac{\partial}{\partial z}\left(D_{zy}\frac{\partial C}{\partial y}\right) - \left[\frac{\partial(Cv_x)}{\partial x} + \frac{\partial(Cv_y)}{\partial y} + \frac{\partial(Cv_z)}{\partial z}\right]
\end{aligned}
\tag{5.2.2}
$$

式 (5.2.2) 可简写为

$$
\frac{\partial C}{\partial t} = \frac{\partial}{\partial x_i}\left(D_{ij}\frac{\partial C}{\partial x_j}\right) - \frac{\partial(Cv_i)}{\partial x_i} \qquad (i, j = 1, 2, 3) \tag{5.2.3}
$$

也可简写为以下两种形式：

$$
\frac{\partial C}{\partial t} = \operatorname{div}(D\operatorname{grad}C) - \operatorname{div}(Cv) \tag{5.2.4}
$$

$$
\frac{\partial C}{\partial t} = \nabla(D\nabla C) - \nabla(Cv) \tag{5.2.5}
$$

2. 水动力弥散方程的扩充

当渗流区内有工作井或溶质有放射性衰减时，根据质量守恒原理，水动力弥散方程的基本形式不变，仅将相应的源汇项 I 加入即可，此时水动力弥散方程形式为

$$
\frac{\partial C}{\partial t} = \frac{\partial}{\partial x_i}\left(D_{ij}\frac{\partial C}{\partial x_j}\right) - \frac{\partial(Cv_i)}{\partial x_i} + I \qquad (i, j = 1, 2, 3) \tag{5.2.6}
$$

针对不同情况，I 有具体的表达式，常见的有以下两种情况。

1) 放射性衰减

当所研究的示踪剂在多孔介质的运移过程中发生放射性衰减时，由于这一衰减造成示踪剂浓度的变化率 I 与其质量成正比，有

$$
I = \frac{\partial C}{\partial t} = -\lambda C \tag{5.2.7}
$$

式中，λ 为示踪剂衰减常数，为示踪剂平均寿命的倒数，$[T^{-1}]$；此时 I 为单位时间单位体积的多孔介质中液相溶质由于放射性衰减而减少的示踪剂的质量。

2）均匀补给或开采项

如果向含水层注入含有溶质浓度为 C_0 的水，设单位时间对单位体积含水层的注水量为 $W[\mathrm{T}^{-1}]$，则溶质的注入率 I 为

$$I = \frac{W}{n} C_0 \tag{5.2.8}$$

式中，n 为多孔介质的孔隙率，[-]。

开采时，设单位时间从单位体积含水层中开采的量为 $W[\mathrm{T}^{-1}]$，C 为开采区的溶质浓度（即方程中的待求浓度 $C(x, y, z, t)$），则由开采引起的溶质的减少率 I 为

$$I = -\frac{W}{n} C \tag{5.2.9}$$

若计算区内有越流补给或其他入渗补给时，只要能根据补给强度求得单位时间单位含水层体积内越流或入渗补给水量，即可根据补给水中溶质浓度计算 I，然后加入水动力弥散方程即可。

3）溶质的吸附和解吸

吸附是溶液中以离子形式存在的溶质从液相中通过离子交换转移到固相表面，从而降低了溶质浓度的过程。解吸则是相反的过程，即固相中含有的溶质离子从固相表面进入液相，从而增加了溶质浓度。可见，吸附和解吸作用的结果也应该综合到源汇项中去。

为了建立吸附和解吸的表达式，需同时考虑液相与固相中溶质质量守恒。设 F 表示固相中的溶质浓度，即单位体积的固相所含溶质的质量。令 $f(C, F)$ 表示在单位时间单位体积的多孔介质中，由固相进入液相的溶质质量，当 $f(C, F)$ 为正，则为解吸作用；反之，则为吸附作用。不论吸附还是解吸，其中的液相溶质变化率 I 为

$$I = \frac{f(C, F)}{n} \tag{5.2.10}$$

液相由于解吸（吸附）作用而增加（减少）的溶质质量，也正是固相减少（增加）的溶质质量。因此，在这种情况下，单位时间单位体积固相的溶质质量的减少为

$$\frac{\partial F}{\partial t} = -\frac{f(F, C)}{1-n} \tag{5.2.11}$$

将式（5.2.11）代入式（5.2.10），得

$$I = -\frac{1-n}{n} \frac{\partial F}{\partial t} \tag{5.2.12}$$

将式（5.2.12）代入式（5.2.6），可得到考虑吸附和解吸作用下的水动力弥散方程

$$\frac{\partial C}{\partial t} = \frac{\partial}{\partial x_i} \left(D_{ij} \frac{\partial C}{\partial x_j} \right) - \frac{\partial (C v_i)}{\partial x_i} - \frac{1-n}{n} \frac{\partial F}{\partial t} \tag{5.2.13}$$

式中，液相溶质浓度 C 与固相中溶质浓度 F 互为函数关系。在非均衡条件下，有

$$\frac{\partial F}{\partial t} = \beta\left(C - \frac{F}{a_2}\right) = aC - bF \tag{5.2.14}$$

式中，β、a_2、a、b 均为常数。在均衡条件下，有

$$F = \alpha C \qquad (\alpha = 常数) \tag{5.2.15}$$

将式(5.2.15)代入式(5.2.13)，并设 $R_d = 1 + \dfrac{1-n}{n}\alpha$，整理后得

$$R_d \frac{\partial C}{\partial t} = \frac{\partial}{\partial x_i}\left(D_{ij}\frac{\partial C}{\partial x_j}\right) - \frac{\partial(Cv_i)}{\partial x_i} \tag{5.2.16}$$

或

$$\frac{\partial C}{\partial t} = \frac{\partial}{\partial x_i}\left(\frac{D_{ij}}{R_d}\frac{\partial C}{\partial x_j}\right) - \frac{\partial}{\partial x_i}\left(C\frac{v_i}{R_d}\right) \tag{5.2.17}$$

式(5.2.16)和式(5.2.17)是在均衡条件下有吸附或解吸情况下的水动力弥散方程。虽然方程中没有明显含有源汇项，但因 $R_d>1$，由吸附或解吸所产生的后果是把弥散系数和孔隙平均流速都缩小了 $1/R_d$，相当于减缓了弥散的进程，故 R_d 称为延迟因子。

当同时存在抽水、注水、放射性衰减和吸附时，将各种情况进行叠加即可。例如，向含水层注入含示踪剂浓度为 C_0 的水，示踪剂又发生放射性衰变，而吸附服从线性均衡等温关系，此时水动力弥散方程为

$$\frac{\partial C}{\partial t} = \frac{\partial}{\partial x_i}\left(\frac{D_{ij}}{R_d}\frac{\partial C}{\partial x_j}\right) - \frac{\partial}{\partial x_i}\left(C\frac{v_i}{R_d}\right) - \lambda C - \frac{W}{n}(C - C_0) \tag{5.2.18}$$

5.2.2　运动坐标系中的水动力弥散方程

若引进运动坐标系：

$$\begin{aligned} x_i' &= x_i - v_i t \qquad (x_i = x, y, z) \\ v' &= \frac{x'}{t'} = 0 \quad (t' = t) \end{aligned} \tag{5.2.19}$$

即相对于运动坐标系而言，流体并没有运动，因此不考虑源汇项的水动力弥散方程的形式变为

$$\frac{\partial C}{\partial t'} = \frac{\partial}{\partial x_i'}\left(D_{ij}\frac{\partial C}{\partial x_j'}\right) \tag{5.2.20}$$

5.2.3　非饱和水流运动问题的水动力弥散方程

1. 基本方程

与饱和带中溶质弥散类似，非饱和带中溶质弥散也近似遵循费克定律。所不同的是，

非饱和带的含水率 θ 是变化的。当仅考虑对流、分子扩散、机械弥散的作用时，溶质的总通量 J 为对流通量 J_C 和水动力弥散通量 J_D 之和，在水平一维情况下，有

$$J = J_D + J_C = -\theta D \frac{\mathrm{d}C}{\mathrm{d}x} + v\theta C \qquad (5.2.21)$$

根据质量守恒原理，土壤单元体内溶质的质量变化率应等于流入和流出该单元体溶质通量之差，由此可导出一维溶质运移的对流-弥散方程

$$\frac{\partial(\theta C)}{\partial t} = \frac{\partial}{\partial x}\left[\theta D \frac{\partial C}{\partial x}\right] - \frac{\partial(v\theta C)}{\partial x} \qquad (5.2.22)$$

推广到三维情况，非饱和土壤的对流-弥散方程为

$$\begin{aligned}
\frac{\partial(\theta C)}{\partial t} &= \frac{\partial}{\partial x}\left[\theta D_{xx}\frac{\partial C}{\partial x}\right] + \frac{\partial}{\partial x}\left[\theta D_{xy}\frac{\partial C}{\partial y}\right] + \frac{\partial}{\partial x}\left[\theta D_{xz}\frac{\partial C}{\partial z}\right] + \frac{\partial}{\partial y}\left[\theta D_{yx}\frac{\partial C}{\partial x}\right] \\
&+ \frac{\partial}{\partial y}\left[\theta D_{yy}\frac{\partial C}{\partial y}\right] + \frac{\partial}{\partial y}\left[\theta D_{yz}\frac{\partial C}{\partial z}\right] + \frac{\partial}{\partial z}\left[\theta D_{zx}\frac{\partial C}{\partial x}\right] + \frac{\partial}{\partial z}\left[\theta D_{zy}\frac{\partial C}{\partial y}\right] \\
&+ \frac{\partial}{\partial z}\left[\theta D_{zz}\frac{\partial C}{\partial z}\right] - \frac{\partial(\theta C v_x)}{\partial x} - \frac{\partial(\theta C v_y)}{\partial y} - \frac{\partial(\theta C v_z)}{\partial z}
\end{aligned} \qquad (5.2.23)$$

取 $x_1 = x$，$x_2 = y$，$x_3 = z$，式(5.2.23)可简化为

$$\frac{\partial(\theta C)}{\partial t} = \frac{\partial}{\partial x_i}\left[\theta D_{ij}\frac{\partial C}{\partial x_j}\right] - \frac{\partial(\theta C v_i)}{\partial x_i} \qquad (i, j = 1, 2, 3) \qquad (5.2.24)$$

或

$$\frac{\partial(\theta C)}{\partial t} = \mathrm{div}(\theta D \, \mathrm{grad}\, C) - \mathrm{div}(\theta C \boldsymbol{v}) \qquad (5.2.25)$$

当土壤处于饱和状态时，含水率 θ 取饱和含水率 θ_s（或孔隙率 n），即 $\theta = \theta_s$，式(5.2.22)至式(5.2.25)成为饱和带中水动力弥散方程，因此，上述形式可作为饱和-非饱和带中水动力弥散方程的统一形式。

2. 非饱和水动力弥散方程的扩充

与饱和带一样，在非饱和土壤环境中，除了溶质运移的水动力弥散机理以外，还会由于某些化学和生物等作用产生一定的溶质（如硝化作用所产生的硝酸盐离子），也会造成某些溶质从土壤中消失（如硝酸盐被植物所吸收）。考虑上述因素的影响，则需在基本方程式(5.2.22)至式(5.2.25)中加上源汇项 Q_e，定义 Q_e 为单位时间内单位体积土壤中所生成或消失的溶质质量。加入源汇项后，式(5.2.24)成为

$$\frac{\partial(\theta C)}{\partial t} = \frac{\partial}{\partial x_i}\left[\theta D_{ij}\frac{\partial C}{\partial x_j}\right] - \frac{\partial(\theta C v_i)}{\partial x_i} + Q_e \qquad (i, j = 1, 2, 3) \qquad (5.2.26)$$

吸附和解吸是土壤中液相与固相表面以离子形式存在的溶质通过离子交换进行转换的过程，溶质的沉淀和溶解也与之类似，都会导致溶质数量的变化。但这种情况下，转化过程中没有溶质的产生和消失，只是单元体内部液相以外的溶质储存量的变化。若

以 σ_e 表示单位体积土壤中液相以外的溶质质量的储存量,其变化率为 $\dfrac{\partial \sigma_e}{\partial t}$,于是,在方程(5.2.26)的基础上,加入这部分储存量的变化,式(5.2.26)成为

$$\frac{\partial(\theta C+\sigma_e)}{\partial t}=\frac{\partial}{\partial x_i}\left[\theta D_{ij}\frac{\partial C}{\partial x_j}\right]-\frac{\partial(\theta C v_i)}{\partial x_i}+Q_e \qquad (i,j=1,2,3) \qquad (5.2.27)$$

5.2.4　考虑不动水体作用时的水动力弥散方程

实验证明,由于土壤中存在细小孔隙和死端孔隙等非连通性孔隙,在多孔介质中可形成一定量的不动水体,这部分水体尽管不易流动,但却与可动水体之间依赖扩散作用发生质量交换,从而参与了非饱和带溶质运移过程,在描述非饱和带溶质运移的数学模型中应包括这种溶质交换机理。

由质量守恒原理,考虑到不动水体的作用,多孔介质中的溶质运移方程可以表示为

$$\frac{\partial(\theta_m C+\theta_{im}S)}{\partial t}=\frac{\partial}{\partial x_i}\left[\theta_m D_{ij}\frac{\partial C}{\partial x_j}\right]-\frac{\partial(\theta_m C v_i)}{\partial x_i} \qquad (i,j=1,2,3) \qquad (5.2.28)$$

式中,θ_m 为可动水体的含水量;θ_{im} 为不动水体的含水量;$\theta_m+\theta_{im}=\theta$;$S$ 为不动水体的浓度。

对于饱和或非饱和水流运动问题,可动水体和不动水体之间的质量交换速率与它们之间的浓度差成正比,即

$$\frac{\partial \theta_{im}S}{\partial t}=\alpha(C-S) \qquad (5.2.29)$$

式中,α 为质量交换系数,$[T^{-1}]$。

5.2.5　双重介质的水动力弥散方程

双重介质是指两种空隙结构和空隙特征完全不同的介质耦合在一起,组成一个水分运动和溶质运移特征差异很大,但相互间进行质量和能量交换的多孔介质结构形式。例如裂隙介质中的地下水和溶质运动,由于裂隙形状、大小、连通性很不均匀,与由裂隙分割的岩块系统相比,裂隙系统组成一个流动网络,该系统储存水量较少,但水流的运动速度较快;岩块系统组成相互联系的流动系统,该系统中水量储存较多,但水流的运动速度较慢;两个系统的水分和溶质可以进行相互交换,构成了统一的地下水流动和溶质运移系统。可以将性质各异的裂隙系统和岩块系统都视为连续介质,两者都充满整个研究空间,形成两个相互重叠的连续介质系统,即双重介质系统。在土壤介质中,由于黏土裂隙、虫孔、根孔的存在,同样具有明显的双重介质结构。

设水分和溶质在双重介质中的每一种连续介质中的运动都满足达西定律,即

$$v_{1,i} = -k_{1,ij}\frac{\partial H_1}{\partial x_j}, \quad v_{2,i} = -k_{2,ij}\frac{\partial H_2}{\partial x_j}, \tag{5.2.30}$$

式中，$v_{1,i}$，$v_{2,i}$ 为第一种和第二种介质在 i 方向的达西流速；H_1，H_2 为第一种和第二种介质的总水头；$k_{1,ij}$，$k_{2,ij}$ 为第一种和第二种介质的渗透系数张量。

根据质量守恒原理，两种介质的水流运动方程可以表示为

$$\frac{\partial H_1}{\partial t} = \frac{\partial}{\partial x_i}\left[k_{1,ij}\frac{\partial H_1}{\partial x_j}\right] + \alpha_w(H_2 - H_1)$$

$$\frac{\partial H_2}{\partial t} = \frac{\partial}{\partial x_i}\left[k_{1,ij}\frac{\partial H_1}{\partial x_j}\right] + \alpha_w(H_1 - H_2), \quad (i, j = 1, 2, 3) \tag{5.2.31}$$

式中，α_w 为两种连续介质之间的水量交换系数，$[\mathrm{T}^{-1}]$。

同样，两种介质的对流弥散方程可以表示为

$$\frac{\partial \theta_1 C_1}{\partial t} = \frac{\partial}{\partial x_i}\left[\theta_1 D_{1,ij}\frac{\partial C_1}{\partial x_j}\right] - \frac{\partial v_{1,i} C_1}{\partial x_i} + \alpha_m(C_2 - C_1)$$

$$\frac{\partial \theta_2 C_2}{\partial t} = \frac{\partial}{\partial x_i}\left[\theta_2 D_{2,ij}\frac{\partial C_2}{\partial x_j}\right] - \frac{\partial v_{2,i} C_2}{\partial x_i} + \alpha_m(C_1 - C_2), \quad (i, j = 1, 2, 3) \tag{5.2.32}$$

式中，θ_1、θ_2、C_1、C_2、$D_{1,ij}$、$D_{2,ij}$ 分别为两种连续介质的土壤含水量、地下水溶质浓度和水动力弥散系数；α_m 为两种连续介质之间的溶质交换系数，$[\mathrm{T}^{-1}]$。两种连续介质的地下水渗透流速 $v_{1,i}, v_{2,i}$ 可以由式(5.2.31)和式(5.2.30)确定。

5.3　地下水和土壤中氮磷转化运移数学模型

5.3.1　氮磷素运移模型

硝态氮和铵态氮在饱和—非饱和土壤中的运移方程可以用水动力弥散方程(对流-弥散方程)来描述。由于氮素的形态不一，转化多样，需对不同形态的氮素进行分别描述，同时给出不同形态氮素之间的相互转换关系和定量表达。

1. 铵态氮运移方程

由于铵态氮具有较大的吸附性，其运移方程可以表示为

$$\frac{\partial \theta C_4}{\partial t} + \frac{\partial \rho s}{\partial t} = \frac{\partial}{\partial x_i}\left(\theta D_{ij}\frac{\partial C_4}{\partial x_j}\right) - \frac{\partial q_i C_4}{\partial x_i} + R_4 \tag{5.3.1}$$

式中，C_4 为土壤溶液中铵态氮浓度，$[\mathrm{M/L}^3]$；θD_{ij} 为饱和/非饱和水动力弥散系数，$[\mathrm{L}^2/\mathrm{T}]$；$s$ 为吸附在土壤颗粒上的铵态氮浓度，[-]，采用等温吸附模型的形式，即 $s = K_d C_4$；ρ 为土壤干容重，$[\mathrm{M/L}^3]$；K_d 为土壤对铵态氮的吸附系数，$[\mathrm{L}^3/\mathrm{M}]$；$R_4$ 为铵态氮各种源汇项

之和，$[\mathrm{M/(L^3 \cdot T)}]$，可以表示为

$$R_4 = R_{m4}(C_l, C_h, C_4, C_3) + R_n(C_4) + R_{p4}(C_4) + R_v(C_4) \tag{5.3.2}$$

式中，R_{m4} 为铵态氮的纯矿化/固持速率，$[\mathrm{M/(L^3 \cdot T)}]$；$R_n$ 为铵态氮的硝化速率，$[\mathrm{M/(L^3 \cdot T)}]$；$R_{p4}$ 为根系对铵态氮的吸收速率，$[\mathrm{M/(L^3 \cdot T)}]$；$R_v$ 为铵态氮的挥发速率，$[\mathrm{M/(L^3 \cdot T)}]$；$C_l$ 和 C_h 为土壤有机物快速反应部分和慢速反应部分的氮素含量，C_3 为土壤中硝态氮浓度$[\mathrm{M/L^3}]$。所有的源汇项均为铵态氮浓度的非线性函数。

2. 硝态氮运移方程

从现有的文献来看，一般来说土壤胶粒对硝酸根离子的吸附性较小，因此在硝态氮的运移方程中不考虑硝态氮的吸附作用，可得到硝态氮所满足的对流-弥散方程为

$$\frac{\partial \theta C_3}{\partial t} = \frac{\partial}{\partial x_i}\left[\theta D_{ij}\frac{\partial C_3}{\partial x_j}\right] - \frac{\partial}{\partial x_j}\left[q_i C_3\right] + R_3 \tag{5.3.3}$$

式中，C_3 为土壤溶液中硝态氮浓度$[\mathrm{M/L^3}]$；R_3 为硝态氮的所有源汇项之和，可以表示为

$$R_3 = R_{m3}(C_l, C_h, C_4, C_3) - R_n(C_4) + R_{dn}(C_3) + R_{p3}(C_3) \tag{5.3.4}$$

式中，R_{m3} 为硝态氮的固持速率，$[\mathrm{M/(L^3 \cdot T)}]$；$R_n$ 为铵态氮的硝化速率，$[\mathrm{M/(L^3 \cdot T)}]$；$R_{dn}$ 为硝态氮的反硝化速率，$[\mathrm{M/(L^3 \cdot T)}]$；$R_{p3}$ 为根系对硝态氮的吸收速率，$[\mathrm{M/(L^3 \cdot T)}]$。

5.3.2　氮素转化模型

氮素转化过程主要包括：有机氮的矿化，无机氮的固持，铵态氮的硝化、根系吸收、挥发，硝态氮的反硝化、根系吸收。大部分氮素动态转化过程均可采用一阶动力反应方程式来描述，部分动态过程采用了零阶或 Michaelis-Menten 动力反应方程计算。而对于铵态氮的挥发过程，由于其研究较少，采用动力学方程描述其转化过程则面临参数取值不明确的问题，因此，另提供了一种经验公式计算挥发速率。

1. 矿化/固持

土壤中有机氮库分为快速反应有机物氮库和慢速反应有机物氮库。本节对快速反应有机物与慢速反应有机物的矿化/固持计算建立在以下三点假设的基础上：①快速反应有机物中氮素的流动方向与该种有机物中碳素的流动方向一致，其转化速率由碳素转化速率以及土壤中有机物的碳氮比决定；②慢速反应有机物的分解产物仅为铵态氮和二氧化碳，不再向其他有机物形式转化；③微生物氮库隶属于快速反应有机物氮库。因此，对于铵态氮和硝态氮，总的矿化/固持速率可分别计算如下：

$$R_{m4} = R_{l,4} + R_{h,4} \tag{5.3.5}$$

$$R_{m3} = R_{l,3} \tag{5.3.6}$$

式中，R_{m4}、R_{m3} 分别为有机物氮库转化为铵态氮和硝态氮的速率，$[\mathrm{M/(L^3 \cdot T)}]$；$R_{l,4}$、

$R_{l, 3}$ 分别为快速反应有机物氮库转化为铵态氮和硝态氮的速率，$[M/(L^3 \cdot T)]$；$R_{h, 4}$ 为慢速反应有机物氮库转化为铵态氮的速率，$[M/(L^3 \cdot T)]$。

土壤快速反应有机物中碳素的分解速率用一阶反应速率方程描述为

$$\frac{\partial c_{C,l}}{\partial t} = -K_l f_l(\theta, T, C/N, pH) c_{C,l} \tag{5.3.7}$$

式中，$c_{C,l}$ 为快速反应有机物中碳的含量，$[M/L^3]$；K_l 为速率常数，$[-]$；$f_l(\theta, T, C/N, pH)$ 为土壤含水量、温度、碳氮比和 pH 值对有机碳分解速率的影响函数，$[-]$；t 为当前时刻$[T]$。

由快速反应有机物中碳的变化速率和土壤中快速反应有机物的碳氮比，可以得到快速反应有机物中氮的变化速率

$$\frac{\partial c_{N,l}}{\partial t} = \frac{1}{(C/N)_l} \frac{\partial c_{C,l}}{\partial t} \tag{5.3.8}$$

式中，$c_{N,l}$ 为当前土壤快速反应有机物中氮素的含量，$[M/L^3]$；$(C/N)_l$ 为土壤中快速反应有机物中的碳氮比，$[-]$。

假设由快速反应有机物中的碳素转化成微生物和腐殖质中的碳素比例为 f_e，其中，微生物比例占 $(1-f_h)$，腐殖质比例则为 f_h；其余 $(1-f_e)$ 比例的碳素转化成为 CO_2。根据假设 (3) 中微生物氮库隶属于快速反应有机物氮库，将有一部分碳素重新转化到快速反应有机物中，该有机碳转化速率 $(R_{Cl})_{l \to l}$ 为

$$(R_{C_l})_{l \to l} = -(1 - f_h) f_e \frac{\partial c_{C,l}}{\partial t} \tag{5.3.9}$$

式中，f_e 为综合效率因子，$[-]$；f_h 称为腐殖质化因子，$[-]$。

设合成的微生物中的碳氮比为 r_0，则快速反应有机氮的重新生成速率 $(R_{Nl})_{l \to l}$ 为

$$(R_{N_l})_{l \to l} = -\frac{(1 - f_h) f_e}{r_0} \frac{\partial c_{C,l}}{\partial t} \tag{5.3.10}$$

同理可计算由快速反应有机物中氮素向慢速反应有机物中氮素的转化速率 $(R_{Nh})_{l \to h}$ 为

$$(R_{N_h})_{l \to h} = -\frac{f_h f_e}{r_0} \frac{\partial c_{C,l}}{\partial t} \tag{5.3.11}$$

由式 (5.3.8)、式 (5.3.10)、式 (5.3.11) 可知，由于快速反应有机物的腐烂分解，导致土壤中无机氮的变化速率为

$$\begin{aligned}
\frac{\partial c_N}{\partial t} &= -\left[\frac{1}{(C/N)_l} \frac{\partial c_{C,l}}{\partial t} - \frac{(1-f_h)f_e}{r_0} \frac{\partial c_{C,l}}{\partial t} - \frac{f_h f_e}{r_0} \frac{\partial c_{C,l}}{\partial t} \right] \\
&= -\left[\frac{1}{(C/N)_l} - \frac{f_e}{r_0} \right] \frac{\partial c_{C,l}}{\partial t}
\end{aligned} \tag{5.3.12}$$

式中，c_N 为土壤中无机氮的含量，$[M/L^3]$。

慢速反应部分有机物中氮的矿化速率可以用一阶反应动力学方程表示：

$$\frac{\partial c_{N,h}}{\partial t} = -K_h f_h(\theta, T, C/N, pH) c_{N,h} \tag{5.3.13}$$

式中，$c_{N,h}$ 为土壤慢速反应有机物中氮素含量[M/L^3]；K_h 为速率常数，[-]；$f_h(\theta, T, C/N,$ pH) 为土壤含水量、温度、碳氮比和 pH 值对慢速反应有机物分解速率的影响函数，[-]。

1) 快速反应有机物氮库引起的无机氮变化速率

由式(5.3.7)、式(5.3.12)可知，Δt_i 时段内快速反应有机物的分解过程中被矿化或固持的无机氮的量为

$$\Delta N_{l,i} = -\left(\frac{1}{(C/N)_{l,i}} - \frac{f_e}{r_0}\right)\Delta C_{l,i} \tag{5.3.14}$$

式中，$\Delta N_{l,i}$ 为 Δt_i 时段内单位体积土壤无机氮的变化量，[M/L^3]；$(C/N)_{l,i}$ 为快速反应有机物氮库在时刻 t_i 时的碳氮比，[-]。

当 $\Delta N_{l,i}$ 值大于零时，发生氮素的纯矿化，且假设有机氮矿化产物仅为铵态氮，因此，由快速反应有机物氮库转化为铵态氮和硝态氮的速率分别为

$$R_{l,4} = \frac{\Delta N_{l,i}}{\Delta t_i} \tag{5.3.15}$$

$$R_{l,3} = 0 \tag{5.3.16}$$

当 $\Delta N_{l,i}$ 值小于零时，将会发生无机氮的固持。模型假设固持以铵态氮优先，当铵态氮量不足以满足固持所需氮素时，发生硝态氮的固持。根据土壤总氮平衡原则，氮素固持速率需分三种情况进行讨论：

(a) 当 $|\Delta N_{l,i}|$ 小于土壤中可被固持的铵态氮量 $c_{4,i}(\theta+\rho K_d)f_4$ 时（其中，$c_{4,i}$ 表示土壤溶液中的铵态氮浓度，[M/L^3]；K_d 为铵态氮的吸附系数，[L^3/M]；f_4 为可被固持的铵态氮比例系数，[-]），仅有铵态氮被固持，此时，由于固持作用产生的铵态氮与硝态氮变化速率为

$$R_{l,4} = \frac{\Delta N_{l,i}}{\Delta t_i} \tag{5.3.17}$$

$$R_{l,3} = 0 \tag{5.3.18}$$

(b) 当固持的氮素量 $|\Delta N_{l,i}|$ 大于土壤中可被固持的铵态氮量 $c_{4,i}(\theta+\rho K_d)f_4$，但小于土壤中可被固持的铵态氮与硝态氮的总量 $c_{4,i}(\theta+\rho K_d)f_4+\theta c_3, {}_i f_4$ 时（其中，$c_{3,i}$ 表示土壤溶液中的硝态氮浓度[M/L^3]；f_3 为可被固持的硝态氮比例系数[-]），将同时发生铵态氮与硝态氮的固持，其固持速率分别为

$$R_{l,4} = -\frac{c_{4,i}(\theta + \rho K_d)f_4}{\Delta t_i} \tag{5.3.19}$$

$$R_{l,3} = \frac{\Delta N_{l,i} + c_{4,i}(\theta + \rho K_d)f_3}{\Delta t_i} \tag{5.3.20}$$

(c) 当固持的氮素量 $|\Delta N_{l,i}|$ 大于土壤中可被固持的铵态氮与硝态氮总量 $c_{4,i}(\theta+\rho K_d)f_4+\theta c_{3,i}f_4$ 时，模型中假设：由于土壤中的无机氮含量不能满足微生物的生长需求，快速反应有机物的分解将会被抑制，此时，土壤中铵态氮与硝态氮的变化速率设为零。

2)慢速反应有机物氮库引起的无机氮变化速率

慢速反应有机物氮库的分解过程仅发生氮素的矿化，不会发生固持作用，且矿化的产物全部为铵态氮，因此，由于慢速反应有机物氮库矿化过程引起的土壤中铵态氮的变化速率为

$$R_{h,4} = -\frac{\Delta N_{h,i}}{\Delta t_i} \tag{5.3.21}$$

式中，$\Delta N_{h,i}$ 为 Δt_i 时段内由于慢速反应有机物氮库矿化引起的单位体积土壤无机氮的变化量，$[M/L^3]$。

2. 硝化/反硝化

采用一阶动力反应方程描述硝化/反硝化过程：

$$R_N = -K_1(\theta + \rho K_d)c_N f \tag{5.3.22}$$

式中，R_N 为反应速率，$[M/(L^2 \cdot T)]$；c_N 为土壤溶液中铵态氮或硝态氮的浓度，$[M/L^3]$；K_1 为速率常数，$[L/T]$；K_d 为土壤对溶质的吸附系数，$[L^3/M]$；f 为含水量、温度、碳氮比和 pH 值对反应速率的影响函数，$[-]$。

也可采用 Michaelis-Menten 动力反应方程描述硝化/反硝化过程：

$$R_N = -K_m \frac{c_N(\theta + \rho K_d)}{c_N(\theta + \rho K_d) + K_C} f \tag{5.3.23}$$

式中，K_m 为最大的速率常数，$[M/(L^2 \cdot T)]$；K_C 为饱和系数，$[M/L]$；f 为环境因素影响函数，$[-]$。

3. 氨挥发

氨挥发可以采用一阶动力反应方程进行描述，也可以采用如下经验公式进行描述。氨挥发速率与土壤表面和空气中的氨气浓度差以及风速和温度有关，氨气挥发速率经验表达式为

$$R_V = K(c_N - c_A) \tag{5.3.24}$$

式中，R_V 为氨挥发速率，$[M/(L^2 \cdot T)]$；c_N 为土壤表面的气态氨浓度，$[M/L^3]$；c_A 为自由大气中气态氨的浓度，$[M/L^3]$，由于大气中气态氨浓度较小，计算时可设为 0；K 为迁移系数，$[L/T]$，是风速 v 和温度 T 的函数，$K=48.4 \times v^{0.8} \times T^{-1.4}$。

4. 根系吸氮

设根系吸氮速率与根系吸水速率及土壤溶液浓度成正比，即：

$$R_{p4} = C_{S4} f_R S \tag{5.3.25}$$

$$R_{p3} = C_{S3} f_R S \tag{5.3.26}$$

式中，R_{p4}、R_{p3} 分别为根系吸收铵态氮和硝态氮的速率，$[M/(L^2 \cdot T)]$；C_{S4}、C_{S3} 分别为根系所吸水分中铵态氮和硝态氮的浓度，$[M/L^3]$；f_R 为根系吸氮比，$[-]$，一般取值为 0.8～1.2；S 为根系吸水速率，$[L/T]$。

5.3.3　磷素转化模型

磷转化模型主要参考美国的 GLEAMS（Leonard et al.，1987；Knisel et al.，1993），该模型中的磷运移转化部分修改自 EPIC 模型。将土壤剖面分层，利用物质平衡方程来模拟水和磷（P）的运移和转化，利用气象数据驱动水文、侵蚀和温度子模型。该模型的主要优点是不同类型磷的划分较少，这样模型中引入的参数较少；使用者可以根据资料情况选用模型给定的经验参数及磷素的初始分布等信息。王丽影（2007）将 GLEAMS 中磷转化子模块修改后与水流模型和氮素模型耦合。

1. 土壤中磷素的分类及其转化关系

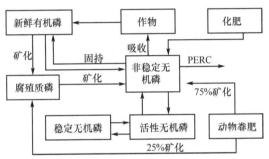

模型将土壤磷分成有机物中的磷和矿物质磷两大类，其中有机物又根据碳磷比（C∶P 比值）的不同分为新鲜有机物和腐殖质，新鲜有机物主要指作物的残枝落叶和根系等，其 C∶P 比值高于 200；腐殖质中的 C∶P 比值介于 125～200 之间。矿物磷根据其活性的不同分为三类：不稳定无机磷、活性无机磷和稳定无机磷。磷的组分和各组分之间的转化关系如图 5.5 所示。

图 5.5　土壤中磷的组分及各组分之间的转化关系

模型假设在达到稳定态时，稳定磷库的大小为活性磷库的四倍，当非稳定磷库因施肥或矿化而增大时，活性 P 的活性被激活。

2. 土壤磷转化的影响因素

组分之间的转化包括新鲜有机物和腐殖质中有机磷的矿化、非稳定磷的固定、非稳定磷和活性磷之间的转化以及活性磷与稳定磷之间的转化。土壤中磷的转化并不是单一进行的，其速度和方向直接受到土壤中碳、氮含量及其转化的影响，可采用一阶动力学方程描述，由于不同磷库间的转化速率还受到环境因素，如温度、土壤含水量、土壤 pH以及各磷库中 C∶N∶P 的影响，因此，模型根据相应的环境响应因子对标准转化速率进行修正。研究表明，影响转化速率最重要的因素是土壤温度，其次是土壤含水量，下面的论述中只考虑了这两种环境因素对转化的影响。

1)土壤温度响应函数

不同的转化有不同的最适宜温度，对温度升高和降低的反应也不相同，在总结了大量试验数据的基础上定义了各个转化过程的温度响应函数。对于新鲜有机磷的矿化和非稳定磷的固定，其温度响应函数为

$$e_T = \begin{cases} = \dfrac{T}{T + \exp[9.93 - 0.312T]} & T > 0℃ \\ 0.0 & T \leqslant 0℃ \end{cases} \tag{5.3.27}$$

式中，e_T 为温度响应因子；T 为土壤温度。

对于腐殖质的分解，其温度响应函数为

$$e_T = \begin{cases} = \exp\left[15.807 - \dfrac{6350}{T + 273}\right] & T > 0℃ \\ = 0.0 & T \leqslant 0℃ \end{cases} \tag{5.3.28}$$

对于非稳定磷和活性磷之间的转化，其温度响应函数为

$$e_T = \exp[0.115 \times T - 2.88] \tag{5.3.29}$$

2) 土壤含水量响应函数

用统一的土壤含水量响应函数来表征土壤含水量对各转化过程的影响，其表达式如下：

$$e_\theta = \frac{\theta - \theta_r}{\theta_{fc} - \theta_r} \tag{5.3.30}$$

式中，e_θ 为土壤含水量响应因子；θ 为土壤含水量；θ_r 为凋萎点含水量；θ_{fc} 为田间持水量。

3. 磷库间的转化

1) 新鲜有机磷的矿化

假设新鲜有机磷和腐殖质的矿化过程满足一阶动力学过程(Jones et al., 1984)，新鲜有机磷的矿化产物分别为腐殖质磷和非稳定磷，其中腐殖质磷占 25%，非稳定磷占 75%。矿化速率表达式如下：

$$\frac{\partial (P_{fre})_{f\min}}{\partial t} = -\mathrm{dcr} \times P_{fre} \tag{5.3.31}$$

式中，P_{fre} 为新鲜有机磷的含量，dcr 为一阶动力学速率，其表达式为

$$\mathrm{dcr} = \mathrm{cnp} \times \mathrm{rc} \times [e_T e_\theta]^{0.5} \tag{5.3.32}$$

式中，cnp 为土壤中 C∶N 比值和 C∶P 比值的综合影响因子；e_T 和 e_θ 分别为温度和含水量响应函数；rc 为残渣组成因子，rc 由新鲜有机物的分解阶段确定。新鲜有机物中的碳水化合物类物质最先分解，其质量占总量的 20%，接着分解的是纤维素类物质，其质量占 70%，最后分解的是占总量 10% 的木质素类物质(Sharpley and Williams, 1990)。根据不同物质的反应速率，rc 定义如下：

$$\mathrm{rc} = \begin{cases} 0.8 & \mathrm{decomp} \leqslant 20\% \\ 0.05 & 20\% < \mathrm{decomp} \leqslant 90\% \\ 0.0095 & \mathrm{decomp} > 90\% \end{cases} \tag{5.3.33}$$

式中，decomp 为已分解的新鲜有机物占原始新鲜有机物的百分比。cnp 的表达式如下：

$$cnp = \min \begin{cases} \exp\left[-0.693\times(cnr-25)/25\right] \\ \exp\left[-0.693\times(cpr-200)/200\right] \\ 1.0 \end{cases} \quad (5.3.34)$$

式中，cnr 为 C∶N 比值；cpr 为 C∶P 比值。从此式可以看出，新鲜有机物中的 C∶N 比值和 C∶P 比值越高，矿化速度就越慢，其原因为新鲜有机物在矿化时，一部分碳以二氧化碳的形式流失，另一部分碳被微生物同化，进入腐殖质，被同化的碳与在矿化过程中以二氧化碳形式流失的碳量的比值称为同化指数。一般情况下，新鲜有机物中的 C∶N 比值和 C∶P 比值要高于其矿化产物之一的腐殖质中对应的比值，所以新鲜有机物中的 C∶N 比值和 C∶P 比值必须低于各自的一个上限值，矿化才是可持续的，否则，矿化微生物的繁殖被抑制，矿化速度减慢(除非同化指数降低，模型中假定同化指数为常数)，此时，土壤中的矿物氮和矿物磷被"还原"到有机质的形态，即发生无机物的固定，直到新鲜有机物中的 C∶N 比值和 C∶P 比值降低到各自的限值以下。式(5.3.34)反映了碳氮比和碳磷比对新鲜有机物矿化的影响。Jones 等(1984)指出：作物残渣中较高的碳磷比(高于 200)，往往会导致作物可利用磷(非稳定磷)的固定，这个结论与模型中的主导思想是一致的。

2) 腐殖质的矿化

腐殖质的矿化速率表达式如下：

$$\frac{\partial\left(P_{sorg}\right)_{smin}}{\partial t} = -0.0001\times P_{sorg}\times rtn\times\left[e_T e_\theta\right]^{0.5} \quad (5.3.35)$$

式中，P_{sorg} 为腐殖质中的磷含量；rtn 为可矿化腐殖质的比例，Jones 等(1984)认为这个比例可以用土壤中活性氮和稳定氮的比例表示，程序中将其简化处理成初始腐殖质中的有机氮含量占土壤总含氮量的百分比。腐殖质的矿化产物为非稳定磷。

3) 非稳定磷的固定

非稳定磷的固定产物为新鲜有机磷，其速率为

$$\frac{\partial\left(P_{lab}\right)_{imm}}{\partial t} = -dcr\times fres\times\left[0.16\times pli - c_{pfr}\right] \quad (5.3.36)$$

$$c_{pfr} = \frac{P_{fre}}{fres} \quad (5.3.37)$$

式中，P_{lab} 为土壤中非稳定磷含量；dcr 为新鲜有机物分解速率，其定义同式(5.3.32)；fres 为土壤中新鲜有机物含量；pli 为非稳定磷固定系数，其物理意义为使固持可持续进行的 P∶C 比值的上限；c_{Rfr} 为新鲜有机物中磷与新鲜有机物的质量百分比。式(5.3.36)的物理意义为：当新鲜有机物矿化时被同化的碳与其含磷量的比值高于 1∶pli 时，发生非稳定磷的固持，当该比值低于 1∶pli 时，固持停止。式中系数 0.16 来自两个假设：其一为新鲜有机物中的碳占 40%；其二为发生矿化时，新鲜有机物中的碳有 40%被微生

物同化，即同化指数为 2/3。

pli 的值由土壤中非稳定磷的浓度决定，其表达式为

$$\text{pli}=\begin{cases}0.01+0.001\times CP_{\text{lab}} & CP_{\text{lab}}\leqslant 10\\ 0.02 & CP_{\text{lab}}>10\end{cases} \tag{5.3.38}$$

式中，CP_{lab} 为非稳定磷的浓度。

如果一个时间步长内的固持量高于此时土壤中非稳定磷含量的 95%，则模型中假定此时间步长内的固持量为非稳定磷含量的 95%。

4) 非稳定磷与活性磷之间的转化

非稳定磷与活性磷之间的转化速率如式 (5.3.39) 所示，其转化方向视方程右侧的正负号而定：

$$\frac{\partial\left(P_{\text{lab}}\right)_{l-a}}{\partial t}=e_T\times e_\theta\times\left[P_{\text{lab}}-P_{\text{act}}\times\frac{\text{psp}}{1-\text{psp}}\right] \tag{5.3.39}$$

式中，P_{lab} 为非稳定态磷含量；P_{act} 为活性态磷含量；psp 为磷吸持系数（Sharpley and Williams，1990），其表达式为

$$\text{psp}=\begin{cases}0.58-0.0061C_{\text{CaCO}_3} & \text{石灰质土壤}\\ 0.0054B_{\text{sat}}+0.116\text{pH}-0.73 & \text{轻度风化非石灰质土壤}\\ 0.46-0.0916\ln\left(C_L\right) & \text{高度风化非石灰质土壤}\\ & 0.05\leqslant\text{PSP}\leqslant 0.75\end{cases} \tag{5.3.40}$$

式中，C_{CaCO_3} 为碳酸钙的浓度；B_{sat} 为由醋酸铵方法确定的饱和度；pH 为土壤酸碱度；C_L 为土壤黏土含量百分比。

Williams 和 Izaurralde（2005）认为，从非稳定态磷向活性态磷的转化速度要比其逆过程快得多，所以 EPIC 中假设从非稳定态到活性态的转化速率是从活性态到非稳定态的转化速率的 10 倍，EPIC 用式 (5.3.41) 计算从活性态到非稳定态的转化速率。

$$\frac{\partial\left(P_{\text{lab}}\right)_{a-l}}{\partial t}=-0.1\times e_T\times e_\theta\times\left[P_{\text{lab}}-P_{\text{act}}\times\frac{\text{psp}}{1-\text{psp}}\right] \tag{5.3.41}$$

5) 活性磷与稳定磷之间的转化

模型假定在稳定状态下，土壤中稳定态磷的量是活性态磷量的 4 倍（Sharpley and Williams，1990），如果不满足这个倍数关系，则二者之间发生可逆转化。其转化速率为

$$\frac{\partial\left(P_{\text{act}}\right)_{a-s}}{\partial t}=-\omega\left(4P_{\text{act}}-P_{\text{sta}}\right) \tag{5.3.42}$$

式中，P_{act} 为活性态磷含量；P_{sta} 为稳定态磷含量；ω 为一个与 psp 和土壤特性有关的系数：

$$\omega=\begin{cases}0.00076 & \text{石灰质土壤}\\ \exp\left[-1.77\text{psp}-7.05\right] & \text{非石灰质土壤}\end{cases} \tag{5.3.43}$$

同样地，假设从活性态磷向稳定态磷的转化要比其逆过程速度快 10 倍（Williams and

Izaurralde，2005）。

4. 土壤对非稳定态磷的吸附

土壤中的非稳定磷并不是完全以溶质的形式存在，而是部分溶解于水，另一部分被土壤中的黏性颗粒所吸附，假设这种吸附和解吸附是瞬间完成的，用线性等温吸附方程来描述非稳定磷的吸附现象：

$$S_p = K_d C_p \tag{5.3.44}$$

式中，S_p 为吸附在土壤颗粒上的非稳定磷量；C_p 为土壤溶液中非稳定磷的浓度；K_d 为线性吸附系数，模型用土壤中黏土颗粒的含量来估计这个参数的大小：

$$K_d = 100 + 2.5 \times C_L \tag{5.3.45}$$

式中，C_L 为土壤中黏土含量，%；K_d 的单位为，10^{-6} g/m³。

从上面的阐述中，我们可以推导出土壤中非稳定磷浓度和土壤溶液中的非稳定磷浓度关系如下：

$$CP_{lab} = \frac{(\theta + \rho K_d)}{\rho} C_p \tag{5.3.46}$$

$$P_{lab} = CP_{lab} \times \rho \tag{5.3.47}$$

式中，CP_{lab} 为土壤中非稳定磷浓度，μg/g；ρ 为土壤干容重，10^{-6} g/m³；C_p 为土壤溶液中非稳定磷的浓度，g/m³；P_{lab} 为土壤中非稳定磷的体积浓度，g/m³。

5. 土壤磷各组分的平衡计算

通过上面对磷库间转化关系的阐述，下面计算时间步长 t 内各磷库的变化量。

1）土壤中新鲜有机物的变化速率

在时间步长 t 内，fres 的变化量可写为

$$fres(t_i + \Delta t) = fres(t_i) \times \exp[-dcr\Delta t] \tag{5.3.48}$$

式中，$fres(t_i + \Delta t)$ 为 t_{i+1} 时刻的新鲜有机物含量；$fres(t_i)$ 为 t_i 时刻的新鲜有机物含量，此处定义 t_{i+1} 为当前时间层，t_i 为上一时间层，以下依此类推。

2）土壤中新鲜有机磷的变化速率

土壤中新鲜有机磷的变化速率由新鲜有机磷的矿化速率和非稳定磷的固持速率确定：

$$\frac{\partial(P_{fre})}{\partial t} = \frac{\partial(P_{fre})_{fmin}}{\partial t} - \frac{\partial(P_{lab})_{imm}}{\partial t} \tag{5.3.49}$$
$$= A_f \times P_{fre}(t) + B_f \times \exp[-dcr \times (t - t_i)]$$

式中，$A_f = -2dcr$；$B_f = 0.16 \times dcr \times pli \times fres(t_i)$

假定新鲜有机磷的矿化速率 dcr 在时间 Δt 内为定值，解一阶线性微分方程得到当

前时刻新鲜有机磷的量为

$$P_{\text{fre}}\left(t_i + \Delta t\right) = K_2 \exp\left[-2\text{dcr}\Delta t\right] + K_1 \exp\left(-\text{dcr}\Delta t\right) \tag{5.3.50}$$

式中，$K_1 = 0.16 \times \text{pli} \times \text{fres}\left(t_i\right)$；$K_2 = P_{\text{fre}}\left(t_i\right) - 0.16 \times \text{pli} \times \text{fres}\left(t_i\right)$。

3）土壤中腐殖质磷的变化速率

土壤中腐殖质磷的变化速率由腐殖质磷的矿化速率和新鲜有机磷的矿化速率确定：

$$\begin{aligned}
\frac{\partial\left(P_{\text{sorg}}\right)}{\partial t} &= \frac{\partial\left(P_{\text{sorg}}\right)_{s\min}}{\partial t} - 0.25\frac{\partial\left(P_{\text{fre}}\right)_{f\min}}{\partial t} \\
&= A_h P_{\text{sorg}}\left(t\right) + B_h\left\{K_2 \exp\left[-2\text{dcr}\left(t - t_i\right)\right] + K_1 \exp\left[-\text{dcr}\left(t - t_i\right)\right]\right\}
\end{aligned} \tag{5.3.51}$$

式中，$A_h = -0.0001 \times \text{rtn} \times \left[e_T e_\theta\right]^{0.5}$；$B_h = 0.25\text{dcr}$。

忽略腐殖质磷可矿化比例 rtn 在时间 Δt 内的变化，解一阶线性微分方程得到当前时刻腐殖质磷量为

$$\begin{aligned}
P_{\text{sorg}}\left(t_i + \Delta t\right) &= P_{\text{sorg}}\left(t_i\right)\exp\left[A_h\Delta t\right] + \frac{B_h K_2}{\left(A_h + 2\text{dcr}\right)}\left(\exp\left[A_h\Delta t\right] - \exp\left[-2\text{dcr}\Delta t\right]\right) \\
&\quad + \frac{B_h K_1}{\left(A_h + \text{dcr}\right)}\left(\exp\left[A_h\Delta t\right] - \exp\left[-\text{dcr}\Delta t\right]\right)
\end{aligned} \tag{5.3.52}$$

4）土壤中非稳定磷的变化速率

土壤中非稳定磷的变化速率由非稳定磷的固持速率、非稳定磷与活性磷之间的转化速率、新鲜有机磷的矿化速率和腐殖质磷的矿化速率共同确定：

$$\begin{aligned}
\frac{\partial\left(P_{\text{lab}}\right)}{\partial t} &= \frac{\partial\left(P_{\text{lab}}\right)_{\text{imm}}}{\partial t} + \frac{\partial\left(P_{\text{lab}}\right)_{l-b}}{\partial t} - 0.75\frac{\partial\left(P_{\text{fre}}\right)_{f\min}}{\partial t} - \frac{\partial\left(P_{\text{sorg}}\right)_{s\min}}{\partial t} \\
&= A_l\left(\theta + \rho k_d\right)C_p + B_l
\end{aligned} \tag{5.3.53}$$

其中，

$$A_l = -e_T e_\theta$$

$$\begin{aligned}
B_l &= -0.16 \times \text{dcr} \times \text{fres}\left(t\right) \times \text{pli} + 1.75\text{dcr} \times P_{\text{fre}}\left(t\right) \\
&\quad + e_T e_\theta \times P_{\text{act}}\left(t\right)\frac{\text{psp}}{1 - \text{psp}} + 0.0001P_{\text{sorg}}\left(t\right) \times \text{rtn}\left[e_T e_\theta\right]^{0.5}
\end{aligned} \tag{5.3.54}$$

此处我们得到了对流弥散方程源汇项中的一阶项和零阶项，但是我们在处理对流弥散方程的时间离散问题时所使用的源汇项转化速率实际上是时间步长 Δt 内的平均速率，为了与对流弥散方程时间离散方法相对应，保持溶质质量守恒，此处需做处理：

$$\Delta B_l = \left(\frac{A}{\mathrm{dcr}} \mathrm{fres}\left(t_i\right) + \frac{BK_1}{\mathrm{dcr}} - \frac{CB_hK_1}{\mathrm{dcr}\left(A_h + \mathrm{dcr}\right)} \right)\left(1 - \exp\left[-\mathrm{dcr}\Delta t\right]\right)$$

$$+ \left(\frac{BK_2}{2\mathrm{dcr}} - \frac{CB_hK_2}{2\mathrm{dcr}\left(A_h + 2\mathrm{dcr}\right)} \right)\left(1 - \exp\left[-2\mathrm{dcr}\Delta t\right]\right) \tag{5.3.55}$$

$$+ \left(\frac{CP_{\mathrm{sorg}}\left(t_i\right)}{A_h} + \frac{CB_hK_2}{A_h\left(A_h + 2\mathrm{dcr}\right)} + \frac{CB_hK_1}{A_h\left(A_h + \mathrm{dcr}\right)} \right)\left(\exp\left[A_h\Delta t\right] - 1\right)$$

$$+ D \times P_{\mathrm{act}}\left(t_i\right) \times \Delta t$$

$$\overline{B_l} = \frac{\Delta B_l}{\Delta t} \tag{5.3.56}$$

式中，$A = -0.16 \times \mathrm{dcr} \times \mathrm{pli}$；$B = 1.75\mathrm{dcr}$；$C = 0.0001 \times \mathrm{rtn} \times \left[e_T e_\theta\right]^{0.5}$；$D = e_T e_\theta \dfrac{\mathrm{psp}}{1 - \mathrm{psp}}$。

此处 $\overline{B_l}$ 就是我们要求的时间步长 Δt 内磷对流弥散方程中的零阶源汇项。

5）土壤中活性磷的变化速率

活性磷变化速率由活性磷与非稳定磷间的转化速率和活性磷与稳定磷间的转化速率决定：

$$\frac{\partial\left(P_{\mathrm{act}}\right)}{\partial t} = \frac{\partial\left(P_{\mathrm{act}}\right)_{a-s}}{\partial t} - \frac{\partial\left(P_{\mathrm{lab}}\right)_{l-a}}{\partial t} \tag{5.3.57}$$

$$= -\left(4\omega + 0.1e_T e_\theta \frac{\mathrm{psp}}{1 - \mathrm{psp}} \right)P_{\mathrm{act}} + \omega P_{\mathrm{sta}} - 0.1e_T e_\theta P_{\mathrm{lab}}$$

在时间步长 Δt 内变化量为

$$\Delta P_{\mathrm{act}} = -\left(4\omega + 0.1e_T e_\theta \frac{\mathrm{psp}}{1 - \mathrm{psp}} \right)P_{\mathrm{act}}\left(t_i\right)\Delta t + \omega P_{\mathrm{sta}}\left(t_i\right)\Delta t$$

$$- 0.1e_T e_\theta P_{\mathrm{lab}}\left(t_i\right)\Delta t \tag{5.3.58}$$

求出当前时间层活性磷量为

$$P_{\mathrm{act}}\left(t_{i+1}\right) = P_{\mathrm{act}}\left(t_i\right) + \Delta P_{\mathrm{act}} \tag{5.3.59}$$

此处 P_{lab} 用上一时间层还是当前时间层的值取决于对流弥散方程中的时间差分格式，如果是显式差分，则取上一时间层(t_i)的值；如果是隐式差分，则取当前时间层(t_{i+1})的值。

6）土壤中稳定态磷的变化速率

$$\frac{\partial\left(P_{\mathrm{sta}}\right)}{\partial t} = \frac{\partial\left(P_{\mathrm{act}}\right)_{a-s}}{\partial t} = \omega\left(4P_{\mathrm{act}} - P_{\mathrm{sta}}\right) = -\omega P_{\mathrm{sta}} + 4\omega P_{\mathrm{act}} \tag{5.3.60}$$

在时间步长 Δt 内的增量

$$\Delta P_{\mathrm{sta}} = -\omega P_{\mathrm{sta}}\left(t_i\right)\Delta t + 4\omega P_{\mathrm{act}}\left(t_i\right)\Delta t \tag{5.3.61}$$

求出当前时间层稳定磷量为

$$P_{sta}(t_{i+1}) = P_{sta}(t_i) + \Delta P_{sta} \tag{5.3.62}$$

5.3.4　温度模型

由于温度的变化将影响到氮素/磷素的转化，需建立温度模型来预测土壤温度的变化。温度模型采用以下经验式：

$$T(z,t) = T_a + A_0 \exp(-z/D_m)\cos(\omega t + \varphi - z/D_m) \tag{5.3.63}$$

式中，T 为土壤温度，[℃]；T_a 为年平均温度，[℃]；A_0 为温度的年变幅，[℃]；D_m 为衰减深度，[L]；ω 为温度波的频率，[T^{-1}]；ϕ 为相位移，[-].

5.4　溶质运移的定解问题

为了求得水动力弥散的偏微分方程(5.2.1)的解 $C(x, y, z, t)$，必须给出特定的初始条件和边界条件。

5.4.1　起始条件

在计算区域范围内给出浓度的初始分布

$$C(x,y,z,t)\big|_{t=0} = C_0(x,y,z) \tag{5.4.1}$$

式中，$t=0$ 为任意给定的初始时刻；C_0 为空间位置的已知函数。

设整个渗流区内初始浓度 $C = 0$，在 $t = t_0$ 时刻，位置为 $x = x_0$、$y = y_0$、$z = z_0$ 的一点处有一瞬时（脉冲）注入，注入的示踪剂总质量为 M，其初始条件可表示为

$$C(x,y,z,t_0) = \left(\frac{M}{n}\right)\delta(x-x_0)\delta(y-y_0)\delta(z-z_0) \tag{5.4.2}$$

式中，δ 为 Dirac-δ 函数，n 为多孔介质孔隙率。

5.4.2　边界条件

相对于计算区域边界而提出的边界条件，取决于这些边界的外侧区域中出现的介质和流体的类型。所提出的边界条件应遵循的原则是：在边界曲面的任何一点处，溶质的质量通量沿边界法线方向 n_i 的分量，在边界两侧必须相等。常见的边界条件有以下三种：

第一类边界，边界上的浓度 C 是已知函数 $C_1(x, y, z, t)$，即

$$C(x,y,z,t)\big|_{\varGamma_1} = C_1(x,y,z,t)$$
$$(x,y,z)\in\varGamma_1 \quad t>0 \tag{5.4.3}$$

第二类边界，边界上的水动力弥散通量是已知函数 $q_2(x, y, z, t)$，即

$$D_{ij}\frac{\partial C}{\partial x_j}\boldsymbol{n}_i\bigg|_{\varGamma_2}=-q_2\left(x,y,z,t\right) \tag{5.4.4}$$

第三类边界，边界上的溶质通量是已知函数 $q_3\left(x,\ y,\ z,\ t\right)$，即

$$\left(Cv_i-D_{ij}\frac{\partial C}{\partial x_j}\right)\boldsymbol{n}_i\bigg|_{\varGamma_3}=q_3\left(x,y,z,t\right) \tag{5.4.5}$$

式中，$\varGamma_1$、$\varGamma_2$、$\varGamma_3$ 为边界 $\varGamma$ 的一部分。

5.4.3　定解问题

如前所述，水动力弥散是溶质在地下水流系统中，由于对流、机械弥散和分子扩散而产生的一种物质运移现象。要解决一个实际的溶质运移问题，必须同时建立水流、水动力弥散和流体性状的方程，即建立相应的水质模型。根据要解决的实际弥散问题的范围和精度要求，可建立水动力弥散型和对流型两种水质模型。

1. 水动力弥散型水质模型

在计算范围较小，精度要求较高，不容许忽略过渡带的情况下，应建立水动力弥散型水质模型。可分为均质和非均质流体两种情况。

1)非均质流体

对于非均质流体(即密度 ρ、黏度 μ 为非常数)，溶质浓度的变化将影响流体的密度 ρ 和黏度 μ，而 ρ 和 μ 的变化反过来又会引起流场状态的改变，即浓度分布与流速分布既相互影响又相互依赖，两者都是未知函数。因此，对一个实际的地下水质问题常需联立求解下列方程组：

三个运动方程(达西定律)：

$$v_i=-\frac{k_{ij}}{\theta\mu}\left(\frac{\partial p}{\partial x_j}+\rho g\frac{\partial z}{\partial x_j}\right)\qquad i,j=1,2,3 \tag{5.4.6}$$

两个状态方程：

$$\rho=\rho(C,p),\qquad \mu=\mu(C,p) \tag{5.4.7}$$

对低浓度不可压缩流体，可用它的一阶近似式：

$$\rho=\rho_0+\alpha\left(C-C_0\right),\mu=\mu_0+\beta\left(C-C_0\right) \tag{5.4.8}$$

式中，C_0 为一参考浓度；ρ_0、μ_0 为浓度为 C_0 时的密度和黏度；α、β 为由试验确定的常数。

一个水动力弥散方程(对流-弥散方程)：

对饱和流有

$$\frac{\partial C}{\partial t} = \frac{\partial}{\partial x_i}\left(D_{ij}\frac{\partial C}{\partial x_j}\right) - \frac{\partial(Cv_i)}{\partial x_i} \qquad (i,j=1,2,3) \qquad (5.4.9)$$

对非饱和流有

$$\frac{\partial(\theta C)}{\partial t} = \frac{\partial}{\partial x_i}\left(D_{ij}\frac{\partial(\theta C)}{\partial x_j}\right) - \frac{\partial(\theta Cv_i)}{\partial x_i} \qquad (i,j=1,2,3) \qquad (5.4.10)$$

一个质量守恒方程(连续性方程):

$$\frac{\partial \rho}{\partial t} + \frac{\partial(\rho v_i)}{\partial x_i} = 0 \qquad (i=1,2,3) \qquad (5.4.11)$$

式中, p 为水的压力;其余符号意义同前。

以上共有 7 个方程,正好可以求解 7 个未知数(C, p, ρ, μ, v_x, v_y, v_z)。在适当的初始和边界条件下,通过联立求解即可唯一地确定出各个未知量。这 7 个方程连同相应的初始和边界条件,就构成了非均质流体水质的水动力弥散型数学模型。对于海水入侵问题,由于海水的矿化度较大,会影响到地下水流速的变化,可将海水视为非均质流体。

2)均质流体

均质流体的 ρ 和 μ 为常数,浓度分布不会影响速度的分布,所以弥散方程、连续性方程和运动方程均与状态方程无关,整个方程组的求解可分为两个独立的问题。第一个问题,先由连续性方程和运动方程解出速度分布,为渗流计算问题;第二个问题,把速度分布代入弥散方程独立求解,即可求得计算区浓度分布。可见对均质流体来说,溶质运移的计算量可大大减少。而大多数实际的溶质运移计算问题,浓度都较小,故可近似视为这类情况。但对海水入侵问题则不能视为均质流体,因为海水含盐浓度很高,而浓度变化对 ρ、μ 有明显的影响。

在均质各向同性多孔介质中的均质流体,可根据渗流区和溶质弥散的特征,分为以下几种水质模型:

(1)饱和渗流区弥散问题的水质模型,包括:

地下水渗流微分方程:

$$\mu_e^* \frac{\partial H}{\partial t} = \frac{\partial}{\partial x_i}\left(K_{ij}\frac{\partial H}{\partial x_j}\right) \qquad (i,j=1,2,3) \qquad (5.4.12)$$

运动方程(达西定律):

$$v_i = -\frac{K}{n}\frac{\partial H}{\partial x_i} \qquad (i=1,2,3) \qquad (5.4.13)$$

水动力弥散方程:

$$\frac{\partial C}{\partial t} = \frac{\partial}{\partial x_i}\left(D_{ij}\frac{\partial C}{\partial x_j}\right) - \frac{\partial(Cv_i)}{\partial x_i} \qquad (i,j=1,2,3) \qquad (5.4.14)$$

式中，μ^*_e 为承压含水层的弹性释水率；K_{ij} 为渗透系数；n 为孔隙率；水头 $H = z + \dfrac{p}{\gamma}$；$D_{ij}$ 为弥散系数；C 为溶质浓度；v_i 渗透流速。

(2) 非饱和渗流区弥散问题的水质模型，包括：

非饱和土壤水渗流微分方程：

$$C(h)\frac{\partial h}{\partial t} = \frac{\partial}{\partial x_i}\left[K(h)\frac{\partial h}{\partial x_i}\right] + \frac{\partial K(h)}{\partial z} \quad (i = 1,2,3) \tag{5.4.15}$$

运动方程：

$$q_i = -K(h)\left[\frac{\partial h}{\partial x_i} + \delta_{3i}\right] \quad (i = 1,2,3) \tag{5.4.16}$$

水动力弥散方程：

$$\frac{\partial \theta C}{\partial t} = \frac{\partial}{\partial x_i}\left(\theta D_{ij}\frac{\partial C}{\partial x_j}\right) - \frac{\partial(Cq_i)}{\partial x_i} \quad (i,j = 1,2,3) \tag{5.4.17}$$

式中，h 为非饱和土壤水的压力水头；δ_{ij} 为 δ 函数，$\delta_{ij} = 1$，$i = j$；$\delta_{ij} = 0$，$i \neq j$；q_i 为渗透流速。

(3) 饱和-非饱和渗流区弥散问题的水质模型

无论是饱和带还是非饱和带，水的运动都遵循质量守恒原理，而且实验也证明了达西定律可近似用于非饱和带，从而可建立统一的饱和-非饱和水流微分方程。将地下水的总水头表示为 $H = h + z$，在饱和带，h 表示地下水的压力水头，$h > 0$；在非饱和带，h 表示非饱和水的基质势，$h < 0$；在潜水面，压力水头和基质势都为零，$h = 0$，这样 h 在整个渗流区域是连续的单值函数，由此可以建立饱和带与非饱和带统一的水流运动方程。

饱和-非饱和渗流区弥散问题的水质模型包括：

渗流微分方程：

$$\left[\mu^*_e\frac{\theta}{n} + C(h)\right]\frac{\partial h}{\partial t} = \frac{\partial}{\partial x_i}\left[K_{ij}(h)\frac{\partial h}{\partial x_j}\right] + \frac{\partial K_{i3}(h)}{\partial x_i} \quad (i,j = 1,2,3) \tag{5.4.18}$$

运动方程：

$$q_i = -K_{ij}(h)\left[\frac{\partial h}{\partial x_j} + \delta_{3j}\right], \quad (i,j = 1,2,3) \tag{5.4.19}$$

水动力弥散方程：

$$\frac{\partial(\theta C)}{\partial t} = \frac{\partial}{\partial x_i}\left[\theta D_{ij}\frac{\partial C}{\partial x_j}\right] - \frac{\partial(Cq_i)}{\partial x_i} \quad (i,j = 1,2,3) \tag{5.4.20}$$

式中各符号意义同前。θ 为土壤体积含水量，$\theta \leqslant n$，当土壤达到饱和时，$\theta = n$，此时非饱和带弥散方程就转变为饱和带弥散方程。在饱和条件下，渗流方程中 $C(h)$ 为零，该式成为饱和水流方程式；当 $\theta \neq n$ 时，地下水渗流方程中等号左侧第一项较小，可忽略不计，该式即为非饱和水流方程。

在以上的水质模型中，未涉及溶质的源汇项，若含水层中溶质具有吸附、衰减或抽水、注水等情况，在水动力弥散方程中加入相应的源汇项即可。

在用水质模型解决实际地下水质问题时，必须对所选水质模型进行检验校正后才能用于实际计算。验证的方法是，首先确定出模型中各种参数和边界条件的估计值，代入选定的水质模型，计算模拟已有的污染历史或试验过程，检查模拟计算结果与现场观测资料或试验资料的一致性。若不一致，需用试估—校正或其他优化方法对参数进行修正，直到拟合良好为止。此时才得到一个可以实际应用的水质模型。为保证这一模型的可靠性，最好根据该模型的预测结果再进行一些现场的验证工作。

2. 纯对流型水质模型

水动力弥散作用体现于污染水体与未污染水体之间存在的过渡带上。如果过渡带的宽度与所研究范围相比甚为狭窄时，就可以忽略弥散作用，采用纯对流型水质模型，可以使计算工作大为简化。

纯对流模型可分为两种：一种是只用水流方程；另一种是将水流方程与水质方程相耦合，但在水质方程中不考虑弥散作用。

1) 用水流方程预测溶质运移

当两种可溶混(污染和未污染)流体之间的过渡带宽度可忽略时，可将这个过渡带近似视为一个突变的锋面，它随着污染的发展不断移动，污染物所到之处就是两种流体的分界面。这种驱替作用类似活塞的运动，因此又称为活塞型模型。这类问题的求解归结为如何确定运动锋面的位置，可用数值方法求解。

设已知时段初锋面的位置，可沿锋面取若干点，使这些点的数量足够多，以能充分刻画出锋面的位置和形状；用水流方程和达西定律计算出各点在该时刻的速度，继而计算各点在时段末所走的距离，即可求得它们在该时刻的位置；如此逐时段计算，即可求得不同时刻锋面的位置。

一般来说，对于流速大，弥散系数很小的弥散问题，可以采用这种纯对流型模型。但对一个实际问题，能否采用这种纯对流模型，取决于所研究问题的规模及要求的精度。

2) 水流方程与水质方程的耦合方法

该方法是以水量均衡与质量均衡为基础，由水量方程求得任一时段水量的变化量分布，代入质量均衡方程中得出该时段浓度变化的分布。

对平面二维污染问题，可用有限差分法分别建立任一差分单元 i 的水量均衡方程(即水流有限差分方程)和溶质质量均衡方程(即溶质有限差分方程)。取任一时间段 Δt，先由水流差分方程求出单元 i 与相邻任意单元 j 的交换流量 Q_{ij}，和单元 i 所含水量 V_i，再由质量均衡方程求得单元 i 的浓度 C_i。

第6章 地下水流问题的数值方法

本章主要介绍地下水流数值方法的概念和发展，重点介绍几种主要的空间离散数值方法，如有限差分法、有限元法和有限体积法。

6.1 地下水数值方法概述

6.1.1 数值方法的基本概念

水流运动过程常常由时间和空间连续的偏微分方程描述(杨金忠等，2009)。对于有复杂边界条件和非均质参数的多维地下水流问题，很难获取解析解，具有强烈非线性的非饱和问题更是如此。数值方法为偏微分方程描述的数学模型提供了一般化的求解方法。其特点是将连续的时间和空间离散为一系列相互联系的时间步长和空间节点(空间单元)，这样将一个连续的状态变量场(如压力水头或者含水量)转化为了一个时空离散的向量，即

$$v(x,t) \rightarrow v(x_i, t_j) \tag{6.1.1}$$

式中，x 为三维空间坐标；t 为时间；$v(x, t)$ 为连续的状态变量场，通过离散方法将空间划分为 N_s 个空间节点 x_i ($i=1, 2, \cdots, N_s$) 和 N_t 个时间步长 t_j ($j=1, 2, \cdots, N_t$)。最终获取了时空离散的状态变量 $V_i^j = V(x_i, t_j)$，$(i=1,2,\cdots,N_s, j=1,2,\cdots,N_t)$。

在划分了时空离散后，从初始条件出发，根据各节点在流场中的相互关系(由控制方程和定解条件确定)，可以采用方程组求解下一个时刻各个节点的状态变量：

$$Av^{j+1} = b \tag{6.1.2}$$

式中，上标 $j+1$ 为下个时刻，A 为系数矩阵，与初始条件和土壤参数(如水力传导度)等有关：b 为右端项，与边界条件等有关。注意，对于潜水或非饱和水流运动问题，A 中包含过水断面或水力传导度等参数，这些与待求未知量 v^{j+1} 有关，因此，式(6.1.2)构成了非线性方程组。

将任意计算时段所获取的时段末计算结果作为下一时段的初始条件，根据新时段的边界条件和源汇项，形成新的描述地下水运动的方程组式(6.1.2)，求解方程得到新时段末的水头分布。在时间上逐步推进，直到模拟时间结束。由于空间上具有多维度，且具有复杂的边界条件，因此空间离散是数值模型研究的重点。相对来说，时间离散方法较为简单。

实际对某个时间步长的方程进行处理时，系数矩阵 A 的维度为 $N_s \times N_s$。但是空间离散方法一般假设一个节点通常只与相隔附近的若干节点有直接联系，故 A 一般为稀疏矩阵，可以采用压缩存储等方法节约矩阵存储空间。对于地下水运动模型，系数矩阵 A 一

般具有对称性，故方程组易于求解。尽管如此，由于地下水模型的离散节点数目巨大，求解线性方程中的计算成本可能很高。对于非线性的问题，还需要在每个时间步内迭代求解非线性方程组，进一步增大了求解的成本。

当数学模型确定后，存在不同的离散方法，形成式(6.1.2)。一般地，不同地下水数值模型的主要差别体现在空间离散方法上。地下水模型常常采用有限差分、有限元、有限体积法等来处理偏微分方程的空间离散。

6.1.2　地下水数值方法的发展

在 20 世纪 50 年代以前，求解地下水运动问题以解析方法为主，它通过数学分析手段(包括变量代换、分离变量、保角变换和积分变换等)得到各种理想化条件下水流运动的解析解。解析解在理论上和形式上都很完美，通过对解析解的分析，可以从物理机理上深入理解地下水的运动过程与特征。特别重要的是，地下水运动的解析解为求取水文地质参数提供了简洁的工具。但是，由于数学工具的局限性，只有在比较简单的条件下才有可能得到解析解，条件稍一复杂，特别是对于非均质问题、非线性问题或区域形状较为复杂的问题，就很难得出解析解。利用解析方法求解实际工程问题，需要对水文地质条件作出高度的概化，抓住地下水运动过程的主要影响因素，将实际问题简化为可以利用解析方法进行求解的形式，这需要研究者具有高度的概化能力，同时对得到的结果可能偏差有所估计。解析方法在地下水运动的发展历史和实际应用中起到巨大的作用，目前我们仍可利用一些简单的解析解对地下水运动特征进行初步的宏观估计。但很多条件下，即便是可以得出解析解，但由于解的形式太过繁杂限制了它的推广和应用。

20 世纪 50 年代至 70 年代初期，可求解复杂地下水运动规律的电模拟方法得到深入研究和广泛应用。这种方法根据地下水运动的达西定律与电流运动的欧姆定律的相似性以及对地下水流质量守恒方程的有限差分近似，并利用介质的电阻和电容模拟含水层的导水性和储水性，通过测量电网络系统的电流和电压，得到相应地下水系统的渗透速度和水头分布。电模拟方法为非均质、各向异性、不规则几何形状、多层结构的含水层及复杂的人工干扰条件下地下水运动的模拟提供了有力的工具。该方法的主要缺点是网络固定，通用性较差，难以处理潜水问题，而且只能用于地下水流的模拟，不能用于水质和其他方面的模拟。70 年代以后，由于数值计算技术的快速发展，电模拟技术的研究和发展受到很大的限制，目前已逐步退出历史舞台。

目前，数值方法已成为求解地下水模拟问题的主要技术方法。地下水流运动数值模拟的空间离散方法主要方法有有限差分法、有限元法、有限体积法、边界元法和有限分析法等，其中前三种最为常用。在早期阶段人们将交替方向隐格式方法用于地下水计算，随后又引入强隐式，这些方法具有占用内存少，计算速度快等优点，对地下水流的定量化模拟起到了促进作用。早期的有限差分法用规则网格剖面计算区域，对很多实际的水文地质问题的非均质分界面或者自然边界处理较差。此外，该方法要求水头函数存在二阶连续导数，但许多地下水的奇异点(如抽水井)不满足这一条件，因此容易造成误差。为弥补上述不足，便产生了不规则网格的有限差分法。有限元方法首先由美国数学家

Courant 于 1943 年提出，我国数学家冯康于 1956 年独立提出有限元方法的数学理论基础。Neuman 和 Narasihuhan(1977)发现有限元法求解形成的存储释水项容易不收敛，特别是当井抽水量发生变化时，模拟得到的结果可能和物理概念有矛盾。为此，他们提出了改进措施，将有限元法推导的质量存储矩阵改为对角矩阵，使得表征每个节点的质量变化仅与该节点的水头有关，与相邻节点无关。这种改进有效地解决了有限元数值模型不收敛的现象，使得有限元模型对网格剖分质量的要求降低。

我国地下水数值模拟的研究始于 20 世纪 70 年代，特别是水文地质学家与数学家合作，从理论研究、数值方法、实际应用等不同层面开展不同类型的协作研究，目前数值模拟方法已成为目前研究地下水运动与溶质运移问题的主要工具和手段。我国科学家在数值理论和数值方法方面的研究基本与国际前沿研究同步，利用有限差分法、有限元法、边界元法、有限解析法、有限体积法、特征线法等解决地下水渗流和溶质运移问题，各研究单位和高等学校编制了大量的地下水数值计算的应用程序，撰写了多部专著和教材（薛禹群和谢春红，1980，2007；孙讷正，1981，1989；陈崇希和唐仲华，1989），对地下水模拟的推广和应用起到重要作用。

近些年，地理信息系统 GIS 与地下水数值模拟的整合强化了数据的输入、传递和空间分析等。遥感 RS 技术为数值模型提供了可靠的大尺度参数，如地质边界、地貌单元、植被覆盖情况以及区域尺度的蒸散发量等。地下水数值模拟模型与其他领域模型的耦合扩展了地下水模型的发展空间，可用于解决很多实际问题。

随着这些数值算法的技术越来越成熟，几种主要的数值算法之间的差别越来越小，而人们在选择数值模拟的工具时，会根据自身的偏好和习惯选择一种数值模型。模型处理地下水问题的通用性以及前后处理界面的方便程度一般决定了模型的流行度。在有限差分法的模型中，美国地质调查局开发的 MODFLOW 最为流行。由于其程序结构的模块化、离散方法的简单化及求解方法的多样化等优点，已被广泛用来模拟井流、溪流、河流、排泄、蒸发和补给对非均质和复杂边界条件的水流系统的影响。MODFLOW 软件最大的优势为开源软件，具有完整详细的代码和使用说明，并且程序设计遵循模块化的原则。因此，MODFLOW 最吸引人的地方不仅是它简便高效的水流计算模块，还在于其他功能的软件模块都能与 MODFLOW 形成较好的契合，如模拟溶质的 MT3D 模块，反演参数的 PEST 程序等。GMS 即是这样一个包含各种功能模块的地下水问题模型系统。在有限元法开发的模型当中，FEFLOW(finite element subsurface FLOW system)是由德国水资源规划与系统研究所(WASY)开发出来的地下水流流动及物质迁移模拟软件系统。软件提供图形人机对话功能，能够自动产生空间各种有限单元网，具有地理信息系统数据接口、空间参数区域化、快速精确的数值算法和先进的图形视觉化技术等特点。在 FEFLOW 系统中，用户可以方便快速地产生空间有限元网格，设置模型参数和定义边界条件，运行数值模拟以及实时图形显示结果与成图。FEFLOW 的优势在于它考虑了各种复杂的承压-潜水含水层系统，并且可以方便地处理非饱和问题。HydroGeoSphere 是 Aquanty 公司开发的三维有限体积分布式水文模型，它同时求解地表水-土壤水和地下水方程，还可以求解溶质和热问题。在地表水和地下水的耦合上，该模型具有明显的特色。

6.1.3　数值方法在地下水及溶质运动问题中的应用

地下水数值方法以计算机为平台，通过数值计算和结果可视化等技术，达到对地下水工程及科学问题研究的目的。地下水数值模拟的基本目的是弄清地下水流场的分布，根据已有的信息预测地下水的未来动态，为水质和水量的评价提供理论依据，并根据人类生产生活对地下水资源的要求提出必要的工程措施。

数值模拟方法可以有效地分析区域地下水的均衡要素，评估地区的地下水资源量。通过必要的地质资料和地下水观测数据等校核地下水模型参数，建立地下水模型。针对边界条件和源汇项的不同变化，可以得到不同的地下水响应(水位、水质和流速分布)。例如，当气候变化时，数值模拟可以解决如何调节地表-地下水用水量以达到保护水资源等目的。数值模拟通过较小的成本就可以预测未来不同情况流场的变化，这是其他方法无法比拟的优势。并且在区域地下水模型中，当概念模型构建和参数校核工作合理时，数值模型给出的结果较为可信。

数值模拟方法是地下水资源保护与修复的技术辅助手段。由于人类生产、生活的强烈影响，地下水污染问题日趋严重，如何修复已经污染的地下水，如何保护未污染的地下水是重要的科学问题。修复污染地下水一个重要的问题是了解污染源的位置与分布。通过地下水数值模拟的方法，获取地下水的流场分布，根据污染源的位置和化学性质，结合地下水溶质数值模型可以推求污染源随时间的变化规律。在污染富集的位置，通过投放中和试剂或者抽取等办法，可以有效控制和消减污染物。另一方面，通过情景模拟的办法，对地下水源保护区的水量和水质进行不同情景的模拟，得到污染源排放控制措施(如农业农药等)与地下水用水方案，评估不同情景的地下水污染风险，得到最优情景。此时，数值模拟是比小尺度试验更实际和高效的办法。

地下水数值模拟还可以在与地下水有关的工程领域中得到应用。例如，在渗流问题中，岩土边坡的稳定性往往与岩土的地下水位(含水量)有密切关系。在地下水模型得到流场的基础上，才可以通过岩土稳定模型评估建筑稳定性。

6.2　有限差分法

有限差分方法(FDM)因其数学模式简单明确，最早用来处理偏微分方程的空间离散。有限差分法的核心是用差商代替导数，直接将偏微分方程转化为离散的方程组。通过简单的推导，较易得到流体力学对流项中的高阶格式。它的优点是经典、成熟，数学理论基础明确，容易证明数值格式的稳定性和相容性。其缺点是离散方程的守恒特性难以保证，且对不规则区域适应性较差。

6.2.1　差分法的概念

差分法基本思想是把连续的定解区域用有限个离散点构成的网格来代替，这些离散点也称作网格的节点；把连续定解区域上的连续变量的函数用在网格上定义的离散变量函数来近似；把原方程和定解条件中的微商用差商来近似。于是，原微分方程和定解条件就近似地代之以代数方程组，即有限差分方程组，解此方程组就可以得到原问题在离散点上的近似解。然后再利用插值方法便可以从离散解得到定解问题在整个区域上的近似解。

有限差分法的主要内容包括：如何根据问题的特点将定解区域作空间网格离散；如何把原微分方程离散化为差分方程组；如何按照时间步长划分逐时间步求解此代数方程组。此外为了保证计算过程的可行和计算结果的正确，还需从理论上分析差分方程组的性态，包括解的唯一性、存在性和差分格式的相容性、收敛性和稳定性。相容性指当时间和空间步长趋近于 0 时，差分格式与地下水偏微分方程的接近程度。另外，一个差分格式是否有用，最终要看差分方程的精确解能否任意逼近微分方程的解，这就是收敛性的概念。因为差分格式的计算过程是逐时间推进的，在计算第 $j+1$ 时间层的近似值时要用到第 j 层的近似值，直到与初始值有关。前面各层若有舍入误差，必然影响到后面各层的值，如果误差的影响越来越大，这种格式是不稳定的；相反，如果误差的传播是可以控制的，就认为格式是稳定的。只有在这种情形，差分格式在实际计算中的近似解才可能任意逼近差分方程的精确解。

6.2.2　主要差分格式

有限差分格式针对具体问题有不同划分。从格式的精度来划分，有一阶格式、二阶格式和高阶格式。从差分的空间形式来考虑，可分为向后格式、中心格式和向前格式。考虑时间因子的影响，差分格式还可以分为显格式、隐格式、蛙跳格式等。目前常见的差分格式，主要是上述几种形式的组合，不同的组合构成不同的差分格式。

这里仅以一维模型为例，介绍怎样用离散网格节点上的变量的差分形式代替一阶和二阶微分。首先假设地下水模型变量 v 为任一足够光滑的、一维空间坐标 x 的函数。根据泰勒级数展开为

$$v(x_i + \Delta x) = v(x_i) + \frac{\partial v}{\partial x}\bigg|_{x=x_i} \Delta x + \frac{1}{2!}\frac{\partial^2 v}{\partial x^2}\bigg|_{x=x_i} \Delta x^2 + \cdots \tag{6.2.1}$$

式中，$\Delta x = x_{i+1} - x_i$。不失一般性，设沿 x 轴将一维空间离散为 N 个节点，相邻节点间距为 Δx，节点上的离散变量为 v_i（$i=1$，2，$\cdots$，N），则偏微分方程中包含的一阶空间微分在 x_i 处的值可以近似为

$$\frac{\partial v}{\partial x}\bigg|_{x=x_i} = \frac{v_{i+1} - v_i}{\Delta x} + O(\Delta x) \tag{6.2.2}$$

或

$$\frac{\partial v}{\partial x}\bigg|_{x=x_i} = \frac{v_i - v_{i-1}}{\Delta x} + O(\Delta x) \tag{6.2.3}$$

或

$$\left.\frac{\partial v}{\partial x}\right|_{x=x_i} = \frac{v_{i+1} - v_{i-1}}{2\Delta x} + O\left(\Delta x^2\right) \tag{6.2.4}$$

式 (6.2.2) 至式 (6.2.4) 按顺序为向前差分，向后差分以及中心差分格式，他们分别为一阶、一阶和二阶精度。

如果偏微分方程中包含二阶空间微分，其离散格式为

$$\left.\frac{\partial^2 v}{\partial x^2}\right|_{x=x_i} \approx \frac{\left.(\partial v/\partial x)\right|_{x=x_{i+1/2}} - \left.(\partial v/\partial x)\right|_{x=x_{i-1/2}}}{\Delta x} \tag{6.2.5}$$

式中采用了中心差分离散。而后对其中的一阶导数项再分别采用式 (6.2.4) 计算，可以得到

$$\left.\frac{\partial^2 v}{\partial x^2}\right|_{x=x_i} \approx \frac{v_{i+1} - 2v_i + v_{i-1}}{\Delta x^2} \tag{6.2.6}$$

二阶差分格式 (6.2.6) 具有二阶精度。对于非稳定流，变量 v 还是时间 t 的函数。将一维时间离散为 M 个节点，相邻时间间距为 Δt，并且用上标 j 表示不同的时间步水平。同样的，根据时间泰勒级数展开，时间导数一般可以离散为

$$\left.\frac{\partial v}{\partial t}\right|_{t=t^{j+1}} = \frac{v^{j+1} - v^j}{\Delta t} + O\left(\Delta t\right) \tag{6.2.7}$$

或

$$\left.\frac{\partial v}{\partial t}\right|_{t=t^j} = \frac{v^{j+1} - v^j}{\Delta t} + O\left(\Delta t\right) \tag{6.2.8}$$

或

$$\left.\frac{\partial v}{\partial t}\right|_{t=t^{j+1/2}} = \frac{v^{j+1} - v^j}{\Delta t} + O\left(\Delta t^2\right) \tag{6.2.9}$$

式 (6.2.7) 至式 (6.2.9) 按顺序为隐格式、显格式以及蛙跳格式，他们分别为时间步长的一阶、一阶和二阶精度。上述介绍的均为二步欧拉格式，可以充分利用前一时间步计算的结果，使得数值模型的实现较为简单。虽然更复杂的三步或更多步的格式可能精度更高，但需要多个初始条件，且程序实现复杂。上述讨论仅限于分别讨论时间和空间离散。下面简单介绍时空离散的组合形式。假设一维非稳定地下水流的偏微分方程可以描述为

$$\frac{\partial v}{\partial t} = L(v) \tag{6.2.10}$$

式中，空间偏微分抽象为符号 L。首先进行时间离散，假如选择隐格式，则式 (6.2.10) 离散为

$$\left.\frac{\partial v}{\partial t}\right|_{t=t^{j+1}} = L\left(v^{j+1}\right) = \frac{v^{j+1} - v^j}{\Delta t} + O\left(\Delta t\right) \tag{6.2.11}$$

再进行空间离散，并对 L 进行近似，可以得到每个节点的离散方程。当前方程求解

的未知变量为 v^{j+1}，其中 $v=\{v_1,\ v_2,\ \cdots,\ v_M\}$ 代表离散后的空间变量。为获取二阶时间精度，可以采用蛙跳格式：

$$\left.\frac{\partial v}{\partial t}\right|_{t=t^{j+1/2}}=L\left(v^{j+1/2}\right)=\frac{v^{j+1}-v^j}{\Delta t}+O\left(\Delta t^2\right) \tag{6.2.12}$$

此时在 L 表达式中含有 $v^{j+1/2}$，该时间节点不属于时间离散点，需要转化为

$$
\begin{aligned}
& L\left(v^{j+1/2}\right) \\
& =\left.\frac{\partial v}{\partial t}\right|_{t=t^{j+1/2}}=\frac{1}{2}\left[\left.\frac{\partial v}{\partial t}\right|_{t=t^{j+1}}+\left.\frac{\partial v}{\partial t}\right|_{t=t^j}\right]+O\left(\Delta t^2\right) \\
& =\frac{1}{2}\left[L\left(v^j\right)+L\left(v^{j+1}\right)\right]+O\left(\Delta t^2\right)
\end{aligned} \tag{6.2.13}
$$

式中，第二行可以通过对 $\partial v/\partial t$ 分别在 $j+1$ 和 $j+1/2$ 处进行泰勒展开得到。该近似具有二阶时间精度，最终格式为

$$\frac{v^{j+1}-v^j}{\Delta t}=\frac{1}{2}\left[L\left(v^j\right)+L\left(v^{j+1}\right)\right]+O\left(\Delta t^2\right) \tag{6.2.14}$$

对于地下水流的有限差分模型，人们已经证明隐式差分格式是无条件收敛和稳定的，而显格式虽然满足收敛性，但一般不满足稳定性，即误差会随着计算而累积，除非时间步长足够小。因此，绝大多数地下水流动问题的有限差分模型采用隐式格式。

6.2.3　二维饱和-非饱和水流问题的差分格式

地下水中的偏微分方程均是通过取一小块均衡体，对其进行水量均衡分析，而后对该均衡体体积取极限得到。如果直接对偏微分方程的偏导项进行差分近似，就可以得到有限差分模型。这里以二维饱和-非饱和水流问题为例，推导有限差分模型。其中，为方便推导，采用规则的二维有限差分网格，如图 6.1 所示：

图中节点 $(i,\ k)$ 的阴影矩形表示该节点的控制体积或均衡域，均衡域的面积为 $\Delta x_i \Delta z_k$，均衡域的 4 条边界为

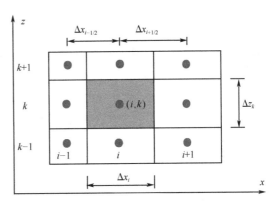

图 6.1　矩形规则网格差分模型的局部特征

$$x=x_{i+1/2}=x_i+\Delta x_i/2,\ x=x_{i-1/2}=x_i-\Delta x_i/2,\ z=z_{k+1/2}=z_k+\Delta z_k/2,\ z=z_{k-1/2}=z_k-\Delta z_k/2$$

描述二维饱和-非饱和水流的控制方程为

$$\frac{\partial \theta}{\partial t}+\beta\mu\frac{\partial h}{\partial t}=\nabla\cdot\left[K\left(\theta\right)\nabla H\right] \tag{6.2.15}$$

式中，θ 为土壤体积含水率，$[\mathrm{L}^3/\mathrm{L}^3]$；$H$ 为土壤水总水头，$[\mathrm{L}]$；t 为时间，$[\mathrm{T}]$；K 为非饱和水力传导度，$[\mathrm{L}/\mathrm{T}]$。β 在饱和时为 1，非饱和时为 0；μ 为弹性释水系数，$[\mathrm{L}^{-1}]$。

其中总水头可以分解为土壤水压力水头 h，[L]；位置水头 z，[L]：

$$H = h + z \tag{6.2.16}$$

然而该式中包含含水量和水头两种变量，一般根据容水度的概念将其转化为水头：

$$(C+\beta\mu)\frac{\partial h}{\partial t} = \nabla \cdot \left[K(\theta)\nabla H \right] \tag{6.2.17}$$

式中，C 为容水度，[L^{-1}]，其定义为

$$C = \frac{\partial \theta}{\partial h} \tag{6.2.18}$$

一般来讲，当土壤仅部分饱和时，由于 θ 的变化率（数量级在 10^{-1}）远大于土壤骨架压缩和水膨胀弹性释放出来的水分（μ 的数量级在 $10^{-4} \sim 10^{-6} \text{m}^{-1}$），许多模型忽略弹性释放项。另一方面，当土壤完全饱和时，式（6.2.15）中没有含水量的变化项，且 K 不再随时间变化，成为了地下水运动方程。

将二维饱和非饱和地下水方程右端展开，有

$$\nabla \cdot \left[K(\theta)\nabla H \right] = \frac{\partial}{\partial x}\left[K\frac{\partial h}{\partial x} \right] + \frac{\partial}{\partial z}\left[K\left(\frac{\partial h}{\partial z}+1\right) \right] \tag{6.2.19}$$

其中：

$$\frac{\partial}{\partial x}\left[K\frac{\partial h}{\partial x} \right]\bigg|_{i,k} \approx \frac{K\frac{\partial h}{\partial x}\bigg|_{i+1/2,k} - K\frac{\partial h}{\partial x}\bigg|_{i-1/2,k}}{\Delta x_i}$$

$$= \frac{K_{i+1/2,k}\dfrac{h_{i+1,k}-h_{i,k}}{\Delta x_{i+1/2}} - K_{i-1/2,k}\dfrac{h_{i,k}-h_{i-1,k}}{\Delta x_{i-1/2}}}{\Delta x_i} \tag{6.2.20}$$

垂向二阶偏导项可以按照类似的方法离散。这里的外部和内部空间偏导数均用了中心差分的方法。如果用向前或者向后差分，可以得到不同的数值格式。重力项仅包含一阶偏导，其计算公式为

$$\frac{\partial K}{\partial z}\bigg|_{i,k} \approx \frac{K_{i,k+1}-K_{i,k-1}}{\Delta z_{k+1/2}+\Delta z_{k-1/2}} \tag{6.2.21}$$

该式为中心差分格式。也可以采用其他格式：

$$\frac{\partial K}{\partial z}\bigg|_{i,k} \approx \frac{K_{i,k+1}-K_{i,k}}{\Delta z_{k+1}} \tag{6.2.22}$$

或

$$\frac{\partial K}{\partial z}\bigg|_{i,k} \approx \frac{K_{i,k+1/2}-K_{i,k-1/2}}{\Delta z_k} \tag{6.2.23}$$

其中前两种重力项计算方法分别为标准的中心差分格式和向前差分格式。后一种实际假设节点控制体积内的 K 呈现线性分布得到的结果，而一般情况下有限差分法假设 K 值在节点单元内为常数。

对于时间偏导，可以采用隐格式：

$$\left(C+\beta\mu\frac{\partial h}{\partial t} \right)\bigg|_{i,k}^{j+1} \approx \left(C_{i,k}^{j+1} + \beta_{i,k}^{j+1}\mu_{i,k}^{j+1} \right)\frac{h_{i,k}^{j+1} - h_{i,k}^{j}}{\Delta t^{j}} \tag{6.2.24}$$

由此得到节点 $(i,\ k)$ 的离散方程为

$$\left(C_{i,k}^{j+1} + \beta_{i,k}^{j+1}\mu_{i,k}^{j+1} \right)\frac{h_{i,k}^{j+1} - h_{i,k}^{j}}{\Delta t^{j}}$$

$$= \frac{K_{i+1/2,k}^{j+1}\dfrac{h_{i+1,k}^{j+1} - h_{i,k}^{j+1}}{\Delta x_{i+1/2}} - K_{i-1/2,k}^{j+1}\dfrac{h_{i,k}^{j+1} - h_{i-1,k}^{j+1}}{\Delta x_{i-1/2}}}{\Delta x_{i}}$$

$$+ \frac{K_{i,k+1/2}^{j+1}\dfrac{h_{i,k+1}^{j+1} - h_{i,k}^{j+1}}{\Delta z_{k+1/2}} - K_{i,k-1/2}^{j+1}\dfrac{h_{i,k}^{j+1} - h_{i,k-1}^{j+1}}{\Delta z_{k-1/2}}}{\Delta z_{k}} + \frac{K_{i,k+1/2}^{j+1} - K_{i,k-1/2}^{j+1}}{\Delta z_{k}}$$

$$\tag{6.2.25}$$

其中，重力梯度采用了式(6.2.23)。如果在方程两端乘以节点的控制体积 $\Delta x_{i}\Delta z_{k}$，可以得到

$$\Delta x_{i}\Delta z_{k}\left(\left(C_{i,k}^{j+1} + \beta_{i,k}^{j+1}\mu_{i,k}^{j+1} \right)\frac{h_{i,k}^{j+1} - h_{i,k}^{j}}{\Delta t^{j}} \right)$$

$$= \Delta z_{k}\left(K_{i+1/2,k}^{j+1}\frac{h_{i+1,k}^{j+1} - h_{i,k}^{j+1}}{\Delta x_{i+1/2}} - K_{i-1/2,k}^{j+1}\frac{h_{i,k}^{j+1} - h_{i-1,k}^{j+1}}{\Delta x_{i-1/2}} \right)$$

$$+ \Delta x_{i}\left(K_{i,k+1/2}^{j+1}\frac{h_{i,k+1}^{j+1} - h_{i,k}^{j+1}}{\Delta z_{k+1/2}} + K_{i,k+1/2}^{j+1} - K_{i,k-1/2}^{j+1}\frac{h_{i,k}^{j+1} - h_{i,k-1}^{j+1}}{\Delta z_{k-1/2}} - K_{i,k-1/2}^{j+1} \right)$$

$$\tag{6.2.26}$$

显然，式(6.2.26)有明显的均衡意义，方程左端为节点 $(i,\ k)$ 均衡域内的储水变化率，方程右端前一项和后一项分别为 x 方向和 z 方向的净进入流量，$[L^2/T]$。因为偏微分方程由水均衡原理推导，当重力偏导项采用式(6.2.23)计算时，有限差分模型的离散格式具有局部守恒性质。当然，如果采用其他格式计算重力项，则即使网格相同，有限差分模型也具有不同的离散方程。

对于以上得到的离散方程进行整理，可以得到如下形式的方程

$$A_{1}h_{i,k-1}^{j+1} + A_{2}h_{i-1,k}^{j+1} + A_{3}h_{i,k}^{j+1} + A_{4}h_{i+1,k}^{j+1} + A_{5}h_{i,k+1}^{j+1} = F \tag{6.2.27}$$

式中

$$A_{1} = \frac{\Delta x_{i}K_{i,k-1/2}^{j+1}}{\Delta z_{k-1/2}} ; \quad A_{2} = \frac{\Delta z_{k}K_{i-1/2,k}^{j+1}}{\Delta x_{i-1/2}} ; \quad A_{4} = \frac{\Delta z_{k}K_{i+1/2,k}^{j+1}}{\Delta x_{i+1/2}} ; \quad A_{5} = \frac{\Delta x_{i}K_{i,k+1/2}^{j+1}}{\Delta z_{k+1/2}} ;$$

$$A_{3} = -\left(A_{1} + A_{2} + A_{4} + A_{5} \right) - \frac{\Delta x_{i}\Delta z_{k}}{\Delta t^{j}}\left(C_{i,k}^{j+1} + \beta_{i,k}^{j+1}\mu_{i,k}^{j+1} \right) ;$$

$$F = -\frac{\Delta x_i \Delta z_k}{\Delta t^j}\left(C_{i,k}^{j+1} + \beta_{i,k}^{j+1}\mu_{i,k}^{j+1}\right)h_{i,k}^{j}$$

对于任何一个内部节点均可以写出形如式(6.2.27)的差分方程，然后运用边界条件可以得到边界节点的差分方程。所有节点的方程联合，即可以得到五对角方程组。由于该问题属于非饱和问题，有如下几个问题值得注意：

1. 介质参数的平均

如图 6.1 所示的有限差分划分网格时，节点位于单元中心，即节点和控制域与单元是重合的。注意到，即便整个含水层是均质的，各个节点的非饱和水力传导度是不一样的，因为 K 与节点的负压密切相关。上述参数 K 中非整数的下标代表两个相邻节点控制域内非饱和水力传导度的平均值。例如：

$$K_{i-1/2,k}^{j+1} = \text{average}\left(K_{i-1,k}^{j+1}, K_{i,k}^{j+1}\right) \tag{6.2.28}$$

式中，average 代表某种平均。一般地，可以采用如下几种平均方式：

$$K_{i-1/2,k}^{j+1} = \frac{1}{2}\left(K_{i-1,k}^{j+1} + K_{i,k}^{j+1}\right) \tag{6.2.29}$$

或

$$K_{i-1/2,k}^{j+1} = \left(K_{i-1,k}^{j+1} K_{i,k}^{j+1}\right)^{1/2} \tag{6.2.30}$$

或

$$K_{i-1/2,k}^{j+1} = 2K_{i-1,k}^{j+1} K_{i,k}^{j+1}/\left(K_{i-1,k}^{j+1} + K_{i,k}^{j+1}\right) \tag{6.2.31}$$

式(6.2.29)至式(6.2.31)公式分别为算术平均，几何平均和调和平均。不同的平均方案对计算结果的精度有较大影响。但目前无法找到一个简单的最优方案，需要根据不同的水流运动条件进行选取(Szymkiewicz and Helmig，2011)。

2. 非线性方程组的处理

注意式(6.2.27)中系数 A 中的参数 K 和 C 均与未知量 h 有密切关系，构成了非线性方程组。它们之间的关系采用水分特征曲线和非饱和水力传导度模型来描述。为求解非线性方程组，一般采用 Picard 迭代或者 Newton 迭代法进行处理，通过迭代将非线性方程组转化为一系列线性方程组求解。为表述方便，将有限差分法得到的非线性方程组写为矩阵形式：

$$A^{j+1}h^{j+1} = F^{j+1} \tag{6.2.32}$$

对于 Picard 迭代方法，我们将所有的关于待求未知量 h^{j+1} 的线性项取当前迭代步 $(n+1)$，将所有参数非线性项取过去迭代步 n 已经获得的中间迭代结果：

$$A^{j+1,n}h^{j+1,n+1} = F^{j+1,n} \tag{6.2.33}$$

每个时间步首次迭代时，令 $A^{j+1,0} = A^j$，即假设迭代的初值等于上一个时间步长的计算值。可见 Picard 迭代方法较为简单，不需要对矩阵做改变；对于 Newton 迭代法，则需要获取非线性系数矩阵的 Jacobi 矩阵，计算成本较高，且程序实现相对复杂。

3. 质量守恒问题

对于水头型的饱和-非饱和水流控制方程，离散模型的容水度项容易产生质量误差，一般采用修改的 Picard 迭代方法求解(Celia et al.，1990)：

$$C\frac{\partial h}{\partial t} \approx C^{j+1,k}\frac{h^{j+1,k+1}-h^{j+1,k}}{\Delta t}+\frac{\theta^{j+1,k}-\theta^j}{\Delta t} \tag{6.2.34}$$

当迭代收敛时，式中右端第一项为 0，第二项等于节点控制体积内含水量的变化率，因此能保证质量守恒。关于该问题将在后续章节详细讨论。

6.3　有限元法

有限单元法(FEM)源自变分原理或加权余量法，20 世纪 70~80 年代由固体力学移植到流体力学中。有限元法将流动区域分为许多三角形、矩形或曲边形等各种形状的单元，设定待求变量在单元上的分布函数，对积分控制方程进行离散。其优点是能够适应边界形状不规则的区域，便于处理自然边界条件。其缺点是计算程序比较复杂，数学理论不如差分法简单。

6.3.1　基本原理

有限元方法在数学上的理论基础有变分原理(如 Ritz 法)和加权余量法(如伽辽金法)，两者都将一个求解微分方程的问题变成求解一个积分方程的近似解的问题，不仅可以避开微分方程求解的困难，对近似解的可微性要求也可以降低。在一定条件下，两种方法最终可以导出相同的积分方程，而加权余量法的适用范围更广，所以下面简单介绍加权余量法。

设有微分方程 $L(v)=f$，其计算区域为 Ω 中，则解 v 也必须满足积分方程

$$\int_{\Omega}\big[L(v)-f\big]W_i\mathrm{d}\Omega = 0 \tag{6.3.1}$$

式中，$W_i(i=1, 2, \cdots, n)$ 是一组线性无关的基函数，又称为权函数。假设微分方程的近似解为

$$\tilde{v}=\sum_{j=1}^{n}\alpha_j\phi_j \tag{6.3.2}$$

式中，$\phi_j(j=1, 2, \cdots, n)$ 为一组事先选取的线性无关的基函数；α_j 为相应的待定系数。显然近似解一般并不满足原微分方程，形成的误差称为余量

$$\varepsilon = L(\tilde{v})-f \tag{6.3.3}$$

一般情况下，希望误差越小越好。虽然无法使得近似解完全符合精确解，但可以在平均意义上使得加权误差在空间的积分为 0，

$$\langle \varepsilon, W_i \rangle = \int_{\Omega} \varepsilon W_i \mathrm{d}\Omega = \int_{\Omega} \left[L(\tilde{v}) - f \right] W_i \mathrm{d}\Omega = 0 \quad i = 1, 2, \cdots, n \tag{6.3.4}$$

这就是加权余量法的基本关系式，构成一个求解系数 α_j 的代数方程组。

在地下水有限元模型当中，应用最广泛的伽辽金法（Galerkin）取变分函数的基函数 W_i 等于近似解的基函数 ϕ_j，得到

$$\int_{\Omega} \left[L \left(\sum_{j=1}^{n} \alpha_j \phi_j \right) - f \right] \phi_i \mathrm{d}\Omega = 0 \quad i = 1, 2, \cdots, n \tag{6.3.5}$$

一般情况下 ϕ_i 是空间坐标的函数。在有限元方法中，ϕ_i 常取为空间坐标的线性函数，在节点 i 中为 1，在相邻节点变化为 0。如果将变分函数的基函数 W_i 取为在节点 i 的控制体积内为 1，而在控制体积外为 0，则可以得到有限体积法的数值格式。

6.3.2　区域离散与基函数

对于有限元计算来说，需将渗流区域进行单元剖分并构造插值基函数。对于二维问题，利用线性插值方法构造基函数和三角形剖分，所得到的插值格式比较简单，且可以较好地适应多变的边界和介质分界面等问题。

1. 区域离散及基函数构造

先将区域 Ω 剖分成一组三角形的组合，对每个三角形单元进行编号，设共有 NE 个单元，任一单元记为 $e_k (k=1, 2, \cdots, NE)$。对节点进行编号，设共有 NP 个节点，任一节点记为 p_i，其坐标为 $(x_i, y_i)(i=1, 2, \cdots, NP)$。

假设三角形单元 e 的三个顶点分别为 i, j, m，并以逆时针为序，其坐标依次为 (x_i, y_i)、(x_j, y_j)、(x_m, y_m)，从而可以得出水头函数 $h(x, y, t)$ 在三个节点上的值依次为 $h_i(t)$、$h_j(t)$、$h_m(t)$，用平面代替单元 e 上的水头曲面，即用三个节点水头值 $h_i(t)$、$h_j(t)$、$h_m(t)$ 的线性插值作为三角形单元 e 上水头分布的近似解（试探解），于是可设

$$h^e(x, y, t) \approx h'(x, y, t) = A(t)x + B(t)y + D(t) \tag{6.3.6}$$

式中，A, B, D 为待定系数，将 t 作为参数，所以 t 包含在系数 A, B, D 中。下面根据 $h_i(t)$、$h_j(t)$、$h_m(t)$ 来定出 A, B, D。

$$A(t)x_i + B(t)y_i + D(t) = h_i(t) \tag{6.3.7}$$

$$A(t)x_j + B(t)y_j + D(t) = h_j(t) \tag{6.3.8}$$

$$A(t)x_m + B(t)y_m + D(t) = h_m(t) \tag{6.3.9}$$

这是以 A, B, D 为参数的线性方程组，当 i, j, m 为逆时针顺序时，三角形单元 e 的面积为

$$A_e = \frac{1}{2} \begin{vmatrix} x_i & y_i & 1 \\ x_j & y_j & 1 \\ x_m & y_m & 1 \end{vmatrix} \tag{6.3.10}$$

在直角坐标系中画一任意三角形，其三个顶点按逆时针顺序分别为 i，j，m，三点
坐标分别为(x_i, y_i)、(x_j, y_j)、(x_m, y_m)，如图 6.2 所示。
由图 6.2 可知，$\triangle ijm$ 的面积为梯形 $iqpm$ 的面积与$\triangle iqj$、
$\triangle jpm$ 面积的和的差。

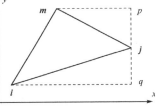

图 6.2　三角形单元节点编号
及面积计算辅助图

$$S_{梯形iqpm}=\frac{1}{2}(y_m-y_i)\left[(x_j-x_m)+(x_j-x_i)\right]$$

$$=\frac{1}{2}(y_m-y_i)(2x_j-x_m-x_i) \tag{6.3.11}$$

$$=\frac{1}{2}(2x_jy_m-2x_jy_i-x_my_m+x_my_i-x_iy_m+x_iy_i)$$

$$S_{\triangle iqj}=(x_j-x_i)(y_j-y_i)=\frac{1}{2}(x_jy_j-x_jy_i-x_iy_j+x_iy_i) \tag{6.3.12}$$

$$S_{\triangle jpm}=\frac{1}{2}(x_j-x_m)(y_m-y_j)=\frac{1}{2}(x_jy_m-x_jy_j-x_my_m+x_my_j) \tag{6.3.13}$$

$$S_{\triangle ijm}=S_{梯形iqpm}-S_{\triangle iqj}-S_{\triangle jpm}=\frac{1}{2}(x_jy_m+x_iy_j+x_my_i-x_my_j-x_jy_i-x_iy_m) \tag{6.3.14}$$

将式(6.3.14)写成行列式形式，即为式(6.3.10)中 A_e 的形式。引入下列记号：

$$a_i=y_j-y_m,\ b_i=x_m-x_j,\ d_i=x_jy_m-x_my_j$$
$$a_j=y_m-y_i,\ b_j=x_i-x_m,\ d_j=x_my_i-x_iy_m$$
$$a_m=y_i-y_j,\ b_m=x_j-x_i,\ d_m=x_iy_j-x_jy_i$$

可得三角形面积

$$A_e=\frac{1}{2}(a_jb_m-a_mb_j) \tag{6.3.15}$$

求解式(6.3.7)、式(6.3.8)和式(6.3.9)可得：

$$A(t)(x_i-x_j)+B(t)(y_i-y_j)=h_i(t)-h_j(t) \tag{6.3.16}$$

$$A(t)(x_i-x_m)+B(t)(y_i-y_m)=h_i(t)-h_m(t) \tag{6.3.17}$$

由式(6.3.16)$\times(y_i-y_m)$－式(6.3.17)$\times(y_i-y_j)$，得

$$A(t)=\frac{1}{2A_e}(a_ih_i+a_jh_j+a_mh_m) \tag{6.3.18}$$

同理亦可得

$$B(t)=\frac{1}{2A_e}(b_ih_i+b_jh_j+b_mh_m) \tag{6.3.19}$$

$$D(t)=\frac{1}{2A_e}(d_ih_i+d_jh_j+d_mh_m) \tag{6.3.20}$$

将式(6.3.18)、式(6.3.19)、式(6.3.20)代入式(6.3.6)得

$$h'(x,y,t)=\frac{1}{2A_e}\sum_{l=i,j,m}(a_lx+b_ly+d_l)h_l(t) \tag{6.3.21}$$

令

$$\phi_i(x,y) = \frac{1}{2A_e}(a_i x + b_i y + d_i) = \frac{1}{2A_e}\begin{vmatrix} x & y & 1 \\ x_j & y_j & 1 \\ x_m & y_m & 1 \end{vmatrix} \tag{6.3.22}$$

$$\phi_j(x,y) = \frac{1}{2A_e}(a_j x + b_j y + d_j) = \frac{1}{2A_e}\begin{vmatrix} x & y & 1 \\ x_m & y_m & 1 \\ x_i & y_i & 1 \end{vmatrix} \tag{6.3.23}$$

$$\phi_m(x,y) = \frac{1}{2A_e}(a_m x + b_m y + d_m) = \frac{1}{2A_e}\begin{vmatrix} x & y & 1 \\ x_i & y_i & 1 \\ x_j & y_j & 1 \end{vmatrix} \tag{6.3.24}$$

将式(6.3.22)、式(6.3.23)、式(6.3.24)代入式(6.3.21)得

$$\begin{aligned} h'(x,y,t) &= \phi_i(x,y)h_i(t) + \phi_j(x,y)h_j(t) + \phi_m(x,y)h_m(t) \\ &= \sum_{p=i,j,m} \phi_p(x,y)h_p(t) \end{aligned} \tag{6.3.25}$$

称式(6.3.25)中的 $\phi_i(x,y)$、 $\phi_j(x,y)$、 $\phi_m(x,y)$ 为单元 e 上的插值基函数。

2. 线性插值基函数的性质

根据式(6.3.22)、式(6.3.23)、式(6.3.24)不难验证：

$$\phi_i(x_i, y_i) = \frac{1}{2A_e}\begin{vmatrix} x_i & y_i & 1 \\ x_j & y_j & 1 \\ x_m & y_m & 1 \end{vmatrix} = 1 \tag{6.3.26}$$

$$\phi_i(x_j, y_j) = \frac{1}{2A_e}\begin{vmatrix} x_j & y_j & 1 \\ x_j & y_j & 1 \\ x_m & y_m & 1 \end{vmatrix} = 0 \tag{6.3.27}$$

$$\phi_i(x_m, y_m) = \frac{1}{2A_e}\begin{vmatrix} x_m & y_m & 1 \\ x_j & y_j & 1 \\ x_m & y_m & 1 \end{vmatrix} = 0 \tag{6.3.28}$$

同理有

$$\phi_j(x_j, y_j) = 1; \quad \phi_j(x_i, y_i) = 0; \quad \phi_j(x_m, y_m) = 0 \tag{6.3.29}$$

$$\phi_m(x_m, y_m) = 1; \quad \phi_m(x_j, y_j) = 0; \quad \phi_m(x_i, y_i) = 0 \tag{6.3.30}$$

即

$$\phi_k(x_l, y_l) = \delta_{kl} = \begin{cases} 0 & k \neq l \\ 1 & k = l \end{cases} \tag{6.3.31}$$

ϕ_i、ϕ_j、ϕ_m 在单元 e 上是如图 6.3 所示的平面函数形式：

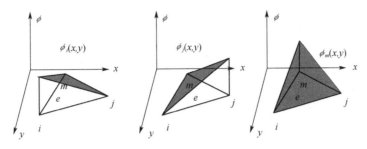

图 6.3　单元 e 上的线性插值基函数

有限元求解过程中还需用到以下两个重要的积分：令 $h(x, y, t)$ 分别为 1，x，y，便有

$$\begin{cases} \phi_i + \phi_j + \phi_m = 1 \\ x_i\phi_i + x_j\phi_j + x_m\phi_m = x \\ y_i\phi_i + y_j\phi_j + y_m\phi_m = y \end{cases} \tag{6.3.32}$$

作 (x, y) 平面到 (ξ, η) 平面的坐标变换：

$$\begin{cases} \xi = \phi_i(x, y) \\ \eta = \phi_j(x, y) \end{cases}$$

则可将 (x, y) 平面上的三角形单元 e 变换到 (ξ, η) 平面的直角三角形 e'，如图 6.4 所示。

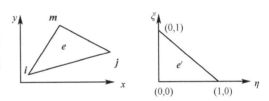

图 6.4　坐标变换示意图

相应的逆变换为

$$\begin{cases} x = x_i\phi_i + x_j\phi_j + x_m\phi_m = (x_i - x_m)\xi + (x_j - x_m)\eta + x_m \\ y = y_i\phi_i + y_j\phi_j + y_m\phi_m = (y_i - y_m)\xi + (y_j - y_m)\eta + y_m \end{cases}$$

$$\tag{6.3.33}$$

由式 (6.3.33) 求得

$$\frac{\partial x}{\partial \xi} = x_i - x_m, \quad \frac{\partial y}{\partial \xi} = y_i - y_m, \quad \frac{\partial x}{\partial \eta} = x_j - x_m, \quad \frac{\partial y}{\partial \eta} = y_j - y_m \tag{6.3.34}$$

因此，变换的 Jacobi 行列式为

$$\left| \frac{\partial(x, y)}{\partial(\xi, \eta)} \right| = \begin{vmatrix} x_i - x_m & x_j - x_m \\ y_i - y_m & y_j - y_m \end{vmatrix} = \begin{vmatrix} x_i & y_i & 1 \\ x_j & y_j & 1 \\ x_m & y_m & 1 \end{vmatrix} = 2A_e \tag{6.3.35}$$

下面求解积分公式：

$$\iint_e \phi_i^r \phi_j^s \phi_m^t \mathrm{d}x \mathrm{d}y = \iint_{e'} \xi^r \eta^s (1-\xi-\eta)^t \left| \frac{\partial(x,y)}{\partial(\xi,\eta)} \right| \mathrm{d}\xi \mathrm{d}\eta \tag{6.3.36}$$

$$= 2A_e \int_0^1 \mathrm{d}\xi \int_0^{1-\xi} \xi^r \eta^s (1-\xi-\eta)^t \mathrm{d}\eta$$

首先进行变量代换，令 $\eta = (1-\xi)v, \mathrm{d}\eta = (1-\xi)\mathrm{d}v$，代入式(6.3.36)得

$$\iint_e \phi_i^r \phi_j^s \phi_m^t \mathrm{d}x \mathrm{d}y$$

$$= 2A_e \int_0^1 \mathrm{d}\xi \int_0^1 \xi^r (1-\xi)^s v^s \left[(1-\xi) - (1-\xi)v \right]^t \mathrm{d}v \tag{6.3.37}$$

$$= 2A_e \int_0^1 \mathrm{d}\xi \int_0^1 \xi^r (1-\xi)^{s+t+1} v^s (1-v)^t \mathrm{d}v$$

利用 Euler 积分公式

$$\int_0^1 v^m (1-v)^n \mathrm{d}v = \frac{m!n!}{(m+n+1)!} \tag{6.3.38}$$

可得

$$\int_{\Omega_e} \phi_i^r \phi_j^s \phi_m^t \mathrm{d}\Omega = 2A_e \frac{s!t!}{(s+t+1)!} \int_0^1 \xi^r (1-\xi)^{s+t+1} \mathrm{d}\xi = 2A_e \frac{r!s!t!}{(r+s+t+2)!} \tag{6.3.39}$$

式(6.3.39)即为三角形单元 e 上线性插值基函数的积分公式。同理可得在线单元 e 上线性插值基函数的积分公式:

$$\int_{\Gamma_{ij}} \phi_i^r \phi_j^s \mathrm{d}L = \frac{r!s!}{(r+s+1)!} L_{ij} \tag{6.3.40}$$

式中，L_{ij} 为线单元的长度。

另外，利用 (x,y) 平面到 (ξ,η) 平面的坐标变换以及变换的 Jacobi 行列式可以得到:

$$\iint_e \phi_i \phi_i \mathrm{d}x \mathrm{d}y = \iint_{e'} \xi\xi \left| \frac{\partial(x,y)}{\partial(\xi,\eta)} \right| \mathrm{d}\xi \mathrm{d}\eta = 2A_e \int_0^1 \mathrm{d}\xi \int_0^{1-\xi} \xi^2 \mathrm{d}\eta = \frac{1}{6} A_e \tag{6.3.41}$$

同理有

$$\int_{\Gamma_{ij}} \phi_i \phi_i \mathrm{d}\Gamma = \frac{1}{3} L_{ij} \tag{6.3.42}$$

3. 空间变量表达式

有限单元法以节点上的变量为基础，进行空间插值，可以形成空间连续变量的表达式。空间变量(如水头场)在有限元总体积 Ω 上是连续的，而分片函数(基函数)在每个单元 e 上是线性的。在每一个单元 e 上的分片线性函数的表达式已清楚，因此空间变量都可以表示成试探函数空间中的基函数 $\phi_n(x,y)$ $(n=1, 2, \cdots, NP)$ 与离散节点变量的函数，对于水平二维饱和-非饱和水流运动的水头函数来说，即为

$$h(x,y,t) \approx h'(x,y,t) = \sum_{n=1}^{NP} \phi_n(x,y) h_n(t)$$

$$(6.3.43)$$

基函数 $\phi_n(x,y)$ 为如图 6.5 所示的角锥函数。

$$\phi_n(x_m,y_m) = \begin{cases} 0 & m \neq n \\ 1 & m = n \end{cases} \quad (n,m=1,2,\cdots,NP)$$

$$(6.3.44)$$

显然，式 (6.3.43) 与式 (6.3.25) 有类似的形式。前者仅局限于一个单元，后者考虑整个计算空间，实际计算时可以根据式 (6.3.25) 计算并遍历所有单元。

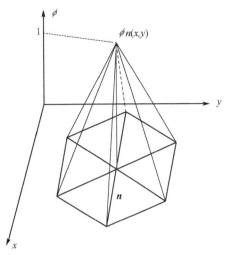

图 6.5　节点 n 在全局空间的形函数

6.3.3　二维饱和-非饱和水流问题的有限元法

本节以伽辽金有限元方法为例，说明二维饱和-饱和水流问题的有限元模型的形成过程。这里忽略土壤弹性释水部分，并考虑根系吸水等项，可以得到控制方程为

$$C\frac{\partial h}{\partial t} = \frac{\partial}{\partial x}\left[K\frac{\partial h}{\partial x}\right] + \frac{\partial}{\partial z}\left[K\left(\frac{\partial h}{\partial z}+1\right)\right] + S$$

$$(6.3.45)$$

该方程的真实解 h 是空间和时间的函数。伽辽金有限元将方程在研究区域 Ω 上进行积分，权函数选取为上节推导的基函数，由此得到近似解 h'：

$$\int_\Omega \left\{ C\frac{\partial h'}{\partial t} - \left(\frac{\partial}{\partial x}\left[K\frac{\partial h'}{\partial x}\right] + \frac{\partial}{\partial z}\left[K\left(\frac{\partial h'}{\partial z}+1\right)\right]\right) - S \right\} \phi_n \mathrm{d}\Omega = 0$$

$$(6.3.46)$$

注意，这里的参数 C 和 K、未知量 h'、源项 S 以及基函数全部是空间坐标的函数。其中 $n=1, 2, \cdots, NP$，NP 为剖分节点的个数。将其展开，有

$$\int_\Omega C\frac{\partial h'}{\partial t}\phi_n \mathrm{d}\Omega - \int_\Omega \left\{\frac{\partial}{\partial x}\left[K\frac{\partial h'}{\partial x}\right] + \frac{\partial}{\partial z}\left[K\left(\frac{\partial h'}{\partial z}+1\right)\right]\right\}\phi_n \mathrm{d}\Omega - \int_\Omega S\phi_n \mathrm{d}\Omega = 0 \quad (6.3.47)$$

对式中第二项进行分步积分，可以得到：

$$\int_\Omega \left\{\frac{\partial}{\partial x}\left[K\frac{\partial h'}{\partial x}\right] + \frac{\partial}{\partial z}\left[K\left(\frac{\partial h'}{\partial z}+1\right)\right]\right\}\phi_n \mathrm{d}\Omega$$

$$= \int_\Omega \frac{\partial}{\partial x}\left[K\frac{\partial h'}{\partial x}\phi_n\right]\mathrm{d}\Omega - \int_\Omega K\frac{\partial h'}{\partial x}\frac{\partial \phi_n}{\partial x}\mathrm{d}\Omega$$

$$+ \int_\Omega \frac{\partial}{\partial z}\left[K\left(\frac{\partial h'}{\partial z}+1\right)\phi_n\right]\mathrm{d}\Omega - \int_\Omega K\left(\frac{\partial h'}{\partial z}+1\right)\frac{\partial \phi_n}{\partial z}\mathrm{d}\Omega$$

$$(6.3.48)$$

其中部分项可以采用 Green 公式，将面积积分转换为边界积分：

$$\int_{\Omega}\left\{\frac{\partial}{\partial x}\left[K\frac{\partial h'}{\partial x}\phi_n\right]+\frac{\partial}{\partial z}\left[K\left(\frac{\partial h'}{\partial z}+1\right)\phi_n\right]\right\}\mathrm{d}\Omega$$

$$=\int_{\Gamma}\left[K\frac{\partial h'}{\partial x}\phi_n n_z+K\left(\frac{\partial h'}{\partial z}+1\right)\phi_n n_x\right]\mathrm{d}\Gamma \qquad (6.3.49)$$

式中，$\boldsymbol{n}=(n_x, n_z)$ 是边界曲线外法线单位向量。由此可以得到伽辽金有限元的积分格式为

$$\int_{\Omega}C\frac{\partial h'}{\partial t}\phi_n\mathrm{d}\Omega+\int_{\Omega}\left[K\frac{\partial h'}{\partial x}\frac{\partial\phi_n}{\partial x}+K\left(\frac{\partial h'}{\partial z}+1\right)\frac{\partial\phi_n}{\partial z}\right]\mathrm{d}\Omega$$

$$=\int_{\Gamma}\left[K\frac{\partial h'}{\partial x}\phi_n n_z+K\left(\frac{\partial h'}{\partial z}+1\right)\phi_n n_x\right]\mathrm{d}\Gamma+\int_{\Omega}S\phi_n\mathrm{d}\Omega \qquad (6.3.50)$$

式中第一项为质量项，代表了节点存储水量的变化。我们将根据空间离散将积分写为各个单元积分的求和式，并将未知量 h' 在单元上的表达式 (6.3.25) 代入有

$$\int_{\Omega}C\frac{\partial h'}{\partial t}\phi_n\mathrm{d}\Omega=\sum_e\int_{\Omega_e}C_e\frac{\partial h'}{\partial t}\phi_n\mathrm{d}\Omega=\sum_e\int_{\Omega_e}C_e\frac{\partial}{\partial t}\left(\sum_{p=i,j,m}\phi_p h_p\right)\phi_n\mathrm{d}\Omega \quad (6.3.51)$$

如果现在我们关注单元 e 累加内部的量，则 n 也仅需遍历 i，j 和 m 三个节点，因为根据基函数的性质，本单元外的值为 0。对于一个单元的三个节点，可以展开写出如下几个公式：

$$\int_{\Omega_e}C_e\frac{\partial h'}{\partial t}\phi_i\mathrm{d}\Omega=C_e\int_{\Omega_e}\left(\phi_i\phi_i\frac{\partial h_i}{\partial t}+\phi_i\phi_j\frac{\partial h_j}{\partial t}+\phi_i\phi_m\frac{\partial h_m}{\partial t}\right)\mathrm{d}\Omega \qquad (6.3.52)$$

$$\int_{\Omega_e}C_e\frac{\partial h'}{\partial t}\phi_j\mathrm{d}\Omega=C_e\int_{\Omega_e}\left(\phi_j\phi_i\frac{\partial h_i}{\partial t}+\phi_j\phi_j\frac{\partial h_j}{\partial t}+\phi_j\phi_m\frac{\partial h_m}{\partial t}\right)\mathrm{d}\Omega \qquad (6.3.53)$$

$$\int_{\Omega_e}C_e\frac{\partial h'}{\partial t}\phi_m\mathrm{d}\Omega=C_e\int_{\Omega_e}\left(\phi_m\phi_i\frac{\partial h_i}{\partial t}+\phi_m\phi_j\frac{\partial h_j}{\partial t}+\phi_m\phi_m\frac{\partial h_m}{\partial t}\right)\mathrm{d}\Omega \qquad (6.3.54)$$

注意到其中节点上的 h 仍然是 t 的函数，C_e 与单元属性有关，但同时也与节点含水量有关，由于单元上各个节点的 h 不一样，可以取三个节点的算术平均值来，再根据水分特征曲线计算 C_e。例如，

$$C_e=C\left(\bar{h}_e\right)=C\left(\frac{1}{3}\sum_{l=i,j,m}h_l\right)P \qquad (6.3.55)$$

基函数的体积积分在前面已经讲述过。对于三角形单元有

$$\int_{\Omega_e}\phi_p\phi_n\mathrm{d}\Omega=\begin{cases}\dfrac{1!1!0!}{(1+1+0+2)!}=\dfrac{1}{12}A_e & p\neq n \\[3mm] \dfrac{2!0!0!}{(2+0+0+2)!}=\dfrac{1}{6}A_e & p=n\end{cases} \qquad (6.3.56)$$

对于每个单元，可以写出其单元质量存储矩阵 $[\boldsymbol{F}^e]$ 为

$$\left[\boldsymbol{F}^e\right]\frac{\mathrm{d}}{\mathrm{d}t}\begin{Bmatrix}h_i\\h_j\\h_m\end{Bmatrix}=CA_e\begin{bmatrix}1/6 & 1/12 & 1/12\\1/12 & 1/6 & 1/12\\1/12 & 1/12 & 1/6\end{bmatrix}\frac{\mathrm{d}}{\mathrm{d}t}\begin{Bmatrix}h_i\\h_j\\h_m\end{Bmatrix} \qquad (6.3.57)$$

再将每个单元进行累加，即可以得到有限元模型的总体质量存储矩阵。这是有限元法推导质量矩阵的原始形式。当有限元法从固体力学领域推广到地下水领域时，Neuman 和 Narasihuhan（1977）发现有限元法直接推导的质量矩阵容易不收敛，提出质量集中法可以减少不收敛和局部不守恒等现象。将 h' 在单元上的表达式强制改为 h_n，则

$$\int_{\Omega_e} C \frac{\partial h'}{\partial t} \phi_n \mathrm{d}\Omega \cong \int_{\Omega_e} C \frac{\partial h_n}{\partial t} \phi_n \mathrm{d}\Omega = C \frac{\partial h_n}{\partial t} \int_{\Omega_e} \phi_n \mathrm{d}\Omega = C \frac{\partial h_n}{\partial t} \frac{1}{3} A_e \tag{6.3.58}$$

这样得到的单元质量存储项矩阵为

$$\left[\boldsymbol{F}^e \right] \frac{\mathrm{d}}{\mathrm{d}t} \begin{Bmatrix} h_i \\ h_j \\ h_m \end{Bmatrix} = C A_e \begin{bmatrix} 1/3 & 0 & 0 \\ 0 & 1/3 & 0 \\ 0 & 0 & 1/3 \end{bmatrix} \frac{\mathrm{d}}{\mathrm{d}t} \begin{Bmatrix} h_i \\ h_j \\ h_m \end{Bmatrix} \tag{6.3.59}$$

式（6.3.50）中第二项为传导项，代表了节点之间按照达西定律交换水量的数学表达形式。按照同样的方法，将面积积分变成单元积分的累加式，可以得到：

$$\int_{\Omega} K \frac{\partial h'}{\partial x} \frac{\partial \phi_n}{\partial x} + K \left(\frac{\partial h'}{\partial z} + 1 \right) \frac{\partial \phi_n}{\partial z} \mathrm{d}\Omega$$

$$= \sum_e \int_{\Omega_e} K_e \left[\frac{\partial h'}{\partial x} \frac{\partial \phi_n}{\partial x} + \left(\frac{\partial h'}{\partial z} + 1 \right) \frac{\partial \phi_n}{\partial z} \right] \mathrm{d}\Omega \tag{6.3.60}$$

$$= \sum_e \int_{\Omega_e} K_e \sum_{p=i,j,m} h_p \left[\frac{\partial \phi_p}{\partial x} \frac{\partial \phi_n}{\partial x} + \left(\frac{\partial \phi_p}{\partial z} + 1 \right) \frac{\partial \phi_n}{\partial z} \right] \mathrm{d}\Omega$$

K_e 为单元上的平均水力传导度。对于饱和问题，因为单元上的介质是均匀的，因此不需要对其处理；对于非饱和问题，K_e 除与土壤有关外，还与平均的水头有关，一般可以取三个节点的平均水头，并按照土壤的非饱和水力传导度曲线去查找其值。例如，K_e 可以由下式计算：

$$K_e = K\left(\overline{h}_e \right) = K \left(\frac{1}{3} \sum_{l=i,j,m} h_l \right) \tag{6.3.61}$$

类似地，如果关注单元 e 累加内部的量，则 n 也仅需遍历 i、j 和 m 三个节点，因为根据基函数的性质，本单元外的值为 0。积分式内均为常量，三角形单元其计算值分别为

$$\frac{\partial \phi_n}{\partial x} = \frac{a_n}{2A_e} ; \quad \frac{\partial \phi_n}{\partial z} = \frac{b_n}{2A_e} \tag{6.3.62}$$

考虑积分本身得到面积 A_e，最终的单元传导矩阵 $[\boldsymbol{T}^e]$ 为

$$\left[\boldsymbol{T}^e \right] \begin{Bmatrix} h_i \\ h_j \\ h_m \end{Bmatrix} = \frac{K_e A_e}{4} \begin{bmatrix} a_i a_i + b_i b_i & a_i a_j + b_i b_j & a_i a_m + b_i b_m \\ a_j a_i + b_j b_i & a_j a_j + b_j b_j & a_j a_m + b_j b_m \\ a_i a_m + b_i b_m & a_m a_j + b_m b_j & a_m a_m + b_m b_m \end{bmatrix} \begin{Bmatrix} h_i \\ h_j \\ h_m \end{Bmatrix}$$

$$+ \frac{K_e}{2} \begin{bmatrix} b_i & b_i & b_i \\ b_j & b_j & b_j \\ b_m & b_m & b_m \end{bmatrix} \begin{Bmatrix} h_i \\ h_j \\ h_m \end{Bmatrix} \tag{6.3.63}$$

也可以仿照水头的展开公式用基函数表示 K 在单元空间上分布，即

$$K(x,z)=\sum_{l=i,j,m}\phi_l K(h_l) \qquad (6.3.64)$$

将其代入到式(6.3.60)，考虑到积分

$$\int_{\Omega_e}\phi_l \mathrm{d}\Omega=\frac{1}{3}A_e \qquad (6.3.65)$$

可以得到与式(6.3.63)相同的形式，但此时 K_e 的含义为

$$K_e=\frac{1}{3}\sum_{l=i,j,m}K(h_l) \qquad (6.3.66)$$

式(6.3.50)中右端第一项为边界通量项，它代表了从边界进出的通量大小。由于边界由一类和二类边界组成，需要对它们分开计算。显然，对于二类边界，我们直接可以利用其已知通量计算：

$$\int_{\Gamma_2}\left[K\frac{\partial h'}{\partial x}\phi_n n_z+K\left(\frac{\partial h'}{\partial z}+1\right)\phi_n n_x\right]\mathrm{d}\Gamma=\int_{\Gamma_2}-Q_B(x,y,t)\phi_n\mathrm{d}\Gamma$$
$$=\sum_e -Q_{Be}\int_{\Gamma_{2e}}\phi_n\mathrm{d}\Gamma=-\frac{1}{2}\sum_e Q_{Be}L_{Be} \qquad (6.3.67)$$

式中，Q_{Be} 和 L_{Be} 分别为二类边界单元(对于二维问题，边界单元由线段构成)上的通量和单元长度。该式表达的含义为对于一个二类边界(线段单元)，其二类边界的通量作为方程右端项加在线段端点的节点离散方程中。

对于一类边界，其从边界进入的通量是未知的。此时，为计算式(6.3.50)中右端第一项，可以利用已知的边界条件，并利用差分等方法将式(6.3.50)转化。但是该方法需要修改矩阵系数，并且非规则网格处理边界条件时不是很方便。因此，大部分有限元模型不直接计算一类边界的式(6.3.50)积分，而是先用一类边界已知的水头代替相应节点的离散方程，求得结果后，再分析一类边界的进出通量。

式(6.3.50)中右端第二项为源汇项

$$\int_{\Omega}S\phi_n\mathrm{d}\Omega=\sum_e\int_{\Omega_e}S\phi_n\mathrm{d}\Omega=\sum_e S_e\int_{\Omega_e}\phi_n\mathrm{d}\Omega=\frac{1}{3}\sum_e S_e A_e \qquad (6.3.68)$$

式(6.3.68)表明，对于单元面积上发生的源汇项，三角形单元三个节点平均分配。将式(6.3.50)中各展开项代入，可以得到伽辽金有限元法的空间离散方程。再根据有限差分法对时间导数进行离散，一般选择隐格式。当然，对于非饱和问题，仍然需要考虑质量守恒、非线性迭代等问题，具体可以参见6.3节。

6.4　有限体积法

有限体积法(FVM)又称控制容积法，对积分守恒性控制方程进行离散，是目前流体力学中应用最普遍的方法之一。首先，将计算区域离散，每个节点分配有不重叠的控制体积。其次，假定适当的分布函数(一般为阶梯分布或线性分布)，将偏微分方程在控制

体积的表面及体积进行积分。由于积分方法对体积形状没有要求,有限体积法也可以划分不规则的网格。它的特点是具有局部守恒性,对区域形状的适应性也较好。

6.4.1　基本原理

有限体积法以守恒型的方程为出发点,通过对有限子区域的控制方程积分离散来构造离散方程。该方法适用于任意类型的单元网格,适于模拟具有复杂边界形状区域的流体运动。只要单元边上相邻单元估计的通量是一致的,就能保证方法的守恒性。有限体积法各项近似都含有明确的物理意义,同时,它可以吸收有限元分片近似的思想以及有限差分方法的思想来发展高精度算法。由于物理概念清晰、容易编程,有限体积法成为了工程界最流行的数值计算手段。

在进行数值计算时,要把计算区域划分成一系列互不重叠的离散小区域,然后在该小区域上离散控制方程求解待求物理量。在有限差分法中只涉及到网格节点的概念,而有限体积法最重要的概念为节点控制体积或均衡域。如图 6.6 所示的阴影部分,它是方程积分离散时的小体积单元(二维为面积单元,一维为线段)。有限体积法要求在每一个控制体积上确保质量守恒。

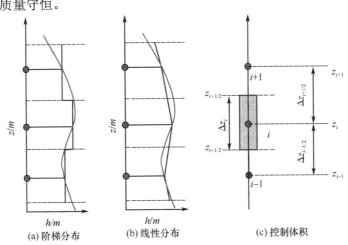

(a) 阶梯分布　(b) 线性分布　(c) 控制体积

图 6.6　有限体积法基本原理

对比来看,单元代表网格线围成的体积单元、面积单元或者线段,它是其他方法共有的概念。在单元中心格式的网格中,控制体积与单元是重合的;而在顶点中心方式的网格中,控制体积与单元不同。

以一维 Richards 方程为例,介绍有限体积法对 Richards 方程进行空间离散。其原理是将控制方程在控制容积上积分从而得到离散化方程。图 6.6 表示了有限体积法中常用的分布函数和控制体积的概念。分布函数分为阶梯分布和线性分布[图 6.6(a) 和 (b)]。前者在控制体积上为常数,控制容积代表点(节点)处的值为分布值,常用于计算控制容积上待求变量的值以及源项、非稳定项;后者在节点间线性分布,常用于计算梯度项。首先,将一维 Richards 方程(忽略源汇项)在节点 i 的控制容积[图 6.6(c)]上积分,可得

$$\int_{z_{i-1/2}}^{z_{i+1/2}}\left[\frac{\partial\theta}{\partial t}+\beta\mu_s\frac{\partial h}{\partial t}\right]\mathrm{d}z=\int_{z_{i-1/2}}^{z_{i+1/2}}\frac{\partial}{\partial z}\left[K(\theta)\frac{\partial h}{\partial z}+K(\theta)\right]\mathrm{d}z \tag{6.4.1}$$

由于梯形分布假设，含水量和水头在节点 i 的控制容积上为常数，则

$$\int_{z_{i-1/2}}^{z_{i+1/2}}\left[\frac{\partial\theta}{\partial t}+\beta\mu_s\frac{\partial h}{\partial t}\right]\mathrm{d}z=\Delta z_i\left[\frac{\partial\theta}{\partial t}+\beta\mu_s\frac{\partial h}{\partial t}\right]\bigg|_{z=z_i} \tag{6.4.2}$$

另外根据积分运算法则，

$$\int_{z_{i-1/2}}^{z_{i+1/2}}\frac{\partial}{\partial z}\left[K(\theta)\frac{\partial h}{\partial z}+K(\theta)\right]\mathrm{d}z=\left[K(\theta)\frac{\partial h}{\partial z}+K(\theta)\right]\bigg|_{z=z_{i+1/2}}-\left[K(\theta)\frac{\partial h}{\partial z}+K(\theta)\right]\bigg|_{z=z_{i-1/2}} \tag{6.4.3}$$

显然，式(6.4.3)右端两项代表了控制体积边界处流进的水流通量减去流出的水流通量，表示由于土壤水的流动作用在控制体积中纯进入的水量。如果考虑水头在节点间属于线性分布[如图 6.6(b)]，则式(6.4.3)右端可以进一步采用节点水头计算，即

$$\left[K(\theta)\frac{\partial h}{\partial z}+K(\theta)\right]\bigg|_{z=z_{i+1/2}}=K(\theta)\big|_{z=z_{i+1/2}}\left[1+\frac{h_{i+1}-h_i}{\Delta z_{i+1/2}}\right]$$

$$\left[K(\theta)\frac{\partial h}{\partial z}+K(\theta)\right]\bigg|_{z=z_{i-1/2}}=K(\theta)\big|_{z=z_{i-1/2}}\left[1+\frac{h_i-h_{i-1}}{\Delta z_{i-1/2}}\right] \tag{6.4.4}$$

则一维 Richards 方程空间离散数值格式为

$$\Delta z_i\left[\frac{\partial\theta}{\partial t}+\beta\mu_s\frac{\partial h}{\partial t}\right]\bigg|_{z=z_i}=K(\theta)\big|_{z=z_{i+1/2}}\left[1+\frac{h_{i+1}-h_i}{\Delta z_{i+1/2}}\right]-K(\theta)\big|_{z=z_{i-1/2}}\left[1+\frac{h_i-h_{i-1}}{\Delta z_{i-1/2}}\right] \tag{6.4.5}$$

由于式(6.4.5)右端项为节点 i 上下控制边界达西流速的离散表达格式(符号相反)，式(6.4.5)可以简写为

$$\Delta z_i\left[\frac{\partial\theta}{\partial t}+\beta\mu_s\frac{\partial h}{\partial t}\right]\bigg|_{z=z_i}=-q\big|_{z=z_{i+1/2}}+q\big|_{z=z_{i-1/2}} \tag{6.4.6}$$

式(6.4.6)表示控制体积内水量[L]的变化率等于纯进入的水流通量，也就是说，由有限体积法得到的离散方程是局部守恒的，而有限元法得到的方程仅全局守恒。其原因是 Richards 方程由质量守恒定律式得到，通过分析无限小控制体的水均衡，并对空间长度取极限得到的偏微分方程。通过对偏微分方程积分，我们可以还原推导时的水均衡控制体。

显然，在用有限体积法计算时，和有限差分法一样，方程的解是用单元节点上离散点值构成的，而不关心单元间的状态变量是怎么变化(图 6.7)。相比之下，有限单元法中一旦选定了分布曲线(插值基函数)，就确定了状态变量的空间分布。有限

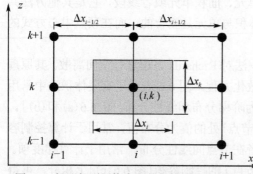

图 6.7 矩形规则网格有限体积模型的局部特征

体积法中，虽然需要假设分布以获取积分值，但一旦获得了离散化方程，就可以不管这些分布曲线近似。这种观点使我们在采用何种分布曲线近似方法有完全的自由。在积分离散时，根据数值模拟的需要，对控制方程中的每一项都可以采用不同的分布曲线来近似单元界面上的状态变量，而不必要追求近似假设的一致性。例如，有限体积法常常用一阶迎风格式离散对流弥散方程中的对流项，包含二阶导数的弥散则取线性分布。需要指出的是，一个均衡体积的边界同时也属于另一个均衡体积的边界，无论采用何种状态变量的分布形式，边界处的进出流量必须相等。

注意，当节点处于边界时($i=1$ 或者 $i=N$)，需要补充边界条件计算控制界面的积分值，否则默认其边界通量($q_{-1/2}$ 和 $q_{N+1/2}$)为 0。时间离散可以采用隐格式。另外对于非饱和问题，需要考虑质量守恒及迭代求解非线性方程等问题。

6.4.2 二维饱和-非饱和水流运动问题的有限体积法

本节以一般常用的二维规则网格为例，推导二维饱和-非饱和水流运动问题的有限体积法。首先，从二维饱和-非饱和水流运动控制方程出发，对方程进行空间积分可以得到：

$$\int_{x_{i-1/2}}^{x_{i+1/2}} \int_{z_{k-1/2}}^{z_{k+1/2}} C\frac{\partial h}{\partial t}\mathrm{d}z\mathrm{d}x$$
$$= \int_{x_{i-1/2}}^{x_{i+1/2}} \int_{z_{k-1/2}}^{z_{k+1/2}} \frac{\partial}{\partial z}\left(K\frac{\partial h}{\partial z}+K\right)\mathrm{d}z\mathrm{d}x + \int_{x_{i-1/2}}^{x_{i+1/2}} \int_{z_{k-1/2}}^{z_{k+1/2}} \frac{\partial}{\partial x}\left(K\frac{\partial h}{\partial x}\right)\mathrm{d}z\mathrm{d}x \tag{6.4.7}$$

该方程忽略了弹性释放和源汇项。

由于梯形分布假设，含水量和水头在节点(i, k)的控制容积上为常数，则方程左端可以得到

$$\int_{x_{i-1/2}}^{x_{i+1/2}} \int_{z_{k-1/2}}^{z_{k+1/2}} C\frac{\partial h}{\partial t}\mathrm{d}z\mathrm{d}x = \Delta x_i \Delta z_k C_{i,k}\left.\frac{\partial h}{\partial t}\right|_{i,k} \tag{6.4.8}$$

方程右端两项分别可以得到

$$\int_{x_{i-1/2}}^{x_{i+1/2}} \int_{z_{k-1/2}}^{z_{k+1/2}} \frac{\partial}{\partial z}\left[K\frac{\partial h}{\partial z}+K\right]\mathrm{d}z\mathrm{d}x = \Delta x_i\left[\left.\left(K\frac{\partial h}{\partial z}+K\right)\right|_{i,k+1/2} - \left.\left(K\frac{\partial h}{\partial z}+K\right)\right|_{i,k-1/2}\right] \tag{6.4.9}$$

及

$$\int_{x_{i-1/2}}^{x_{i+1/2}} \int_{z_{k-1/2}}^{z_{k+1/2}} \frac{\partial}{\partial x}\left(K\frac{\partial h}{\partial x}\right)\mathrm{d}z\mathrm{d}x = \Delta z_k\left[\left.K\frac{\partial h}{\partial x}\right|_{i+1/2,k} - \left.K\frac{\partial h}{\partial x}\right|_{i-1/2,k}\right] \tag{6.4.10}$$

其中，式(6.4.9)和式(6.4.10)积分时分别假设积分内部的量在控制体积的 x 和 z 方向上为常量。如果考虑水头在节点间属于线性分布，则式(6.4.9)和式(6.4.10)的空间偏导可以进一步近似(差分法)。例如

$$\left.\left(K\frac{\partial h}{\partial z}+K\right)\right|_{i,k+1/2} \approx K_{i,k+1/2}\frac{h_{i,k+1}-h_{i,k}}{\Delta z_{k+1/2}} + K_{i,k+1/2} \tag{6.4.11}$$

最终，在二维规则网格中，饱和-非饱和水流运动的有限体积离散格式为

$$\Delta x_i \Delta z_k C_{i,k} \frac{\partial h}{\partial t}\bigg|_{i,k}$$

$$=\Delta x_i\left[K_{i,k+1/2}\frac{h_{i,k+1}-h_{i,k}}{\Delta z_{k+1/2}}+K_{i,k+1/2}\right]-\Delta x_i\left[K_{i,k-1/2}\frac{h_{i,k}-h_{i,k-1}}{\Delta z_{k-1/2}}-K_{i,k-1/2}\right]$$

$$+\Delta z_k\left[K_{i+1/2,k}\frac{h_{i+1,k}-h_{i,k}}{\Delta x_{i+1/2}}\right]-\Delta z_k\left[K_{i-1/2,k}\frac{h_{i,k}-h_{i+1,k}}{\Delta x_{i-1/2}}\right]$$

$$(6.4.12)$$

根据达西流速的计算公式，可以将该式简写为

$$\Delta x_i \Delta z_k C_{i,k}\frac{\partial h}{\partial t}\bigg|_{i,k}=\Delta x_i\left(-q_{i,k+1/2}+q_{i,k-1/2}\right)+\Delta z_k\left(-q_{i+1/2,k}+q_{i-1/2,k}\right)\quad(6.4.13)$$

式 (6.4.13) 明确地表达了空间离散方程的物理意义：在方程左端为控制体积内水量的变化率；方程右端第一项为方程沿 z 方向的净流量，其中 Δx_i 为过水面积；同理第二项为方程沿 x 方向的净流量，其中 Δz_k 为过水面积。该式显然满足控制体积的局部质量守恒。

如果进一步考虑时间离散和参数的空间平均问题，则可以得到二维饱和-非饱和水流有限体积模型的最终格式。注意，本章中虽然有限体积法满足局部质量守恒，但是非饱和问题具有强烈的非线性，水头型方程中容水度 C 的时间离散仍然会带来质量误差，将在后续章节中详细讨论。

6.4.3　非规则网格技术

有限差分法一般处理基于矩形的网格。虽然这种网格形式较为简单，但在处理不规则边界、局部加密、非均质介质分界面等问题时存在缺陷，会导致网格浪费。有限体积法首先对偏微分方程积分，而积分方程可以利用 Green 公式，将面积积分转化为控制体积的边界通量。积分对网格的适应性很强，这与有限元法类似。本节将以不规则的三角形离散网格为例，推导二维-饱和非饱和水流运动问题的有限体积模型。

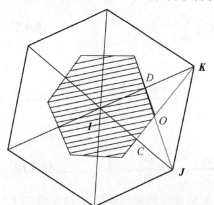

图 6.8　非规则节点 I 控制体积

将二维区域进行剖分，基本单元为三角形。对于其中的一个单元 β，其面积（三角形 IJK 面积）为 A_β。在图 6.8 中，节点 I 同时被几个相邻的单元共享，其控制体积由图中阴影部分标出。其中，对于三角形 IJK，其被节点 I 控制的区域为 $ICOD$，其中 C 和 D 分别为 IJ 和 IK 的中点。在这种情况下，三角形三个节点在单元上的控制体积是相等的，各占三角形面积的 1/3。

一般地，以形心和各边中点为界，在三角形 IJK 中，三个节点分别的控制面积为 $IDOC$, $JCOB$, $KDOB$。如果单独考虑节点 I 控制体积内的水均衡，可以对二维饱和-非

饱和水流运动方程积分，并利用 Green 公式，可以得到如下形式的质量守恒方程：

$$W_I = Q \tag{6.4.14}$$

式中，W_I 为节点 I 控制体积内的水量变化率，$[\text{L}^2/\text{T}]$；Q 分别为由相邻节点进入控制体积内的水流量，$[\text{L}^2/\text{T}]$。

记 KC 和 DJ 为三角形 IJK 的两条中线(如图 6.9)，四边形 $ICOD$ 是节点 I 的控制面积，其值为 $1/3A_\beta$。注意，考虑到所有含有节点 I 的单元，需要对所有包含节点 I 的单元进行累加，因此节点 I 控制面积内的水量变化率为(控制体积内水头的间断变化假设)：

$$W_I = s_I\left(\frac{\text{d}\theta_I}{\text{d}t} + \gamma\mu_s\frac{\text{d}h_I}{\text{d}t}\right)\sum_\beta \frac{1}{3}A_\beta \tag{6.4.15}$$

式中，γ 在饱和时为 1，非饱和时为 0；μ 为弹性释水系数，$[\text{L}^{-1}]$。

辅助线 IA 与 CD 用来帮助计算侧向流量(如图 6.9)。辅助线 IA 和 JK 垂直，而 CD 和 JK 平行。进入节点 I 的侧向过水面积等于宽度 L_{CD}。因此，进入节点 I 的侧向流量 Q_{LI} 为

$$Q_{LI} = \sum_\beta\left(-L_{CD}K_{L\beta}\frac{h_I - h_A}{L_{IA}}\right) \tag{6.4.16}$$

式中，h_I 和 h_A 为节点 I 和辅助点 A 的压力水头。$K_{L\beta}$ 为单元 β 的侧向传导度，一般取 I，J，K 三点的平均值；L_{IA} 为 I-A 两点之间的距离。如算术平均为

$$K_{L\beta} = \frac{1}{3}\left(K_I + K_J + K_K\right) \tag{6.4.17}$$

假设水头在节点 J 和 K 之间是线性变化的，则有(图 6.10)

$$h_A = \frac{L_{JA}}{L_{JK}}h_J + \frac{L_{AK}}{L_{JK}}h_K \tag{6.4.18}$$

将式(6.4.18)代入式(6.4.16)得到(图 6.9)：

$$Q = \sum_\beta K_{\beta L}\left[\left(\cot\alpha_J + \cot\alpha_K\right)H_I - \cot\alpha_K H_J - \cot\alpha_J H_K\right]\frac{L_{CD}}{L_{JK}} \tag{6.4.19}$$

在三角形中，有

$$\frac{L_{CD}}{L_{JK}} = \frac{1}{2} \tag{6.4.20}$$

$$\cot\alpha_J = -\frac{1}{2A_\beta}\left(b_K b_I + a_K a_I\right) \tag{6.4.21}$$

$$\cot\alpha_K = -\frac{1}{2A_\beta}\left(b_J b_I + a_J a_I\right) \tag{6.4.22}$$

$$\cot\alpha_J + \cot\alpha_K = \frac{1}{2A_\beta}\left(b_I^{\,2} + a_I^{\,2}\right) \tag{6.4.23}$$

式中，b_s 和 c_s ($s=I$，J，K)为与节点坐标有关的系数

$$b_I = y_J - y_K, \quad b_J = y_K - y_I, \quad b_K = y_I - y_J \tag{6.4.24}$$

$$c_I = x_J - x_K, \quad c_J = x_K - x_I, \quad c_K = x_I - x_J \tag{6.4.25}$$

整合几何关系，可以得到：

$$Q = \sum_{\beta} \left[-\frac{K_{\beta L} B_{\beta}}{8 A_{\beta}} \sum_{s=I,J,K} (b_s b_I + c_s c_I) h_s \right] \tag{6.4.26}$$

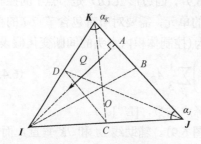

图 6.9　单元 IJK 中从其他节点进入节点 I
控制体积的通量 Q

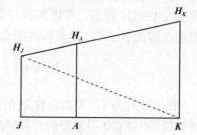

图 6.10　线性假设计算节点 A 水头值

可见，在此种假设条件下，有限体积法与有限元法得到的传导矩阵是一致的。有限体积法与质量集中的有限元法得到质量存储矩阵也是完全一致的。如前所述，当假设节点间的水头分布不同时，由有限体积法积分得到的边界通量也是不一样的。例如，在本例中，节点 J 和 K 进入节点 I 的通量被认为是沿着垂线 IA 方向，另外式 (6.4.18) 还用到了节点间水头线性分布的假设。通过改变这些假设，可以得到不同的有限体积模型。这些假设不会改变有限体积法各个子区域均保证质量守恒的特性。

非规则网格技术同样可以很方便地处理二类边界条件。对于一类边界条件，采用与有限元法相同的方式，即先通过数学方法使得最终的解收敛于指定一类边界值，再反求边界处的通量。

第7章 一维水分和溶质运移数值模型

本章主要介绍一维饱和-非饱和土壤中的水流运动和溶质运移问题。在空间离散上，一维问题较为简单和成熟，可采用有限差分、有限元等方法进行空间离散。然而，一维饱和-非饱和问题的难点在于其强烈的非线性。例如，由于有含水量和水头两个方程未知量，一般需要对时间导数项进行特殊的处理，处理不当则会引起质量误差等问题。另外，饱和-非饱和土壤中的水流运动需要迭代求解，计算成本和稳定性是需要关注的问题。

7.1 一维非饱和水流运动数值模型

一维 Richards 方程（Richards，1931）可以表述为

$$\frac{\partial \theta}{\partial t} = \frac{\partial}{\partial z}\left[K\frac{\partial(h+z)}{\partial z}\right] - s \tag{7.1.1}$$

式中，θ 为土壤体积含水率，[L^3/L^3]，h 为土壤水压力水头，[L]；z 为垂向坐标，[L]；向上为正；t 为时间，[T]；s 为根系吸水项或其他源汇项，[T^{-1}]；K 为非饱和水力传导度，[L/T]。

一般在研究非饱和水流运动时，可以忽略土壤的弹性释水量。由于 Richards 方程包含含水量（水体的质量）和水头（水体的能量）两种参数，需要将 Richards 方程进行变形。下面分别对其进行介绍。

7.1.1 以水头为主变量的 Richards 方程

考虑到非饱和土壤的水分特征曲线是光滑的，显然存在：

$$\frac{\partial \theta}{\partial t} = \frac{\partial \theta}{\partial h} \cdot \frac{\partial h}{\partial t} \tag{7.1.2}$$

代入混合型的 Richards 方程[式(7.1.1)]，可以得到基于水头的 Richards 方程：

$$C\frac{\partial h}{\partial t} = \frac{\partial}{\partial z}\left[K\frac{\partial(h+z)}{\partial z}\right] - s \tag{7.1.3}$$

式中，C 为容水度，[L^{-1}]；其定义为

$$C = \frac{\partial \theta}{\partial h} \tag{7.1.4}$$

如果采用 van Genuchten 模型（van Genuchten，1980）描述土壤水分特征曲线，则其解析解为

$$C(h) = -mn\alpha^n(\theta_s - \theta_r)\left[1 + (\alpha h)^n\right]^{-m-1} h^{n-1} \tag{7.1.5}$$

显然，容水度也是水头 h 的一个非线性函数。

1. 质量守恒问题

式 (7.1.2) 描述了任一点的单位体积介质的水质量守恒关系。当建立基于水头型的 Richards 方程数值模型时，需要对左端的时间导数项进行时间离散。例如采用欧拉隐格式可以得到：

$$C\frac{\partial h}{\partial t} = C\frac{h^{j+1}-h^{j}}{\Delta t} + O(\Delta t) \tag{7.1.6}$$

注意到这里没有考虑空间离散问题，因此变量均没有下标 i。另外，从洛尔定理(积分中值定理)可以得到：

$$\frac{\partial \theta}{\partial t} = C\frac{\partial h}{\partial t} = C^{j+\alpha}\frac{h^{j+1}-h^{j}}{\Delta t} \tag{7.1.7}$$

即含水量变化(代表着非饱和带质量的变化率)可以通过两个时间段的水头表示，但需要找一个特殊时刻($t=t^{j+\alpha}$，其中 α 在 0 到 1 之间)的容水度，才可以使得式 (7.1.7) 成立。然而，α 与待求变量 h^{j+1} 有关，在求解方程之前无法求出它的值。因此，在数值上常常取 $\alpha=0$ (显格式)，1/2(蛙跳格式)或 1(隐格式)代替。这样或多或少会带来质量误差。

这里用一个简单的算例展示质量误差的产生，如图 7.1 所示。容水度是从土壤水分特征曲线推导的衍生参数，它一方面与土壤属性有关，另一方面随着含水量或者水头发生变化。设壤土土壤水压力从 $-4m$ 上升到 $-3m$，则对应实际的含水量为 0.155 变成 0.170(根据负压-含水量曲线计算)，含水量变化为 0.015。但是对应的容水度为 0.0166(容水度公式计算，取负压为 $-3m$ 时的值)，这样计算得到的含水量变化为：$0.0166 \times (-3+4)=0.0166$。一个时间步长内含水量的变化为 0.015，带来质量平衡误差为 0.0016。当然，这种情况在时间步长取小的情况下会缓解，当一个时间步长内负压从 -3.2 上升至 $-3m$ 时，含水量从 0.167 变成 0.170，变化量为 0.003。容水度为 0.0166，则计算为 $0.0166 \times (-3+3.2)=0.00332$，此时造成的水量平衡误差为 -0.00032。因此，只有当时间步长无穷小时，才可以消除质量误差。在实际应用中，一般认为控制相对质量误差(质量误差/边界总进出水量)在 1% 以内可以接受。

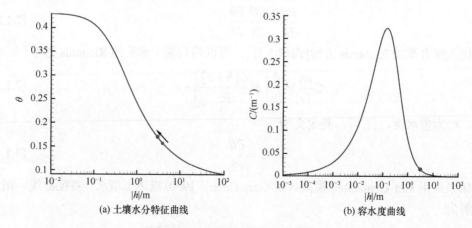

(a) 土壤水分特征曲线　　　　　　　　(b) 容水度曲线

图 7.1　质量误差产生示意图

如果直接采用式 (7.1.6) 的时间离散，并采用迭代方法线性化，最终得到的数值模型难以保证质量守恒。这类模型求解的矩阵仅包含未知量 h，故被称为基于水头型的 Richards 方程模型。结合 Picard 迭代技术，HYDRUS 代码 5.0 以下版本（Vogel et al.，1996）采用该方法对时间导数项进行离散：

$$C\frac{\partial h}{\partial t} = C^{j+1,k}\frac{h^{j+1,k+1} - h^j}{\Delta t} + O(\Delta t) \tag{7.1.8}$$

由于严重的质量误差，目前很少有模型采用这种方法。

Celia 等（1990）改进了该算法。在迭代模型中，他们将式（7.1.8）改写为

$$C\frac{\partial h}{\partial t} = C^{j+1,k}\frac{\left(h^{j+1,k+1} - h^{j+1,k}\right) + \left(h^{j+1,k} - h^j\right)}{\Delta t} + O(\Delta t) \tag{7.1.9}$$

代入水分特征曲线关系可得

$$C\frac{\partial h}{\partial t} = C^{j+1,k}\frac{h^{j+1,k+1} - h^{j+1,k}}{\Delta t} + \frac{\theta^{j+1,k} - \theta^j}{\Delta t} + O(\Delta t) \tag{7.1.10}$$

显然，对于当前迭代步，仅 $h^{j+1,\ k+1}$ 为未知量，因此水头被称为主变量。但是数值格式中出现了 $\theta^{j+1,\ k}$，因此含水量被称为第二变量。Celia 等（1990）提出的格式也可以直接从混合型的 Richards 方程［式（7.1.1）］出发推导。含水量的变化率可以离散为

$$\frac{\partial\theta}{\partial t} \approx \frac{\theta^{j+1,k+1} - \theta^j}{\Delta t} = \frac{\theta^{j+1,k+1} - \theta^{j+1,k}}{\Delta t} + \frac{\theta^{j+1,k} - \theta^j}{\Delta t} \tag{7.1.11}$$

所分裂的第一项为相邻迭代水平间的含水量变化率；第二项为目前时刻与上时刻含水量变化率。而第一项可以根据水分特征曲线近似转化为

$$\frac{\theta^{j+1,k+1} - \theta^{j+1,k}}{\Delta t} \approx C^{j+1,k}\frac{h^{j+1,k+1} - h^{j+1,k}}{\Delta t} \tag{7.1.12}$$

将式（7.1.12）代入式（7.1.11）同样可以得到式（7.1.10）。

在迭代算法中，如果收敛，相邻迭代水平间的水头之差 $h^{j+1,\ k+1}-h^{j+1,k}$ 会趋于 0。

此时，式（7.1.11）可以简化为

$$\frac{\partial\theta}{\partial t} = \tilde{0} + \frac{\theta^{j+1,k} - \theta^j}{\Delta t} \tag{7.1.13}$$

显然，该离散式代表了时间上含水量变化。但是，该模型也不是绝对质量守恒的，因为实际模型运行当中，存在迭代闭合差（迭代允许误差）。闭合差越大，带来的质量误差越大。

由于 Celia 等（1990）提出的数值格式可以从混合型 Richards 方程中推导，且数值模型第二变量为含水量，所以 Crevoisier 等（2009）等将该类模型归类为混合型 Richards 方程数值模型。考虑到此格式仍然以水头为主变量，可将其归类于水头型 Richards 方程模型。HYDRUS 5.0 及以上版本（Vogel et al.，1996）采用了守恒数值格式。

Rathfelder 和 Abriola（1994）提出了单独以水头为变量的质量守恒格式：

$$\left(C + \beta\mu_s\right)\frac{\partial h}{\partial t} = \frac{\theta^{j+1,k} - \theta^j}{h^{j+1,k} - h^j}\frac{h^{j+1,k+1} - h^j}{\Delta t} + \beta\mu_s\frac{h^{j+1,k+1} - h^j}{\Delta t} + O(\Delta t) \tag{7.1.14}$$

该式通过割线法计算容水度，当收敛时（$h^{j+1,\ k+1} = h^{j+1,k}$），同样能保证质量守恒。Kosugi（2008）详细分析了这两种守恒格式的理论根据，并发现 Rathfelder 和 Abriola（1994）提出

的守恒格式与 Celia 等(1990)的格式近似，但是前者形成矩阵较方便，后者精度更高。

注意，由于式(7.1.10)和式(7.1.14)本身隐含为迭代式，这表明这种混合迭代模型只能用于迭代类型的模型当中，对于非迭代的模型并不合适。

2. 干土入渗问题

土壤常常受到降雨、蒸发的交替作用，因此干土入渗问题是在模拟饱和、非饱和带时常常会遇到的实际问题。许多模拟实践表明，以水头为主变量的模型(如 HYDRUS)在计算干土入渗问题时常常会遇到不收敛的问题(Hills et al.，1989)。即使模拟收敛，也会产生较大的模拟误差。

图 7.2 为典型的 Picard 迭代干土入渗问题的发散过程。一般 van Genuchten 模型推导的 C 曲线总是钟形的，即在土壤较干和土壤较湿时均很小，甚至为 0，在某个中度湿润的点达到最大值。水力传导度单调随含水量增大而增大。从图中可知，K 非线性程度非常强，其值从 10^{-10}(土壤更干时甚至可以减小至 10^{-20})变化为 10^{-1}m/d。k 代表迭代步，测试土壤为壤土。Picard 迭代的初始值($k=0$)表明，土壤较干($h\approx-30$ m)，此时容水度和水力传导度均非常小(10^{-3}m^{-1} 和 10^{-6}m/d)。当降雨来临时，土表第一个节点水量变化的离散计算式为

$$C_N^{j+1,k}\frac{\Delta h_N^{j+1,k}}{\Delta t}=P_p+q^k_{N-\frac{1}{2}} \tag{7.1.15}$$

式中，C_N 为地表节点的容水度；P_p 为降雨强度(正值)；$q_{N-1/2}$ 为第 $N-1$，N 节点间的达西通量，以向上为正。显然，由于 $k=0$ 时传导度很小，$q_{N-1/2}$ 可以忽略不计。同时，由于极小的容水度，微小的降雨可以引起巨大的水头变化(Δh)。因此，当第一次迭代结束后($k=1$)，可以发现，土壤接近饱和($h\approx-0$m)，此时容水度仍然很小(10^{-2}m^{-1})，但水力传导度的值上升了 5 个数量级(10^{-1}m/d)。在 $k=1$ 时，较大的水力传导度保证了所有降雨均进入到第二个节点($q_{N-1/2}\approx-P_p$)，这导致第一个节点的水头没有什么变化[式(7.1.15)]。如此迭代数次，土壤表层节点在干和湿两个极端状态间跳动，造成模型不收敛。

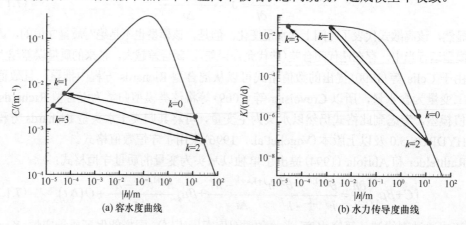

(a) 容水度曲线　　　　　　　　　　　　(b) 水力传导度曲线

图 7.2　干土入渗问题迭代示意图

上述分析可以得知：不收敛主要是由于容水度曲线和非饱和水力传导度曲线的非线性造成的。前者不具有单调性，在土壤较干较湿时数值均非常小；后者跨越数个乃至十个数量级，变化剧烈。当采用非线性程度较小的土壤水力参数方程时，可以减小这种不收敛的概率。同样，较小的降雨强度、较湿润的初始条件均可以减小数值发散的概率。

即使模型收敛，在入渗问题中，采用水头为主变量仍然会带来巨大的误差。其原因是入渗锋面处的水头梯度可以达到 $10^3 \sim 10^8 \mathrm{m/m}$，这种高梯度在用差分近似空间微分时会产生较大误差。在这种情况下，除非采用可变动的网格（即网格随着湿润锋运动而在不同处加密）（Miller et al.，2006），否则需要划分非常细的网格，才能控制空间离散误差。相比之下，采用含水量为变量后，含水量梯度相对较小，所产生的空间离散误差较小。

尽管有着保持质量守恒以及难以模拟干土入渗问题的困难，但是采用水头作为主变量的 Richards 方程数值模型仍然是目前的主流。其原因是水头在非均质土壤中连续，在计算达西流速时具有普遍性，且水头在整个饱和-非饱和水分状态中是单调的，具有唯一性，因此可以不加区分地模拟土壤中的饱和-非饱和流动。

7.1.2　迭代求解

由于非饱和水分运动问题的非线性，且最终获得的离散方程中的系数与未知量有关，故需要求解非线性方程组。迭代方法的数学形式以及在迭代模型中嵌入的调节时间步长的经验算法对非线性问题的迭代具有重要影响。

1. 数学形式

非线性方程组的解法需要依赖迭代方法，将非线性的方程化为一系列的线性方程，迭代逐步达到收敛解。Picard 迭代方法和 Newton 迭代方法是 Richards 方程数值模型常用的两种迭代方法。不失一般性，将 Richards 方程进行空间离散，一般可以得到如下基于水头的半离散模型：

$$F(h)\frac{\mathrm{d}h}{\mathrm{d}t} + A(h)h = b(h) \tag{7.1.16}$$

式中，F 通常为质量项；A 为传导矩阵；b 为右端项，与重力和边界条件等有关（Paniconi et al.，1991）。对于一维模型，可以通过有限差分法等获取该式。

采用欧拉隐格式离散得

$$F(h^{j+1})\frac{h^{j+1}-h^j}{\Delta t^j} + A(h^{j+1})h^{j+1} = b(h^{j+1}) \tag{7.1.17}$$

为计算方便，将式（7.1.17）所有项移动到一边，并令其等于非线性函数 f：

$$f(h^{j+1}) = F(h^{j+1})\frac{h^{j+1}-h^j}{\Delta t^j} + A(h^{j+1})h^{j+1} - b(h^{j+1}) = 0 \tag{7.1.18}$$

Newton 迭代法的格式为

$$f'\left(h^{j+1,k}\right)\left(h^{j+1,k+1}-h^{j+1,k}\right)=-f\left(h^{j+1,k}\right) \tag{7.1.19}$$

且雅可比矩阵中的元素为

$$f'_{lm}=A_{lm}+\frac{1}{\Delta t^{j}}F_{lm}+\sum_{n}\frac{\partial A_{ln}}{\partial h_{m}^{j+1}}h_{n}^{j+1}+\frac{1}{\Delta t^{j}}\sum_{n}\frac{\partial F_{ln}}{\partial h_{m}^{j+1}}\left(h_{n}^{j+1}-h_{n}^{j}\right)+\frac{\partial b_{l}}{\partial h_{m}^{j+1}} \tag{7.1.20}$$

假设猜测的初值后，非线性函数 f 一般不满足为 0 的条件，此时根据 f 的导数（切线）寻找更接近真实值的点。

相比之下，Picard 迭代的数值格式非常简单：从式(7.1.17)出发，将所有的关于待求未知量 h^{j+1} 的线性项取当前迭代步(k+1)，将所有非线性项取过去迭代步 k：

$$F\left(h^{j+1,k}\right)\frac{h^{j+1,k+1}-h^{j}}{\Delta t^{j}}+A\left(h^{j+1,k}\right)h^{j+1,k+1}=b\left(h^{j+1,k}\right) \tag{7.1.21}$$

式(7.1.21)可以变形为

$$\left[F\left(h^{j+1,k}\right)\frac{1}{\Delta t^{j}}+A\left(h^{j+1,k}\right)\right]\left(h^{j+1,k+1}-h^{j+1,k}\right)=-f\left(h^{j+1,k}\right) \tag{7.1.22}$$

式(7.1.22)具有与式(7.1.19)类似的形式。但式(7.1.22)仅采用了雅可比矩阵中的线性项[式(7.1.20)的前两项]。显然，Picard 迭代方法可以被视为 Newton 迭代法的简化形式。在理论上，如果初始猜测值足够接近真实值，那么 Newton 迭代方法的收敛速度更快(Lehmann and Ackerer, 1998)。在实际中，由于 Picard 方法不需要求解水力参数的导数，其编程实现较为简单。

求解迭代格式形成的线性方程组后，对比相邻两次迭代步的水头[例如，式(7.1.22)中的 $h^{j+1,\,k+1}$ 和 $h^{j+1,\,k}$]或者含水量差距，根据预设迭代允许误差来判断迭代是否收敛。当模型某步迭代次数非常大，甚至大于设置的收敛上限时，则认为模型不收敛，退出模型，以避免死循环。

2. 时间步长调控

在早期的 Richards 方程模型中，采用均匀的时间步长和空间步长，这导致模型的效率较低。目前，大多数模型均根据土壤中水流条件的变化调节时间步长。迭代模型中较易嵌入时间步长的经验性调节方法，即根据上一个时间步长的收敛情况进行调节。

这里介绍一种简单的时间步长的调整方法。首先，程序需要输入一个初始的计算时间步长Δt。为了确保能收敛，Δt 的初始值应该保证非常小。对于一个设置好的迭代允许误差，需要迭代数次才能最终收敛。设置迭代次数的上下限，当上一时间步长的迭代次数大于上限时，则认为时间步长过大，则下个时段的时间步长折减；反之下个时段的时间步长则增大。即

$$\Delta t^{j+1}=m_{1}\Delta t^{j},K^{j}>k_{\max} \tag{7.1.23}$$

$$\Delta t^{j+1}=m_{2}\Delta t^{j},K^{j}<k_{\min} \tag{7.1.24}$$

式中，m_{1} 为折减系数，一般取 0.7；m_{2}>1 为增大系数，一般为 1.1。$k_{\max}$ 和 $k_{\min}$ 为迭代次数的上下限，它们的默认值为 7 和 3。迭代次数位于限定范围内时，下个时段的时间步

长不发生改变。

7.1.3 含水量型 Richards 方程

相对来说，含水量的变化范围比负压水头要小很多，这使得以含水量为变量求解非饱和水流问题有更好精度和稳定性，处理入渗等问题时需要的时间空间步长也较小。而且，野外含水量的测量方法要比负压水头简单。

然而，含水量型 Richards 方程在目前的应用相对较少，特别是针对小尺度的问题模型。这是因为传统的含水量型方程在计算非均质土壤的通量会产生错误，且该类模型仅限于计算完全非饱和的土壤水分运动。因此，目前多数含水量型 Richards 方程仅以区域尺度水文模型的非饱和模块身份出现(Liang et al.，1996)。如果能解决上述两个问题，含水量型 Richards 方程数值模型必将能得到更广泛的应用。

1. 模拟饱和水流运动问题

如果不对表示质量守恒的含水量变化率进行变换[式(7.1.2)]，而将达西定律中计算通量的水头转化为含水量表示，则一维达西定律改写为

$$q = -\left[D(\theta)\frac{\partial \theta}{\partial z} + K(\theta) \right] \tag{7.1.25}$$

式中，K 为非饱和水力传导度，[L/T]；$D=K\frac{\partial h}{\partial \theta}$ 为非饱和水力扩散度，[L²/T]。原有公式中达西流速由重力梯度和压力梯度驱动。此时重力梯度项保持不变，压力梯度通过水分特征曲线关系被转化为含水量梯度。将式(7.1.25)代入混合型的 Richards 方程[式(7.1.1)]，可以得到基于含水量型的 Richards 方程：

$$\frac{\partial \theta}{\partial t} = \frac{\partial}{\partial z}\left[D(\theta)\frac{\partial \theta}{\partial z} + K(\theta) \right] - s \tag{7.1.26}$$

由于未对含水量变化率进行变化，该方程总是无条件质量守恒的。这样整个系统中的主要变量就变为含水量 θ，因此该类型方程被称为基于含水量为变量的 Richards 方程(Boone and Wetzel，1996；Liang et al.，1996；Lee and Abriola，1999；Yang et al.，2009)。

采用同样的有限体积法可以将式(7.1.26)离散为(以一维垂向水流为例)

$$\Delta z_i \left[\frac{\partial \theta}{\partial t} \right]\Big|_{z=z_i} = -q\big|_{z=z_{i+1/2}} + q\big|_{z=z_{i-1/2}} \tag{7.1.27}$$

而通量的计算方法为

$$q\big|_{z=z_{i+1/2}} = D_{i+1/2}\left[\frac{\theta_{i+1}-\theta_i}{\Delta z_{i+1/2}} \right] + K_{i+1/2} \tag{7.1.28}$$

图 7.2 揭示了 van Genuchten 模型描述的参数 C 和 K 的变化规律。参数 $D=K/C$ 结合了 K 和 C 的非线性，壤土的参数 D 随负压变化如图 7.3 所示。由于 C 是钟形曲线，因此在较干燥的含水量范围内，D 的非线性程度小于 K，在负压 $10^{-1}\sim10^2$m 之间，D 变化

5 个量级，K 变化 8 个量级 [图 7.2(b)]；在湿润含水量范围内，D 的非线性大于 K，在负压 $10^{-1} \sim 10^5$m 之间，D 变化 3 个量级，K 在 1 个量级之内。且考虑到 C 在土壤饱和时为 0，D 在数值上为无穷大。

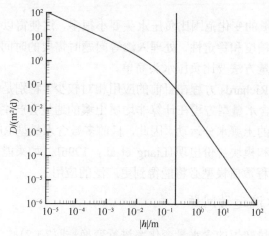

图 7.3　饱和水力扩散度 D

含水量不能模拟饱和水流问题的根源在于饱和含水量不随正压力变化而改变。为解决该问题，Kirkland 等(1992)提出在饱和含水量中考虑弹性存储的水分，由此定义新的含水量、容水度、水力扩散度等概念。

此处含水量包含两部分水量：空隙存储和弹性存储。非饱和为空隙存储阶段，由负压-含水量关系曲线决定；饱和阶段为弹性存储，其水量增量 $\mu_s h$，μ_s 为弹性储水系数，$[L^{-1}]$；h 为正压力水头，$[L]$。水量转化成含水量时，加上孔隙存储水量 θ_s，总含水量为 $\theta_s + \mu_s h$。此时的含水量定义不同于通常的含水量，它不是以 θ_s 为最大值。土壤水分特征曲线为 van Genuchten 模型时，用数学语言描述新的含水量和压力关系为

$$\theta(h) = \begin{cases} \theta_r + \dfrac{\theta_s - \theta_r}{\left[1 + |\alpha h|^n \right]^m} & h < 0 \\ \theta_s + \mu_s h & h \geqslant 0 \end{cases} \tag{7.1.29}$$

由此得到新的饱和-非饱和水力扩散度的定义为

$$D(\theta) = \begin{cases} \dfrac{K}{C} & \theta < \theta_s \\ \dfrac{K_s}{\mu_s} = D_s & \theta \geqslant \theta_s \end{cases} \tag{7.1.30}$$

显然，此时的含水量和正压力水头的关系也是一一对应的，且参数 D 仅在负压 h 趋近于 0 时无定义。由于此定义仅对含水量的值影响极小(由于 μ_s 很小)，我们不加区别的直接应用于基于含水量型的 Richards 方程中。这种方法对于 van Genuchten 曲线描述的土壤水流运动问题仍然不够稳定，因为参数在饱和-非饱和处有强烈的非连续性(Kirkland et al., 1992)。为了保证数值稳定性，可以考虑稍微修改接近饱和时的土壤水

分特征曲线，(Vogel et al.，2000)，或者采用更为简单的水分特征曲线模型。

2. 模拟非均质土壤水流运动问题

制约含水量型 Richards 方程应用的另外一个问题是含水量剖面在非均质性土壤中不连续，采用含水量梯度计算达西流速会产生错误。这是因为将压力梯度转化为含水量梯度时忽略了一个问题：在非均质土壤中，转化所用的水分特征曲线关系也是随空间而变化的，即含水量既是压力水头的函数，也是土壤参数的函数 (Hills et al.，1989；Ross and Bristow，1990)：

$$\theta(z,t) = \theta\big(h(z,t), p_j(z)\big) \tag{7.1.31}$$

式中，p_j $(j=1, 2, \cdots M)$ 为描述水分特征曲线的参数，随空间变化，而 M 代表参数的个数。含水量随空间变化，而这种变化可以认为是由于水头 h 的空间变化和描述水分特征曲线的参数 p_j 的空间变化共同引起的：

$$\nabla\theta = \frac{\partial\theta}{\partial h}\frac{\partial h}{\partial z} + \sum_{j=1}^{M}\frac{\partial\theta}{\partial p_j}\frac{\partial p_j}{\partial z} \tag{7.1.32}$$

从式 (7.1.32) 可以求得压力梯度，将其代入到达西定律中，可以得到：

$$q = D\left(\frac{\partial\theta}{\partial z} - \sum_{j=1}^{M}\frac{\partial\theta}{\partial p_j}\frac{\partial p_j}{\partial z}\right) + K \tag{7.1.33}$$

相比式 (7.1.25)，式 (7.1.33) 在计算压力梯度时发生了变化。$-\sum(\frac{\partial\theta}{\partial p_j})\cdot(\nabla p_j)$ 是后者多出的项。当土壤为均质时，Δp_j 为 0，即该项为 0。这说明该项是对含水量梯度在非均质土壤中的修正，式 (7.1.33) 中与 D 相乘的项才是真正能反映压力梯度的含水率梯度，可称为有效含水率梯度。将式 (7.1.33) 代入质量守恒方程，可以得到广义的基于含水量为主变量的 Richards 方程 (Zha et al.，2013b)：

$$\frac{\partial\theta}{\partial t} = \frac{\partial}{\partial z}\left[D\left(\frac{\partial\theta}{\partial z} - \sum_{j=1}^{M}\frac{\partial\theta}{\partial p_j}\frac{\partial p_j}{\partial z}\right) + K\right] - s \tag{7.1.34}$$

其中，p_j 对 z 的导数与非均质土壤的分布有关，$\frac{\partial\theta}{\partial p_j}$ 与土壤水分特征曲线有关。例如，最常用的 van Genuchten 模型，其描述土壤水分特征曲线的参数共 4 个，即 θ_r, θ_s, α, n，它们共同来描述土壤水分特征曲线，由此可以得到 $\frac{\partial\theta}{\partial p_j}$ 的值为

$$\frac{\partial\theta}{\partial\theta_s} = \left[1+(-\alpha h)^n\right]^{-m} = S_e \tag{7.1.35}$$

$$\frac{\partial\theta}{\partial\theta_r} = -\left[1+(-\alpha h)^n\right]^{-m} + 1 = 1 - S_e \tag{7.1.36}$$

$$\frac{\partial \theta}{\partial \alpha} = mnh(\theta_s - \theta_r)\left[1 + (-\alpha h)^n\right]^{-m-1}(-\alpha h)^{n-1} \tag{7.1.37}$$

$$\frac{\partial \theta}{\partial n} = (\theta_s - \theta_r)\left[1 + (-\alpha h)^n\right]^{-m}\left\{-n^{-2}\ln\left[1 + (-\alpha h)^n\right] - m(-\alpha h)^n \ln(-\alpha h)\left[1 + (-\alpha h)^n\right]^{-1}\right\} \tag{7.1.38}$$

式中，h 为压力水头；m 为经验参数；S_e 为饱和度。

这些偏导反映了参数的空间变异怎样影响含水率的空间梯度。

广义的含水量型 Richards 方程式(7.1.34)结合定义式(7.1.29)和式(7.1.30)，可以模拟非均质土壤饱和-非饱和水流运动。

3. 广义含水量型 Richards 方程数值格式

如果土壤参数是渐变的(即导数 $\nabla \partial p_j$ 存在)，则广义的含水量型 Richards 方程式(7.1.34)的通量离散格式为

$$q_{i+1/2} = D_{i+1/2}\left[\frac{\theta_{i+1} - \theta_i}{\Delta z_{i+1/2}} + K_{i+1/2}\right] - D_{i+1/2}\sum_{j=1}^{M}\frac{\partial \theta}{\partial p_j}\frac{p_{j,i+1} - p_{j,i}}{\Delta z_{i+1/2}} \tag{7.1.39}$$

式中，$p_{j,i+1}$ 和 $p_{j,i}$ 分别为单元 i 和单元 $i+1$ 内土壤的第 j 个参数。显然，式(7.1.39)的编程实现较为麻烦，因为参数值和参数个数均与土壤水力参数模型有关。注意到 $\frac{\partial p_j}{\partial z}$ 代表了参数在垂向的变异梯度。然而，常见的层状土壤，其性质或参数是突变的，即 $\frac{\partial p_j}{\partial z}$ 不存在。因此，需要引入一些近似算法，来考虑层状土壤广义的含水量型 Richards 方程的数值格式。

显然，式(7.1.34)也属于非线性抛物线型方程。由于土壤层状变异在垂向最明显，为叙述方便，这里用垂向一维广义含水量型 Richards 方程为例进行推导。首先，在非均质土壤中，必须区分两种类型的网格(Szymkiewicz and Helmig, 2011)，如图7.4所示。

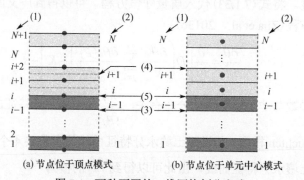

(a) 节点位于顶点模式　　　　　　　(b) 节点位于单元中心模式

图 7.4　两种不同的一维网格划分方式

(1)节点编号；(2)单元编号；(3)单元边界；(4)节点控制体边界；(5)异质性界面

第一种为顶点中心(vertex-centered，VC)网格。在这种网格中，当剖面被分为 N 个单元后，会产生 $N+1$ 个节点，且每个单元都同时拥有两个节点，除边界节点外，其他节点属于两个单元共有。当出现分层土壤(非均质，如图7.4所示)时，因为单元内必须是均质的，在分层处必然会设置一个节点，该节点具有双重土壤属性。

第二种为单元中心网格(cell-centered，CC)。在这种网格中，当剖面被分为 N 个单元后，会产生 N 个节点，且每个单元有一个对应节点，且位于单元中心。特别地，当出现分层土壤(非均质，如图 7.4 所示)时，因为单元内必须是均质的，分层处也必须是单元的边界。

1) VC 网格

如果以含水量为主变量，则数值模型在节点上要存储含水量在不同时刻的值。然而，在 VC 网格中，由于含水量的不连续，非均质界面上的节点具有两个不同的含水量。此时，如果同时存储这两个不同的含水量，则会需要增加离散时的总节点数目，并重新排序。为方便数值模型的实现，在非均质界面处，存储一个平均的含水量，使控制体积内的代表水量与原来相同：

$$\theta_i = \frac{0.5\Delta z_{i-1/2}\theta(h_i, \boldsymbol{p}_{i-1/2}) + 0.5\Delta z_{i+1/2}\theta(h_i, \boldsymbol{p}_{i+1/2})}{0.5(\Delta z_{i+1/2} + \Delta z_{i-1/2})} \tag{7.1.40}$$

这里的参数值如图 7.5 所示，$\Delta z_{i-1/2}$ 和 $\Delta z_{i+1/2}$ 分别代表了单元 $i-1$ 和 i 的长度。向量 $\boldsymbol{p}$ 代表描述水分特征曲线的参数。$\theta(h_i, \boldsymbol{p}_{i+1/2})$ 和 $\theta(h_i, \boldsymbol{p}_{i-1/2})$ 分别代表异质性界面处的两个不同含水量，它们的计算基于相同的水头 h_i，不同的参数。

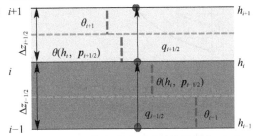

图 7.5 VC 网格中进出节点 i 的通量($q_{i-1/2}$ 和 $q_{i+1/2}$)

在 VC 网格中，土壤在一个单元格内是均匀的，则计算单元内达西通量时 $\left(\frac{\partial\theta}{\partial p_j}\right)\cdot\left(\frac{\partial p_j}{\partial z}\right)$ 为 0。因此

$$q_{i-1/2} = D_{i-1/2}\left[\frac{\theta(h_i, \boldsymbol{p}_{i-1/2}) - \theta_{i-1}}{\Delta z_{i-1/2}}\right] + K_{i-1/2} \tag{7.1.41}$$

以及

$$q_{i+1/2} = D_{i+1/2}\left[\frac{\theta_{i+1} - \theta(h_i, \boldsymbol{p}_{i+1/2})}{\Delta z_{i+1/2}}\right] + K_{i+1/2} \tag{7.1.42}$$

由于 $\theta(h_i, \boldsymbol{p}_{i+1/2})$ 和 $\theta(h_i, \boldsymbol{p}_{i-1/2})$ 不属于方程组的未知量，它们应该被未知量 θ_i 代替

$$q_{i-1/2} = D_{i-1/2}\left[\frac{\theta_i - \theta_{i-1}}{\Delta z_{i-1/2}} + K_{i-1/2}\right] + D_{i-1/2}\frac{\theta(h_i, \boldsymbol{p}_{i-1/2}) - \theta_i}{\Delta z_{i-1/2}} \tag{7.1.43}$$

$$q_{i+1/2} = D_{i+1/2}\left[\frac{\theta_{i+1} - \theta_i}{\Delta z_{i+1/2}} + K_{i+1/2}\right] + D_{i+1/2}\frac{\theta_i - \theta(h_i, \boldsymbol{p}_{i+1/2})}{\Delta z_{i+1/2}} \tag{7.1.44}$$

注意到式(7.1.43)和式(7.1.44)右端第一项即为传统含水量型 Richards 方程的离散通量格式，见式(7.1.28)。因此式(7.1.43)和式(7.1.44)右端第二项可以被视为由于土壤非均质导致土壤界面处附加的源汇项。受到非均质影响的节点共有三个，包括节点 i 以及它周围的两个节点

$$S_{i-1}^k = -D_{i-1/2}^k \frac{\theta_i^k - \theta\left(h_i^k, \boldsymbol{p}_{i-1/2}\right)}{\Delta z_{i-1/2}} \tag{7.1.45}$$

$$S_{i+1}^k = D_{i+1/2}^k \frac{\theta\left(h_i^k, \boldsymbol{p}_{i+1/2}\right) - \theta_i^k}{\Delta z_{i+1/2}} \tag{7.1.46}$$

$$S_i^k = -\left(S_{i-1}^k + S_{i+1}^k\right) \tag{7.1.47}$$

式中，上标 k 代表迭代水平。式(7.1.45)至式(7.1.47)用于求解未知量 θ^{k+1}。

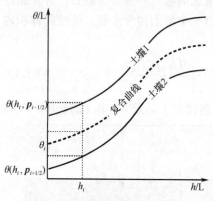

图 7.6　VC 网格非均质界面处的
复合水分特征曲线

在数值计算中，为处理 VC 网格异质性界面的含水量不连续问题，采用以下四个步骤：

(a)根据节点 i 上下两种土壤的水分特征曲线，获取一个新的 h_i–θ_i 曲线（复合曲线），采用式(7.1.40)计算，如图 7.6 所示；

(b)通过含水量（系统变量）θ_i 获取土壤界面处的水头 h_i；

(c)根据原有的土壤水分特征曲线，通过水头 h_i 分别获取两种土壤的含水量 $\theta(h_i, \boldsymbol{p}_{i+1/2})$ 和 $\theta(h_i, \boldsymbol{p}_{i-1/2})$；

(d)在数值模型中加入附加源汇项，见式(7.1.45)至式(7.1.47)。

该方法被简称为 VC-θ 方法。

为节约计算成本，通常情况下水力参数不直接通过解析表达式计算，而是预先计算插值表格。复合曲线式(7.1.40)中 θ_i 可以显式表达，但是 h_i 不能显式表达。尽管如此，在数值模型中采用插值表格计算不会带来任何困难。如果不采用插值表格，h_i 需要用非线性迭代的方法计算。

2)CC 网格

CC 网格中，节点 i 和 $i+1$ 之间的含水量变化量为 $\theta(h_{i+1}, \boldsymbol{p}_{i+1}) - \theta(h_i, \boldsymbol{p}_i)$，但是该含水量的变化量不能正确反映真实的压力变化 $h_{i+1}-h_i$，因为在层的界面处(即有限体积控制界面)的 $\left(\dfrac{\partial \theta}{\partial p_j} \cdot \dfrac{\partial p_j}{\partial I}\right)$ 不为 0，如图 7.7 所示。

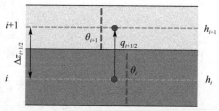

图 7.7　CC 网格中节点 i 和节点 $i+1$ 之间的通量($q_{i-1/2}$ 和 $q_{i+1/2}$)

方法 1：尽管 $\dfrac{\partial \theta}{\partial p_j}$ 在土壤的非均质界面处不存在，显然可以找到等效的 $\dfrac{\partial \theta}{\partial p_j} \cdot \dfrac{\partial p_j}{\partial z}$，即

由于土壤非均质引起的含水量空间梯度。$\dfrac{\partial \theta}{\partial p_j} \cdot \dfrac{\partial p_j}{\partial I}$ 可以被认为是当负压均匀分布时含水量

的空间梯度。由于在数值模型中，节点 i 和节点 $i+1$ 之间的压力在 h_i 和 h_{i+1} 之间线性变化，则 $\dfrac{\partial \theta}{\partial p_j} \cdot \dfrac{\partial p_j}{\partial z}$ 可以取当剖面的均匀负压为 h_i 和 h_{i+1} 时含水量梯度的平均值：

$$\left(\sum_{j=1}^{M} \frac{\partial \theta}{\partial p_j} \frac{\partial p_j}{\partial z} \right) \Bigg|_{z=z_i} \approx \frac{1}{2\Delta z_{i+1/2}} \left[\theta\left(h_{i+1}, p_{i+1}\right) - \theta\left(h_{i+1}, p_i\right) + \theta\left(h_i, p_{i+1}\right) - \theta\left(h_i, p_i\right) \right] \quad (7.1.48)$$

这里仅仅采用了简单的算术平均，而以层厚为权重的其他平均方案也可。在式 (7.1.48) 中，重点是需要找到"想象"的未知量 $\theta(h_{i+1}, p_i)$ 和 $\theta(h_i, p_{i+1})$ 的取值（图 7.8）。数值模型中的三个步骤被归纳为

(a) 根据系统变量 θ_i 和 θ_{i+1} 和土壤水分特征曲线，求解这两个节点的水头 h_i 和 h_{i+1}；

(b) 根据 h_i 和 h_{i+1}，计算含水量 $\theta(h_{i+1}, p_i)$ 和 $\theta(h_i, p_{i+1})$；

(c) 加入到数值模型右端的源汇项为

$$S_i^k = -D_{i+1/2}^k \frac{\theta\left(h_{i+1}^0, p_{i+1}\right) - \theta\left(h_i^0, p_i\right) - \theta\left(h_{i+1}^0, p_i\right) + \theta\left(h_i^0, p_{i+1}\right)}{2\Delta z_{i+1/2}} \quad (7.1.49)$$

$$S_{i+1}^k = -S_i^k \quad (7.1.50)$$

上标 0 代表显格式（取上一个时刻的值，不随迭代改变）。这种方法简称为 CC-$\theta 1$ 方法。

方法 2：既然 $\dfrac{\partial \theta}{\partial p_j} \cdot \dfrac{\partial p_j}{\partial z}$ 可以被认为是当负压均匀分布时含水量的空间梯度，我们采用一个平均的均匀负压来计算等效的 $\dfrac{\partial \theta}{\partial p_j} \cdot \dfrac{\partial p_j}{\partial z}$（图 7.8），即

$$\left(\sum_{j=1}^{M} \frac{\partial \theta}{\partial p_j} \frac{\partial p_j}{\partial z} \right) \Bigg|_{z=z_i} \approx \frac{1}{\Delta z_{i+1/2}} \quad (7.1.51)$$

$$\left[\theta\left(\bar{h}_{i+1/2}, p_{i+1}\right) - \theta\left(\bar{h}_{i+1/2}, p_i\right) \right]$$

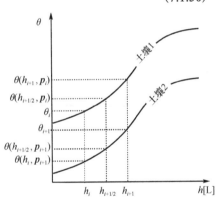

图 7.8　CC 网格非均质界面的平均水头及等效含水量变化

显然有许多方案可以计算这个平均的含水量，例如算术平均

$$\bar{h}_{i+1/2} = \frac{1}{2}\left(h_i + h_{i+1}\right) \quad (7.1.52)$$

该方案的四个步骤为

(a) 根据系统变量 θ_i 和 θ_{i+1} 和土壤水分特征曲线，求解这两个节点的水头 h_i 和 h_{i+1}；

(b) 根据式 (7.1.52) 或其他平均方法计算平均压力水头；

(c) 根据平均压力水头和两种土壤水分特征曲线，计算式 (7.1.51) 中的两个含水量；

(d) 计算节点 i 和节点 $i+1$ 的附加源汇项

$$S_i^k = -D_{i+1/2}^k \frac{\theta\left(\bar{h}_{i+1/2}^0, p_{i+1}\right) - \theta\left(\bar{h}_{i+1/2}^0, p_i\right)}{\Delta z_{i+1/2}} \quad (7.1.53)$$

$$S_{i+1}^k = -S_i^k \tag{7.1.54}$$

这种方法简称为 CC-$\theta2$ 方法。注意，CC-$\theta1$ 和 CC-$\theta2$ 方法都采用显格式求解修正项，也就是说修正项本身不需要迭代，它在模型迭代过程中是保持不变的，对收敛有利，但时间步长较大时误差较大。

由于 VC 网格相邻两个节点间的土壤是均匀介质，这使得它计算达西流速时有天然优势。Hills 等(1989)在所用的 CC 网格的非均质界面处建立一个局部的 3 点 VC 网格，附加的中间点 c 位于非均质界面上，以及上下紧挨着的两个原有节点(图 7.7)。由于附加的中间点 c 不是系统变量，它不能存储质量，因此需要附加一个条件：达西通量在非均质界面是连续的

$$q_{i,c} = q_{c,i+1} \tag{7.1.55}$$

根据达西定律，计算 $q_{i,c}$ 可得

$$q_{i,c} = K_{i,c}\left(\frac{h_c - h_i}{\Delta z_{i,c}} + 1\right) \tag{7.1.56}$$

$$q_{c,i+1} = K_{c,i+1}\left(\frac{h_{i+1} - h_c}{\Delta z_{c,i+1}} + 1\right) \tag{7.1.57}$$

由于 $K_{i,c}$ 与未知量 h_c 有关，会造成求解困难。Hills 等(1989)假设：

$$K_{i,c} \approx K_i; K_{c,i+1} \approx K_{i+1} \tag{7.1.58}$$

并考虑一般情况下 $\Delta z_{c,i} = \Delta z_{c,i+1}$，由此他们得到了非均质界面处的近似水头解为

$$h_c = \frac{2(K_i h_i + K_{i+1} h_{i+1}) + \Delta z_{i+1/2}(K_i - K_{i+1})}{2(K_i + K_{i+1})} \tag{7.1.59}$$

得到 h_c 后，根据水量均衡，他们推导的附加源汇项计算公式与式(7.1.53)和式(7.1.54)一致。实际式(7.1.59)也是水头 h_i 和 h_{i+1} 的平均值。当 K_i 和 K_{i+1} 相等时，式(7.1.59)与算术平均一致。然而，Hills 等(1989)的数值模型是采用二步显格式求解，虽然不需要迭代，但要求较小的时间步长。为了测试其在迭代模型中的表现，将该方法称为 CC-$\theta3$。

4. 计算算例

一维模型均采用 Picard 迭代算法，以水头为主变量，且采用 Celia 等(1990)提出的质量守恒方案，对应的模型称为 Picard-mix 模型；基于含水量的模型称为 Picard-θ 模型。通过对几种模型进行算例测试，全面评价模型 Picard-θ 和 Picard-mix 的效率、精度和适用性。

算例一：渐变土壤算例

该算例模拟渐变土壤中的入渗问题，主要目的是验证广义的基于含水量为主变量的 Richards 方程式(7.1.34)。在 1m 长的垂向土柱上，土壤由表层的砂土线性渐变为底部的黏土，或者由表层的黏土线性渐变为底部的砂土。砂土和黏土均由 van Genuchten 参数表述，其中"线性渐变"即代表参数渐变，两端的土壤参数见表 7.1。初始的土壤负压为–1000cm。上边界保持 2cm/d 入渗强度，下边界保持–1000cm 负压。模拟时间为 20d，时段末时已经达

到了稳定的入渗状态。网格大小Δz=1 cm。采用含水量型 Richards 方程模型（包括没有修正的解法，即被认为无法模拟非均质土壤的算法；CC-θ1 算法，即修正后的算法之一）得到模拟结果，同时采用传统的混合迭代算法的结果作为参照解（网格仍然采用Δz=1 cm）。

表 7.1　算例一土壤参数

土壤类型	$\theta_r(cm^{-3}cm^{-3})$	$\theta_s(cm^{-3}cm^{-3})$	α (cm^{-1})	n	$K_s(cm/d)$
沙土	0.045	0.43	0.145	2.68	712.8
黏土	0.068	0.38	0.008	1.09	4.8

算例一中采用了含水量型 Richards 方程求解，其中一种是没有修正的，另外一种是采用了修正的方程（参见 CC-θ1 方法）。参考解是采用混合形式的 Richards 方程。总体上，含水量修正模型（图 7.9 圆圈）和参考解（图 7.9 黑色线）是吻合的，而不修正的含水量形式的 Richards 方程差距较大（图 7.9 带方框线）。而从图 7.9 可以看出，对于砂变黏土壤，没有修正的含水量形式的 Richards 方程会低估锋面推进的深度；而对于黏变砂土壤则相反。这是因为在砂变黏土中，虽然初始的剖面是均匀负压的（h 的梯度为 0），但由于土壤变异，存在一个正的含水量梯度（上部含水量小，下部含水量大，以向下增长的趋势为正），会使得向下的通量估计偏小。实际上，通量在重力作用下，必须永远向下，然而在黏变砂土壤中，有明显的向上的流动。没有修正的情况下，含水量型 Richards 方程可能会将达西流速的方向、大小计算错误。对于黏变砂土，由于负的含水量梯度，湿润锋面的推进速度较快。该图表明在含水量型方程中加入修正项可以消除因土壤空间变异而带来的含水量梯度对达西流速精度的影响。

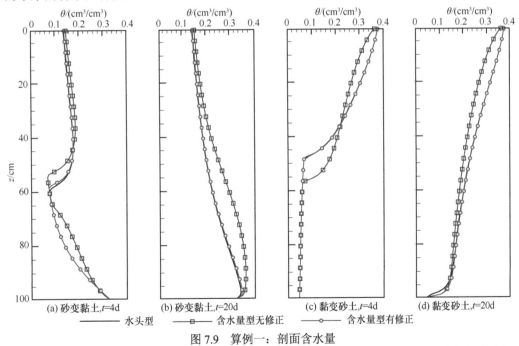

图 7.9　算例一：剖面含水量

含水量型方程有修正时，其误差 RMSE 为 0.0028（砂变黏土）和 0.0055（黏变砂土）。

而对于没有修正的方程，其误差大得多，为 0.0473 和 0.0300，相差有一个数量级。含水量型方程有修正的结果与参考解的差别主要体现在锋面处。这是因为经过方程变换，如果含水量型方程在离散后 D 和 K 均采用相同的平均方案(例如算术平均)，那么它计算的达西通量和相同方案下的混合方程得到的结果不同。具体说来，采用含水量型方程算术平均方案计算的达西流速要略小于混合方程。因为采用算术平均方案且划分网格较粗时，采用混合方程容易引起高估通量(Szymkiewicz and Helmig，2011)。

　　另外，我们也对比了底部排水的过程，如图 7.10 所示。修正后的含水量型方程模型模拟排水变化过程和参考解十分吻合。在时段末(t=20d)排水量的相对误差仅有 0.88%(砂变黏土)和 0.81%(黏变砂土)。另外，修正含水量方程排水显著增长的时间(即入渗流动的水分到达底部节点的时间，大约 t=6 d)与参考解是同步的。而对应的，含水量型方程没有修正时，其时段末排水量相对误差分别为−14.32%和 9.16%。另外，入渗水到达底部边界时间要么提前了(砂变黏土)；要么落后了(黏变砂土)。而且正如前述，没有修正的方程在求解砂变黏土入渗问题时，在底部会有明显的上升流动(潜水蒸发)，如图 7.10 所示，这是错误的预测。

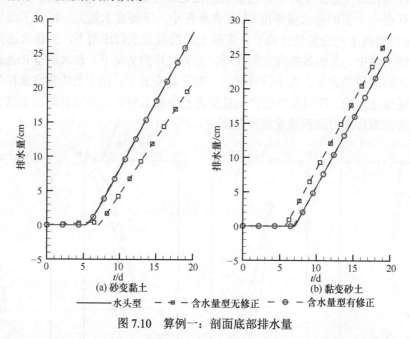

图 7.10　算例一：剖面底部排水量

　　对于两种方法计算水流，其固定的时间步长分别为 0.05d(砂变黏土)和 0.02d(黏变砂土)。后一个时间步长更小，是因为其水流通量速度较大，有更不利的流体力学库朗条件需要满足(Hills et al.，1989)。总体上说，由于 θ-based 方程修正方法需要额外的计算量计算达西流速，其迭代工作量略有增加，对于两种土壤分别为 3.5%和 5.3%。因此，增加修正非均质土壤的模块不会明显增加模型的负担。对于参考解(混合方程)来说，其初始的时间步长必须非常小，随着土壤变湿，其时间步长可以慢慢增大。然而，在黏变砂土壤中，时间步长必须被设置得非常小(最大的 Δt 是 0.001 d)，才能避免收敛问题。而含水量型方程对土壤的变异方向不敏感，均有较好的收敛性。

算例二：分层土壤算例

该算例来自文献(Hills et al., 1989)，用于检验采用含水量型方程的模拟分层土壤时的数值模型精度。算例模拟的是一维干土入渗问题。土壤剖面 1 m，每 20 cm 为一种土质，其中开始的土质为 Berino loamy fine sand，而后为 Glendale clay loam，依次交替进行，土壤质地如表(7.2)所示。模拟共 5 d，上边界保持 2 cm/d 的入渗强度，下边界为不透水边界。根据原算例，我们采用–1000 cm，–5000 cm，–10 000 cm，–50 000 cm 共四种负压。网格的划分为三种方案(Δz=10 cm，5 cm，1 cm)，因此共有 12 种情景模式。共有四种基于含水量型 Richards 方程的算法用于检验(VC-θ，CC-θ1，CC-θ2 和 CC-θ3)，且采用固定的时间步长方案。另外，基于水头的 Richards 方程模型 Picard-mix 也参与到对比当中。

表 7.2 算例二土壤参数

土壤类型	θ_r/(cm^{-3}cm^{-3})	θ_s/(cm^{-3}cm^{-3})	α/(cm^{-1})	n	K_s/(cm/d)
壤质细砂	0.0286	0.3658	0.028	2.239	541
粘壤土	0.106	0.4686	0.0104	1.3954	13.1

参考解采用混合 Richards 方程(Picard-mix)求解(目前流行且精度得到公认的解法)，其网格非常小(Δz=1 mm)。为了节约时间，在参考解中采用可调节的时间步长。质量误差的计算公式为

$$\delta(z,t) = \frac{\left| W^t - W^0 - (q_{in} - q_{dr})\Delta t \right|}{(q_{in} - q_{dr})\Delta t} \times 100 \quad (7.1.60)$$

式中，W_t[L]和 W_0/[L]分别为 0 到 t 时间内的剖面总储水量；q_{in}[LT^{-1}]和 q_{dr}[LT^{-1}]分别为入渗和排水的速率。

土壤剖面含水量的均方根误差(RMSE，m^{3}m^{-3})计算为

$$E(t) = \left\{ \frac{1}{N} \sum_{i=1}^{N} \frac{1}{L_i^2} \left[\int_{z \in C_i} (\theta(z_i, t) - \theta_{ref}(z_i, t)) dz \right]^2 \right\}^{1/2} \quad (7.1.61)$$

式中，$\theta_{ref}(z, t)$ 为参考解得到的含水量；$\theta(z_i, t)$ 为 $z=z_i$ 深度相对粗糙的网格得到的结果；L_i 为节点 i 的控制域；C_i 为节点 i 的控制体，i=1，2，···N，N 是节点数目。

相对于 CC-m 方法，CC-θ1 以及其他算法在质量守恒上均有较大的优势，如表 7.3 所示(由于其他 θ-based 方程与 CC-θ1 表现类似，故未列出)。CC-m 方法平均和最大的质量误差分别为 0.21 %和 0.53 %。如果采用较大的时间步长，其质量误差可能是非常明显的。在这些算例当中，迭代准则 ε_θ 被设置为 10^{-3}，而当提高这个标准(减小数值)可以得到更好的结果。然而可以看出，无论采用多大的迭代准则和时间步长，含水量型方程的误差总是小于 10^{-9}。正如 Hills 等(1989)指出，CC-θ1 中的时间步长与初始条件无关。另一方面，CC-m 必须用更小的时间步长去应对更干燥的初始条件。结果表明，当负压为–1000 cm 时，CC-m 的计算时间大约是 CC-θ1 的 10 倍，而这个数字在负压为–5000 cm，–10000 cm 和–50000 cm 时分别上升到了 100 倍，300 倍和 1300 倍。因为土壤剖面会随着入渗而变湿，因此采用固定的时间步长要比采用可变的时间步长低效，所以采用固定

的时间步长可能会放大这种效率比。然而，当更加不利的情况出现，如干湿交替的大气边界，这样可能会出现若干个极端干燥的时间点。即使采用可变时间步长，这些不利的时间点也会造成 CC-m 的效率低下。

表 7.3　算例二不同情景下质量误差、时间步长和计算时间

情景编号	h_0/cm	Δz/cm	CC-$\theta1$			CC-m		
			Δt/d	CPU, s	质量误差/%	Δt/d	CPU, s	质量误差/%
1	−1000	10	0.5	0.01	0	0.02	0.05	0.142
2	−1000	5	0.2	0.02	0	0.01	0.25	0.272
3	−1000	1	0.1	0.16	0	0.002	1.61	0.363
4	−5000	10	0.5	0.01	0	0.002	1.34	0.345
5	−5000	5	0.1	0.01	0	0.002	1.42	0.422
6	−5000	1	0.1	0.20	0	0.0002	16.61	0.096
7	−10000	10	0.5	0.02	0	0.0005	6.56	0.525
8	−10000	5	0.2	0.01	0	0.0005	6.10	0.134
9	−10000	1	0.1	0.16	0	0.0001	33.83	0.056
10	−50000	10	0.5	0.01	0	0.0002	16.56	0.059
11	−50000	5	0.2	0.01	0	0.0001	32.33	0.037
12	−50000	1	0.1	0.22	0	0.00002	140.02	0.015

对于含水量型方程，CC-$\theta1$ 和 CC-$\theta2$ 的迭代表现以及数据精度表现几乎是一致的（表7.4）。CC-$\theta3$ 和 VC-θ 要求的迭代次数略大，大约是 CC-$\theta1$ 和 CC-$\theta2$ 的 1.1 倍。CC-$\theta3$ 方法的迭代次数随着土壤变干而增加。即使 CC-$\theta3$ 和 VC-θ 方法要求的迭代次数相差无几，但它们的数值表现很不同。CC-$\theta3$ 在情景 9，10 和 12 上都失败了，而它们都是非常干燥的土壤。而且计算时发现，不收敛总是发生于湿润锋面运动到土壤分层界面处的时间。若 CC-$\theta1$ 和 CC-$\theta2$ 采用隐格式，它们也会产生不收敛的现象。在这几种方案中，只有 VC 网格模型是最稳定的。VC 网格划分时，总是比相应的 CC 网格要多一个节点，但是这并不会明显的增加计算工作量。由于这里采用解析式直接计算水力参数，故在土壤界面计算 h_i 需要额外的迭代。这可以导致它的计算时间是 CC-$\theta1$ 的两倍之多。然而，如果采用插值计算参数的办法，VC-θ 和其他办法一样，不会花费多余的计算成本。

表 7.4　算例二不同算法和不同情景中每步时间步长的平均迭代次数

算法	情景编号												均值
	1	2	3	4	5	6	7	8	9	10	11	12	
CC-$\theta1$	5.6	3.9	5.6	6.5	4.7	7.4	6.8	4.8	7.9	6.9	4.7	8.4	6.1
CC-$\theta2$	5.5	3.9	5.6	6.1	4.4	7.4	6.1	4.5	7.8	6.3	4.5	8.2	5.9
CC-$\theta3$	6.8	4.5	6.3	9.3	5.1	8.9	10.2	5.2	NA	NA	5.1	NA	6.8
VC-θ	6.7	4.6	6.2	8.2	5.2	8.2	8.4	5.4	8.8	8.8	5.4	9.4	7.1

注：NA：不收敛而缺失

通过总体误差 $E(t)$ [RMSE，见式 (7.1.61)] 可以了解误差的分布，如图 7.11 所示。对于 CC-m，CC-θ1，CC-θ2，CC-θ3，以及 VC-θ，$E(t)$ 的平均值为 0.0073，0.0052，0.0047，0.0046，0.004。总体上，VC-θ 的结果最准确，其次是 CC-θ3。由于此算例中含水量型方程比混合型方程有更高的精度，而算例中的土壤是强烈变异的分层土质，故可以认为广义的含水量型 Richards 方程能模拟非均质土壤的水流运动。

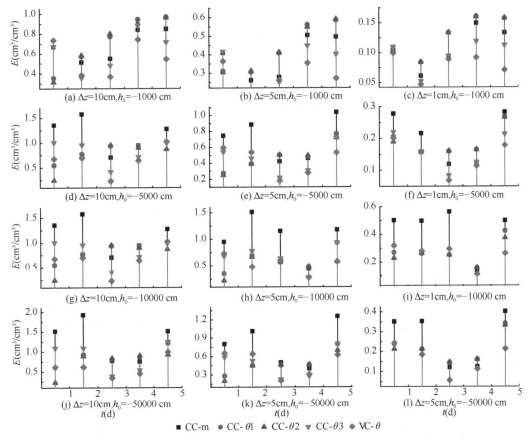

图 7.11　算例二不同情景，不同时间，不同方案含水量 RMSE 图

CC-m 在粗网格和较干燥的土壤时（h_0=−5000 cm，−10000 cm，−50000 cm），其计算结果非常差。正如前述，通过转换，D 比 K 的非线性程度有所降低。这将会降低粗糙网格平均方案（这里是算术平均）中计算达西流速的误差（Szymkiewicz and Helmig，2011）。由于 D 的非线性程度较小，故在干燥的土壤中，含水量型方程计算得到的锋面更加准确（图 7.12）。另外，当土壤接近饱和时，D 的非线性程度又会强于 K。所以，含水量型方程的优势会随着土壤变湿而逐渐消失，甚至比混合方程的结果差。如图 7.11（a），图 7.11（b）和图 7.11（c），CC-m 的结果甚至比 CC-θ1 和 CC-θ2 的还要好。因为 CC-θ1 和 CC-θ2 中采用显格式，故当时间步长较大时，其结果较差。除了 t=1d，VC-θ 总是得到了最好的结果。因此，VC-θ 方案是这里面最优的方案，具有最优的精度和稳定性。

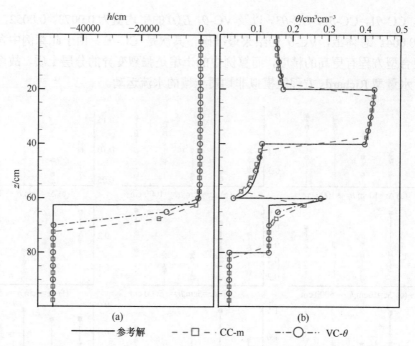

图 7.12　算例二：CC-m，VC-θ 方法模拟的 $t=5$ d 湿润锋（$h_0=-50000$ cm 且 $\Delta z=5$cm）

算例三：蒸发问题

前述的两个算例均考虑入渗问题。本算例考虑水流运动方向向上时含水量型方程的表现。考虑一个 40 cm 的土壤层，其上部 20 cm 为壤土，下部为等厚黏土，初始的负压为均匀负压剖面−100 cm，模拟持续 10 d。上边界条件为恒定负压−10000 cm，下边界条件为定压力水头−100 cm。均匀的网格划分分别为 10 cm，4 cm，1 cm，0.4 cm 和 0.1 cm。

不同于前几个算例，此例中所有模型的计算成本相差无几，且没有发生不收敛的情况。因此，这里仅仅分析各模型的精度问题。由于含水量型 Richards 方程 CC 网格算法结果精度也没有明显差别，这里仅列出 CC-θ1 的结果。从图 7.13 可以看出，计算的实际蒸发与模型和网格大小有很大关系。当网格等于 0.1 cm 时，所有的模型计算的累计实际蒸发大约都等于 10.1 mm。当网格变粗糙时，模型 CC-θ2 以及模型 CC-m 有高估实际蒸发的趋势；而 VC 网格则有低估实际蒸发的趋势。然而随着网格增大，CC-m 模型误差急剧增大。当网格为 10 cm 时，CC-θ2，CC-m 以及 VC-θ 预测的实际蒸发相对误差分别为 15.4%，96.5%和−13.9%。由于 CC-m 模型严重地高估了实际蒸发，使得它预测的含水量剖面也较差（图 7.14）。本算例揭示了在同等大小网格条件下，含水量型 Richards 方程能更准确估计实际蒸发，从而获得更准确的土壤含水量剖面。

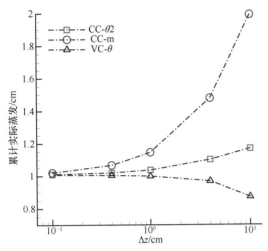
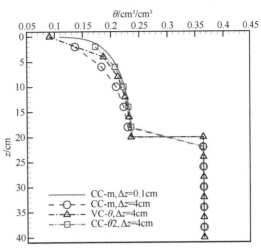

图 7.13　不同模型及不同网格大小计算的蒸发量　　　图 7.14　模拟结束时间土壤含水量剖面

由这些算例得到的主要研究结论如下：

(a) 水头型 Richards 方程模型在存储项离散时会产生质量误差，影响模拟精度，且该误差难以通过设置严格迭代控制参数消除，不推荐该类模型进行土壤水数值模拟。

(b) 提出了广义的含水量型 Richards 方程。广义含水量型 Richards 方程可以准确模拟渐变土壤算例中的达西流速。

(c) 数值试验表明，含水量型方程无条件质量守恒，混合型方程质量守恒受到迭代精度影响；在土壤较干时，含水量型方程对网格划分要求较低，模拟精度较高，可以准确刻画入渗锋面；干土入渗算例中，含水量型方程模拟效率是混合方程的 100~1300 倍。建议在土壤较干条件下采用含水量型方程。

(d) 在几种基于含水量型方程的数值格式中，VC-θ 的稳定性和精度最好。

7.1.4　Richards 方程非迭代算法

考虑到 Richards 方程中的含水量、水头以及非饱和水力传导度由高度非线性的关系描述，一般仅能采用迭代算法求解。然而研究发现，迭代算法在某些不利情况下(例如，不光滑的水力参数方程，干湿交替的土壤水分状况)通常遇到迭代不收敛等问题。另外，由于迭代方法在每个时间步长都需要重新形成和求解矩阵，这使得迭代模型的计算成本普遍偏高。虽然目前的一维 Richards 方程正演模型计算成本可以接受，但高维度 Richards 方程迭代模型的反演以及随机模拟均受到了计算成本的严重制约。

1. 迭代模型线性化

由于非线性关系的存在，在空间离散后，Richards 方程变成了半离散的非线性微分方程组(微分项包含时间导数)。考虑到便捷以及稳定性，常常用欧拉隐格式离散时间导数。最终得到非线性代数方程组，可以通过一阶泰勒展开的方式进行线性化。下文分别对各种形式的 Richards 方程进行线性化推导，获取不同的非迭代模型。

1）Noniter-h1

将式(7.1.3)描述的水头型 Richards 方程进行空间离散，可以得到如下格式的半离散微分方程组：

$$E_1 \frac{\mathrm{d}h}{\mathrm{d}t} + F_1(h)h = G_1(h) \tag{7.1.62}$$

式中，h 为节点水头值；E_1 为质量存储矩阵。由容水度等计算，采用有限体积法或质量集中的有限元法得到的为对角阵。F_1 为传导矩阵，与水力传导度有关，右端向量 G_1 包含了重力项和边界条件等(Kavetski et al.，2002)。

采用两步蛙跳格式，离散时间导数可以得到：

$$E_1\left(h^{l+1/2}\right)\frac{h^{l+1}-h^l}{\Delta t} + F_1\left(h^{l+1/2}\right)h^{l+1/2} = G_1\left(h^{l+1/2}\right) + O\left(\Delta t^2\right) \tag{7.1.63}$$

其中 $h^{l+1/2} = (h^l+h^{l+1})/2$。上标 l 代表了时间水平。注意到蛙跳格式得到了关于时间步长的二阶精度。由于 E_1 和 F_1 均是待求未知量的函数，需要采用 Picard 或 Newton 迭代法求解。

为避免迭代，采用泰勒一阶近似方程组中的各项

$$h^{l+1/2} = h^l + \frac{1}{2}\left(h^{l+1}-h^l\right) = h^l + \frac{1}{2}\left[\Delta t \frac{\mathrm{d}h^l}{\mathrm{d}t} + O\left(\Delta t^2\right)\right] \tag{7.1.64}$$

$$G_1\left(h^{l+1/2}\right) = G_1\left(h^l\right) + \frac{1}{2}\Delta t \frac{\mathrm{d}h^l}{\mathrm{d}t}R_1^l + O\left(\Delta t^2\right) = G\left(h^l\right) + \frac{1}{2}R_1^l\left(h^{l+1}-h^l\right) + O\left(\Delta t^2\right) \tag{7.1.65}$$

式中，$R_{1ij} = \partial F_{1i}/\partial h_j$ 为右端项 G_1 的雅可比矩阵元素。

传导项 $F^{l+1/2}h^{l+1/2}$ 作为一个整体离散

$$F_1^{l+1/2}h^{l+1/2} = \frac{1}{2}\left(F_1^l h^l + F_1^l h^{l+1}\right) + \frac{1}{2}Q_1^l\left(h^{l+1}-h^l\right) + O\left(\Delta t^2\right) \tag{7.1.66}$$

式中，$Q_{1ij} = \sum_m (\partial F_{1im}/\partial h_j)h_m$ 为传导矩阵 F_1 的雅可比矩阵元素。

质量存储项也以整体离散

$$E_1\left(h^{l+1/2}\right)\frac{h^{l+1}-h^l}{\Delta t} = E_1\left(h^l\right)\frac{h^{l+1}-h^l}{\Delta t} + O\left(\Delta t\right) \tag{7.1.67}$$

注意到，为获取二阶精度，必须求水力参数的二阶导数。为避免这个麻烦，这里仅采用一阶精度展开。把式(7.1.64)至式(7.1.67)代入式(7.1.63)，可以得到

$$\left[\frac{E_1^l}{\Delta t} + \frac{1}{2}\left(F_1^l + Q_1^l - R_1^l\right)\right]\left(h^{l+1}-h^l\right) = -F_1^l h^l + G_1^l + O\left(\Delta t\right) \tag{7.1.68}$$

经过线性化，最终的方程组是线性的，且精度为一阶。需要注意的是，由于是非迭代方法，无法在模型中嵌入迭代的质量守恒方法(Rathfelder and Abriola，1994)。

2）Noniter-$h2$

时间导数上非线性系数 E_1 给线性化带来了困难，一种解决办法是采用隐因子格式（Implicit factored method）给不包含源汇项的 Richards 方程变形（Paniconi et al.，1991）

$$\frac{\partial h}{\partial t} = \frac{1}{C(h)}\frac{\partial}{\partial z}\left[K(\theta)\frac{\partial h}{\partial z} + K\right] \tag{7.1.69}$$

由此出发得到的半离散方程为

$$\frac{\mathrm{d}h}{\mathrm{d}t} + F_2(h)h = G_2(h) \tag{7.1.70}$$

采用同样的线性化方法，我们可以得到：

$$\left[\frac{1}{\Delta t} + \frac{1}{2}\left(F_2^l + Q_2^l - R_2^l\right)\right]\left(h^{l+1} - h^l\right) = -F_2^l h^l + G_2^l + O\left(\Delta t^2\right) \tag{7.1.71}$$

其中，$Q_{2ij} = \sum_m \dfrac{\partial F_{2im}}{\partial h_j} h_m$，$R_{2ij} = \dfrac{\partial G_{2i}}{\partial h_j}$。

采用隐因子格式后的非迭代数值格式具有二阶精度，但由于它是基于水头为变量的数值模型，仍然存在质量守恒的问题。

3）Noniter-θ

上一节推导了广义的含水量型方程式（7.1.26）。从该式出发，可以得到基于含水量型 Richards 方程的空间离散格式为

$$\frac{d\theta}{dt} + F_3(\theta)\theta = G_3(\theta) \tag{7.1.72}$$

注意到由于土壤的非均质，附加的源汇项包括在右端项 G_3 中。考虑蛙跳格式的时间离散，并采用类似的线性化，可以得到最终的非迭代模型为

$$\left[\frac{1}{\Delta t} + \frac{1}{2}\left(F_3^l + Q_3^l - R_3^l\right)\right]\left(\theta^{l+1} - \theta^l\right) = -F_3^l\theta^l + G_3^l + O\left(\Delta t^2\right) \tag{7.1.73}$$

其中 $Q_{3ij} = \sum_m (\partial F_{3im}/\partial h_j) h_m$，$R_{3ij} = \partial G_{3i}/\partial h_j$。

4）Noniter-φ

结合 Kirchhoff 势能转换，Ross（2003）提出一种快速求解 Richards 方程的非迭代方法。在随后的工作中，学者们研究了不同的土壤水力性质模型，不同的初始条件、边界条件以及根系吸水对一维模型效率和稳定性的影响（Ross，2003；Varado et al.，2006a，2006b；Crevoisier et al.，2009）。结果表明，Ross 模型无条件质量守恒，且有着较大的计算优势。但 Ross 模型的数学基础并不明确，直到 Zha 等（2013a）提出了一种一般化的Ross 方法。该工作揭示了 Ross 方法是 Richards 方程的非迭代方法与主变量转换技术（Kirkland et al.，1992；Forsyth et al.，1995）的结合。

为结合主变量转换技术，将 Richards 方程改写为

$$s\frac{\partial \varphi}{\partial t}=\frac{\partial}{\partial z}\left[K(\varphi)\frac{\partial h}{\partial z}+K(\varphi)\right] \tag{7.1.74}$$

式中，φ 是可以转换的主变量，在非饱和带节点表示含水量 θ，在饱和带表示变量 h，s 在非饱和节点取值 1，而在饱和带取值 μ_s（Zha et al.，2013a）。经过空间离散得到

$$\boldsymbol{E}_4\frac{\mathrm{d}\varphi}{\mathrm{d}t}+\boldsymbol{F}_4(\varphi)h=\boldsymbol{G}_4(\varphi) \tag{7.1.75}$$

不同于离散式(7.1.67)，这里时间导数项中的系数不是未知量 φ 的函数，而是仅与节点的饱和状态有关。首先采用蛙跳格式离散为

$$\boldsymbol{E}_4\left(\varphi^{l+1/2}\right)\frac{\varphi^{l+1}-\varphi^l}{\Delta t}+\boldsymbol{F}_4\left(\varphi^{l+1/2}\right)h^{l+1/2}=\boldsymbol{G}_4\left(\varphi^{l+1/2}\right)+O\left(\Delta t^2\right) \tag{7.1.76}$$

唯一与式(7.1.63)形式不同的是传导项，将其线性化为

$$\begin{aligned}\boldsymbol{F}_4\left(\varphi^{l+1/2}\right)h^{l+1/2}&=\frac{1}{2}\left(\boldsymbol{F}_4{}^l h^l+\boldsymbol{F}_4{}^l h^{l+1}\right)+\frac{1}{2}\boldsymbol{Q}_4{}^l\left(\varphi^{l+1}-\varphi^l\right)+O\left(\Delta t^2\right)\\&=\frac{1}{2}\left(\boldsymbol{P}_4{}^l \varphi^l+\boldsymbol{P}_4{}^l \varphi^{l+1}\right)+\frac{1}{2}\boldsymbol{Q}_4{}^l\left(\varphi^{l+1}-\varphi^l\right)+O\left(\Delta t^2\right)\end{aligned} \tag{7.1.77}$$

式中，$P_{4ij}=\partial F_{4ij}(\partial h_j/\partial \varphi_j)$；$Q_{4ij}=\sum_m (\partial F_{4im}/\partial \varphi_j)h_m$。

$$\left[\frac{\boldsymbol{E}_4}{\Delta t}+\frac{1}{2}\left(\boldsymbol{P}_4{}^l+\boldsymbol{Q}_4{}^l-\boldsymbol{R}_4{}^l\right)\right]\left(\varphi^{l+1}-\varphi^l\right)=-\boldsymbol{F}_4{}^l \varphi^l+\boldsymbol{G}_4{}^l+O\left(\Delta t^2\right) \tag{7.1.78}$$

式中，$R_{4ij}=\dfrac{\partial G_{4i}}{\partial \varphi_j}$。

按推导的顺序，得到的数值模型分别被称为 Noniter-h1，Noniter-h2，Noniter-θ 及 Noniter-φ。

2. 时间步长及精度控制

迭代模型采用经验性的时间调节方式，即根据上个时间步长的迭代表现来增大或减小当前时间步长。对于非迭代模型，由于没有迭代过程，需要采用分析时间离散误差的方式控制时间步长。

1)时间步长预设

非迭代方法并非采用渐变的方式处理时间步长的变化，即该时刻的时间步长与下时刻没有关联，仅与水流动态有关。根据精度需要设置一个时段内最大节点最大变化的饱和度ΔS_{emax}，该值能控制时段内非饱和节点的水分变化幅度。按照饱和度和含水量之间的关系为

$$S_{\mathrm{ei}}=\frac{\theta_i-\theta_{ri}}{\theta_{si}-\theta_{ri}} \tag{7.1.79}$$

式中，θ_{si} 和 θ_{ri} 分别为节点 i 的饱和含水量和残余含水量，由此可以完成含水量与饱和度之间的转化。S_{ei} 为节点 i 的有效饱和度。如前述证明，在非迭代方法中，时间离散的

精度取决于时间步长的大小。由于已知各节点相对的水头关系，以及边界的情况，可以预测非饱和节点大致的水分变化。该变化可以采用显式时间离散项进行估计。根据前述的推导

$$\frac{\mathrm{d}\theta^l}{\mathrm{d}t} = G_j^l - F_j^l h^l \tag{7.1.80}$$

式中，$j=1$，3，4，分别针对模型 Noniter-$h1$，Noniter-θ 以及 Noniter-φ。上标 l 代表时间步。

针对模型 Noniter-$h2$

$$\frac{\mathrm{d}\theta^l}{\mathrm{d}t} = \left(\varLambda^l\right)^{-1}\left(G_2^l - F_2^l h^l\right) \tag{7.1.81}$$

其中，$\varLambda$ 为对角矩阵，其对角元素 $\varLambda_{ii}=C_i$，即节点 i 的容水度。注意，由于时间步长必须在求解方程组之前获取，故这里的 $\varLambda, G$ 和 F 均采用显格式，使之与待求未知量无关。

考虑非饱和节点预测饱和度变化的最大绝对值应小于预设$\Delta S_{e\,max}$，可求出预设的时间步长为

$$\Delta t^l = t^{l+1} - t^l = \frac{\Delta S_{e\max}}{\max\left\{\dfrac{1}{\theta_{si}-\theta_{ri}}\left|\dfrac{\mathrm{d}\theta_i^l}{\mathrm{d}t}\right|\right\}} \tag{7.1.82}$$

按照预设时间步长运行，最后得到所有节点饱和度变化的绝对值均小于预设$\Delta S_{e\,max}$，故按水分动态变化最剧烈节点来控制时间步长是偏安全的。

2) 时间步长重算

不同于其他非迭代方法，Noniter-φ 采用了主变量转换技术，将非饱和带与饱和带用分段函数表示，因此不能光滑地完成饱和状态的改变，必须先历经一个临界中间状态，即 $h=h_e$。这里 h_e 为进气负压，[L]；一般取 0。如果不历经临界状态，当非饱和转为饱和时，就可能会出现饱和度 $S_e>1$ 的不合理情况，并且带来质量误差。

为保证找到节点水分变化的临界中间状态，可采用"二分试算法"重设时间步长，为此需要设定两个模型控制变量：$S_{e\,max}$ 和 $h_{e\,min}$。其过程为：假设某个节点，其饱和度为 S_{ei}^j（<1）。通过计算得到 $\Delta\varphi_i^j$ 后，更新数据可得到 $S_{ei}^{j+1}=S_{ei}^j+\Delta\varphi_i^j/(\theta_{si}-\theta_{ri})$。但判断发现 $S_{ei}^{j+1}>S_{e\,max}>1$，说明节点 i 在时段 j 内跨越了饱和状态，并且不满足程序输入的控制质量守恒的参量 $S_{e\,max}$。假设饱和度大约随时间线性变化，则估计为使得重新计算的饱和度$(S_{e\,max}+1)/2$ 时所用的时间步长为

$$\Delta t_{\mathrm{new1}}^j = \min\left\{\frac{0.5\left(1+S_{e\max}\right)-S_{ei}^j}{S_{ei}^{j+1}-S_{ei}^j}\right\}\Delta t^j \tag{7.1.83}$$

式中采用了线性比例缩减Δt^j，希望能使得 S_{ei}^{j+1} 处在[1, $S_{e\max}$]的范围内。如果一次重设不能满足要求，则继续按照该方法折减。故此方法类似数值计算常用的"二分法"。如图 7.15 所示即为二分过程。由于可能存在第 j 个时间步长内几个节点同时变饱和，故取最小值。

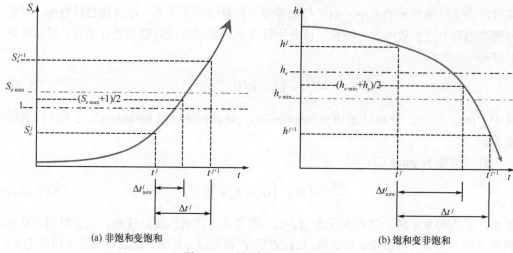

$$(a) 非饱和变饱和 \qquad\qquad (b) 饱和变非饱和$$

图 7.15　时间步长重设示意图

同样的，假设某个饱和节点，其压力为 h_i^j（$h_i^j > h_{ei}$）。通过计算得到 $\Delta\varphi_i^j$ 后，更新数据可得到 $h_i^{j+1} = h_i^j + \Delta\varphi_i^j$。但判断发现 $h_i^{j+1} < h_{e\min} < h_{ei} \leqslant 0$，说明节点 i 在时段 j 内跨越了非饱和状态，并且不满足程序输入的控制质量守恒的参量 $h_{e\min}$。假设饱和度大约随时间线性变化，则估计为使得重新计算的饱和度 $(h_{e\min}p1 + h_{ei})/2$ 时所用的时间步长为

$$\Delta t_{\mathrm{new}1}^j = \min\left\{\frac{h_i^j - 0.5\left(h_{ei} + h_{e\min}\right)}{h_i^j - h_i^{j+1}}\right\}\Delta t^j \qquad (7.1.84)$$

最终决定的重设时间步长取 $\Delta t_{\mathrm{new}}^j = \min\left\{\Delta t_{\mathrm{new}1}^j, \Delta t_{\mathrm{new}2}^j\right\}$。重设时间步长类似迭代过程，即迭代过程中更新水力参数，而时间重设更新时间步长大小。时间步长 Δt^j 仅影响式 (7.1.78) 中的 Δt，进而影响矩阵参数。因此重算步不必计算水力参数，也不必更新全部矩阵系数，仅需改变左端矩阵 $\boldsymbol{A}$ 的对角元素：

$$A_{ii} = A_{ii} + E_{ii}\left(\frac{1}{\Delta t_{\mathrm{new}}^j} - \frac{1}{\Delta t^j}\right) \qquad (7.1.85)$$

3. 算例分析

通过对几种模型进行算例测试，分析和评价模型 Noniter-h1，Noniter-h2，Noniter-θ 和 Noniter-φ 的效率、精度和适用性。为对比迭代模型和非迭代模型的区别，采用基于水头型 Richards 方程并结合了质量守恒算法的数值模型 (Iter-h) 做对比。

算例一：入渗解析解

土壤厚 2 m，由两层等厚的土壤组成，上部和下部土壤分别为 EXP#1 和 EXP#2（土壤参数见表 7.5），底部压力水头固定为 –23.02585 m（对应于 EXP#2 的 K=0.0024 m/d）。上部的入渗速率为 0.0216 m/d。初始的压力水头剖面由顶部的恒定入渗速率 0.002 m/d 运行至稳定状态获得。该问题的瞬态含水量剖面解析解由 Srivastava 和 Yeh (1991) 求得，

且它常常被用来对比一维 Richards 数值模型的精度。由于非迭代算法属于时间离散近似问题，需更加关心时间离散误差，所以采用了一个较细的网格（$\Delta z=0.002$ m）。为对比方便，将时间步长设为不可调整的固定值。

表7.5 算例所用水力参数

土壤参数	θ_r	θ_s	$\alpha/(\mathrm{m^{-1}})$	n	$K_s/(\mathrm{m/d})$
EXP #1	0.06	0.4	10	–	0.24
EXP #2	0.06	0.4	10	–	2.4
VG #1	0.0286	0.3658	2.8	2.239	5.41
VG #2	0.106	0.4686	1.04	1.3954	0.131
VG #3	0.078	0.43	3.6	1.56	0.25

从图 7.16 的精度斜率可以看出，Noniter-h1 是时间步长的一阶精度，而其他模型均为二阶精度，这与理论推导的结果一致。另外，迭代模型 Iter-h 的模拟精度取决于收敛参数 ε。当取 $\varepsilon=10^{-6}$ 时，Iter-h 也具有二阶精度。如此严格的迭代容许误差保证了迭代模型的质量守恒。当取较为宽松的容许误差 $\varepsilon=10^{-3}$，Iter-h 变为一阶精度，其原因是当 $\Delta t<10^{-2}$d，大部分的时间步长内仅需要一次迭代。在这种情况下，Iter-h 的表现和 Noniter-h1 类似。

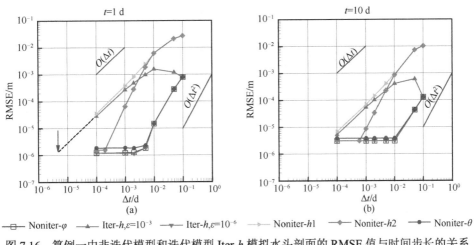

图7.16 算例一中非迭代模型和迭代模型 Iter-h 模拟水头剖面的 RMSE 值与时间步长的关系

除了 Iter-h 模型取 $\varepsilon=10^{-3}$ 的情景，其他模拟均符合误差随着时间步长减小而减小的规律。当 Iter-h 模型取 $\varepsilon=10^{-3}$ 时，精度在 Δt 较大时反而随着 Δt 而增大。其原因是当 Δt 较大时，迭代模型开始需要每步迭代数次，即使采用相对宽松的迭代容许误差。这个结果揭示了，对于迭代模型，迭代容许误差是控制质量守恒误差和模拟精度的重要输入参数。

对于模型 Noniter-θ，Noniter-φ 以及 Iter-$h(\varepsilon=10^{-6})$，$t=1$ d 和 $t=10$ d 的水头剖面误差大约在 $\Delta t<2\times10^{-3}$d 和 $\Delta t<1\times10^{-2}$d 时趋于稳定。这些误差仅能通过加密网格而进一步减小。对于模型 Noniter-h2，模型误差稳定时所需的时间步长更小（$\Delta t<2\times10^{-4}$d 及 $\Delta t<5\times10^{-4}$d）。模型 Noniter-h1 以及 Iter-$h(\varepsilon=10^{-3})$ 要求极小的时间步长，以期达到稳定

的误差,而如此小的时间步长所对应的计算成本是难以承受的,如图 7.16 中的虚线所示。另外,由于误差非常大,模型 Noniter-h1 在 $\Delta t > 1 \times 10^{-2}$d 时不能完成模拟。

图 7.17(a)～(f)显示了算例一中的不同算法剖面水头误差。该误差定义为模拟水头减去解析解水头。模型 Noniter-θ, Noniter-φ 以及 Iter-h($\varepsilon = 10^{-6}$)的误差在-3×10^{-4}m 和 3×10^{-4}m 之间。模型 Noniter-φ 和 Iter-h($\varepsilon = 10^{-6}$)的误差剖面基本相同,而 Noniter-θ 的略有不同。类似的现象也可以从图 7.16 中观察到:模型 Noniter-φ 和 Iter-h($\varepsilon = 10^{-6}$)的稳定误差相同而 Noniter-θ 的略有不同。其原因是模型 Noniter-φ 和 Iter-h 采用水头计算达西流速,而 Noniter-θ 采用含水量计算。这种不同使得层间非饱和参数(K 或 D)平均时产生的空间离散误差不同(Romano et al.,1998;Szymkiewicz and Helmig,2011;Zha et al.,2013b)。

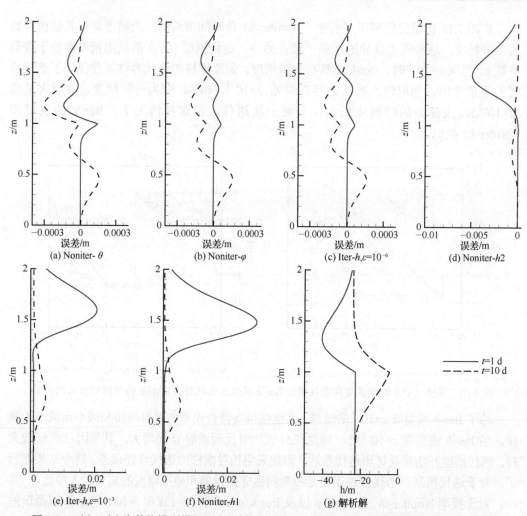

图 7.17　(a)～(g)为数值模型模拟的水头剖面误差$\Delta t = 0.001$ d;(g)为解析解得到的水头剖面

模型 Noniter-h1 以及 Iter-h($\varepsilon = 10^{-3}$)明显地高估了水头值。最大的误差大约为 0.02 m(对应相对误差 0.1%),且该误差存在于入渗锋面处。通过图 7.17(g)中解析解获取的负压剖面，可以观测到不同时间入渗锋面的位置。另外，模型 Noniter-$h2$ 低估了水头值，但是最大的误差减小到了 0.005m。图 7.17(b)，图 7.17(d) 及图 7.17(e) 显示了严重的全局质量误差。而图 7.17(a)、图 7.17(c) 及图 7.17(f) 则保持了全局质量守恒(误差剖面的积分约为 0)，其原因是前两者以含水量为非饱和带变量，是无条件守恒的；后者由于严格的迭代容许误差，使得质量守恒格式严格生效。

如前所述，所有的模型形成一次矩阵并求解所需时间大致相同。由于此算例时间步长固定，可以看出它们所需的计算成本也基本相同。唯一例外的是 Iter-$h(\varepsilon=10^{-6})$，由于严格的容许误差，该模型每时间步需要迭代 3～4 次，使得计算成本明显高于其他模拟。显然，这里模型 Noniter-φ 和 Noniter-θ 的效率相对较高，在同样的计算成本条件下能取得较高的精度。

算例二：干土入渗问题

迭代算法计算干土入渗问题容易引起不收敛的问题，特别是以水头为主变量的 Richards 模型。算例二用于测试非迭代算法对该类问题的表现，算例中初始压力水头为 $h=-100$ m 的均匀剖面，地表入渗强度为 $q=0.02$ m/d。1m 土壤分为五层，从上到下第 1，3，5 层土壤为 VG #1 而第 2，4 层的土壤为 VG #2。土柱底部不透水。共划分三种网格 (0.1 m，0.05 m 以及 0.01 m)。对于非迭代模型，$\Delta S_{e\,max}$ 分别取值为 10^{-1}，10^{-2} 和 10^{-3}；而对于迭代模型，迭代容许误差 ε 分别取值为 10^{-2}，10^{-4} 以及 10^{-6}。解析解通过模型 Iter-h 获取，采用了非常严格的迭代误差($\varepsilon=10^{-7}$) 以及非常小的网格长度(0.001 m)。此算例的时间步长是可以调控的。

表 7.6 列出了算例二的计算成本。总体上，小的网格以及严格时间步长控制参数都会导致更大的计算成本。对于非迭代模型，同样的参数 $\Delta S_{e\,max}$ 要求基本相同的时间步长大小。当参数 $\Delta S_{e\,max}$ 大于 10^{-3} 时，注意到模型 Noniter-$h1$ 计算未完成。虽然非迭代模型不需要迭代，不会出现不收敛等数值问题，但当误差量级较大时，可能会引起病态的矩阵，从而造成获取方程数值解失败。相比之下，模型 Noniter-$h2$ 相对更健全，唯一的模型终止发生于 $\Delta z=0.01$ m 且 $\Delta S_{e\,max}=10^{-1}$。其原因是隐因子转换可以改进模拟质量存储项的变化。另外，迭代方法需要至少 3 次以上的迭代才能满足严格的迭代容许误差。同时，迭代模型平均的时间步长也保持较低水平。

表 7.6　算例二的计算成本和质量误差

Δz/m	时间控制参数	计算成本[①]					质量误差/%		
		Noniter-φ	Noniter-θ	Noniter-$h1$	Noniter-$h2$	Iter-h	Noniter-$h1$	Noniter-$h2$	Iter-h
0.01	$\Delta S_{e\,max}=10^{-3}$；$\varepsilon=10^{-6}$	4691	6560	4613	4642	35156×4.0	0.31	0.11	0.00
0.01	$\Delta S_{e\,max}=10^{-2}$；$\varepsilon=10^{-4}$	568	668	NA[②]	478	1864×3.6	NA	0.20	0.07
0.01	$\Delta S_{e\,max}=10^{-1}$；$\varepsilon=10^{-2}$	183	127	NA	NA	197×2.0	NA	NA	0.42
0.05	$\Delta S_{e\,max}=10^{-3}$；$\varepsilon=10^{-6}$	1873	2557	1822	1839	4238×4.0	0.37	0.22	0.01
0.05	$\Delta S_{e\,max}=10^{-2}$；$\varepsilon=10^{-4}$	235	263	NA	190	699×3.1	NA	0.28	0.25
0.05	$\Delta S_{e\,max}=10^{-1}$；$\varepsilon=10^{-2}$	92	53	NA	55	166×1.4	NA	3.20	0.50

$\Delta z/m$	时间控制参数	计算成本[①]					质量误差/%		
		Noniter-φ	Noniter-θ	Noniter-$h1$	Noniter-$h2$	Iter-h	Noniter-$h1$	Noniter-$h2$	Iter-h
0.10	$\Delta S_{e\,max}=10^{-3}$; $\varepsilon=10^{-6}$	1259	1661	1212	1226	1496×3.9	0.47	0.24	0.02
0.10	$\Delta S_{e\,max}=10^{-2}$; $\varepsilon=10^{-4}$	170	173	NA	130	502×2.8	NA	0.48	0.38
0.10	$\Delta S_{e\,max}=10^{-1}$; $\varepsilon=10^{-2}$	80	52	NA	52	160×1.3	NA	3.75	0.94

①非迭代模型：总时间步；迭代模型：总时间步×每时间步平均迭代次数；②模型终止而无法获取

表 7.6 同时列出了算例二各模型在计算时段末的质量误差。总体上，质量误差随着网格和时间步长的增大而增大。采用了隐因子方法以后，模型 Noniter-$h2$ 相比模型 Noniter-$h1$ 的质量误差有所减小。隐因子方法计算了容水度相对水头的导数，因此使得时间离散时的误差有所减小。然而，在算例二的改进不如算例一明显。其原因是算例二的土壤水分特征曲线是由非线性更强的 van Genuchten 模型描述的。对于迭代模型，当 $\varepsilon=10^{-6}$ 时，质量误差小于 0.02%，但同时需要的计算成本也非常高。当 $\varepsilon=10^{-2}$ 时质量误差也小于 1%。显然该误差在模拟实际问题是可以接受的，因为观测值的误差和模型参数带来的不确定性要远大于该误差。然而，当需要非常精确的剖面时（比如将其作为数值模型的参考解），就需要严格控制误差。另外，不管时间步长和网格的大小，模型 Noniter-θ 和 Noniter-φ 总是质量守恒的。

算例二中，模型 Noniter-θ 成功地模拟了非均质土壤非均质界面含水量的不连续性。而且可以观察到，模型 Noniter-θ 和 Noniter-φ 可以指定较广范围内的时间控制参数，模拟入渗问题并获得满足要求的精度。为了获得与模型 Noniter-θ 和 Noniter-φ 相同精度的结果，迭代模型 Iter-h 需要更多的计算成本。除非选用非常严格的时间控制参数，非迭代模型 Noniter-$h1$ 一般难以收敛。采用隐因子格式后，以水头为变量的非迭代模型（Noniter-$h2$）的稳定性和质量守恒性质均得到加强。

图 7.18 显示了 $t=$1d，2d，3d，4d，5d 的模拟含水量 RMSE。显然，模型 Noniter-θ 的结果最准确。如图 7.19 所示，相比参考解，所有的模拟结果均高估了锋面的推进速度。其原因是当网格较粗时，采用简单算术平均计算得到的层间平均水力参数 K 或 D 偏大（Szymkiewicz and Helmig，2011）。而含水量型方程可以减少这种误差，因为参数 D 在土壤较干时的非线性程度较低（Warrick，1991）。当网格由 $\Delta z=$0.1m 加密到 0.01m，误差大约减少了一个数量级。相比而言，改变时间控制参数对误差的影响较小。这个现象暗示：在本算例中，空间离散的误差可能大于时间离散产生的误差。在入渗问题中，锋面处存在非常大的水力梯度，这要求采用非常细的网格，以减小空间离散误差。由于计算成本的原因，我们没有尝试。采用较小时间步长和较大网格的算例所产生的误差类似[图 7.18（d）和（g）]。当时间步长较大时，Noniter-φ 的模拟结果比 Noniter-$h2$ 和 Iter-h 的结果略好[图 7.18（d）和（g）]。Noniter-$h1$ 仅完成了一次模拟，如图 7.18（a）所示，且由于质量误差不受控制而具有较大误差。

算例三：大气边界问题

前两个算例仅限于入渗问题。算例三目标是检查非迭代模型处理具有干湿交替特点的土壤大气边界问题。剖面长 1m，由土壤 VG #3 (loam) 组成，初始的压力水头是静水压分布，且底部水头为 $h=-0.5$m。底部边界不透水。潜在蒸发强度为 0.005 m/d.降雨强度为 0.05 m/d 且零散发生于第 1，11，21，31 天。为保证通量统一性，采用 HYDRUS-1D (Šimůnek et al.，2008) 预先计算了实际蒸发的大小。总模拟时间为 40 d。算例三采用了与算例二同样的网格，时间控制参数，以及获取参考解的方法。

表 7.7 列出了算例三的计算成本和模拟时段末的质量误差。这里仅列出三个模型，因为 Noniter-θ 和 Noniter-$h2$ 在 $t\approx22$ d 时模拟终止。与算例二类似，细网格和更严格的时间控制参数会导致更多的时间步，从而增加计算成本。当节点饱和状态发生变化，且变化后带来的质量误差不满足预设参数时，模型 Noniter-φ 需要重算该时间步 (Crevoisier et al.，2009；Zha et al.，2013a)。较大的时间步长、较细的网格会引起更多的重算。细网格使得模型节点改变饱和状态有更大的概率 (Krabbenhoft，2007)。通过重算，模型 Noniter-φ 的质量误差控制在 0.2% 以内 (表 7.7)。该算例中，模型 Noniter-h 也全部完成模拟。然而，当 $\Delta S_{e\,max}=0.1$ 且 $\Delta z\geqslant0.05$ m 时，相对的质量误差超过了 10%，这显然不能满足实际需要。另外，模型 Iter-h 可以较好地控制质量误差。

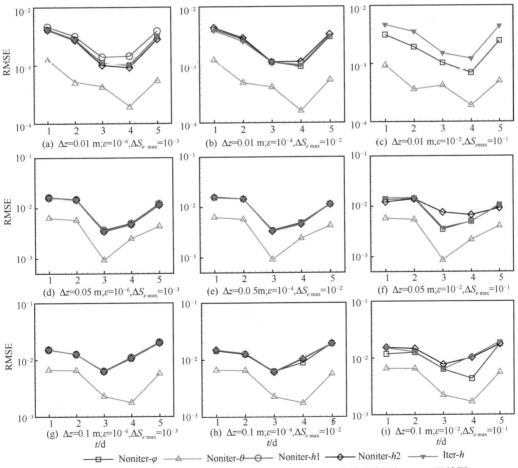

图 7.18 算例二各模型模拟时间 t=1d，2d，3d，4d，5d 含水量剖面 RMSE 误差图

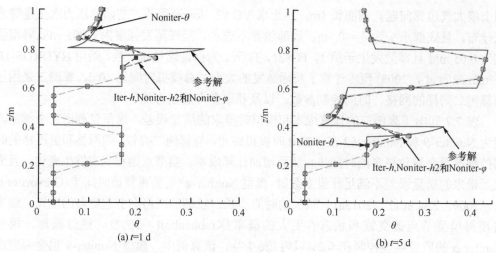

(a) t=1 d　　　　　　　　　(b) t=5 d

图 7.19　算例二各模型模拟的含水量剖面，网格Δz=0.05m，$\Delta S_{e\,max}$=10^{-2}（非迭代模型）
和 ε=10^{-4}（迭代模型）

表 7.7　算例三的计算成本和质量误差

Δz/m	时间控制参数	计算成本			质量误差/%		
		Noniter-φ	Noniter-h1	Iter-h	Noniter-φ	Noniter-h1	Iter-h
0.01	$\Delta S_{e\,max}$=10^{-3}：ε=10^{-6}	8410+0[①]	6582	7475×4.0	0.00	0.22	0.00
0.01	$\Delta S_{e\,max}$=10^{-2}：ε=10^{-4}	1989+6	1021	1150×3.3	0.02	3.06	0.01
0.01	$\Delta S_{e\,max}$=10^{-1}：ε=10^{-2}	781+214	601	574×1.5	0.20	7.28	0.76
0.05	$\Delta S_{e\,max}$=10^{-3}：ε=10^{-6}	4329+0	5601	3202×4.0	0.01	0.24	0.00
0.05	$\Delta S_{e\,max}$=10^{-2}：ε=10^{-4}	1176+2	826	893×3.1	0.03	3.2	0.02
0.05	$\Delta S_{e\,max}$=10^{-1}：ε=10^{-2}	434+4	424	573×1.4	0.04	18.79	0.74
0.10	$\Delta S_{e\,max}$=10^{-3}：ε=10^{-6}	2298+0	4871	1528×4.2	0.02	0.25	0.00
0.10	$\Delta S_{e\,max}$=10^{-2}：ε=10^{-4}	889+5	753	601×3.1	0.03	3.36	0.03
0.10	$\Delta S_{e\,max}$=10^{-1}：ε=10^{-2}	418+1	417	445×1.4	0.03	19.14	0.79

①总时间步+时间重算所需时间步

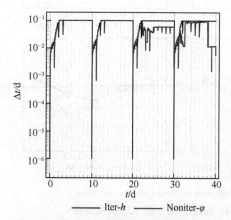

图 7.20　算例三两模型的时间步长变化图

图 7.20 列出了非迭代模型 Noniter-φ（$\Delta S_{e\,max}$=10^{-2}）和迭代模型 Iter-h（ε=10^{-4}）算例三计算时间的演化图（网格长度Δz=0.05 m）。由于大气边界条件按日变化，可以发现Δt在每整数天的最后一个时间步长上可能会突变。除了水头型方程处理干土入渗问题的困难以外，采用经验性的时间步长调整方法也是造成不收敛的原因。采用上个时间步长内的迭代表现来调整时间步长难以体现大气边界的突然变化，即突然由较平缓的蒸发边界转化为具有较快水分变化的入渗边界。相比之下，非迭代模型的时间控制方法较为合理，采用预先估

计的饱和度的变化 dS_e/dt 体现了突然加快的水分动态。

图 7.21 列出了各模型模拟含水量剖面 RMSE，其中模拟参数为 $\Delta z=0.05\text{m}$，$\Delta S_{e\,max}=10^{-2}$（非迭代模型），$\varepsilon=10^{-4}$（迭代模型）。当 $t<22\text{d}$（完全非饱和水流），模型 Noniter-θ 和 Noniter-h2 和其他二阶精度的模型具有类似的精度。不同于算例二，模型 Noniter-θ 的误差比其他二阶精度模型略大，其原因是参数 D 在土壤较湿润的情况下非线性比 K 更强。模型 Noniter-h1 的误差最大，因其质量误差难以控制。

算例三测试了部分饱和土壤在大气边界作用下的模拟问题。模型 Noniter-θ 和 Noniter-h2 不能模拟饱和土壤问题。模型 Noniter-h1 的质量误差问题比较严重。

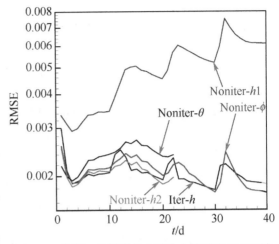

图 7.21　算例三各模型的土壤含水量剖面 RMSE 随时间变化图

$\Delta z=0.05\text{ m}$，$\Delta S_{e\,max}=10^{-2}$（非迭代模型）；$\varepsilon=10^{-4}$（迭代模型）

然而，如果采用较严格的时间控制参数，非迭代模型均可以较好的处理可变的大气边界问题。基于水头 Richards 方程的迭代模型能够较好地处理部分饱和的水流问题。然而，相对非迭代模型，迭代模型仍然需要耗费数倍的计算成本。而且，采用经验性的时间步长控制程序难以有效地处理可变的大气边界条件。非迭代模型 Noniter-φ 能模拟部分饱和的土壤，但当节点饱和状态变化时，可能需要额外的计算成本进行重算。

7.1.5　重力流方程

一维垂向上，势能可以分为两种：压力势能 h 和重力势能 z。重力势能梯度为常数 1，而压力势能梯度与含水量分布有关，涉及土壤水分特征曲线。考虑到土壤在通常情况下（较湿润状态）由重力主导；由压力主导的情况往往土壤很干燥，此时由于含水量小，传导度小，计算上不会造成很大的误差，故为简化处理，统一忽略 Richards 方程中的压力势能。得到重力流方程或者波动方程（Colbeck，1972；Smith，1983；Charbeneau，1984）：

$$\frac{\partial \theta}{\partial t} = \frac{\partial K}{\partial z} + s \qquad (7.1.86)$$

式中，θ 为土壤体积含水量；K 为土壤非饱和水力传导度，[L/T]；z 为垂向坐标，向上为正[L]；s 为源汇，[T^{-1}]。简化之后，方程复杂程度有所减弱，但仍然是非线性偏微分方程。该方程主要反映重力驱动水流运动，可以采用传统的数值方法求解（如软件 MIKE SHE 的重力流模块），且由于式中已经不包含土壤水分特征曲线（h-θ）的非线性；而入渗锋面运动又表现为波在土壤中运动的形式，故也可以用特征性法求解，因而式(7.1.86)又被称为波动方程。

1. 动力波近似理论

动力波近似用于求解简化的重力流方程。为推导方便，这里将式(7.1.86)写成 z 坐标向下为正的形式：

$$\frac{\partial \theta}{\partial t} + \frac{\partial K(\theta)}{\partial z} + i = 0 \tag{7.1.87}$$

式中，i 为汇，$[T^{-1}]$；与式(7.1.86)意义相同，符号相反。对式(7.1.87)变形得

$$\frac{\partial \theta}{\partial t} + \frac{\partial K(\theta)}{\partial \theta}\frac{\partial \theta}{\partial z} + i = 0 \tag{7.1.88}$$

含水量是时间和空间的导数，即 $\theta = \theta(z,t)$，引进含水量的全导数方程：

$$\frac{\partial \theta}{\partial t}\mathrm{d}t + \frac{\partial \theta}{\partial z}\mathrm{d}z = \mathrm{d}\theta \tag{7.1.89}$$

式(7.1.88)和式(7.1.89)可以写成矩阵形式的方程：

$$\begin{bmatrix} 1 & \dfrac{\partial K(\theta)}{\partial \theta} \\ \mathrm{d}t & \mathrm{d}z \end{bmatrix}\begin{bmatrix} \dfrac{\partial \theta}{\partial t} \\ \dfrac{\partial \theta}{\partial z} \end{bmatrix} = \begin{bmatrix} -i \\ \mathrm{d}\theta \end{bmatrix} \tag{7.1.90}$$

特征线法要求 $\partial\theta/\partial t$ 和 $\partial\theta/\partial z$ 沿着特征线取值。这只有当矩阵式(7.1.90)中系数矩阵行列式为 0，且代入右端向量进入矩阵系数的行列式为 0，由此得到三个方程：

$$\begin{vmatrix} 1 & \dfrac{\partial K(\theta)}{\partial \theta} \\ \mathrm{d}t & \mathrm{d}z \end{vmatrix} = 0 \tag{7.1.91}$$

$$\begin{vmatrix} 1 & -i \\ \mathrm{d}t & \mathrm{d}\theta \end{vmatrix} = 0 \tag{7.1.92}$$

$$\begin{vmatrix} -i & \dfrac{\partial K(\theta)}{\partial \theta} \\ \mathrm{d}\theta & \mathrm{d}z \end{vmatrix} = 0 \tag{7.1.93}$$

将其展开得到：

$$\frac{\mathrm{d}z}{\mathrm{d}t} = \frac{\partial K(\theta)}{\partial \theta} = v(\theta) \tag{7.1.94}$$

$$\frac{\mathrm{d}\theta}{\mathrm{d}t} = -i \tag{7.1.95}$$

$$\frac{\mathrm{d}\theta}{\mathrm{d}z} = \frac{-i}{v(\theta)} \tag{7.1.96}$$

式中，$v(\theta)$ 为向下的特征速度，$[L/T]$；θ 随着特征路径上的腾发量而减少。式(7.1.94)至式(7.1.96)定义了波动速度、波带来含水量随时间的改变、波之后含水量随深度的改变。这个波代表了非饱和带由于入渗而产生的湿润锋，并且该湿润锋受到腾发等源汇的

影响。如果没有腾发量，则含水量波是恒定常数。然而，如果 $K(\theta)$ 是非线性的，则腾发量 ET 的存在使含水量剖面呈现非线性的坡度 $(d\theta/dz)$。

偏导 $\dfrac{\partial K}{\partial \theta}$ 在湿润锋处是不连续的，如此导致 $\dfrac{\partial K}{\partial z}$ 缺乏定义。但考虑扩散的影响，用一个质量守恒的等量锋面代替不考虑扩散项的锋面，速度的解析解仍然可以得出。考虑扩散项是，等价为完整的 Richards 方程

$$\frac{\partial \theta}{\partial t} = \frac{\partial q}{\partial z} - i = \frac{\partial}{\partial z}\left[D(\theta)\frac{\partial \theta}{\partial z} - K(\theta) \right] - i \tag{7.1.97}$$

考虑到扩散项后，对单独的湿润锋积分，可以得到

$$\frac{\mathrm{d}}{\mathrm{d}t}\int_{z_1}^{z_2}\theta\mathrm{d}z + \left(K(\theta) - D(\theta)\frac{\partial \theta}{\partial z} \right)\Big|_{z_1}^{z_0} = 0 \tag{7.1.98}$$

这里，z_1 和 z_2 为湿润锋之上和之下的点，而且它们的距离足够远，因此 $\partial\theta/\partial z \approx 0$。所以得到

$$\frac{\mathrm{d}}{\mathrm{d}t}\int_{z_1}^{z_2}\theta\mathrm{d}z + K(\theta_2) - K(\theta_1) = 0 \tag{7.1.99}$$

这里，$K(\theta_1)$ 和 $K(\theta_2)$ 分别是深度 z_1 和 z_2 处的传导度。对包含一个锋面的剖面积分得到的等量水量为

$$\int_{z_1}^{z_2}\theta\mathrm{d}z = \theta_1\left(z_f - z_1\right) + \theta_2\left(z_2 - z_f\right) \tag{7.1.100}$$

式中，z_f 为湿润锋的深度坐标。联合式 (7.1.99) 和式 (7.1.100) 得到

$$\frac{\mathrm{d}z_f}{\mathrm{d}t} = u_s\left(\theta_1,\theta_2\right) = \frac{K(\theta_1) - K(\theta_2)}{\theta_1 - \theta_2} \tag{7.1.101}$$

式中，u_s 为湿润锋的移动速度，[L/T]。θ_1 为湿润锋深度 z_f 以上的含水量；θ_2 为湿润锋深度 z_f 以下的含水量。

2. 湿润和干燥锋面的代表

不断增加的入渗速度会导致一个湿润锋，形成前波。而不断减少的入渗速度会导致干燥锋面，形成尾波。因此，波动应该用湿润锋和干燥锋共同代表。湿润锋的衰减形式是干燥锋以较快的速度赶上湿润锋并替代它。如果尾波覆盖前波，则前波含水量等于尾波含水量。因此，这个过程减缓了前波速度。相反，如果前波代替了尾波或者速度较低的前波，则后者被完全覆盖，维持新前波的通量和含水量，该过程称为再湿润。波的截留过程称为冲击，该过程对特征线法非常重要，因为冲击发生后，波的属性(含水量和通量)变得不连续。

湿润锋在运动过程中一直保持突变的形状；而尾波则在重力作用下逐渐拉长。因此，尾波必须划分为一系列的增长波或者用一个内部排水的时间函数来描述。无论如何，内部排水都可以用含水量和节点的相对位置来求解。如图 7.22 所示，A 和 B 点是尾波上的两个点，其速度可以确定，采用式 (7.1.94) 计算，且他们速度的比值等于他们的深度：

$$\frac{z_A}{z_B} = \frac{u(\theta_A)}{u(\theta_B)} = \frac{\mathrm{d}K/\mathrm{d}\theta\big|_{\theta=\theta_A}}{\mathrm{d}K/\mathrm{d}\theta\big|_{\theta=\theta_B}} \tag{7.1.102}$$

其中，z_A 和 z_B 为尾波上点的深度，L。

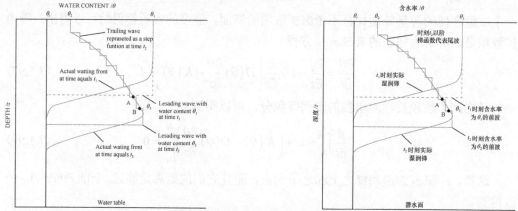

图 7.22　锋在均匀土柱(初始含水量和土壤性质均匀)中移动，但地表的入渗通量逐渐减小，得到一个湿润锋的动力波解，由前波和尾波组成(Niswonger et al. 2006)

　　不同于前波导致非连续含水量剖面，$\partial K/\partial\theta$ 在尾波上是连续函数。对应地，Brooks-Corey 非饱和水力传导度模型可以用来求解$\partial K/\partial\theta$。Brooks-Corey 传导度模型为

$$K(\theta) = K_s \left(\frac{\theta - \theta_r}{\theta_s - \theta_r}\right)^\varepsilon \tag{7.1.103}$$

式中，θ_r 和 θ_s 分别为残余含水量和饱和含水量；ε 为经验指数；K_s 为饱和水力传导度，[L/T]。对其求导得

$$v(\theta) = \frac{\partial K}{\partial \theta} = \frac{\varepsilon K_s}{\theta_s - \theta_r} \left(\frac{\theta - \theta_r}{\theta_s - \theta_r}\right)^{\varepsilon-1} \tag{7.1.104}$$

式中，v 和 θ 分别为尾波最深处的速度和含水量。而其他位于尾波上的节点与尾波最深处的节点含水量由关系式(7.1.102)确定，将其代入式(7.1.104)可得

$$z(\theta) = z_0 \left(\frac{\theta - \theta_r}{\theta_0 - \theta_r}\right)^{\varepsilon-1} \tag{7.1.105}$$

式中，$z(\theta)$ 为任意尾波节点的深度，[L]；θ 为对应的含水量；z_0 和 θ_0 为尾波最深节点的深度和含水量。例如，两个深度在图 7.22 中依据含水量在 θ_2 和 θ_3 之间选取，根据式(7.1.105)可以计算尾波前锋以上的排水剖面；而式(7.1.104)可以计算速度以及尾波前锋的深度。

　　在一个入渗的脉冲当中，随着后来减少的入渗而导致的尾波覆盖前波，前波的速度和含水量会衰减。由重力主导而产生的尾波由式(7.1.104)和式(7.1.105)定义；然而，这两个公式并不适用于尾波已经拦截前波。已拦截前波的尾波的解析解存在，但其非常复杂。一个简单的方法是将尾波分解为若干个增量，用有限差分近似计算每个增量的速度：

$$v = \frac{K(\theta) - K(\theta - \Delta\theta)}{\Delta\theta} \qquad (7.1.106)$$

式中，$\Delta\theta$ 为尾波两个相邻位置上含水量的改变。在以动力波方法求解一维重力流方程建立的非饱和水流模型 UZF1 软件包中（Niswonger et al.，2006），采用式(7.1.104)和式(7.1.105)先计算尾波，直到尾波拦截另一个前波，此时采用式(7.1.106)计算离散的波。

当尾波遭遇前波或者反之，有限差分近似描述尾波时不能很好保证质量守恒。然而，对于快速变化的入渗速率，对每个尾波采用 15 次划分，可以保证质量误差小于 0.05%。

如上所述，波动由入渗速率改变而产生，且包含不同的速度，因此可能产生冲击的可能。计算冲击产生的时间是必要的，因为波属性 (v, θ) 会变得不连续，此时需要重新计算波动，以便继续计算。因此 UZF1 软件包计算了任意两个波相遇的最短时间。在波相交处，波被赋予连续的性质，波属性 (v, θ) 保持常数。因此，该软件包要求一个特殊的时间离散，与所要求问题密切相关。

3. 腾发量

蒸发和根系吸水会在非饱和带产生负的压力梯度，因此可能使得压力梯度地位上升。蒸发通过蒸干表层水分，可以使得水分通量向上。由于方程忽略压力梯度，这些特征不能被动力波近似方法模拟。然而，在较湿润的条件下，入渗水受蒸发和根系吸水影响仍然可以由动力波方法模拟。这里将蒸发和根系吸水作为整体，并且认为其发生是瞬时的源汇。

假设 i 与 θ 无关，则积分式(7.1.95)和式(7.1.96)积分可以得到：

$$\theta_{\tau+t} = \theta_{\tau} - it \qquad (7.1.107)$$

$$z_2 = \frac{\left[K(\theta_2) - K(\theta_2)\right] - iz_1}{-i} \qquad (7.1.108)$$

式中，θ_{τ} 为腾发消失深度以上前波锋面处 τ 时刻后的含水量；$\theta_{\tau+t}$ 为 $\tau+t$ 时刻后的前波锋面处遭受蒸发强度 i（单位深度的腾发量，$[T^{-1}]$）后含水量。ET 由程序输入或计算，将其除以腾发消失深度 $h_E[L]$ 后，便可以得到 i 值。

式(7.1.107)用于计算前波锋面含水量随时间的变化；而式(7.1.108)用于计算含水量在 θq 到 $\theta_{\tau+t}$ 之间前波的深度。这里，θq 为入渗速率为 q 时地表的含水量，而 θ_1 和 θ_2 为任意前波剖面上的节点，且 θ_2 所处位置较深，如图 7.22 所示。尾波的含水量根据 ET 的大小和式(7.1.107)确定。如果地下水位上升至腾发消失深度 h_E 以上，且 ET 不能被非饱和带满足，则直接从地下水满足腾发量（图 7.23）。

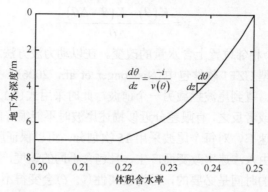

图 7.23　锋在均匀土柱运动的动力波近似，腾发强度为 4.35 mm/d
(Niswonger et al.，2006)

4. 入渗边界

入渗量必须转化为含水量边界，以便配合动力波近似方法。认为入渗速率与传导度相等，可以得到

$$\theta = \begin{cases} \left(\dfrac{q_{in}}{K_s}\right)^{\frac{1}{\varepsilon}}(\theta_s - \theta_r) + \theta_r & 0 < q_{in} < K_s \\ \theta_s & q_{in} > K_s \end{cases} \quad (7.1.109)$$

式中，θ 为入渗产生的含水量；q_{in} 为入渗速率，L/T；ε 为 Brooks-Corey 指数；K_s 为饱和水力传导系数；θ_s 为饱和含水量；θ_r 为残余含水量。

采用式(7.1.101)至式(7.1.109)，可以得到非饱和水流运动及 ET 的计算方法。该方法追踪非饱和带各种波的位置、含水量、速度和通量随时间的变化，决定各种波之间相交和替代。另外，非饱和带因水头变化而引起的厚度变化也可以通过波考虑。

因为其对边界条件等要求较严格，重力流模型的应用相对比 Richards 方程模型少，但是由于忽略了水分特征曲线，重力流模型计算成本低，稳定性高。

7.2　一维溶质运移数值模型

假设溶质在多孔介质中的运动过程中，不发生吸附、沉淀、衰变等化学作用，且也不与介质发生任何作用，描述溶质运动过程的对流-弥散方程可以写为

$$\frac{\partial C}{\partial t} = \frac{\partial}{\partial x}D\frac{\partial C}{\partial x} - \frac{\partial}{\partial x}VC \quad (7.2.1)$$

式中，C 为溶质浓度，$[M/L^3]$；D 为弥散系数，$[L^2/T]$，一般可以表示为 $D = \alpha_L|V|$；α_L 为纵向弥散度，$[L]$；V 为平均孔隙流速，$[L/T]$。

右端第一项表示水动力弥散作用，第二项表示对流作用。按照流速和弥散系数的大小不同，方程(7.2.1)可以呈现抛物型方程和双曲型方程的性质。对于方程(7.2.1)，下面

将给出几种不同数值方法的数值模型。

7.2.1　水动力弥散方程的差分法与数值困难

根据前述有限差分法的一般概念，可对研究区域 $[x_0, x_L]$ 进行等距剖分，在所得剖分网各节点上对式(7.2.1)应用差分代替导数，即

$$\frac{\partial C}{\partial t}\bigg|_i^{k+1} \approx \frac{C_i^{k+1} - C_i^k}{\Delta t} \tag{7.2.2}$$

$$\frac{\partial}{\partial x} D \frac{\partial C}{\partial x}\bigg|_i^{k+1} \approx \frac{1}{\Delta x^2}\Big[D_{i+1/2}^{k+1} C_{i+1}^{k+1} - \big(D_{i+1/2}^{k+1} + D_{i-1/2}^{k+1}\big) C_i^{k+1} + D_{i-1/2}^{k+1} C_{i-1}^{k+1} \Big] \tag{7.2.3}$$

$$\frac{\partial}{\partial x} VC\bigg|_i^{k+1} \approx \frac{1}{\Delta x}\left[V_{i+1/2}^{k+1} \frac{C_{i+1}^{k+1} + C_i^{k+1}}{2} - V_{i-1/2}^{k+1} \frac{C_i^{k+1} + C_{i-1}^{k+1}}{2} \right] \tag{7.2.4}$$

代入式(7.2.1)得到差分方程：

$$AD_{i-1} C_{i-1}^{k+1} + BD_i C_i^{k+1} + CD_i C_{i+1}^{k+1} = fD_i, \quad (i = 2, 3, \cdots, n-1) \tag{7.2.5}$$

其中：

$$AD_{i-1} = -D_{i-1/2}^{k+1} - \frac{1}{2}\Delta x V_{i-1/2}^{k+1} \tag{7.2.6}$$

$$BD_i = D_{i-1/2}^{k+1} + D_{i+1/2}^{k+1} + \frac{\Delta x}{2} V_{i+1/2}^{k+1} - \frac{\Delta x}{2} V_{i-1/2}^{k+1} + \frac{\Delta x^2}{\Delta t} \tag{7.2.7}$$

$$CD_i = -D_{i+1/2}^{k+1} + \frac{1}{2}\Delta x V_{i+1/2}^{k+1} \tag{7.2.8}$$

$$fD_i = \Delta x^2 / \Delta t \cdot C_i^k \tag{7.2.9}$$

与一般扩散方程(如渗流方程)的有限差分方程不一样，由于对流项的出现，使所得差分方程系数矩阵不对称。为考查方程(7.2.2)的性质，假设 V 为常数，这时有

$$BD_i = 2D_i + \Delta x^2 / \Delta t > 0 \tag{7.2.10}$$

令 Peclet 数 $\mathrm{Pe} = \dfrac{V\Delta x}{D}$，Courant 数 $c = \dfrac{V\Delta t}{\Delta x}$。若 $\mathrm{Pe} \leqslant 2$，式(7.2.5)中系数 AD_{i-1}，CD_i 都为负值，差分方程(7.2.5)的系数矩阵满足对角占优。当 $\mathrm{Pe} > 2$ 时，CD_i 变为正数，这时差分方程(7.2.5)可能不再满足对角占优，给方程组的求解带来很多不利因素。从物理概念上分析，一般 $i+1$ 节点浓度增大，i 点的浓度也会增大，但在 $\mathrm{Pe} > 2$ 时，由于系数 CD_i 与 BD_i 符号相同，当 C_{i+1} 增大时，i 节点浓度 C_i 则有可能会减小。

用差分方程(7.2.5)计算水动力弥散问题时，常出现如下数值困难。

1. 数值弥散

数值弥散是指在浓度锋面处，由数值法求得的浓度曲线形状比实际界面平缓。

Lantz(1971)对一维对流-弥散方程进行了分析，认为产生数值弥散之主要原因是对于一阶导数和时间导数用差分代替时所引入的截断误差而致。显式差分格式比隐式差分格式所引入的数值弥散要小，认为对于显式差分格式只要适当选用空间步长和时间步长，可以充分减小数值弥散。但是，当 $\frac{D}{V}L<10^{-3}$ 时，尽管可以通过适当选取空间步长和时间步长而得到较为满意的结果，然而此时空间步长和时间步长过小，使数值计算难以进行。

2. 数值跳动

数值跳动是指在浓度锋面处，用数值计算求得的相对浓度大于最大值 1 或小于最小值 0，这种结果违背了浓度分布的基本物理意义。过量是与数值弥散相伴随的另一种现象，二者是相互联系的，当应用一种算法力图减小数值弥散时，这时过量现象会越发严重，反之亦然。Fried(1975)认为，出现过量现象是由于时间步长与空间尺度匹配不佳，使得含水层在数值上不能"吸收"注入的污染物所引起的。

计算经验表明，对于小 Peclet 数的情况，数值解比较精确。但对于大 Peclet 数的情况，数值解的过渡带变宽，浓度锋面变平缓，在锋面前后还出现解的跳动(过量)现象。为解决这个问题，计算中常要求单元的 Peclet 数 $Pe\leqslant2$、Courant 数 $c\leqslant1$。然而这种要求大大增加了计算工作量。

以下几种数值方法是为解决对流项占主导优势时引起的跳动和数值弥散问题而提出的，各种方法也都各有其优缺点。

7.2.2　对时间导数采用高次近似的差分格式

如上所述，对时间导数用一阶差分近似时，应用隐式方法将引入数值弥散。为了减小数值弥散，对弥散系数较小的情况，可对时间导数采用高次近似的格式。

仍以方程(7.2.1)为例，等式右端的差分形式同前，对于左端的时间项，将 $\frac{\partial C}{\partial t}$ 在 (x_i, t^{k+1}) 处用泰勒级数展开：

$$\frac{\partial C}{\partial t}\bigg|_i^{k+1}=\frac{C_i^{k+1}-C_i^k}{\Delta t}+\frac{\Delta t}{2}\frac{\partial^2 C}{\partial t^2}\bigg|_i^{k+1}+O(\Delta t^2) \tag{7.2.11}$$

利用式(7.2.11)估计 $\frac{\partial^2 C}{\partial t^2}$。当对流在溶质分散中起主要作用时，为估计 $\frac{\partial^2 C}{\partial t^2}$，可以假设 $D=0$，这时由式(7.2.1)有

$$\frac{\partial C}{\partial t}=-\frac{\partial}{\partial x}(VC) \tag{7.2.12}$$

式(7.2.12)对 t 求导，并利用式(7.2.12)，得到：

$$\frac{\partial^2 C}{\partial t^2}=\frac{\partial}{\partial t}\left(\frac{\partial}{\partial x}VC\right)\approx-\frac{\partial}{\partial x}\left(C\frac{\partial V}{\partial t}\right)+\frac{\partial}{\partial x}\left(V^2\frac{\partial C}{\partial x}\right)$$

代入式(7.2.11)得到：

$$\frac{\partial C}{\partial t}\bigg|_i^{k+1} = \frac{C_i^{k+1} - C_i^k}{\Delta t} + \frac{\Delta t}{2}\frac{\partial}{\partial x}\left(V^2\frac{\partial C}{\partial x}\right) - \frac{\Delta t}{2}\frac{\partial}{\partial x}\left(C\frac{\partial V}{\partial t}\right) + o\left(\Delta t^2\right) \quad (7.2.13)$$

将式(7.2.1)右端用差分代替后，将式(7.2.13)代入得：

$$AT_{i-1}C_{i-1} + BT_iC_i + CT_iC_{i+1} = fT_i \quad (7.2.14)$$

其中：

$$AT_{i-1} = -D_{i-1/2}^{k+1} + \frac{\Delta t}{2}V_{i-1/2}^2 - \frac{\Delta x}{2}\left(V_{i-1/2}^{k+1} - \frac{\Delta t}{2}\frac{\partial V}{\partial t}\bigg|_{i-1/2}^{k+1}\right) \quad (7.2.15)$$

$$DT_i = D_{i-1/2}^{k+1} - \frac{\Delta t}{2}V_{i+1/2}^2 + D_{i+1/2}^{k+1} - \frac{\Delta t}{2}V_{i-1/2}^{k+1}$$
$$+ \frac{\Delta x}{2}\left(-V_{i-1/2}^{k+1} + \frac{\Delta t}{2}\frac{\partial V}{\partial t}\bigg|_{i-1/2}^{k+1} + V_{i+1/2}^{k+1} - \frac{\Delta t}{2}\frac{\partial V}{\partial t}\bigg|_{i+1/2}^{k+1}\right) + \frac{\Delta x^2}{\Delta t} \quad (7.2.16)$$

$$CT_i = -D_{i+1/2}^{k+1} + \frac{\Delta t}{2}V_{i+1/2}^2 + \frac{\Delta x}{2}\left(V_{i+1/2}^{k+1} - \frac{\Delta t}{2}\frac{\partial V}{\partial t}\bigg|_{i-1/2}^{k+1}\right) \quad (7.2.17)$$

$$fT_i = \frac{\Delta x^2}{\Delta t}\cdot C_i^k \quad (7.2.18)$$

经与解析解的比较结果表明(杨金忠，1986)，对于流速为常数的情况，时间导数采用高次差分后，相当于对弥散系数加入修正项($-\frac{\Delta t}{2}V^2$)，弥散现象应有所改善，但在弥散系数很小时，所得结果仍出现跳动和数值弥散。

7.2.3　带有上风因子的差分格式

对于差分格式在物理概念上失真的问题，采用带有上风因子的差分格式(简称上风格式)是解决办法之一。上风格式也常称为逆风格式、逆流格式，是在单元质量均衡基础上，加强对流项入流方向的浓度对均衡区域的影响，以达到减少数值困难的方法。

此处上风差分格式的建立采用有限体积法。首先将研究区域进行剖分，在剖分网格上建立与各个节点相应的均衡域。要求各个均衡域将整个研究区域覆盖，既没有重复也没有空余，并要求在均衡域的交接部位通量相容，从而可以保证在整个研究区域上质量守恒。剖分节点 i 的均衡域取为与其相邻两节点中点所构成的区域(图 7.24)，记为 $\Omega_i = [x_{i-1/2}, x_{i+1/2}]$。

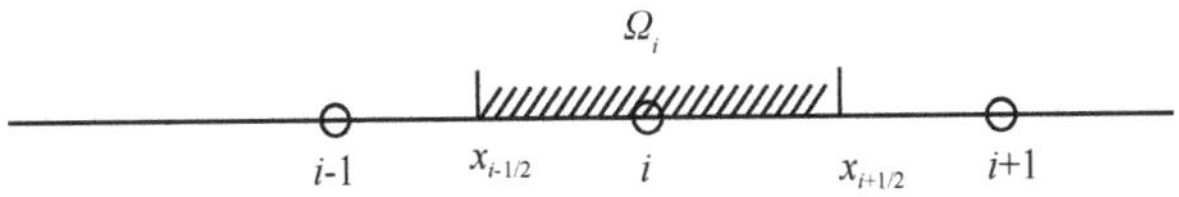

图 7.24　节点 i 均衡域 Ω_i

将一维水动力弥散方程(7.2.1)在 Ω_i 上积分，有

$$\int_{\Omega_i} \frac{\partial C}{\partial t} \mathrm{d}x = \int_{\Omega_i}\left(\frac{\partial}{\partial x}D\frac{\partial C}{\partial x} - \frac{\partial}{\partial x}VC\right)\mathrm{d}x \tag{7.2.19}$$

分别计算上式中各项：

$$\int_{\Omega_i} \frac{\partial C}{\partial t}\mathrm{d}x = \Delta_t C \times L_{x_i} \tag{7.2.20}$$

$$\int_{\Omega_i}\left(\frac{\partial}{\partial x}D\frac{\partial C}{\partial x} - \frac{\partial}{\partial x}VC\right)\mathrm{d}x = \left.\left(D\frac{\partial C}{\partial x} - VC\right)\right|_{x_{i-1/2}}^{x_{i+1/2}}$$

$$= \left.D\frac{\partial C}{\partial x}\right|_{x_{i+1/2}} - \left.D\frac{\partial C}{\partial x}\right|_{x_{i-1/2}} - VC\big|_{x_{i+1/2}} + VC\big|_{x_{i-1/2}} \tag{7.2.21}$$

代入式（7.2.19）得：

$$\Delta_t C_i \cdot L_{x_i} = \left.D\frac{\partial C}{\partial x}\right|_{x_{i+1/2}} - \left.D\frac{\partial C}{\partial x}\right|_{x_{i-1/2}} - VC\big|_{x_{i+1/2}} + VC\big|_{x_{i-1/2}} \tag{7.2.22}$$

式中，$L_{x_i} = |x_{i+1/2} - x_{i-1/2}| = \frac{1}{2}(\Delta x_{i+1} + \Delta x_i)$；$\Delta x_i = x_{i+1} - x_i$；$\Delta_t C_i$ 表示在 L_{x_i} 上 $\frac{\partial C}{\partial t}$ 的平均值。

对于均衡域 Ω_i 的边界点 $x_{i+1/2}$ 处，其弥散通量和对流通量可分别表示为

$$\left.D\frac{\partial C}{\partial x}\right|_{x_{i+1/2}} \approx D_{i+1/2}\frac{C_{i+1} - C_i}{\Delta x_i} \tag{7.2.23}$$

$$VC\big|_{x_{i+1/2}} \approx V_{i+1/2}\left[(1-Q)C_{i+1} + QC_i\right] \tag{7.2.24}$$

式中，Q 满足 $0 \leqslant Q \leqslant 1$，称为上风因子。

当 $V_{i+1/2} > 0$ 时，$Q > \frac{1}{2}$；当 $V_{i+1/2} \leqslant 0$ 时，$Q \leqslant \frac{1}{2}$。若 $V_{i+1/2} > 0$，Q 取值为 1（或 $V_{i+1/2} \leqslant 0$，Q 取值为 0），则所得格式为完全上风格式。这时由于对流作用通过均衡域 Ω_i 的边界点 $x_{i+1/2}$ 处的浓度取为入流方向节点的浓度。因此，上风格式在物理概念上强调了入流方向的浓度对均衡域的影响。

类似地，可得到 $x_{i-1/2}$ 点处的对流-弥散通量：

$$\left.\left(D\frac{\partial C}{\partial x} - VC\right)\right|_{x_{i-1/2}} \approx \left[\frac{D_{i-1/2}}{\Delta x_{i-1}} - V_{i-1/2}(1-Q)\right]C_i - \left[\frac{D_{i-1/2}}{\Delta x_{i-1}} + V_{i-1/2}Q\right]C_{i-1} \tag{7.2.25}$$

$\frac{\partial C}{\partial t}$ 在 Ω_i 上的变化率取为 i 点的变化率，即

$$\Delta_t C_i = \frac{C_i^{k+1} - C_i^k}{\Delta t} \tag{7.2.26}$$

将式(7.2.23)至式(7.2.25)代入式(7.2.22)，并取隐式格式得

$$AU_{i-1}C_{i-1}^{k+1} + BU_iC_i^{k+1} + EU_iC_{i+1}^{k+1} = fU_i \tag{7.2.27}$$

其中：

$$AU_{i-1} = -\frac{D_{i-1/2}^{k+1}}{\Delta x_{i-1}} - V_{i-1/2}Q$$

$$BU_i = \frac{D_{i-1/2}^{k+1}}{\Delta x_{i-1}} - V_{i-1/2}(1-Q) + \frac{D_{i+1/2}^{k+1}}{\Delta x_i} + V_{i+1/2}Q + \frac{\Delta x_{i-1} + \Delta x_i}{2\Delta t}$$

$$EU_i = -\frac{D_{i+1/2}^{k+1}}{\Delta x_i} + V_{i+1/2}(1-Q) \tag{7.2.28}$$

$$fU_i = \frac{\Delta x_{i-1} + \Delta x_i}{2\Delta t} \cdot C_i^k$$

为进一步讨论方程(7.2.27)的性质，假设流速 V 为常数，当 $V>0$ 时，取 $Q=1$，这时 AU_{i-1}、EU_i 符号相同，且与 BU_i 符号相反，方程组满足主对角占优，当浓度 C_{i+1} 或 C_{i-1} 增(减)时，浓度 C_i 也随之增减，从物理概念上看所取的格式是有意义的；当 $V<0$ 时，取 $Q=0$，上面的条件仍能满足。这说明无论对于 Peclet 数多大，当采用上风格式时，都可以得到主对角占优的方程组，且解在物理意义上是真实的。但从误差上来看，采用上风差分格式中对流项的截断误差为 $o(\Delta x)$，其结果比一般差分格式(如中心差分格式)引入的误差要大。这是上风格式存在的固有缺点。

7.2.4 有限元法

将试函数表示为

$$\tilde{C} = \sum_{j=1}^N C_j(t)\phi_j(x) \tag{7.2.29}$$

式中，$\phi_j(x)$ 为线性基函数，$\phi_j(x_i) = \delta_{ij}$。

$\tilde{C}$ 作为方程(7.2.1)的近似解，将其代入方程后并不能满足方程，而得到一残差，在伽辽金(Galerkin)法有限元中，要求残差在以基函数为权函数的加权平均意义下为零，即

$$\int \left[\frac{\partial \tilde{C}}{\partial t} - \frac{\partial}{\partial x}D\frac{\partial \tilde{C}}{\partial x} + \frac{\partial}{\partial x}V\tilde{C}\right]\phi_j(x)\mathrm{d}x = 0 \tag{7.2.30}$$

对式(7.2.30)中二阶导数用格林公式，将在区域上的积分转换到在每个单元上进行，当剖分单元大小相同时，得到：

$$AE_{i-1}C_{i-1} + BE_iC_i + CE_iC_{i+1} = fE_i \tag{7.2.31}$$

其中：

$$AE_{i-1} = -D_{i-1/2}^{k+1} - \frac{\Delta x}{2}V_{i-1/2}^{k+1} + \frac{\Delta x^2}{6\Delta t}$$

$$BE_i = D_{i-1/2}^{k+1} + D_{i+1/2}^{k+1} - \frac{\Delta x}{2}V_{i+1/2}^{k+1} + \frac{\Delta x}{2}V_{i-1/2}^{k+1} + \frac{4\Delta x^2}{6\Delta t}$$

$$CE_i = -D_{i+1/2}^{k+1} + \frac{\Delta x}{2}V_{i+1/2}^{k+1} + \frac{\Delta x^2}{6\Delta t}$$

$$fE_i = \frac{\Delta x^2}{6\Delta t}\left(C_{i-1}^k + 4C_i^k + C_{i+1}^k\right)$$

7.2.5　上风有限元法

当用 Galerkin 有限元法求解对流为主的对流-弥散方程时，在较高浓度梯度的浓度锋面附近也会出现振动。采用上风有限元法(或上游加权有限元法)可以减少这种振动，但又常以增大数值弥散为代价。

仿效上风差分格式的思想，上游加权有限元法通过选择非对称的加权函数 ω_i 来加强来水方向的影响，以减少振动。对于一维对流-弥散问题：

$$L(C) = \frac{\partial C}{\partial t} - \frac{\partial}{\partial x}\left(D_x \frac{\partial C}{\partial x}\right) + \frac{\partial(vC)}{\partial x} = 0 \tag{7.2.32}$$

相应的加权剩余关系为

$$\int_L L(\tilde{C}) \cdot \omega_i(x)\mathrm{d}x = 0 \quad (i=1,2,\cdots,n) \tag{7.2.33}$$

式中，$\tilde{C}$ 为试函数，设试函数为

$$\tilde{C} = \sum_{j=1}^N C_j(t)\phi_j(x) \tag{7.2.34}$$

将式(7.2.34)代入式(7.2.33)，由分部积分可得到

$$\sum_{j=1}^N \frac{\partial C_j}{\partial t}\int_{L_j}\phi_j \cdot \omega_i \mathrm{d}x + \sum_{j=1}^N C_j \int_{L_j}\left[D_x\frac{\partial\phi_j}{\partial x}\cdot\frac{\partial\omega_i}{\partial x} - v\phi_j\cdot\frac{\partial\omega_i}{\partial x}\right]\mathrm{d}x$$
$$+ \int_\Gamma\left[v\tilde{C} - D_x\frac{\partial\tilde{C}}{\partial x}\right]\omega_i\mathrm{d}\Gamma = 0 \quad (i=1,2,\cdots,n) \tag{7.2.35}$$

取基函数 $\phi_i(x)$ 为线性函数，设权函数的形式为(图 7.25)

$$\omega_i = \phi_i + \alpha F(x) \quad x\in[x_{i-1},x_i]$$
$$\omega_i = \phi_i' - \alpha F(x) \quad x\in[x_i,x_{i+1}]$$
$$\tag{7.2.36}$$

图 7.25　权函数

$F(x)$ 为分段的二次函数，并要求其在各节点为 0，可表示为

$$F(x) = -\frac{3}{h^2}x(x-h) \tag{7.2.37}$$

式中，h 为单元长度。参数 α 取值为 $|\alpha| \leqslant 1$，当 $v \geqslant 0$ 时，$\alpha \geqslant 0$；当 $v \leqslant 0$ 时，$\alpha \leqslant 0$。

α 表示了上风加权的程度，根据各单元流速的不同可以选取 α 的大小和符号。当 $\alpha = 0$ 时，所得结果与伽辽金有限元相同。当 $\alpha = 1$ 时，对一维情况，所得结果与上风有限差相同。

上述结果可类似地推广到多维情况。Payre 等(1982)提出一种简单的方法来推导上风有限元方程。Sun 和 Yeh(1983)从单元均衡的积分方程出发推导出一种考虑了上风因素的数值方法。上风因子直接体现在基函数中，其值由局部的 Peclet 数决定，这种方法对消除振动现象是有效的。

7.2.6　在运动坐标系中求解对流-弥散方程

在运动坐标系中求解对流-弥散方程的数值方法，是在原有固定剖分网的基础上叠加一个随水流质点(也是单元节点)运动的剖分网，各水流质点的浓度由运动网上节点浓度决定。在一定时刻，将运动网上各节点浓度投影到固定剖分网上，而得到固定节点的浓度分布。该方法把对流和弥散分开计算，从而消除了对流项对数值计算的影响。

为便于对运动质点进行追踪计算，需引入随体导数概念，即把运动质点浓度变化率作为局部导数和对流导数之和，即

$$\frac{\mathrm{d}C}{\mathrm{d}t} = \frac{\partial C}{\partial t} + v_i \frac{\partial C}{\partial x_i} \tag{7.2.38}$$

将对流-弥散方程(7.2.1)代入式(7.2.38)，经整理后有

$$\frac{\mathrm{d}C}{\mathrm{d}t} = \frac{\partial}{\partial x_i}\left(D_{ij} \frac{\partial C}{\partial x_j} \right) - C \frac{\partial v_i}{\partial x_i} \tag{7.2.39}$$

考虑各点以流体运动速度移动的坐标网，在这个坐标网上一维对流-弥散方程可以写为

$$\frac{\mathrm{d}C}{\mathrm{d}t} = \frac{\partial}{\partial x}\left(D_{xx} \frac{\partial C}{\partial x} \right) - C \frac{\partial v}{\partial x} \tag{7.2.40}$$

式中，$\dfrac{\mathrm{d}C}{\mathrm{d}t}$ 为运动质点随时间的变化率。方程(7.2.39)和方程(7.2.40)在形式上不出现对流项，有成功的求解方法。

设在 t^k 时刻将研究区域剖分，得剖分网 G_I^k，G_I^k 上每一个节点记为 x_i^k，将每一个节点 x_i^k 作为流体质点。现考虑流体质点的运动。在 t^{k+1} 时刻，运动质点位置为 x_i^{k+1}，相应的运动网记为 G_I^{k+1}。运动点 x_i^{k+1} 与点 x_i^k 之间的关系满足：

$$x_i^{k+1} = x_i^k + \int_{t^k}^{t^{k+1}} v\left[x_i(t),t \right] \mathrm{d}t \tag{7.2.41}$$

若已知 t^{k+1} 时刻某质点的位置坐标为 x_i^{k+1}，则由式(7.2.41)也可以得到该质点在 t^k 时刻的位置 x_i^k。

在运动坐标网 G_I^{k+1} 上用 Galerkin 有限元法求解式(7.2.40)，有

$$\int \frac{\mathrm{d}\tilde{C}}{\mathrm{d}t} \cdot \phi_i \mathrm{d}x = \int \left(\frac{\partial}{\partial x}\left(D_{xx} \frac{\partial \tilde{C}}{\partial x} \right) - \tilde{C} \frac{\partial v}{\partial x} \right) \cdot \phi_i \mathrm{d}x \tag{7.2.42}$$

其中试函数为

$$\tilde{C} = \sum_{j=1}^{n} C_j \phi_j(x) \tag{7.2.43}$$

整理式 (7.2.42) 可得到常微分方程组：

$$[A]\{C\} + [E]\left\{\frac{\mathrm{d}C}{\mathrm{d}t}\right\} = \{F\} \tag{7.2.44}$$

式中，各元素展开分别为

$$A_{ij} = \sum_e \left(\int_e D_{xx} \frac{\partial \phi_i}{\partial x} \frac{\partial \phi_j}{\partial x} \mathrm{d}x + \int_e \frac{\partial v}{\partial x} \phi_i \phi_j \mathrm{d}x \right)$$

$$E_{ij} = \sum_e \int_e \phi_i \phi_j \mathrm{d}x$$

$$F_i = \sum_e \int_e D \frac{\partial \tilde{C}}{\partial x} \cdot \phi_i \mathrm{d}x$$

由积分式 $\int \phi_i^a \phi_j^b \mathrm{d}x = \dfrac{a!\, b!}{(a+b+1)!} \Delta x$ 和一维线性单元基函数 $\phi_i(x) = \dfrac{x - x_j}{\Delta x}$，可得到每

个单元 e 对矩阵 $[A]$、$[E]$ 的贡献矩阵分别为

$$A^e = \begin{bmatrix} \dfrac{D}{L} + \dfrac{L}{3}\dfrac{\partial v}{\partial x} & -\dfrac{D}{L} + \dfrac{L}{6}\dfrac{\partial v}{\partial x} \\[3mm] -\dfrac{D}{L} + \dfrac{L}{6}\dfrac{\partial v}{\partial x} & \dfrac{D}{L} + \dfrac{L}{3}\dfrac{\partial v}{\partial x} \end{bmatrix}^e$$

$$E^e = \begin{bmatrix} \dfrac{L}{3} & \dfrac{L}{6} \\[3mm] \dfrac{L}{6} & \dfrac{L}{3} \end{bmatrix}^e$$

对方程组 (7.2.44) 中的时间导数取隐式差分，可得到

$$\left([A] + \frac{[E]}{\Delta t} \right) \{C\}_{x_i^{k+1}} = \frac{[E]}{\Delta t} \cdot \{C\}_{x_i^k} + \{F\} \tag{7.2.45}$$

式中，$C_{x_i^k}$ 表示在 x_i^k 点上的浓度值。$[A]$、$[E]$ 均在 t^{k+1} 时刻取值。

为叙述方便，不妨设 t^{k+1} 时刻的浓度 $C_{x_i^{k+1}}$ 未知，而 t^k 时刻的浓度已知。t^{k+1} 时刻的剖分网用 G_I^{k+1} 表示，t^k 时刻的剖分网用 G_I^k 表示。

坐标网的运动，有下列三种求解方法。

1. 方法一

设 G_I^{k+1} 为固定剖分网，由于其不随时间变化，可表示为 G_I，G_I 上每个剖分节点为 x_i，节点 x_i 在 t^k 时刻的浓度记为 $C_{x_i}^k$。由于对流作用，t^k 时刻位于 x_i^k 的水流质点运动到 x_i，

由式(7.2.41)，x_i^k 可表示为

$$x_i^k = x_i - \int_{t^k}^{t^{k+1}} V\mathrm{d}t = x_i - \overline{V} \cdot \Delta t_k \tag{7.2.46}$$

式中，$\Delta t_k = t^{k+1} - t^k$，$\overline{V}$ 为在 Δt_k 时段内运动质点流速的平均值。

由 x_i 所代表的流体质点在 t^k 时刻的浓度应为 $C_{x_i^k}$，即 x_i^k 点的浓度，$C_{x_i^k}$ 可由 $C_{x_i}^k$ 插值求得：

$$C_{x_i^k} = \sum_{j=1}^{N} C_{x_j}^k N_j(x_i^k) \tag{7.2.47}$$

以上讨论如图 7.26 所示。

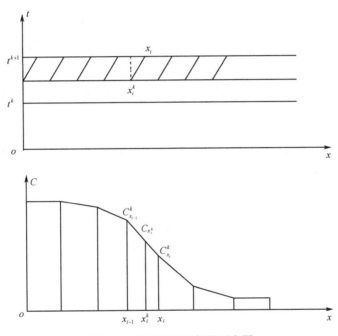

图 7.26　节点运动及投影示意图

取线性插值函数时，式(7.2.47)表示由线性插值求 x_i^k 点的浓度，当浓度锋面较陡立或空间步长较大时，插值会引入一定误差。

将 $C_{x_i^k}$ 代入式(7.2.45)，可得到 t^{k+1} 时刻固定坐标网 G_I 上的浓度值。

2. 方法二

若在 t^k 时刻坐标网 G_I^k 上的浓度 $C_{x_i^k}$ 为已知，设 G_I^k 为固定的坐标网，记为 G_I，这时 $C_{x_i}^k = C_{x_i^k}$，由于对流作用，G_I 上节点 $x_i = x_i^k$ 所代表的流体质点在 t^{k+1} 时刻位于 x_i^{k+1}，由式(7.2.41)有：

$$x_i^{k+1} = x_i^k + \int_{t^k}^{t^{k+1}} V\mathrm{d}t = x_i^k + \bar{V} \cdot \Delta t_k \tag{7.2.48}$$

将 $C_{x_i^k}$ 和 x_i^{k+1} 代入式 (7.2.45) 可求得 $C_{x_i^{k+1}}$，将 $C_{x_i^{k+1}}$ 投影到 G_I 上可得到 x_i 点在 t^{k+1} 时刻的浓度值 $C_{x_i}^{k+1}$：

$$C_{x_i}^{k+1} = \sum_{j=1}^{N} C_{x_j^{k+1}} \cdot N_j(x_i) \tag{7.2.49}$$

重复以上过程可求得固定坐标网 G_I 上的浓度分布。

3. 方法三

在以上两种方法中，每计算一个时间步长都要求固定坐标网和运动坐标网之间的投影和插值，由插值所引起的误差是导致计算结果人工数值弥散的一个主要原因。在第三种方法中，不要求坐标系间的投影，将每个节点所代表的流体质点连续运动并求解。

在 t^k 时刻剖分网为 G_I^k，各节点 x_i^k 的浓度为 $C_{x_i^k}$，由式 (7.2.48) 可得到 t^{k+1} 时刻的节点位置 x_i^{k+1} 及相应的剖分网 G_I^{k+1}，代入式 (7.2.45) 可得到 $C_{x_i^{k+1}}$。再将 G_I^{k+1}、$C_{x_i^{k+1}}$ 作为起始剖分网及浓度分布，重复以上过程可得到不同时刻的浓度值。计算过程由图 7.27 表示。

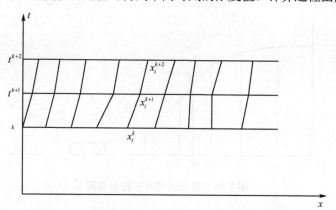

图 7.27　方法三固定节点和运动节点关系示意图

7.2.7　各种数值方法计算结果的比较

式 (7.2.1) 在地下水流速为常数和以下定解条件下：

$$C\big|_{t=0} = 0; \quad C\big|_{x=0} = 10; \quad C\big|_{x\to\infty} = 0 \tag{7.2.50}$$

可得到解析解：

$$C = \frac{10}{2}\left\{ \mathrm{erfc}\left(\frac{x - Vt}{2\sqrt{Dt}}\right) + e^{\frac{V_x}{D}} \cdot \mathrm{erfc}\left(\frac{x + Vt}{2\sqrt{Dt}}\right) \right\} \tag{7.2.51}$$

令单元 Peclet 数 Pe 为

$$\mathrm{Pe} = V \cdot \Delta x / D \qquad\qquad (7.2.52)$$

单元 Courant 数：

$$\mathrm{Cour} = V \cdot \Delta t / \Delta x \qquad\qquad (7.2.53)$$

对于有限元和有限差分法，常要求 Pe 小于 2。在一维溶质运移问题的计算中，要求 Cour 小于 1，即在一个时间步长中溶质对流所运移的距离不得大于一个单元。

对以上所给出的数值模型，取不同的弥散系数、时间步长和空间步长求解，所得结果与解析解式(7.2.51)进行比较，通过比较得到以下初步认识。

(1)当 Peclet 数较大时，用带有上风因子的差分格式可以减小数值结果的振动，但进一步加大了浓度锋面的数值弥散。在图 7.28 中，各参数取值为 $\alpha_L = 0.1$，V=1，Δx =4，Δt =0.1，Peclet 数和 Courant 数分别为 40 和 0.025，当采用一般差分格式时，在浓度前沿出现严重的振动现象。取上风因子 Q=0.7，振动基本上被消除，但这时数值弥散增加。

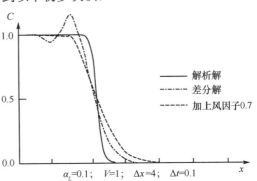

图 7.28　数值结果与解析解比较

(2)对一维溶质运移问题，有限差分法(或集中有限元)没有一般有限元素法所得结果精确。

对一维问题，有限差分法和集中有限元素法所得到的线性方程组是相同的。从物理意义上讲，集中有限元可解释为 i 点所对应的均衡域上浓度随时间的变化率，以 i 点的浓度变化率代替。而一般有限元素法中取为 i 点相邻的两单元上 1/2 部位的浓度变化率。对水流方程，尤其对于非线性水流方程(如非饱和水流)，集中有限元素法较为有效。但对溶质运移问题，集中有限元所得结果反而更差(图 7.29)。图中 α_L =0.1，V=1，Δt =0.1，Δx =4，这时 Pe=40，C_0=0.025，用有限差(或集中有限元)所求得的结果不但有较大振动，而且其数值弥散比有限元素法所求得的结果更为严重。

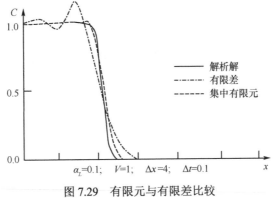

图 7.29　有限元与有限差比较

(3)在单元 Peclet 数保持不变时，单元 Courant 数的大小对计算结果影响很大。图 7.30 中给 Peclet 数分别为 40 和 2 两种情况下不同 Courant 数所求得的浓度剖面。由图可以看出，Courant 数增大时，数值弥散增大，同时振动现象有所减小。当 Pe=2，C_0=0.125 时，数值解与解析解基本一致。

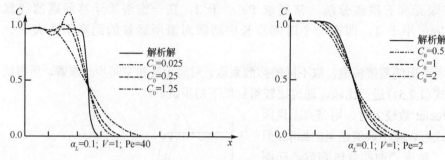

图 7.30　Courant 数对计算结果的影响

(4)由式(7.2.14)可以看出，对于流速为常数的情况，时间导数采用高阶差分时，相当于对弥散系数加入修正项 $-\dfrac{\Delta t}{2}V^2$，从直观上看，弥散现象应有所改善，但在弥散系数很小时，所得结果仍出现振动和数值弥散(图 7.31)。

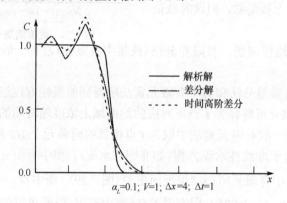

图 7.31　时间取高阶差分时的计算结果

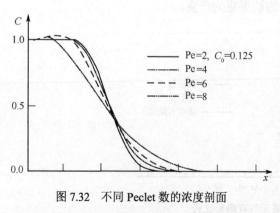

图 7.32　不同 Peclet 数的浓度剖面

(5)单元 Peclet 数的大小取决于弥散度和空间步长，对弥散度不变的情况，空间步长越大，Peclet 数越大。图 7.32 为 Courant 数为常数时不同 Peclet 数的计算结果，由图可以看出，Peclet 数对计算精度的影响很大。Peclet 数的减小是通过减小空间步长实现，要保持 Courant 数不变，时间步长也必须相应减小，即便是对一维问题，计算工作量也呈平方指数增加。

(6)采用运动坐标网所求得的结果都不出现振动，其中以方法三所求得的结果与解析解拟合最好。图 7.33 至图 7.35 是方法三所得结果与解析解比较。图 7.33 中 α_L=0.1，V=1，以时间步长和空间步长分别为：Δt=5，Δx=4；Δt=2.5，Δx=4；Δt=10，Δx=8；Δt=5，Δx=8 和 Δt=2.5，Δx=8 进行了计算，图中仅表示出 Δx=4，Δt=5 和 Δx=8，Δt=10 两组结果，由图可见，数值结果与解析解拟合很好。图 7.34 中取 α_L=1，V=1，用以下 4 种时间步的结合进行了计算：Δt=10，Δx=8；Δt=5，Δx=8；Δt=2.5，Δx=8；Δt=5，Δx=4，由图中给出的结果可以看出，数值解所得结果基本上与解析解重合。图 7.35 中表示的是不同弥散度的计算结果。

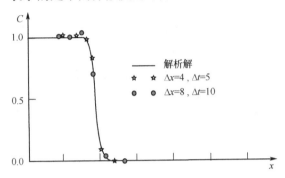

图 7.33　α_L=0.1，V=1 条件下，不同的时间步长与空间步长情况下运动坐标系方法三计算结果与解析解比较

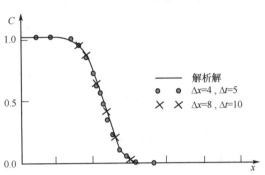

图 7.34　α_L=1，V=1 条件下，不同时间步长与空间步长情况下运动坐标系方法三计算结果

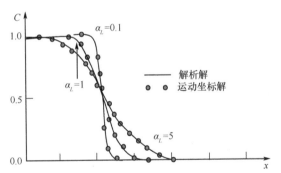

图 7.35　不同弥散度情况下运动坐标系方法三计算结果

　　图 7.36 和图 7.37 分别表示在相同参数和时间、空间步长条件下，由不同计算方法求得的浓度剖面。因为由方法三所求得结果与解析解十分接近，图中未表示解析解结果，由图可见，方法一计算结果最差，方法二次之，但由两种方法所求得的结果都比有限元或有限差所求得的结果好。有限元虽比有限差稍好，但两种方法都出现很大的数值弥散。当弥散系数较大时（图 7.37），用方法一、方法二和方法三所求得的结果较接近，因为这时浓度锋面较缓，投影或插值时引入的误差均小。

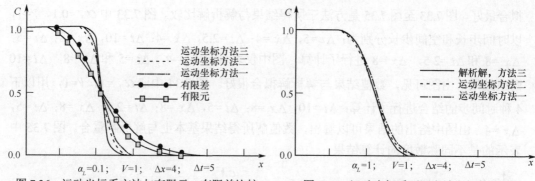

图 7.36　运动坐标系方法与有限元、有限差比较　　　　图 7.37　运动坐标系不同方法之间的比较

图 7.38 和图 7.39 所表示的结果分别与图 7.36 和图 7.37 的结果采用的参数相同，只是空间步长增大了一倍，空间步长的增大对方法三和计算结果影响不大（图 7.33、图 7.34），但由方法一和方法二计算结果出现较大的数值弥散。因为这时浓度锋面较陡，空间步长增大后，由于插值式(7.2.29)和式(7.2.31)带来的误差将很大。插值或投影的影响如图 7.40 所示。

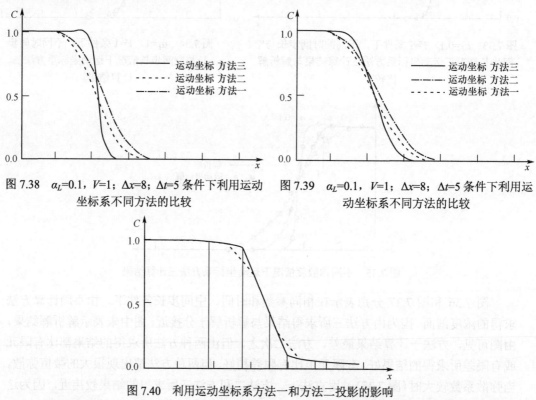

图 7.38　α_L=0.1, V=1；Δx=8；Δt=5 条件下利用运动　　　图 7.39　α_L=0.1, V=1；Δx=8；Δt=5 条件下利用运
　　　　坐标系不同方法的比较　　　　　　　　　　　　　　动坐标系不同方法的比较

图 7.40　利用运动坐标系方法一和方法二投影的影响

通过插值方法求解浓度，使由实线表示的浓度锋面变为由虚线表示的锋面，插值得来的锋面变得平缓。由此可以得到，在计算过程中插值的次数越多所引入的误差越严重。图 7.41 至图 7.43 是由方法二和方法一所求得的不同空间和时间步长的浓度剖面。比较时间步长为 5 和 2.5 的结果可以发现，由 Δt=2.5 所求得的结果反而更坏了，其原因是取

Δt =2.5 时插值次数多了一倍。在利用方法一和方法二求解时，需要根据研究区域内浓度梯度的大小而适当选取空间和时间步长。

在浓度梯度较小时（图 7.44），以上三种方法都能得到较为满意的结果。

对方法一在浓度梯度较大时求解会出现数值弥散的问题，很多学者进行了研究，提出在陡立锋面附近加入可动粒子模拟局部的浓度锋面的变化。

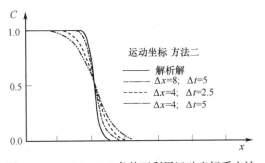

图 7.41　α_L=0.1；V=1 条件下利用运动坐标系方法二计算结果

图 7.42　α_L=1；V=1 条件下利用运动坐标系方法二计算结果

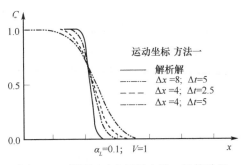

图 7.43　利用运动坐标系方法一计算结果

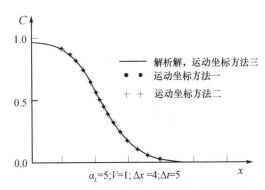

图 7.44　运动坐标系不同方法与解析解比较

通过以上三种方法的计算比较，可得以下初步认识：方法三所求得的结果，无论对于较陡还是较缓的浓度锋面，都与解析解拟合良好，时间步长可以取得较大，空间步长的大小以能近似代表浓度锋面的变化为宜。对于较平缓的浓度锋面，方法二和方法三也能得到满意的解。方法二和方法三的计算误差主要是由于对浓度的投影（或插值）所致，投影的次数越多，所引入的误差越大。空间步长的大小对于计算精度的影响很明显。但对于高维问题，方法三中对于坐标网运动的控制和调整比较困难，程序设计冗长，而方法一和方法二对高维问题的处理则比较简单。

7.3　非饱和带水分均衡模型

目前还缺乏区域尺度上不同深度土壤水分的高精度监测，使得基于 Richards 方程的区域尺度模型缺乏模型参数支持。另外，Richards 方程模型本身需要较小的时间步长和空间步长，才能得到符合实际的模拟结果。例如，Vogel 和 Ippisch（2008）研究了在区域尺度条件下，采用 Richards 方程模拟非饱和水流运动，对于壤土网格必须小于 20～350cm，对于砂土必须小于 0.1～40cm，具体情况视土壤干湿程度和水力梯度而定。另外，大气边界下的表层土壤空间离散尺度多在厘米(或厘米以下)量级(van Dam and Feddes，2000)。显然，这种网格尺度的计算成本对于区域尺度的模型是难以承受的。因此，在区域尺度上，更多地采用均衡模型来表述水分流动的基本特征。这些概念模型以土壤水质量守恒为基本原理，分别采用不同的概念来描述各个相对独立水文过程(如蒸发、根系吸水、深层渗漏、土壤水分配)。如何构建概念性模型，以便能准确地刻画真实的水文过程，以及如何在校核参数与模型复杂度之间平衡是水均衡模型研究一直注重的问题。

7.3.1　水均衡模型的特征及定义

对物理性的模型进行简化，根据实际需要可以得到不同复杂程度的经验性或概念性的模型。在实际应用中，经验性的模型应用于区域尺度往往能得到较好的结果(White et al.，1996)。这是因为经验性的模型参数较少且非线性程度较低，模型校核较为容易。

达西定律描述了水分在压力梯度作用下水分的迁移规律。与 Richards 方程模型不同，水均衡模型仅仅完全符合质量守恒定律，而不直接遵守达西定律。这是考虑到一方面区域尺度的负压测量比含水量更加困难；另一方面，非线性的土壤水分特征曲线得以避免，可以有效减少模型计算时间和不稳定现象。随着非线性的减少，模型可能不再需要迭代，时间和空间步长可以进一步增大。当然，由于不再遵循达西定律，用概念性的模型去模拟非饱和带水分的迁移运动，难免会损失精度。

在选择均衡模型模拟时，需要根据所模拟区域大小及已有观测数据来选取合适的时间步长和空间步长，对于区域尺度的水均衡模型，一般选取天、旬或者月作为计算时间步长。这是因为：①水均衡模型非线性较低，对时间要求较小；②区域尺度水均衡模型的输入数据是按天或者月计的。19 世纪 40 年代以来所发展的以月为时间单位的区域尺度土壤水均衡模型，多以月份为计算步长。一些模型的计算默认时间步长定为 10 天。因为大部分的气象资料以天为单位，一些模型时间步长为 1 天。注意，这里指模型的运行时间步长；对于某些过程，如入渗水分再分配，SWAT 等模型在 1 天的时间步长内部用 1 小时或更小的时间步长计算。总体说来，以月份为单位的模型涉及尺度更大(如全球尺度)；以天为单位的模型在目前也能有很好的数据支持，且计算成本可以接受，在区域尺度或流域尺度应用最广泛。

根据层划分的复杂程度，将模型划分为单层模型，多层模型及复杂模型。单层模型仅考虑土体平均含水量的变化，在上下边界考虑入渗、蒸发和排水，这种模型常常用于预测地下水补给和简单计算浅根作物根系区的水分动态。多层模型考虑不同层含水量的变化，因此需要考虑入渗水分在土体中的分配问题和沿深度不同的根系吸水分布。VIC 模型(Liang et al.，1994)因其合适的计算精度和复杂程度而得到了广泛的应用，其模型根据土壤划分层数不同分为两个版本，两层的 VIC-2L(Liang et al.，1996)和三层的 VIC-3L(Yuan et al.，2004)。INFIL3.0(USGS，2008)可以定义最多 5 层土壤及一层基岩，主要用于估计地下水补给。HELP3.0(Schroeder et al.，1994)将土壤划分为 11 层，用于模拟垃圾填埋场对水流运动的影响。复杂模型没有固定的土体厚度和层数，根据地下水位埋深等确定模拟厚度，再根据精度需要进行离散划分。水均衡模型的层次厚度主要受到土壤质地以及概念模型概化需要(如划分一个根系层)，与数值要求无关。

土壤水均衡模型之间的主要区别在于不同水文过程概念模型，以及不同模型所需要校核的参数。这些水文过程包括潜在腾发量的计算；蒸发、蒸腾和植物截留的分割；考虑土壤水分胁迫的实际蒸发和根系吸水；入渗和径流的分割；湿润锋面运动；土壤水分的再分配；深层渗漏或潜水蒸发。除了水文过程，某些其他密切相关的过程也需要考虑，如作物生长模型。每一种水文过程均存在多种可供选择的模型，但不同的模型需要的资料以及校核参数不同，最终的模拟效果也不尽相同。

非饱和带上下边界条件均与土壤水分状况有关，故需要嵌入确定边界实际通量的模型，它们包括截留、径流、地下水补给与潜水蒸发。另外，根系吸水、截留等水文过程均与作物的生理指标有关，故作物生长模型也是水均衡模型需要纳入考虑的模块。

采用不同方法模拟水分再分布是 Richards 方程模型与水均衡模型的一个重大区别。Richards 方程考虑负压梯度的作用，边界条件和源汇项对内部含水量的影响采用偏微分方程描述，一般需要用求解方程组的方法求解数值模型结果。由于负压梯度考虑在内，显然它可以模拟水分向上的运动，如潜水蒸发、水分由深层向根系区迁移等现象。为了避免用到水分特征曲线，水均衡模型忽略负压梯度，因此不考虑水分向上运动。方程大大简化后，可以求解含水量随时间变化的局部解析解，这样就避免了求解方程组的困难。显然，在水均衡模型中避免采用负压变量，这使得其他水文过程模型(如根系吸水胁迫模型)也采用土壤含水量(代替负压)作为指标。

综上所述，水均衡模型的主要特征为：遵守质量守恒，不遵守达西定律；忽略负压梯度，以含水量为变量得到半解析公式，避免求解方程组；将对应 Richards 方程的边界条件和源汇项均概化为水文过程概念模型处理；对时间和空间步长的选择不受数值稳定性限制。

7.3.2　典型水均衡模型流程图

水均衡模型中分别用独立的模块来描述各个水文过程，由此确定土壤边界的条件和源汇项。Richards 方程主要还是描述水分在剖面的分布情况，为避免复杂的非线性参数和较高的计算成本，可以采用简单的重力流模型或者更为简单的水分分配模型进行替代。另外，考虑到水文过程模块要求作物的生理指标，作物生长模块也是必不可少的。

图 7.45 显示了 8 种不同的水文过程，分别是：作物生长(严格来说不是水文过程)1；降水/潜在腾发 2；截留 3；径流/入渗 4；蒸发 5；蒸腾 6；水分在土层中的再分配 7；土壤水与地下水的交换量 8。其中，作物的许多生理指标都影响水文过程的进行，因此考虑作物生长模块 1；降水发生在大气中，而潜在腾发反映了大气对水分的需求，此过程 2 只与气象条件有关；截留过程 3 发生在冠层中，截留能力与植物生理指标有关，而冠层截留水分存储量与降水和潜在腾发有关；径流和入渗过程 4 发生于土表，考虑土壤质地、坡度

等将净雨分割；土壤中的水分要被蒸发 5 和蒸腾 6 消耗，注意这两者都是作为汇，而不是作为边界通量考虑的，前者发生于土表到蒸发深度之间，后者发生于整个根系分布范围内；入渗改变了土壤水的平衡状况，会引起水分的再分配过程 7，该过程发生于整个一维土层；在一维土层和三维模块的边界上，土壤水和饱和-非饱和地下水之间有交换 8。

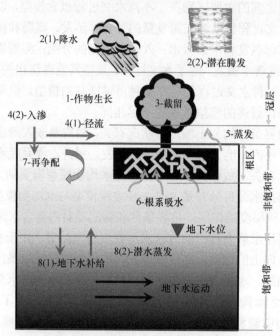

图 7.45　非饱和带水文过程示意图

对应地，图 7.46 显示了水均衡模型的计算流程。

作物生长过程 1 虽然本身不是水文过程，但作物生理指标的改变会影响到许多水文过程。例如：截留能力与叶面积指数；蒸发蒸腾与叶面积指数；根系吸水与根系密度与深度。拟参考 FAO 推荐的模型建立作物生长模型(Allen et al.，1998)。作物生长模型描述的指标主要有：作物系数、作物生育阶段(时间)、叶面积指数、根系密度及深度、株高等。根据 FAO 的推荐，采用如图 7.47 所示四个阶段描述作物的生长。

降水过程 2(1)是输入气象数据，不作考虑。大气能量需求 2(2)用参考作物腾发量代表，与输入的大气温度、日照、湿度和风速有关。通过考虑土地利用种类(作物类型)以及作物生理指标，可以将能量需求转化为潜在作物腾发量和分开表达的潜在蒸发量和蒸腾量。

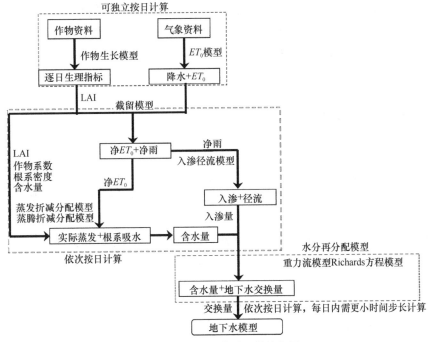

图 7.46　水均衡模型计算流程图

截留过程 3 包含两个方面内容,一是叶片截留能力,该参数与作物的生理指标叶面积指数有关。第二个是叶片上储水量的逐日变化,在 0 到叶片截留能力之间变化,随降雨而增加,随蒸发而减少。

径流入渗过程 4 根据当前土壤含水量和地形特点,将二次净雨(到达地表的降雨)分割为径流 4(1) 和入渗量 4(2)。

潜在蒸发量扣除截留消耗的需求后,需要在土壤中继续消耗含水量,即蒸发过程 5。蒸发过程使得地表到蒸发深度内土壤含水量减少。根据模型的分层,蒸发量分配于各层中;根据土壤含水量的大小,计算折减后的实际蒸发量。

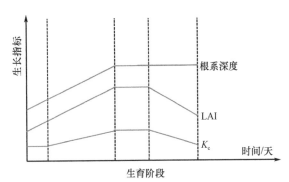

图 7.47　作物生育阶段及指标变化趋势

蒸腾过程 6 与蒸发过程模块十分类似。首先通过作物根系深度确定蒸腾范围;通过根系密度分布确定蒸腾分布;最后根据实际含水量确定实际节点蒸腾汇。

　　水均衡模型则采用简单的水分分配和再分配模型计算水分的再分布过程 7。

　　底部通量交换过程 8 在水分再分配过程 7 结束后判断。如果底部含水量大于田持，则土壤过程底部会产生地下水补给过程 8(1)；反之，如果地下水位埋深较浅且无降雨发生，根据经验公式计算潜水蒸发量 8(2)，在过程 5 中预先扣除该部分水量。

7.3.3　非饱和水分再分配模型

　　上述的几种水文过程模型集中在求解进出非饱和带边界的水量或者源汇项，而真正考虑水分在土壤中运动细节的只有土壤水分配过程。在点尺度模型上，该过程由 Richards 方程模拟。在水均衡模型中一般把土壤分为若干层，采用水均衡的方法考虑水分在各层的分配问题。

　　土壤水分分配分为两个过程：一是入渗水的分配，认为是饱和含水量的活塞填充；二是水分的再分配。入渗水的分配过程是降雨从上至下按照饱和含水量为上限水分填充土壤的过程，即

$$\theta_{\mathrm{de}} = \theta_s - \theta \tag{7.3.1}$$

式中，θ_s 为饱和含水量；θ 为土壤含水量。降雨从上至下入渗经过每层，补充水分亏缺含水量 θ_{de}，使每层的含水量达到饱和的水平。如果雨量一直将所有的水分亏缺含水量都填满了，多余的水分会返回地表作为径流等水量。设返回地表的水量为 h_{w} [L]，则有：

$$h_{\mathrm{w}} = \max\left\{0, \mathrm{Pe} - \sum_{i=1}^{n} \theta_{\mathrm{de},i} L_i\right\} \tag{7.3.2}$$

式中，L_i 为模型第 i 层厚度；Pe 为降雨量；$\theta_{\mathrm{de},\ i}$ 为各层亏缺含水量。以上标 j 和 $j+1$ 分别表示分配前后各层的含水量，得到第 k 层的含水量变为

$$\theta_k^{j+1} = \min\left\{\theta_{s,k}, \frac{1}{L_k}\left(\mathrm{Pe} - h_{\mathrm{w}} - \sum_{i=1}^{k-1} \theta_{\mathrm{de},i}^j L_i\right)\right\} \tag{7.3.3}$$

　　如果雨量充足，则各层含水量将会达到饱和水平，直到从上至下的水分分配完毕。

　　土壤水分分配的过程是在重力排水作用下，各层饱和含水量 θ_s 逐渐向田持 θ_f 逼近的过程。重力排水有明显的时间延伸度，即排水到田持的时间(2~3 d)大于常见的均衡模型时间步长(1d 或更小)。因此排水快慢是水分再分配过程的一个重要特征，而排水快慢与非饱和水力传导度 K 密切相关。不同的水力传导度模型会得到不同的半经验公式。

　　由于降雨作用，土壤上部雨后会超过田间持水量，接近或等于饱和含水量。在蒸发、作物吸水及重力的作用下，土壤水分又会减少。土壤含水量的再分配是指土壤含水量在重力作用下逐渐从接近饱和状态逐步恢复到稳定状态的缓慢过程。稳定状态一般用经验型的参数——田间持水量表达。水量再分配过程肯定与土壤水分特征曲线有关。为了避免应用复杂的非线性关系土壤水力参数，均衡方法通过一些简化假设，求出水量再分配的解析公式。首先，忽略基质势梯度，这样可以避免涉及负压和含水量复杂的非线性关

系。其次，认为蒸发、蒸腾对水分再分配过程无影响。这样，在程序设计时，蒸发蒸腾
与水分再分配相互独立，而且 Richards 方程可进一步简化为

$$\frac{\mathrm{d}\theta}{\mathrm{d}t} + \frac{\mathrm{d}K(\theta)}{\mathrm{d}z} = 0 \tag{7.3.4}$$

该方程忽略了基质势项 $K\dfrac{\mathrm{d}h}{\mathrm{d}z}$，将 Richards 方程大大简化。对于时间未离散，而空
间已经离散的情况，对该式进行积分，可以得到不严格的半常微分方程：

$$L\frac{\mathrm{d}\theta}{\mathrm{d}t} = -K(\theta) \tag{7.3.5}$$

式中，L 为某层的厚度，[L]。式(7.3.5)是标准的常微分方程，随时间而变化。K 为含水
量的函数，如果其表达式过于复杂，例如，采用 van Genuchten 表达式(van Genuchten，
1980)，则难以求出上述常微分方程的解析解。学者们根据实际情况，对非饱和水力传
导度的表达式进行假设，得到一系列的结果。

1. 线性表达式

最简单的表达式莫过于线性表达(Neitsch et al.，2005)，即

$$K(\theta) = \begin{cases} K_s \cdot \dfrac{\theta - \theta_f}{\theta_s - \theta_f} & \theta > \theta_f \\[2mm] 0 & \theta \leqslant \theta_f \end{cases} \tag{7.3.6}$$

该表达式认为传导度在田持时为 0，而饱和时为饱和水力传导度 K_s，[L/T]。把上
式代入式(7.3.5)中，便得到 $\theta(t)$ 的常微分方程，求得

$$\theta(t) = \theta_f + C \cdot \exp\left(-\frac{K_s}{L(\theta_s - \theta_f)}t\right) \tag{7.3.7}$$

式(7.3.7)表明某一层的可排水量(高于田持部分)是随时间指数衰减的。C 为积分常
数。为消去积分常数，可将式(7.3.7)化为递推式：

$$\theta(t + \Delta t) = \theta_f + [\theta(t) - \theta_f] \cdot \exp\left(-\frac{K_s}{L(\theta_s - \theta_f)}\Delta t\right) \tag{7.3.8}$$

式中，Δt 为迭代计算时间步长，[T]。在时间步长内该层的排水量 ΔD [L] 为

$$\Delta D[\theta(t), \Delta t] = -[\theta(t + \Delta t) - \theta(t)]L \tag{7.3.9}$$

可见 $\Delta D[\theta(t), \Delta t]$ 与当前含水量 $\theta(t)$ 以及时间步长有关。注意到各种模型将土壤分
为若干层，则会出现上层的排水进入到下层的情况，而常微分方程(7.3.5)仅考虑了独立
1 层的情况。

土壤含水量再分配假设认为各层排水是相对独立的。但实际中，由于上层排水会进
入下层，而各层含水量又不能超过饱和含水量，因此需要两次计算：首先，从上至下计
算考虑上层排水进入下层；其次，从下至上计算考虑下层饱和水返回上层。在从上至下

的计算过程中，以上标 j 和 $j+1$ 分别表示分配前后各层的含水量或水量，得到第 i 层的含水量变为

$$\theta_i^{j+1} = \theta_i^* - \frac{\Delta D_i^j\left(\theta_i^*, \Delta t^j\right)}{L_i} \tag{7.3.10}$$

且

$$\theta_i^* = \theta_i^j + \frac{\Delta D_{i-1}^j}{L_i} \tag{7.3.11}$$

式中，θ_i^* 为中间变量，即第 i 层接受第 $i-1$ 层排水 ΔD_{i-1}^j 后的含水量。排水量 $\Delta D_i^j\left(\theta_i^*, \Delta t^j\right)$ 由式(7.3.8)和式(7.3.9)计算，$i=1,2,\cdots,n$，n 为土壤层数，按从上到下的顺序计算，可见是先加入上层的排水量，再对本层的水分按照式(7.3.8)和式(7.3.9)排水公式计算。最后一层的排水量即为深层渗漏，可以作为地下水补给量，或者是三维地下水模型的上边界条件。

式(7.3.10)和式(7.3.11)并未限制含水量的上限，但实际上，各层含水量必须小于饱和含水量。由于 θ_i^* 为中间量，故认为其出现超过饱和的情况合理；但式(7.3.10)中的 θ_i^{j+1} 是最终结果，不允许出现这种情况。因此对于检查超过饱和含水量的层，其水分必须返回至其上层。该步由下到上计算，以上标 $j+1$ 和 $j+2$ 分别表示检查超饱和前后的含水量，可得：

$$\theta_i^{j+2} = \max\left\{\theta_{s,i}, \theta_i^{j+1} + \left(\theta_{i+1}^{j+2} - \theta_{i+1}^{j+1}\right)\frac{L_{i+1}}{L_i}\right\} \tag{7.3.12}$$

式(7.3.12)与式(7.3.10)恰好相反，需要从下至上计算，即 $i=n,n-1,\cdots,1$。全部计算过后，含水量超过饱和的层会强制设定成饱和，其多余水分会上返至上层。如果所有层都饱和，则上返至地表作为径流。

这样，再分配过程就完成了一个时间步长的计算。需要指出，由于模型输入降雨和蒸发参数往往以天为单位，而此处为了反映出不同层含水量的变化，可能需要以小时为时间步长迭代计算。

由此可以看出 Richards 方程模型与均衡模型的区别。前者不单独考虑蒸发和蒸腾，把所有层间的水分运动统一用势能理论表示。由于方程非线性程度很强，当遭遇不利的边界条件(如强烈降雨、干湿交替)时，会造成模型难以收敛，而且需要较细的网格划分和很小的时间步长。均衡模型单独考虑蒸发和蒸腾，将其作为一种源汇，根据经验在各层内进行分配。它不直接考虑向上的通量(蒸发和蒸腾是间接因素)，对时间步长和空间离散网格的要求均很低，甚至可以直接采用固定的 1d 或 1h 的步长。其缺点正是不考虑向上通量，在蒸发非常强烈或者非均匀根系吸水的偏黏性土中(向上的通量非常明显)会有较大的误差。

2. 指数表达式

非饱和水力传导度表示为

$$K(\theta) = \begin{cases} K_s \cdot \exp\left(-\alpha \dfrac{\theta_s - \theta}{\theta_s - \theta_w}\right) & \theta > \theta_w \\[2mm] 0 & \theta \leqslant \theta_w \end{cases} \tag{7.3.13}$$

式中，θ_w 为凋萎系数；α 为经验参数，一般取值为 10~30，黏性土的 α 大（Jiang et al.，2008）。有时为简化式 (7.3.13)，也把 θ_w 近似当作 0 来处理。把式 (7.3.13) 代入常微分方程中，得：

$$\theta(t) = \theta_s - \frac{\theta_s - \theta_w}{\alpha} \ln\left[\frac{\alpha K_s t}{L(\theta_s - \theta_w)} + C\right] \tag{7.3.14}$$

消除常数，并化为递推式：

$$\theta(t + \Delta t) = \theta_s - \frac{\theta_s - \theta_w}{\alpha} \ln\left[\frac{\alpha K_s \Delta t}{L(\theta_s - \theta_w)} + \exp\left(\alpha \frac{\theta_s - \theta(t)}{\theta_s - \theta_w}\right)\right] \tag{7.3.15}$$

该再分配公式被应用于 Kendy 模型（Kendy et al.，2003）当中。该式中存在一个参数 α，用于描述土壤非饱和水力传导度的性质。

3. 幂函数表达式

假设非饱和水力传导度 K 与 θ 之间存在幂函数关系：

$$K(\theta) = \begin{cases} K_s \cdot \left(\dfrac{\theta}{\theta_s}\right)^{\beta} & \theta > \theta_f \\[2mm] 0 & \theta \leqslant \theta_f \end{cases} \tag{7.3.16}$$

式中，β 为一个常数，它使得当 θ 接近于田持 θ_{fc} 时，K 趋近于 0。例如，Arnold 等（1998）建议 β 应该使得在田持时，$K = 0.002 K_s$，也即

$$\beta = \frac{-2.655}{\log(\theta_f / \theta_s)} \tag{7.3.17}$$

将式 (7.3.16) 代入常微分方程，积分得：

$$\theta(t) = \left[\frac{(\beta - 1) K_s t}{L \theta_s^{\beta}} + C\right]^{\frac{1}{1-\beta}} \tag{7.3.18}$$

消去积分常数 C，将其化为递推式，得：

$$\theta(t + \Delta t) = \left[\theta^{1-\beta}(t) + \frac{(\beta - 1) K_s \Delta t}{L \theta_s^{\beta}}\right]^{\frac{1}{1-\beta}} \tag{7.3.19}$$

该模型使用非常广泛，最早由 Gardner（1958）推导。随后应用于 SWRRB（Arnold et al.，1990）模型；DPM 模型（Vaccaro，2006）以及 INFIL3.0 模型（USGS，2008）。

4. 似指数表达式

假设非饱和水力传导度与含水量存在如下关系：

$$K(\theta) = \begin{cases} K_s \dfrac{\exp(\theta - \theta_f) - 1}{\exp(\theta_s - \theta_f) - 1} & \theta > \theta_f \\ 0 & \theta \leqslant \theta_f \end{cases} \tag{7.3.20}$$

该公式为虽然为非线性，所涉及的参数很少，可比较容易地得到一些排水公式。该公式在 BUDGET 模型 (Raes and Leuven，2002；Raes et al.，2006) 中得以应用。

5. 平方表达式

假设非饱和水力传导度与含水量存在如下关系：

$$K(\theta) = \begin{cases} K_s \left[\dfrac{\theta - \theta_f}{\theta_s - \theta_f} \right]^2 & \theta > \theta_f \\ 0 & \theta \leqslant \theta_f \end{cases} \tag{7.3.21}$$

显然这与幂函数表达式有一定类似，其推导结果被用于 BOWET 模型 (Mirschel et al.，1995) 和 BEACH 模型 (Sheikh et al.，2009) 当中。

7.3.4 常用水均衡模型介绍

本节介绍几种常见的水均衡模型或者水文模型中的水平衡模块。

1. SWAT 水均衡模型

SWAT (soil and water assessment tool) 是由美国农业部 (USDA) 的农业研究中心开发的采用日为时间步长的连续计算水文模型 (Neitsch，2005)。它是一种基于 GIS 基础之上的分布式流域水文模型，近年来在国内外均得到了快速的发展和应用，主要是利用遥感和地理信息系统提供的空间信息模拟多种不同的水文物理化学过程，如水量、水质及杀虫剂的输移与转化过程。

SWAT 是一个具有一定物理机制的概念性模型，可以进行连续时间序列的模拟。SWAT 模拟的流域水文过程分为水循环的陆面部分(即产流和坡面汇流部分)和水循环的水面部分(即河道汇流部分)。前者控制着每个子流域内主河道的水、沙、营养物质和化学物质等的输入量；后者决定水、沙等物质从河网向流域出口的输移运动。整个水分循环系统遵循水量平衡规律。SWAT 模型涉及降水、径流、土壤水、地下水、蒸散及河道汇流等。本节着重介绍与土壤水有关的模块。

1) 潜在腾发量

根据气象资料不同，SWAT 可以采用 PM 1965 公式、Priestley–Taylor 公式(Priestley and Taylor，1972)或者 Hargreaves 公式计算潜在作物腾发量(Neitsch，2005)。

2) 截留

注意到 SWAT 模型中并没有采用参考作物的概念，因此 PM 1965 公式计算的为潜在作物腾发量 ET_c，且公式中已将蒸发和蒸腾分开(具体可参考 PM 1965 公式计算过程)。如果是其他公式计算的 ET_c，则首先扣去叶面上储存的水分：

$$\mathrm{ET}_c{'} = \mathrm{ET}_c - E_{\mathrm{can}} \tag{7.3.22}$$

式中，E_{can} 为存储于叶片上的水分，mm；$\mathrm{ET}_c{'}$ 为剩余水分。然后得到蒸腾量为

$$T = \max\left\{1, \frac{\mathrm{LAI}}{3}\right\}\mathrm{ET}_c{'} \tag{7.3.23}$$

式中，LAI 为叶面积指数。

土壤水蒸发和雪升华作为能量需求一起考虑，记其为 E。首先考虑地表有生物质等覆盖时的最大蒸发(升华) E'，与覆盖度有关：

$$E' = \mathrm{cov}\,\mathrm{ET}_c{'} = \mathrm{ET}_c{'}\exp(-5\times10^{-5}\mathrm{CV}) \tag{7.3.24}$$

式中，CV 为生物残渣覆盖度，kg/hm²；cov 为土表覆盖指数。如果雪覆盖的厚度超过 0.5 mm 当量液态水，则认为 CV 为 0.5。其次，当冠层叶面积指数较大时，阳光无法到达底部而致使蒸发减小，故 E 为

$$E = \min\left(E', \frac{E' \cdot \mathrm{ET}_c{'}}{E' + T}\right) \tag{7.3.25}$$

式中，min 里第二项是调和项，当蒸腾 T 较小时，E 接近于 E'。计算得到的蒸发可以用于融雪的升华和土壤的蒸发。

3) 土壤蒸发分配

首先，计算得到土壤蒸发为 E，如果地表存在积雪，则需要扣除积雪升华量：

$$E_s = \min\left\{E - E_{\mathrm{sub}}, 0\right\} \tag{7.3.26}$$

式中，E_s 为扣除升华后真正用于土壤内部的蒸发量。SWAT 提供经验系数计算蒸发的分配，累计蒸发量 $E_{sz}(z)$ /mm 随土壤深度 z /mm 的增长曲线为

$$E_{sz}(z) = E_s \frac{z}{z + \exp(2.374 - 0.00713z)} \tag{7.3.27}$$

式(7.3.27)描述的是累积蒸发分布，如果将 $E_{sz}(z)$ 对 z 求导，便可以得到 $E_{sz}'(z)$，即蒸发的密度分布曲线，如图 7.48 所示：

可以看出，土壤表层蒸发值大，随深度急剧减小，符合经验规律。实际上，该公式

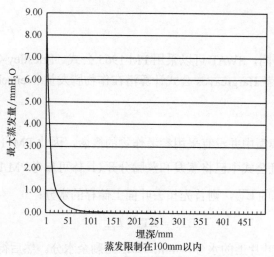

图 7.48　蒸发量在土壤深度范围内的密度分布曲线(Neitsch，2005)

设计的目的是要求 50%的蒸发在 10 mm 深度内完成，95%的蒸发在 100 mm 内完成。由于给出的是累积蒸发曲线，因此如果需要求第 i 层分配的蒸发量，只需要知道 i 层上下界面的深度 z_{i-1} 与 z_i：

$$E_{si} = E_{sz}(z_i) - E_{sz}(z_{i-1}) \tag{7.3.28}$$

E_{si} 即为第 i 层的蒸发量(mm)。SWAT 设计了补偿系数 esco，修改式(7.3.28)：

$$E_{si} = E_{sz}(z_i) - \text{esco} \cdot E_{sz}(z_{i-1}) \tag{7.3.29}$$

式中，esco 为在 0 到 1 之间的经验系数，值越小，说明表层土壤所分得蒸发越小。实际上，该系数弥补了公式(7.3.27)较刻板的不足。因为不同土壤蒸发水分的能力并不相同，例如黏土可以从较深层的土壤攫取水分。如图 7.49 所示，可以看出较小的 esco 允许土壤深处的水分用于蒸发。注意，该值并不意味着土壤表层水分亏缺时，需要下层的水分的补充，而仅仅作为式(7.3.27)标准曲线的调整参数。

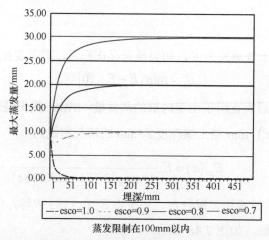

图 7.49　不同 esco 蒸发量在土壤深度范围内的密度分布曲线(Neitsch，2005)

分配的蒸发 E_{si} 仍然要根据土壤含水量进行折减。蒸发胁迫系数 K_{soil} 公式为

$$K_{soil} = \max\left\{ 1, \exp\left[\frac{2.5(\theta - \theta_{fc})}{\theta_{fc} - \theta_{wp}} \right] \right\} \tag{7.3.30}$$

4) 蒸腾分配

式 (7.3.23) 得到蒸腾量 T 也需要进行分配。SWAT 采用经验参数 β_w 和根系深度 z_r [m] 描述根系形状，并得到根系吸水随深度的累积值为

$$T_{sz}(z) = \frac{T}{1 - \exp(-\beta_w)}\left[1 - \exp\left(-\beta_w \cdot \frac{z}{z_r} \right) \right] \tag{7.3.31}$$

式中，$T_{sz}(z)$ 为根系吸水随深度累积值，mm。SWAT 将 β_w 的值固定为 10。这样设置后，50% 的吸水量将会发生于 $0.06\,z_r$ 深度以上。如图 7.50 所示，可以看出根系吸水也是呈上多下小形状。

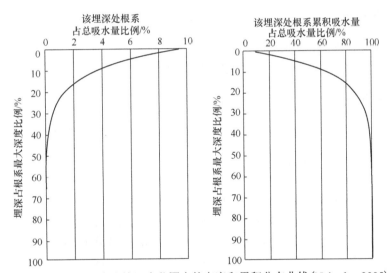

图 7.50　根系吸水在土壤深度范围内的密度和累积分布曲线 (Neitsch，2005)

类似地，将层上下深度值相减，得到第 i 层分配的吸水量：

$$T_{si} = T_{sz}(z_i) - T_{sz}(z_{i-1}) \tag{7.3.32}$$

式中，T_{si} 为第 i 层分配的吸水量，mm。根系存在"补偿吸水现象"，即上层土壤的水分如果不满足，则由下层土壤的水分加以补充。该现象由参数 epco 考虑：

$$T_{si}' = T_{si} + \text{epco} \cdot T_{doi} \tag{7.3.33}$$

式中，T_{si}' 为考虑补偿吸水后第 i 层分配的吸水量，mm；T_{doi} 为第 i 层以上根系吸水亏缺累计值，mm；epco 为根系吸水补偿系数，在 0.01 到 1 之间，值越大，说明根系吸水补

偿能力越强。注意，这里的补偿机制系数 epco 与蒸发中的 esco 不一样，后者只是单纯的曲线形状调整参数。

调整分配的蒸发 T'_{si} 仍然要根据土壤含水量进行折减。吸水胁迫系数 K_{st} 公式为

$$K_{st} = \max\left\{1, \exp\left[\frac{5\left(\theta - \theta_{\text{wp}}\right)}{0.25\left(\theta_{\text{fc}} - \theta_{\text{wp}}\right)} - 5\right]\right\} \qquad (7.3.34)$$

式中，$0.25\theta_{\text{fc}} + 0.75\theta_{\text{wp}}$ 就类似于临界含水率的概念，因此该临界点使得吸水胁迫系数 K_{st} 为 1。当然，除了式(7.3.34)的限制，SWAT 还提供一个限制，即根系吸水不能使得土壤含水量低于 θ_{wp}。

SWAT 蒸发蒸腾分配及调整仍然符合前所述的框架。但其有一个特色之处，即考虑了根系吸水的补偿机制，该机制一般在水均衡模型中无法体现，因为水均衡模型不直接模拟向上的通量，而事实上通过 HYDRUS 等模型可知，根系吸水是明显存在向下补偿机制的。SWAT 模型中该模块的不足之处是根系形状固定，对于各种根系分布形状的作物模型未免过于单一。EPIC 模型此模块与 SWAT 类似。

5)水分再分配模型

SWAT 假设非饱和水力传导度随含水量是线性变化的，且小于等于田持条件下水力传导度假设为 0，由此推导水分再分配模型的解析解。

6)径流和入渗

SWAT 采用 SCS 曲线法计算径流，采用 Green-Ampt 入渗模型计算入渗。

2. MIKE SHE 水均衡模型

MIKE SHE 是 DHI (Danish Hydraulic Institute，丹麦水力研究所)建立的综合分布式水文模型(DHI，2006)。它具有综合模拟地表水、土壤水和地下水的能力。相比 SWAT 模型，MIKE SHE 采用了较为严格的数学物理模型描述地表水和地下水。对于土壤水运动，MIKE SHE 也将其简化为一维水流运动，并且根据实际问题需要调用 Richards 方程数值模型、重力流数值模型以及两层水均衡模型。显然，MIKE SHE 选取的水分再分配过程模型比 SWAT 更加复杂。

1)参考作物腾发量

MIKE SHE 采用 FAO 推荐(Allen et al.，2005)的 Penman Monteith 方法计算。

2)根系吸水

当 MIKE-SHE 非饱和模型采用 Richards 方程方法或者重力流方法时，采用修改的 Kristensen-Jensen 1975 和 Aslyng-Hansen 1982 两种方法考虑蒸发、蒸腾的分配及折减(DHI，2006)。当采用两层水均衡模型时(推荐用于湿地模拟)，采用两层蒸发蒸

腾分配方案。由于后者很简单，这里讲述前者。首先与 SWAT 一样，扣去叶面储水量，得到 ET_e'。

对于折减，蒸腾折减系数 K_{st} 公式为

$$K_{st} = 1 - \left(\frac{\theta_{fc} - \theta}{\theta_{fc} - \theta_{wc}}\right)^{C_3/ET_c} \quad (7.3.35)$$

式中，C_3 与作物与土壤类型均有关，该值越大，实际蒸腾减小的越快。该式还加入了 ET_c，即考虑蒸发力不同时，折减系数也应该不同。MIKE-SHE 假设根系分布呈对数，即

$$\log R(z) = \log R_0 - S_r \cdot z \quad (7.3.36)$$

式中，$R(z)$ 为根系分布密度函数，沿深度积分可以为 1；R_0 为土壤表层根系密度，m^{-1}；S_r 为形状描述系数，如果为 0 则为均匀分布，如果为 1，则是对数分布，具体影响如图 7.51 所示。根系分布函数 (RDF) 应用到每层土壤可以得到每层土壤所占的根系比重：

$$b_i = \int_{z_{i-1}}^{z_i} R dz \Big/ \int_0^{z_r} R dz \quad (7.3.37)$$

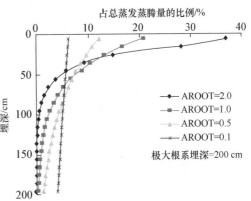

图 7.51 根系分布参数 ARoot=S_r (DHI, 2006)

蒸腾分配的比例为

$$f_1(LAI) = 1 - (C_2 + C_1 LAI) \quad (7.3.38)$$

式中，C_1 和 C_2 均为经验参数，但 C_1 完全决定于作物类型。故综合以上公式，得到每层分配得到的根系吸水量为

$$T_{sai} = f_{1i} \cdot b_i \cdot K_{st,i} \quad (7.3.39)$$

式中，T_{sai} 为第 i 层分配到的实际根系吸水量。

3) 实际蒸发

MIKE SHE 对于蒸发的计算与其他模型略有不同。它将蒸发分为两个部分，一个是基本蒸发（残余含水率以上则存在）；另外一个是额外蒸发（凋萎系数以上则存在）。蒸发量的大小为

$$E_s = f_3(\theta) ET_c' + \left[ET_c' - T_{sa} - f_3(\theta) ET_c'\right] f_4(\theta) \cdot \left[1 - f_1(LAI)\right] \quad (7.3.40)$$

式中，E_s 为土壤表层蒸发量（蒸发没有分配，因为 MIKE SHE 认为蒸发深度较浅，限定仅在表层发生）。$f_3(\theta) ET_c'$ 为基本项，其中

$$f_3(\theta) = \begin{cases} \max\left\{1,\dfrac{\theta}{\theta_{wp}}\right\} & \theta \geqslant \theta_r \\ 0 & \theta < \theta_r \end{cases} \tag{7.3.41}$$

可以看出该项只要含水率高于残余含水率 θ_r 便发生。扣除基本项和实际的腾发，剩余部分也可以用于蒸发，但必须乘以两个系数，一是透光系数，为 $\left[1-f_1(\text{LAI})\right]$；另外为 $f_4(\theta)$：

$$f_4(\theta) = \min\left\{\dfrac{\theta-\theta_p}{\theta_{fc}-\theta_p},0\right\}, \text{ 其中 } \theta_p = \dfrac{\theta_{fc}+\theta_{wc}}{2} \tag{7.3.42}$$

当不存在蒸腾时，式(7.3.40)可以简化

$$E_s = \text{ET}_c'\left\{f_3(\theta)+f_4(\theta)\left[1-f_3(\theta)\right]\right\} \tag{7.3.43}$$

该关系如图 7.52 所示。

C_1 只与作物有关，推荐值为 0.3。当该值较小时，蒸发的比例较大；当该值较大时，蒸发与蒸腾的比例会接近于一个基本值，该值由 LAI 和 C_2 决定。

对于黏性土上的农作物或草地，C_2 推荐值为 0.2。该值仍然影响蒸发和蒸腾的比例，对于较大值，蒸发的比例也会增大。例如，图 7.53 可以看出两个参数对蒸发蒸腾比的影响。

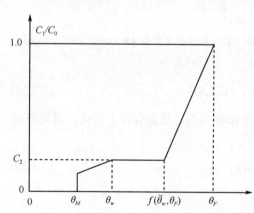

图 7.52　裸地实际蒸发折减系数(纵坐标)与含水量(横坐标)关系(DHI，2006)

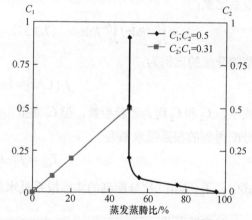

图 7.53　C_1 和 C_2 对蒸发蒸腾比的影响(假设截留水为 0，含水量高于田持，LAI=5)(DHI，2006)

另外，由于蒸发只发生于表层，C_2 值也会影响腾发量在剖面的分布。该值越大，表层的腾发量越大。

C_3 暂无实验值，MIKE SHE 推荐值为 20mm/d，而比 Kristensen 和 Jensen(1975) 推荐的 10mm/d 要高。该值与土壤类型和作物密度有关。

4)入渗与径流

MIKE SHE 直接求解地表水控制方程得到径流量。入渗量根据土壤水方程计算。

7.3.5　算例

考虑两类模型：一类是嵌入了水文过程模块的 Richards 方程模型，其数值模型采用了数值守恒格式，以水头为主变量的 Picard 迭代模型，命名为 Picard-mix；另一类也嵌入了本文提出的水文过程模型，并采用了前述的各种水分再分配模型，命名为 SWUZ。

考虑一个一维土壤问题。上边界为大气边界，底部边界分为两类，一个为自由排水边界，此种情况代表地下水位埋深较深的情况；一个为不透水边界，土壤中可以包括。上表面是大气边界条件。均质壤土，田间持水量取 0.27（此时对应非饱和水力传导度为 1 mm/d），凋萎系数取 0.10。

1.　不透水边界问题

在湿润地区，或者带有大量灌溉的灌区，地下水位平均埋深较浅。考虑一个 5 m 的土柱，底部采用不透水边界。气象资料来源于四川广元地区，且考虑作物覆盖情况。该地区年降雨量为 784.6 mm，参考作物腾发量为 768.1 mm，采用 Penman 公式计算。图 7.54 列出了该地区的年内降雨和 ET_0 分布。作物种植期在 3 月到 8 月之间，生育期内最长根系深 1 m，均匀分布。

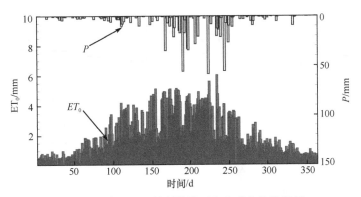

图 7.54　广元地区算例的降雨和参考作物腾发量

由于底部边界隔水，该地区的水均衡要素包括降水 P、实际蒸发 E_a、根系吸水 T_a 及土壤水储量变化 ΔS。

图 7.55 列出了广元地区算例的水均衡要素。显然，降雨是土壤水量的来源，蒸发和蒸腾消耗水分，而土壤含水量的变化则由它们的差值决定。图中的蒸腾量在大约 250d 停止，这是由于模型设置的作物生育期位于 3 月到 8 月之间。由于各模型计算的土壤水分分布不同，故土壤水分胁迫的程度不同，从而导致计算的实际蒸发与根系吸水不同。图 7.56 显示 Picard 迭代模型计算的蒸发为 340mm，根系吸水 290mm，土壤储水量增加 163mm；SWUZ 线性表达式 E_a 300mm，T_a 为 263mm，ΔS 为 221mm；SWUZ 指数模型 E_a 379mm，T_a 为 227mm，ΔS 为 178mm；SWUZ 幂函数模型 E_a 为 268mm，T_a 为 261mm，ΔS 为 254mm。注意，均衡模型的质量误差为 0，而 Richards 方程模型的误差为 3mm，

这个误差可以忽略，这要归功于设置了严格的迭代容许误差($\varepsilon=0.001$)。如果以 Richards 方程的模型为基准，则可以认为 SWUZ 的线性表达式和幂函数表达式低估了蒸发(-12%和-21%)；而指数表达式高估了蒸发(11%)；所有的模型均低估了蒸腾(线性模型，指数模型和幂函数模型相对误差分别为-9%，-21%和-12%)。显然，均衡模型之间的差别甚至可以大于与参考解之间的差别。这说明，估计的实际蒸发蒸腾量是由于 SWUZ 模型采用不同的参数模型造成的。

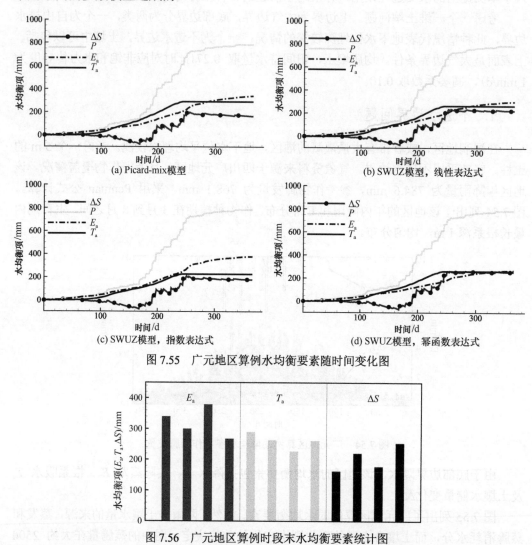

图 7.55 广元地区算例水均衡要素随时间变化图

图 7.56 广元地区算例时段末水均衡要素统计图

图 7.57 显示了广元算例的非饱和 K 值。其中，幂函数模型参数 β 由式(7.3.17)确定。显然，线性模型高估了 K 值，故其水分均很快下渗，较少停留在根系区，使得实际蒸发、蒸腾均偏小。指数表达式在半对数坐标中为一条直线，其 K 值除在接近饱和阶段(含水量大于 0.4)较大外，其余均偏小。因此指数模型的水分较多停留于表层，蒸发较大，蒸腾较小。幂函数表达式中，K 值在田持以上偏大，而田持以下偏小。这使得降雨期间其

水分入渗到深层较快,蒸发偏小;由于接近田持时,其传导度与 van Genuchten 模型类似,使得其蒸腾量与迭代模型类似。

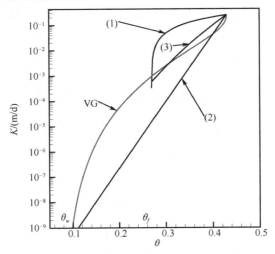

图 7.57 广元地区算例非饱和水力传导度
(1)线性表达式; (2)指数表达式; (3)幂函数表达式

图 7.58 展示了典型时间的含水量剖面图。这两个图进一步验证了简化的非饱和水力传导度对模型计算的影响。显然,由于水均衡模型不考虑土壤负压梯度,故水均衡模型难以体现毛管上升带水分由饱和逐步过渡到田持的现象[图 7.58 曲线(4)];相反,水均衡模型从饱和带较突然地过渡到了田间持水量。在地表,由于强烈的蒸散发以及降雨的综合作用,含水量会发生剧烈的变动,而不同模型模拟的入渗锋面差别较大。例如,采用指数函数[图 7.58(a) 曲线(2)]的入渗最慢,表层含水量较大;而线性函数和幂函数模

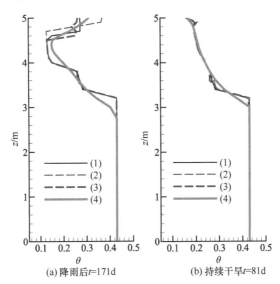

(a) 降雨后t=171d (b) 持续干旱t=81d

图 7.58 广元地区算例典型时间含水量剖面
(1)线性表达式; (2)指数表达式; (3)幂函数表达式; (4)Richards 方程模型

型的入渗均较快，表层含水量较小。正如前所述，这时由于含水量大于田持时，指数函数描述的 K 较小，而线性函数和幂函数描述的 K 相对 van Genuchten 模型较大。

图 7.59 展示了典型深度(地表和地下 0.4m)的含水量随时间变化。显然，可以看出，线性表达式[(a)和(d)]以及幂函数表达式[(c)和(f)]得到的含水量变化较为平缓，其峰值与田持相差不大；相对而言，指数表达式的含水量峰值[(b)和(e)]远大于田持，大约在 0.4 左右。在夏季暴雨期(160d<t<260d)，SWUZ 指数表达式和 Richards 方程预测的峰值基本接近，这时由于此时降雨的强度普遍较大。早期的模型均可以较好的模拟蒸发阶段的含水量下降。在模型后期，可以明显地发现水均衡模型的含水量减少幅度偏大。考虑到 Richards 方程模型能模拟向上的通量，底部含水量会迁移到地表延缓含水量的减少；而水均衡模型则完全不考虑向上的通量。在地表处，水分动态较为剧烈；随着深度增加，水分动态趋于平缓。在区域尺度，因为气象资料一般以天或月为单位，故即使采用 Richards 方程也难以准确模拟地表含水量的峰值(Scanlon et al.，2002)。

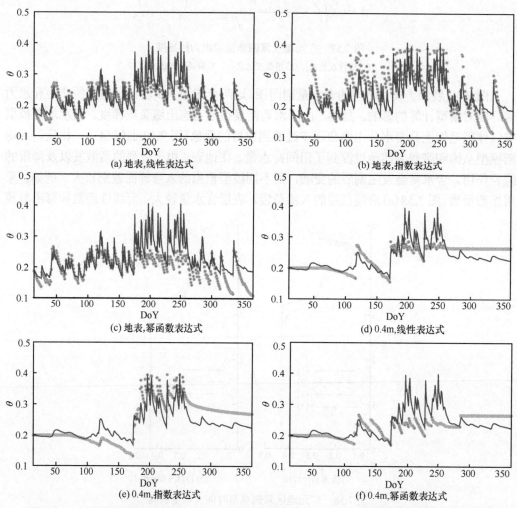

图 7.59　广元地区算例地表和地下 0.4 m 处含水量变化，Richards 方程模型(实线)与 SWUZ (散点)对比

2. 深层渗漏问题

考虑一个 2m 的土柱,对于 Richards 方程模型,采用自由排水边界;对于水均衡模型,采用水分再分配的计算公式计算最底层的排水量。气象资料来源于河北石津灌区,且考虑作物覆盖情况。该地区年降雨量为 784.6mm,参考作物腾发量为 768.1mm,采用 Penman 公式计算。图 7.60 列出了该地区的年内降雨和 ET_0 分布。作物种植期为 3 月到 8 月,生育期内最长根系深 1m,均匀分布。

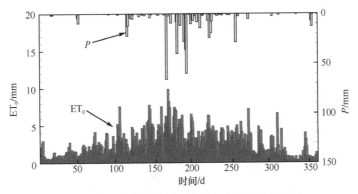

图 7.60　石津灌区算例的降雨和参考作物腾发量

由于底部边界自由排水,该地区的水均衡要素包括降水 P、实际蒸发 E_a、根系吸水 T_a、深层排水 D 及土壤水储量变化 ΔS。

图 7.61 列出了石津灌区算例的水均衡要素。除了实际蒸发和根系吸水,底部排水量也是水均衡要素之一。由于水分分布的不同,各模型计算的实际蒸发,蒸腾和排水过程有明显的差异。其原因可以解释为线性表达式和幂函数表达式的 K 值以田持为界,小于田持为 0,不产生排水。在半干旱地区,只有较大的连续降雨才会使得最底层土壤含水量超过田持。

图 7.62 显示 Picard 迭代模型、SWUZ 指数模型、SWUZ 指数模型和 SWUZ 线性幂函数模型所得到的水量均衡项结果。

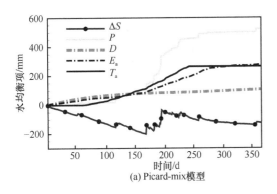

(a) Picard-mix模型

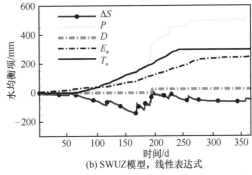

(b) SWUZ模型,线性表达式

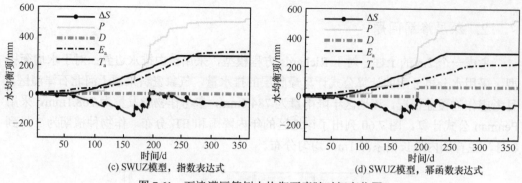

(c) SWUZ模型，指数表达式　　(d) SWUZ模型，幂函数表达式

图 7.61　石津灌区算例水均衡要素随时间变化图

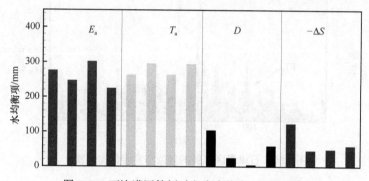

图 7.62　石津灌区算例时段末水均衡要素统计图

按顺序依次为 Picard-mix 模型；SWUZ 模型，线性表达式；SWUZ 模型，指数表达式；SWUZ 模型，幂函数表达式

典型时间的含水量剖面图(图 7.63)以及典型深度(地表和地下 0.4m)的含水量随时间变化(图 7.64)表明，在半干旱地区，含水量的峰值相对较小。由于 van Genuchten 模型在田持以下仍有可观的传导性，而线性模型和幂函数模型则设田持以下的 K 为 0，故后两者的模型含水量值在田持左右(0.27)。指数模型的 K 偏小，其含水量值也保持在田持附近。

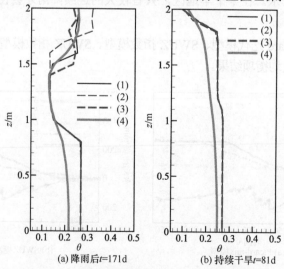

(a) 降雨后 t=171d　　(b) 持续干旱 t=81d

图 7.63　石津灌区算例典型时间含水量剖面

(1)SWUZ 线性表达式；(2)SWUZ 指数表达式；(3)SWUZ 幂函数表达式；(4)Richards 方程模型

在本算例中，如果认为 Richards 方程模型代表了实际情况，则水均衡模型预测的深层渗漏偏小。田持取值为 0.27，对应的 van Genuchten 模型非饱和 K 为 1 mm/d，但在干旱地区仍然会产生较可观的渗漏量，强行将小于田持的 K 设为 0，则会明显减小渗漏量。田持等参数具有一定的经验性，可以适当对这些参数进行校验。以 SWUZ 线性表达式为例，其水均衡要素对田持 θ_f 的敏感度如图 7.65 所示。敏感度呈现出较为简单的线性或者非线性规律。随着田持增加，非饱和 K 值相对变小，排水量 D，土壤储水量的减少量均呈现减少的规律。图 7.66 显示，随着凋萎系数增加，水分胁迫更加严重，实际蒸发和蒸腾相应减少。而由于剖面含水量相对变大(消耗变少)，使得降雨形成的深层渗漏更多，而剖面水量有轻微增加。

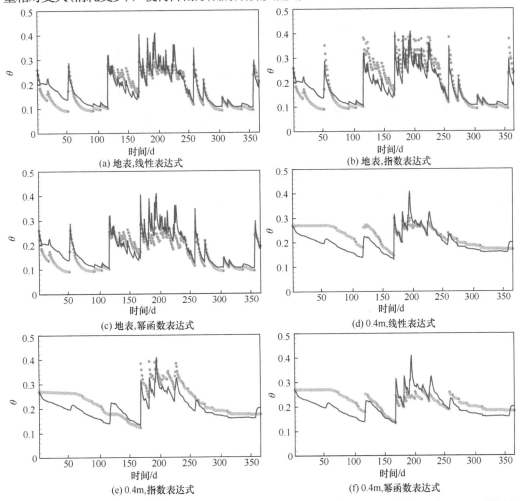

图 7.64　石津灌区算例地表和地下 0.4 m 处含水量变化，Richards 方程模型(实线)，与 SWUZ(散点) 对比

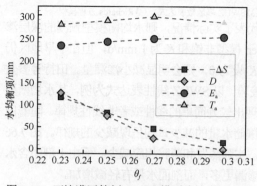

图 7.65　石津灌区算例 SWUZ 模型线性表达式水均衡要素对田持的敏感度

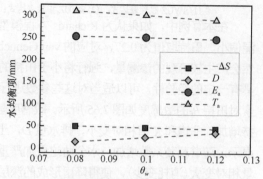

图 7.66　石津灌区算例 SWUZ 模型线性表达式水均衡要素对凋萎系数的敏感度

SWUZ 水均衡模型实际运行时间在 0.1s 左右（双核 CPU 主频 2.4 GHz，32 位系统，2G 内存）。理论上，SWUZ 模型在计算蒸发、蒸腾时每天仅需一步计算；水分再分配以小时为单位进行运算。且所有的运算都是显式的，不需要求解方程组。模型的运行时间步长、计算速度与水分条件没有关系，具有绝对的稳定性。相比而言，Richards 方程模型的实际运行时间在 3.1s 左右。Richards 方程模型由于需要保证计算收敛，需要将时间水平控制在较低水平，例如，在降雨条件下可能会减小至 10^{-5} d，且每个迭代步均需要形成以及求解方程组，耗费时间较长。另外，模型的运行时间步长以及计算速度与水分条件，土壤非线性等有密切的关系，模型有可能会遭遇不收敛的问题。

第8章 二维渗流和溶质运移数值模型

本章主要介绍模拟多孔介质二维水流运动和溶质运移数值模拟方法和模型，二维饱和平面地下水流运动数值模型以水均衡理论为出发点，通过水均衡方法建立其数值格式；二维剖面饱和-非饱和水流运动和溶质运移模型则以有限单元法为基础进行空间离散，以差分格式进行时间离散，以建立其数值格式；在二维饱和-非饱和水流运动和溶质运移模型的基础上，考虑不同氮素化合物之间的相互反应，建立了适用于田间尺度的二维氮素迁移转化数值模型。

8.1 二维平面饱和地下水运动数值模型

8.1.1 二维平面饱和水流运动控制方程

二维平面饱和水流运动控制方程为

$$\mu \frac{\partial H}{\partial t} = \frac{\partial}{\partial x}\left(K_s \frac{\partial H}{\partial x}\right) + \frac{\partial}{\partial y}\left(K_s \frac{\partial H}{\partial y}\right) - S \tag{8.1.1}$$

式中，μ 为释水系数，[L^{-1}]；K_s 为土壤饱和渗透系数，[L/T]；H 为总水头，[L]；x、y 为空间坐标；t 为时间，[T]；S 为根系吸水项或其他源汇项，[T^{-1}]。

8.1.2 二维平面饱和水流问题的单元均衡计算

以三角形单元为例，取平面上任一节点 I 的均衡域进行分析(图 8.1 中斜线部分为节点 I 的均衡域)。在不考虑边界和源汇项的情况下，节点 I 水均衡项主要包括侧向流量项和水头变化释放(储存)项。本节将通过水均衡分析对这两项进行计算。

1. 侧向流量

对平面三角形 IJK[图 8.2(a)]作中线 JK' 和 KJ' 的交点 O，此即为三角形 IJK 的重心，四边形 $IJ'OK'$ 的面积为节点 I 所控制的面积，其大小等于 $1/3\triangle$($\triangle$ 为三角形 IJK 的面积)。若三角形 IJK 为区域内的第

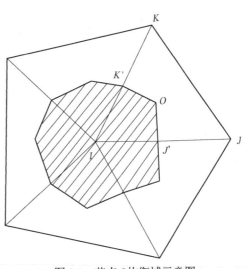

图 8.1 节点 I 均衡域示意图

β 个三角形，则四边形 $IJ'OK'$ 的面积可写成 $1/3\triangle_\beta$。同理，可以求得节点 I 所控制的其他三角形的面积，将与节点 I 相联结的各三角形面积进行累加，即可得节点 I 所控制均衡域的总面积(图 7.1 中斜线部分)。

在三角形 IJK 中，由节点 I 作 JK 的垂直线 IA，A 为垂线与 JK 的交点，流向节点 I 控制面积的侧向流量 Q_{HI}(以流向结点 I 为正)为

$$Q_{HI} = -T_\beta \frac{H_I - H_A}{AI} \overline{J'K'} \tag{8.1.2}$$

式中，T_β 为三角形的平均导水系数[L/T]；H_I 为节点 I 的水头[L]；H_A 为 A 点的水头；$\overline{J'K'}$ 为垂直于 IA 方向的过水断面宽度[L]；$\dfrac{(H_I - H_A)}{AI}$ 为垂直于 JK 方向的平均水力坡降[-]。

在采用线性插值时，三角形 IJK 中 JK 边上 A 点的水头为 H_A，与 H_J、H_K 应成直线关系[图 8.2(b)]，即

$$H_A = \frac{\overline{AK}}{\overline{JK}} H_J + \frac{\overline{AJ}}{\overline{JK}} H_K \tag{8.1.3}$$

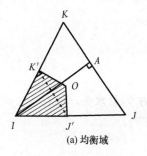
(a) 均衡域

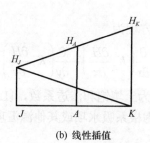
(b) 线性插值

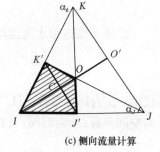
(c) 侧向流量计算

图 8.2　三角形单元 IJK

将式(8.1.3)代入式(8.1.2)得到流进节点 I 控制面积的侧向流量 Q_{HI} 为

$$Q_{HI} = -T_\beta \left[(\text{ctg}\alpha_J + \text{ctg}\alpha_K) H_I - \text{ctg}\alpha_K H_J - \text{ctg}\alpha_J H_K \right] \frac{\overline{J'K'}}{\overline{JK}} \tag{8.1.4}$$

在三角形中，有

$$\overline{J'K'} = 1/2 \times \overline{JK} \tag{8.1.5}$$

$$\text{ctg}\alpha_J = \frac{1}{2\triangle_\beta} \left[(x_I - x_J)(x_K - x_J) + (y_I - y_J)(y_K - y_J) \right] = -\frac{1}{2\triangle_\beta} (b_K b_I + a_K a_I) \tag{8.1.6}$$

$$\text{ctg}\alpha_K = \frac{1}{2\triangle_\beta} \left[(x_J - x_K)(x_I - x_K) + (y_J - y_K)(y_I - y_K) \right] = -\frac{1}{2\triangle_\beta} (b_J b_I + a_J a_I) \tag{8.1.7}$$

$$\text{ctg}\alpha_J + \text{ctg}\alpha_K = -\frac{1}{2\triangle_\beta} \left[(b_K b_I + a_K a_I) + (b_J b_I + a_J a_I) \right] = \frac{1}{2\triangle_\beta} (b_I^2 + a_I^2) \tag{8.1.8}$$

式中，$a_I = y_J - y_K$；$b_I = x_K - x_J$；$a_J = y_K - y_I$；$b_J = x_I - x_K$；$a_K = y_I - y_J$，$b_K = x_J - x_I$；x_p，$y_p (p = I, J, K)$ 分别表示 I、J、K 三节点的 x 坐标与 y 坐标。

将式(8.1.5)、至式(8.1.8)代入式(8.1.4)，得到侧向流量为

$$Q_{HI} = -\frac{T_\beta}{4\triangle_\beta}\left[\left(b_I{}^2 + a_I{}^2\right)H_I + \left(b_J b_I + a_J a_I\right)H_J + \left(b_K b_I + a_K a_I\right)H_K\right] \qquad (8.1.9)$$

2. 弹性释水量

在时段 Δt 内，由于水位变化，结点 I 控制面积上单位时间内储存(或释放)的水量 $Q_{\mu I}$ 为

$$Q_{\mu I} = \mu\frac{\overline{\Delta H}}{\Delta t}\frac{1}{3}\triangle_\beta \qquad (8.1.10)$$

式中，μ 为节点 I 控制域水位变幅范围内土层的弹性释水系数，$[L^{-1}]$；$\overline{\Delta H}$ 为结点 I 控制面积的平均水位变幅，$[L]$，$\overline{\Delta H}$ 计算公式为 $\overline{\Delta H} = \overline{\Delta H^1} - \overline{\Delta H^0}$，其中 $\overline{\Delta H^1}$、$\overline{\Delta H^0}$ 分别为时段末和时段初结点 I 控制面积 $IJ'OK'$ 上的平均水位。这一水位可以近似的用直线 $J'K'$ 和 IO 的交点 C 的水位 H_C 代替[图8.2(c)]。由于在三角形 IJK 范围内各点水位与顶点水位呈直线关系，O' 为 JK 中点，因此

$$H_o{}' = \frac{H_J + H_K}{2} \qquad (8.1.11)$$

由于 J'、K' 为 IJ、IK 的中点，$J'K' \parallel JK$，因此 C 为 IO' 的中点，有

$$H_C{}' = \frac{H_o{}' + H_I}{2} = \frac{H_I}{2} + \frac{H_J}{4} + \frac{H_K}{4} \qquad (8.1.12)$$

$$\overline{\Delta H} = H_C^1 - H_C^0 = \frac{H_I^1 - H_I^0}{2} + \frac{H_J^1 - H_J^0}{4} + \frac{H_K^1 - H_K^0}{4} \qquad (8.1.13)$$

将此式代入公式(8.1.10)，得

$$Q_\mu = \mu\frac{\overline{\Delta H}}{\Delta t}\frac{1}{3}\triangle_\beta = \frac{\mu\triangle_\beta}{\Delta t}\left[\frac{1}{6}\left(H_I^1 - H_I^0\right) + \frac{1}{12}\left(H_J^1 - H_J^0\right) + \frac{1}{12}\left(H_K^1 - H_K^0\right)\right] \qquad (8.1.14)$$

若认为 I 节点水头变化对 I 节点的弹性释水贡献率为100%，则式(8.1.14)可写为

$$Q_\mu = \mu\frac{\overline{\Delta H}}{\Delta t}\frac{1}{3}\triangle_\beta = \frac{\triangle_\beta}{3\Delta t}\mu(H_I^1 - H_I^0) = \frac{\triangle_\beta}{3}\mu\frac{\mathrm{d}H_I}{\mathrm{d}t} \qquad (8.1.15)$$

3. 节点 I 均衡域水量平衡方程

以上仅是与结点 I 相联结的任一三角形的水均衡要素。在不考虑源汇项的情况下，结点 I 所控制的整个多角形面积(图8.1中斜线部分)的侧向补给应与含水层储存(或释放)的总水量相等。因此，将各个三角形的均衡要素相加，可写出以下方程式：

$$-\sum_\beta Q_T + \sum_\beta Q_\mu = 0 \qquad (8.1.16)$$

即

$$\sum_\beta \frac{T_\beta}{4\triangle_\beta}\left[\left(b_i^2+a_i^2\right)H_I+\left(b_jb_i+a_ja_i\right)H_J+\left(b_kb_i+a_ka_i\right)H_K\right]+\sum_\beta\frac{\triangle_\beta}{3}\mu\frac{\mathrm{d}H_I}{\mathrm{d}t}=0 \quad (8.1.17)$$

根据以上推导，同样可得节点 J 和节点 K 的均衡项。在三角形单元中，各节点均有如式 (8.1.17) 所示水量均衡式，写成矩阵形式，即

$$\sum_\beta\frac{T_\beta}{4\triangle_\beta}\begin{bmatrix} a_i^2+b_i^2 & a_ia_j+b_ib_j & a_ia_k+b_ib_k \\ a_ja_i+b_jb_i & a_j^2+b_j^2 & a_ja_k+b_jb_k \\ a_ka_i+b_kb_i & a_ka_j+b_kb_j & a_k^2+b_k^2 \end{bmatrix}\begin{Bmatrix} H_I \\ H_J \\ H_K \end{Bmatrix}+\sum_\beta\frac{\triangle_\beta}{3}\mu\begin{bmatrix} \dfrac{\mathrm{d}H_I}{\mathrm{d}t} \\[2mm] \dfrac{\mathrm{d}H_J}{\mathrm{d}t} \\[2mm] \dfrac{\mathrm{d}H_K}{\mathrm{d}t} \end{bmatrix}=0 \quad (8.1.18)$$

8.2　二维剖面饱和-非饱和水流运动数值模型

8.2.1　二维剖面饱和-非饱和水分运动控制方程

二维土壤剖面饱和-非饱和水分运动方程可采用二维 Richards 方程描述，方程的基本形式如式 (8.2.1) 所示：

$$\frac{\partial\theta}{\partial t}=\frac{\partial}{\partial x_i}\left[K\left(K_{ij}^A\frac{\partial h}{\partial x_j}+K_{iz}^A\right)\right]-S \quad (8.2.1)$$

式中，θ 为土壤体积含水率 [-]；h 为土壤水分负压 [L]；S 为根系吸水项或其他源汇项 [T^{-1}]；$x_i(i=1,2)$ 为空间坐标 [L]，$x_1=x$ 为横坐标，$x_2=z$ 为垂直坐标，取向上为正；t 为时间 [T]；K_{ij}^A 为各向异性无量纲张量的分量；K 为非饱和水力传导度 [L/T]，可由式 (8.2.2) 表示：

$$K(h,x,z)=K_s(x,z)K_r(h,x,z) \quad (8.2.2)$$

式中，K_s 为土壤饱和渗透系数，[L/T]；K_r 为相对非饱和水力传导率，[-]。

8.2.2　根系吸水项

根系吸水项 S 一般可以表达为

$$S=\alpha(h)S_P \quad (8.2.3)$$

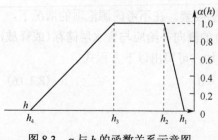

图 8.3　α 与 h 的函数关系示意图

式中，$\alpha(h)$ 为土壤水分压力 (或土壤含水量) 对根系吸水的影响函数，[-]（$0\leqslant\alpha\leqslant1$）；$S_P$ 为与作物潜在蒸腾量有关的作物根系潜在吸水量，[T^{-1}]。

α 与 h 的函数关系如图 8.3 所示 (Feddes et al，1978)，从图中可以看出当土壤接近饱和时，即 $h_1\leqslant h\leqslant0$ 时，根系不吸水；当 $h_2\leqslant h\leqslant h_1$ 时，根系的吸水量增加；当 $h_3\leqslant h\leqslant h_2$ 时，根系吸水量最

大等于根系潜在吸水量,此时 $\alpha=1$;当 $h_4 \leqslant h \leqslant h_3$ 时,根系的吸水量逐渐减少;当 $h \leqslant h_4$(作物达到凋萎点时的土壤负压)时,作物停止吸水,此时 $\alpha=0$。

当作物根系潜在吸水速率在矩形区域 Ω 内均匀分布时,如图 8.4(a)所示,作物根系潜在吸水速率 S_p 可由式(8.2.4)表示

$$S_P = \frac{1}{L_x L_z} L_t T_P \tag{8.2.4}$$

式中,T_P 为作物的潜在蒸腾速率,[L/T];L_z 为根系区的深度,[L];L_x 为根系区的宽度,[L];L_t 为与作物腾发有关的地表宽度,[L],当 $L_t = L_x$ 时,$S_P = T_P/L_z$。

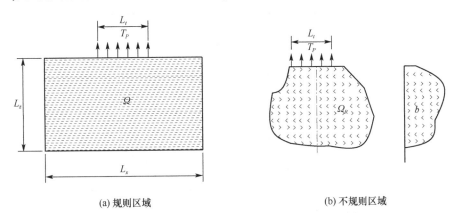

(a) 规则区域　　　　　　　　　　(b) 不规则区域

图 8.4　潜在根系吸水速率计算示意图

当根系分布区域为不规则区域时,如图 8.4(b)所示,根系在土壤剖面中点 (x, z) 处的潜在吸水量可表示如下

$$S_P = b(x, z) L_t T_P \tag{8.2.5}$$

式中,$b(x, z)$ 为根系分布函数,[L^{-2}],可由式(8.2.6)得到

$$b(x, z) = \frac{b'(x, z)}{\int_{\Omega_R} b'(x, z) \mathrm{d}\Omega} \tag{8.2.6}$$

式中,Ω_R 为根系吸水区域,[L^2];$b'(x, z)$ 为在输入文件中任意给定的分布系数,[L^{-2}];$b(x, z)$ 在区域 Ω_R 上的积分为

$$\int_{\Omega_R} b(x, z) \mathrm{d}\Omega = 1 \tag{8.2.7}$$

在区域 Ω_R 对式(8.2.5)两端积分,并将式(8.2.7)代入,便可得到 S_P 和 T_P 之间的关系如下式所示

$$\frac{1}{L_t} \int_{\Omega_R} S_P \mathrm{d}\Omega = T_p \tag{8.2.8}$$

将式(8.2.5)代入式(8.2.3)便可得到点 (x, z) 处实际的吸水量,即

$$S(h, x, z) = a(h, x, z) b(x, z) L_t T_P \tag{8.2.9}$$

则作物的实际蒸腾量可由式(8.2.9)在区域 Ω_R 上的积分获得,有

$$T_a = \frac{1}{L_t} \int_{\Omega_R} S \mathrm{d}\Omega = T_p \int_{\Omega_R} a(h,x,z) b(x,z) \mathrm{d}\Omega \tag{8.2.10}$$

式中，T_a 便为作物的实际蒸腾量，[L/T]。

8.2.3　非饱和土壤水力参数

模型采用 van Genuchten 方程（van Genuchten，1980）的改进模型来表示土壤体积含水率 θ 和土壤水力传导度 K 与土壤负压 h 的关系（图 8.5）。

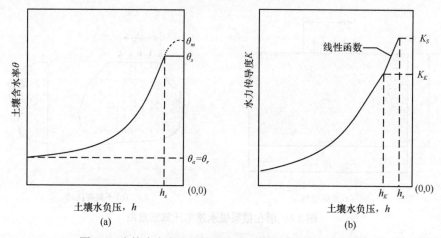

图 8.5　土壤含水率和土壤水力传导度与土壤负压的关系

改进的 van Geneuchten 模型可采用如下表达式表示：

$$\theta(h) = \begin{cases} \theta_a + \dfrac{\theta_m - \theta_a}{(1 + |\alpha h|^n)^m} & h < h_s \\ \theta_s & h \geqslant h_s \end{cases} \tag{8.2.11}$$

$$K(h) = \begin{cases} K_s K_r(h) & h \leqslant h_k \\ K_k + \dfrac{(h - h_k)(K_s - K_k)}{h_s - h_k} & h_k < h < h_s \\ K_s & h \geqslant h_s \end{cases} \tag{8.2.12}$$

其中：

$$K_r = \frac{K_k}{K_s} \left(\frac{S_e}{S_{ek}} \right)^{1/2} \left[\frac{F(\theta_r) - F(\theta)}{F(\theta_r) - F(\theta_k)} \right]^2 \tag{8.2.13}$$

$$F(\theta) = \left[1 - \left(\frac{\theta - \theta_a}{\theta_m - \theta_a} \right)^{1/m} \right]^m \tag{8.2.14}$$

$$m = 1 - 1/n, \qquad n > 1 \tag{8.2.15}$$

$$S_e = \frac{\theta - \theta_r}{\theta_s - \theta_r} \qquad (8.2.16)$$

$$S_{ek} = \frac{\theta_k - \theta_r}{\theta_s - \theta_r} \qquad (8.2.17)$$

式 (8.2.11) 至式 (8.2.17) 中共有 9 个参数需要输入, 分别为 θ_r、θ_s、θ_a、θ_m、α、n、K_s、K_k、θ_k。其中 θ_r 为残余体积含水量, [-]; θ_s 为饱和含水量, [-]; θ_a 和 θ_m 是土壤含水率和土壤负压关系曲线 (即水分特征曲线) 上两个假定值, 且置 $\theta_a = \theta_r$; K_s 为饱和水力传导度, [L/T]; K_k 为压力水头为 h_k 时对应的水力传导度, [L/T]; S_e 为饱和度, [-]; α、n 和 m 是经验常数。

8.2.4 定解条件

1. 初始条件

在计算区域 Ω 内给定初始压力水头的分布, 即

$$h(x,z,t) = h_0(x,z) \qquad [(x,z) \in \Omega, \quad t = 0] \qquad (8.2.18)$$

2. 边界条件

第一类边界条件, 已知压力水头的边界条件, 称 Dirichlet 边界, 可表示为

$$h_1(x,z,t) = \psi(x,z,t) \qquad (x,z) \in \Gamma_D \qquad (8.2.19)$$

式中, $\psi(x,z,t)$ 为边界上的压力水头函数, [L]。

第二类边界条件, 已知流量的边界条件, 称 Neumann 边界, 可表示为

$$-K(K_{ij}^A \frac{\partial h}{\partial x_j} + K_{iz}^A)n_i = \sigma_1(x,z,t) \qquad (x,z) \in \Gamma_N \qquad (8.2.20)$$

式中, $\sigma_1(x,z,t)$ 为已知流量边界上的流量函数, [L/T], 流量的方向与沿边界的外法线方向一致时该函数为正值。

第三类边界条件, 已知梯度的边界条件, 如下表示:

$$(K_{ij}^A \frac{\partial h}{\partial x_j} + K_{iz}^A)n_i = \sigma_2(x,z,t) \qquad (x,z) \in \Gamma_G \qquad (8.2.21)$$

式中, σ_2 为沿边界段 Γ_G 的达西水流速度, [L/T]; n_i 为沿边界段的单位外法向向量。

在实际问题中, 较为常见的边界还包括:

(1) 渗出面边界, 可表示为

$$\begin{cases} h = h_p(x_1, x_2, t), \quad -K(K_{ij}^A \frac{\partial h}{\partial x_j} + K_{iz}^A) > q_p(x_1, x_2, t) \\ \\ -K(K_{ij}^A \frac{\partial h}{\partial x_j} + K_{iz}^A) = q_p(x_1, x_2, t), \quad h < h_p(x_1, x_2, t) \end{cases} \qquad (x_1, x_2) \in R_p, \quad t > 0 \quad (8.2.22)$$

式中，h_p 为允许的淹水水深，[L]，一般可设 $h_p=0$；q_p 为沿渗出面 R_p 的降水量，无降雨时，此值取零。

(2) 蒸发/入渗边界，表达式如下

$$\begin{cases} -K(K_{ij}^A \dfrac{\partial h}{\partial x_j} + K_{iz}^A) = E & h_A \leqslant h \leqslant h_s \\ h = h_s \quad or \quad h = h_A & \left| K(K_{ij}^A \dfrac{\partial h}{\partial x_j} + K_{iz}^A) \right| > E \end{cases} \quad (x_1, x_2) \in R_A, \quad t > 0 \quad (8.2.23)$$

式中，E 为蒸发/入渗边界 R_A 上给定的蒸发/入渗强度，[L/T]；h_A 和 h_s 分别为土壤处于蒸发极限和入渗极限时的水头值，[L]。一般 h_A 的值由土壤的性质决定。h_s 通常设为零，即不考虑边界积水，假设灌溉强度大于土壤的实际入渗能力，则超渗的水量立即形成地表径流流走，不再参与入渗过程。

8.2.5 水流方程的求解

1. 水流方程的空间离散

采用伽辽金有限单元法对方程(8.2.1)进行数值离散。将整个水流区域划分为有限个三角形单元组成的网格系统，三角形的顶点为计算节点，设共有 NP 个节点。将水头函数 $h(x, z, t)$ 写成基函数的线性组合的形式，如下：

$$h(x,z,t) \approx h'(x,z,t) = \sum_{n=1}^{NP} \phi_n(x,z) h_n(t) \quad (8.2.24)$$

式中，ϕ_n 为插值基函数，$\phi_n(x_m, z_m) = \delta_{nm}$，$\delta_{nm}$ 为 Kronecker 单位张量（$\sigma_{nm}=1$, $n=m$；$\sigma_{nm}=0$，$n \neq m$），$h_n(t)$ 为第 n 个节点在 t 时刻的水头值，它是时间 t 的函数。

将式(8.2.1)写成伽辽金有限元方程的形式，如下：

$$\int_\Omega \left\{ \frac{\partial \theta}{\partial t} - \frac{\partial}{\partial x_i} \left[K(K_{ij}^A \frac{\partial h'}{\partial x_j} + K_{iz}^A) \right] + S \right\} \phi_n \mathrm{d}\Omega = 0 \quad (n=1,2\cdots NP) \quad (8.2.25)$$

将式(8.2.25)展开，有

$$\int_\Omega \frac{\partial \theta}{\partial t} \phi_n \mathrm{d}\Omega - \int_\Omega \frac{\partial}{\partial x_i} \left[K(K_{ij}^A \frac{\partial h'}{\partial x_j} + K_{iz}^A) \right] \phi_n \mathrm{d}\Omega + \int_\Omega S \phi_n \mathrm{d}\Omega = 0 \quad (8.2.26)$$

根据分部积分，式(8.2.26)第二项可表示如下：

$$\int_\Omega \frac{\partial}{\partial x_i} \left[K(K_{ij}^A \frac{\partial h'}{\partial x_j} + K_{iz}^A) \right] \phi_n \mathrm{d}\Omega =$$

$$= \int_\Omega \frac{\partial}{\partial x_i} \left[K(K_{ij}^A \frac{\partial h'}{\partial x_j} + K_{iz}^A) \phi_n \right] \mathrm{d}\Omega - \int_\Omega K(K_{ij}^A \frac{\partial h'}{\partial x_j} + K_{iz}^A) \frac{\partial \phi_n}{\partial x_i} \mathrm{d}\Omega \quad (8.2.27)$$

将式(8.2.27)右端第一项按 $i=x$, z 展开，有

$$\int_{\Omega} \frac{\partial}{\partial x_i}\left[K(K_{ij}^A \frac{\partial h'}{\partial x_j} + K_{iz}^A)\phi_n\right]\mathrm{d}\Omega$$

$$= \int_{\Omega} \frac{\partial}{\partial x}\left[K(K_{xj}^A \frac{\partial h'}{\partial x_j} + K_{xz}^A)\phi_n\right]\mathrm{d}\Omega + \int_{\Omega} \frac{\partial}{\partial z}\left[K(K_{zj}^A \frac{\partial h'}{\partial x_j} + K_{zz}^A)\phi_n\right]\mathrm{d}\Omega$$

(8.2.28)

式中，$j=x,\ z$。

设 $Q = K(K_{xj}^A \frac{\partial h'}{\partial x_j} + K_{xz}^A)\phi_n$，$P = K(K_{zj}^A \frac{\partial h'}{\partial x_j} + K_{zz}^A)\phi_n$，用 P、Q 替换式 (8.2.28) 中相应

的部分并应用格林公式，有

$$\int_{\Omega}\left(\frac{\partial Q}{\partial x} - \frac{\partial(-P)}{\partial z}\right)\mathrm{d}\Omega = \int_{\Gamma} -P\mathrm{d}x + Q\mathrm{d}z$$

(8.2.29)

根据两类曲线积分之间的关系，有

$$\int_{\Gamma} -P\mathrm{d}x + Q\mathrm{d}z = \int_{\Gamma}(-P\cos\alpha + Q\cos\beta)\mathrm{d}\Gamma$$

(8.2.30)

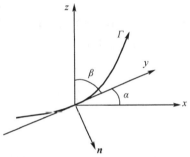

式中，α，β 为有向曲线弧 Γ 上点 (x, z) 处的切线向
量的方向角，指向与曲线弧的正向相同，如图 8.6
所示。由此可得该点处外法线向量的方向角分别为
β，$90°+\beta$。其外法线向量为 $\boldsymbol{n} = \cos\beta\,\boldsymbol{i} + \sin(90°+\beta)\,\boldsymbol{j}$，
即 $n_x = \cos\beta$，$n_z = \sin(90°+\beta) = -\cos\alpha$。联合
式 (8.2.29) 和式 (8.2.30)，有

图 8.6　边界 Γ 上的切向量和外法线向量

$$\int_{\Omega} \frac{\partial}{\partial x_i}\left[K(K_{ij}^A \frac{\partial h'}{\partial x_j} + K_{iz}^A)\phi_n\right]\mathrm{d}\Omega = \int_{\Gamma}(Pn_z + Qn_x)\mathrm{d}\Gamma$$

$$= \int_{\Gamma}\left[K(K_{zj}^A \frac{\partial h'}{\partial x_j} + K_{zz}^A)\phi_n n_z + K(K_{xj}^A \frac{\partial h'}{\partial x_j} + K_{xz}^A)\phi_n n_x\right]\mathrm{d}\Gamma$$

(8.2.31)

$$= \int_{\Gamma} K(K_{ij}^A \frac{\partial h'}{\partial x_j} + K_{iz}^A)\boldsymbol{n}_i\phi_n\mathrm{d}\Gamma$$

式中，$-\boldsymbol{K}(K_{ij}^A \frac{\partial h'}{\partial x_j} + K_{iz}^A)$ 为边界上的流速向量；$\boldsymbol{n}_i$ 为边界 Γ 的外法线方向上的单位向量，

因此 $-K(K_{ij}^A \frac{\partial h'}{\partial x_j} + K_{iz}^A)\boldsymbol{n}_i$ 实际上是边界上的流速在边界 Γ 外法向上的投影，其值为边界

上通过的流量，当流速的方向为从模拟区域向外时，该流量值为正，否则为负。

因此，对式 (8.2.25) 应用分部积分和格林公式后，经整理便可得到如下的伽辽金有
限元方程形式：

$$\int_\Omega \frac{\partial \theta}{\partial t}\phi_n + KK_{ij}^A \frac{\partial h'}{\partial x_j}\frac{\partial \phi_n}{\partial x_i}\,\mathrm{d}\Omega =$$

$$\int_\Gamma K(K_{ij}^A \frac{\partial h'}{\partial x_j} + K_{iz}^A)n_i\phi_n\,\mathrm{d}\Gamma + \int_\Omega -KK_{iz}^A\frac{\partial \phi_n}{\partial x_i} - S\phi_n\,\mathrm{d}\Omega \tag{8.2.32}$$

将积分化在三角形单元上可得

$$\sum_e\int_{\Omega_e} \frac{\partial \theta}{\partial t}\phi_n + KK_{ij}^A \frac{\partial h'}{\partial x_j}\frac{\partial \phi_n}{\partial x_i}\,\mathrm{d}\Omega = \sum_e\int_{\Gamma_e} K(K_{ij}^A \frac{\partial h'}{\partial x_j} + K_{iz}^A)n_i\phi_n\,\mathrm{d}\Gamma +$$

$$\sum_e\int_{\Omega_e} -KK_{iz}^A\frac{\partial \phi_n}{\partial x_i} - S\phi_n\,\mathrm{d}\Omega \tag{8.2.33}$$

在三角形剖分区域内遍取 $\phi_n (n=1,2,\dots,NP)$，则可得到 NP 个方程，对这 NP 个方程进行求解就可得到偏微分方程的解。

为进行有限元的计算，需构造基函数，其中最简单的是线性插值基函数，下面在整体坐标下，用线性插值方法构造三角形单元 e 的基函数。在单元 e 中，相应的基函数 $\phi_p (p=I,j,m)$ 应满足：

$$\phi_p(x_q,y_q) = \delta_{p,q} \qquad (p,q=i,j,m) \tag{8.2.34}$$

由此可得到在单元 e 上的插值函数 h'：

$$h' = \sum_{p=i,j,m} h_p\phi_p \tag{8.2.35}$$

对于线性单元的情况，基函数在单元上为一平面，这个平面一般可以表示为

$$\phi_p(x,z) = \frac{1}{2A_e}(a_px + b_pz + d_p) \quad p=i,j,m \tag{8.2.36}$$

式 (8.2.36) 中 A_e 为三角形单元的面积，$A_e = (b_ma_j - b_ja_m)/2$

$$\begin{aligned}
a_i &= z_j - z_m, & b_i &= x_m - x_j, & d_i &= x_jz_m - x_mz_j \\
a_j &= z_m - z_i, & b_j &= x_i - x_m, & d_j &= x_mz_i - x_iz_m \\
a_m &= z_i - z_j, & b_m &= x_j - x_i, & d_m &= x_iz_j - x_jz_i
\end{aligned} \tag{8.2.37}$$

基函数有如下的积分公式：

$$\int_{\Omega_e} \phi_i^r\phi_j^s\phi_m^t\,\mathrm{d}\Omega = 2A_e\frac{r!s!t!}{(r+s+t+2)!} \tag{8.2.38}$$

$$\int_{\Gamma_{ij}} \phi_i^r\phi_j^s\,\mathrm{d}L = L_{ij}\cdot\frac{r!s!}{(r+s+1)!}L_{ij} \tag{8.2.39}$$

式 (8.2.33) 共有五项积分，分别为

$$\underbrace{\sum_e\int_{\Omega_e}\frac{\partial \theta}{\partial t}\phi_n\mathrm{d}\Omega}_{[1]} + \underbrace{\sum_e\int_{\Omega_e}K'K_{ij}^A\frac{\partial h'}{\partial x_j}\frac{\partial \phi_n}{\partial x_i}\mathrm{d}\Omega}_{[2]} = \underbrace{\sum_e\int_{\Omega_e}K'K_{iz}^A\frac{\partial \phi_n}{\partial x_i}\mathrm{d}\Omega}_{[3]}$$

$$\underbrace{+\sum_e \int_{\Gamma_e} K\left(K_{ij}^A \frac{\partial h}{\partial x_j} + K_{iz}^A\right) \boldsymbol{n}_i \phi_n \mathrm{d}\Gamma}_{[4]} \quad \underbrace{-\sum_e \int_{\Omega_e} S' \phi_n \mathrm{d}\Omega}_{[5]} \tag{8.2.40}$$

如果将式(8.2.40)写成矩阵方程的形式，则有

$$[F]\frac{\mathrm{d}\{\theta\}}{\mathrm{d}t} + [A]\{h\} = \{Q\} - \{B\} - \{D\} \tag{8.2.41}$$

下面将推导式(8.2.41)中一般项的表达式。处理之前先作两点假设：

假设(1)：各向异性张量 $\boldsymbol{K}^A$ 在三角形单元上是不变的，而含水量 θ，土壤水力传导度 K，以及根系吸水率 S，对于具体的一个时刻，在三角形单元上是线性分布的。例如：$\theta(x,z) = \sum_{l=i,j,m} \theta_l \phi_l(x,z)$，$(x,z) \in \Omega_e$，$\Omega_e$ 为三角形单元的面积，θ_l 为三角形三个顶点上的含水量值。

假设(2)：对于式(8.2.40)的时间项应用质量集中法，即

$$\frac{\mathrm{d}\theta_n}{\mathrm{d}t} = \frac{\sum_e \int_{\Omega_e} \frac{\partial \theta}{\partial t} \phi_n \mathrm{d}\Omega}{\sum_e \int_{\Omega_e} \phi_n \mathrm{d}\Omega} \tag{8.2.42}$$

根据以上假设，对式(8.2.40)中各项进行计算。

第[1]项：根据式(8.2.42)，有

$$\sum_e \int_{\Omega_e} \frac{\partial \theta}{\partial t} \phi_n \mathrm{d}\Omega = \frac{\mathrm{d}\theta_n}{\mathrm{d}t} \sum_e \int_{\Omega_e} \phi_n \mathrm{d}\Omega \tag{8.2.43}$$

因此对于矩阵方程(8.2.41)有

$$F_{nm} = \delta_{nm} \sum_e \int_{\Omega_e} \phi_n \mathrm{d}\Omega = \delta_{nm} \sum_e \frac{1}{3} A_e \tag{8.2.44}$$

第[2]项：由于：

$$\frac{\partial \phi_m}{\partial x} = \frac{a_m}{2A_e} \qquad \frac{\partial \phi_m}{\partial z} = \frac{b_m}{2A_e}$$

$$\frac{\partial \phi_n}{\partial x} = \frac{a_n}{2A_e} \qquad \frac{\partial \phi_n}{\partial z} = \frac{b_n}{2A_e} \qquad K' = \sum_{l=i,j,m} K_l \phi_l \tag{8.2.45}$$

因此：

$$A_{nm} = \sum_e \int_{\Omega_e} K' K_{ij}^A \frac{\partial \phi_m}{\partial x_j} \frac{\partial \phi_n}{\partial x_i} \mathrm{d}\Omega = \sum_e \sum_{l=i,j,m} K_l \int_{\Omega_e} \phi_l K_{ij}^A \frac{\partial \phi_m}{\partial x_j} \frac{\partial \phi_n}{\partial x_i} \mathrm{d}\Omega$$

$$= \sum_e \frac{1}{4A_e} \overline{K} \left[K_{xx}^A a_m a_n + K_{xz}^A (a_m b_n + b_m a_n) + K_{zz}^A b_n b_m \right] \tag{8.2.46}$$

其中：$\overline{K} = \dfrac{K_i + K_j + K_m}{3}$，$I, j, m$ 为单元 e 的三个顶点编号。

第[3]项：

$$B_n = \sum_e \int_{\Omega_e} K'K^A_{iz}\frac{\partial \phi_n}{\partial x_i}\mathrm{d}\Omega = \sum_e \sum_{l=i,j,m} K_l \int_{\Omega_e} \phi_l K^A_{iz}\frac{\partial \phi_n}{\partial x_i}\mathrm{d}\Omega$$

$$= \sum_e \sum_{l=i,j,m} K_l(K^A_{xz}\frac{a_n}{2A_e} + K^A_{zz}\frac{b_n}{2A_e})\int_{\Omega_e} \phi_l\mathrm{d}\Omega = \sum_e \frac{1}{2}\overline{K}(K^A_{xz}a_n + K^A_{zz}b_n)$$

(8.2.47)

第[4]项：

$$Q_n = \sum_e \int_{\Gamma_e} K(K^A_{ij}\frac{\partial h}{\partial x_j} + K^A_{iz})n_i\phi_n\mathrm{d}\Gamma$$

(8.2.48)

对于二类边界条件，由于边界上的流量已知，即

$$-K(K^A_{ij}\frac{\partial h}{\partial x_j} + K^A_{iz})n_i = \sigma_1(x,z,t) \qquad (x,z)\in \Gamma_N$$

(8.2.49)

因此直接积分可得：

$$Q_n = -\sum_e \sum_{l=i,j,m} \int_{\Gamma_e} \sigma_{1l}\phi_l\phi_n\mathrm{d}\Gamma = -\sum_e \frac{1}{2}\sigma_n L_n$$

(8.2.50)

式中，L_n 为与节点 n 相邻的边界段长度，[L]。

对于内部节点，由于 ϕ_n 在边界上的值为零，因此 $Q_n = 0$。

第[5]项：

$$D_n = -\sum_e \int_{\Omega_e} S'\phi_n\mathrm{d}\Omega = -\sum_e \sum_{l=i,j,m} \int_{\Omega_e} S_l\phi_l\phi_n\mathrm{d}\Omega$$

$$= \sum_e \frac{1}{12}A_e(3\overline{S} + S_n)$$

(8.2.51)

式中，$\overline{S} = \dfrac{S_i + S_j + S_k}{3}$。

2. 水流方程的时间离散

上面只是对水流的偏微分方程作了空间的离散，得到矩阵方程组(8.2.41)。下一步将对矩阵方程组作时间离散，即对方程组中的 $\dfrac{\mathrm{d}\theta_n}{\mathrm{d}t}$ 进行差分。如采用的是隐式差分的形式(向后差分)，即

$$[F]\frac{\{\theta\}_{j+1} - \{\theta\}_j}{\Delta t_j} + [A]_{j+1}\{h\}_{j+1} = \{Q\}_j - \{B\}_{j+1} - \{D\}_j$$

(8.2.52)

式中，$j+1$ 为当前的时间层；j 为前一时间层；Δt_j 为两个时间层的时间间隔，即 $\Delta t_j = t_{j+1} - t_j$。

式(8.2.52)代表了最终要求解的方程。需要注意的是式(8.2.52)中的系数 θ，A，B 和 Q (仅对于三类边界条件)都是水头值 h 的函数，因此该方程组是高度非线性的，在每

个 Δt_j 时段必须通过迭代法求解。迭代的思路如下：在迭代开始之前先预测 $\{h\}_{j+1}$ 的值（通过前两个时间层的计算结果进行外插），记为 $\{h\}_{j+1}^0$，代入式 (8.2.52) 中分别得到系数 θ，A，B 和 Q（仅对于三类边界条件），求解得到第一次迭代过程的解 $\{h\}_{j+1}^1$；然后比较 $\{h\}_{j+1}^0$ 和 $\{h\}_{j+1}^1$，如果两者之间满足迭代精度（预先设定的），则认为 $\{h\}_{j+1}^1$ 就是计算时段 Δt_j 的解 $\{h\}_{j+1}$，迭代过程结束；否则，将 $\{h\}_{j+1}^1$ 重新代入式 (8.2.52) 中形成新的系数 θ，A，B，和 Q，得到第二次迭代过程的解 $\{h\}_{j+1}^2$，再比较是否收敛，如此一直进行下去，直到迭代精度满足要求为止。对于可能会出现迭代不收敛的情况，这时候必须缩减时间步长，重新开始迭代过程。

3. 对时间项的进一步处理

迭代过程对如何处理式 (8.2.52) 中的含水量项十分敏感。模型中采用了一种称为"质量守恒"的方法，以减少计算过程中的水量平衡误差。这种方法在迭代过程中将式 (8.2.52) 中的第一项分成两部分：

$$[F]\frac{\{\theta\}_{j+1}-\{\theta\}_j}{\Delta t_j}=[F]\frac{\{\theta\}_{j+1}^{k+1}-\{\theta\}_{j+1}^k}{\Delta t_j}+[F]\frac{\{\theta\}_{j+1}^k-\{\theta\}_j}{\Delta t_j} \tag{8.2.53}$$

式中，$k+1$ 为当前迭代；k 为上一次迭代；$j+1$ 为当前时间层；j 为前一时间层。注意到式 (8.2.53) 中右端第二项对于当前迭代过程来说是已知的。将式 (8.2.53) 中右端第一项转化为用水头表示，得

$$[F]\frac{\{\theta\}_{j+1}-\{\theta\}_j}{\Delta t_j}=[F][C]_{j+1}^k\frac{\{h\}_{j+1}^{k+1}-\{h\}_{j+1}^k}{\Delta t_j}+[F]\frac{\{\theta\}_{j+1}^k-\{\theta\}_j}{\Delta t_j} \tag{8.2.54}$$

式中，矩阵 $[C]$ 是和矩阵 $[F]$ 一样的对角矩阵，其矩阵元素为 $C_{nm}=\delta_{nm}C_n$，矩阵 $[C]$ 中的元素 C_n 是节点的土壤容水度。注意到当迭代过程结束时（即迭代满足精度要求时），式 (8.2.54) 中右端第一项趋近于 0。这种特性可以有效减少求解过程中的水量平衡误差。

经过处理之后，迭代过程可以表达如下：

$$[F][C]_{j+1}^k\frac{\{h\}_{j+1}^{k+1}-\{h\}_{j+1}^k}{\Delta t_j}+[F]\frac{\{\theta\}_{j+1}^k-\{\theta\}_j}{\Delta t_j}+[A]_{j+1}^k\{h\}_{j+1}^{k+1}$$
$$=\{Q\}_j-\{B\}_{j+1}^k-\{D\}_j \tag{8.2.55}$$

整理得

$$\left(\frac{[F][C]_{j+1}^k}{\Delta t_j}+[A]_{j+1}^k\right)\{h\}_{j+1}^{k+1}=\frac{[F][C]_{j+1}^k}{\Delta t_j}\{h\}_{j+1}^k-[F]\frac{\{\theta\}_{j+1}^k-\{\theta\}_j}{\Delta t_j}$$
$$+\{Q\}_j-\{B\}_{j+1}^k-\{D\}_j \tag{8.2.56}$$

式(8.2.56)左端和右端分别合并，在程序中形成最终的矩阵求解形式$[A]\{h\}=\{B\}$，然后利用标准算法如高斯消去法或共轭梯度法进行求解。

4. 非二类边界的处理

模型中的基本边界类型有三种，分别为 Dirichlet 类(一类)、Neumann 类(二类)以及 Cauchy 类(三类)。至于混合边界的情况，如自由渗出面边界、蒸发/入渗边界、排水管边界等需要在程序的计算过程中，按照一定的判断条件在不同的基本边界类型之间进行切换，因此，最终计算时，要处理的边界只有三种基本类型。式(8.2.50)只适用于二类边界，对于其他类型须另作处理。

对于一类边界，即边界节点上的水头值已知时，理论上可以将节点方程消去。例如，设模拟区域中有 N 个节点，其中有 s 个为一类边界节点，则最后将形成 $(N-s)\times(N-s)$ 的方程组，有利于减少计算工作量。但这样处理需要对节点重新编号，会带来程序编制方面的工作量。因此比较简单的方法是采用方程：

$$\delta_{nm}h_m = \psi_n \tag{8.2.57}$$

来代替该节点处的伽辽金方程。其中 δ_{nm} 是 Kronecker delta 函数，ψ_n 是节点 n 上给定的水头值。

如果当前时间层 $j+1$ 第 k 次迭代结果已经解出，即 $\{h\}_{j+1}^k$ 已知，则可以通过式(8.2.56)来计算一类边界节点控制的边界段在时间段 $\Delta t_i = t_{j+1}-t_j$ 内的流量大小，即

$$Q_n = F_{nm}\frac{\theta_m^{j+1,k}-\theta_m^j}{\Delta t_j} + A_{nm}^{j+1,k}h_m^{j+1,k} + B_n^{j+1,k} + D_n^j \tag{8.2.58}$$

水流模型可以通过上式计算出来的流量值在迭代过程中控制混合边界上一类边界向二类边界之间的切换。当迭代最终收敛时，式(8.2.58)可表示为

$$Q_n = F_{nm}\frac{\theta_m^{j+1}-\theta_m^j}{\Delta t_j} + A_{nm}^{j+1}h_m^{j+1} + B_n^{j+1} + D_n^j \tag{8.2.59}$$

这时的计算结果就是一类边界节点控制的边界段通过的流量值。

对于三类边界节点，其边界的表达形式为

$$(K_{ij}^A\frac{\partial h}{\partial x_j} + K_{iz}^A)n_i = \sigma(x,z,t) \qquad (x,z)\in\Gamma_G \tag{8.2.60}$$

这种边界条件在实际应用中并不多见，当模拟区域的底边界与地下水位的距离很远并模拟底边界的自由排水时，可近似采用这种边界类型。这时水流类似于一维垂向运动，且 $\frac{\partial h}{\partial z}=0$，而在一维条件下，$-K\frac{\partial(h+z)}{\partial z}=q$，因此 $q=-K$。对于二维情况，类似有 $-K(K_{ij}^A\frac{\partial h}{\partial x_j} + K_{iz}^A)n_i = -K$，因此式(8.2.60)中 $\sigma(x,z,t)=1$。

综上所述对于式(8.2.50)，应用三类边界时有

$$Q_n = \sum_e \int_{\Gamma_e} K(K_{ij}^A \frac{\partial h}{\partial x_j} + K_{iz}^A) n_i \phi_n \mathrm{d}\Gamma = -\sum_e \frac{1}{2} K_n L_n \tag{8.2.61}$$

5. 作物根系吸水

水流模型把所有根系分布系数 $b(x,z)$ 不为零的节点视为根系吸水区域，对于每一个三角形单元，假设根系吸水速率在单元上为线性分布，即 $S(x,z) = \sum_{n=1}^{3} S(x_n, z_n)\phi_n(x,z)$，$(x,z) \in \Omega_e$，$\Omega_e$ 为三角形的面积，n 为单元的三个顶点。式 (8.2.51) 中的 D_n 的计算即基于这种假设。节点 n 处实际的根系吸水速率 $S(x_n, z_n)$ 可以通过式 (8.2.9) 计算。为了加快计算速度，计算时，采用上一时间层的水头值来计算根系吸水的影响函数 $\alpha(h)$，且在同一计算时段的迭代过程中不再更新。单位长度土壤表面上的蒸腾强度 T_a 可采用下式计算：

$$T_a = \frac{1}{L_t} \sum_e A_e \overline{S} \tag{8.2.62}$$

式中，L_t 为与作物腾发有关的地表宽度，$[\mathrm{L}]$；$\overline{S}$ 为单元上平均根系吸水速率，$[\mathrm{T^{-1}}]$。

8.3 饱和水流运动问题的溶质运移

目前常用的有限元法主要有基于变分原理的里茨法有限元和加权余量法有限元。用变分有限元求解溶质运移方程一般要经过适当变换，将不自伴的方程变换为自伴，经有限元离散后，所得方程组系数矩阵为正定的，在数值求解时，占用内存少，求解速度快。但是，这种变换常为指数变换，当对流作用较强时，由于指数过大，变换难以实现。而且变换和反变换本身也要引入较大误差。对于一般问题，相应的泛函也较难找到。目前在求解水动力弥散方程中应用较广的是加权剩余法，尤其是 Galerkin (伽辽金) 有限元法。

8.3.1 对流-弥散方程的伽辽金有限元模型

对于二维对流-弥散方程

$$\frac{\partial C}{\partial t} = \frac{\partial}{\partial x}\left(D_{xx}\frac{\partial C}{\partial x} + D_{xy}\frac{\partial C}{\partial y}\right) + \frac{\partial}{\partial y}\left(D_{yx}\frac{\partial C}{\partial x} + D_{yy}\frac{\partial C}{\partial y}\right) - v_x\frac{\partial C}{\partial x} - v_y\frac{\partial C}{\partial y} \tag{8.3.1}$$

对应的初始和边界条件为

$$C(x,y,t)\big|_{t=0} = C_0(x,y) \qquad\qquad (x,y) \in \Omega$$

$$C(x,y,t)\big|_{\Gamma_1} = C_1(x,y,t) \qquad\qquad (x,y) \in \Gamma_1 \tag{8.3.2}$$

$$\left[\left(D_{xx}\frac{\partial C}{\partial x} + D_{xy}\frac{\partial C}{\partial y}\right)n_x + \left(D_{yx}\frac{\partial C}{\partial x} + D_{yy}\frac{\partial C}{\partial y}\right)n_y\right]_{\Gamma_2} = q_m \quad (x,y) \in \Gamma_2$$

式中，$\varGamma_1$ 和 $\varGamma_2$ 分别为域 $\varOmega$ 上的第一类、第二类边界；n_x、n_y 为 $\varGamma_2$ 的外法线方向单位矢量在 x，y 轴方向的分量；C_0，C_1 和 q_m 为已知函数。

记式(8.3.1)为

$$L(C) = \frac{\partial}{\partial x}\left(D_{xx}\frac{\partial C}{\partial x} + D_{xy}\frac{\partial C}{\partial y}\right) + \frac{\partial}{\partial y}\left(D_{yx}\frac{\partial C}{\partial x} + D_{yy}\frac{\partial C}{\partial y}\right) - v_x\frac{\partial C}{\partial x} - v_y\frac{\partial C}{\partial y} - \frac{\partial C}{\partial t} = 0 \quad (8.3.3)$$

式中，$L(C)$ 是微分算子。

伽辽金有限元法是寻找一个级数形式的试函数作为微分方程的近似解，并使其满足给定的边界条件，即

$$\tilde{C}(x,y,t) = \sum_{i=1}^{n} C_i(t)\phi_i(x,y) \quad (8.3.4)$$

式中，$\tilde{C}(x,y,t)$ 为浓度 C 的近似解或试探解；n 为节点总数；$C_i(t)$ 为 t 时刻节点 i 的浓度；$\phi_i(x,y)$ 为关于节点 i 的基函数，为线性无关函数，并要求其满足待求问题的一定边界条件，如果 $n \to \infty$，则 $\tilde{C}$ 趋于微分方程(8.3.1)的精确解。

由于 $\tilde{C}$ 是 C 的近似解，则有

$$L(C) - L(\tilde{C}) = R(x,y) \neq 0 \quad (8.3.5)$$

式中，$R(x,y)$ 是一个残差函数，也称为剩余。显然，当满足剩余 $R(x,y)=0$ 时，近似解 $\tilde{C}$ 就是精确解 C。按某种方法确定一组权函数 $W_i(x,y)$，在函数定义区域 $\varOmega$ 上，令剩余的加权积分等于零，即

$$\iint_{\varOmega} R(x,y) \cdot W_i(x,y)\mathrm{d}x\mathrm{d}y = 0 \quad (i = 1, 2, \cdots, n) \quad (8.3.6)$$

依照权函数 $W_i(x,y)$ 的不同取法，可得到不同的加权剩余法。当取 $W_i(x,y)$ 等于基函数 $\phi_i(x,y)$ 时，即为伽辽金有限元法，此时，式(8.3.6)成为

$$\iint_{\varOmega} R(x,y) \cdot \phi_i(x,y)\mathrm{d}x\mathrm{d}y = 0 \quad (i = 1, 2, \cdots, n) \quad (8.3.7)$$

这里，$R(x,y) = \dfrac{\partial}{\partial x}\left(D_{xx}\dfrac{\partial \tilde{C}}{\partial x} + D_{xy}\dfrac{\partial \tilde{C}}{\partial y}\right) + \dfrac{\partial}{\partial y}\left(D_{yx}\dfrac{\partial \tilde{C}}{\partial x} + D_{yy}\dfrac{\partial \tilde{C}}{\partial y}\right) - v_x\dfrac{\partial \tilde{C}}{\partial x} - v_y\dfrac{\partial \tilde{C}}{\partial y}$。

对式(8.3.7)中的二阶导数项应用 Green 公式，有

$$\iint_{\varOmega} \left[\begin{array}{l} \dfrac{\partial \tilde{C}}{\partial t} \cdot \phi_i + v_x\dfrac{\partial \tilde{C}}{\partial x} \cdot \phi_i + v_y\dfrac{\partial \tilde{C}}{\partial y} \cdot \phi_i + D_{xx}\dfrac{\partial \tilde{C}}{\partial x}\dfrac{\partial \phi_i}{\partial x} \\ + D_{xy}\dfrac{\partial \tilde{C}}{\partial y}\dfrac{\partial \phi_i}{\partial x} + D_{yx}\dfrac{\partial \tilde{C}}{\partial x}\dfrac{\partial \phi_i}{\partial y} + D_{yy}\dfrac{\partial \tilde{C}}{\partial y}\dfrac{\partial \phi_i}{\partial y} \end{array}\right] \mathrm{d}x\mathrm{d}y = \int_{\varGamma_2} q_m \cdot \phi_i \mathrm{d}\varGamma \quad (8.3.8)$$

式中，$\varGamma$ 为域 $\varOmega$ 的边界，可为一类边界或二类边界；右端项视边界的性质不同而采用不同形式，这里采用的是二类弥散边界。

把式(8.3.4)代入式(8.3.8)，并进一步离散化，按单元逐个计算上述积分，然后求和，得到

$$\sum_e \left\{ \begin{array}{l} \sum_{j=1}^{n} \iint_e \left[\begin{array}{l} D_{xx} \dfrac{\partial \phi_j}{\partial x} \dfrac{\partial \phi_i}{\partial x} + D_{xy} \dfrac{\partial \phi_j}{\partial y} \dfrac{\partial \phi_i}{\partial x} + D_{yx} \dfrac{\partial \phi_j}{\partial x} \dfrac{\partial \phi_i}{\partial y} \\[2mm] + D_{yy} \dfrac{\partial \phi_j}{\partial y} \dfrac{\partial \phi_i}{\partial y} + v_x \dfrac{\partial \phi_j}{\partial x} \cdot \phi_i + v_y \dfrac{\partial \phi_j}{\partial y} \cdot \phi_i \end{array} \right] C_j \mathrm{d}x\mathrm{d}y \\[6mm] + \sum_{j=1}^{n} \iint_e \dfrac{\mathrm{d}C_j}{\mathrm{d}t} \phi_j \phi_i \mathrm{d}x\mathrm{d}y \end{array} \right\}$$

$$= \sum_e \int_L \left[\left(D_{xx} \dfrac{\partial \tilde{C}}{\partial x} + D_{xy} \dfrac{\partial \tilde{C}}{\partial y} \right) n_x + \left(D_{yx} \dfrac{\partial \tilde{C}}{\partial x} + D_{yy} \dfrac{\partial \tilde{C}}{\partial y} \right) n_y \right] \cdot \phi_i \mathrm{d}\Gamma \qquad (8.3.9)$$

式中，l 为 Γ 上单元 e 的线元。式(8.3.9)写成矩阵形式为

$$[A]\{C\} + [E]\left\{ \dfrac{\mathrm{d}C}{\mathrm{d}t} \right\} = \{F\} \qquad (8.3.10)$$

式(8.3.10)各元素展开分别为

$$A_{ij} = \sum_e \iint_e \left[\begin{array}{l} D_{xx} \dfrac{\partial \phi_j}{\partial x} \dfrac{\partial \phi_i}{\partial x} + D_{xy} \dfrac{\partial \phi_j}{\partial y} \dfrac{\partial \phi_i}{\partial x} + D_{yx} \dfrac{\partial \phi_j}{\partial x} \dfrac{\partial \phi_i}{\partial y} \\[2mm] + D_{yy} \dfrac{\partial \phi_j}{\partial y} \dfrac{\partial \phi_i}{\partial y} + v_x \dfrac{\partial \phi_j}{\partial x} \cdot \phi_i + v_y \dfrac{\partial \phi_j}{\partial y} \cdot \phi_i \end{array} \right] \mathrm{d}x\mathrm{d}y$$

$$E_{ij} = \sum_e \iint_e \phi_j \phi_i \mathrm{d}x\mathrm{d}y$$

$$F_i = \sum_e \int_L \left[\left(D_{xx} \dfrac{\partial \tilde{C}}{\partial x} + D_{xy} \dfrac{\partial \tilde{C}}{\partial y} \right) n_x + \left(D_{yx} \dfrac{\partial \tilde{C}}{\partial x} + D_{yy} \dfrac{\partial \tilde{C}}{\partial y} \right) n_y \right] \cdot \phi_i \mathrm{d}\Gamma$$

式(8.3.10)是一个常微分方程组。对方程组中的导数项采用差分近似，可将其转化为代数方程组，其中导数项的系数 D_{xx}, D_{xy}, D_{yx}, D_{yy}, v_x, v_y 可表示为基函数 ϕ_i 的线性插值。

由伽辽金有限元法所表示的方程组与按照变分原理导出的方程组是相同的，并可用于所有的控制方程，同时也适用于非线性问题。因此，该方法在工程技术中应用得更普遍。

8.3.2 特征方法与有限元结合

特征方法可以消除数值弥散、跳动，并可以采用大的时间步长和空间步长，而有限元对于求解不规律边界等问题则很有效。下面将特征方法和有限元素法相结合，并应用时-空有限元离散来求解对流-弥散方程。

考虑方程：

$$\frac{\partial C}{\partial t} = \frac{\partial}{\partial x} D_x \frac{\partial C}{\partial x} + \frac{\partial}{\partial y} D_y \frac{\partial C}{\partial y} - \frac{\partial}{\partial x} uC - \frac{\partial}{\partial y} vC \qquad (8.3.11)$$

设近似解为

$$\tilde{C} = \sum_{i=j}^{n} C_j w_i(x, y, t) \tag{8.3.12}$$

对式(8.3.11)应用加权残差：

$$\int_{t^n}^{t^{n+1}} \int_{\Omega} \left[\tilde{C} \frac{\partial w_i}{\partial t} + D_x \frac{\partial \tilde{C}}{\partial x} \frac{\partial w_i}{\partial x} + D_y \frac{\partial C}{\partial y} \frac{\partial w_i}{\partial y} - u\tilde{C} \frac{\partial w_i}{\partial x} - v\tilde{C} \frac{\partial w_i}{\partial y} \right] \mathrm{d}\Omega \mathrm{d}t$$

$$- \int_{\Omega} \left[\tilde{C}(x, y, t^{n+1}) w_i(x, y, t^{n+1}) - \tilde{C}(x, y, t^n) w_i(x, y, t^n) \right] \mathrm{d}\Omega \tag{8.3.13}$$

$$- \int_{t^n}^{t^{n+1}} \int_{\Gamma} \left[D_x \frac{\partial \tilde{C}}{\partial x} n_x + D_y \frac{\partial \tilde{C}}{\partial y} n_y - \tilde{C}(un_x + vn_y) \right] w_i \mathrm{d}\Gamma \mathrm{d}t = 0$$

在 t^n 时刻研究区域 Ω 剖分为三角形单元，设一典型单元为

$$(P_i^n, P_j^n, P_k^n), \qquad P_L^n = (x_i^n, y_i^n, t^n)$$

在 t^{n+1} 时刻，此典型单元为 $(P_i^{n+1}, P_j^{n+1}, P_k^{n+1})$。

其中任一 P_i^{n+1} 的方向是由(8.3.10)的特征方程确定：

$$x_i^{n+1} = x_i^n + (t^{n+1} - t^n) u(P_i^n)$$

$$y_i^{n+1} = y_i^n + (t^{n+1} - t^n) v(P_i^n)$$

单元可以分为两类，在流入边界处出现楔型单元，其余为三角棱体单元(图 8.7)。

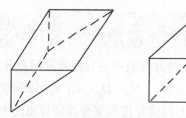

图 8.7　单元形状

在这些单元上构造插值函数后代入式(8.3.13)中求解。

当取线性插值函数时，对于 $D_x = D_y = 0$，$u = \mathrm{cont}$，$v = \mathrm{cont}$，可得到精确的对流问题的解：

$$C_p^{n+1} = C_p^n \tag{8.3.14}$$

当 $v=0$，$u=0$ 时，问题简化为一般的有限元法。

8.4　特征方法二维溶质运移问题数值方法

当对流-弥散方程[式(8.3.1)]中的流速 v 相对较大时，弥散项相对较小可忽略，方程呈现出一阶双曲型方程的性质，此时用特征线法求解双曲型方程比较有效。

利用特征线法的目的是减少式(8.3.1)右端的一阶导数在差分离散时产生的数值弥

散。以下说明其基本思路。

考虑二维稳定饱和渗流的水动力弥散方程：

$$\frac{\partial C}{\partial t} = D_L \frac{\partial^2 C}{\partial x^2} + D_T \frac{\partial^2 C}{\partial y^2} - v_x \frac{\partial C}{\partial x} - v_y \frac{\partial C}{\partial y} \qquad (8.4.1)$$

式中，v_x、v_y 为平均孔隙流速；D_L、D_T 分别为纵向和横向弥散系数。

在离散方程(8.4.1)时，不离散右端的一阶导数项，而引进一个动坐标。对于流场内任一质点(x, y)在某一时刻 t 位于位置

$$x = x(t), \qquad y = y(t) \qquad (8.4.2)$$

的运动质点来说，其运动速度即平均孔隙流速(实际平均流速)为

$$v_x = \frac{\mathrm{d} x}{\mathrm{d} t}, \qquad v_y = \frac{\mathrm{d} y}{\mathrm{d} t} \qquad (8.4.3)$$

该方程为动坐标的运动方程，也称为方程(8.4.1)的特征方程。满足方程(8.4.3)的曲线称为特征(曲)线。沿此特征线的浓度变化为$\dfrac{\mathrm{d}C}{\mathrm{d}t}$，根据全导数的定义，有

$$\frac{\mathrm{d}C}{\mathrm{d}t} = \frac{\partial C}{\partial t} + \frac{\partial C}{\partial x}\frac{\mathrm{d}x}{\mathrm{d}t} + \frac{\partial C}{\partial y}\frac{\mathrm{d}y}{\mathrm{d}t} \qquad (8.4.4)$$

将式(8.4.3)代入式(8.4.4)，并对照方程(8.4.1)，得

$$\frac{\mathrm{d}C}{\mathrm{d}t} = D_L \frac{\partial^2 C}{\partial x^2} + D_T \frac{\partial^2 C}{\partial y^2} \qquad (8.4.5)$$

可见，通过特征方程的转换以后，方程(8.4.1)可用方程(8.4.5)来描述，而后者不含有一阶导数项，从而减少或避免由于对一阶导数离散产生的数值弥散问题。这样，求解式(8.4.1)的问题就转化为求解式(8.4.5)和式(8.4.3)所构成的微分方程组的问题。

薛禹群与谢春红(1980)对特征线法进行了解释：当我们在一个静止坐标系中观察地下水中溶质运移时，不仅能观察到水动力弥散，还能看到溶质随水流一起运移，即对流。但当我们跟着一个以平均流速 v 运动的质点观察时则看不到对流(即对流项不出现)，只看到相对于对流的水动力弥散。而式(8.4.5)的解 $C=C(t)$ 正是表示沿特征线(8.4.3)运动的质点的浓度随时间的变化。因此，只要在渗流区内绘出很多特征线，沿这些特征线，解出由于水动力弥散所导致的浓度的变化，即在 Lagrange 观点下求得了对流-弥散方程的解。但这种 Lagrange 观点下的解不够直观。为此，人们通常要先确立一个固定坐标系，通过固定坐标系中一群移动质点的移动来勾画出上述特征线簇，再把动点的浓度变化转换到固定的差分网格点上，就可以得到人们习惯的浓度分布，即在 Euler 观点下的浓度分布。这就是特征线法的基本思想实际上是一种 Euler-Lagrange 解法。

特征线法首先需将研究区域剖分为有限差分矩形网格，节点置于网格区域 R_{ij} 的中心点[图 8.8(a)]。在每个网格中放入一定量的运动质点，一般放 4 个，也有多到 9 个的(质点太少，计算出的浓度变化不均匀；太多，计算工作量增加)。在每个计算时段中由式(8.4.3)决定质点的运动位置，由此可追踪质点的位移[(图 8.8(b)]。由于每个质点本身都有一定位置并具有相应的浓度，通过质点的位移，就可以确定出由于对流作用而引起质点浓度的

变化, 然后再由式 (8.4.5) 确定由于水动力弥散作用所引起节点溶质浓度的变化。

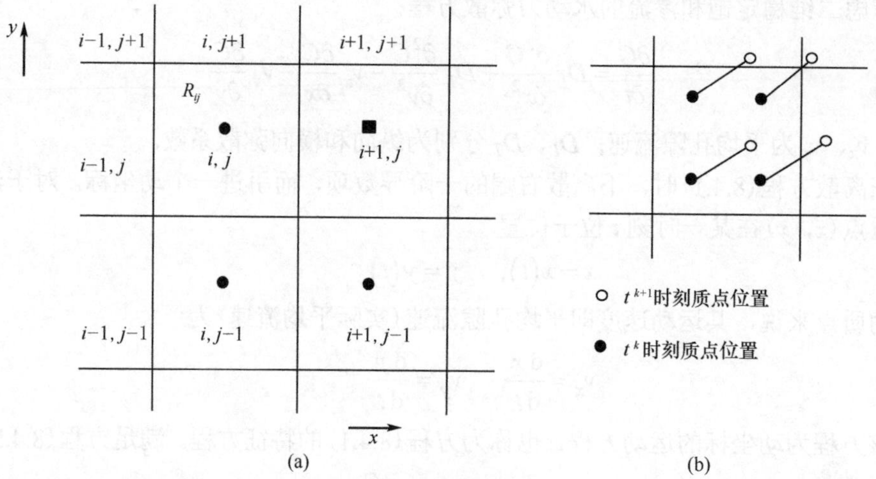

图 8.8　计算剖分图

计算过程见以下小节。

8.4.1　计算纯对流引起的暂时浓度

图 8.8(b) 表示在一个网格区域 R_{ij} 中放入 4 个质点, 令这些质点的初始浓度等于同一网格内节点 (i, j) 的初始浓度 $C_{i,j}^0$。如质点 m 位于网格中, 则有 $C_m^0 = C_{i,j}^0$。

为了确定由对流引起的浓度变化, 首先需要追踪质点的位移。设质点 p 在 t^k 时刻的位置为 (x_p^k, y_p^k), 浓度为 C_p^k。p 点在 t^{k+1} 时刻的位置可由式 (8.4.3) 的差分近似确定:

$$x_p^{k+1} = x_p^k + \Delta t \cdot v_{x_p}^k$$
$$y_p^{k+1} = y_p^k + \Delta t \cdot v_{y_p}^k \tag{8.4.6}$$

式中, $v_{x_p}^k, v_{y_p}^k$ 为质点 p 在 t^k 时刻分别沿 x 和 y 方向的平均孔隙流速, 其值可以由邻近节点流速的双线性插值求得, 而各节点的流速是通过求解水流方程, 并由达西公式确定; 若在 Δt 时间内 v_x, v_y 不变, p 点在 t^{k+1} 时刻的位置直接利用式 (8.4.6) 计算; 若在 Δt 时间内 v_x, v_y 有明显变化, 需将 Δt 分 n 步计算, 每一步分别取用不同位置的 v_x, v_y, 按上述两式分步计算, 以获得较精确的新位置 x_p^{k+1}, y_p^{k+1}。但此法要花费的机时较多。所有质点都进行上述计算后, 便得到 t^{k+1} 时刻质点的新的分布。

将 t^{k+1} 时刻所有落入网格 R_{ij} 中质点浓度的平均值作为节点 (i, j) 的浓度, 用 $C_{i,j}^{*,k+1}$ 表示, *号用以表示该浓度值只是该时刻由于对流作用而产生的暂时浓度, 而非最终浓度。

在一个网格 R_{ij} 中如何计算各质点浓度的平均值将影响浓度的计算结果。Huyakorn 和 Pinder (1983) 认为, 当质点通过 R_{ij} 的边界进入相邻网格会造成相邻网格间浓度平均值出现大的波动, 纯粹的算术平均会导致浓度值的跳跃。因此, 他们建议每个质点给一个作用面积(三维时为体积)，随质点一起运动，按照落在每个网格内该质点作用面积的比例来分配相应的浓度值。如图 8.9 所示，当质点 1 从网格 R_{ij} 移动到新的位置后，其作用面积在网格 R_{ij}、$R_{i+1,j}$、$R_{i+1,j+1}$ 和 $R_{i,j+1}$ 中都有分布，就按各网格所包含的作用面积的比例(如网格 $R_{i,j+1}$ 为 $\dfrac{A'_{i,j+1}}{A_{i,j}}$)来分配质点 1 的浓度给这个网格。这种平均方法在程序设计中较为麻烦，但可以得到更精确的结果。

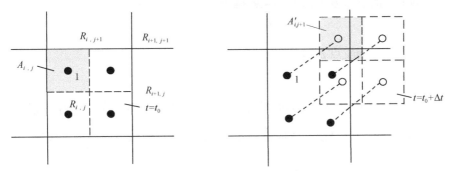

图 8.9　单元中质点浓度平均值计算示意图

孙讷正(1989)提出找出与所考虑节点 (i,j) 横向距离不超过 $1.5\Delta x$，纵向距离不超过 $1.5\Delta y$ 的所有质点 p，按距离加权平均来计算质点浓度平均值，即

$$C_{i,j}^{*k+1} = \frac{\left(\sum_{p} \dfrac{C_p^k}{d_{i,j,p}} \right)}{\left(\sum_{p} \dfrac{1}{d_{i,j,p}} \right)} \tag{8.4.7}$$

式中，$d_{i,j,p}$ 为质点 p 与节点 (i,j) 间的距离。这样做在程序上比较容易处理。

8.4.2　纯弥散部分的节点浓度及 t^{k+1} 时刻节点总浓度计算

t^{k+1} 时刻节点的总浓度还包括水动力弥散作用和除对流以外其他作用引起的浓度变化。由于在对流部分计算时已限制了时间步长不能太大，因此在弥散部分的计算中可以用显式差分格式。对式(8.4.5)的各项差分后，有

$$\frac{dC}{dt} = \frac{C_{i,j}^{k+1} - C_{i,j}^{k}}{\Delta t} \approx \frac{\Delta C_{i,j}^{k+1}}{\Delta t}$$

$$\frac{\partial^2 C}{\partial x^2} = \frac{C_{i+1,j}^{*k+1} - 2C_{i,j}^{*k+1} + C_{i-1,j}^{*k+1}}{(\Delta x)^2}$$

$$\frac{\partial^2 C}{\partial y^2} = \frac{C_{i,j+1}^{*k+1} - 2C_{i,j}^{*k+1} + C_{i,j-1}^{*k+1}}{(\Delta y)^2}$$

将上述差分近似式代入式(8.4.5)，可得到差分方程：

$$\Delta C_{i,j}^{k+1} = \frac{\Delta t \cdot D_L}{(\Delta x)^2}\left(C_{i+1,j}^{*k+1} - 2C_{i,j}^{*k+1} + C_{i-1,j}^{*k+1}\right) + \frac{\Delta t \cdot D_T}{(\Delta y)^2}\left(C_{i,j+1}^{*k+1} - 2C_{i,j}^{*k+1} + C_{i,j-1}^{*k+1}\right) \tag{8.4.8}$$

式中，$\Delta C_{i,j}^{k+1}$ 为由于水动力弥散引起节点的浓度变化值；右端的 $C_{i,j}^{*k+1}$（也可以采用 $C_{i,j}^{*k}$ 和 $C_{i,j}^{*k+1}$ 的平均值）已由对流部分的计算得出，是已知量。当存在源汇项时，还应考虑由于源汇、化学或生物化学作用、吸附与解吸等对浓度的影响。

t^{k+1} 时刻节点的总浓度值由式(8.4.9)确定：

$$C_{i,j}^{k+1} = C_{i,j}^{*k+1} + \Delta C_{i,j}^{k+1} \tag{8.4.9}$$

相应地，t^{k+1} 时刻质点 p 的总浓度为

$$C_p^{k+1} = C_p^k + \Delta C_p^{k+1} \tag{8.4.10}$$

式中，ΔC_p^{k+1} 为质点 p 由于水动力弥散作用引起的浓度变化值，该变化值是随节点浓度的变化而变化的。在计算 ΔC_p^{k+1} 时应格外小心，以防出现负浓度值 C_p^{k+1}。根据计算经验，ΔC_p^{k+1} 可用以下方法确定：

若 $\Delta C_{i,j}^{k+1} > 0$，则取 $\Delta C_p^{k+1} = \Delta C_{i,j}^{k+1}$；若 $\Delta C_{i,j}^{k+1} < 0$，则取 $\Delta C_p^{k+1} = \Delta C_{i,j}^{k+1}\dfrac{C_p^k}{C_{i,j}^{*k+1}}$，因为将其代入式(8.4.10)后，得 $C_p^{k+1} = C_p^k\left(1 - \dfrac{\Delta C_{i,j}^{k+1}}{C_{i,j}^{*k+1}}\right) \geqslant 0$，故可保证 C_p^{k+1} 非负。

重复上述过程，便可求得不同时刻的浓度分布。

为了保持前述显式差分格式的稳定，Δt 必须取得足够地小。为此，在 Δt 取值时应满足下列三个定性准则(Huyakorn and Pinder，1989)：

(1)类同于水流问题的稳定准则，一般取 Δt 满足：

$$\Delta t \leqslant \min_{\text{整个区域}}\left\{\frac{0.5}{\left[\dfrac{D_L}{(\Delta x)^2} + \dfrac{D_T}{(\Delta y)^2}\right]}\right\} \tag{8.4.11}$$

(2)要求单元 Courant 数小于 1，即 $\Delta t \cdot v_{x_p} \leqslant \Delta x$，$\Delta t \cdot v_{y_p} \leqslant \Delta y$。因为质点流速小于或等于整个区域中的最大孔隙流速，以上条件可以写为

$$\Delta t \leqslant \frac{\Delta x}{(v_x)_{\max}}, \quad \Delta t \leqslant \frac{\Delta y}{(v_y)_{\max}} \tag{8.4.12}$$

(3)边界条件和源汇项的处理

在研究区的隔水边界和源、汇附近，质点运移会碰到许多麻烦，需要进行特殊处理。

在有水流流入的边界处，当原来放置的质点移出紧靠边界的网格时，要及时补充同等数量的新质点，其浓度等于流入液体所含溶质的浓度。在有水流流出的边界处，网格中的

质点应任其移出边界。隔水边界附近的质点按式(7.4.6)计算时会流入隔水边界内,为了满足在隔水边界上没有水流通过的条件,通过边界映射再把该质点返回到含水层中(图8.10)。

源汇项往往是地下水流速的奇异点。对于源节点,流速为径向发散的,质点会连续移出网格单元而导致空白单元,为保证流体和溶质的连续性,在源所在的网格单元中需不断加入新的质点。移出一个质点,立即补充一个新质点。图 8.11 表示当区域水流比较弱的情况下,一个不与隔水边界相邻的源所在网格的质点补充过程。当区域水流比较强时,可能会有质点从外面进入源所在的网格然后又离去,这些质点不用补充,因为它们并不是来自源所在的网格。图 8.12 表示与隔水

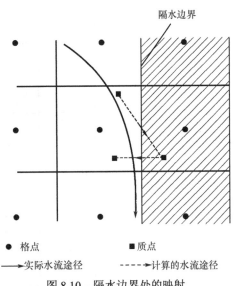

图 8.10 隔水边界处的映射

边界相邻的源所在网格质点的补充过程。随着源所在网格中质点的离去,并在相邻的网格中占据新的位置时,在同一相对位置上需要补充新的质点以维持稳定、均匀的质点流。

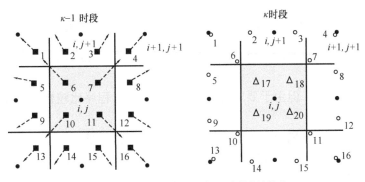

(a) 区域水流相对弱的发散水流情况

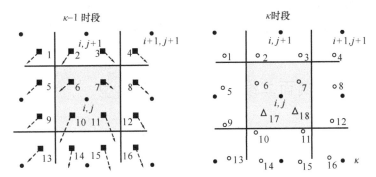

(b) 区域水流相对弱的单向水流情况

● 格点;□ 源; ■ p 质点 p 初始位置; ○ p 质点 p 的新位置; △ p 补充质点 p 的位置

图 8.11 一个不与隔水边界相邻的源所在网格的质点补充

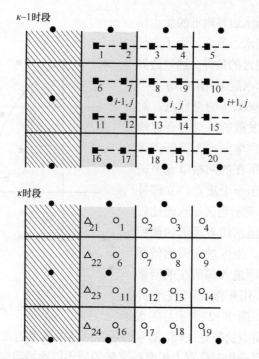

κ−1时段

κ时段

●格点；▨隔水层　□源；■ p 质点 p 的初始位置；○ p 质点 p 的新位置；△ p 补充质点 p 的位置

图8.12　与隔水边界相邻的源所在网格的质点补充

有汇的网格会有质点不断移进，需要不断地取消一些已完成该时间步长所有计算的质点，以避免质点过挤。

上述方法原理简明，但由于要求特殊处理的情况多，程序比较繁杂，且计算精度也不高。

特征线法适合于浓度梯度较大的运移问题的求解，其主要缺陷是需要追踪大量质点造成计算效率低；其次，由于此法并不是完全基于质量守恒原理，在某些情况下会导致出现大的质量均衡误差。

为了解决计算效率低的问题，一些学者提出了减少了质点数量，用向后追踪前一时刻的位置，用该位置对应的浓度来近似由对流引起的浓度变化。其他步骤均与特征线法相同。

8.5　饱和-非饱和剖面二维溶质运移数值模型

8.5.1　饱和-非饱和剖面二维溶质运移控制方程

溶质运动由对流-弥散方程控制：

$$\frac{\partial \theta c}{\partial t} + \frac{\partial \rho s}{\partial t} = \frac{\partial}{\partial x_i}\left(\theta D_{ij}\frac{\partial c}{\partial x_j}\right) - \frac{\partial (q_i c)}{\partial x_i} - \mu_w \theta c - \mu_s \rho s + \gamma_w \theta + \gamma_s \rho - SC_S \qquad (8.5.1)$$

式中，θ 为土壤体积含水率，$[\mathrm{L^3/L^3}]$；c 为土壤溶液中溶质浓度，$[\mathrm{M/L^3}]$；t 为时间，$[\mathrm{T}]$；ρ 是土壤干密度，$[\mathrm{M/L^3}]$；s 为吸附在土壤颗粒上的固态溶质浓度，$[-]$；x_i、x_j 分别为取 x、y 方向，$[\mathrm{L}]$；D_{ij} 为弥散系数张量，$[\mathrm{L^2/T}]$；q_i 为达西流速的第 i 个分量，$[\mathrm{L/T}]$；μ_w 和 μ_s 分别为液体和固体的一阶反应速率系数，$[\mathrm{T^{-1}}]$；γ_w 和 γ_s 分别为液体 $[\mathrm{M/(L^3 \cdot T)}]$ 和固体 $[\mathrm{T^{-1}}]$ 的零阶反应速率常数；S 为水流方程中的源汇项，$[\mathrm{T^{-1}}]$；C_S 为源汇项的土壤溶液浓度，$[\mathrm{M/L^3}]$。零阶和一阶速率常数表示一系列的反应与转化过程，包括生物降解、挥发、析出与放射性衰减等。

采用线性等温吸附模型的形式，溶液中溶质浓度 c 和吸附的溶质浓度 s 满足下式

$$s = kc \qquad (8.5.2)$$

式中，k 为土壤对溶质的经验吸附系数，$[\mathrm{L^3/M}]$。

则对流-弥散方程(7.5.1)可写成如下形式：

$$\frac{\partial \theta R c}{\partial t} = \frac{\partial}{\partial x_i}\left(\theta D_{ij}\frac{\partial c}{\partial x_j}\right) - \frac{\partial q_i c}{\partial x_i} - Fc + G \qquad (8.5.3)$$

式中，R 为延迟因子，$[-]$，$R = 1 + \dfrac{\rho k}{\theta}$；$F = \mu_w \theta + \mu_s \rho k$；$G = \gamma_w \theta + \gamma_s \rho - SC_s$。

1. 初始条件

在垂向二维渗流计算区域 Ω 内，给定初始时刻 $(t = t_0)$ 溶质浓度分布。

$$c(x, z, t_0) = c_i(x, z) \qquad (8.5.4)$$

2. 边界条件

浓度边界条件类型主要有以下 3 种。

第一类边界条件：

$$c(x, z, t) = c_0(x, z, t) \quad (x, z) \in \Gamma_D \qquad (8.5.5)$$

第三类边界条件：

$$\left(-\theta D_{ij}\frac{\partial c}{\partial x_j} + q_i c\right)n_i\bigg|_{\Gamma_G} = q_i c_0(t) n_i \qquad (8.5.6)$$

第二类浓度边界条件可以看作第三类边界条件的特例，适用于两种情况：一是当水流边界 Γ_C 为隔水边界时，边界上通过的水流速度为零；二是水流从模拟区域离开时(蒸发边界除外)。由于此时边界内外溶质浓度相等，因此有

$$\theta D_{ij}\frac{\partial c}{\partial x_j} n_i\bigg|_{\Gamma_N} = 0 \qquad (8.5.7)$$

以上各式中，c_0 为在边界段上给定的溶质浓度，$[\mathrm{M/L^3}]$；q_i 为沿边界段 Γ_G 的达西流速分量，$[\mathrm{L/T}]$；n_i 为沿边界段的单位外法向向量。

8.5.2　二维溶质运移方程空间离散

同样采用伽辽金有限单元法对方程进行数值离散，对饱和带水流区域 Ω 进行三角形剖分，将溶质函数 $c(x,z,t)$ 写成基函数的线性组合 $c'(x,z,t)$ 的形式如下：

$$c(x,z,t) \approx c'(x,z,t) = \sum_{n=1}^{NP} \phi_n(x,z)c_n(t) \tag{8.5.8}$$

式中，ϕ_n 为线性插值基函数；$c_n(t)$ 为第 n 个节点在时刻 t 的溶质浓度值；NP 为为区域上的节点总数。

下边的推导中，i、j 运用了求和约定，表示 x 和 z 方向。将溶质运移方程写成伽辽金有限元方程的形式，如下：

$$\int_\Omega \left[-\theta R \frac{\partial c}{\partial t} + \frac{\partial}{\partial x_i}\left(\theta D_{ij}\frac{\partial c}{\partial x_j}\right) - q_i \frac{\partial c}{\partial x_i} - Fc + G \right]\phi_n \, \mathrm{d}\Omega = 0 \tag{8.5.9}$$

式中，$n=1,\cdots,NP$。

与水流方程的空间离散过程相同，对方程(8.5.9)中的二阶偏微分项应用分部积分和格林公式，可得

$$\int_\Omega \left[\frac{\partial}{\partial x_i}\left(\theta D_{ij}\frac{\partial c}{\partial x_j}\right)\right]\phi_n \, \mathrm{d}\Omega = \int_\Gamma \theta D_{ij}\frac{\partial c}{\partial x_j}\phi_n n_i \, \mathrm{d}\Gamma - \int_\Omega \theta D_{ij}\frac{\partial c}{\partial x_j}\frac{\partial \phi_n}{\partial x_i}\mathrm{d}\Omega \tag{8.5.10}$$

因此，方程(8.5.9)变为

$$-\int_\Omega \theta R \frac{\partial c}{\partial t}\phi_n \, \mathrm{d}\Omega - \int_\Omega \left(q_i\phi_n\frac{\partial c}{\partial x_i} + \theta D_{ij}\frac{\partial c}{\partial x_j}\frac{\partial \phi_n}{\partial x_i} + Fc\phi_n\right)\mathrm{d}\Omega$$
$$+\int_\Gamma \theta D_{ij}\frac{\partial c}{\partial x_j}n_i\phi_n \, \mathrm{d}\Gamma = -\int_\Omega G\phi_n \, \mathrm{d}\Omega \tag{8.5.11}$$

在三角形单元中，对系数 θR、θD_{ij}、F、G 及流速 q_i 采用线性插值近似，即 $\theta R = (\theta R)_l \phi_l$；$\theta D_{ij} = (\theta D_{ij})_l \phi_l$；$F = (F)_l \phi_l$；$G = G_l \phi_l$；$q_i = (q_i)_l \phi_l$。各式应用爱因斯坦求和约定，其中 $l=i,j,m$ 为三角形单元的顶点编号，以下相同。

将方程(8.5.11)在三角形单元上叠加，有

$$-\sum_e \int_{\Omega_e} \theta R\phi_n\frac{\partial c'}{\partial t}\mathrm{d}\Omega - \sum_e \int_{\Omega_e}\left[q_i\phi_n\frac{\partial c'}{\partial x_i} + \theta D_{ij}\frac{\partial c'}{\partial x_j}\frac{\partial \phi_n}{\partial x_i} + Fc'\phi_n\right]\mathrm{d}\Omega$$
$$+\sum_e \int_{\Omega_e} G\phi_n \, \mathrm{d}\Omega = -\sum_e \int_{\Gamma_e}\theta D_{ij}\frac{\partial c'}{\partial x_j}n_i\phi_n \, \mathrm{d}\Gamma \tag{8.5.12}$$

1. 对方程(8.5.12)左边第一项进行处理

和处理水流方程中的时间项一样，对时间项应用质量集中法，即

$$\frac{\mathrm{d}c_n}{\mathrm{d}t} = \frac{\sum_e \int_{\Omega_e} \theta R \frac{\partial c_n}{\partial t} \phi_n \, \mathrm{d}\Omega}{\sum_e \int_{\Omega_e} \theta R \phi_n \, \mathrm{d}\Omega} \tag{8.5.13}$$

由式(8.5.13)及 θR 的线性插值近似和积分公式(8.2.38)，可得

$$-\sum_e \int_{\Omega_e} \theta R \phi_n \frac{\partial c'}{\partial t} \mathrm{d}\Omega = -\sum_e \int_{\Omega_e} (\theta R)_l \phi_l \phi_n \, \mathrm{d}\Omega \frac{\mathrm{d}c_n}{\mathrm{d}t} \tag{8.5.14}$$

若以 q_{nn} 表示矩阵对角线上元素，并令 $\overline{\theta R} = \dfrac{\theta_i R_i + \theta_j R_j + \theta_m R_m}{3}$ ，可得：

$$q_{nn} = -\sum_e \int_{\Omega_e} (\theta R)_l \phi_l \phi_n \, \mathrm{d}\Omega = -\sum_e \int_{\Omega_e} \left[(\theta R)_i \phi_i + (\theta R)_j \phi_j + (\theta R)_m \phi_m \right] \phi_n \, \mathrm{d}\Omega$$

$$= -\sum_e \frac{A_e}{12} (3\overline{\theta R} + \theta_n R_n) \tag{8.5.15}$$

2. 对方程(8.5.12)左边第二项进行处理

由 θD_{ij}、F 以及流速 qi 的线性插值近似，得

$$-\sum_e \int_{\Omega_e} \left[q_i \phi_n \frac{\partial c'}{\partial x_i} + \theta D_{ij} \frac{\partial c'}{\partial x_j} \frac{\partial \phi_n}{\partial x_i} + F c' \phi_n \right] \mathrm{d}\Omega$$

$$= -\sum_e \int_{\Omega_e} \left[(q_i)_l \phi_l \phi_n \frac{\partial \phi_m}{\partial x_i} + (\theta D_{ij})_l \phi_l \frac{\partial \phi_m}{\partial x_j} \frac{\partial \phi_n}{\partial x_i} + F' \phi_m \phi_n \right] c_m \mathrm{d}\Omega \tag{8.5.16}$$

由积分公式(8.2.38)和式(8.2.39)及基函数表达式(8.2.34)得

$$s_{nm} = -\sum_e \int_{\Omega_e} \left[(q_i)_l \phi_l \phi_n \frac{\partial \phi_m}{\partial x_i} + (\theta D_{ij})_l \phi_l \frac{\partial \phi_m}{\partial x_j} \frac{\partial \phi_n}{\partial x_i} + (F)_l \phi_l \phi_m \phi_n \right] \mathrm{d}\Omega$$

$$= -\sum_e \frac{1}{24} \left[(3\overline{q}_x + q_{xn}) a_m + (3\overline{q}_z + q_{zn}) b_m \right]$$

$$- \sum_e \frac{1}{4A_e} \left[\overline{\theta D_{xx}} a_m a_n + \overline{\theta D_{xz}} (a_m b_n + b_m a_n) + \overline{\theta D_{xz}} b_m b_n \right]$$

$$- \sum_e \frac{A_e}{60} (3\overline{F} + F_n + F_m)(1 + \delta_{nm}) \tag{8.5.17}$$

式中，δ_{nm} 表示 Kronecker 单位张量；$\overline{q}_x = \dfrac{q_{xi} + q_{xj} + q_{xm}}{3}$；$\overline{q}_z = \dfrac{q_{zi} + q_{zj} + q_{zm}}{3}$。同理，$\overline{\theta D_{xx}}$、$\overline{\theta D_{xz}}$、$\overline{\theta D_{zz}}$、$\overline{F}$ 都表示单元上的平均值。

3. 对方程(8.5.12)左边第三项进行处理

$$\sum_e \int_{\Omega_e} G' \phi_n \, \mathrm{d}\Omega = \sum_e \int_{\Omega_e} G_l \phi_l \phi_n \, \mathrm{d}\Omega \tag{8.5.18}$$

$$f_n = \sum_e \frac{A_e}{12}\left(3\bar{G} + G_n\right) \tag{8.5.19}$$

4. 对方程(8.5.12)右边项进行处理

$$-Q_n^D = -\sum_e \int_{\Gamma_e} \theta D'_{ij} \frac{\partial c'}{\partial x_j} n_i \phi_n \mathrm{d}\Gamma \tag{8.5.20}$$

将式(8.5.20)遍取 $n = 1, \cdots, NP$，可以产生 NP 个方程，写成矩阵方程的形式则为

$$Q \frac{\mathrm{d}\{c\}}{\mathrm{d}t} + S\{c\} + f = -Q^D \tag{8.5.21}$$

8.5.3　二维溶质运移方程时间离散

对溶质方程(8.5.21)采用两层格式进行时间离散，暂时不考虑边界积分项得到的弥散通量 Q^D，方离散格式可以表达为

$$Q^{k+\varepsilon} \frac{\{c\}^{k+1} - \{c\}^k}{\Delta t_k} + \varepsilon S^{k+1} \{c\}^{k+1} + (1-\varepsilon) S^k \{c\}^k + \varepsilon f^{k+1} + (1-\varepsilon) f^k = 0 \tag{8.5.22}$$

式中，ε 为时间加权因子，当 $\varepsilon = 0$ 时，方程(8.5.22)退化为显式差分格式；$\varepsilon = 1$ 时，退化为隐式差分格式；$\varepsilon = 0.5$ 时，则为中心差分格式。

系数矩阵 $Q^{k+\varepsilon}$ 将用两个相邻时间层中 θ 和 R 的加权平均值来计算。方程(8.5.22)可进一步写成以下便于计算的形式：

$$G\{c\}^{k+1} = g \tag{8.5.23}$$

式中，

$$G = \frac{Q^{k+\varepsilon}}{\Delta t_k} + \varepsilon S^{k+1} \tag{8.5.24}$$

$$g = \frac{Q^{k+\varepsilon}}{\Delta t_k}\{c\}^k - (1-\varepsilon) S^k \{c\}^k - \varepsilon S^{k+1} - (1-\varepsilon) f^k \tag{8.5.25}$$

以上对时间项的离散采用的是一阶近似，van Genuchten(1978)对溶质运移方程中时间项的高阶近似进行了推导，认为高阶近似的效果等同于修改前一时间层和当前时间层的弥散系数，即对于前一时间层和当前时间层，分别有

$$D_{ij}^- = D_{ij} - \frac{q_i q_j \Delta t_k}{6\theta^2 R}; \quad D_{ij}^+ = D_{ij} + \frac{q_i q_j \Delta t_k}{6\theta^2 R} \tag{8.5.26}$$

8.5.4　二维溶质运移方程求解策略

1. 迎风加权格式

采用迎风加权格式可有效消除数值求解过程中遇到相对陡峭的浓度峰面时出现的数值跳动。采用迎风加权格式时,式(8.5.12)中的第二项(对流项)权函数(也就是基函数)不再使用线性基函数 ϕ_n,而替换成非线性的函数 ϕ_n^u (Yeh and Tripathi,1990):

$$\phi_1^u = L_1 - 3\alpha_3^w L_2 L_1 + 3\alpha_2^w L_3 L_1$$
$$\phi_2^u = L_2 - 3\alpha_1^w L_3 L_2 + 3\alpha_3^w L_1 L_2 \qquad (8.5.27)$$
$$\phi_3^u = L_3 - 3\alpha_2^w L_1 L_3 + 3\alpha_1^w L_2 L_3$$

式中,L_i 为局部坐标;α_i^w 为权重因子,可用下式计算(Christie et al.,1976):

$$\alpha_i^w = \coth\left(\frac{uL}{2D}\right) - \frac{2D}{uL} \qquad (8.5.28)$$

式中,u、D、L 分别为三角形单元上节点 i 对面边上的水流流速、扩散系数以及边长。

加权函数 ϕ^u 可以增大入流方向的权函数值,减小下游方向权函数值,从而可增加上游单元对节点浓度值的影响,减弱下游单元的影响。引入加权函数之后,式(8.5.17)中矩阵 S 的元素要进行相应修改:

$$S_{1j}^e = S_{1j}^e - \frac{b_j}{40}\left[2q_{x1}\left(\alpha_2^w - \alpha_3^w\right) + q_{x2}\left(\alpha_2^w - \alpha_3^w\right) + q_{x3}\left(2\alpha_2^w - \alpha_3^w\right)\right]$$
$$- \frac{c_j}{40}\left[2q_{z1}\left(\alpha_2^w - \alpha_3^w\right) + q_{z2}\left(\alpha_2^w - \alpha_3^w\right) + q_{z3}\left(2\alpha_2^w - \alpha_3^w\right)\right]$$
$$S_{2j}^e = S_{2j}^e - \frac{b_j}{40}\left[q_{x1}\left(2\alpha_3^w - \alpha_1^w\right) + 2q_{x2}\left(\alpha_3^w - \alpha_1^w\right) + q_{x3}\left(\alpha_3^w - 2\alpha_1^w\right)\right]$$
$$- \frac{c_j}{40}\left[q_{z1}\left(2\alpha_3^w - \alpha_1^w\right) + 2q_{z2}\left(\alpha_3^w - \alpha_1^w\right) + q_{z3}\left(\alpha_3^w - 2\alpha_1^w\right)\right] \qquad (8.5.29)$$
$$S_{3j}^e = S_{3j}^e - \frac{b_j}{40}\left[q_{x1}\left(\alpha_1^w - 2\alpha_2^w\right) + q_{x2}\left(2\alpha_1^w - \alpha_2^w\right) + 2q_{x3}\left(2\alpha_1^w - \alpha_2^w\right)\right]$$
$$- \frac{c_j}{40}\left[q_{z1}\left(\alpha_1^w - 2\alpha_2^w\right) + q_{z2}\left(2\alpha_1^w - \alpha_2^w\right) + 2q_{z3}\left(2\alpha_1^w - \alpha_2^w\right)\right]$$

式中,S^e 为单元刚度矩阵中的分量。

迎风加权因子仅在单元的边与流速的夹角小于 20° 时才适用。

2. 用单元 Pe 数和 Cu_e 数控制时间、空间步长

时间步长和空间步长可极大影响计算,因而节点间距和时间步长的选择应当有所依据。参数 Pe(即对流和弥散的比例大小)用于评价空间步长,当 Pe 小于 2 时,可以有效

避免数值跳动。参数 Cu_e 用于评价时间步长，Cu_e 应小于或等于 1。在二维溶质方程中，它们的计算式如下：

$$Pe_i^e = \frac{qi\Delta x_i}{\theta D_{ii}} \; ; \quad Cu_i^e = \frac{q_i\Delta t_k}{\theta R\Delta x_i} \tag{8.5.30}$$

式中，Δx_i 为三角形单元的特征长度。当单元处于相对陡峭的浓度峰面处时（对流方式占优），单元的 Pe 数将增大。进行数值模拟时，必须对单元进行合理划分，使其 Pe 数维持在一个较小的水平，以便得到合理的数值计算结果。

当单元的 Pe 数和 Cu_e 数的乘积小于某个临界值（Perrochet and Berod，1993），即

$$Pe \cdot Cu \leqslant \omega_s = 2 \tag{8.5.31}$$

时可以有效消除计算过程中的数值跳动。这个临界值表示在求解对流占优的溶质运移问题时可以通过减小时间步长来解决数值困难。当小的数值跳动可以接受时，ω_s 可以取 5～10。

3. 在弥散系数中加入人工弥散因子

这种方法同样要用到式(8.5.31)，然而不是通过减小单元上 Cu_e 数的方式。这种方法的思路是通过引入人工弥散因子来减小单元的 Pe 数。引入人工弥散因子，即对纵向弥散度额外增加一个值，此额外增加的纵向弥散度计算式为（Perrochet and Berod，1993）

$$\bar{D}_L = \frac{|q|\Delta t}{\theta R\omega_s} - D_L - \frac{\theta D_w\tau}{|q|} \tag{8.5.32}$$

计算过程中实际使用的纵向弥散度为

$$D_L' = \text{Max}\left(D_L, D_L + \bar{D}_L\right) \tag{8.5.33}$$

即为 D_L 和 $D_L + \bar{D}_L$ 之间较大的值。

4. 边界处理

1)一类边界条件的处理

对于一类边界，用方程：

$$\delta_{nm}c_m = c_{n0} \tag{8.5.34}$$

代替该节点处伽辽金方程。c_{n0} 为该节点处给定浓度值。为了计算溶质质量平衡，在当前时间层的结果计算出来之后，需要计算一类边界节点控制的边界段上通过的溶质质量。这个质量可以分为两部分，一部分是弥散通量，另一部分为对流通量，分别计为 $-Q_n^D$ 和 Q_n^A，可分别表示为

$$\begin{cases} Q_n^D = \sum_e \int_{\Gamma_N^e} \left(\theta D_{ij} \dfrac{\partial c'}{\partial x_j} \right) n_i \phi_n \, \mathrm{d}\Gamma \\[2mm] Q_n^A = \sum_e \int_{\Gamma_N^e} q_i n_i c_{n0} \phi_n \, \mathrm{d}\Gamma \end{cases} \tag{8.5.35}$$

边界节点 n 控制的边界段上通过的总的溶质质量为

$$Q_n^T = -Q_n^D + Q_n^A \tag{8.5.36}$$

对流通量很容易计算，由式(8.5.35)有：

$$Q_n^A = Q_n c_{n0} \tag{8.5.37}$$

式中，Q_n 为边界上通过的土壤水水量，进入渗流模拟区域为负，离开渗流模拟区域为正，以下相同，这可以从水流方程的求解中得到。

至于弥散通量则不能显式得出，必须借助于该节点处的伽辽金方程。对于模拟区域中的任何节点，节点处的伽辽金方程总是成立的。参考式(8.5.20)和式(8.5.22)，可得

$$Q_n^D = -Q_{nm}^{k+\varepsilon} \frac{\{c\}_n^{k+1} - \{c\}_n^k}{\Delta t_k} - \varepsilon S_{nm}^{k+1} \{c\}_m^{k+1} - (1-\varepsilon) S_{nm}^k \{c\}_m^k - \varepsilon f_n^{k+1} - (1-\varepsilon) f_n^k \tag{8.5.38}$$

2) 二类边界条件处理

对于二类边界条件，由于 $-\theta D_{ij} \dfrac{\partial c}{\partial x_j} n_i = 0$，有

$$Q_n^D = 0 \tag{8.5.39}$$

因此，边界段上通过的总的溶质质量计算式为

$$Q_n^T = Q_n^A = Q_n c_n \tag{8.5.40}$$

式中，c_n 为计算出来的边界节点处的溶质浓度。

3) 三类边界条件的处理

对于三类边界条件，式(8.5.6)可以整理成

$$\theta D_{ij} \frac{\partial c}{\partial x_j} n_i = q_i n_i c - q_i n_i c_0 \tag{8.5.41}$$

式中，c_0 为边界上给定的溶质浓度。因此，式(8.5.20)值为

$$Q_n^D = \sum_e \int_{\Gamma_N^e} (q_i n_i c - q_i n_i c_0) \mathrm{d}\Gamma = Q_n c_n - Q_n c_{n0} \tag{8.5.42}$$

式中，$Q_n c_n$ 为三类边界段上的对流通量，这一项对于当前的求解过程来说是未知的，因此，将其加入到(8.5.22)中的系数矩阵 S 中，即把 S_{nn}^k 修改成 $S_{nn}^k + Q_n$，把 S_{nn}^{k+1} 修改成 $S_{nn}^{k+1} + Q_n$。式(8.5.42)中 $Q_n c_{n0}$ 为边界段上通过的总的溶质通量，由于这一项是已知的，因此在形成最终求解的矩阵方程(8.5.23)时，将 g_n 修改成 $g_n + Q_n c_{n0}$ 即可。

此时边界上通过的总的溶质质量计算式为

$$Q_n^T = Q_n c_{n0} \tag{8.5.43}$$

8.6　剖面二维饱和-非饱和氮素运移转化数值模型

8.6.1　氮磷迁移转化数值模型

根据以上介绍的饱和-非饱和二维水流运动和溶质运移数值模拟方法，考虑氮素在土壤剖面的迁移转化过程，采用 FORTRAN 进行程序设计，建立了饱和-非饱和二维土壤水分运动和氮素迁移转化数值模型 Nitrogen_2D。该数学模型在一个时间段内求解过程如下(图 8.13)：

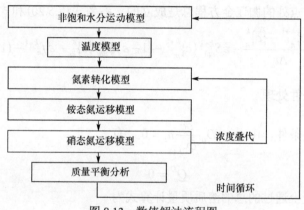

图 8.13　数值解法流程图

首先用迭代法求解非饱和水分运动模型，当水分运动模型收敛之后，得到各个计算节点的水头值和含水量；接下来对温度模型进行计算，得到各个节点的温度值；然后进入氮素迁移转化模块，若选择进入氮素转化模型的计算，则分别计算各种氮素转化过程的反应速率；接下来进入铵态氮运移模型的求解，将铵态氮的各转化速率作为源汇项加入铵态氮运移方程中，并求解方程；铵态氮运移模型求解完毕之后，铵态氮的硝化速率则可以作为硝态氮的源汇项加入硝态氮运移模型，并结合硝态氮的其他源汇项，如根系吸氮、反硝化等，对硝态氮运移模型进行求解，最后进行质量平衡分析，包括水量和溶质两方面；然后进入下一个时间点进行求解，直到结束。

8.6.2　模型检验

1. 冬小麦污水灌溉试验

首先利用冬小麦污水灌溉实验数据对 Nitrogen_2D 进行检验。模拟以 2003 年 11 月 2 日作为起始时间点，到 2004 年 6 月 1 日结束，共历时 213 天。实验区域是标准立方体，四周用钢板与外界隔绝，且作物和灌水在平面上是均匀的，由此可将模拟区域简化成二维剖面。我们选取模拟区域为宽 0.1 m，深 3.0 m 的垂直土壤剖面，根据实验环境，上边界采用大气边界，下边界为自由排水边界，左右边界设为隔水边界。模拟中要将土壤蒸发和作物蒸腾分别输入。将 11 月 2 日土壤含水量根据节点坐标在 0 m～2.9 m 范围内线性插值，得到各节点土壤含水量后利用 van Geneuchten 模型计算初始水头。模型参数见表 8.1。实验期间测坑自 1 月 7 日起不接收雨水，从 11 月 2 日至 1 月 7 日的武汉逐日降雨量见表 8.2，数据来自中国气象局数据库。土壤中快速反应有机物含量根据实际情况可忽略，本次模拟设为 0；土壤中慢速反应有机物含量根据初始全氮含量减去无机氮含量得到。

表 8.1　试验土壤分层水分特征参数

测坑号	分层	θ_s	θ_γ	a	n	K_s
	0～0.2m	0.45	0.067	2	1.41	0.7
8 号坑	0.2～1.6m	0.39	0.1	1.7	1.23	0.3
	1.6～3.0m	0.38	0.068	0.8	1.09	0.3
9 号坑	0～0.2m	0.45	0.067	2	1.41	0.7
	0.2～3.0m	0.38	0.1	2.7	1.23	0.3
10 号坑	0～0.2m	0.45	0.067	2	1.41	0.7
	0.2～3.0m	0.39	0.1	1.5	1.23	0.3
18 号坑	0～0.4m	0.45	0.067	2	1.41	0.7
	0.4～3.0m	0.41	0.095	1.9	1.31	0.3

表 8.2　2003 年 11 月 2 日至 2004 年 1 月 7 日武汉市逐日降雨量　　　单位：mm

11 月	5 日	8 日	9 日	10 日	18 日	19 日	20 日	26 日
	0.1	19.6	11	1.7	3.5	16.2	22.4	5.4
12 月	4 日	5 日	8 日	9 日	10 日	30 日		
	0.1	4.1	3.8	4.0	7.5	1.5		
1 月	4 日	5 日	7 日					
	0.2	0.4	0.9					

　　氮素转化的各项参数参照目前国际上比较著名的 SOILN 模型(两个模型氮素转化原理相似)选取(表 8.3)(Wu and McGechan，1998)。铵态氮硝化采用一阶动力反应方程、硝态氮反硝化采用 Michaelis-Menten 动力反应方程。

　　溶质的运移是由水分运动驱动的，因此溶质的模拟结果是否可信与水流的模拟是否正确密切相关。对四个测坑 6 月 1 日的水分剖面的模拟结果如图 8.14 所示，可以看出剖面的水分状况模拟值与实测值非常吻合，可以认为水流的模拟是正确可信的。各测坑 6 月 1 日土壤铵态氮浓度剖面的模拟结果如图 8.15 所示，硝态氮浓度的模拟结果如图 8.16 所示。从图中可以看出：各测坑铵态氮模拟值与实测值吻合程度较好；硝态氮的吻合度不是特别理想，模拟值在 0.5m 以上过低，而在 1～2m 处则过高，没能反映硝态氮随深度的变化趋势。氮素平衡分析见表 8.4(以 9 号坑为例),从表中可以看出模型能够很好地控制质量平衡误差。因此,本模型在控制土壤氮素平衡方面具有较为理想的效果。

表 8.3　模拟中采用的溶质转化参数

参数	单位	采用值	考虑的环境因素
快速反应有机氮分解速率系数 K_l(一阶)	day^{-1}	0.0035	温度,含水量
慢速反应有机氮分解速率系数 K_h(一阶)	day^{-1}	0.00007	温度,含水量
综合效率因子 f_e	—	0.5	
腐殖质化因子 f_h	—	0.2	
慢速反应有机氮的碳氮比 r_0	—	10	
硝化速率系数(一阶)k_{nit}	day^{-1}	0.025	温度,含水量
潜在反硝化速率(Michaelis-Menten)k_{den}	day^{-1}	0.027	温度,含水量
反硝化半饱和常数 c_s	(mg N/L)	10	

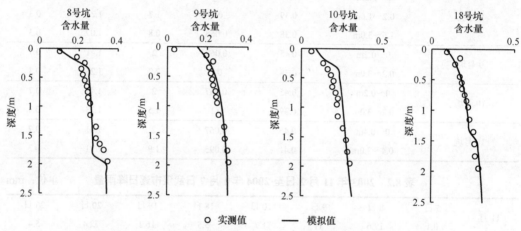

图 8.14　各测坑不同深度 6 月 1 日含水量剖面实测值与模拟值比较

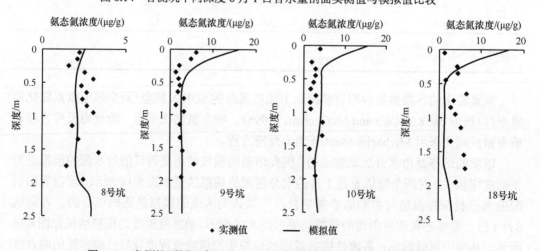

图 8.15　各测坑不同深度 6 月 1 日铵态氮浓度剖面实测值与模拟值比较

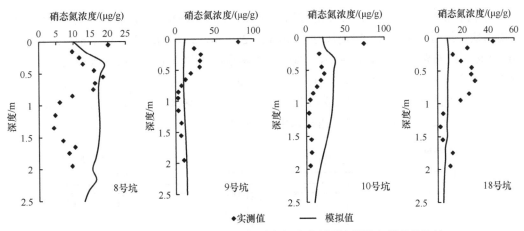

图 8.16　各测坑不同深度 6 月 1 日硝态氮浓度剖面实测值与模拟值比较

表 8.4　9 号坑氮素质量平衡分析

编号	数据项	实测值	模拟值/ (g/0.1 m^2)
1	初始铵态氮含量	2.87	2.87*
2	初始硝态氮含量	2.97	2.97*
3	初始快速有机氮含量	0	0*
4	初始慢速有机氮含量	250.76	250.76*
5	引进的快速有机氮质量	0	0*
6	污水中引进铵态氮质量	0.914	0.914*
7	污水中引进硝态氮质量	0.00366	0.0366*
8	结束时铵态氮含量	0.975	1.17
9	结束时硝态氮含量	8.0	5.21
10	结束时快速有机氮含量	0	0
11	结束时慢速有机氮含量	270	249.129
12	排水中硝态氮质量		0.672
13	排水中铵态氮质量		0.0173
14	模拟过程中反硝化总量		0.2024
15	根系吸氮总量	1.85	1.3552
16	模拟计算绝对误差		0.2053
17	模拟计算相对误差		0.08%

*为模型初始输入；误差计算基于模拟值。

2. 灌溉污水渗滤处理中氮素的动态分析

FILTER 系统(filtration and irrigated cropping for land treatment and effluent reuse)由澳大利亚的 CSIRO Division of Land and Water 提出并开展相关试验研究(Jayawardane, 1995)，该系统的设计目的是利用土壤和植物对营养物质的吸附和吸收，达到减少排放

污水中营养物质的含量。FILTER 的预试验在澳大利亚 Griffith 市郊展开，试验区域共有 8 块田块，编号从 1 到 8，田块尺寸为 40 m×250 m，每块田块下埋设 7 根排水暗管，FILTER 系统布置图如图 8.17 所示。试验分为两季，试验季 1 在田块 5 到田块 8 上进行观测。试验季 2 在田块 1 到田块 4 上进行观测。试验季 1 中的排水管埋设深度为 0.85 m，试验季 2 中的排水暗管埋设深度为 1.25 m。由于存在两季试验资料，试验季 1 观测数据可用于验证参数，试验季 2 中观测数据用于模拟预测。

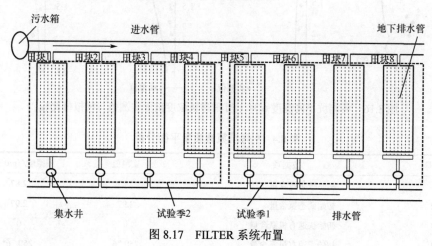

图 8.17　FILTER 系统布置

　　每个试验季灌水 12 次，两试验季每次灌水量如图 8.18 所示。图 8.18 中同时显示了两试验季上边界降雨量、蒸发、蒸腾量。灌溉水中硝态氮和铵态氮浓度见表 8.5。灌溉方式为大水漫灌，在灌水过程中会造成边界积水，因此，大气边界可设置成积水边界。试验中各试验田块的首尾部分各设一个测点，测量其硝态氮和铵态氮的剖面浓度分布，将其平均浓度作为数值模拟的初始条件。FILTER 系统运行时，排水系统的开启时间见表 8.6。模拟中需要一个单独的模块处理这种变化的边界条件，当排水系统关闭时，模型将排水管处理为隔水边界，当排水系统开启时，将其处理为变流量边界，具体处理过程见表 8.7。试验季 1 持续时间为 177 天，模型水分运动参数和氮素迁移转化参数见表 8.8 和表 8.9。

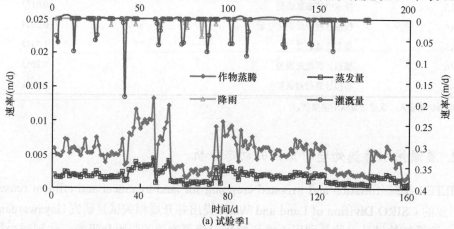

(a) 试验季1

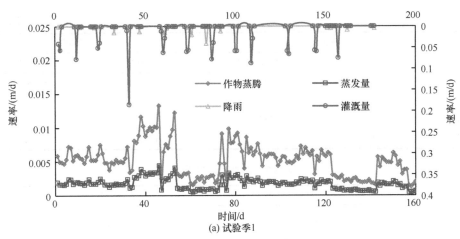

图 8.18　两试验季气象资料

表 8.5　灌溉污水中氮素浓度

灌溉序号	试验季 1		试验季 2	
	硝态氮/(g/m³)	铵态氮/(g/m³)	硝态氮/(g/m³)	铵态氮/(g/m³)
1	0.16	0.22	2.23	1.58
2	0	0	1.41	2.66
3	0	0.13	1.4	4.46
4	0	0.44	0.83	5.92
5	0	0	0.3	5.52
6	0	0.03	0	12.36
7	0	0	0.86	9.99
8	0	0	0.51	10.9
9	0	0.03	0.48	8.04
10	0	0.03	0.29	9.43
11	0	0.03	0.25	7.8
12	0	0	0.42	6.18

表 8.6　灌溉持续时间

灌溉序号	试验季 1		试验季 2	
	开始时刻/d	结束时刻/d	开始时刻/d	结束时刻/d
1	8.48	10.67	6.48	8.45
2	17.49	19.59	12.59	18.74
3	29.49	33.36	23.6	31.49
4	43.57	52.44	37.65	48.34
5	63.38	71.28	52.49	56.66
6	75.43	85.69	61.73	71.45
7	91.39	96.48	77.69	84.42
8	103.5	107.6	90.47	97.64

灌溉序号	试验季 1		试验季 2	
	开始时刻/d	结束时刻/d	开始时刻/d	结束时刻/d
9	112.38	121.54	101.59	112.46
10	131.42	141.63	118.39	126.73
11	147.65	155.39	137	147
12	159.47	177	151.4	156.32

表 8.7　排水管边界设置

边界	排水系统关闭	排水系统打开	
	零流量边界	渗透面边界	
		饱和	非饱和
节点流量/(m³/d)	0.0	计算值	0.0
节点水头/m	计算值	0.0	计算值

表 8.8　土壤的水力性质参数

参数	深度/m				扰动土
	0~0.3	0.3~0.6	0.6~0.9	0.9~4	
θ_r	0.10	0.10	0.10	0.10	0.10
θ_a	0.10	0.10	0.10	0.10	0.10
θ_s	0.50	0.48	0.46	0.44	0.50
θ_m	0.50	0.48	0.46	0.44	0.50
θ_k	0.49	0.47	0.45	0.43	0.49
a/m	10.00	7.50	7.50	5.00	10.00
n	1.15	1.15	1.15	1.15	1.15
K_s/(m/d)	0.70	0.45	0.30	0.022	0.70
K_k/(m/d)	0.68	0.44	0.29	0.021	0.68

注：θ 为体积含水率

表 8.9　模拟中采用的溶质转化参数

参数	单位	采用值	考虑的环境因素
快速反应有机氮分解速率系数 K_l(一阶)	day^{-1}	3.5×10^{-2}	温度，含水量
慢速反应有机氮分解速率系数 K_h(一阶)	day^{-1}	7.0×10^{-5}	温度，含水量
综合效率因子 f_e	—	0.5	
腐殖质化因子 f_h	—	0.2	
慢速反应有机氮的碳氮比 r_0	—	10	
硝化速率系数(一阶)k_{nit}	day^{-1}	5×10^{-2}	温度，含水量
反硝化速率系数(一阶)k_{den}	day^{-1}	5×10^{-2}	温度，含水量

1) 第一个试验季的数值模拟结果

图 8.19 为本次模拟过程中地下水位的模拟结果。前三个试验子过程并无实测数据，

因此图中的时间从第 40 天开始。所有的实测数据都是在排水期测得的，灌溉阶段地下水位上升时期并无实测数据验证。从模拟的效果来看，排水期间模拟曲线与实测数据吻合较好，说明本次模拟在水流方面是比较成功的。另外，在模拟过程中某些试验子过程在灌溉时会出现地表积水的现象，这也在模拟曲线中表现出来(地下水位埋深为负值)。

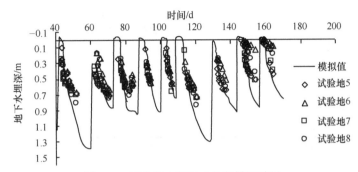

图 8.19　试验季 1 地下水位的模拟结果

如前所述在数值模拟过程中对排水管处边界进行了开/关控制，以尽可能与实际的试验过程相符。为了检验排水管处的边界是否确实进行了边界切换过程，现用图 8.20 将模拟过程中排水孔附近观测点的水头变化表示出来。在第一个试验季，排水管共有 12 次开/关动作，在模型的处理过程中，在排水管从关闭状态切换到打开状态时，排水管处的边界将会从隔水边界切换到自由渗出面边界，如果在关闭状态时(此时边界节点为隔水边界)边界节点上的水头大于 0，在切换成渗出面边界时边界节点上的水头值应该立即等于 0。图 8.20 显示了这个切换过程，一共 12 次，这说明对排水管处边界的控制是成功的。

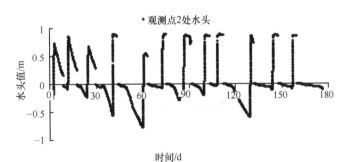

图 8.20　模拟过程中排水孔附近节点水头变化规律

数值模拟检验的一个重要方面是质量守恒问题。表 8.10 根据数值模拟结果，对水量平衡进行了分析。从数值模拟的水量平衡误差来看，总水量误差很小，这说明水流模拟的结果是可靠的。

表 8.10　第一个试验季水量平衡分析

数据项	计算输入数据或实测数据	模拟结果
灌溉量和降雨量之和	Irr+Pre=1504.9 mm	
土表蒸发量	$E_P = -227.7$ mm	

数据项	计算输入数据或实测数据	模拟结果
通过模拟区域上边界的水量	Irr+Pre+E_p=1277.2 mm	1274.7 mm
排水管排水量	−353.7 mm	−352.5 mm
作物蒸腾量	T_p= −910.6 mm	
实际腾发量	E_p+T_p= −1138.3 mm	
被作物吸收的水量		−911.4 mm
土壤释水量		−12.0 mm
总和		−1.2 mm
模拟水量计算误差(Error)		−1.2 mm
相对误差[Error/(Irr+Pre)]		0.08%

注：土壤释水量为模拟区域初始含水总量减模拟结束后含水总量

　　图 8.21 和图 8.22 分别为排水中铵态氮和硝态氮的模拟结果。实测数据来自于四块试验地排水中无机氮浓度的平均值。从图中可以看出，硝态氮的模拟出流结果与实测值吻合较好。无论是模拟值还是实测值，排水中的硝态氮浓度都呈逐渐下降趋势。模拟值中开始时出现的硝态氮浓度峰值是因为模拟区域中初始的硝态氮含量较大，这些硝态氮在第一次污灌(第 2、3 天)时随灌溉水流向下运移并从暗管处排出，从而造成第一次灌溉后排水中硝态氮浓度峰值。随着时间的推移，这些积累在模拟区域中的硝态氮通过反硝化反应、根系吸收以及排水过程逐渐排空，排水中硝态氮的浓度逐渐减小。

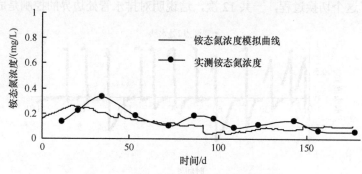

图 8.21　排水中铵态氮浓度的模拟结果

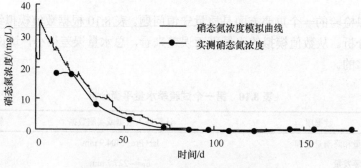

图 8.22　排水中硝态氮浓度的模拟结果

　　暗管排水铵态氮浓度模拟值虽然总体趋势与实测值相符，但是在细节方面与实测值还是有所区别。由于铵态氮的转化与运移较为复杂，包括矿化、硝化、土壤吸附以及根系吸收等，因此模拟结果的影响因素较多。另外由于实测排水中铵态氮的浓度较小，基本小于 0.5 mg/L，因此在测量方面受到的影响也需要考虑。

　　同水流的模拟一样，这里对氮素模拟的结果进行质量平衡分析(表 8.11)。虽然模拟计算过程中的绝对误差稍微偏大，但是考虑到模拟计算过程中较大的氮素流入流出量，模拟计算的相对误差在合理范围之内。

表 8.11　第一个试验季氮素质量平衡分析

编号	数据项	模拟值/(kg/hm²)
1	初始铵态氮含量	20.20
2	初始硝态氮含量	264.00
3	初始快速有机氮含量	20.20
4	初始慢速有机氮含量	7518.00
5	引进的快速有机氮质量	124.00
6	污水中引进铵态氮质量	1.85
7	污水中引进硝态氮质量	0.15
8	结束时铵态氮含量	5.30
9	结束时硝态氮含量	2.40
10	结束时快速有机氮含量	56.10
11	结束时慢速有机氮含量	7458.00
12	排水中硝态氮质量	7.20
13	排水中铵态氮质量	0.34
14	模拟过程中反硝化总量	286.20
15	根系吸氮总量	121.40
16	模拟计算绝对误差	11.50
17	模拟计算相对误差	2.7%

注：相对误差的计算式为：编号16/(编号12＋编号13＋编号14＋编号15)×100%

2)第二个试验季的数值模拟结果

　　图 8.23 为第二个试验季地下水位的模拟结果。从图中的模拟结果来看，在多数的试验子过程中地下水位的模拟值与实测值吻合较好，第 4 和第 12 个试验子过程则有较大差别，这可能与实际腾发量的校正有一定关系。

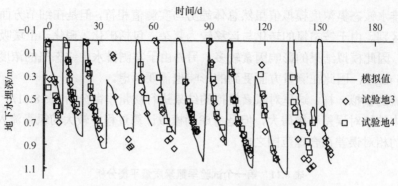

图 8.23　第二个试验季地下水位的模拟结果

　　为了检验模拟过程中数值模型能否保持水量的平衡，需要对第二个试验季的水流模拟作水量平衡分析。从表 8.12 分析的结果来看，模拟结束后的总水量相对误差很小，因此数值计算结果是可以接受的。

表 8.12　第二个试验季水量平衡分析

数据项	计算输入数据或实测数据	模拟结果
灌溉量和降雨量之和	Irr+Pre=1188.0mm	
土表蒸发量	E_P= −137.4mm	
通过模拟区域上边界的水量	Irr+Pre+E_p=1050.6mm	1050.5mm
排水管排水量	−517.8mm	−519.8mm
作物蒸腾量	T_p= −549.6mm	
实际腾发量	E_p+T_p= −687.0mm	
被作物吸收的水量		−549.2mm
土壤释水量		18.0mm
总和		−0.5mm
模拟水量计算误差(Error)		−0.5mm
相对误差[Error/(Irr+Pre)]		0.04%

注：土壤释水量为模拟区域初始含水总量减模拟结束后含水总量

　　图 8.24 和图 8.25 分别为第二个试验季的数值模拟中铵态氮和硝态氮的模拟结果。实测数据来自于试验地 3 和试验地 4 排水中无机氮浓度的平均值。从模拟结果来看，硝态氮的模拟结果与实测值相比吻合较好。铵态氮的模拟结果与实测值数量级吻合较好，但未能反映出排水中铵态氮的动态变化过程。

　　为了检验模拟过程中氮素总量能否保持平衡，表 8.13 对第二个试验季氮素模拟的结果进行了质量平衡分析。从相对误差来看，其值较小，因此计算结果在合理范围内。

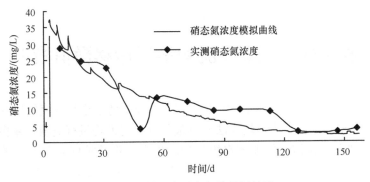

图 8.24　排水中硝态氮的模拟结果

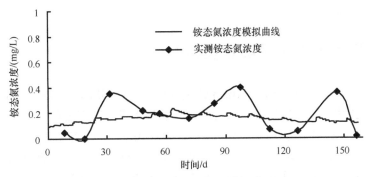

图 8.25　排水中铵态氮的模拟结果

表 8.13　第二个试验季氮素质量平衡分析

编号	数据项	模拟值/(kg/hm²)
1	初始铵态氮含量	12.90
2	初始硝态氮含量	284.00
3	初始快速有机氮含量	20.20
4	初始慢速有机氮含量	7518.00
5	引进的快速有机氮质量	64.14
6	污水中引进铵态氮质量	74.02
7	污水中引进硝态氮质量	8.04
8	结束时铵态氮含量	25.80
9	结束时硝态氮含量	23.00
10	结束时快速有机氮含量	34.80
11	结束时慢速有机氮含量	7498.00
12	排水中硝态氮质量	78.00
13	排水中铵态氮质量	0.42
14	模拟过程中反硝化总量	195.56
15	根系吸氮总量	115.58
16	模拟计算绝对误差	10.14
17	模拟计算相对误差	2.6%

注：相对误差的计算式为：编号 16/(编号 12＋编号 13＋编号 14＋编号 15)×100%

第9章　三维渗流和溶质运移数值模型

本章首先介绍了三维地下水运动数值模型，该模型考虑饱和水流的层内水平二维运动和层间垂向一维运动，采用水均衡法和有限差分法对方程进行离散，并将层内流动与层间流动进行耦合。在该三维地下水模型的基础上，将其扩展到非饱和带，建立了饱和-非饱和水流运动数值模型。在三维饱和地下模型的基础上，考虑地下水系统的溶质运移过程，采用有限单元法和有限差分法的混合数值方法，对三维溶质运移方程进行数值离散，建立三维饱和溶质运移数值模型。

9.1　三维饱和地下水运动数值模型

垂向/水平向分离 (vertical/horizontal splitting，VHS) 的概念最早由 Lardner 和 Cekirge (1988) 提出，其理念是将三维流速场分解为水平向二维运动和垂向一维运动。基于 VHS 概念建立的数值方法的主要优点是：①如果采用的二维数值方法是正确的，那求解三维方程只需计算垂向运动，大为减少了建立三维模型的工作量；②求解二维方程和一维方程比求解三维方程数值计算效率更高。本模型采用 VHS 的概念将饱和三维水流运动分解为层内二维运动和层间垂向运动，采用水均衡法对层内二维水流运动进行数值离散，采用有限差分法计算垂向水流通量，并通过垂向通量将各含水层水流运动进行耦合，由此得到的模型称为简化模型。同时，为了克服简化模型不适用于倾斜含水层的弱点，本章推导了不规则柱体单元的水头梯度平均面，在水头梯度平均面的基础上计算单元水平向流量。采用本章方法建立的饱和水流运动模型对不规则区域边界具有灵活的适应性，能有效地提高倾斜含水层的简化数值模拟精度。

9.1.1　三维饱和地下水流模型建立思路

本章建立的三维饱和地下水简化数值模型将模拟岩层按含水层的水文地质性质与厚度进行垂向分层，层间剖分为三角形柱体单元。当柱体单元上下表面均为水平面时，其单元节点的水平流速可直接采用单元面上节点的水头差分进行计算；但当柱体单元上下面不水平时，由于单元面上各节点有垂向水头差，因此不能用单元面上节点的水头差计算柱体单元节点上的水平流速。本章提出柱体单元水头梯度平均面的概念 (见 8.1.2 节)，推导柱体单元中可代表平均水头梯度值的水平面，在该水平面的基础上，计算层间柱体单元各节点的弹性释水项和侧向流量项，层间水量交换则采用有限差分法进行计算。含水层分层及柱体单元 $i'j'k'ijk$ 示意图如图 9.1 所示。

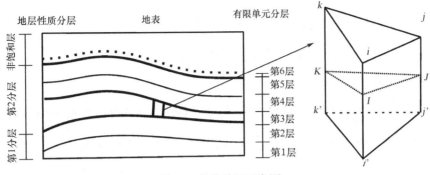

图 9.1 柱体单元示意图

根据 VHS 的概念,柱体单元中节点 i 水均衡方程可写成以下形式:

$$Q_{Ti} = Q_{Hi} + Q_{Vi} \tag{9.1.1}$$

式中,Q_{Ti} 为弹性释水项,$[L^3/T]$;Q_{Hi} 为侧向流量项,$[L^3/T]$;Q_{Vi} 为垂向流量项,$[L^3/T]$。

为了计算不规则柱体单元的侧向流量和弹性释水项,先要推导柱体单元的水头梯度平均面。

9.1.2 水头梯度平均面

水头梯度平均面指柱体单元中代表水头梯度平均值的水平面,是建立不规则柱体单元水量均衡方程的基础。假设柱体三角单元 $i'j'k'ijk$ 的水头梯度平面为面 IJK,同时假设在柱体单元中,竖直方向上水头随 z 坐标线性变化,则在 ii'、jj'、kk' 上各点水头分别为

$$H(z,t) = \frac{H_p - H_{p'}}{z_p - z_{p'}}(z - z_p) + H_p \tag{9.1.2}$$

式中,$H(z,\ t)$ 为 ii'、jj'、kk' 上任一高度处水头;$H_p(p=I, i', j, j', k, k')$ 为单元六个节点水头;$z_p(p=I, i', j, j', k, k')$ 为单元节点纵坐标。设水头梯度平均面 IJK 纵坐标为 $\bar{z}$,则面上三节点水头 H_I、H_J、H_K 可由式 (9.1.3) 计算:

$$H_P = \frac{H_p - H_{p'}}{z_p - z_{p'}}(\bar{z} - z_p) + H_p \tag{9.1.3}$$

式中,$H_P(P=I,\ J,\ K)$ 为水头梯度平均面三节点水头;x_p、$y_p(p=I, i', j, j', k, k')$ 分别为柱体单元节点 x、y 方向坐标。设:

$$(\bar{z} - z_{i'})/(z_i - z_{i'}) = \beta_I, \quad (\bar{z} - z_{k'})/(z_k - z_{k'}) = \beta_K, \quad (\bar{z} - z_{j'})/(z_j - z_{j'}) = \beta_J \tag{9.1.4}$$

则 H_I、H_J、H_K 可表示为如下形式:

$$H_I = \beta_I H_i + (1 - \beta_I) H_{i'}, \quad H_J = \beta_J H_j + (1 - \beta_J) H_{j'}, \quad H_K = \beta_K H_k + (1 - \beta_K) H_{k'} \tag{9.1.5}$$

将面 IJK 上各点水头采用三节点水头的线性插值可表示为

$$H(x,y,t)=\frac{1}{2\Delta_\beta}[(a_I x+b_I y+d_I)H_I$$
$$+(a_J x+b_J y+d_J)H_J+(a_K x+b_K y+d_K)H_K] \tag{9.1.6}$$

则面 IJK 上沿 x 方向的水头梯度为

$$\frac{\partial H}{\partial x}=\frac{1}{2\Delta_\beta}\Big[\big(a_I A_{ii'}+a_J A_{jj'}+a_K A_{kk'}\big)z+\big(a_I H_{ii'0}+a_J H_{jj'0}+a_K H_{kk'0}\big)\Big] \tag{9.1.7}$$

式中，在柱体单元中，$x_I=x_i$、$y_I=y_i$（$I=I$, J, K；$i=i$, j, k），因此，$a_I=a_i=y_j-y_k$；$b_I=b_i=x_k-x_j$；$a_J=a_j=y_k-y_i$；$b_J=b_j=x_i-x_k$；$a_K=a_k=y_i-y_j$；$b_K=b_k=x_j-x_i$；$d_I=d_i=x_j y_k-x_k y_j$；$d_J=d_j=x_k y_i-x_i y_k$；$d_K=d_k=x_i y_j-x_j y_i$。以下为推导方便，统一写为 a_i、b_i、d_i（$i=I,j,k$）。$\Delta_\beta=1/2(a_j b_k-a_k b_j)$；$A_{ii}=(H_i-H_{i'})/(z_i-z_{i'})$（$i=I,j,k$；$i'=i',j',k'$）；$H_{ii'0}=[H_i-z_i\times(H_i-H_{i'})/(z_i-z_{i'})]$（$i=i,j,k$；$i'=i',j',k'$）。

设柱体单元 $i'j'k'ijk$ 中的任一水平截面面积为 S，则柱体单元在水平面上的平均水头梯度值为

$$\frac{\int_{z_{k'}}^{z_i}\left(\frac{\partial H}{\partial x}S\right)\mathrm{d}z}{\int_{z_{k'}}^{z_i}S\mathrm{d}z}=\frac{\int_{z_j}^{z_i}\left(\frac{\partial H}{\partial x}S\right)\mathrm{d}z+\int_{z_{i'}}^{z_j}\left(\frac{\partial H}{\partial x}S\right)\mathrm{d}z+\int_{z_{k'}}^{z_{i'}}\left(\frac{\partial H}{\partial x}S\right)\mathrm{d}z}{\int_{z_j}^{z_i}S\mathrm{d}z+\int_{z_{i'}}^{z_j}S\mathrm{d}z+\int_{z_{k'}}^{z_{i'}}S\mathrm{d}z}$$

$$=\frac{1}{2\beta}\big(a_i A_{ii'}+a_j A_{jj'}+a_k A_{kk'}\big)$$

$$\times\frac{\left\{\begin{array}{l}\dfrac{(a_j b_k-a_k b_j)}{24}\Big[(z_i-z_j)(z_i+3z_j)-(z_{i'}-z_{k'})(z_{i'}+3z_{k'})\Big]+\\[2mm]\beta\dfrac{(z_j-z_{i'})(z_j+z_{i'})}{2}+\beta\dfrac{(z_{i'}-z_{k'})(z_{i'}+z_{k'})}{2}\end{array}\right\}}{\dfrac{(a_j b_k-a_k b_j)}{2}\dfrac{\big[(z_i-z_j)-(z_{i'}-z_{k'})\big]}{3}+\beta(z_j-z_{k'})}$$

$$+\frac{1}{2\beta}\big(a_i H_{ii'0}+a_j H_{jj'0}+a_k H_{kk'0}\big) \tag{9.1.8}$$

比较式(9.1.8)与式(9.1.7)，得出水头梯度平均面所在的位置，其表达式为

$$\bar{z}=\frac{\dfrac{1}{12}\left[\begin{array}{l}(z_i-z_j)(z_i+3z_j)-(z_{i'}-z_{k'})(z_{i'}+3z_{k'})\\[2mm]+\dfrac{(z_j-z_{i'})(z_j+z_{i'})}{2}+\dfrac{(z_{i'}-z_{k'})(z_{i'}+z_{k'})}{2}\end{array}\right]}{\big[(z_i-z_j)-(z_{i'}-z_{k'})\big]\big/3+(z_j-z_{k'})} \tag{9.1.9}$$

9.1.3　三维饱和水流运动简化数值模型

1. 平面节点水量均衡计算

本章建立的饱和模型层间水流计算以水头梯度平均面为基础，在不考虑边界和源汇项的情况下，水头梯度平均面 IJK 上各节点水均衡项主要包括侧向流量项和水头变化释

放(储存)项,具体推导过程见第 8 章。

以三角柱体的水平面 IJK 为基础,水平面 IJK 上对 I 点的侧向流量 Q_{TI} 可表示为

$$Q_{TI} = -\frac{T_\beta}{4\Delta_\beta}\left[\left(b_i^2 + a_i^2\right)H_I + \left(b_j b_i + a_j a_i\right)H_J + \left(b_k b_i + a_k a_i\right)H_K\right] \qquad (9.1.10)$$

水平面 IJK 上对 I 点水头变化释放(储存)水量 $Q_{\mu I}$:

$$Q_{\mu I} = \mu\frac{\overline{\Delta H}}{\Delta t}\frac{1}{3}\Delta_\beta = \frac{\mu\Delta_\beta}{3}\frac{dH_I}{dt} \qquad (9.1.11)$$

2. 柱体单元节点水量均衡计算

在柱体单元 $i'j'k'ijk$ 中,各节点水量均衡项主要包括:侧向流量项、水头变化释放或储存的水量以及垂向水流通量。以 i 节点为例进行柱体单元 $i'j'k'ijk$ 中各节点的水量均衡计算,在柱体单元 $i'j'k'ijk$ 中, i 节点的控制均衡域为柱体单元体积的 1/6,如图 9.2 中阴影部分所示。

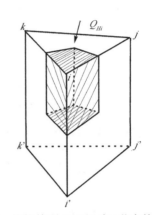

1)柱体单元节点侧向流量

柱体单元中节点的侧向流量采用水头梯度平均面上侧向流量与节点控制高度进行计算。

图 9.2　柱体单元 $i'j'k'ijk$ 中 i 节点的均衡域

在整个柱体单元 $i'j'k'ijk$ 中, ii' 厚度内的侧向流量可表示为

$$Q_H = -\frac{T_\beta}{4\Delta_\beta}\left[\left(b_i^2 + a_i^2\right)H_I + \left(b_j b_i + a_j a_i\right)H_J + \left(b_k b_i + a_k a_i\right)H_K\right] \qquad (9.1.12)$$

式中, T_β 为柱体单元的平均导水系数,[L²/T], $T_\beta = \overline{KB}$; $\overline{K}$ 为 $i'j'k'ijk$ 柱体单元的平均水力传导度,[L/T]; $\overline{B}$ 为柱体单元 $i'j'k'ijk$ 的平均厚度,[L]; Δ_β 为柱体单元水头梯度平均面的面积,[L²]。

假定在 $i'j'k'ijk$ 柱体中 i 节点控制 ii' 厚度内一半的水平流量,则单元 $i'j'k'ijk$ 流向结点 i 的侧向流量为

$$Q_{H_i} = \frac{1}{2}Q_H = -\frac{T_\beta}{8\Delta_\beta}\left[\left(b_i^2 + a_i^2\right)H_I + \left(b_j b_i + a_j a_i\right)H_J + \left(b_k b_i + a_k a_i\right)H_K\right] \qquad (9.1.13)$$

2)柱体单元节点弹性释水量

在时段 Δt 内,由于水位变化,柱体 $i'j'k'ijk$ 中 i 节点控制体积内单位时间储存(或释放)的水量为

$$Q_{T_i} = \mu'\frac{\overline{\Delta H'}}{\Delta t}\frac{1}{3}\Delta_\beta \qquad (9.1.14)$$

式中, $\overline{\Delta H'}$ 为柱体单元 $i'j'k'ijk$ 中结点 i 控制体积内的平均水位变幅,可取 i 节点的水位

变幅值，[L]；对于饱和流，μ'为柱体单元平均弹性释水系数$\bar{\mu}$与节点控制体积平均厚度$\bar{B}$的乘积，[-]，$\mu' = \bar{\mu}\bar{B}/2$。

综合以上分析计算，可得到i点控制均衡域内的水量均衡方程：

$$\sum_\Omega \frac{T_\beta}{8\Delta_\beta}\Big[\big(b_i^2 + a_i^2\big)H_I + \big(b_j b_i + a_j a_i\big)H_J + \big(b_k b_i + a_k a_i\big)H_K\Big] +$$

$$\sum_\Omega \frac{\mu'\Delta_\beta}{3}\frac{\Delta H_i}{\Delta t} + Q_{V_i} = 0 \tag{9.1.15}$$

式中，Ω为与i点相联系的柱体单元对i点的均衡域；Q_{V_i}为层间水流联系项（具体计算见9.1.4小节）。设：

$$a_i^2 + b_i^2 = P_{ii}, \quad a_i a_j + b_i b_j = P_{ij}, \quad a_i a_k + b_i b_k = P_{ik}$$

$$a_j a_i + b_j b_i = P_{ji}, \quad a_j^2 + b_j^2 = P_{jj}, \quad a_j a_k + b_j b_k = P_{jk} \tag{9.1.16}$$

$$a_k a_i + b_k b_i = P_{ki}, \quad a_k a_j + b_k b_j = P_{kj}, \quad a_k^2 + b_k^2 = P_{kk}$$

将式(9.1.5)与式(9.1.16)代入式(9.1.15)可得到：

$$\sum_\Omega \frac{T_\beta}{8\Delta_\beta}[P_{ii}\beta_I H_i + P_{ii}(1-\beta_I)H_i + P_{ij}\beta_J H_j + P_{ij}(1-\beta_J)H_{j'}$$

$$+ P_{ik}\beta_K H_k + P_{ik}(1-\beta_K)H_{K'}] + \sum_\Omega \frac{\mu'\Delta_\beta}{3}\frac{dH_i}{dt} + Q_{V_i} = 0 \tag{9.1.17}$$

柱体单元$i'j'k'ijk$中6个节点水量均衡方程形式均同i节点，因此，在不加入垂向流量的情况下，可将单元各节点的均衡方程写成如下矩阵形式（垂向流量Q_{V_i}将在9.1.4节进行计算）：

$$\frac{T_\beta}{8\Delta_\beta}\begin{bmatrix} P_{ii}\beta_I & P_{ij}\beta_J & P_{ik}\beta_K & P_{ii}(1-\beta_I) & P_{ij}(1-\beta_J) & P_{ik}(1-\beta_K) \\ P_{ji}\beta_I & P_{jj}\beta_J & P_{jk}\beta_K & P_{ji}(1-\beta_I) & P_{jj}(1-\beta_J) & P_{jk}(1-\beta_K) \\ P_{ki}\beta_I & P_{kj}\beta_J & P_{kk}\beta_K & P_{ki}(1-\beta_I) & P_{kj}(1-\beta_J) & P_{kk}(1-\beta_K) \\ P_{ii}\beta_I & P_{ij}\beta_J & P_{ik}\beta_K & P_{ii}(1-\beta_I) & P_{ij}(1-\beta_J) & P_{ik}(1-\beta_K) \\ P_{ji}\beta_I & P_{jj}\beta_J & P_{jk}\beta_K & P_{ji}(1-\beta_I) & P_{jj}(1-\beta_J) & P_{jk}(1-\beta_K) \\ P_{ki}\beta_I & P_{kj}\beta_J & P_{kk}\beta_K & P_{ki}(1-\beta_I) & P_{kj}(1-\beta_J) & P_{kk}(1-\beta_K) \end{bmatrix}\begin{bmatrix} H_i \\ H_j \\ H_k \\ H_{i'} \\ H_{j'} \\ H_{k'} \end{bmatrix}$$

$$+ \frac{\mu'\Delta_\beta}{3}\begin{bmatrix} 1 & & & & & \\ & 1 & & & & \\ & & 1 & & & \\ & & & 1 & & \\ & & & & 1 & \\ & & & & & 1 \end{bmatrix}\begin{bmatrix} dH_i/dt \\ dH_j/dt \\ dH_k/dt \\ dH_{i'}/dt \\ dH_{j'}/dt \\ dH_{k'}/dt \end{bmatrix} = 0 \tag{9.1.18}$$

9.1.4　含水层层间水流通量和水量均衡分析

图9.3所示为含水层中节点i的控制均衡域，其上下层节点编号分别记为$i-1$，$i+1$，

H_{i-1}, H_i, H_{i+1} 分别表示各节点总水头；$q_{z_1}^i$、$q_{z_2}^i$
分别表示节点 i 所在均衡域上、下边界垂向水流
通量；A_i 为 i 节点控制均衡域上表面面积。

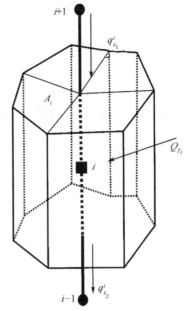

因此，节点 i 控制单元水量均衡方程可写为

$$Q_{T_i} = Q_{H_i} + \left(q_{z_1}^i - q_{z_2}^i \right) A_i \qquad (9.1.19)$$

式中，Q_{T_i} 为水头变化释放或储存水量，$[\mathrm{L^3/T}]$；

Q_{H_i} 为侧向流量项，$[\mathrm{L^3/T}]$；$\left(q_{z_1}^i - q_{z_2}^i \right) A_i$ 为垂向
流量项，$[\mathrm{L^3/T}]$，在 8.1.3 节计算时未考虑，因此
需要重新计算。垂向流量可根据达西定律进行计
算：

$$q_{z_1}^i = -\overline{K_{i,i+1}} \frac{H_i - H_{i+1}}{L_{i,i+1}} \qquad (9.1.20)$$

$$q_{z_2}^i = -\overline{K_{i-1,i}} \frac{H_{i-1} - H_i}{L_{i-1,i}} \qquad (9.1.21)$$

图 9.3　含水层节点 i 控制单元水均衡分析

式中，$\overline{K_{i,i+1}}$、$\overline{K_{i-1,i}}$ 分别为节点 i 与 $i+1$、节点 $i-1$ 与 i 的平均水力传导度，$[\mathrm{L/T}]$；$L_{i,}$
$_{i+1}$、$L_{i-1,\,i}$ 分别为节点 i 与 $i+1$、节点 $i-1$ 与 i 之间的距离，$[\mathrm{L}]$。

因此 i 节点控制域的垂向流量项 Q_{V_i} 为

$$Q_{V_i} = \left(\frac{\overline{K_{i-1,i}}}{L_{i-1,i}} A_i \right) H_{i-1} + \left(\frac{-\overline{K_{i,i+1}}}{L_{i,i+1}} A_i + \frac{-\overline{K_{i-1,i}}}{L_{i-1,i}} A_i \right) H_i + \left(\frac{\overline{K_{i,i+1}}}{L_{i,i+1}} A_i \right) H_{i+1} \qquad (9.1.22)$$

9.1.5　边界及源汇项处理

1. 边界条件

第一类边界条件为已知水头的边界条件，称 Dirichlet 边界：

$$H_1(x,y,z,t) = \psi(x,y,z,t) \quad (x,y,z) \in \Gamma_D \qquad (9.1.23)$$

式中，ψ 为在边界段 Γ_D 上给定的压力水头，$[\mathrm{L}]$。

第二类边界条件为已知流量的边界条件，称 Neumann 边界：

$$-\left[K \left(K_{ij}^A \frac{\partial h}{\partial x_j} - K_{iz}^A \right) \right] n_i = \sigma_1(x,z,y,t) \quad (x,y,z) \in \Gamma_N \qquad (9.1.24)$$

式中，σ_1 为沿边界段 Γ_N 的达西流速，σ_1 的方向与沿边界的外法线方向一致时为正值，
$[\mathrm{L/T}]$；$n_i(i=x,\ y,\ z)$ 为沿边界段的单位外法向向量分量，$[\text{-}]$。

2. 降雨/蒸发

降雨有两种处理方式：一种是根据区域实测资料输入每天的降雨量；另一种是给出降雨量随时间变化的函数关系和降雨入渗系数随地下水埋深变化的函数关系。

蒸发同降雨一样也有两种处理方式：一种是根据区域实测资料输入每天的蒸发量；另一种是输入气象资料，根据彭曼公式进行计算，得到每天的蒸发速率。

3. 抽水井

首先将抽水井中的流量 Q_T 分配到各含水层，再将进入井内第 I 层的水量 Q_I 重新分配，Q_I 按一定比例分配给上节点 i 和下节点 i'，本次按 β_I 和 $1-\beta_I$ 分配（为了计算方便，也可按 1/2 和 1/2 的比例分配）。

$$Q_i = \frac{L_I K_{xI}}{\sum (LK_x)_I} Q_T \beta_I \tag{9.1.25}$$

$$Q_{i'} = \frac{L_I K_{xI}}{\sum (LK_x)_I} Q_T (1-\beta_I) \tag{9.1.26}$$

式中，Q_i，$Q_{i'}$ 分别为第 I 层抽水的流量分配到该层上下节点的流量值，[L^3/T]；Q_T 为在某应力期井的抽水量，[L^3/T]；L_I 为第 I 层中滤水段长度，[L]；K_{xI} 为第 I 层中 x 方向的水力传导度，[L/T]；$\sum (LK_x)_I$ 为该井穿透的所有层位的滤水段长度与各层 x 方向的水力传导度乘积之和，[L^2/T]。

9.2　三维饱和-非饱和水流运动数值模型

9.2.1　基于 VHS 的三维饱和-非饱和水流运动数值模型

1. 水流运动控制方程及数值离散

9.1 节所介绍的三维饱和地下水运动简化数值模型可进一步扩展到三维饱和-非饱和水流运动数值模拟。以下表示多孔介质中饱和-非饱和三维水流方程：

$$\frac{\partial \theta}{\partial t} = \frac{\partial}{\partial x_i}\left[K(K_{ij}^A \frac{\partial H}{\partial x_j})\right] - S \tag{9.2.1}$$

式中，$\frac{\partial \theta}{\partial t}$ 也可写成 $C(h)\frac{\partial H}{\partial t}$ 的形式，$C(h)$ 表示介质的容水度，[L^{-1}]，在考虑土体弹性释水时，容水度 $C(h)$ 可定义为

$$C(h) = \frac{\theta}{n}\mu + \frac{d\theta}{dh} \tag{9.2.2}$$

式中，n 为孔隙率，[-]；μ 为比储水系数，[L^{-1}]。

对于饱和介质，式(9.2.2)右端第二项为零，且饱和体积含水率等于孔隙率，因此式(9.2.1)可整理成

$$\mu \frac{\partial H}{\partial t} = \frac{\partial}{\partial x_i}\left[K_s \frac{\partial H}{\partial x_i} \right] - S \tag{9.2.3}$$

对于非饱和介质，式(9.2.2)右端第一项可忽略不计。因此，非饱和土壤水流运动方程可写成

$$C(h) \frac{\partial H}{\partial t} = \frac{\partial}{\partial x_i}\left[K(h) \frac{\partial H}{\partial x_i} \right] - S \tag{9.2.4}$$

比较三维非饱和水流方程和三维饱和水流运动方程，其具有相同的方程形式，区别在于系数。因此，8.1 节建立的柱体单元 $i'j'k'ijk$ 中六节点水量均衡计算结果式(8.1.18)和式(9.1.22)同样适用于非饱和带水流运动数值模拟，但 μ' 和 T_β 的取值对于饱和流与非饱和流有所区别。对于饱和流，μ' 为柱体单元平均弹性释水系数 $\bar{\mu}$ 与节点控制体积平均厚度 $\bar{B}$ 的乘积，[-]，$\mu' = \bar{\mu}\bar{B}/2$；对于非饱和水流，为单元平均容水度 $\bar{C}$ 与节点控制体积平均厚度的乘积，[-]，$\mu' = \bar{C}\bar{B}/2$。对于饱和流，T_β 为柱体单元的饱和水力传导度与厚度的乘积，[L²/T]，$T_\beta = \overline{K_S B}$；对于非饱和水流，则为柱体单元非饱和水力传导度与厚度的乘积，$T_\beta = \overline{KB}$。

2. 根系吸水源汇项处理

由于根系主要分布在非饱和带，因此，饱和-非饱和模型需要考虑非饱和带的根系吸水。根系吸水项 S 表示单位时间植物根系从单位体积的土壤中吸取的水量，S 的表达式为

$$S = \alpha(h)S_p \tag{9.2.5}$$

式中，$\alpha(h)$ 为土壤负压水头(或土壤含水率)对根系吸水的影响函数，[-]；S_p 为与作物潜在蒸腾量有关的作物根系潜在吸水速率，[T⁻¹]。若潜在吸水率在根系层均匀分布，则

$$S_p = A_{se}T_p / V; V = L_x L_y L_z; A_{se} = L_{tx}L_{ty} \tag{9.2.6}$$

式中，T_p 为作物潜在蒸腾速率，[L/T⁻¹]；V 为根系吸水区域体积，[L³]；A_{se} 为与作物蒸腾有关的地表面积，[L²]；L_z 为根系区的深度，[L]；L_x 为根系区 x 方向的宽度，[L]；L_y 为根系区 y 方向的宽度，[L]；L_{tx} 为与作物蒸腾有关的 x 方向地表宽度，[L]；L_{ty} 为与作物蒸腾有关的 y 方向地表宽度，[L]。

若区域不规则，则根系在土壤剖面中点 (x, y, z) 处的潜在吸水量可表示如下：

$$S_P = b(x,y,z)L_{tx}L_{ty}T_P \tag{9.2.7}$$

将式(9.2.7)代入式(9.2.5)可得到点 (x,y,z) 处的实际吸水量，即

$$S(h,x,y,z) = a(h,x,y,z)b(x,y,z)L_{tx}L_{ty}T_P \tag{9.2.8}$$

式中，$b(x,y,z)$ 为根系分布函数，[L⁻³]，描述了潜在根系吸水项 S_p 在根系区域的空间分布，可表示为

$$b(x,y,z) = \frac{b'(x,y,z)}{\int_{\Omega_R} b'(x,y,z)\mathrm{d}\Omega} \tag{9.2.9}$$

式中，Ω_R 指根系吸水区域，$[\mathrm{L}^3]$；$b'(x,y,z)$ 是在输入文件中任意给定的分布系数，$[\mathrm{L}^{-3}]$，将作物根系区域内的节点的根系吸水分布系数 $b'(x,y,z)$ 设置为大于 0，非作物区域的 $b'(x,y,z)$ 设置为 0。

　　根据式 (9.2.8) 近似计算出根系实际的吸水量 S，将各节点的 S 值作为源汇项考虑到该节点的均衡方程。

9.2.2　基于主变量转化的三维饱和-非饱和水流运动数值模型

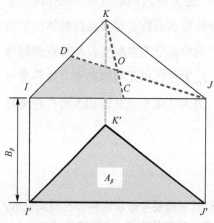

图 9.4　三维模型的三棱柱单元

　　三维地下水问题具有复杂的侧向边界，在垂向上可能呈现多层相对独立的地下水系统。为适应这种特点，三维模型采用三棱柱进行空间离散，如图 9.4 所示。对于其中的任一个单元 β，其高度和底面积 (三角形 IJK 面积) 分别为 B_β 和 A_β。节点 I 同时被几个相邻的单元共享。

　　不失一般性，忽略源汇项。将方程在节点控制体积上积分，可以得到如下水均衡方程：

$$W_I = Q_{LI} + Q_{VI} \tag{9.2.10}$$

式中，W_I 为节点 I 控制体积内的水量变化率，$[\mathrm{L}^3/\mathrm{T}]$；$Q_{LI}$ 和 Q_{VI} 分别为由侧向和垂向进入控制体积内的水流量，$[\mathrm{L}^3/\mathrm{T}]$。记 KC 和 DJ 为三角形 IJK 的两条中线 (图 9.4)，四边形 $ICOD$ 是节点 I 的控制面积，将其乘以三棱柱高度的一半，可以得到节点 I 的控制体积为

$$V_I = \sum_{\beta}\left(\frac{1}{3}A_\beta \cdot \frac{1}{2}B_\beta\right) \tag{9.2.11}$$

　　注意，式 (9.2.11) 的求和符号代表遍历所有含有节点 I 的单元。因此节点 I 控制体积内的水量变化率为

$$W_I = s_I V_I\left(\frac{\mathrm{d}\theta_I}{\mathrm{d}t} + \gamma\mu_s\frac{\mathrm{d}h_I}{\mathrm{d}t}\right) \tag{9.2.12}$$

式中，γ 在饱和时为 1，非饱和时为 0；μ_s 为弹性释水系数，$[\mathrm{L}^{-1}]$。

　　辅助线 IA 与 CD 用来帮助计算侧向流量 (图 9.5)。辅助线 IA 和 JK 垂直，而 CD 和 JK 平行。进入节点 I 的侧向过水面积等于宽度 L_{CD} 和厚

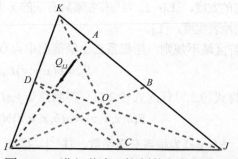

图 9.5　进入节点 I 控制体积的侧向通量 Q_{LI}

度 $B_\beta/2$ 的乘积。因此，进入节点 I 的侧向流量为

$$Q_{LI} = \sum_\beta \left(-\frac{B_\beta}{2} L_{CD} K_{\beta L} \frac{h_I - h_A}{L_{IA}} \right) \tag{9.2.13}$$

式中，h_I 和 h_A 为节点 I 和辅助点 A 的压力水头；$K_{\beta L}$ 为单元 β 的侧向传导度，一般取 I，J，K 三点的平均值。例如，算术平均为

$$K_{\beta L} = \frac{1}{3} \left(K_I + K_J + K_K \right) \tag{9.2.14}$$

考虑到水头在节点 J 和 K 之间是线性变化的，则有

$$h_A = \frac{L_{JA}}{L_{JK}} h_J + \frac{L_{AK}}{L_{JK}} h_K \tag{9.2.15}$$

将式(9.2.15)代入式(9.2.13)并整合几何关系，可以得到：

$$Q_{LI} = \sum_\beta \left(-\frac{K_{\beta L} B_\beta}{8 A_\beta} \sum_{s=I,J,K} \left(b_s b_I + c_s c_I \right) h_s \right) \tag{9.2.16}$$

式中，b_s 和 c_s ($s=I$，J，K) 是与节点坐标有关的系数

$$b_I = y_J - y_K, \ b_J = y_K - y_I, \ b_K = y_I - y_J \tag{9.2.17}$$

$$c_I = x_I - x_K, \ c_J = x_K - x_I, \ c_K = x_I - x_J \tag{9.2.18}$$

类似地，沿垂向从节点 I' 进入到节点 I 的流量为

$$Q_{VI} = \sum_\beta \frac{K_{V\beta} A_\beta}{3} \left(\frac{h_{I'} - h_I}{B_\beta} + 1 \right) \tag{9.2.19}$$

式中，$K_{V\beta}$ 为单元的垂向水力传导度，一般可以近似为节点 I' 和节点 I 水力传导度的平均值：

$$K_{V\beta} = \frac{1}{2} \left(K_{I'} + K_I \right) \tag{9.2.20}$$

显然，最终三维的 Richards 方程得到了半离散格式。继续进行时间离散可以得到最终数值格式。由于存在含水量和水头两种变量，我们采用 Celia 等(1991)提出的数值守恒格式。节点含水量的变化率可以离散为

$$\frac{\partial \theta}{\partial t} \approx \frac{\theta^{j+1,k+1} - \theta^j}{\Delta t} = \frac{\theta^{j+1,k+1} - \theta^{j+1,k}}{\Delta t} + \frac{\theta^{j+1,k} - \theta^j}{\Delta t} \tag{9.2.21}$$

式(9.2.21)右边第一项为相邻迭代水平间的含水量变化率；第二项为目前时刻与上一时刻含水量变化率。上标 $j+1$ 代表未知时间步，$k+1$ 代表未知迭代步。而第一项可以根据水分特征曲线近似转化为

$$\frac{\theta^{j+1,k+1} - \theta^{j+1,k}}{\Delta t} \approx C^{j+1,k} \frac{h^{j+1,k+1} - h^{j+1,k}}{\Delta t} \tag{9.2.22}$$

在迭代算法中，如果收敛，相邻迭代水平间的水头之差 $h^{j+1,\ k+1} - h^{j+1,\ k}$ 会趋于 0。对于方程中的非饱和水力传导度 K，一律取 $K^{j+1,\ k}$。这样，通过假设初值，方程中的未知量仅为 $h^{j+1,\ k+1}$，可以进行求解。如果不收敛，则令迭代步增加 1，且 $h^{j+1,\ k+1}=h^{j+1,\ k}$，根据计算的 h 值重新估计含水量、容水度以及非饱和水力传导度，得到新的系数矩阵。迭

代直到满足一定的收敛要求为止。

结合主变量转换技术，这里将 Richards 方程改写为

$$s\frac{\partial \phi}{\partial t} = \nabla \cdot \left[K(\phi)\nabla H \right] \tag{9.2.23}$$

采用同样的有限体积法，可以推导其数值格式。再按照 8.1 节所给出的线性化处理，在三维饱和-非饱和渗流数值模型中，以主变量转换技术的混合型 Richards 方程为基础，可以得到非迭代三维模型(R3D)。注意，得到的非迭代模型不需要迭代，但是在土壤节点饱和状态变化时需要考虑时间步长重算。采用质量守恒格式的水头型 Richards 方程，可以得到 Picard迭代三维模型(S3D)。具体的处理方法与 8.1 节的方法相同，这里不再赘述。

9.2.3　三维饱和-非饱和水流运动数值计算流程

图 9.6 为模型计算饱和-非饱和流的流程图，首先读入单元、节点、边界等信息，再根据非饱和水分运动参数形成非饱和水分运动参数列表，在确定了各垂向分层的厚度后，开始进入程序主体部分，形成饱和-非饱和水流运动矩阵，根据各节点的压力水头判断该节点为饱和节点或者非饱和节点，计算该节点的相关参数(对于饱和节点，为饱

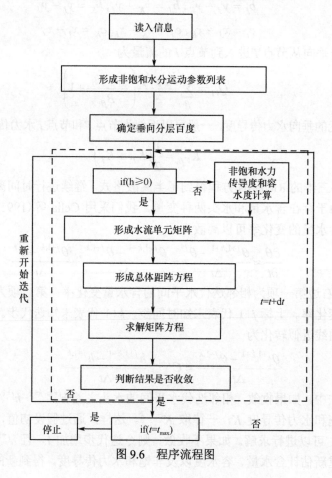

图 9.6　程序流程图

和水力传导度和弹性释水系数；对于非饱和带节点，需调用程序计算其非饱和水力传导度和容水度），再形成剖分单元的单元矩阵，根据单元矩阵形成总体矩阵方程，采用共轭梯度法或高斯消元法求解总体矩阵方程，判断结果是否收敛，若收敛，进入下一计算时段，否则更新水头预测值，进入下一次迭代过程。

9.2.4　模型检验及应用

1. 三维饱和渗流问题

1）算例一

矩形区域长、宽、高为 200 m×200 m×20 m，四周保持常水头 20 m，区域中心位置有一抽水井，抽水量为 500 m³/d，初始水头为 20 m，模拟时长 200 d。垂向从底板向地表共分为 7 层，分层如图 9.7(a)所示，其中第 5 层为弱透水层，参数取值见表 9.1。

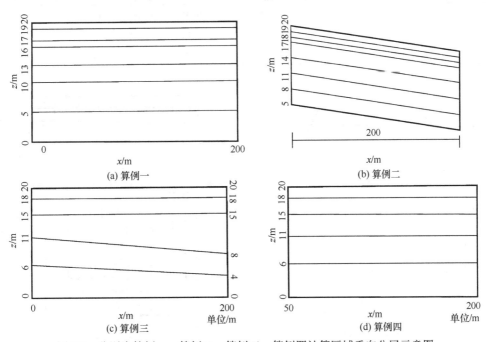

图 9.7　分别为算例一、算例二、算例三、算例四计算区域垂向分层示意图

2）算例二

含水层倾斜，倾斜度为 2.5%，区域水平面上长、宽为 200 m×200 m，在(100 m，100 m)有一抽水井，抽水量为 100 m³/d，区域四周设为隔水边界，模拟时长 50 d。垂向从底板到地表分为 7 层，具体分层如图 9.7(b)所示。参数取值见表 9.1。

3）算例三

含水层倾斜，区域水平面上长、宽均为 200 m，地表高程为 20 m，在 (100 m，48 m) 和 (100 m，152 m) 各设置一个抽水井，抽水量均为 500 m³/d，模拟初始水头设置为 20 m，四周保持常水头 20 m，模拟时长 100 d。含水层垂向分为 5 层如图 9.7(c) 所示。参数取值见表 9.1。

4）算例四

区域形状不规则如图 9.8(a) 所示，含水层厚度为 20 m，在 (100 m，120 m) 处有一定流量抽水井，抽水量为 100 m³/d，初始水头为 20 m，抽水过程中四周保持常水头 20 m，模拟时长 100 d。垂向分为 5 层，分层示意图如图 9.7(d) 所示。参数取值见表 9.1。

表 9.1　各算例不同地层分层的水文地质参数

算例一			算例二			算例三			算例四		
分层	渗透系数 /(m/d)	释水系数 /m⁻¹	分层	渗透系数 /(m/d)	释水系数 /m⁻¹	分层	渗透系数 /(m/d)	释水系数/m⁻¹	分层	渗透系数 /(m/d)	释水系数/m⁻¹
1	6.03	0.0001	1	10.03	0.0001	1	10.03	0.0001	1	10.03	0.0001
2	0.03	0.0001	2	7.01	0.0001	2	7.01	0.0001	2	7.03	0.0001
3	4.03	0.0001	3	4.01	0.0001	3	4.01	0.0001	3	4.03	0.0001

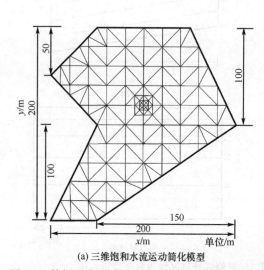
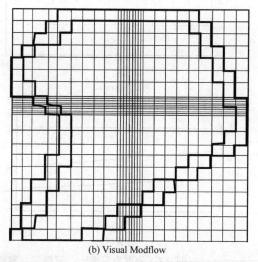

(a) 三维饱和水流运动简化模型　　　　　　(b) Visual Modflow

图 9.8　算例四中区域形状、三维饱和水流运动简化模型网格剖分、Visual Modflow 中网格剖分及其边界位置(粗实线)

采用 Visual Modflow 与 Feflow 以及三维饱和水流运动简化模型分别模拟以上四个算例，算例二、三为倾斜含水层，由于采用 Visual Modflow 可能产生较大的计算误差，因此同时采用三维饱和水流运动简化模型、Visual Modflow 及 Feflow 进行对比。图 9.9 显示的是计算的总水头等值线三种模型的对比结果。模拟结果显示：四算例分别涉及水平含水层、含弱透水层的地下水含水层以及倾斜含水层，三维饱和水流运动简化模型模拟结果与通用模型计算结果具有很高的吻合度，说明三维饱和水流运动简化模型具有较

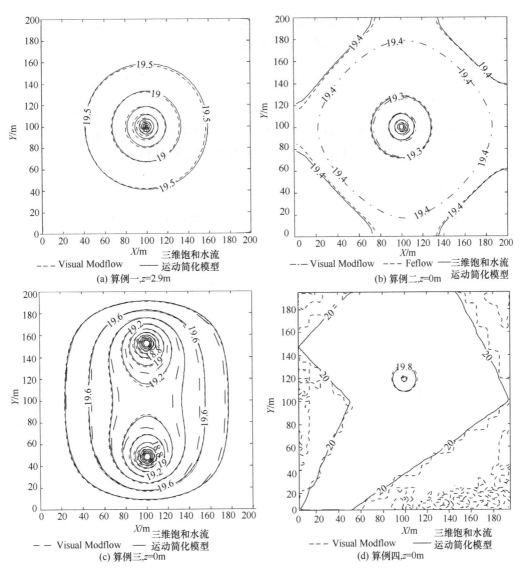

图 9.9　四算例和三维饱和水流运动简化模型在水平面上总水头等值线与 Visual Modelflow、Feflow 双较

高的模拟精度。对于算例二、三的比较结果，三维饱和水流运动简化模型与 Visual Modflow 计算结果差异较大，而更接近 Feflow 计算结果，说明三维饱和水流运动简化模型对倾斜和非等厚岩层的计算结果保持较高精度。三维饱和水流运动简化模型与 Visual Modflow 的计算差异可能与 Visual Modflow 在处理倾斜单元时产生的误差有关。

统计各模型计算时间发现：四算例三维饱和水流运动简化模型计算时间处于中间位置，为 2～4 s，Feflow 计算时间最长，为 5～8 s，Visual Modflow 计算效率最高，为 0.8～2 s。但在网格划分上，对于不规则区域，Visual Modflow 会产生较多无效单元，将从计算中排除。而三维饱和水流运动简化模型的单元划分则较为自由，对于不规则区域具有很高的适应性，可方便的处理不规则区域边界，从而保证区域边界模拟的准确性，并节省计

算工作量, 提高效率。对于算例四不规则区域的网格划分三维饱和水流运动简化模型划
分方式与 Visual Modflow 的对比见图 9.8(a) 和图 9.8(b)。

2. 主变量转换技术与质量守恒的三维饱和-非饱和模拟方法比较

在三维饱和-非饱和渗流数值模型中, 以主变量转换技术的混合型 Richards 方程为
基础, 得到非迭代三维模型(R3D); 采用质量守恒格式的水头型 Richards 方程, 得到
Picard 迭代三维模型(S3D)。下面对以上两种模型进行实际算例分析。

1) 算例描述

土壤采用指数模型(EXP)和改进的 van Genuchten(mVG)模型 (Ippisch et al., 2006;
Crevoisier et al., 2009)描述。

$$S_e = \begin{cases} S_c^{-1}(1+|\alpha h|^n)^{-m} & h < h_e \\ 1 & h \geq h_e \end{cases} \tag{9.2.24}$$

$$K = \begin{cases} K_s S_e^{0.5}\left[1-(1-(S_c S_e)^{1/m})^m\right]^2 \left[1-(1-S_c^{1/m})^m\right]^{-2} & h < h_e \\ k_s & h \geq h_e \end{cases} \tag{9.2.25}$$

式中, K_s 为饱和水力传导度, $[L/T]$。$\alpha[L^{-1}]$ 和 n 与土壤颗粒级配有关, $m=1-1/n$。饱和
度 S_c 与进气负压 h_e 有关,

$$S_c = \left(1+|\alpha h_e|^n\right)^{-m} \tag{9.2.26}$$

如果进气负压为 0, 则该模型蜕化为 van Genuchten 模型。参数见表 9.2。

表 9.2　土壤水力参数

土壤	θ_r	θ_s	a/m^{-1}	n	$k_s/(m/d)$	h_e/m^{-1}
EXP #1	0.06	0.40	10.00	—	0.24	0.00
EXP #2	0.06	0.40	10.00	—	2.40	0.00
EXP #3	0.15	0.45	0.164	—	0.10	0.00
mVG #1	0.0286	0.3658	2.8	2.239	5.41	0.00
mVG #2	0.106	0.4686	1.04	1.3954	0.131	0.00
mVG #3	0.01	0.30	3.30	4.10	8.40	0.00
mVG #4	0.05	0.43	14.50	2.68	7.13	−0.02
mVG #5	0.07	0.38	0.80	1.09	0.05	−0.02
mVG #6	0.08	0.43	3.60	1.56	0.25	−0.02

算例一由(Hills et al., 1989)提出, 可以用来验证一维非均质土壤的水分运动。土壤
由等厚的五层组成, 土壤的非饱和水力参数从顶部 mVG #1 开始, 交替类型为 mVG #1
和 mVG #2(表 9.2)。土柱总厚 1 m。模拟时间 5 d。上下边界条件分别为 $q(z=L, t)=-0.02$
m/d 和 $q(z=0, t)=0$。初始水头 $h(z, t=0)=-100$ m。网格 $\Delta z=0.01$ m。

算例二中, 土壤厚 2 m, 由两层等厚的土壤组成, 上部和下部土壤参数分别为 EXP#1

和 EXP#2（表 9.2），底部压力水头固定为 0 m（地下水位），采用均匀网格 Δz=0.002 m。上部的入渗速率为 0.0216 m/d，初始的压力水头剖面由顶部的恒定入渗速率 0.0024 m/d 运行至稳定状态获得。该问题的瞬态含水量剖面解析解由 Srivastava 和 Yeh（1991）求得。

算例三则考虑一个非常干的长方体土柱，其维度为 $a \times b \times L$，其中 $0 \leq x \leq a$，$0 \leq y \leq b$，$0 \leq z \leq L$。初始条件 $h(x, y, z, t=0)=h_r$。在顶部 $z=L$ 处各点压力水头分布规律为

$$h(z=L) = \frac{1}{\alpha} \ln \left[e^{\alpha h_r} + \left(1 - e^{\alpha h_r} \right) \sin \frac{\pi x}{a} \sin \frac{\pi y}{b} \right] \tag{9.2.27}$$

而其他边界条件均为 $h=h_r$。土壤类型为 EXP #3。Tracy（2006）提供了该问题的解析解。本算例中设置 $a=b=L$=10 m，h_r=−10 m。网格在 x，y，z 方向上分别为 1，1，0.2 m，模拟时间为 10 d。

算例四来源于实验室试验（Vauclin et al.，1979），二维土柱长 6 m 高 2 m。初始地下水位为 0.65 m，且认为初始负压达到了水力静压分布。在中部 0.5 m 宽的顶部范围内保持 0.14791 m/h 的入渗强度。在土柱两端其地下水位保持在 0.65 m。底部边界为不透水边界。考虑对称性，仅模拟右半部分，且网格尺度为 0.1 和 0.05 m。土壤类型为 mVG #3。

算例五是一个综合性的算例，考虑了在抽水，入渗，蒸发，侧向排水等综合作用下的含水量和地下水位变化。模拟区域是一个长方体 200 m×200 m×10 m（图 9.10）。上边界为大气边界，降雨 $P(x, y)$ 和蒸发 $E_p(x)$ 的空间强度（m/d）分布为

$$P(x,y) = 0.04 \left\{ 1 - \frac{1}{40000} \left[(x-100)^2 + (y-100)^2 \right] \right\} \tag{9.2.28}$$

$$E_p(x) = 0.003 - \frac{1}{10000} x \tag{9.2.29}$$

地表持续蒸发，降雨分布在 t=0，10，20，…，90 d。抽水井位于（50 m，100 m），且滤水段从 z=1.5 m 到 4.5 m。在区域左端有一口抽水井（如图 9.10 中 A，河床高 6 m）。河流（图 9.10B）被处理为定水头边界，水位为 8.4 m。其他边界不透水。模拟持续 100 d，初始水位 8.4 m。区域的土壤有三种，mVG #4（砂土，分布区域为 x>100 m，y>100 m 且 9.05 m<z<9.5 m），mVG #5（黏土，分布区域为 x<100 m，y>100 m 且 9.05 m<z<9.5 m）和 mVG #4（壤土，剩余区域）。水

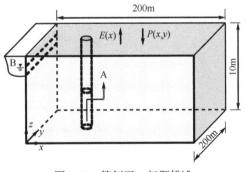

图 9.10　算例五：问题描述

平方向网格尺度从 5 m 到 15 m 变化，且在井和河道附近加密。垂向上从 0.05 m（地表）到 3 m（底部）之间变化。

2）模拟精度

图 9.11 展示了算例一 R3D 和 S3D 在不同时间步长控制参数条件下的质量误差。对于 R3D 模型，其质量误差总是小于 10^{-7}，且不随 ΔS_{emax} 变化。相比之下，S3D 的质量

误差随着 ε_{max} 增大而增大[图 9.11(b)]。总体质量平衡是土壤水模拟精度的必要保证条件。由于 S3D 在 $\varepsilon_{max}=0.1$，$t=5$ d 时产生了较大的相对质量误差 19%，其产生的湿润锋(图 9.12)远远深于其他两个模型的模拟结果：R3D 和 S3D($\varepsilon_{max}=0.001$)。为了严格控制质量误差，ε_{max} 需要控制在 0.001 及以下。

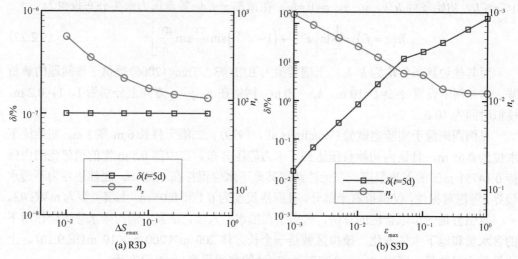

图 9.11　算例一：$t=5$ d 相对质量误差 δ 及方程组求解次数 n_s

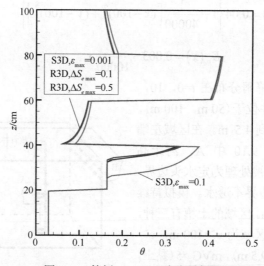

图 9.12　算例一：$t=5$ d 含水量剖面

　　图 9.13 显示了算例二的含水量 RMSE 以及时间步长随时间的变化。总体上，更大的时间步长控制参数(ΔS_{emax} 或 ε_{max})会导致更大的 RMSE。在早期($t<2$ d)，R3D 产生的误差较大，因为其初始的时间步长较大；当 $t>2$ d 以后，R3D 的误差较小。

　　图 9.14 列出了数值模型模拟水头剖面与解析解对比图。总体上两种方法计算结果的差距很小。如果放大局部来对比二者，可以发现 R3D 在 $t<2$ d 预测的锋面稍有滞后；在 $t>5$ d 时，S3D 模拟的锋面稍有提前。

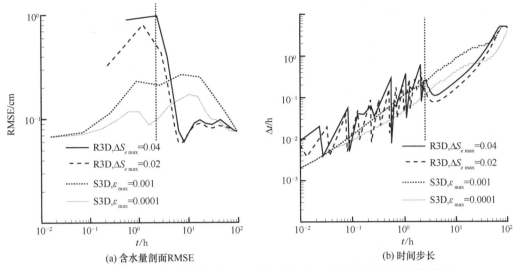

(a) 含水量剖面RMSE　　　　　　　　　　　　(b) 时间步长

图 9.13　算例二：含水量剖面 RMSE(a) 以及时间步长(b)随模拟时间变化图

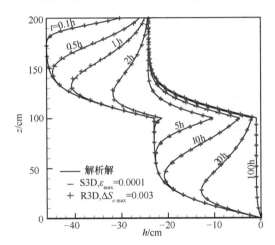

图 9.14　算例二：模拟 t=100 d 水头剖面与解析解对比

　　由于土壤均质，且在入渗过程中逐渐变湿，模型 R3D 和 S3D 的时间步长均逐渐减小，如图 9.15 所示。当 ε_{max}=0.0001 时，S3D 的结果是最准确的。相对于 S3D(ε_{max}=0.001) 模拟，R3D(ΔS_{emax}=0.05) 的时间步长在 t＜2 d 时较小，但在 t＞2 d 时较大。对应地，其模拟精度在 t＜2 d 时较高，但在 t＞2 d 时较低 [图 9.15 (a)]。相对于解析解，数值模拟解的湿润锋深度均稍微滞后(图 9.16)。

　　图 9.17 显示了 0 h，2 h，3 h，4 h 和 8 h 的地下水位。可以看出，这两个模型的模拟结果均能较好地与实验数据符合。且在模型 R3D(ΔS_{emax}=0.2) 和 S3D(ε_{max}=0.001) 的结果之间，没有发现明显差异。

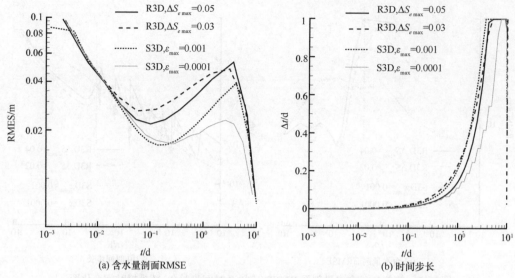

(a) 含水量剖面RMSE　　　　　　　　　(b) 时间步长

图 9.15　算例三：含水量剖面 RMSE(a) 及时间步长(b) 随模拟时间变化图

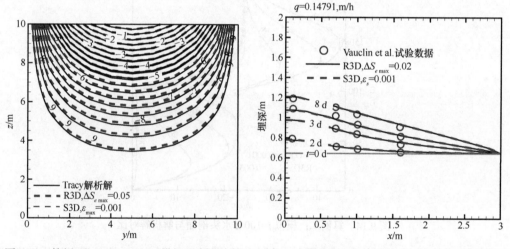

图 9.16　算例三：x=5m，t=3 d 模拟压力水头等　图 9.17　算例四：t=0 h，2 h，3 h，4 h，8 h 模拟
值线图与解析解对比　　　　　　　和试验得到的地下水位图

　　图 9.18 显示了模型 R3D 和 S3D 模拟的三维的含水量图。显然，地表的含水量沿着 x 方向递增，其原因是沿该方向蒸发强度逐渐减小。抽水井附近的水位有明显下降。另外，土壤的非均质使得含水量在非均质界面处存在突变。相对而言，在黏土区域土壤含水量较大，而在砂土区域较小。图 9.19 显示了两个节点的含水量随时间的变化。由于土壤受到降雨和蒸发的交替作用，含水量也交替变大和变小。

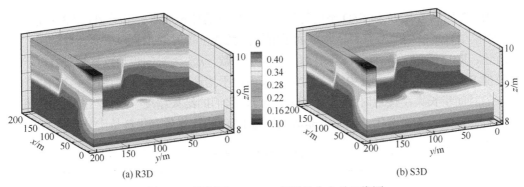

(a) R3D　　　　　　　　　　　　　　(b) S3D

图 9.18　算例五：$t=100$ d 模拟的含水量三维图

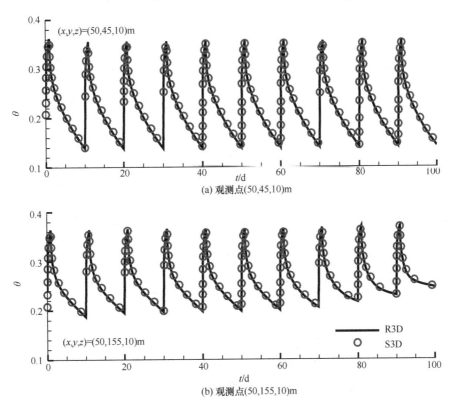

(a) 观测点 (50,45,10)m

(b) 观测点 (50,155,10)m

图 9.19　算例五：R3D 和 S3D 模拟的两个不同观测点的含水量变化

3) 计算成本

尽管模型 R3D 和 S3D 的模拟结果精度基本相同，它们的计算成本不一样。两个模型均采用可变的时间步长，来获取更好的效率(精度/模拟成本)。图 9.11 也展示了算例一 R3D 和 S3D 求解方程组的次数 n_s。为满足质量守恒要求，S3D 至少需要求解 10^3 次方程组；另一方面，R3D 可以较为自由地选择时间步长控制参数。例如，当 $\Delta S_{emax}=0.1$ 和 0.5 时，R3D 仅需要求解方程组共 135 次和 105 次，而它们得到结果和 S3D ($\varepsilon_{max}=0.001$) 有相同的精度 (图 9.12)。

表 9.3 列出了 R3D 和 S3D 不同时间控制条件下的计算成本。由于 2D 或 3D 模型相比 1D 模型有更多的节点数目，形成和求解矩阵耗费了每时间步长内主要计算时间。如前所述，R3D 模型 $n_s=n_t+n_{adj}$，其中 n_t 为时间步长数，n_{adj} 为时间步长重算数目。对于迭代模型 S3D，$n_s=n_{it}×n_t$，其中 n_{it} 为时间步长内的平均迭代次数。如前所述，当 R3D 和 S3D 的时间步长大小接近时（即基本相同的 n_t），它们的结果精度一致。然而，S3D 每个时间步需要大约 3 次迭代，因此，非迭代模型 R3D 的计算效率优势是十分明显的。

表 9.3　算例计算成本

算例编号	模型	时间步长控制参数[①]	求解矩阵次数 n_s[②]
1	R3D	0.02	302+0
	S3D	0.001	3.78×248
2	R3D	0.04	133+0
		0.02	189+0
	S3D	0.001	3.05×1.02
		0.0001	3.63×195
3	R3D	0.05	39+0
		0.03	56+0
	S3D	0.001	2.79×34
		0.0001	3.42×55
4	R3D	0.2	314+1
	S3D	0.001	4.08×517
5	R3D	0.1	431+73
		0.02	869+5
	S3D	0.001	3.91×826

①R3D 为 ΔS_{emax}；S3D 为 ε_{max}；② R3D 为 $n_s=n_t+n_{adj}$，n_t 为时间步长数目，而 n_{adj} 为时间步长重算次数；S3D，$n_s=n_{it}×n_t$，n_{it} 为时间步长内的迭代次数

以上的算例试验表明，相比传统迭代模型 S3D，采用 R3D 模拟三维饱和-非饱和地下水流运动不会带入质量误差，在同样精度条件下，效率可提高 2~4 倍，具有更好的效率，可以将其作为区域水文模型的地下水模块。

9.3　三维饱和溶质运移数值模型

9.3.1　三维饱和溶质运移模型基本思路

饱和溶质运移三维数值模型求解思路为：将模拟岩层按水文地质性质和含水层厚度在垂向上进行分层，层内剖分为若干三角形柱体单元，柱体上下面可为倾斜曲面，在柱体单元水头梯度平均面的基础上,采用水平向/垂向分离(VHS)的方法将饱和带溶质运移分解为水平运移和垂向运移，采用有限单元法计算水平单元的溶质通量项，采用有限差

分法计算垂向溶质通量。当 Peclet 数较大时，在水平向和垂向分别采用迎风加权格式计算。

9.3.2　基本假设

图 8.20 所示为一分层的地下水含水层系统，柱体单元 *ijki'j'k'* 为对地下水含水层某层进行剖分产生的三角形柱体单元，三角柱体内的水平面 *IJK* 为柱体单元 *ijki'j'k'* 的水头梯度平均面，其位置推导见第 8.1 节。三维饱和溶质运移数值模型的假设条件为：在三角形柱体单元中，溶质浓度在垂向上呈线性分布。根据这一假设，面 *IJK* 上三节点溶质浓度可表示为

$$c_N = \frac{c_p - c_{p'}}{z_p - z_{p'}}\left(\bar{z} - z_p\right) + c_p \tag{9.3.1}$$

式中，c_N（$N=I, J, K$）为平均面 *IJK* 上三节点溶质浓度，$[\text{M/L}^3]$；c_p，$c_{p'}$（$p=i, j, k$；$p'=i'$，j'，k'）分别为柱体单元六节点溶质浓度，$[\text{M/L}^3]$；z_p，$z_{p'}$（$p=i, j, k$；$p'=i'$，j'，k'）分别为柱体单元六节点纵坐标，$[\text{L}]$；$\bar{z}$ 为水头梯度平均面纵坐标，$[\text{L}]$。

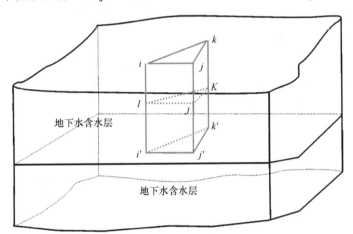

图 9.20　地下水含水层系统及柱体单元示意图

设：

$$\left(\bar{z} - z_{i'}\right)/\left(z_i - z_{i'}\right) = \alpha_I;\ \left(\bar{z} - z_{j'}\right)/\left(z_j - z_{j'}\right) = \alpha_J;\ \left(\bar{z} - z_{k'}\right)/\left(z_k - z_{k'}\right) = \alpha_K \tag{9.3.2}$$

将式 (9.3.2) 代入式 (9.3.1)，c_I、c_J、c_K 可表示为如下形式：

$$c_I = \alpha_I c_i + (1-\alpha_I) c_{i'};\ c_J = \alpha_J c_j + (1-\alpha_J) c_{j'};\ c_K = \alpha_K c_k + (1-\alpha_K) c_{k'} \tag{9.3.3}$$

9.3.3　溶质均衡项分析

根据水头梯度平均面的概念，可采用该平均面上溶质均衡项代表柱体单元溶质通量的平均值，因此，通过水头梯度平均面上溶质均衡项与节点控制高度可表示水平向溶质

通量。在水头梯度平均面的基础上，可将三维溶质运移过程中各项分离为水平向溶质通量和垂向溶质通量，溶质运移均衡方程可写为以下形式：

$$M_T + M_{H\text{-}adv} + M_{V\text{-}adv} + M_{H\text{-}dis} + M_{V\text{-}dis} + M_{F_1} + M_G = 0 \qquad (9.3.4)$$

式中，M_T 为节点控制体积内溶质总的变化量，[M/T]；$M_{H\text{-}adv}$ 和 $M_{V\text{-}adv}$ 为控制体积内水平向和垂向的溶质对流通量，[M/T]；$M_{H\text{-}dis}$ 和 $M_{V\text{-}dis}$ 为控制体积内水平向和垂向的溶质弥散通量，[M/T]；M_{F_1} 和 M_G 为控制体积内由于一阶反应和零阶反应产生的溶质变化通量，[M/T]。

1. 溶质总的变化项

溶质总的变化量是指单位时间内由于浓度的变化，控制单元体内溶质质量的减少量。在水头梯度平均面 IJK 上，I 节点均衡域 $INOM$ 内溶质总的变化量为（图 9.21）

$$M_T^I = -\frac{A_e}{12}(3\overline{\theta R} + \theta_I R_I)\frac{\mathrm{d}c_I}{\mathrm{d}t} \qquad (9.3.5)$$

式中，A_e 为平面单元 IJK 的面积，$[L^2]$；$\overline{\theta R}$ 为单元 IJK 三节点的平均值，[-]；c_I 为 I 节点溶质浓度，$[M/L^3]$。

采用面 IJK 上的溶质变化量与其控制高度的乘积计算柱体单元中 i 节点在其均衡域内的溶质变化量为（图 9.22）

$$M_T^i = -\frac{\overline{B}}{2} \times \frac{A_e}{12}(3\overline{\theta R} + \theta_I R_I)\frac{\mathrm{d}c_i}{\mathrm{d}t} \qquad (9.3.6)$$

式中，$\overline{B}$ 为柱体单元的高度，[L]。

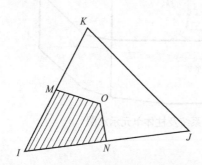

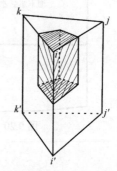

图 9.21　平面单元 IJK 中 I 节点均衡域　　图 9.22　柱体单元中 i 节点均衡域

2. 对流量

柱体单元中各节点的对流量可分为水平向对流量和垂向对流量。

1）水平向对流量

水平对流量可采用平均面 IJK 上的对流量和节点控制域高度的乘积表示。水头梯度平均面上节点 I 的对流量 M_{adv}^I 可表示为

$$M_{adv}^I = -\sum_{M=I,J,K}\left\{\frac{a_M}{24}\left(3\overline{q}_x + q_{xI}\right) + \frac{b_M}{24}\left(3\overline{q}_y + q_{yI}\right)\right\}c_M \tag{9.3.7}$$

式中，$\overline{q}_x$、$\overline{q}_y$ 分别为单元上三节点 x、y 方向的平均达西流速，[L/T]；q_{xI}、q_{yI} 分别为 I 节点 x、y 方向的达西流速，[L/T]；a_M, b_M ($M=I$, I, K) 可以表示为，$a_I=y_j-y_k$；$b_I=x_k-x_j$；$a_J=y_k-y_i$；$b_J=x_i-x_k$；$a_K=y_i-y_j$；$b_K=x_j-x_i$。

柱体单元 $ijki'j'k'$ 中节点 i 控制体积的高度设为 $\overline{B}/2$，因此，i 节点均衡域内的水平对流项 $M_{H\text{-adv}}^i$ 可表示为

$$M_{H\text{-adv}}^i = \frac{\overline{B}}{2} \times M_{adv}^I \tag{9.3.8}$$

将式(9.3.3)、(9.3.7)代入式(9.3.8)可得：

$$M_{H\text{-adv}}^i = -\frac{\overline{B}}{48}\left\{\begin{array}{l}\displaystyle\sum_{\substack{m=i,i,k\\M=I,J,K}}\left[a_M\left(3\overline{q}_x + q_{xI}\right) + b_M\left(3\overline{q}_y + q_{yI}\right)\right]\alpha_M c_m \\[2ex] \displaystyle -\sum_{\substack{m'=i',i',k'\\M=I,J,K}}\left[a_M\left(3\overline{q}_x + q_{xI}\right) + b_M\left(3\overline{q}_y + q_{yI}\right)\right](1-\alpha_M)c_{m'}\end{array}\right\} \tag{9.3.9}$$

2) 垂直向对流项

单位时间通过垂向流入 i 节点均衡域的溶质质量 $M_{V\text{-adv}}^i$ 可表示为

$$M_{V\text{-adv}}^i = \frac{A_e q_z}{6} \times c_i + \frac{A_e q_z}{6} \times c_{i'} \tag{9.3.10}$$

式中，q_z 为垂向流速，[L/T]。

3. 水动力弥散项

1) 水平向水动力弥散量

类同于第 8 章二维溶质运移问题的推导，平面单元 IJK 上节点 I 均衡域内的弥散量为

$$M_{dis}^I = -\frac{1}{4A_e}\sum_{M=I,J,K}\left[a_M a_I \overline{\theta D_{xx}} + \left(a_M b_I + b_M a_I\right)\overline{\theta D_{xy}} + b_M b_I \overline{\theta D_{yy}}\right]c_M \tag{9.3.11}$$

式中，$\overline{\theta D_{xx}}$、$\overline{\theta D_{xy}}$、$\overline{\theta D_{yy}}$ 为平面单元 IJK 三节点弥散系数平均值，[L²/T]。

在三维空间内，x 方向的弥散量为 $\dfrac{\partial}{\partial x}\left(\theta D_{xx}\dfrac{\partial c}{\partial x}\right) + \dfrac{\partial}{\partial x}\left(\theta D_{xy}\dfrac{\partial c}{\partial y}\right) + \dfrac{\partial}{\partial x}\left(\theta D_{xz}\dfrac{\partial c}{\partial z}\right)$，$y$ 方向的弥散量为 $\dfrac{\partial}{\partial y}\left(\theta D_{xy}\dfrac{\partial c}{\partial x}\right) + \dfrac{\partial}{\partial y}\left(\theta D_{yy}\dfrac{\partial c}{\partial y}\right) + \dfrac{\partial}{\partial y}\left(\theta D_{yz}\dfrac{\partial c}{\partial z}\right)$。对于节点 i，其 x、y 方向的弥散量可表示为

$$M_{H\text{-dis}}^i = \frac{\overline{B}}{2} \times \left(M_{\text{dis}}^I + \oint_\Omega \frac{\partial}{\partial x}\left[\left(\theta D_{xz}\frac{\partial c}{\partial z}\right) + \frac{\partial}{\partial y}\left(\theta D_{yz}\frac{\partial c}{\partial z}\right)\right]\mathrm{d}\Omega \right)$$

$$= -\frac{\overline{B}}{8A_e}\sum_{\substack{m=i,j,k\\M=I,J,K}}\left[a_M a_I \overline{\theta D_{xx}} + (a_M b_I + b_M a_I)\overline{\theta D_{xy}} + b_M b_I \overline{\theta D_{yy}}\right]\alpha_I c_m$$

$$-\frac{\overline{B}}{8A_e}\sum_{\substack{m'=i',j',k'\\M=I,J,K}}\left[a_M a_I \overline{\theta D_{xx}} + (a_M b_I + b_M a_I)\overline{\theta D_{xy}} + b_M b_I \overline{\theta D_{yy}}\right](1-\alpha_I)c_{m'}$$

$$-\frac{1}{4}\left(a_i \times \overline{\theta D_{xz}} + b_i \times \overline{\theta D_{yz}}\right)c_i + \frac{1}{4}\left(a_i \times \overline{\theta D_{xz}} + b_i \times \overline{\theta D_{yz}}\right)c_{i'} \tag{9.3.12}$$

2）垂向水动力弥散量

节点 i 控制体积内的垂直弥散量可表示为

$$M_{V\text{-dis}}^i = -\frac{A_e}{3}\times\left(\theta D_{zx}\frac{\partial c}{\partial x} + \theta D_{zy}\frac{\partial c}{\partial y} + \theta D_{zz}\frac{\partial c}{\partial z}\right) \tag{9.3.13}$$

由于柱体单元中任一平面上各点浓度值可由节点浓度的线性插值求得

$$c(x,y,t) = \frac{1}{2A_e}\left[(a_i x + b_i y + d_i)c_I + (a_j x + b_j y + d_j)c_J + (a_k x + b_k y + d_k)c_K\right] \tag{9.3.14}$$

因此：

$$J_{zx} = -\theta D_{zx}\frac{\partial c}{\partial x} = -\frac{\theta D_{zx}}{2A_e}\left[a_i c_I + a_j c_J + a_k c_K\right] \tag{9.3.15}$$

$$J_{zy} = -\theta D_{zy}\frac{\partial c}{\partial y} = -\frac{\theta D_{zy}}{2A_e}\left[b_i c_I + b_j c_J + b_k c_K\right] \tag{9.3.16}$$

$$J_{zz} = -\theta D_{zz}\frac{\partial c}{\partial z} = -\theta D_{zz}\frac{c_i - c_{i'}}{\Delta z} \tag{9.3.17}$$

将式(9.3.3)、式(9.3.15)、式(9.3.16)、式(9.3.17)代入式(9.3.13)可得到 i 节点的垂向弥散量：

$$M_{V\text{-dis}}^i = -\frac{1}{6}\sum_{\substack{m=i,j,k\\M=I,J,K}}(\theta D_{zx}a_M + \theta D_{zy}b_M)\alpha_M c_m - \frac{1}{6}\sum_{\substack{m'=i',j',k'\\M=I,J,K}}(\theta D_{zx}a_M + \theta D_{zy}b_M)(1-\alpha_M)c_{m'}$$

$$+ \frac{\theta D_{zz}A_e}{3\overline{B}}(c_{i'} - c_i) \tag{9.3.18}$$

4. 一阶反应项

同理，可得到由于溶质的一阶反应作用，在 i 节点控制体积内的溶质增加量 M_F^i 为

$$M_F^i = \frac{A_e}{60} \left[\begin{array}{c} \sum\limits_{\substack{m=i,j,k \\ M=I,J,K}} \left(3\bar{F} + F_I + F_M\right)\left(1+\delta_{IM}\right)\alpha_I c_m + \\ \sum\limits_{\substack{m'=i',j',k' \\ M=I,J,K}} \left(3\bar{F} + F_I + F_M\right)\left(1+\delta_{IM}\right)\left(1-\alpha_I\right)c_{m'} \end{array} \right] \tag{9.3.19}$$

式中，$F_I(I=I, J, K)$ 为水头梯度平均面 IJK 上各节点一阶反应项，$[T^{-1}]$；$\bar{F}$ 为一阶反应项均值，$[T^{-1}]$。

5. 零阶反应项

在 i 节点控制均衡域内由于零阶反应引起的溶质增加量 M_G^i 为

$$M_G^i = \frac{A_e \bar{B}}{24}\left(3\bar{G} + G_I\right) \tag{9.3.20}$$

式中，$\bar{G}$ 为单元零阶反应项均值，$[M/(L^3 \cdot T)]$；G_I 表示 I 节点零阶反应项，$[M/(L^3 \cdot T)]$。

9.3.4　迎风加权格式

1. 水平方向上采用的迎风加权格式

在溶质运移求解过程中，当 Peclet 数较大时，易产生数值跳动，采用迎风加权格式可有效消除数值求解过程中的数值跳动现象。当采用迎风加权格式时，则需修改式(9.3.9)形成的对流项矩阵元素，将其写成矩阵形式为

$$-\frac{B_{ii'}}{48}\left(S_{Ii}\alpha_I, S_{Ij}\alpha_J, S_{Ik}\alpha_K, S_{Ii}(1-\alpha_I), S_{Ij}(1-\alpha_J), S_{Ik}(1-\alpha_K)\right)$$
$$\left[c_i, c_j, c_k, c_{i'}, c_{j'}, c_{k'}\right]^T \tag{9.3.21}$$

其中：

$$S_{Ii} = \left(3\bar{q}_x + q_{xI}\right)a_i + \left(3\bar{q}_y + q_{yI}\right)b_i$$
$$S_{Ij} = \left(3\bar{q}_x + q_{xI}\right)a_j + \left(3\bar{q}_y + q_{yI}\right)b_j \tag{9.3.22}$$
$$S_{Ik} = \left(3\bar{q}_x + q_{xI}\right)a_k + \left(3\bar{q}_y + q_{yI}\right)b_k$$

考虑迎风加权格式后，需将矩阵中系数项进行修改，修改格式如下：

$$S_{1j}^e = S_{Ii} - \frac{b_j}{40}\left[\begin{array}{c} 2q_{xI}\left(\alpha_2^w - \alpha_3^w\right) + q_{xJ}\left(\alpha_2^w - \alpha_3^w\right) \\ + q_{xK}\left(2\alpha_2^w - \alpha_3^w\right) \end{array}\right] - \frac{c_j}{40}\left[\begin{array}{c} 2q_{yI}\left(\alpha_2^w - \alpha_3^w\right) + q_{yJ}\left(\alpha_2^w - \alpha_3^w\right) \\ + q_{yK}\left(2\alpha_2^w - \alpha_3^w\right) \end{array}\right]$$

$$S_{2j}^e = S_{Ij} - \frac{b_j}{40}\left[\begin{array}{c} q_{xI}\left(2\alpha_3^w - \alpha_1^w\right) + 2q_{xJ}\left(\alpha_3^w - \alpha_1^w\right) \\ + q_{xK}\left(\alpha_3^w - 2\alpha_1^w\right) \end{array}\right] - \frac{c_j}{40}\left[\begin{array}{c} q_{yI}\left(2\alpha_3^w - \alpha_1^w\right) + 2q_{yJ}\left(\alpha_3^w - \alpha_1^w\right) \\ + q_{yK}\left(\alpha_3^w - 2\alpha_1^w\right) \end{array}\right]$$

$$S_{3j}^e = S_{Ik} - \frac{b_j}{40}\begin{bmatrix} q_{xI}\left(\alpha_1^w - 2\alpha_2^w\right) + q_{xJ}\left(2\alpha_1^w - \alpha_2^w\right) + \\ 2q_{xK}\left(2\alpha_1^w - \alpha_2^w\right) \end{bmatrix} - \frac{c_j}{40}\begin{bmatrix} q_{yI}\left(\alpha_1^w - 2\alpha_2^w\right) + q_{yJ}\left(2\alpha_1^w - \alpha_2^w\right) + \\ 2q_{yK}\left(2\alpha_1^w - \alpha_2^w\right) \end{bmatrix}$$

$$S_{4j}^e = S_{Ii} - \frac{b_j}{40}\begin{bmatrix} 2q_{xI}\left(\alpha_2^w - \alpha_3^w\right) + q_{xJ}\left(\alpha_2^w - \alpha_3^w\right) \\ + q_{xK}\left(2\alpha_2^w - \alpha_3^w\right) \end{bmatrix} - \frac{c_j}{40}\begin{bmatrix} 2q_{yI}\left(\alpha_2^w - \alpha_3^w\right) + q_{yJ}\left(\alpha_2^w - \alpha_3^w\right) \\ + q_{yK}\left(2\alpha_2^w - \alpha_3^w\right) \end{bmatrix}$$

$$\tag{9.3.23}$$

$$S_{5j}^e = S_{Ij} - \frac{b_j}{40}\begin{bmatrix} q_{xI}\left(2\alpha_3^w - \alpha_1^w\right) + 2q_{xJ}\left(\alpha_3^w - \alpha_1^w\right) \\ + q_{xK}\left(\alpha_3^w - 2\alpha_1^w\right) \end{bmatrix} - \frac{c_j}{40}\begin{bmatrix} q_{yI}\left(2\alpha_3^w - \alpha_1^w\right) + 2q_{yJ}\left(\alpha_3^w - \alpha_1^w\right) \\ + q_{yK}\left(\alpha_3^w - 2\alpha_1^w\right) \end{bmatrix}$$

$$S_{6j}^e = S_{Ik} - \frac{b_j}{40}\begin{bmatrix} q_{xI}\left(\alpha_1^w - 2\alpha_2^w\right) + q_{xJ}\left(2\alpha_1^w - \alpha_2^w\right) \\ + 2q_{xK}\left(2\alpha_1^w - \alpha_2^w\right) \end{bmatrix} - \frac{c_j}{40}\begin{bmatrix} q_{yI}\left(\alpha_1^w - 2\alpha_2^w\right) + q_{yJ}\left(2\alpha_1^w - \alpha_2^w\right) \\ + 2q_{yK}\left(2\alpha_1^w - \alpha_2^w\right) \end{bmatrix}$$

式中，S^e 为单元刚度矩阵中的 6 个分量，$[L^2/T]$；α_i^w 为权重因子，$[-]$。用式(9.3.24)计算(Christie et al，1976)：

$$\alpha_i^w = \coth\left(\frac{uL}{2D}\right) - \frac{2D}{uL} \tag{9.3.24}$$

式中，u 为节点 I 对面边上的水流流速，$[L/T]$；D 为节点 I 对面边上扩散系数，$[L^2/T]$；L 为节点 I 对面边边长，$[L]$。加权函数可以增大入流方向的权函数值，从而增加上游单元对节点浓度计算值的影响，减弱下游单元对节点浓度的影响。

2. 垂直方向上采用的迎风加权格式

采用迎风加权格式计算垂直方向上的对流项，则式(9.3.10)可表示为

$$M_{V\text{-}adv}^i = \frac{A_e}{3} \times \left(\frac{(1+\alpha_i)q_z c_i + (1-\alpha_i)q_z c_{i'}}{2}\right) \tag{9.3.25}$$

式中，迎风加权因子计算同式(9.3.24)。

9.3.5　三维饱和溶质运移数值模型流程

根据以上得到的溶质运移数值计算公式，编制 FORTRAN 计算程序，建立了饱和溶质运移三维简化数值模型，该模型可处理一类、二类溶质边界问题，并可根据计算矩阵规模选用不同的数值方法求解离散后形成的矩阵方程，模型计算流程图如图 9.23 所示。

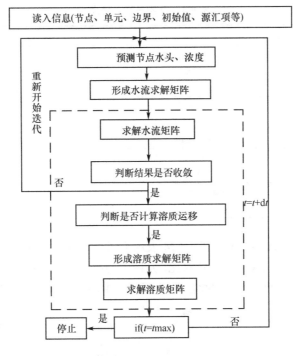

图 9.23　程序流程示意图

9.3.6　模型验证及应用

三维饱和水流运动模型采用水平向/垂向分离(VHS)的方法建立,设计了三个算例验证本章提出的数值方法和建立的模型的可靠性,三个算例分别为:一维水平向算例、二维水平向算例及三维点源入渗算例,模型计算结果将与相应的解析解结果进行对比。同时,对于算例一,设计了 Peclet 数较大情况下、分别采用本章提出的迎风格式与未采用迎风格式进行计算,用于验证本文采用的迎风格式对于消除数值跳动的作用。

1. 算例一: 一维溶质运移

模拟区域长、宽、高为 80 m、1 m、30 m,初始地下水位埋深为 10 m,模拟时长 100 d,具体模拟输入信息见表 9.4。将模型模拟结果与解析解进行对比,该算例所示情况下,沿 x 方向上浓度分布解析解为(张蔚榛,1996)

$$c = \frac{c_0}{2}\left\{\operatorname{erfc}\left(\frac{x-vt}{2\sqrt{Dt}}\right) + e^{\frac{vx}{D}}\operatorname{erfc}\left(\frac{x+vt}{2\sqrt{Dt}}\right)\right\} \qquad (9.3.26)$$

式中,c_0 为边界浓度,[M/L^3];v 为空隙流速,[L/T];t 为时间,[T];D 为弥散系数,[L^2/T]。

表 9.4　算例一输入信息

项目		输入值
单元信息	x/m	1
	y/m	0.5
	z/m	4 m×3 m，4 m×2 m，2 m×5 m
流速信息	$v_x/(\text{m/d})$	0.1
	$v_y/(\text{m/d})$	0
	$v_z/(\text{m/d})$	0
溶质运移参数	D_L/m	2.0
	D_T/m	0.0
边界条件	初始浓度/(g/m^3)	0
	一类边界浓度 c_0(左)/ (g/m^3)	50.0

此种情况下，Peclet 数为 0.5。图 9.24 表示不同时刻沿 x 方向溶质浓度分布三维饱和水流运动简化模型模拟结果与解析解对比。从图中结果来看，三维饱和水流运动简化模型模拟结果与解析解高度重合，误差非常小，说明三维饱和水流运动简化模型计算结果可靠。

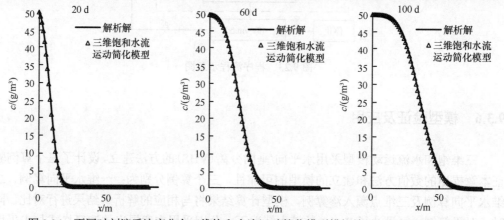

图 9.24　不同时刻溶质浓度分布三维饱和水流运动简化模型模拟结果与解析解结果对比

保持本算例中其他条件不变，增大纵向弥散系数使 D_{xx} 达到 $0.025\,\text{m}^2/\text{d}$，Peclet 数为 4.0。将未采用迎风格式和采用迎风格式的三维饱和水流运动简化模型分别用于本算例的计算，并将结果与解析解进行对比，对比结果如图 9.25(a) 和图 9.25(b) 所示。

本算例模拟结果表明：①当 Peclet 数较小时，无须采用迎风加权格式，三维饱和水流运动简化模型也能得到正确的模拟结果；②当 Peclet 数增大时，采用本章所提出的迎风加权格式能有效地减小边界处的数值跳动现象，但也相应的增加了数值弥散。

2. 算例二：二维溶质运移

模拟区域长×宽×高为 60 m×10 m×25 m，地下水位埋深为 5 m，计算时长为100 d。输入信息见表 9.5。在(10 m，5 m)处注入溶质质量为 50 g。

此种情况溶质运移解析解为(张蔚榛，1996)

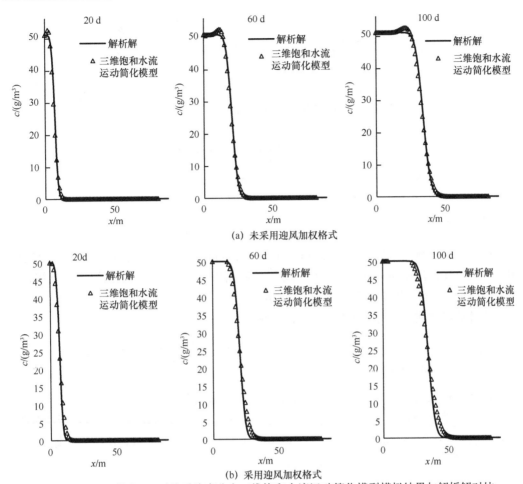

图 9.25　Peclet 数为 4.0 时溶质浓度分布三维饱和水流运动简化模型模拟结果与解析解对比

表 9.5　输入信息

项目		输入值
单元信息	x/m	1
	y/m	0.5
	z/m	5 m×5 m
流速信息	v_x/ (m/d)	0.1
溶质运移参数	D_L/m	1.0
	D_T/m	0.1
初始条件坐标(10m, 5m)	g/m³	100

$$C(x,y,t) = \frac{m/n}{4\pi vt\sqrt{\alpha_L \alpha_T}} \exp\left[-\frac{(x-vt)^2}{4\alpha_L vt} - \frac{y^2}{4\alpha_T vt} \right] \qquad (9.3.27)$$

式中，m 为注入溶质质量，[M]；n 为孔隙率，[-]。

图 9.26 显示的是不同时刻溶质分布三维饱和水流运动简化模型模拟结果与解析解对比。结果显示：三维饱和水流运动简化模型模拟结果与解析解结果一致，说明模型能正确反映溶质的水平运移与扩散过程。

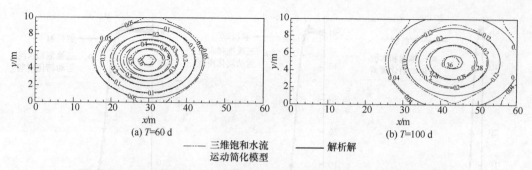

(a) T=60 d　　　　　　　　　　　　　　　(b) T=100 d

------- 三维饱和水流　　　　——— 解析解
运动简化模型

图 9.26　不同时间溶质分布三维饱和水流运动简化模型与解析解比较结果

3. 算例三：三维点源扩散

设置模拟区域长×宽×高为 50 m×20 m×12.5 m，模拟时长为 100 d。在点 (25 m，10 m，5 m) 注入溶质质量为 50 g，该坐标点控制面积为 1 m³，因此，模拟中该点初始浓度为 50 g/m³。模拟中其他输入数据见表 9.6。

该种情况溶质浓度分布解析解为 (张蔚榛，1996)

$$C(x,y,t)=\frac{M}{8\left(\pi^3 t^3 D_{xx}D_{yy}D_{zz}\right)^{1/2}}\exp\left(-\frac{(x-x_0-vt)^2}{4D_{xx}t}-\frac{(y-y_0)^2}{4D_{yy}t}-\frac{(z-z_0)^2}{4D_{zz}t}\right) \qquad (9.3.28)$$

式中，M 为注入溶质质量，[M]；x_0、y_0、z_0 为注入溶质节点坐标，[L]。

图 9.27 表示不同时刻溶质分布三维饱和水流运动简化模型模拟结果与解析解对比。结果显示：三维饱和水流运动简化模型模拟结果与解析解结果一致，说明三维饱和水流运动简化模型能准确刻画溶质的三维运移过程。

表 9.6　输入数据

项目		输入值
单元信息	x/m	1
	y/m	1
	z/m	10 m×1 m，2.5 m
流速信息	x/(m/d)	0.02 (达西流速)
	y/(m/d)	0
	z/(m/d)	0
溶质运移参数	D_L/m	1.0
	D_T/m	0.1
	D_d/(m² d)	0.03
	D_{xx}/(m² d)	0.046
	D_{yy}/(m² d)	0.01
	D_{zz}/(m² d)	0.01
初始条件坐标 (25m，10m，5m)	g/m³	50

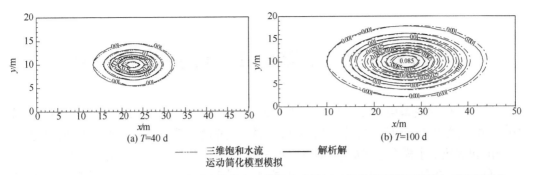

图 9.27　在 $z=5$ m 的 x-y 平面上溶质浓度分布三维饱和水流运动简化模型模拟结果与解析解对比

第10章 拟三维渗流和溶质运移数值模型

区域尺度的模型由于在水平方向的参数非均匀性、边界的复杂性，往往需要划分 $10^3 \sim 10^5$ 二维节点。对于二维饱和地下水模型，这样的计算成本是可以接受的。但是，完全饱和的地下水模型不考虑非饱和带的作用，会错误估计地下水补给等量的时间和空间分布。另一方面，如果考虑完全三维的饱和-非饱和水流运动，需要采用三维 Richards 方程。Richards 的强烈非线性，以及土壤本身强烈的垂向非均质性要求数值模型在垂向上划分 $10^1 \sim 10^2$ 层(van Dam and Feddes，2000)。这样，三维 Richards 方程数值模型的节点规模为 $10^4 \sim 10^7$。由于 Richards 方程求解需要借助迭代方法，且其时间步长可能会随着水流条件急剧减小，这使得区域尺度的完全三维 Richards 方程模型难以得到应用。

因此，为降低区域非饱和土壤水运动模拟问题的计算工作量，将非饱和带水流运动考虑为一维垂向运动，与三维地下水运动共同构成水流在饱和-非饱和带的运动过程；分别采用隐式耦合和显式耦合两种方法将不同机理的水流运动方程进行连接，建立了饱和-非饱和水流运动数值模拟模型。在水流模型的基础上，考虑非饱和带的一维垂向溶质运移和饱和带三维溶质运移过程，并采用隐式耦合方式将两者进行连接，建立了饱和-非饱和溶质运移耦合模型。本章将主要介绍拟三维饱和-非饱和水流运动数值模型和拟三维饱和-非饱和溶质运移数值模型的数值方法、模型建立过程，以及模型验证分析。模型建立基于以下三个假设：①可用平行的一维非饱和土柱群表示非饱和分区内的水流运动；②饱和带与非饱和带之间仅存在垂向补给；③忽略土柱群中各个一维非饱和土柱之间的侧向流动。该模型可解决的典型问题如图 10.1 所示。

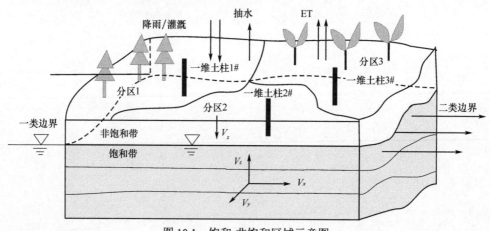

图 10.1 饱和-非饱和区域示意图

10.1　区域饱和-非饱和拟三维水流运动数值模型

10.1.1　一维-三维区域尺度模型耦合方式

地下水-非饱和土壤水之间存在通量交换。地下水与土壤水的耦合相对复杂，其原因是地下水位不断变化，地下水和土壤水的分割边界不断变化。地下水和土壤水也需要通过通量进行耦合。根据不同的划分标准，地下水与土壤水有以下几种形式的耦合。

1. 变网格与不变网格

一种方法是变动的网格，即严格按照非饱和带和饱和带的定义进行划分，土壤非饱和带和潜水含水层的厚度随着时间变化。这样，一维非饱和带的网格与三维地下水的网格也随之而时时变化。这种划分的优点是体现出了非饱和带与饱和带的各自特点，特别是非饱和带比较符合"一维"的假设近似；其缺点是变动网格导致不同时间的网格系统发生变化，不同时间形成的方程组维数是不同的，方程组的形成过程较为复杂。

第二种是不随时间变化的网格系统。在土表至土下一定深度(一般延伸至根系最大深度)，设置一维网格；其下连接三维或者二维地下水网格。由于"一维假设"对饱和潜水有较大的误差，因此尽量要满足地下水不上升至一维网格之上，或者采用增加考虑侧向分量的方法计算一维网格中已饱和的部分，该方法特点是网格固定。三维网格中既可以采用统一的三维 Richards 方程，也可以采用包含给水度 μ 参数的地下水方程。后者实际上不直接考虑一维网格底部到潜水面之间的非饱和带水量运动，用给水度代表其间的平均自由孔隙度。这种方法不严格划分饱和-非饱和带，但土壤表层至根系最大深度处的一维网格能有效地降低矩阵网格维数。

不随时间变化的网格系统还包括另外一种形式，即一维网格贯穿整个含水层，而在饱和区域，用二维或三维地下水方程进行模拟。一维网格位于非饱和带时仅考虑一维运动，在饱和带时水量均衡考虑侧向通量，该值由二维/三维地下水方程计算。显然，此时一维网格与三维网格有重叠之处(Twarakavi et al.，2008；Shen and Phanikumar，2010)。

2. 显示耦合和隐式耦合

地下水和土壤水之间在地下水位处的联系通量为 q_c [L/T]，根据离散的达西定律其计算公式为

$$q_c = K_c \frac{H_u - H_s}{\Delta z} \tag{10.1.1}$$

式中，K_c 为一维-三维网格连接处或者非饱和-饱和网格连接处的平均水力传导度，[L/T]；H_u 与 H_s 分别为两个系统(一维网格-三维网格；或者非饱和-饱和系统)连接处的水头，[L]；Δz 为系统间的距离，[L]。

显示耦合方式，即将土壤水和地下水的结合处处理为第三类边界条件，分别对土壤

水和地下水两个系统求解，式(10.1.1)采用显格式作为边界条件。在同一时间步长内，迭代计算，不断更新两个系统中的水头[随之式(10.1.1)的计算值也会更新]直到收敛为止。

隐式耦合方式，即将两个系统中的水头视为一个统一的未知量，系统在同一个矩阵中求解：

$$\begin{bmatrix} \begin{bmatrix} \boldsymbol{A}^{S_1} \end{bmatrix} & 0 \\ 0 & \begin{bmatrix} \boldsymbol{A}^{S_2} \end{bmatrix} \end{bmatrix} \begin{Bmatrix} \{\boldsymbol{x}^{S_1}\} \\ \{\boldsymbol{x}^{S_2}\} \end{Bmatrix} = \begin{Bmatrix} \{\boldsymbol{B}^{S_1}\} \\ \{\boldsymbol{B}^{S_2}\} \end{Bmatrix} \tag{10.1.2}$$

式(10.1.2)即联合矩阵的形式。S_1 及 S_2 代表土壤水和地下水两个不同的系统。这种求解方式要求地下水和土壤水采用统一的时间步长求解，计算成本较高，但收敛性能较好。

10.1.2 变网格拟三维饱和-非饱和水流运动数值模型

变网格拟三维模型建立思路为：将模拟区域按上边界类型及地形及土地利用方式等进行水平分区，考虑每个分区内的一维非饱和带垂向运动，地下水流运动则考虑为三维运动，通过饱和带与非饱和带的流动通量将二者耦合求解，此时非饱和带与饱和带的交界面是随时间而变化的。

一维非饱和土壤中水流运动可用如下形式的 Richards 方程表示：

$$\frac{\partial \theta}{\partial t} = \frac{\partial}{\partial z}\left[K\left(\frac{\partial h}{\partial z} - 1 \right) \right] - S \tag{10.1.3}$$

式中，θ 为体积含水量，$[L^3/L^3]$；h 为压力水头，$[L]$；z 为垂直坐标，$[L]$，取向下为正；t 为时间，$[T]$；S 为根系吸水率或其他源汇项，$[T]$；K 为非饱和水力传导度，$[L/T]$。

采用伽辽金有限单元法对式(10.1.3)进行数值离散，离散后的方程可写为

$$\boldsymbol{F}\left\{ \frac{\mathrm{d}\theta}{\mathrm{d}t} \right\} + \boldsymbol{A}\{h\} = \{Q\} + \{\boldsymbol{B}\} - \{\boldsymbol{D}\} \tag{10.1.4}$$

矩阵中 $\boldsymbol{F}$ 和 $\boldsymbol{A}$ 的单元刚度矩阵及 $\boldsymbol{B}$ 和 $\boldsymbol{D}$ 的单元向量元素为

$$\boldsymbol{F}^e = \begin{bmatrix} \dfrac{L_{ij}}{2} & 0 \\ 0 & \dfrac{L_{ij}}{2} \end{bmatrix} \tag{10.1.5}$$

$$\boldsymbol{A}^e = \frac{K_i + K_j}{2L_{ij}} \begin{bmatrix} 1 & -1 \\ -1 & 1 \end{bmatrix} \tag{10.1.6}$$

$$\boldsymbol{B}^e = \begin{bmatrix} -\dfrac{K_i + K_j}{2} \\ \dfrac{K_i + K_j}{2} \end{bmatrix} \tag{10.1.7}$$

$$\boldsymbol{D}^e = \begin{bmatrix} L_{ij}\left(\dfrac{S_i}{3} + \dfrac{S_j}{6}\right) \\[3mm] L_{ij}\left(\dfrac{S_i}{6} + \dfrac{S_j}{3}\right) \end{bmatrix} \tag{10.1.8}$$

式中，L_{ij} 表示单元长度，[L]；K_i、K_j 分别为 i、j 两节点的水力传导度，[L/T]；S_i、S_j 分别为 i、j 两节点的源汇项，[T]。

对于饱和介质，三维水流运动方程可表示为

$$\mu \frac{\partial H}{\partial t} = \frac{\partial}{\partial x_i}\left[K_s \frac{\partial H}{\partial x_i}\right] - S \tag{10.1.9}$$

式中，μ 为弹性储水率，[L]；H 是总水头，[L]；x_i 和 x_j 为空间坐标 (x_i、$x_j = x$、y、z)，[L]；垂向坐标 z 向上为正，[L]；t 为时间，[T]；K_s 为土壤饱和渗透系数，[L/T]。

地下水流数值求解采用单元水量均衡法(见第 9 章)，最终将饱和带与非饱和带水流运动求解矩阵进行耦合，得到饱和-非饱和水流运动总体矩阵方程，进行统一求解。

1. 变网格拟三维饱和-非饱和水流运动隐式耦合方法

将采用土壤水和地下水不同机理不同维数的水流运动进行完全耦合，通过将饱和带与非饱和带之间的耦合流量表示为当前时刻饱和带节点水头和非饱和带节点水头的梯度，分别分析饱和带与非饱和相邻节点的水量均衡，将离散后的饱和带节点矩阵和非饱和带节点矩阵进行耦合，得到统一表达的饱和-非饱和水流运动耦合矩阵方程，求解耦合后的水流矩阵方程可确定非饱和带和饱和带的水头分布。

1) 饱和-非饱和含水层界面水量平衡分析

(1) 非饱和带节点水均衡分析。

图 10.2 为与潜水面相邻的非饱和柱子节点 i 的均衡单元水量平衡分析，z_N 表示柱子所在位置的潜水面高程，$i-1$ 和 i 分别表示一维柱子中位于饱和含水层与非饱和含水层内紧接潜水面的节点，$i+1$ 是非饱和含水层内与 i 紧接的节点，N 是饱和层中与一维柱子相连的潜水面节点。

在非饱和带的计算中，仅计算到节点 i。对于节点 i，其控制的均衡单元长度应为 $(z_N-z_{i+1/2})$。节点 i 控制域水量均衡方程应为

$$\left(z_N - z_{i+1/2}\right)\frac{\Delta \theta_i}{\Delta t} = q_{i+1/2} - q_N \tag{10.1.10}$$

式中，$q_{i+1/2}$ 和 q_N 分别为单元 i 上边界、潜水面处的水流通量，[L/T]。

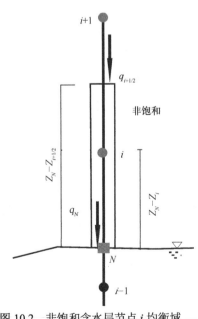

图 10.2 非饱和含水层节点 i 均衡域

在一维柱子计算时，节点 i 是非饱和带计算的最后一个节点，仅考虑了 $(z_i-z_{i+1/2})$ 均衡域内的水流变化。未被考虑的水流变化内容为方程左边的 $(z_N-z_i)\dfrac{\Delta\theta_i}{\Delta t}$ 和方程右边的 q_N，这两项的表达式分别是

$$\left(z_N-z_i\right)\frac{\Delta\theta_i}{\Delta t}=\left(z_N-z_i\right)\frac{\theta_i^{j+1}-\theta_i^{j}}{\Delta t_j}=\left(z_N-z_i\right)C_i\left(h\right)\frac{h_i^{j+1}-h_i^{j}}{\Delta t_j} \qquad (10.1.11)$$

$$q_N=-\overline{K_{N,i}}\times\frac{H_N^{j+1}-(h_i^{j+1}+z_i)}{z_N-z_i} \qquad (10.1.12)$$

式中，$j+1$、j 和 Δt_j 分别表示当前时刻、前一时刻和当前时段，[T]；$C_i(h)$ 表示节点 i 的容水度，$[\mathrm{L}^{-1}]$；节点 i 的总水头值 H_i 为压力水头 h_i 与重力势或位置水头 z_i 之和，[L]；$\overline{K_{N,i}}$ 表示节点 i 和节点 N 的平均渗透系数，[L/T]。

因此，i 节点的水量均衡方程可表示为

$$\left(z_N-z_i\right)C_i\left(h\right)\frac{h_i^{j+1}}{\Delta t_j}+\overline{K_{N,i}}\times\frac{h_i^{j+1}}{z_N-z_i}-\overline{K_{N,i}}\times\frac{H_N^{j+1}}{z_N-z_i}+\left(z_i-z_{i+1/2}\right)\frac{\Delta\theta_i}{\Delta t}=$$
$$\left(z_N-z_i\right)C_i\left(h\right)\frac{h_i^{j}}{\Delta t_j}-\overline{K_{N,i}}\times\frac{z_i}{z_N-z_i}+q_{i+1/2} \qquad (10.1.13)$$

在形成非饱和带节点矩阵方程时仅考虑了 $\left(z_i-z_{i+1/2}\right)\dfrac{\Delta\theta_i}{\Delta t}$ 与 $q_{i+1/2}$，其余各项

$$\left(z_N-z_i\right)C_i\left(h\right)\frac{h_i^{j+1}}{\Delta t_j}\text{、}\overline{K_{N,i}}\times\frac{z_i}{z_N-z_i}\text{、}\left(z_N-z_i\right)C_i\left(h\right)\frac{h_i^{j}}{\Delta t_j}\text{、}\overline{K_{N,i}}\times\frac{-h_i^{j+1}}{z_N-z_i}\text{、}\overline{K_{N,i}}\times\frac{-h_i^{j+1}}{z_N-z_i}$$

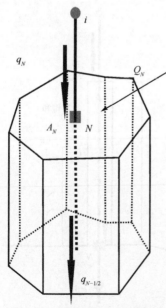

图 10.3　潜水面节点 N 均衡域

则需要在形成饱和-非饱和耦合矩阵模型时加入。

(2) 饱和带节点水均衡分析。

可采用同样的方式分析潜水面上节点的水量均衡，如图 10.3 所示，以节点 N 为中心的水流均衡单元，N 节点代表潜水面处饱和含水层与非饱和含水层相联系的节点，其质量守恒方程为

$$V_N\mu_N\frac{\Delta H_N}{\Delta t}=Q_N+\left(q_N-q_{N-1/2}\right)A_N \qquad (10.1.14)$$

式中，q_N、$q_{N-1/2}$ 分别为潜水面节点 N 均衡单元上、下边界的水流通量，[L/T]；A_N 为节点 N 的控制均衡域上表面面积，$[\mathrm{L}^2]$；V_N 为 N 节点控制均衡域的体积，$[\mathrm{L}^3]$；μ_N 表示 N 节点均衡域弹性释水系数，$[\mathrm{L}^{-1}]$；Q_N 为 N 节点均衡域的侧向流量，$[\mathrm{L}^3/\mathrm{T}]$。

在建立饱和含水层水量平衡方程时，未被考虑的内容为 N 节点控制体积的上表面流量项 $q_N A_N$，其表达式为

$$q_N A_N = -\overline{K_{N,i}} \times \frac{H_N^{j+1} - (h_i^{j+1} + z_i)}{z_N - z_i} \times A_N \tag{10.1.15}$$

将式(10.1.15)代入式(10.1.14)，则得到潜水面节点 N 的水均衡方程为

$$V_N \mu_N \frac{\Delta H_N}{\Delta t} + \overline{K_{N,i}} \times \frac{A_N}{z_N - z_i} H_N^{j+1} - \frac{A_N}{z_N - z_i} h_i^{j+1} = \frac{A_N}{z_N - z_i} z_i + Q_N + \left(-q_{N-1/2}\right) A_N \tag{10.1.16}$$

由于在形成潜水面矩阵方程时，仅考虑了 $V_N \mu_N \dfrac{\Delta H_N}{\Delta t}$、$Q_N$ 及 $\left(-q_{N-1/2}\right) A_N$，则在形成耦合矩阵方程过程中，则需要将 $\dfrac{A_N}{z_N - z_i} z_i$、$\overline{K_{N,i}} \times \dfrac{A_N}{z_N - z_i} H_N^{j+1}$ 与 $\dfrac{A_N}{z_N - z_i} h_i^{j+1}$ 加入耦合模型中，下一节将详细讨论饱和-非饱和水流耦合矩阵的形成过程。

2) 饱和-非饱和整体水流矩阵方程

以一个非饱和一维柱子与 2 层饱和分层为例说明整体水流矩阵的形成过程，区域如图 10.4 所示。令饱和含水层每一层底板节点为 n，则饱和含水层节点数为 $3n$。令一维柱子节点数为 m'，但处于非饱和带的节点数为 m，节点编号从靠近潜水面节点到地表依次为：$3n+1$，$3n+2$，$\cdots$，$3n+m$，因此，计算的饱和-非饱和统一水流矩阵有 $3n+m$ 个节点方程。

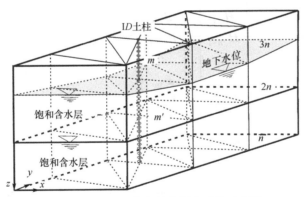

图 10.4　饱和-非饱和节点耦合系统示意图

将与一维非饱和柱子相连接的潜水面节点记为 N。根据饱和-非饱和含水层水均衡单元分析，写出整体有限元矩阵方程式(10.1.17)。其中，需要增加的项和需要修改的项用大写字母表示，保持原值的项用小写字母表示，a_i^j、A_i^j 表示系数矩阵中第 i 行第 j 列元素，b_i 和 B_i 表示矩阵方程右端第 i 个向量(i、$j=1$，2，$\cdots$，$3n+m$)。

$$
\begin{bmatrix}
a_1^1 & \cdots & a_1^n & a_1^{n+1} \\
\vdots & L_1 & \vdots & \vdots & \ddots \\
a_n^1 & \cdots & a_n^n & & a_n^{2n} \\
a_{n+1}^1 & \vdots & a_{n+1}^{n+1} & \cdots & a_{n+1}^{2n} & a_{n+1}^{2n+1} \\
\ddots & \vdots & L_2 & \vdots & \ddots \\
& a_{2n}^n & a_{2n}^{n+1} & \cdots & a_{2n}^{2n} & & a_{2n}^{3n} \\
& & a_{2n+1}^{n+1} & \vdots & a_{2n+1}^{2n+1} & A_{2n+1}^N & a_{2n+1}^{3n} & A_{2n+1}^{3n+1} \\
& & \ddots & \vdots & L_3 & \vdots & \vdots \\
& & & a_{3n}^{2n} & a_{3n}^{2n+1} & A_{3n}^N & a_{3n}^{3n} & A_{3n}^{3n+1} \\
& & & & & A_{3n+1}^N & & A_{3n+1}^{3n+1} & a_{3n+1}^{3n+2} & \vdots \\
& & & & & & & & C_1 & \vdots \\
& & & & & & & & \cdots & a_{3n+m}^{3n+m}
\end{bmatrix}
\begin{bmatrix} H_1 \\ \vdots \\ H_n \\ H_{n+1} \\ \vdots \\ H_{2n} \\ H_{2n+1} \\ \vdots \\ H_{3n} \\ H_{3n+1} \\ \vdots \\ H_{3n+m} \end{bmatrix}
=
\begin{bmatrix} B_1 \\ \vdots \\ B_n \\ B_{n+1} \\ \vdots \\ B_{2n} \\ B_{2n+1} \\ \vdots \\ B_{3n} \\ B_{3n+1} \\ \vdots \\ B_{3n+m} \end{bmatrix}
\tag{10.1.17}
$$

根据非饱和带节点水量均衡方程式(10.1.13)，B_{3n+1}、A_{3n+1}^{3n+1}、A_{3n+1}^N 可修改为

$$B_{3n+1} = b_{3n+1} + (z_N - z_{3n+1}) \times \frac{C_{3n+1}(h)h_{3n+1}^j}{\Delta t_j} - \frac{\overline{K_{N,i}} \times z_{3n+1}}{z_N - z_{3n+1}} \tag{10.1.18}$$

$$A_{3n+1}^{3n+1} = a_{3n+1}^{3n+1} + (z_N - z_{3n+1}) \times \frac{C_{3n+1}(h)}{\Delta t_j} + \frac{\overline{K_{N,i}}}{z_N - z_{3n+1}} \tag{10.1.19}$$

$$A_{3n+1}^N = -\frac{\overline{K_{N,i}}}{z_N - z_{3n+1}} \tag{10.1.20}$$

根据饱和带水量均衡方程式(10.1.16)，B_p ($p=2n+1$, $2n+2$, $\cdots$, $3n$)、A_p^{3n+1} ($p=2n+1$, $2n+2$, $\cdots$, $3n$)、A_p^N ($p=2n+1$, $2n+2$, $\cdots$, $3n$)可修改为

$$B_p = b_p + \frac{\overline{K_{N,i}}}{z_p - z_{3n+1}} \times z_{3n+1} \times \left(A_N\right)_p \tag{10.1.21}$$

$$A_p^{3n+1} = -\frac{\overline{K_{N,i}}}{z_p - z_{3n+1}} \times \left(A_N\right)_p \tag{10.1.22}$$

$$A_p^N = a_p^N + \frac{\overline{K_{N,i}}}{z_p - z_{3n+1}} \times \left(A_N\right)_p \tag{10.1.23}$$

综上所述,式(10.1.18)至式(10.1.23)表示了饱和-非饱和含水层之间的水量交换关系。

3)拟三维饱和-非饱和水流运动数值模拟流程

程序设计时,先对一维柱子进行网格剖分并形成有限元矩阵方程,再形成地下水各分层总体水流矩阵。根据初始水头判断地下水位,确定位于饱和带的一维节点数目和位置,根据耦合关系形成饱和-非饱和总体耦合矩阵,最后进行求解。具体计算流程如图 10.5 所示。

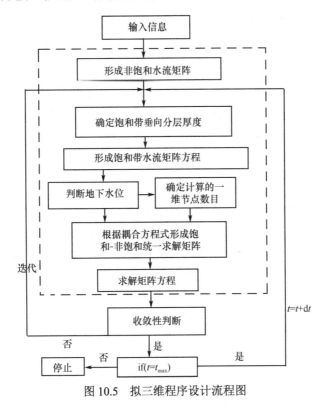

图 10.5　拟三维程序设计流程图

2. 变网格拟三维饱和-非饱和水流运动显式耦合方法

1)算法计算思路

10.1.2 节主要介绍了一种将饱和带与非饱和带进行完全耦合的方法,本节将介绍一种将饱和带与非饱和带水流运动进行松散耦合的方法，该方法的总体思路为：通过预测饱和带节点水头，确定潜水面位置，再计算非饱和带的节点水头，根据计算得到的非饱和带节点水头确定非饱和带对饱和带的补给流量，将该补给流量作为饱和带的上边界计算饱和带水流运动方程，通过水头误差来控制迭代过程，具体步骤如下：

(1) 预测饱和带节点水头 H_0，确定潜水面位置及一维非饱和柱子长度；

(2) 形成各一维单元的水流运动矩阵，并根据预测的饱和带节点水头修改非饱和带节点矩阵方程，计算非饱和带节点水头 H_0；

(3) 计算得到非饱和带节点水头值后，根据预测的饱和带节点水头和计算的非饱和带节点水头梯度，计算非饱和带对饱和带的补给流量，根据此流量修改饱和带节点的水流矩阵方程，计算饱和带节点的水头 H_1；

(4) 比较 H_0 和 H_1 的值，如果满足精度要求则进入下一时间点的计算，如果不满足则将 H_1 作为新的初始水头进行迭代计算，直至满足精度要求。

2) 非饱和带水流运动计算

假设某含水层系统一个非饱和分区的节点数目为 m，则通过伽辽金有限单元法离散后的矩阵方程形式为

$$\begin{bmatrix} a_1^1 & a_1^2 & & & \\ a_2^1 & a_2^2 & a_2^3 & & \\ & & \ddots & & \\ & & & a_m^{m-1} & a_m^m \end{bmatrix} \begin{bmatrix} h_1 \\ h_2 \\ \vdots \\ h_m \end{bmatrix} = \begin{bmatrix} b_1 \\ b_2 \\ \vdots \\ b_m \end{bmatrix} \qquad (10.1.24)$$

在形成式(10.1.24)所示非饱和一维水流矩阵方程时，将靠近潜水面的节点考虑成下边界节点，但在建立饱和-非饱和耦合水流模型时，在一维非饱和柱子的下边界存在对地下水的补给流量，因此，需要重新对非饱和带靠近潜水面的节点进行水均衡分析以修改矩阵方程式(10.1.24)。以非饱和带靠近潜水面的节点 i 为例进行水均衡分析(图10.2)。在形成式(10.1.24)的过程中，i 节点水均衡域为 $(z_i - z_{i+1/2})$，而在建立饱和-非饱和耦合水流模型时，将 $(z_N - z_{i+1/2})$ 区域设置为 i 节点的均衡域，同时，在其下边界存在对地下水的补给流量 q_N。因此，单元 i 的质量守恒方程应为

$$\left(z_N - z_{i+1/2}\right)\frac{\Delta\theta_i}{\Delta t} = q_{i+1/2} - q_N \qquad (10.1.25)$$

式中，$q_{i+1/2}$ 和 q_N 分别为单元 i 上边界、下边界处的水流通量 $[\mathrm{L/T}]$。

在一维柱子计算时，节点 i 仅考虑了 $(z_N - z_{i+1/2})$ 均衡区域内的水流变化。未被考虑的水流变化内容为 $(z_N - z_i)\dfrac{\Delta\theta_i}{\Delta t}$ 和 q_N 两项，这两项的表达式为

$$(z_N - z_i)\frac{\Delta \theta_i}{\Delta t} = (z_N - z_i)\frac{\theta_i^{j+1} - \theta_i^j}{\Delta t_j} = (z_N - z_i)C_i(h)\frac{h_i^{j+1} - h_i^j}{\Delta t_j} \qquad (10.1.26)$$

$$q_N = -\overline{K_{N,i}} \times \frac{H_N^j - (h_i^{j+1} + z_i)}{z_N - z_i} \qquad (10.1.27)$$

式中，$j+1$、j 和 Δt_j 分别为当前时刻、前一时刻和当前时段，[T]；$C_i(h)$ 为节点 i 的容水度，$[\text{L}^{-1}]$；H_N 为节点 N 的总水头值，[L]；$\overline{K_{N,i}}$ 为节点 i 和节点 N 的平均渗透系数，[L/T]；h_i^{j+1}、h_i^j 分别为节点 i 当前时刻和前一时刻的压力水头值，[L]。

将式(10.1.26)和式(10.1.27)代入式(10.1.25)进行如下展开：

$$(z_N - z_i)C_i(h)\frac{h_i^{j+1}}{\Delta t_j} + \overline{K_{N,i}} \times \frac{z_i}{z_N - z_i} - \overline{K_{N,i}} \times \frac{H_N^j}{z_N - z_i} + (z_i - z_{i+1/2})\frac{\Delta \theta_i}{\Delta t} =$$
$$(z_N - z_i)C_i(h)\frac{h_i^j}{\Delta t_j} + \overline{K_{N,i}} \times \frac{-h_i^{j+1}}{z_N - z_i} + q_{i+1/2} \qquad (10.1.28)$$

非饱和带水流矩阵方程将根据式(10.1.28)进行修改。原始非饱和带水流矩阵方程为式(10.1.24)，修改后的矩阵方程式为(10.1.29)，其中，大写字母 A_i^j $(i, j=1, \cdots, n)$，$B_i(i, j-1, \cdots, n)$ 表示修改的项。

$$\begin{bmatrix} A_1^1 & a_1^2 & & & \\ a_2^1 & a_2^2 & a_2^3 & & \\ & & \ddots & & \\ & & & a_n^{n-1} & a_n^n \end{bmatrix} \begin{bmatrix} h_1 \\ h_2 \\ \vdots \\ h_n \end{bmatrix} = \begin{bmatrix} B_1 \\ b_2 \\ \vdots \\ b_n \end{bmatrix} \qquad (10.1.29)$$

根据式(10.1.28)：

$$A_1^1 = a_1^1 + (z_N - z_1) \times \frac{C_1}{\Delta t_j} + \frac{\overline{K_{N,i}}}{z_N - z_1} \qquad (10.1.30)$$

$$B_1 = b_1 + (z_N - z_1) \times \frac{C_1 h_1^j}{\Delta t_j} + \frac{\overline{K_{N,i}} \times z_1}{z_N - z_1} - \overline{K_{N,i}} \times \frac{H_N}{z_N - z_1} \qquad (10.1.31)$$

式中，C_1、z_1 分别为非饱和带与饱和带相接的节点容水度$[\text{L}^{-1}]$与垂向坐标[L]。

3) 饱和带水流运动计算

设饱和带分为 2 层，每一层地板节点数为 n，则节点总数为 $3n$，通过地下水模型形成的矩阵方程为

$$\begin{bmatrix} a_1^1 & \cdots & a_1^n & a_1^{n+1} & & & & & \\ \vdots & \ddots & \vdots & & \ddots & & & & \\ a_n^1 & \cdots & a_n^n & & & a_n^{2n} & & & \\ a_{n+1}^1 & & & a_{n+1}^{n+1} & \cdots & & a_{n+1}^{2n+1} & & \\ & \ddots & & \vdots & \vdots & & \vdots & \ddots & \\ & & a_{2n}^n & a_{2n}^{n+1} & \cdots & a_{2n}^{2n} & & & a_{2n}^{3n} \\ & & & a_{2n+1}^{n+1} & & & a_{2n+1}^{2n+1} & \cdots & a_{2n+1}^{3n} \\ & & & & & & \vdots & \ddots & \vdots \\ & & & & & a_{3n}^{2n} & a_{3n}^{2n+1} & \cdots & a_{3n}^{3n} \end{bmatrix} \begin{bmatrix} h_1 \\ \vdots \\ h_n \\ h_{n+1} \\ \vdots \\ h_{2n} \\ h_{2n+1} \\ \vdots \\ h_{3n} \end{bmatrix} = \begin{bmatrix} b_1 \\ \vdots \\ b_n \\ b_{n+1} \\ \vdots \\ b_{2n} \\ b_{2n+1} \\ \vdots \\ b_{3n} \end{bmatrix} \quad (10.1.32)$$

在形成式(10.1.32)时，不考虑非饱和带对潜水面节点的补给，因此，在形成饱和-非饱和水流模型时，需重新分析潜水面节点水均衡。设 N 节点代表潜水面处饱和含水层与非饱和含水层相联系的节点(图 10.3)，其水均衡方程为

$$V_N \mu_N \frac{\Delta H_N}{\Delta t} = Q_N + (q_N - q_{N-1/2}) A_N \quad (10.1.33)$$

在建立饱和带水流运动模型时，潜水面节点考虑的水均衡项为 $V_N \mu_N \dfrac{\Delta H_N}{\Delta t}$，$Q_N$，$(-q_{N-1/2}) A_N$，而并未包含来自非饱和带的补给流量 $q_N A_N$。当通过一维非饱和带水流计算得到一维非饱和带水头分布后，可通过以下方程计算非饱和补给流量：

$$q_N A_N = (-\overline{K_{N,i}} \times \frac{H_N^{j+1} - H_i}{z_N - z_i}) A_N \quad (10.1.34)$$

将式(10.1.34)代入式(10.1.33)，N 节点的水均衡方程可写为

$$V_N \mu_N \frac{\Delta H_N}{\Delta t} - \overline{K_{N,i}} \times \frac{H_i}{z_N - z_i} \times A_N = -\frac{\overline{K_{N,i}} A_N}{z_N - z_i} \times H_N^{j+1} + Q_T + (-q_{N-1/2}) A_N \quad (10.1.35)$$

则根据式(10.1.35)修改饱和带节点水头矩阵方程式(10.1.32)，修改后的矩阵见式(10.1.36)。其中，大写字母 A_i^j $(i, j=1, \cdots, 3n)$，B_i $(i, j=1, \cdots, 3n)$ 表示修改的项。

$$\begin{bmatrix} a_1^1 & \cdots & a_1^n & a_1^{n+1} & & & & & \\ \vdots & \ddots & \vdots & & \ddots & & & & \\ a_n^1 & \cdots & a_n^n & \vdots & & a_n^{2n} & & & \\ a_{n+1}^1 & & & a_{n+1}^{n+1} & \cdots & & a_{n+1}^{2n+1} & & \\ & \ddots & & \vdots & \vdots & & \vdots & \ddots & \\ & & a_{2n}^n & a_{2n}^{n+1} & \cdots & a_{2n}^{2n} & \vdots & & a_{2n}^{3n} \\ & & & a_{2n+1}^{n+1} & & & a_{2n+1}^{2n+1} & \cdots & a_{2n+1}^{3n} \\ & & & & \ddots & \vdots & \vdots & A_{2n+1}^N & \vdots \\ & & & & & a_{3n}^{2n} & a_{3n}^{2n+1} & \cdots & a_{3n}^{3n} \end{bmatrix} \begin{bmatrix} h_1 \\ \vdots \\ h_n \\ h_{n+1} \\ \vdots \\ h_{2n} \\ h_{2n+1} \\ \vdots \\ h_{3n} \end{bmatrix} = \begin{bmatrix} b_1 \\ \vdots \\ b_n \\ b_{n+1} \\ \vdots \\ b_{2n} \\ B_{2n+1} \\ \vdots \\ B_{3n} \end{bmatrix} \quad (10.1.36)$$

根据式(10.1.34)，B_j ($j=2n+1,\cdots,3n$)、a_j^N ($j=2n+1,\cdots,3n$) 可修改为

$$B_j = b_j - \overline{K_{N,i}} \times \frac{H_i}{z_N - z_i} \times A_N \tag{10.1.37}$$

$$A_j^N = a_j^N + \overline{K_{N,i}} \times \frac{A_N}{z_N - z_i} \tag{10.1.38}$$

4) 程序流程

模型计算时，首先读入初始信息，预测饱和带节点水头，以确定各非饱和分区一维柱子的长度及参与计算的一维单元数目，根据伽辽金有限单元法形成各一维柱子的非饱和水流运动矩阵方程，根据本节的分析修改一维水流运动矩阵方程从而形成最终求解的一维水流运动方程。根据计算所得的非饱和带节点水头计算非饱和带对饱和带的补给流量，形成饱和带节点水流矩阵方程，计算饱和带节点水头分布，比较计算的饱和带节点水头与预测值是否满足精度要求，如果满足精度要求则进入下一时间点的计算，如果不满足则将计算的水头作为初始值进行下一次迭代，模型计算流程如图 10.6 所示。

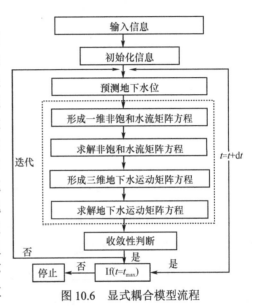

图 10.6　显式耦合模型流程

10.1.3　不变网格拟三维饱和-非饱和水流运动数值模型

由于潜水位可能发生变化，采用变网格数值模型时，一维土壤水运动土柱群和三维地下水模型的空间剖分网络是随时间变化的，这给程序设计带来一定困难。为避免变动网格模型带来的不便，空间剖分网格可采用固定的网格系统，一维模型下边界需要延伸至最低地下水位以下。故一维模型的网格与三维模型网格有所重叠，即在一维模型的区域中会包含地下水位。另外，考虑到土壤水模型的时间步长远远小于地下水模型，有时需要将土壤水和地下水调整为不同的时间步长进行数值分析，这时，选用分开迭代耦合的方式具有一定的优势。区域尺度饱和-非饱和水流模型的计算精度和计算成本很大程度上取决于一维非饱和带模型，为此，非饱和带的水分运动可选用一维 Richards 方程的数值模型，也可选用区域尺度的一维土壤水均衡的数值模型。下面分别详细讨论当非饱和带为一维 Richards 方程模型和水均衡模型时的耦合方式。

1. 一维 Richards 方程模型-三维地下水模型

在初始条件中，需要给出饱和三维地下水的水头(包括潜水位)；一维非饱和模型需

要给出各个节点的含水量或水头。由于一维模型与三维模型的网格重叠，需要保证两者的初始条件一致，即根据地下水位不同，一维模型部分节点处于饱和状态(图 10.7)。

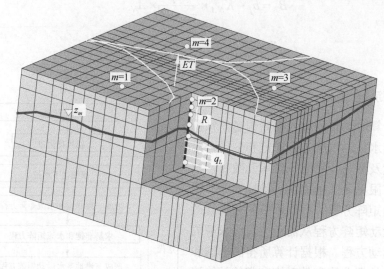

图 10.7　区域尺度模型区域及网格划分示意图

在第 m 个土柱的控制范围内，初始地下水位为 z_m^j，时间 Δt_g(三维地下水运行时间步长)之后，地下水位变化为 $z_m^{j+1,k}$(上标 k 代表迭代指标)。此时，将地下水位作为一维模型给定水头下边界(由 z_m^j 线性变为 z_m^{j+1})，结合上边界条件，可以计算第 m 个土柱的水流运动。由于此时土柱部分饱和，在饱和部分仅考虑一维运动，可能会带来较大的误差。为修正该误差，可以计算从土柱底部到地下水位处的侧向通量为 q_{Lm}^{j+1} $[\mathrm{T}^{-1}]$，其计算公式为

$$q_{Lm}^{j+1} = \frac{\partial}{\partial x}\left(K_s\frac{\partial h_g}{\partial x}\right) + \frac{\partial}{\partial y}\left(K_s\frac{\partial h_g}{\partial y}\right) \tag{10.1.39}$$

即根据地下水位的侧向梯度和饱和水力传导度估计侧向通量。对于三维地下水模型，q_{Lm}^{j+1} 是 z 的函数。得到侧向通量后，对所有一维土柱的饱和节点施加该强度的源汇项。由于此时在每个较小的时间步长 Δt_u，计算地下水位 $z^* = \max\left\{z_m^{j+1}, z_m^j\right\}$ 处的垂向通量。将其平均可以得到时间 Δt_g 内的平均地下水补给：

$$R_m^{j+1,k} = \frac{1}{\Delta t_g}\int_0^{\Delta t_g} q_V\left(z = z_m^*, t\right)\mathrm{d}t \tag{10.1.40}$$

该补给造成了地下水位的变动，将该值代入到地下水中，计算地下水流运动。饱和含水层的第一层为潜水，需要通过 Δt_g 内地下水位变化深度范围内的含水量计算给水度：

$$\mu_m^{j+1,k} = \frac{1}{z_m^{j+1,k} - z_m^j}\int_{z_m^j}^{z_m^{j+1,k}}\left(\theta_s - \theta^*\right)\mathrm{d}z \tag{10.1.41}$$

当地下水位上升时，$\theta^* = \theta^j$，否则 $\theta^* = \theta^{j+1}$。此时，可以得到地下水位 $z_m^{j+1,k+1}$。

若此时两次迭代间的地下水位满足指定允许误差，则停止迭代，进行下一次计算。否则，再次重复计算非饱和水流运动和饱和带水流运动。该迭代过程需要假设 z_m^{j+1} 的初始值，一般令 $z_m^{j+1,k} = z_m^j$。一维 Richards 方程模型采用 Noniter-φ 非迭代数值模型，所构成的区域模型简称为 GWUZ1。

2. 水均衡模型-三维地下水模型

水均衡模型和地下水模型采用较弱的形式耦合，即：一维模型仅考虑完全非饱和的土壤，并将一维模型底部边界设为自由排水边界。在三维模型和一维模型之间，存在一个含水量保持不变的区域，且决定了地下水模型给水度的大小。三维地下水模型接受来自一维模型自由排水边界的补给，造成水位上升。另一方面，当地下水位埋深较浅时，潜水蒸发量直接从地下水中扣除，造成水位下降。当存在季节性高地下水水位时，对一维模型的自由排水边界进行修正，即排水量随着地下水位的壅高受到限制（SWAT 模型）。

由于不能显式表达水头和通量，水均衡模型难以通过这两个变量与三维地下水模型紧密耦合。另外，水均衡模型不要求较小的时间步长，这使得水均衡模型可以与区域地下水模型采用相同的时间步长。

在初始条件中，需要给出饱和三维地下水系统的水头（包括潜水位），一维水均衡模型需要给出各层的含水量。由于一维模型与三维模型的网格重叠，需要保证两者的初始条件一致，即根据地下水位不同，一维模型部分节点处于饱和状态。

首先运行水均衡模型，其上边界为大气边界，下边界为定流量边界 q_b。在水均衡模型饱和部分需要考虑侧向通量为 q_{Lm}^{j+1} [T^{-1}]（图 10.7），将其作为源汇项。显然，由于水均衡模型不提供水头信息，故无法通过地下水位的变化反映地下水对土壤水的影响。可行的替代方法是定量描述一维土柱底部的通量。显然，该通量需要补充土柱底部到含水层底板的侧向通量，[L/T]；其计算公式为

$$q_b^{j+1} = \int_{z_b}^{z_c} q_{Lm}^{j+1} dz \tag{10.1.42}$$

式中，z_b 为地下水模型隔水底板边界高程；z_c 为一维土柱底部高程。一维土柱底部通量提供该深度范围内的侧向地下水流动。而后计算地下水位 $z^* = \max\left\{z_m^{j+1}, z_m^j\right\}$ 处的补给为

$$R_m^{j+1} = \int_{z_b}^{z_m^{j+1}} q_{Lm}^{j+1} dz + \frac{1}{\Delta t_u} \int_{z_b}^{z_m^*} \left(\theta^{j+1} - \theta^j\right) dz \tag{10.1.43}$$

补给包括两部分，一部分用于侧向流动；另一部分用于变动地下水位（同时包括毛管上升水分）。此时采用式（10.1.41）计算的给水度运行地下水模型。迭代也以相邻两次的地下水位小于允许误差为收敛准则。

采用本章所建立的水均衡模型，所构成的区域模型简称为 GWUZ2。

两种模型的基本运行步骤相同，其过程可以总结如下（流程图如图 10.8 所示）：

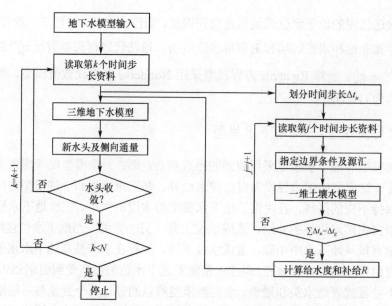

图 10.8　区域尺度地下水模型 GWUZ1 和 GWUZ2 计算流程图

(1) 在每个地下水时间步开始,提取地下水位模型上个时刻计算的各个土柱对应地下水位 $z_m^{j+1,k}$,以及侧向通量 q_{Lm}^j [式(10.1.39)];

(2) 将侧向通量作为源汇项,计算 Richards 方程模型或者水均衡模型。前者采用较小的时间步长,且底部为已知水头边界;后者可以取 $\Delta t_u = \Delta t_g$,底部的通量采用式(10.1.42)计算;

(3) 计算地下水补给量[式(10.1.40)或者(10.1.43)]以及给水度[式(10.1.41)];

(4) 对比两次地下水位差别,判断收敛。如果没有收敛将其作为初始条件,重复上述步骤;

(5) 进入下一个地下水模型计算时间步。

在区域地下水模型中,由于地下水运动由降雨、蒸发等气象要素驱动,而这些资料的分辨率往往为 1 d,因此地下水模型可以以 1 d 为时间步长。相比之下,Richards 方程模型需要更小的时间步长;水均衡模型可以采用 1 d 的时间步长。

10.1.4　拟三维饱和-非饱和水流运动模型验证

1. 隐式耦合模型验证

1) 算例 1:一维饱和-非饱和根系吸水水流运动模拟

模拟区域为 2 m×2 m×3 m,土壤水分运动参数见表 10.1。根系区域为 0~0.3 m,模拟时间为 150 d,四周为隔水边界,上边界为时变边界,潜在蒸腾速率为 0.005 m/d,日降雨量如图 10.9 所示。水头初始值为从地表处−1.3 m 线性变化至底板处 1.7 m。

表 10.1　土壤水分运动参数

$\theta_r/-$	$\theta_s/-$	α/m^{-1}	$n/-$	$K_S/\,(\mathrm{m/d})$
0.057	0.35	4.1	2.28	0.6

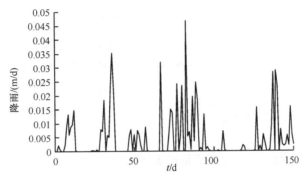

图 10.9　日降雨速率

图 10.10 和图 10.11 分别表示不同时刻土壤剖面含水率、土壤剖面压力水头分布拟三

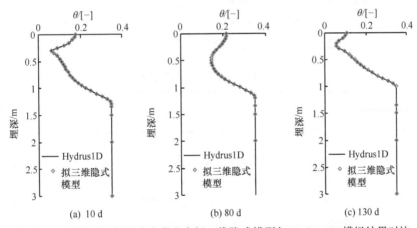

图 10.10　不同时间剖面含水率分布拟三维隐式模型与 Hydrus1D 模拟结果对比

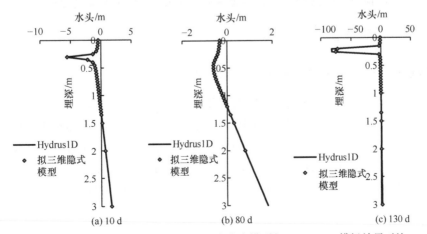

图 10.11　不同时间剖面水头分布拟三维隐式模型与 Hydrus1D 模拟结果对比

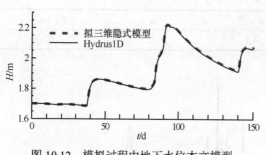

图 10.12　模拟过程中地下水位本文模型
与 Hydrus1D 模拟结果对比

维隐式模型模拟结果与 Hydrus1D 模拟结果对比。结果表明：拟三维隐式模型模拟结果与 Hydrus1D 模拟结果一致，即使在水分变化较大的根系区，模型也能得到准确的模拟结果。图 10.12 显示的是模拟过程中地下水位变化拟三维隐式模型模拟结果与 Hydrus1D 的对比结果，拟三维隐式模型能正确反映计算过程中的地下水位变化，说明拟三维隐式模型的耦合过程精确可靠。

2）算例 2：三维饱和-非饱和井流运动数值模拟

模拟区域为长×宽×高为 200 m ×200 m×20 m，区内有两个抽水井，抽水流量均为 500 m³/d，抽水井位置在 (100 m，150 m) 和 (100 m，50 m)。土壤剖面在垂向上分为 5 层，厚度分别为 6 m、6 m、3 m、3 m 和 2 m。非饱和带分为 4 个水平分区，每个分区一维柱子各 29 个节点。含水层初始水头为 18 m，四周常水头为 18 m，非饱和水力参数见表 10.2。模拟时间为 200 d。拟三维隐式模型计算时间为 9 s，Feflow 模拟时间为 137 s。

表 10.2　土壤非饱和水力参数

$\theta_r/-$	$\theta_s/-$	α/m^{-1}	$n/-$	$K_S/\text{(m/d)}$
0.02	0.30	4.1	1.964	7.4

图 10.13 显示的为 4 个一维非饱和柱子所在垂直剖面水头分布拟三维隐式模型模拟结果与 Feflow 模拟结果对比，图 10.14 表示 z=6 m 水平面水头分布拟三维隐式模型与 Feflow 模拟结果对比。对比结果显示：拟三维隐式模型能准确地模拟抽水井抽水情况下区域的水头分布，即使采用有限的水平分区，也能得到满足计算精度的非饱和带水头分布结果；同时，拟三维隐式模型的计算效率也较 Feflow 有较大幅度提高。

2. 显式耦合模型验证

1）算例一：一维饱和-非饱和土柱水流运动

模拟区域为 2 m×2 m×5 m，土壤水力参数见表 10.3，上边界入渗速率为 0.05 m/d，模拟时间为 10 d，四周为隔水边界。水头初始值为从地表处-3.3 m 线性变化至底板处 1.7 m。

图 10.15 与图 10.16 分别表示不同时刻土壤剖面含水率、土壤剖面压力水头分布拟三维显式模型与 Hydrus1D 模拟结果对比。结果显示拟三维显式模型模拟结果与 Hydrus1D 模拟结果高度吻合，说明拟三维显式模型模拟结果较好，能准确刻画饱和-非饱和的水流运动。

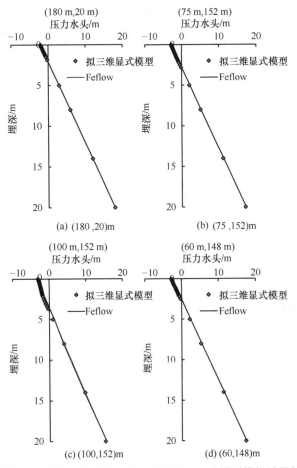

图10.13　4个一维土柱所在位置沿垂向压力水头分布拟三维显式模型模拟结果与Feflow模拟结果对比

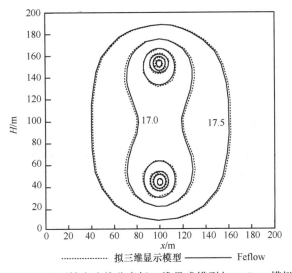

图10.14　z=6m 平面等水头线分布拟三维显式模型与 Feflow 模拟结果比较

表 10.3　土壤非饱和水力参数

$\theta_r/-$	$\theta_s/-$	α/m^{-1}	$n/-$	$K_S/(\mathrm{m/d})$
0.057	0.35	4.1	2.28	0.6

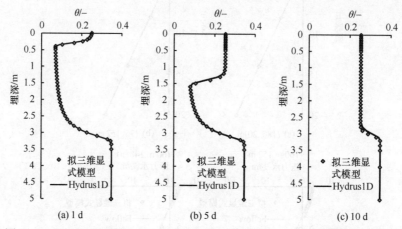

图 10.15　不同时刻剖面含水率分布拟三维显式模型与 Hydrus1D 模拟结果对比

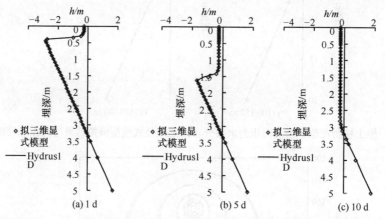

图 10.16　不同时刻剖面压力水头分布拟三维显式模型与 Hydrus1D 模拟结果对比

2）算例二：二维水流运动

两河渠间潜水含水层均质各向同性，上边界均匀入渗，入渗速率为 0.004 m/d，底部隔水，河渠保持常水头 2.0 m，间距 40 m，土壤水分运动参数见表 10.4。此种情况下，当水流达到稳定流状态时，潜水面浸润线方程为

$$H^2 = H_1^2 + \frac{H_2^2 - H_1^2}{l}x + \frac{W}{K}(lx - x^2) \tag{10.1.44}$$

式中，H 为河渠间任一点水头，[L]；H_1、H_2 为两河渠水头，[L]；l 为河渠间距，[L]；x 为任一点 x 坐标，[L]。

表 10.4　土壤非饱和水力参数

$\theta_r/-$	$\theta_s/-$	$\alpha[\text{m}^{-1}]$	$n/-$	$K_S(\text{m/d})$
0.02	0.30	4.1	1.964	0.5

　　计算稳定时刻地下水位分布以及土壤剖面压力水头分布情况，运行二维饱和-非饱和模型 SWMS2D，拟三维显式模型模拟结果将同时与解析解以及 SWMS2D 的模拟结果进行对比。图 10.17 显示的是稳定时刻地下水位分布拟三维显式模型与 SWMS2D 及解析解的对比结果，结果表明：拟三维显式模型模拟的地下水位误差为 0.02 cm，相对误差为 0.65%，结果较好。判断本算例另一个重要标准是稳定时刻非饱和带对饱和带的补给流量，该算例条件下，稳定时刻非饱和带对饱和带的补给流量应等于上边界入渗流量。图 10.18 显示的是稳定时刻非饱和带对饱和带的补给流量本文模型模拟结果与 SWMS2D 的模拟结果对比，结果表明，拟三维显式模型与 SWMS2D 模拟的补给流量均为 0.004 m/d，说明拟三维显式模型计算结果是正确的，同时也说明本文模型建立的耦合过程合理准确。

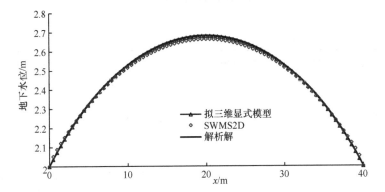

图 10.17　稳定时刻地下水位拟三维显式模型模拟结果与 SWMS2D 模拟结果及解析对比

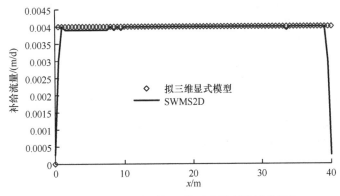

图 10.18　稳定时刻非饱和带对饱和带补给流量拟三维显式模型模拟结果与 SWMS2D 模拟结果对比

3) 算例三：三维水流运动

　　为了验证拟三维显式模型的计算速率，设置了大区域水分运动数值模拟，该模拟区域长宽高为 5000 m×5000 m×30 m。地下水位位于地表以下 10 m 深度处,区域以中线为界分为两个分区,其上边界降雨分别为 0.001 m/d 和 0.0015 m/d,四周设置为零流量边界。模拟区域为均质土壤,其土壤水分运动参数见表 10.5。模拟时间为 200d。非饱和带划分为 50 层,每层厚度 0.2 m,饱和带划分为 8 层,每层 2000 个节点。因此,在 Feflow 中模拟节点数为 118 000,而在拟三维显式模型中节点为 18102。

表 10.5　土壤非饱和水力参数

θ_r/-	θ_s/-	α/[m^{-1}]	n/-	K_S/(m/d)
0.065	0.41	7.5	1.89	1.08

图 10.19 显示的是两分区不同埋深处水头变化拟三维隐式模型模拟结果与 Feflow 模拟结果比较。两者结果是一致的,说明拟三维显式模型模拟精度可以得到保证,同时本文模型计算时间为 0.33 h,而 Feflow 计算时间为 4.5 h,说明拟三维显式模型能显著提高计算效率,更适用于大区域水分运动数值模拟。

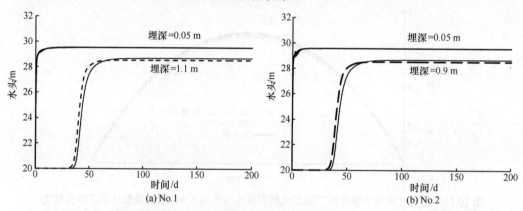

图 10.19　两分区不同深度处水头随时间变化拟三维显式模型(---)与 Feflow(—)模拟结果对比

3. 基于不变一维网格模型算例

1)算例一:实验室砂箱尺度算例

算例一来源于实验室试验(Vauclin et al., 1979),虽然本算例尺度较小(约为 1 m),但其包含了空间变异的入渗补给,以及侧向地下水排水,且精确掌握了土壤非饱和参数。在这种情况下,可以有效评估设计的区域尺度模型的精度和效率。

图 10.20 显示了完全三维模型得到的不同时间流线和地下水位的分布。可以看出,在 x=0~0.5 m 的范围内,由于土壤入渗的作用,具有较大的垂向流速,相对而言,非饱和带的水平向流速分量较小。算例中还可以明显观测到在入渗补给条件下,地下水虽然总体上呈现向右运动的趋势,但直接接受补给的地下水仍然有明显的垂向流速。在本算例中,x 在 0~0.5 m 及 0.5~3 m 分别为代表有入渗和无入渗的非饱和子区,代表土柱分别位于 x=0.3 m 和 x=1.7 m 处。模型 GWUZ1 采用 Richards 方程求解非饱和带,因此其参数与完全三维的模型一致;GWUZ2 采用水均衡模型求解非饱和带水流运动,田间持

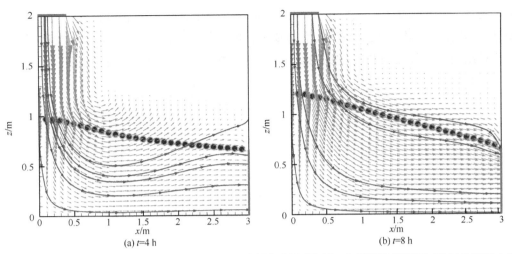

图 10.20　采用完全三维模型 (R3D) 模拟的不同时刻流速场 (箭头)、典型流线 (带箭头线) 以及地下水位 (圆点) 位置

水量取为 0.20 (由此得到的剖面平均传导度与 van Genuchten 模型类似)。图 10.21 显示了两种模型计算的地下水位结果。在图中顶部的箭头指示了代表土柱的位置,方形框代表了它们各自的代表范围。总体上,地下水位向着排水方向降低。在有补给区域梯度较小,无补给区域梯度较大。GWUZ1 模拟的地下水位基本与完全三维模型基本一致,但在左端比实际观测结果平均高 20 cm。类似地,在 $t=2$ h,3 h,4 h,8 h 采用模型 GWUZ2 模拟的最左端地下水位分别比对应实验观测结果高 35 cm,35 cm,30 cm 和 20 cm。注意 GWUZ2 模拟的水位在 $t=4$ h 已经接近稳定状态,$t=4$ h,8 h 的结果重合。

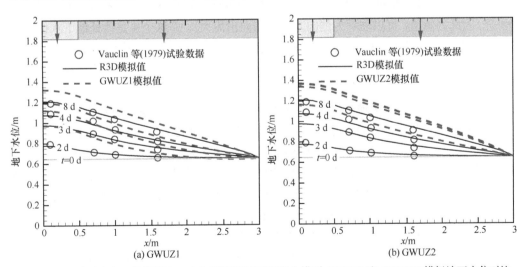

图 10.21　采用完全三维模型 (R3D) 与采用区域尺度耦合模型 GWUZ1 和 GWUZ2 模拟地下水位对比

采用模型 GWUZ1 得到的代表土柱处的侧向通量 (q_{lat})、补给量 (q_{rec}) 以及地下水水位 (Z_t) (如图 10.22)。可以看出,在补给区的代表土柱 (图 10.21 中 $x=0.2$ m),其地表接受强度为 0.14791 m/h 的入渗。在非饱和厚度为 1.35 m 的情况下,补给在 $t\approx1.4$ h 到达

地下水位，具有明显的滞后效应。图10.22(a)中的侧向流量(向外输出为正)略滞后于补给量，而其滞后恰好造成了地下水位的显著上升。随着时间的推移，侧向流量逐渐等于入渗补给量，此时地下水位的变化也十分缓慢，接近稳定状态。

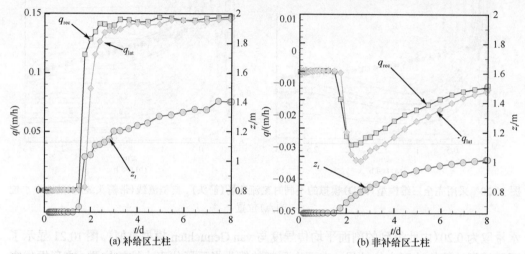

图 10.22　采用耦合模型 GWUZ1 得到代表土柱(分别位于补给区与非补给区)侧向通量(q_{lat})，补给量(q_{rec})以及地下水水位(z_t)

非补给区的情况则完全不同。首先，由于地表并没有入渗量，因此一开始的补给量也为0。当地下水位上升时，潜水面处的地下水向上运动，补给非饱和带，因此补给流量 q_{rec} 为负值。究其原因，此时的地下水位上升并不来源于地表非饱和带，而是来源于地下水的侧向流量补给。另一方面，侧向通量 q_{lat} 在 $t \approx 1.6$ h 时迅速增大，接受来自左端的地下水净补充(因此为负值，可以理解为侧向入流比侧向出流大)。而这个也是该处地下水位上升的原因。不同于土柱 1，土柱 2 的侧向流量变化领先于垂向流量(或补给量)的变化。

2)算例二：区域尺度算例

内蒙古河套灌区义长灌域永联试验区的野外试验资料已被 Zhu 等(2012)和 Xu 等(2012)用于验证区域尺度耦合模型的实用性。试验区南北狭长大约 12 km，东西长不足 3 km，总面积约 29.10 km²。这里采用 GWUZ1 和 GWUZ2 耦合模型分别模拟该区域的地下水流问题。

试验区侧面边界由沟渠定义。试验区南端的皂火渠定义为河流补给边界(第三类边界)。另外三面的永什分干沟、乃永分干沟和六排干设定为给定水头边界(第一类边界)。试验区上部边界为大气边界，根据土壤覆盖情况将区域分为耕地、裸地和村庄，由此区分不同的潜在腾发量。试验区土地类型如图 10.23 所示。

耕地受降雨、灌溉以及蒸发蒸腾影响，裸地仅受降雨入渗和蒸发的影响，村庄不考虑土壤与大气的水分交换。由 Penman-Monteith 计算的裸地蒸发、耕地潜在腾发量和降水灌溉量如图 10.24 所示。根据内蒙古自治区地质局水文地质队 1979 年在永联的试验区的钻探资料，该试验区埋深 53～54 m 处为黏土，弱透水，可以作为不透水的下边界。

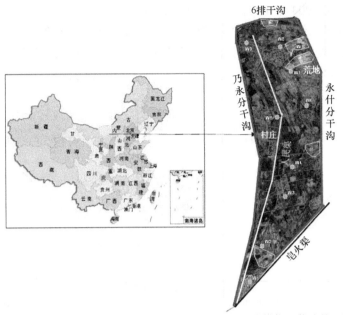

图 10.23　内蒙古永联试验区地理位置、观测井布置以及土地类型(除村庄、荒地外,其余概化为耕地)
卫星图时间为 2004 年

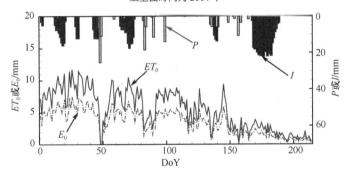

图 10.24　内蒙古永联试验区降雨(P)、灌溉(I)、耕地参考作物腾发量(ET_0)及裸地潜在蒸发(E_0)

　　根据钻探资料,含水层在地表以下 $0\sim7$ m 内为砂黏土,弱透水,微含水;在 $7\sim53$m 为中细砂或者粉细砂,透水,含水。土壤水分运动的 van Genuchten 参数见表 10.6。

表 10.6　算例所用水力参数

土壤类型及埋深/m	θ_r	θ_s	α/m^{-1}	n	K_s/(m/d)
砂黏土: $0\sim7$	0.065	0.41	7.5	1.89	1.06
粉细砂: $7\sim53$	0.067	0.41	12.4	2.28	3.50

　　水均衡模型只需要田间持水量和凋萎系数控制水分再分配,不需要用到表 9.6 中的参数。这里设置田持为 0.25,凋萎系数 0.08。

　　试验区 10 口井分别位于耕地、盐荒地、村庄和海子(湖泊)附近,井深度均为 5 m。地下水在 2 月份每 10 天观测一次,其余时间每 5 天观测一次。模拟时间从 2004 年 5 月

1 日开始，持续到 2004 年 11 月 26 日，共 210 天。

　　两个模型地下水位的模拟值与观测值对比散点图如图 10.25 所示，模型 GWUZ1 与 GWUZ2 的模拟和观测水头基本一致，决定系数 R^2 达到 0.77 和 0.75。且两者的系统偏差均较小。图中点的不同颜色代表不同的观测点位置，地下水位的参考位置为水平面以上 972.42 m。

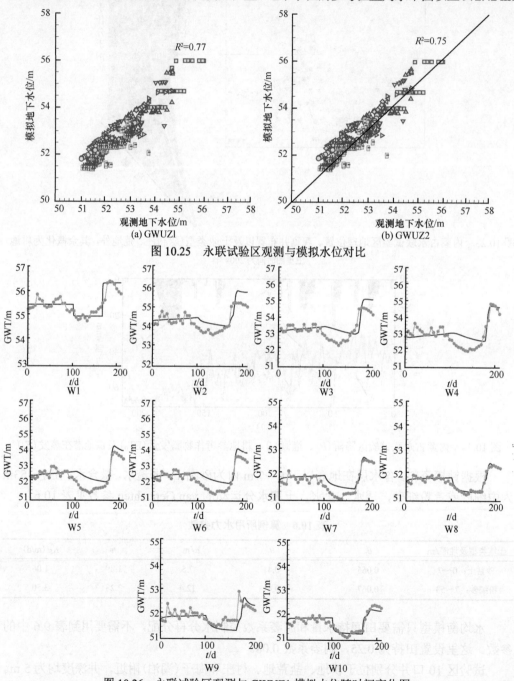

图 10.25　永联试验区观测与模拟水位对比

图 10.26　永联试验区观测与 GWUZ1 模拟水位随时间变化图

圆点为观测值，线为模拟值

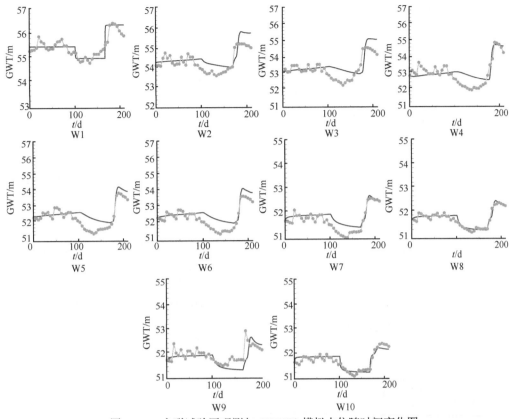

图 10.27　永联试验区观测与 GWUZ2 模拟水位随时间变化图

圆点为观测值，线为模拟值

图 10.26 和图 10.27 显示了两个模型模拟的随时间变化的地下水位图，该图反映了该区地下水的动态变化。显然，两个模型均抓住了地下水位的重要变化。地下水位为 150~170 d，地下水位普遍呈现下降趋势。从大气边界条件(图 10.24)可以看出，此时段内大气存在中度的蒸散发，而没有降雨以及灌溉的补充。在 150 d 以前，较为均匀分布的降雨与蒸散发呈现相对平衡的状态，地下水既没有得到消耗，也没有得到降雨补给。

在 t=170 d 后，地下水位急剧上升，平均上升幅度达到 1~2 m。这是因为在秋浇期间，灌溉水远大于蒸散发的消耗，入渗到地下水位处补给地下水，使得其水位迅速上升。总体上，模拟的地下水位动态较为光滑，反映了较长时间尺度内的地下水位变化。从两个模型模拟的地下水位结果来看，不同的非饱和模型(Richards 方程模型以及水均衡模型)导致地下水位的模拟差异较小。在地下水位下降阶段，模拟结果的下降幅度系统性的小于观测值。但在秋浇后，模拟的地下水位上升幅度大于观测值。

图 10.28 和图 10.29 分别显示了不同时间 GWUZ1 和 GWUZ2 模拟的地下水位空间分布。总体上，地下水自南向北运动。在蒸散法持续一段时间后，地下水位在 t=179 d 有所下降，且形成局部漏斗[图 10.28(c)]。这与土地类型不同有关。地下水漏斗区域属于耕地，其蒸散发强度大于其东部的荒地，而此时降雨和灌溉均可以忽略。在 t=210 d，同样地点出现了自西向东的水力梯度，这是因为此时位于西部的耕地存在大量灌溉，而东

部的荒地无灌溉。

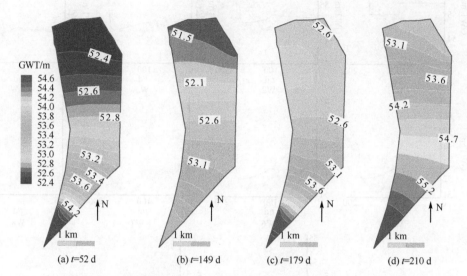

图 10.28　永联试验区 GWUZ1 模拟地下水位空间分布图

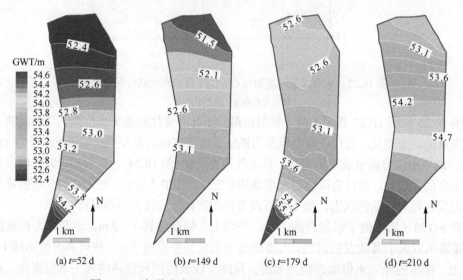

图 10.29　永联试验区 GWUZ2 模拟地下水位空间分布图

图 10.30 显示了 GWUZ1 模拟的地表以下 0 m 和 0.4 m 处的土壤含水量变化。图
10.30 (a) 和图 10.30 (b) 分别为耕地代表土柱和荒地代表土柱。由于耕地具有更强烈的入
渗和腾发，因此其地表含水量变化较剧烈；相反，荒地地表以下 0.4 m 处的含水量基本
没有变化。在耕地土柱中，t=180 d 后 0.4 m 以下土壤含水量接近饱和，这说明地下水位
显著上升，0.4 m 以下已经处于毛管上升带。

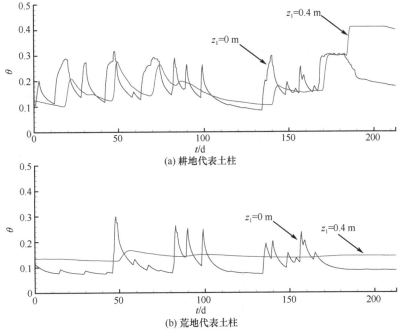

(a) 耕地代表土柱

(b) 荒地代表土柱

图 10.30　永联试验区 GWUZ1 土壤含水量变化

z_1 为地表以下深度

10.2　区域饱和-非饱和拟三维溶质运移数值模型

拟三维饱和-非饱和溶质运移数值模拟方法，是在拟三维饱和-非饱和水流运动数值模拟基础上建立的。在饱和含水层中采用三维对流-弥散方程描述饱和带溶质运移，而在非饱和含水层中仅考虑溶质的一维垂向运动，饱和-非饱和含水层之间通过交界面处的垂向溶质通量进行耦合。拟三维饱和-非饱和溶质运移数值模拟方法基于以下三个假设：①各非饱和分区的溶质运移以垂向为主；②忽略各非饱和分区之间的横向溶质交换通量；③饱和带溶质运移为三维运动，但非饱和带与饱和带之间的溶质交换仅考虑垂向通量。

10.2.1　拟三维饱和-非饱和溶质运移方程

1. 非饱和带一维溶质运移方程

在区域尺度非饱和带水流运动计算中，可忽略其 x、y 方向流速，即 $q_x=q_y=0$，由此可得非饱和带溶质运移中水动力弥散系数为零的项有

$$D_{xy} = D_{yx} = \left(D_L - D_T\right)q_x q_y / |q| = 0$$
$$D_{xz} = D_{zx} = \left(D_L - D_T\right)q_x q_z / |q| = 0 \quad (10.2.1)$$
$$D_{yz} = D_{zy} = \left(D_L - D_T\right)q_y q_z / |q| = 0$$

对区域进行水平分区，每个分区计算溶质的平均垂向运移过程，因此，三维溶质运移方程在非饱和带可简化为

$$\frac{\partial \theta Rc}{\partial t} = \frac{\partial}{\partial z}\left(\theta D_{zz}\frac{\partial c}{\partial z}\right) - \frac{\partial q_z c}{\partial z} - Fc + G \tag{10.2.2}$$

一维非饱和溶质运移方程采用伽辽金有限单元法进行离散，离散后的方程可写成如下格式：

$$B\left\{\frac{\partial c}{\partial t}\right\} + A\{c\} = F \tag{10.2.3}$$

其中：

$$\boldsymbol{B}^e = \begin{bmatrix} \dfrac{L_{ij}}{6}(2\theta_i + \theta_j) & 0 \\[3mm] 0 & \dfrac{L_{ij}}{6}(\theta_i + 2\theta_j) \end{bmatrix} \tag{10.2.4}$$

$$\boldsymbol{A}^e = \begin{bmatrix} \theta D_{zz}\dfrac{1}{L_{ij}} + \dfrac{q_z}{2} + \dfrac{F}{6} & -\theta D_{zz}\dfrac{1}{L_{ij}} + \dfrac{q_z}{2} \\[3mm] -\theta D_{zz}\dfrac{1}{L_{ij}} - \dfrac{q_z}{2} & \theta D_{zz}\dfrac{1}{L_{ij}} - \dfrac{q_z}{2} + \dfrac{F}{6} \end{bmatrix} \tag{10.2.5}$$

而 F 中元素可表示为

$$\begin{aligned} f_1 &= \frac{L_{12}}{2}G_1 + J_H \\ f_n &= \sum_e \frac{L_{ij}}{2}G_n \quad (n = 2, \cdots, N-1), \\ f_N &= \frac{L_{N-1,N}}{2}G_N - J \end{aligned} \tag{10.2.6}$$

式中，i、j 为单元 e 两节点的编号，[-]；L_{ij} 为单元 e 的长度，[L]。

2. 饱和带三维溶质运移方程

在饱和带，考虑水流在三个方向的运动，因此，采用三维对流-弥散方程描述饱和带溶质运移过程：

$$\frac{\partial \theta Rc}{\partial t} = \frac{\partial}{\partial x_i}\left(\theta D_{ij}\frac{\partial c}{\partial x_j}\right) - \frac{\partial q_i c}{\partial x_i} - Fc + G \tag{10.2.7}$$

饱和带溶质运移方程采用第八章所示数值方法进行离散，这里不再赘述。

10.2.2　饱和-非饱和溶质运移完全耦合方法

为了将作用机制不同的非饱和溶质运移和饱和溶质运移过程进行耦合，需要对饱和

带节点和非饱和带节点进行溶质均衡分析。如图 10.31
所示 i 节点为非饱和带与饱和带相邻节点，N 节点为潜
水面节点。以下分别以 i 节点和 N 节点为例进行溶质均
衡分析。

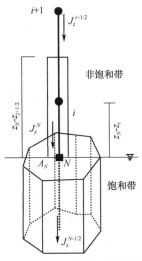

1. 非饱和带节点溶质均衡分析

在形成一维非饱和节点矩阵方程时，i 节点是非饱
和计算区域的下边界节点，其均衡域为 $(z_i - z_{i+1/2})$，并忽
略通过 i 节点的下边界溶质通量。而在区域饱和-非饱
和耦合溶质运移模型的建立中，以 i 节点为中心的非饱
和含水层溶质均衡域为 $(z_N - z_{i+1/2})$，同时，存在与饱和
带相互联系的溶质通量 J_N。因此，以 i 点为中心的非饱
和含水层溶质均衡单元质量守恒方程为

图 10.31　饱和-非饱和联系示意图

$$\left(z_N - z_i\right)\frac{\Delta\theta Rc_i}{\Delta t} + \left(z_i - z_{i+1/2}\right)\frac{\Delta\theta Rc_i}{\Delta t}$$
$$= \left(J_{i+1/2} - J_N\right) + \left(z_N - z_i\right)\left(G_i + F_i c_i\right) + \left(z_i - z_{i+1/2}\right)\left(G_i + F_i c_i\right) \tag{10.2.8}$$

式中，$J_{i+1/2}$、J_N 分别为 i 点溶质均衡单元上、下边界溶质通量，$[\mathrm{M}/(\mathrm{L}^2 \cdot \mathrm{T})]$；$z_{i+1/2}$ 和 z_N
分别为 i 节点控制均衡域的上边界与下边界垂向坐标 $[\mathrm{L}]$。建立非饱和带溶质运移方程
时，未被考虑的内容有方程左边的 $\left(z_N - z_i\right)\dfrac{\Delta\theta Rc_i}{\Delta t}$ 和方程右边的 J_N 与 $\left(z_N - z_i\right)\left(G_i + F_i c_i\right)$，
这三项的表达式分别是

$$\left(z_N - z_i\right)\frac{\Delta\theta Rc_i}{\Delta t} = \left(z_N - z_i\right)\theta R\frac{c_i^{j+1} - c_i^j}{\Delta t} \tag{10.2.9}$$

$$J_N = -\overline{\theta D_{zz}}\frac{c_N^{j+1} - c_i^{j+1}}{z_N - z_i} + \overline{q_z}\frac{c_N^{j+1} + c_i^{j+1}}{2} \tag{10.2.10}$$

$$\left(z_N - z_i\right)\left(G_i + F_i c_i\right) = \left(z_N - z_i\right)G_i + \left(z_N - z_i\right)F_i c_i^{j+1} \tag{10.2.11}$$

式中，$\overline{\theta D_{zz}}$ 为潜水面处平均弥散系数，$[\mathrm{L}^2/\mathrm{T}]$；$\overline{q_z}$ 为平均达西流速，$[\mathrm{L}/\mathrm{T}]$；$j+1$ 与 j
为当前时刻与前一时刻，$[-]$。

将式 (10.2.9) 至式 (10.2.11) 代入式 (10.2.8)，则非饱和带节点 i 的溶质均衡方程可写成：

$$\left(z_i - z_{i+1/2}\right)\frac{\theta R\left(c_i^{j+1} - c_i^j\right)}{\Delta t} + \left(\frac{\left(z_N - z_i\right)\theta R}{\Delta t} + \frac{\overline{\theta D_{zz}}}{z_N - z_i} + \frac{\overline{q_z}}{2} - \left(z_N - z_i\right)F_i\right)c_i^{j+1}$$
$$+ \left(\frac{\overline{q_z}}{2} - \frac{\overline{\theta D_{zz}}}{z_N - z_i}\right)c_N^{j+1} = J_{i+1/2} + \left(z_N - z_i\right)\left(\frac{\theta Rc_i^j}{\Delta t} + G_i\right) + \left(z_i - z_{i+1/2}\right)\left(G_i + F_i c_i^{j+1}\right) \tag{10.2.12}$$

式中，$\left(\dfrac{\left(z_N - z_i\right)\theta R}{\Delta t} + \dfrac{\overline{\theta D_{zz}}}{z_N - z_i} + \dfrac{\overline{q_z}}{2} - \left(z_N - z_i\right)F_i\right)c_i^{j+1}$、$\left(\dfrac{\overline{q_z}}{2} - \dfrac{\overline{\theta D_{zz}}}{z_N - z_i}\right)c_N^{j+1}$ 和 $\left(z_N - z_i\right)$

$\left(\dfrac{\theta Rc_i^j}{\Delta t}+G_i\right)$ 需加入到饱和-非饱和节点溶质运移总体矩阵方程中，本节将通过一个具体例子介绍其过程。

2. 饱和带节点溶质均衡分析

对饱和含水层潜水面节点 N 进行均衡分析，N 节点均衡域内溶质质量守恒方程为

$$M_T = \Delta J\_\text{Hori} + M_G + M_{F_i} + \left(J_N - J_{N-1/2}\right) \times A_N \tag{10.2.13}$$

式中，M_T 为 N 节点控制均衡域溶质总的变化量，$[\text{M/T}]$；ΔJ_Hori 为从侧向流入流出 N 节点控制均衡域的溶质通量，$[\text{M/T}]$；J_N 和 $J_{N-1/2}$ 分别为 N 节点控制均衡域上边界和下边界的溶质通量，$[\text{M/(L}^2 \cdot \text{T)}]$；$A_N$ 为节点 N 控制均衡域上表面面积，$[\text{L}^2]$。

在形成饱和带节点溶质运移矩阵方程时，未考虑的项为 J_N，其表达式为(10.2.10)，将式(10.2.10)代入式(10.2.13)，则节点 N 的溶质均衡方程可写为

$$M_T - \left(\overline{\frac{\theta D_{zz} A_N}{z_N - z_i}} + \overline{\frac{q_z A_N}{2}}\right)c_i^{j+1} - \left(\overline{\frac{q_z A_N}{2}} - \overline{\frac{\theta D_{zz} A_N}{z_N - z_i}}\right)c_N^{j+1}$$
$$= \Delta J\_\text{Hori} + M_G + M_{F_i} - J_{N-1/2}A_N \tag{10.2.14}$$

式(10.2.12)和式(10.2.14)表示了饱和-非饱和含水层之间的溶质质量交换关系，根据以上两式修改非饱和带溶质矩阵方程和饱和带溶质矩阵方程，最终可形成饱和-非饱和节点溶质运移统一求解矩阵方程。

3. 完全耦合过程实例分析

如图 10.32 所示，含水层为例说明区域饱和-非饱和节点溶质运移总体矩阵方程的形成过程。假设饱和含水层划分为 1 层，每层底板被离散为 n 个节点，则饱和带节点为 $2n$，同时假设区域水平方向为 1 个分区，则采用一个一维土柱表示区域的非饱和带水流运动和溶质运移，该一维柱子被离散为 m' 个节点。若地下水位处于示意图中位置，则有 m 个非饱和带节点参与计算。总体矩阵方程的形式为 $(2n+m) \times (2n+m)$，如式(10.2.15)所示。

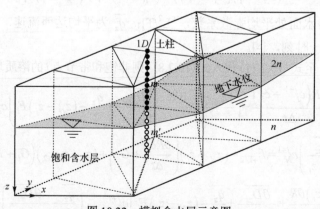

图 10.32 模拟含水层示意图

$$\begin{bmatrix} w_1^1 & \cdots & w_1^n & w_1^{n+1} & & & \\ \vdots & \ddots & \vdots & & \ddots & & \\ w_n^1 & \cdots & w_n^n & & & w_n^{2n} & \\ w_{n+1}^1 & & & w_{n+1}^{n+1} & W_{n+1}^N & w_{n+1}^{2n} & W_{n+1}^{2n+1} \\ \ddots & & \vdots & \ddots & \vdots & & \vdots \\ & & w_{2n}^n & w_{2n}^{n+1} & W_{2n}^N & w_{2n}^{2n} & W_{2n}^{2n+1} \\ & & & & W_{2n+1}^N & & W_{2n+1}^{2n+1} & w_{2n+1}^{2n+2} \\ & & & & & & \ddots & \vdots \\ & & & & & & \cdots & w_{2n+m}^{2n+m} \end{bmatrix} \begin{bmatrix} c_1 \\ \vdots \\ c_n \\ c_{n+1} \\ \vdots \\ c_{2n} \\ c_{2n+1} \\ \vdots \\ c_{2n+m} \end{bmatrix} = \begin{bmatrix} b_1 \\ \vdots \\ b_n \\ b_{n+1} \\ \vdots \\ b_{2n} \\ B_{2n+1} \\ \vdots \\ b_{2n+m} \end{bmatrix} \quad (10.2.15)$$

式中，小写字母 w_i^j，$b_i(i, j=1, 2, \cdots, 2n+m)$ 表示未耦合的一维非饱和溶质运移矩阵方程项和三维饱和溶质运移矩阵方程项，而大写字母 W_i^j、$B_i(i, j=n+1, n+2, \cdots, 2n+1)$ 则表示根据式(10.2.12)、式(10.2.14)修改后的总体耦合矩阵方程。

根据式(10.2.12)，B_{2n+1}、W_{2n+1}^{2n+1} 及 W_{2n+1}^N 可修改为

$$B_{2n+1} = b_{2n+1} + (z_N - z_{2n+1}) \times \left(\frac{\theta R c_{2n+1}^j}{\Delta t} + G_{2n+1} \right) \quad (10.2.16)$$

$$W_{2n+1}^{2n+1} = w_{2n+1}^{2n+1} + (z_N - z_{2n+1}) \times \frac{\theta R}{\Delta t} + \frac{\overline{\theta D_{zz}}}{z_N - z_{2n+1}} + \frac{\overline{q_z}}{2} - (z_N - z_{2n+1}) F_{2n+1} \quad (10.2.17)$$

$$W_{2n+1}^N = -\frac{\overline{\theta D_{zz}}}{z_N - z_{2n+1}} + \frac{\overline{q_z}}{2} \quad (10.2.18)$$

根据式(10.2.14)，W_p^{2n+1} 与 $W_p^N (p=n+1, n+2, \cdots, 2n)$ 可修改为

$$W_p^{2n+1} = w_p^{2n+1} + \frac{\left(\overline{\theta D_{zz}} \right)_p}{z_N - z_{2n+1}} \times A_p + \frac{\left(\overline{q_z} \right)_p}{2} \times A_p \quad (10.2.19)$$

$$W_p^N = w_p^N - \frac{\left(\overline{\theta D_{zz}} \right)_p}{z_N - z_{2n+1}} \times A_p + \frac{\left(\overline{q_z} \right)_p}{2} \times A_p \quad (10.2.20)$$

10.2.3　拟三维饱和-非饱和溶质运移模型流程

求解溶质方程，首先需要求解水流运动方程，得到各节点水头后可求得各节点的达西流速，然后根据本章所介绍的方法建立耦合的饱和-非饱和溶质运移离散方程，最后采用数值解法求解各节点的溶质运移方程。具体计算流程如图 10.33 所示。

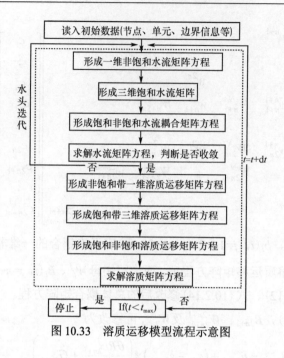

图 10.33　溶质运移模型流程示意图

10.2.4　模型验证与分析

1. 一维溶质运移算例

水流区域上边界设为流量边界，入渗流量为 0.005 m/d，上边界溶质入渗浓度 1 kg/m³。区域四周为隔水边界，含水层底板亦隔水，区域内三维水分运动可以简化为垂向一维运动。区域长宽为 2 m×2 m，高 5.0 m，初始水头为−3.3 m，从底板到地表线性分布，计算时间 150 d，土壤水力特性参数见表 10.7，溶质运移参数见表 10.8。

表 10.7　土壤水分运动参数

参数	θ_r/−	θ_s/−	α/m^{-1}	n/−	K_S/(m/d)
数值	0.057	0.35	4.1	2.28	0.6

表 10.8　溶质运移参数

参数	P/(kg/m³)	D_L/m	D_T/m	D_d/(m²/d)	μ_w/d^{-1}	μ_s/d^{-1}	γ_w/kg/(m³·d)	γ_s/d^{-1}
数值	1400	1	0.5	0.2	3.50E-05	6.90E-06	1.00E-06	5.00E-07

该算例将采用一维饱和-非饱和水流与溶质运移数值模型 HYDRUS-1D 进行计算，并与拟三维溶质模型计算结果进行对比。

图 10.34 显示的是不同时刻剖面压力水头分布两模型模拟结果对比，从结果来看：计算结束时，地下水位由初始时刻的 1.7 m 上升至 4.6 m 处，整个计算过程中，拟三维溶质模型模拟结果与 HYDRUS-1D 模拟结果一致，说明计算结果较好。

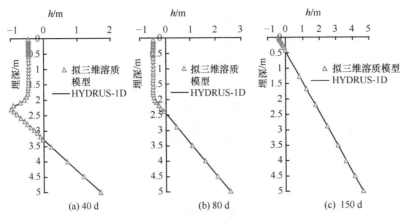

图 10.34　不同时刻剖面压力水头分布拟三维溶质模型模拟结果与 HYDRUS-1D 对比

图 10.35 显示的是不同时刻剖面溶质浓度分布两模型模拟结果对比。结果表明：拟三维溶质模型对溶质浓度的模拟结果较好，即使在饱和带与非饱和带的交界处，两者之间的吻合度也非常高，该算例结果说明拟三维溶质提出的饱和-非饱和溶质运移耦合方法是正确的。

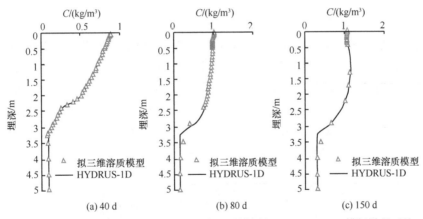

图 10.35　不同时刻剖面浓度分布拟三维溶质模型与 HYDRUS-1D 模拟结果对比

2. 二维溶质运移算例

两河渠间潜水含水层均质各向同性，上边界均匀入渗，入渗流量为 0.004 m/d，底部隔水，河渠保持常水头 2.0 m，间距 40 m，在上边界 $x=15$ m 至 $x=25$ m 有溶质入渗，浓度为 1 kg/m^3。计算时间为 100 d。土壤参数及溶质运移参数见表 10.9。SWMS2D 将被用于本算例的数值计算，并作为对比模型。

表 10.9　土壤水分运动与溶质运移参数

参数	θ_r/[−]	θ_s/[−]	α/m^{-1}	n[−]	K_S/(m/d)	D_L/m	D_T/m
数值	0.02	0.30	4.1	1.964	0.5	1.0	0.1

图 10.36 显示的是 t=100 d 时溶质浓度分布拟三维溶质模型计算结果与 SWMS2D 模拟结果对比。从两模型模拟的溶质浓度分布结果看，拟三维溶质模型计算结果与 SWMS2D 模拟结果稍有差异，但模拟的溶质浓度分布十分相近，说明拟三维溶质模型的计算结果在合理的误差范围之内。

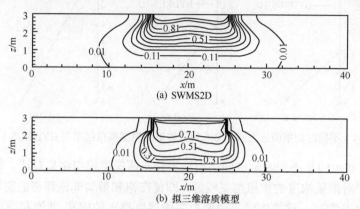

图 10.36　t=100d 时剖面溶质浓度分布拟三维溶质模型与 SWMS2D 对比结果

3. 典型拟三维饱和-非饱和溶质运移野外试验算例

该试验数据来源于文献 Ourisson 等(1992)。试验区位于美国堪萨斯州的 Dodge city，试验区面积为 9308 m²，在监测区域投放两种物质，一种是杀虫剂醚苯磺隆(triasulfuron)，另一种则是较为稳定的溴化物(bromide)。监测区域如图 10.37 所示，在图中标示了三个监测井的位置，以及初始水头线分布。模拟中采用三个一维土柱对非饱和带进行分区，一维土柱位置与三个观测井的位置重合。污染物投放时间为 1989 年 3 月，对污染物进入土壤中以及在地下水中的运移监测时间为 2 年，持续到 1991 年 3 月。

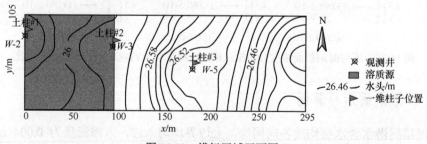

图 10.37　模拟区域平面图

模拟中假设污染物均在 1 天的时间内投放，其入渗浓度醚苯磺隆为 3980μg/L，溴化物为 1340mg/L。Kool 等(1994)对该田间试验进行了模拟，用于验证所建立的拟三维饱和-非饱和溶质运移模型。但在 Kool 的模拟中，地下水假设为稳定流，本节则根据实际情况，设置为瞬变流。上边界水流入渗流量为 0.0018 m/d。

该地区的土壤质地情况为：土壤上层 1 m 深度内为砂壤土，从 1 m 深度到 9 m 深度主要由砂石组成。因此，模拟中根据当地的土壤性质，参数取值分为两层。土壤水分运动参数与溶质运移参数见表 10.10 和表 10.11，其取值主要来自文献 Carsel 和 Parrish (1988)，Gelhar 等 (1985)，Carsel 等 (1984)，Ourisson 等 (1992) 和 Kool 等 (1994)。

表 10.10　土壤水分运动参数

分层	θ_r/[-]	θ_s/[-]	α/[m^{-1}]	n/[-]	K_S/(m/d)
0~3m	0.05	0.33	14.5	2.68	7.129
3~9m	0.035	0.401	11.5	1.474	151.5

表 10.11　溶质运移参数

分层	ρ/(kg/m^3)	D_L/m	D_T/m	k/(m^3/kg)	μ_w/d^{-1}
0~3 m	1610	0.1	—	0.000005 (triasulfuron)，0.0 (bromide)	0.002005 (triasulfuron)，0.0 (bromide)
3~9 m	1610	8.0	1.0	0.0 (triasulfuron)，0.0 (bromide)	0.0 (triasulfuron)，0 (bromide)

注：triasulfuron 为醚苯磺隆；bromide 为溴化物

图 10.38 显示了三观测井中溴浓度随时间变化拟三维溶质模型与观测值及 Kool 的模型模拟结果对比，模拟结果表明：对于观测井 2，拟三维溶质模型相较 Kool 的模拟结果能更准确的反映其峰值浓度，拟三维溶质模型预测的峰值浓度与实测值相差 0.02 mg/L，但 Kool 的模拟结果低估了浓度峰值，误差为 0.27 mg/L；对于观测井 3，拟三维溶质模型与 Kool 的模拟结果十分接近，但均低估了峰值浓度；对于观测井 5，拟三维溶质模型虽高估了浓度峰值，但对峰值之后的浓度结果模拟较好。三个观测井的结果都显示拟三维溶质模型预测的峰值浓度出现的时刻比 Kool 的模拟结果稍有滞后。

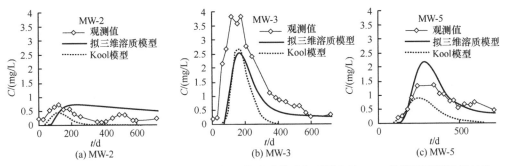

图 10.38　三观测井中溴浓度随时间变化拟三维溶质模型与观测值及 Kool 的模型模拟结果对比

图 10.39 显示了三观测井中醚苯磺隆浓度随时间变化情况，拟三维溶质模型与观测值及 Kool 的模型模拟结果对比表明：对于观测井 2，本节所提出的模型较好地预测了浓度峰值，该模型与实测值的峰值浓度误差为 0.15 μg/L，但 Kool 的模型模拟误差为 0.42 μg/L；对于观测井 3，本节所提出的模型和 Kool 的模型均较好的预测了峰值浓度；而对于观测井 5，两模型的峰值浓度结果十分相似，但均高估了峰值浓度。同样本节的模型相较于 Kool 的模拟结果，峰值浓度出现的时刻稍有滞后，这主要是由于本节所提出的模型采用瞬变流计算地下水、而 Kool 的模型采用稳定流计算地下水造成的。

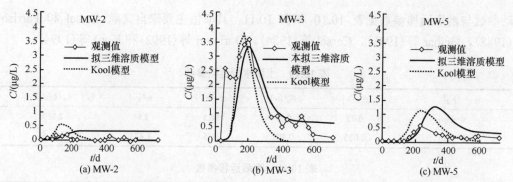

图 10.39　三观测井中醚苯磺隆浓度随时间变化拟三维溶质模型与观测值及 Kool 模型模拟结果对比

第 11 章　渗流的不确定性及数值模拟方法

从本质上讲，任何影响模拟结果的因素都具有不确定性。各种不确定因素之间可能相互联系，也可能相互独立，在这些不确定性因素的影响下，地下水位、土壤水分压力、土壤含水量和土壤水分矿化度的分布无论在空间或时间上都是不确定的，我们需要了解其分布特征和统计规律。按照影响因素来源的不同，可以将不确定性划分为两类。第一，模型参数的不确定性，包括地质参数、水文参数、气象参数、动力学参数、化学反应参数等等。模型参数的不确定性可能是来自于参数本身在时间或空间上的复杂变化或来自于测量误差。第二，模型的不确定性，包括参数的描述方法、水流和溶质方程的选择、边界条件和初始条件的判定、数值方法的选取和误差的评价方式等。

11.1　影响渗流不确定性的主要因素

11.1.1　介质参数的空间变异性

由于天然土壤和含水层沉积过程的随机性，天然土层通常是不同类型的土壤交错掺杂在一起的复合体，所以含水层的水文地质参数以及土壤结构、构造和矿物组成等土壤特性具有强烈的空间变异性(杨金忠等，2000)。而在实际工作中，我们不可能得到空间每一点的资料，而是其中的一个样本，采取样本的点数相对于介质的区域分布而言是相当少的，多数空间点的参数值通过一定的插值方法得到，这种插值或推断的不确定性，必然导致分析结果的不确定性。

11.1.2　饱和含水层中渗透系数的空间变异性

由于天然土壤和含水层沉积过程的随机性，含水层的水文地质特征(如导水系数 T、渗透系数 K、储水系数 S、孔隙度 n)以及土壤的结构、构造和各种矿物的组成等土壤特性均具有明显的空间变异性。天然地质体的非均匀性可在各种不同尺度上反映出来。在采取的土样中，可以观测到土粒孔隙大小及团粒结构的差异；在大的区域含水层系统中，可以观测到不同含水层间以及同一含水层的不同地域间的变异性。对某一特定的含水层而言，其空间任一点含水层性质是确定的，如果我们可以得到空间上每一点的测量数据，那么含水层性质的空间分布就是完全确定的。但在实际中，我们不可能得到空间每一点的资料，所得到的仅是其中一个样本或数个样本，如何由此有限容量的样本推断空间任一点的含水层性质是地质统计学研究的中心课题(Journel and Huibregts，1978)，其基本思想是将含水层某一性质的空间分布视为空间随机过程(或随机场)，而这一具体含水层则视为此随机场的一个实现。通过随机场某一实现的观测数据来确定随机场的统计结构，进而达到对含水层任一点的水文地质特性进行预测估计的目的。

很多学者对含水层渗透性能的空间变异性及随机结构进行了广泛研究。Freeze（1975）统计了大量饱和渗透系数和孔隙度空间变异性的结果，认为渗透系数可以用对数正态分布来描述，即 f：$N(\mu_f, \sigma_f)$，其中 $f = \ln(k_s) - \langle \ln(k_s) \rangle$，$k_s$ 为饱和渗透系数，$\langle x \rangle$ 表示随机变量 x 的集平均。Freeze 的结论已被后来的研究进一步证实并在地下水研究中得到广泛应用（Gelhar and Axness, 1983; Dagan, 1982a, 1982b, 1984）。根据 Freeze 所搜集的有关砂岩及不同土壤的渗透系数得到，当渗透系数单位取为 cm/s 时，μ_f 的变化在 $-6 \sim -2$ 之间，而 σ_f 的变化范围为 $0.2 \sim 2.0$。Freeze（1975）还分析了孔隙度的资料，认为孔隙度的分布也可用正态分布描述，其均值范围 $\mu_n = 0.1 \sim 0.3$，标准差 $\sigma_n = 0.03 \sim 0.07$。由此可见，与渗透系数相比，孔隙度的空间变异性较小（Freeze, 1975）。

由于含水层的渗透系数是空间随机函数，要完整地表示其空间分布特征需要知道不同空间点的联合分布。若 k_s 为对数正态分布，除知道 f 的均值和方差外，还必须知道 f 的协方差函数 $C_{ff}(x_1, x_2)$，其中 x_1，x_2 表示空间上任意两点。对 $C_{ff}(x_1, x_2)$ 的推断需要测定大量不同距离观测点处的渗透系数结果，目前这样的详细观测并不多见。通过在加拿大和美国分别进行的大规模野外非均匀含水层中弥散试验所观测的渗透系数结果表明（Mackay et al., 1986; Sudicky, 1986; Boggs et al., 1992），协方差函数可以较好地由负指数形式描述，即

$$C_{ff}(h) = \sigma_f^2 \exp\left[-\left(\frac{r_1^2}{\lambda_1^2} + \frac{r_2^2}{\lambda_2^2} + \frac{r_3^2}{\lambda_3^2}\right)^{1/2}\right] \tag{11.1.1}$$

式中，σ_f^2 为 f 的方差；$r_i = x_{2i} - x_{1i}$，为点距向量 r 的分量；λ_i 为 f 在 i 方向的相关距离。

表 11.1 列出了在文献中所报道的均值 μ_f，方差 σ_f 和相关尺度 λ_i 的试验结果，其中 σ_f，σ_k 分别为 k 和 $\ln(k)$ 的均方差，$\langle k \rangle$ 为 k 的均值。由表可以看出，$\ln(k)$ 或 $\ln(T)$ 的方差一般小于 1；孔隙度的方差远小于 $\ln(k)$ 或 $\ln(T)$ 的方差；$\ln(k)$ 或 $\ln(T)$ 的相关尺度随观测尺度的增大而增大。f 的水平相关尺度一般为几米到几十米，而垂直相关尺度为水平相关尺度的十分之一。当渗透系数为对数正态分布时，有 $\sigma_f = \ln[1 + (\sigma_n^2/\mu_n)]$，所以，$\sigma_f$ 基本代表了介质渗透性能的离散系数 $CV_k = \sigma_k / \langle k \rangle$，当 $\sigma_f = 1$ 时，$CV_k = 1.3$，当 $\sigma_f = 0.5$ 时，$CV_k = 0.5$，这些结果表明，自然界含水层渗透性能的空间变异性是相当大的。

表 11.1　野外测量的渗透系数 K 和导水系数 T 的方差及相关尺度

资料来源	K 或 T	介质	均值 $\ln(K)$	均方差 $\sigma_{\ln[K]}$	水平相关尺度/m	垂直相关尺度/m	水平总体尺度/m	垂直总体尺度/m
Russo and Bressler, 1982	K			$0.4 \sim 1.1$	$14 \sim 39$		100	
Luxmoore et al., 1981	K	风化土		0.8	<2		14	
Sisson and Wierenga. 1981	K	黏砂		0.6	0.1		6	
Viera et al., 1981	K	粉土		0.9	15		100	
Byers and Stephens, 1983	K	砂层		0.9	>3	0.1	14	5
Hufschmied, 1985	K	砂砾		1.9		0.5	20	
Sudicky, 1985	K	砂层		0.6		0.1	20	

资料来源	K 或 T	介质	均值 $\ln(K)$	均方差 $\sigma_{\ln[K]}$	水平相关尺度/m	垂直相关尺度/m	水平总体尺度/m	垂直总体尺度/m
Sudicky，1986	K	砂层	-4.63	0.38	2.8	0.12	20	2
Gelhar et al.，1983	K	冲积土		1.0	7.6		760	
Loague and Gander，1990	K	草原土		0.6	8		100	
Rehfeldt et al.，1989	K	砂砾		2.1	13	1.5	90	7
Rehfeldt et al.，1992	K	砂砾		2.7	4.8	0.8	350	8.5
Bakr，1976	K	砂岩		1.5～2.2		0.3～1.0	100	
Smith，1978	K	砂层		0.8		0.4	30	
Delhomme，1979	T	灰岩		2.3	6300		30000	
Binsariti，1980	T			1.0	800		20000	
Devary and Doctor，1982	T	砾石		0.8	820		5000	
Hoeksema and Kitanidis，1985	T	砂岩		0.6	45000		500000	
Aboufirassi and Marino，1984	T	冲积层		1.22	4000		30000	
Clifton and Neumman，1982	T	含水层		0.7	8000			

资料来源：Jury(1985)；Jury 等(1987)；表中资料来源参见原文

11.1.3　非饱和含水层中水力参数的空间变异性

非饱和土壤的渗透性能不仅决定于土壤的饱和渗透系数，还与土壤含水量的分布有关，在两者的共同作用下，非饱和水力传导度随空间的变化更加复杂。水力传导度和水分特征曲线可表示为负指数形式(Gardner,1958；Russo,1988)

$$K(h) = K_s e^{-\alpha|h|} \tag{11.1.2}$$

式中，K_s 为饱和渗透系数；α 为土壤参数，其与介质的几何特征有关；h 为非饱和水分压力或基质势，$h<0$。Nielsen 等(1973)通过大量非饱和水力传导度的野外试验结果得出 σ_f^2，σ_α^2 和 μ_α 分别为 2.47cm^{-2}，6.7×10^{-5}cm^{-2} 和 0.0294cm^{-1}(Yeh et al.，1985a，1985b)。根据 Carvollo 等 (1976) 对砂壤的试验结果，得出 σ_f^2=7.45cm^{-2}，σ_α^2=0.006cm^{-2} 和 μ_α=0.147cm^{-1}。在非饱和水流运动的随机理论分析中，非饱和土壤水力传导度的函数形式多采用指数形式(11.1.2)，其相应的水分特征曲线模型(Russo，1988)为

$$\theta(x,t) = \theta_r + (\theta_s - \theta_r)\left\{\exp\left[-\frac{1}{2}\alpha|h|\right]\left[1+\frac{1}{2}\alpha|h|\right]\right\}^{\frac{2}{\gamma+2}} \tag{11.1.3}$$

式中，γ 模型的形状参数，与孔隙的弯曲有关。

另一种应用较为广泛的非饱和水分参数的函数表达为 van Genuchten 形式(van Genuchten，1980)。其非饱和水力传导度和水分特征曲线的表达形式为

$$K(\theta) = K_s \sqrt{\Theta} \left\{ 1 - \left[1 - \Theta^{\frac{1}{m}} \right]^m \right\}^2$$

$$\theta(h) = \theta_r + (\theta_s - \theta_r)\left[1 + (\beta|h|)^n \right]^{-m}$$
(11.1.4)

式中，$\Theta = \dfrac{\theta - \theta_r}{\theta_s - \theta_r}$，$\theta_s$，$\theta_r$ 分别为饱和含水量和残余含水量；$m = 1 - 1/n$；n，β，r，α 为模型参数，称为介质的形状函数（Russo and Bouton，1992；van Genuchten et al.，1980）。

　　Russo 和 Bouton（1992）在深 2.5 米，长 20 米的土壤剖面上取得非扰动土样 417 个。采用上述两种模型，用入渗法反求非饱和水分参数（表 11.2），研究结果表明，指数模型中的 $\ln K_s$，$\ln\alpha$ 和 van Genuchten 模型中的 $\ln K_s$，$\ln\beta$，n 为正态分布，$\ln K_s$，$\ln\alpha$ 和 $\ln\beta$ 具有相当大的空间变异性，而 van Genuchten 模型中的参数 n 变异性较小。水平方向各种参数的相关尺度为垂直方向的 2～4 倍（表 11.2）。$\ln K_s$ 与 $\ln\alpha$ 或 $\ln\beta$ 之间的相关关系比较微弱，可视为相互独立的随机变量。White 和 Sully（1992）通过机理分析和野外试验也指出，$\ln K_s$ 和 $\ln\alpha$ 为正态分布，同时他们认为土壤容水度 $C = \mathrm{d}\theta/\mathrm{d}\varphi$ 也应为对数正态分布。

表 11.2　非饱和水力传导度的指数模型和 van Genuchten 模型中各参数的均值、方差和相关尺度的野外试验结果

模型	变量	均值	方差	水平相关尺度/m	垂直相关尺度/m
指数模型	$\mathrm{Log}K_s$	−3.6592	0.89072	0.8	0.2
	$\mathrm{Log}\alpha$	−1.9946	0.77201	0.3	0.1
van Genuchten 模型	$\log K_s$	−3.5835	0.89272	0.8	0.2
	$\log\beta$	−3.0052	0.63095	0.25	0.1
	n	1.8109	0.01487	0.2	0.06

表 11.3　野外测量的相关尺度结果

参数	土壤	试验地块大小/hm²	取样间隔/m	相关尺度/m
饱和渗透系数	砂	0.8	1	25
	砂	0.8	1	1.6
入渗速度	黏壤	0.04	0.05	0.13
	风化砂壤	0.08	2	2
	风化砂壤	0.9	1	35
pH 值	砂	7.2	16	196
	黏壤	85	0.2	1.5
	黏壤	85	2	21.5
	黏壤	85	20	130
电导率	黏壤	455	80	800
	黏壤	85	0.2	1.2
	黏壤	85	2	20
	黏壤	85	20	20

　　Jury(1985)分析了大量的野外条件下不同土壤参数相关尺度的测量结果(表 11.3)，他认为所求得的相关尺度与取样间隔有密切关系，一般来说，取样间隔越大，求得的相关距离越大。此结论是具有一定物理背景的，因为取样尺度大，则得到的相关尺度更多地描述了大尺度的空间变异情况。另外，所求得的相关尺度大小也与对原始数据中是否提取趋势有关(Gelhar，1992)。因为介质的相关尺度是影响区域溶质运移特征的主要指标，如何得到可靠的相关尺度值是目前需要进一步研究的课题。

　　溶质在多孔介质中运动主要由溶质运移速度决定，溶质运移速度的空间变异性也反映了土壤的空间变异特征。表 11.4 列出了由不同野外试验测得的溶质运移速度、入渗速率以及浓度锋面深度的统计结果。尽管各数据间的可比性不是那么直接，但经对数变换后各数据的方差在试验尺度范围(几平方米到几百平方米)内具有相近的值 0.3~0.5。对于对数正态分布的随机变量 X，其偏差系数 $CV_x=\sigma_x/\langle x \rangle$ 与对数变换后的方差的关系为

$$CV_x = \sqrt{\exp(\sigma_{\ln x}^2) - 1} \tag{11.1.5}$$

　　当 $\sigma_{\ln x}^2$ 取值为 0.4 时，$CV_x=0.7$，这就是说，随机变量 x 在空间的平均偏差为 70%。表明速度在空间的变异性是相当大的。表 11.4 所列的数据也说明了这一点，这也是溶质在空间上运动极不均匀的根本原因。

表 11.4　野外条件下对数变换后溶质运移速度的方差

测量结果 x	土壤质地	面积/(m×m)	灌水形式	取样个数	$\sigma_{\ln x}^2$
流速	轻壤	4.6×6.1(16 块)	漫灌	40	0.48
	黏土	8×8	喷灌	24	0.32
	壤土	150(20 块)	漫灌	120	1.56
	砂壤	3×6	喷灌	40	0.16
灌水量	砂	64(14 块)	降雨	70	0.32
溶质锋面深度	砂	64(14 块)	喷灌	36	0.12
流速	粉砂	3×3(8 块)	喷灌	32	0.45

11.1.4　宏观弥散参数

　　以上讨论说明，介质的非均匀性和空间变异性是岩层本身的固有特征，它导致了渗透性能的空间变异性，而渗透性能的变异性直接影响到地下水中溶质的运移过程。对某一地区地下水中污染物运动和扩散过程的预报，必须首先得到表征该地区污染物弥散特征的参数—弥散度。现有的理论成果和野外试验结果都表明，在实验室内测得的弥散度比同类介质在野外条件下所求得的结果相差几个数量级。目前人们趋于一致的看法是，这种巨大的差别起源于野外条件下介质的非均匀性。这种看法的证明通过在室内小尺度范围内的试验是不可能实现的，严格证明需要进行高精度的大区域弥散试验，但这类试验将是耗资、费时和难度很大的工作。目前在世界范围内只有几个试验达到这种要求

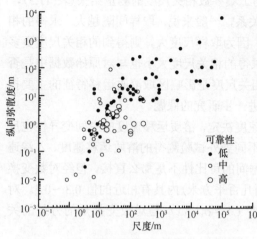

图 11.1　不同尺度野外试验得到的宏观弥散度

（Mackay et al.,1986;Boggs et al.,1992），Gelhar 等（1992）对世界范围内所收集的大区域弥散试验资料，分析了资料的可信度并进行了分级，详细给出各观测场的具体条件。图 11.1 为纵向弥散度与试验尺度的关系，图中数据点的大小表示数据的可信度。由图 11.1 可以看出，纵向弥散度随着试验尺度的增加而增大。可靠性较大的试验范围一般小于 250 m。在试验范围为 $10^{-1} \sim 10^5$ 时，纵向弥散度为 $10^{-2} \sim 10^4$。裂隙介质和孔隙介质间弥散度的差别不大。在一个给定的试验尺度内，纵向弥散度的变化为 2～3 个数量级，而可靠性较高的数据一般相差 2 个数量级，垂直横向弥散度比水平横向弥散度小一个数量级。

11.1.5　水分运动定解条件的不确定性

边界条件的空间变异性主要是指补给的空间变异性。补给来源包括降水入渗补给、地表水（江河湖泊等）补给、灌溉水补给、越流补给及人工回灌补给等。史良胜（2007a，b）研究发现地下水流动可以不考虑补给的空间变异性的影响，但是水头的变异性导致了流速和水动力弥散系数的强烈变异，在溶质运移的分析中应充分重视。

地下水运动状态变量（水头、含水量、浓度等）起始状态的观测数据也具有不确定性，由于状态变量起始分布的不确定性，如何和介质及边界条件不确定性耦合，进而影响状态变量不同时间的演化过程是需要研究的问题。

11.2　描述土壤变异性的方法

11.2.1　随机变量

在同一条件下进行一系列试验，用一个实数来表示每一次试验的结果，在试验之前只知道这个实验结果的取值范围，但不能预知其将取可能数值中的哪一个，此实数为随试验结果而变化的变量，称为随机变量。在地下水运动中，由于含水层岩性分布和地下水补给条件的随机性，某一固定空间点不同时刻地下水位，在水位测量之前，我们无法确定其具体取值，但对其可能的取值范围预先可以知道，因此，地下水位可视为随机变量。

连续型随机变量的分布函数 $F(x)$ 表示事件 $X \leqslant x$ 发生的概率，即

$$F(x) = P[X \leqslant x] \tag{11.2.1}$$

分布函数 $F(x)$ 为一普通函数，可直接应用数学分析的方法研究随机变量。对于连续型随机变量，其概率密度函数 $f(x)$ 定义为

$$f(x) = \frac{\mathrm{d}F(x)}{\mathrm{d}x} \tag{11.2.2}$$

那么累积分布函数可以用概率密度函数表示为

$$F(x) = \int_{-\infty}^{x} f(x)\mathrm{d}x$$

在实际中最常遇到的随机变量有：均匀分布随机变量 $U[a,b]$、正态（高斯）分布随机变量 $N(\mu,\sigma^2)$。其中均匀分布随机变量概率密度为

$$f(x) = \begin{cases} \dfrac{1}{b-a}, & a \leqslant x \leqslant b \\ 0 & \text{其他} \end{cases} \tag{11.2.3}$$

正态分布概率密度函数为

$$f(x) = \frac{1}{\sqrt{2\pi}\sigma} \exp\left(-\frac{(x-\mu)^2}{2\sigma^2}\right), \quad -\infty < x < \infty \tag{11.2.4}$$

式中，μ 为正态随机变量的均值；σ^2 为方差。

在地下水文学中，一些水力特性参数，如渗透系数、导水系数等通常认为服从对数正态分布。若令 $Y = \mathrm{e}^X$，则 Y 同样也为一个随机变量，若 X 服从正态分布，则 Y 服从对数正态分布，其概率密度函数可以表示为

$$f(y) = \frac{1}{y\sqrt{2\pi}\sigma_x} \exp\left(-\frac{(\ln y - \mu_x)^2}{2\sigma_x^2}\right), \quad 0 < y < \infty \tag{11.2.5}$$

随机变量的分布函数是对随机变量概率性质的完整刻画，描述了随机变量的统计规律性，但在许多实际问题中，获得随机变量的概率密度函数非常困难而且成本较高，最简单也是最为常用的方式是获取随机变量的数字特征。

随机变量的均值或数学期望值定义为

$$\langle X \rangle = \int_{-\infty}^{\infty} x f(x)\mathrm{d}x \tag{11.2.6}$$

随机变量 X 的方差（即二阶中心矩）可以表示为

$$\sigma_X^2 = \left\langle \left(X - \langle X \rangle\right)^2 \right\rangle = \int_{-\infty}^{\infty} \left(x - \langle X \rangle\right)^2 f(x)\mathrm{d}x \tag{11.2.7}$$

方差表示随机变量在其均值附近的分散程度，具有随机变量二次方的量纲。σ 为随机变量 X 的均方差。

定义变异系数为

$$CV = \frac{\sigma}{\mu} \tag{11.2.8}$$

若已知正态分布随机变量 X 的均值 μ_X 和标准差 σ_X，那么对数正态随机变量 $Y = \mathrm{e}^X$

的 n 阶原点矩为

$$\langle Y^n \rangle = \exp\left[n\mu_X + \frac{n^2}{2}\sigma_X^2 \right] \qquad (11.2.9)$$

根据式 (11.2.9)，Y 的均值和方差可表示为

$$\mu_Y = \exp\left(\langle X \rangle + \frac{1}{2}\sigma_X^2 \right) \qquad (11.2.10)$$

$$\sigma_Y^2 = \left[\exp\left(\sigma_X^2\right) - 1 \right] \cdot \exp\left(2\langle X \rangle + \sigma_X^2 \right) \qquad (11.2.11)$$

由式 (11.2.10) 和式 (11.2.11) 可以得到变异系数 CV_Y 表示为

$$\mathrm{CV}_Y = \frac{\sigma_X}{\mu_X} = \sqrt{\exp\left(\sigma_X^2\right) - 1} \qquad (11.2.12)$$

两个随机变量 X_1 与 X_2 的协方差是描述两者相关程度的量，表示为

$$\mathrm{Cov}\left(X_1, X_2\right) = \left\langle \left(X_1 - \langle X_1 \rangle\right)\left(X_2 - \langle X_2 \rangle\right) \right\rangle = \langle X_1 X_2 \rangle - \langle X_1 \rangle \langle X_2 \rangle \qquad (11.2.13)$$

无量纲的相关系数可表示为

$$\rho_{X_1 X_2} = \frac{\mathrm{Cov}\left(X_1, X_2\right)}{\sigma_{X_1}\sigma_{X_2}} \qquad (11.2.14)$$

式中，$\rho_{X_1 X_2}$ 为 X_1 与 X_2 的相关系数，刻画了 X_1 与 X_2 之间线性关系的密切程度，取值范围为 $[-1, 1]$，当 $\rho = 1$ 时，X_1 与 X_2 完全正相关；当 $\rho = -1$ 时，X_1 与 X_2 完全负相关；当 $\rho = 0$ 时，X_1 与 X_2 不相关，此时可以推出 $\langle X_1 X_2 \rangle = \langle X_1 \rangle \langle X_2 \rangle$。相关系数只是反映了二者之间的线性依赖关系，当 X_1 与 X_2 不相关时，它们之间还可能存在其他的相关关系。

若 $X_1, X_2, \cdots, X_n$ 为定义在同一样本空间上的随机变量，则称 $(x_1, x_2, \cdots, x_n)$ 为 n 维随机向量或者 n 维随机变量，$(x_1, x_2, \cdots, x_n)$ 的联合分布函数可以表示为

$$F\left(x_1, x_2, \cdots, x_n\right) = P\left\{ X_1 \leqslant x_1, X_2 \leqslant x_2, \cdots, X_n \leqslant x_n \right\} \qquad (11.2.15)$$

那么联合概率密度函数可以表示为

$$f\left(x_1, x_2, \cdots, x_n\right) = \frac{\partial^n F\left(x_1, x_2, \cdots, x_n\right)}{\partial x_1 \partial x_2 \cdots \partial x_n} \qquad (11.2.16)$$

在地下水文学中通常认为参数服从正态分布或者对数正态分布，那么 n 维正态随机向量的概率密度函数为

$$f\left(x_1, x_2, \cdots, x_n\right) = \frac{1}{\left(2\pi\right)^{n/2}\left|\boldsymbol{B}\right|^{1/2}} e^{-\frac{1}{2}(\boldsymbol{x}-\boldsymbol{\mu})^{\mathrm{T}}\boldsymbol{B}^{-1}(\boldsymbol{x}-\boldsymbol{\mu})} \qquad (11.2.17)$$

记作 $N\left(\boldsymbol{\mu}, \boldsymbol{B}\right)$，式中，$\boldsymbol{x} = \left(x_1, x_2, \cdots, x_n\right)^{\mathrm{T}}$，$\boldsymbol{\mu} = \left(\mu_1, \mu_2, \cdots, \mu_n\right)^{\mathrm{T}}$，$\boldsymbol{B} = \left(b_{ij}\right)$ 为协方差矩阵，是 $n \times n$ 对称正定矩阵，$\left|\boldsymbol{B}\right|$ 为其行列式。

在实际问题中，经常会遇到条件概率的问题，就是在事件 X_1 已经已知的条件下，

求解事件 X_2 的概率，此时概率记作 $P(X_2|X_1)$，条件概率密度表示为

$$f_{X_2|X_1}(x_2|x_1) = \frac{f(x_1,x_2)}{f_{X_1}(x_1)} \tag{11.2.18}$$

11.2.2　随机过程和随机场

以上讨论的是随机变量，对任一确定的随机试验，可以用一确定的数值或向量值来描述本次随机试验的结果。而在许多具体问题中，随机变量往往不能满足需求，因为有很多随机现象仅用静止的有限个随机变量去描述是远远不够的，必须对一些随机现象的变化过程进行研究。比如在地下水中，某点的地下水头 H 和溶质浓度 C 都是随着时间而变化的随机函数，这就必须考虑无穷个随机变量，而且解决问题的出发点不是随机变量的 N 个独立样本，而是无穷多个随机变量的一次具体观测。这时，我们必须用一族随机变量才能刻画这种随机现象的全部统计规律性，通常称随机变量族为随机过程，称随机变量族 $\{X(t,\omega), t \in T\}$ 为定义在随机空间上的随机过程，对固定的 ω（即任一次实现），$X(t,\omega)$ 是定义在 T 上的普通函数，称为随机过程的一个样本函数。

值得注意的是，参数 t 可以指通常的时间，也可以指别的，当 t 为向量时，则称此随机过程为随机场（刘次华，2001）。地下水学科中经常遇到多个自变量的随机函数，如地下水水头 H 和地下水浓度 c，他们都是随空间点 x 和时间 t 而变化的，即 $H = H(x,t)$，$c = c(x,t)$。在地下水动力学中，所研究的物理量是三个空间自变量和一个时间自变量 t 的函数，即在四维空间中的一个点 $M = (x,t)$ 的函数，对任一确定的空-时点 M，随机场 $U(M) = U(x,t)$ 为一随机变量，因而不能精确预判 $U(M)$ 的具体值，随机场的统计特性完全由其多维概率分布函数确定。

对于随机变量、随机过程、随机场三者，实际上有这样的关系，以地下水水头 H 为例，$H(x,t)$ 与空间点和时间有关，是一个随机场；如果对于具体的一点 x，此时 $H(x,t)$ 是一个随机过程；如果对于空间某点 x 在 t 时刻的 $H(x,t)$，是一个随机变量。实际上为了简单起见，当自变量仅为时间变量时，通常称为随机过程；当自变量为空间变量时，通常称为随机场。

对于任一确定的 x，$U(x)$ 是随机变量，为了描述随机场在不同位置间的相互关系，需要了解 N 个不同 $x_1, x_2, \cdots, x_N$ 所对应的随机变量 $U(x_1), U(x_2), \cdots, U(x_N)$ 之间的联合分布

$$F(u_1, u_2, \cdots, u_N; x_1, x_2, \cdots, x_N) = P\left[U(x_1) \leqslant u_1, U(x_2) \leqslant u_2, \cdots, U(x_N) \leqslant u_N\right] \tag{11.2.19}$$

式 (11.2.19) 和随机变量的分布函数相似，然而在实际应用中，虽然分布函数能完善地刻画随机过程的统计特性，但是一般很难确定出随机场的分布函数或分布密度函数，在大多数情况下，仅研究随机场的各阶矩及其特性，最常用的为一阶矩和二阶矩，即期

望和方差，这些统计矩在一定条件下是可以测量的。

类似于随机变量，随机场 $U(x)$ 的均值函数和方差函数为

$$\langle U(x) \rangle = \int_{-\infty}^{\infty} u f(u, x) \, \mathrm{d}u \tag{11.2.20}$$

$$\sigma_U^2 = \left\langle \left(U(x) - \langle U(x) \rangle \right)^2 \right\rangle = \int_{-\infty}^{\infty} \left(u - \langle U(x) \rangle \right)^2 f(u, x) \, \mathrm{d}u \tag{11.2.21}$$

以上只是描述了空间某点的随机场静态特性，不能描述不同空间位置的相互关系，类似于随机变量的协方差函数，随机场的自协方差函数 $C_U(x_1, x_2)$（也简称为协方差函数）是描述随机场 $U(x)$ 不同空间点 x_1 和 x_2 之间统计特征最重要的定量指标，定义为

$$C_U(x_1, x_2) = \left\langle \left[U(x_1) - \langle U(x_1) \rangle \right] \left[U(x_2) - \langle U(x_2) \rangle \right] \right\rangle \tag{11.2.22}$$

当 $x_1 = x_2 = x$ 时，自协方差函数即为随机函数在 x 点的方差函数 $\sigma_U^2(x)$。同样的，可以将自协方差函数无量纲化得到自相关系数（也简称为相关系数），定义为

$$\rho_U = \frac{C_U(x_1, x_2)}{\sigma_U(x_1) \sigma_U(x_2)} \tag{11.2.23}$$

式中，ρ 所反映的关系与随机变量的相关函数一样。

若随机场 $U(x)$ 均值不随空间位置 x 而变化，其自协方差函数 $C_U(x_1, x_2)$ 与两空间点 x_1、x_2 的点值无关，而仅取决于两空间点的相对位置，即

$$\langle U(x) \rangle = \text{const} \tag{11.2.24}$$

$$C_U(x_1, x_2) = C_U(x_1 - x_2) = C_U(r) \tag{11.2.25}$$

那么就说 $U(x)$ 是二阶平稳随机场。式中，r 为两空间点 x_1、x_2 的距离向量，若 r 是两空间点 x_1、x_2 的距离，则如果 $C_U(r) = C_U(r)$，就表明随机场 $U(x)$ 是各向同性的。当 $x_1 = x_2 = x$ 时，$C_U(x_1, x_2) = \sigma_U^2(x) = \sigma_U^2(0)$，也就是说二阶平稳随机场的均值和方差有界且为常数。得到

$$C_U(r) = \rho_U \sigma_U^2 \tag{11.2.26}$$

土壤是自然历史的产物，土的性质与地质成因和应力历史等条件有关，因而土壤特性与其所处的空间位置有关，并且具有空间相关性。土壤特性的空间相关性主要表现在土层中任意两点的特性存在着自相关性。随着两点间距离的增加，这种相关性减小；反之，相关性增加。协方差函数 $C_U(r)$ 描述相距 r 的两随机变量 $U(x)$ 与 $U(x+r)$ 间线性依赖关系或线性相关关系。这种线性依赖关系仅在一定的 r 内存在，随着 r 的增大，将失去这种依赖关系。定义线性积分尺度 λ_i 来作为随机场 $U(x)$ 的空间变异尺度的量度。λ_i 也称为相关长度，对于二阶平稳高斯场，λ_i 表示为如下积分，

$$\lambda_i = \frac{1}{\sigma_U^2} \int_0^{\infty} C_U(r) \, \mathrm{d}r_i = \int_0^{\infty} \rho_U(r) \, \mathrm{d}r_i \qquad i = 1, 2, 3 \tag{11.2.27}$$

对于空间随机函数，λ_i 是一个非常重要的统计参数，它近似地表达了当随机函数在两个空间位置之间的间距大于积分尺度时，两随机变量之间的相关程度很小，同时只有当所研究的含水层的扩展尺度远大于空间变异尺度时，所取得的系统观测数据才有可能符合遍历性假设，这时在观测网点对含水层的一次系统取样和观测所得数据才能作为推求统计参数的依据。只要知道了均值和协方差函数就可以描述高斯场的全部统计特性。

11.3 土壤变异性随机模拟方法

通过大量的野外试验，获得了土壤或含水层的统计特征，这些统计特征代表了随机变量和随机函数的统计规律。将这些统计规律代入地下水和土壤水分运动的控制方程，得到在土壤特征随机分布条件下的地下水运动控制方程。这时，确定性问题中地下水和土壤水分运动的偏微分方程变为随机偏微分方程。在具体问题相应的定解条件下，利用不同的数值方法求解该随机偏微分方程可以得到地下水或土壤水的随机分布和统计特征。

蒙特卡罗方法又称统计模拟法或随机抽样技术，是一类通过对有关的随机变量或随机过程的随机抽样，来求解数学、物理和工程技术问题近似解的数值方法。具体来说，就是对所要求解的问题和随机参数的统计特征，利用不同的方法对随机变量或随机过程进行抽样，每次抽样所得到的数值结果为随机变量或随机过程的一次实现，一个随机变量或随机过程可以获得多个实现，每个实现的统计量应满足相应随机变量或随机场的统计规律。将所有的实现代入求解问题的控制方程，可以得到相应实现下控制方程的解(或方程解的样本)，并由得到的样本算出相应的统计值，作为所求问题的近似解。

在地下水的随机模拟当中，如将介质参数作为随机场或随机变量，其每一次实现被用来以确定性的方式数值求解水流运动方程，因而每一个实现产生一个随机问题的解(解得实现)。通过大量的数值模拟计算后，对所得到的随机解的实现进行统计分析，即可确定水流运动问题的均值、方差等各种统计量。蒙特卡罗方法效率的关键是对于随机变量或随机场的抽样方法，如果少量的抽样可以得到更多的随机变量或随机过程关键的实现，则可大量减少对地下水运动问题的求解过程，提高随机模拟的效率。

11.3.1 随机变量的模拟方法

随机变量的模拟主要通过随机抽样实现，随机抽样也是蒙特卡罗方法的核心，蒙特卡罗方法的成功不仅取决于随机模拟模型的构造，在很大程度上也取决于模拟中抽样得到的随机序列的性质。随机变量的主要随机抽样方法包括：常规随机抽样，拟随机抽样，拉丁超立法随机抽样。

1. 常规抽样方法

常规抽取任意分布的随机变量样本的方式有很多，主要包括：黄金采用定律，变换抽样法，舍选抽样法，极限近似法。

1)黄金采样方法

服从分布密度$f(u)$的随机变量的累积概率函数为

$$F(u) = \int_{-\infty}^{u} f(u')\mathrm{d}u' \tag{11.3.1}$$

若$F(u)$的反函数$F^{-1}(u)$存在，且在$[0，1]$区间上均匀分布的任一随机变量$v = F(u)$，当抽样得v后，则有：

$$u = F^{-1}(v) \tag{11.3.2}$$

对随机变量u来说，经过上面的方式抽样得到的$u \leqslant x$的概率为

$$P(u \leqslant x) = P(F^{-1}(v) \leqslant x) = P(v \leqslant F(x)) \tag{11.3.3}$$

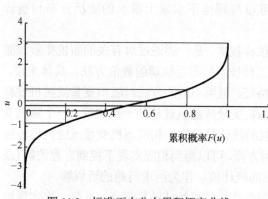

图 11.2　标准正态分布累积概率曲线

而由于v服从$U[0，1]$，则显然$P(v \leqslant F(x)) = F(x)$，即从分布意义上来说，对服从$U[0，1]$分布的随机变量$v$的抽样是与服从任意分布$f(u)$的随机变量的抽样完全等价的。上面的这种抽样方式称为黄金采样方法。不论$f(u)$为何种分布，v均服从$U[0，1]$均匀分布。则若要对服从概率密度为$f(u)$的分布的随机变量u进行采样，先对服从$U[0，1]$的变量v进行采样，再经过概率反变换即可。图 11.2 给出了标准正态分布累积概率曲线，图中水平线表明了当累积概率$f(u)$分别取值 0，0.2，0.4，0.6，0.8，1.0 时的u值，从图中可以明显看出均匀分布与高斯分布的一一对应性。

2)变换抽样法

变换抽样法的基本思想是将一个比较复杂的分布的抽样，变换为已经知道的、比较简单的分布的抽样。例如要对分布密度函数为$f(u)$的随机变量进行抽样，若对它进行直接抽样是比较困难的。而另一个随机变量的分布密度函数为$f_1(u)$，其抽样方法已经掌握且比较简单。那么我们可以设法寻找一个适当的变换关系$x = g(y)$，如果$g(y)$选择适当，使得下面的等式恰好成立：

$$f(x) = f_1(g^{-1}(x)) \cdot |(g^{-1}(x))'| \tag{11.3.4}$$

则对分布密度$f_1(u)$抽样得y值，通过变换$x = g(y)$即可得到满足分布为$f(u)$的抽样值。以上的黄金采样方法就是一种特殊的变换抽样法，黄金采样中，新的概率密度函数一律为$U[0，1]$分布的概率密度。

但这种方法的使用中，寻找到合适的转化函数使式(10.3.4)成立是很困难的。为简单起见，常用均匀分布$U[0，1]$和正态分布$N(0，1)$两种较简单分布，但在实际的地下

水文参数中，土壤含含水层的参数分布可能多种多样，对不同分布随机变量的种种实现方法有所了解是很有意义的。

3) 舍选抽样法

舍选法是为克服以上两种方法的复杂性而提出来的。它抽样的基本思想是按照给定的分布密度函数 $f(x)$，对均匀分布的随机序列 $\{x_i\}$ 进行舍选。舍选的原则是在 $f(x)$ 大的地方，抽取较多的随机数 x_i；在 $f(x)$ 小的地方，抽取较少的随机数 x_i，使最终的抽样序列满足分布密度 $f(x)$。这种方法原理简单，使用方便，但对于 $f(x)$ 在抽样范围内变化较大的时候，使用这种方法效率往往很低，因为大量的均匀分布抽样点被舍弃了。基于此，我们一般不采用该方法，仅在其他方法使用困难时才会选用这种方法。

4) 极限近似法

设 $u_1,u_2,\cdots,u_n$ 是一组服从 $U[0,1]$ 的随机变量的 n 个独立抽样结果，它的均值为 $1/2$，方差为 $1/12$，设这 n 个数之和为 R_n，则有

$$E[R_n]=\frac{n}{2},\qquad \mathrm{Var}[R_n]=\frac{n}{12} \tag{11.3.5}$$

由中心极限定理，引入随机变量 δ_n：

$$\delta_n=\frac{R_n-n/2}{\sqrt{n/12}} \tag{11.3.6}$$

δ_n 随着 n 的增大依概率趋近于标准正态分布。通常取 $n=12$ 就认为 n 趋于无穷大了。可以直接以 δ_{12} 作为高斯随机变量的抽样值，即极限近似法。

2. 拟随机抽样方法

在随机抽样中，最主要的原则是使所抽取得到的样本系列满足随机场的分布特征。根据这一原则，往往可以牺牲样本系列的随机性，通过加入人为的控制因素使样本系列的偏差最小，同时样本系列又满足随机变量的分布特征，这样的抽样方式称为拟随机抽样。拟随机抽样首先对服从 $[0,1]$ 均匀分布的随机变量抽取样本，然后通过黄金采样方法转换成相对应的原分布条件下的样本。拟随机抽样方法的基本思想是在实现均匀分布随机变量时采用低偏差序列。低偏差序列可以保证在对随机向量进行若干次实现后，随机变量的所有抽样值在其取值范围内分布足够均匀，偏差最小。显然对于均匀分布来说，抽样值分布越均匀则其代表总体的效果越好。当对随机向量进行抽样时，每个分量均应为低偏差序列，但为保证不同分量之间的独立性，不同分量的不同抽样序列也不能相同。针对这个问题，已有很多中外学者对多维低偏差序列的生成方法进行了研究，先后得出了 Halton，Sobol，Faure，Niederreiter，Lattice 等序列，这些序列中，前三种序列应用较为广泛，且这三种序列均是以 Van der Corput 序列为基础的。此外还有 GLP 系列，GP 系列。下面对这几种序列进行一个简要说明。

1）van der Corput 序列

在生成 van der Corput 序列时，需事先给定一个基数，基数应为质数，令其为 b，则对于任意正整数 $k \geqslant 0$，均可将 k 表示为基数 b 的表达式，如下：

$$k = d_j b^j + d_{j-1} b^{j-1} + \cdots + d_1 b + d_0 \tag{11.3.7}$$

式中，$d_i \in \{0,1,\cdots,b-1\}$，且 $i = 0,1,\cdots,j$，于是则可得到 van der Corput 序列的第 k 个数为

$$\phi_b(k) = \frac{d_0}{b^1} + \frac{d_1}{b^2} + \cdots + \frac{d_j}{b^{j+1}} \tag{11.3.8}$$

取不同的 k 值，则得到不同的 $\phi_b(k)$，以此类推则可构成 van der Corput 序列。当 $b=2$ 时，式(11.3.8)的求解过程即为将 k 转化为 2 进制数的过程，见表 11.5。

表 11.5　van der Corput 序列生成过程($b=2$)

k	0	1	2	3	4	5	6
$d_j,\ d_{j-1},\ d_{j-2},\ \cdots d_0$	0	1	10	11	100	101	110
$\phi_b(k)$	0	0.5	0.25	0.75	0.125	0.625	0.375

2）Halton 序列

一维的 Halton 序列即是以 2 为基的 van der Corput 序列，同样，n 维（序列的维数指待实现随机向量的分量个数）Halton 序列的每一维也是 van der Corput 序列，第 k 维基数为从小到大排列的第 k 个质数。Halton 序列在低维数的情况下有很好的均布效果，但当维数较大时，Halton 序列分布将不再均匀，除非实现次数非常多。为减少高维的这种大偏差问题，则需借助 Faure 和 Sobol 序列。

3）Faure 序列

Faure 序列与 Halton 序列相比有两点不同：一是每一维的基数是大于维数的最小的质数，如第 50 维，其基数则为 53，而相应 Halton 序列的第 50 维基数为 229；二是对每一维的数字有一个重新排序过程，避免不同维数产生完全一样的序列，保证维与维之间的独立性。Faure 序列计算所需时间大大减少，但维数仍不宜太大。

4）Sobol 序列

Sobol 序列的每一维基数均取 2，每维的排序需借助方向数序列，排序过程虽然较复杂，但能保证足够的均匀性和不同维之间的独立性。由于 KL 截断项数往往较大，本文则采用该序列进行拟蒙特卡罗模拟。

5）GLP 系列

GLP 系列是由所谓好格子点(good lattice point)通过模 n 所得到的集合，n 为抽取的

样本总数，一般取为质数。该系列被广泛应用到高维数值积分中，当 n 较小时，效果较好。

假设 $(n;h_1,h_2,\cdots,h_M)$ 为一个整数矢量，满足 $1\leqslant h_i < n, h_i \neq h_j(i\neq j)$ ，$m < n$ 及最大公约数 $(n,h_i)=1, i=1,\cdots,M$ ，令

$$\begin{cases} q_{ki} = kh_i(\mathrm{mod}\,n) \\ c_{ki} = (2q_{ki}-1)/2n \end{cases} \qquad k=1,\cdots,n \quad i=1,\cdots,M \qquad (11.3.9)$$

如果 $1\leqslant q_{ki}\leqslant n$ ，则集合 $p_n = \{c_k = (c_{k1},\cdots,c_{kS}), k=1,\cdots,n\}$ 称为生成矢量 $(n;h_1,\cdots,h_s)$ 的格子点集。若 P_n 在所有可能的生成矢量中偏差最小，则称 P_n 为 GLP 集合。对应的 GLP 点集有如下形式：

$$\left\{\left\{\frac{kh_1-0.5}{n}\right\},\left\{\frac{kh_2-0.5}{n}\right\},\cdots,\left\{\frac{kh_m-0.5}{n}\right\}\right\},(1\leqslant k\leqslant n) \qquad (11.3.10)$$

式中，$\{\}$ 表示取小数部分。

由此可见，获取 GLP 系列的核心内容是确定最优系数 $(h_1,\cdots,h_s)$ ，一般事先算好以提高计算效率，文献中(方开泰和王元，1996)介绍了获取最优系数的方法，并附有一些 GLP 点集的最优系数表。

6) GP 系列

改变 n ，GLP 系列需要重新计算，而 GP 系列可以在原有系列上增减，因而更适合于应用到 n 比较大时的模拟。构造如下形状的集合：

$$\{(\{kx_1\},\cdots,\{kx_M\})\ \ k=1,2,\cdots\} \qquad (11.3.11)$$

若前 n 项 $(k\leqslant n)$ 构成的点集 P_n 有偏差：

$$D(n,P_n)\leqslant c(x,\varepsilon)n^{-1+\varepsilon}, n=1,2,\cdots \qquad (11.3.12)$$

则称集合 P_n 为一个 GP 集合，$\bar{x}$ 为一个好点。华罗庚和王元建议按如下方式选取好点：

$$\bar{x} = \left(\left\{2\cos\frac{2\pi}{p}\right\},\left\{2\cos\frac{4\pi}{p}\right\},\cdots,\left\{2\cos\frac{2M\pi}{p}\right\}\right) \qquad (11.3.13)$$

式中，p 为素数且 $p\geqslant 2M+3$ 。上述点集也称为 Hua-Wang 点集。

3. 拉丁超立法随机抽样

与拟随机抽样方法相同，拉丁超立方抽样方法也是希望能够得到有代表性的抽样实现，为保证随机向量每一个随机分量抽样结果的均匀性，首先将各分量的取值区间均进行 n 等分(n 为抽样序列的样本容量)，即对每个分量来说，将区间[0，1]进行 n 等分，每个子区间内抽样一个实现值，如图 11.3 所示二维情况，横向和纵向表示不同的维，通过拉丁超立方抽样后，可保证每个点在每一维的值均遍布于其对应取值区间。

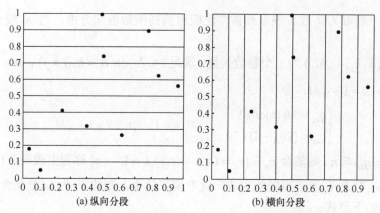

(a) 纵向分段　　　　　　　　　(b) 横向分段

图 11.3　拉丁超立方抽样(LHS)生成二维点分布模拟

当随机向量维数为 d 时，令 $j=1,\cdots,d$; p_j 为 $0,\cdots,n-1$ 之间的随机排列，每一维的这种排列均为随机的且相互独立，独立随机的取 $u_{ij} \in U[0,1)^d$ ，其中 $i=1,\cdots,n$ ，则对于抽样生成的 $n \times d$ 矩阵，其每个元素值为

$$X_{ij} = \frac{p_j(i-1)+u_{ij}}{n} \tag{11.3.14}$$

即可完成拉丁超立方抽样过程。虽然每一维的抽样过程相互独立，但并不能完全保证维与维抽样结果的独立性，特别是当维数较大时，采用拉丁方法效果并不太好。可采用对称序列来得到更好的独立性。在对称序列中，人为地将每一维的随机排列 p_j 进行修改，使得 p_j 的第 i 个数与第 $n-i$ 个数之和为 n 。

11.3.2　空间随机场的模拟方法

随机场的模拟包括非条件模拟和条件模拟。非条件模拟就是在一维、二维或三维的空间产生一个随机分布(随机场)，这个随机分布应是某一随机函数的实现，并且满足事先确定的空间变异结构(协方差函数或变异函数)，以及其他统计量，如均值和方差等。对于条件模拟，在空间区域的某些点上，随机函数的实现满足预先给定的值。在理论上，这是一种获得随机变量的代表性函数的方法，在实用中，这种方法用来获得有限个点上的随机函数值。

根据随机变量的空间变异结构而建立起来的模拟方法有好几种，如转动带法(Mantoglou and Wilson，1982)、快速傅里叶变换方法(Gutjahr et al.，1978)等，下面主要介绍转动带法和 Karhunen-Loève 展开法。

1. 转动带法

转动带法的思想是降维，即将二维、三维或更高维空间上的随机场转换到一维空间上模拟，然后把一维的模拟值线性叠加还原为高维模拟值。转向带法可以有很多种，其差异主要体现在一维随机场的实现方法上。转动带法的另一优点是并不要求模拟区域是规则的。

转动带法使用时要求转动带数较多，这样则使得实现过程较为复杂，而需要使实现随机场和待求随机场达到收敛，需抽样点数也很多，因此该方法计算较为耗时，一般仅用于较简单随机场的实现。

实现二维或三维乃至 N 维随机场的转动带法，基本步骤如下：

(1) 在 N 维空间上任取一原点，作出直角坐标系，并以原点为圆心作出单位圆；

(2) 给出转动带数(如 $L=15$)即转动带对应的一个单位向量 $\boldsymbol{u}_i$,$(i=1,2,\cdots,L)$，即指示转动带的方向，该方向可以随机生成，也可按照均布于空间的原则自行指定；

(3) 根据空间上需要模拟的点的坐标，得出从原点到模拟点的坐标向量 $\boldsymbol{X}_j$，并计算该向量在第 i 条线上的投影值，即 $\xi_{ji}=\boldsymbol{u}_i^{\mathrm{T}}\cdot\boldsymbol{X}_j$；

二维情况下，模拟点坐标向量为 $\boldsymbol{X}_j(x_j,y_j)$，设第 i 条线与 x 轴夹角为 θ_i，该夹角一般取为

$$\theta_i=2\pi i/L \tag{11.3.15}$$

则 $\boldsymbol{X}_j(x_j,y_j)$ 在该条线上投影值为

$$\xi_{ji}=\boldsymbol{u}_i^{\mathrm{T}}\cdot\boldsymbol{X}_j=(\cos\theta_i,\sin\theta_i)\cdot(x_j,y_j)=x_j\cos\theta_i+y_j\sin\theta_i \tag{11.3.16}$$

三维情况下，坐标向量为 $\boldsymbol{X}_j(x_j,y_j,z_j)$，第 i 条转动带与 x,z 轴夹角可取为

$$\theta_i=2\pi i/L \tag{11.3.17}$$

$$\phi_i=\pi i/L \tag{11.3.18}$$

则投影值为

$$\begin{aligned}\xi_{ji}&=\boldsymbol{u}_i^{\mathrm{T}}\cdot\boldsymbol{X}_j=(\cos\theta_i\sin\phi_i,\sin\theta_i\sin\phi_i,\cos\phi_i)\cdot(x_j,y_j,z_j)\\&=x_j\cos\theta_i\sin\phi_i+y_j\sin\theta_i\sin\phi_i+z_j\cos\phi_i\end{aligned} \tag{11.3.19}$$

(4) 由上，则将多维向量 $\boldsymbol{X}_j$ 转化为一维变量 ξ_{ji}，多维随机场的实现则可以通过这种方式变为一维随机场的实现。多维值和一维值的关系为

$$Z(\boldsymbol{X}_j)=\frac{1}{\sqrt{L}}\sum_{i=1}^{L}Z(\xi_{ji})=\frac{1}{\sqrt{L}}\sum_{i=1}^{L}Z(\boldsymbol{u}_i^{\mathrm{T}}\cdot\boldsymbol{X}_j) \tag{11.3.20}$$

(5) 一维随机场的实现：一维随机场的实现需要先知道协方差函数，因此还需要根据多维的协方差函数推求变换后的一维协方差函数。

第一，一维协方差的推导

对于某一维随机场 $Z(\xi)$，$\xi\in R$ (某一直线域)，则其协方差定义为

$$C(\xi_1,\xi_2)=E[(Z(\xi_1)-\mu(\xi_1))\overline{(Z(\xi_2)-\mu(\xi_2))}] \tag{11.3.21}$$

若 ξ 变为多维随机向量，则式(11.3.21)也可表示为多维协方差函数。

为简单起见，假设模拟随机场为平稳场，则由式(11.3.20)知，多维随机场实现的均

值与一维情况相等，均为 $\mu=0$，且协方差函数与空间点位置无关，只与两点间距离有关。则有

$$C^{(1)}(\xi_1,\xi_2)=E[Z(\xi_1)Z(\xi_2)] \tag{11.3.22}$$

$$C^{(n)}(X_1,X_2)=E[Z(X_1)Z(X_2)]=\frac{1}{L}E\left[\sum_{i=1}^{L}Z(\xi_{1j})Z(\xi_{2i})\right]$$
$$=\frac{1}{L}E\left[\sum_{i=1}^{L}\sum_{j=1}^{L}E\left[Z(\boldsymbol{u}_j^{\mathrm{T}}\cdot X_1)Z(\boldsymbol{u}_j^{\mathrm{T}}\cdot X_2)\right]\right]=\frac{1}{L}E\left[\sum_{i=1}^{L}C^{(1)}(\boldsymbol{u}_j^{\mathrm{T}}\cdot h)\right] \tag{11.3.23}$$

式中，h 为两向量之差。因为不同转动带上的模拟相对独立，式(11.3.23)只有在 $i=j$ 时，才不为0。

由式(11.3.23)，经二维协方差 $C^{(2)}(X_1,X_2)$ 或三维协方差 $C^{(3)}(X_1,X_2)$ 反推一维协方差 $C^{(1)}(\boldsymbol{u}_i^{\mathrm{T}}\cdot h)$，过程较为复杂，已有许多学者对其开展了研究，知道一维协方差后，即可模拟一维随机场，从而得出多维随机场的实现。

当转动带数非常大时，即将转动带方向角无限细分，可以将式(11.3.23)转化为积分形式，从而可以导出一维协方差。对三维随机场与一维随机场的关系，有如下结论：

$$\begin{cases}C^{(3)}(h)=\frac{1}{h}\int_0^h C^{(1)}(x)\mathrm{d}x\\C^{(1)}(h)=\frac{\mathrm{d}}{\mathrm{d}h}[hC^{(3)}(h)]\end{cases} \tag{11.3.24}$$

而对于二维随机场与一维随机场之间的这种关系，有以下结果(Brooker et al.，1985)：

$$\begin{cases}C^{(2)}(h)=\frac{1}{\pi}\int_0^\pi C^{(1)}(h\cos\theta)\mathrm{d}\theta\\C^{(1)}(t)=C^{(2)}(0)+\int_0^t t(t^2-h^2)^{-1/2}\frac{\mathrm{d}}{\mathrm{d}h}[C^{(2)}(h)]\mathrm{d}h\end{cases} \tag{11.3.25}$$

知道一维协方差后实现随机场则较为简单，如可采用后面介绍的矩阵分解法。

第二，一维随机场实现的谱方法

可以采用 Shinozuka 和 Jan(1972)所介绍的谱密度方法来反推协方差之间的关系(转动带程序即是采用此种方法)。由于谱密度函数与协方差函数之间存在傅里叶变换与反变换的关系，即

$$\begin{cases}C(r)=\int S(\omega)\mathrm{e}^{i\omega\cdot r}\mathrm{d}\omega\\S(\omega)=\frac{1}{(2\pi)^n}\int_{R^n}C(r)^{-i\omega\cdot r}\mathrm{d}r\end{cases} \tag{11.3.26}$$

而由上知，协方差和谱密度函数都为偶函数，则有

$$
\begin{cases}
C(r) = \int_{-\infty}^{\infty} S(\omega)\, e^{i\omega \cdot r}\, d\omega = 2\int_{0}^{\infty} S(\omega)\cos(\omega r)\, d\omega \\[2mm]
S(\omega) = \dfrac{1}{(2\pi)^n} \int_{R^n} C(r)\cos(\omega r)\, dr
\end{cases}
\tag{11.3.27}
$$

于是可根据式(11.3.27)由协方差函数推出相应的谱密度函数。Mantoglou 等(1982)曾对各种协方差模型都做出了推导。如指数模型：

$$
C(r) = \sigma^2 e^{-\frac{r}{a}}
\tag{11.3.28}
$$

相应的谱密度函数为

$$
S(\omega) = \frac{\omega b^2}{[1 + (\omega b)^2]^{\frac{3}{2}}}
\tag{11.3.29}
$$

由二维或三维的谱密度推出一维的谱密度，继而完成一维的随机场实现。一维谱密度的计算式为

二维：

$$
S_1^i(\omega) = \pi\omega S(\omega\cos\theta_i, \omega\sin\theta_i)
\tag{11.3.30}
$$

三维：

$$
S_1^i(\omega) = 2\pi\omega^2 S(\omega\cos\theta_i\sin\phi_i, \omega\sin\theta_i\sin\phi_i, \omega\cos\phi_i)
\tag{11.3.31}
$$

式中，i 为转动带序号，各角度定义同上。

得出一维谱密度后，一维随机场实现则为

$$
Z_i(\xi) = 2\sum_{k=1}^{M} (S_1^i(\omega_k)\Delta\omega)^{\frac{1}{2}} \cos(\omega_{k_1}\xi + \phi_k)
\tag{11.3.32}
$$

式中，ϕ_k 为均匀分布于 $[0, 2\pi]$ 中的随机相位角，$\omega \in [-\Omega, \Omega]$，取步长 $\Delta\omega = \Omega/M$，则有 $\omega_k = (k - 0.5)\Delta\omega$，$\omega_{k_1} = \omega_k + \delta\omega$，$\delta\omega$ 为避免周期重复而人为加入的一个随机扰动，其值均布于 $[-\varepsilon/2, \varepsilon/2]$ 之间，ε 为可自行指定，但应远小于 $\Delta\omega$。

一维随机场实现后，则可根据式(11.3.20)得出多维随机场的实现。

2. 基于 Karhunen-Loève 分解的随机场模拟方法

Karhunen-Loève(KL)展开方法实现随机场相对其他方法来说主要有以下几个优点：首先，对于二阶平稳随机场来说，KL 展开法实现随机场可以得到最小的统计矩均方误差；其次，当所需实现随机场为高斯场时，可以将随机场的实现化为一组高斯随机向量的实现，而后者操作比较容易；最后，采用 KL 展开方法来实现随机场，实现值的统计矩一般都可以保证收敛。

然而，KL 展开法也有一定的局限性，即当随机场的相关长度较小时，KL 展开截断项数便会很大，即需要实现更多的随机变量，这样实现起来就很困难，且带入了很多的不确定性。

1) Karhunen-Loève 展开

对于随机场 $\omega(x,\theta)$ 通过 KL 展开进行分解得：

$$\omega(x,\theta) = \langle \omega(x,\theta) \rangle + \sum_{i=1}^{\infty} \sqrt{\lambda_i} f_i(x) \xi_i(\theta) \tag{11.3.33}$$

式中，$\xi_i(\theta)$ 为独立随机变量；x 为定义于空间域 D 的坐标向量；θ 属于随机事件域的变量，表征空间同一位置点不同试验条件下的取值；$\langle \omega(x,\theta) \rangle$ 为集平均值；λ_i 和 $f_i(x)$ 分别为待求解的特征值和特征函数，且特征函数应满足正交性质，即为

$$\int_D f_n(x) f_m(x) \mathrm{d}x = \delta_{nm} \tag{11.3.34}$$

这样，通过式(10.3.33)来实现随机场，则可将随机场进行变量分离，即用特征函数值来表征空间变异性，用 $\xi_i(\theta)$ 来表征随机特性。通过这两个变量的组合来表征整体随机场的特性。

设该随机场的实现值关于空间坐标的协方差为 $C(x_1,x_2)$，该协方差有着谱展开形式如下：

$$C(x_1,x_2) = \sum_{i=0}^{\infty} \lambda_i f_i(x_1) f_i(x_2) \tag{11.3.35}$$

式(11.3.35)两边同时乘以 $f_n(x_1)$，并在整个空间域 D 对 x_1 进行积分，由正交函数性质即式(11.3.34)，则有

$$\int_D C(x_1,x_2) f_n(x_1) \mathrm{d}x_1 = \lambda_n f_n(x_2) \tag{11.3.36}$$

即对于每个特征值及其对应的特征函数均满足以上积分方程，求解以上方程，则可以得出所有的特征值及特征函数。

对于给定的随机场，需要预先知道随机场的一阶和二阶矩或分布规律，求解式(11.3.36)即可以得到该随机场的特征值和特征函数序列，当所需实现的随机场为高斯场时，式(11.3.33)中 $\xi_i(\theta)$ 是正态随机变量，可以通过很多的方法得到。因此，即可通过该分解完成随机场的实现。

2) 特征函数和特征值的求解

(1) 解析方法

根据地质统计学理论的研究经验，取协方差函数为指数模型：

$$C(x_1,x_2) = \sigma^2 \mathrm{e}^{-|x_1-x_2|/b} \tag{11.3.37}$$

式中，b 为相关长度；σ^2 为参数方差，为已知参数。

将式(11.3.37)代入式(11.3.36)，得

$$\int_0^a \sigma^2 \mathrm{e}^{-|x_1-x_2|/b} f_n(x_1) \mathrm{d}x_1 = \lambda_n f_n(x_2) \tag{11.3.38}$$

将上述积分式子对 x_2 求导，则可以得到以下微分方程：

$$\frac{\lambda}{\sigma^2} f'(x_2) = -\frac{1}{b} \int_0^{x_2} \sigma^2 e^{(x_1 - x_2)/b} f(x_1) \mathrm{d}x_1 + \frac{1}{b} \int_{x_2}^{L} \sigma^2 e^{(x_2 - x_1)/b} f(x_1) \mathrm{d}x_1 \tag{11.3.39}$$

式 (11.3.39) 两边再对 x_2 求导，有

$$\lambda f''(x) = \frac{\lambda - 2\sigma^2 b}{b^2} f(x) \tag{11.3.40}$$

引入一个新的变量 w，令

$$w^2 = \frac{2\sigma^2 b - \lambda}{b^2 \lambda} \tag{11.3.41}$$

则式 (11.3.40) 可化简为

$$f''(x) + w^2 f(x) = 0 \quad 0 \leqslant x \leqslant a \tag{11.3.42}$$

该微分方程有以下解的形式：

$$f(x) = a_1 \cos(wx) + a_2 \sin(wx) \tag{11.3.43}$$

分别令 $x = 0, x = a$，则由式 (11.3.39)，有以下边界条件：

$$\begin{cases} bf'(0) = f(0) \\ bf'(a) = -f(a) \end{cases} \tag{11.3.44}$$

将特征函数表达式 (11.3.43) 代入以上边界条件，得到以下结果：

$$\begin{cases} a_1 - b\omega a_2 = 0 \\ [\cos(\omega a) - \omega b \sin(\omega a)] a_1 + [\omega b \cos(\omega a) + \sin(\omega a)] a_2 = 0 \end{cases} \tag{11.3.45}$$

若要使该齐次线性方程组有非零解，则其系数行列式必为零，有

$$(b^2 \omega^2 - 1) \sin(2\omega a) = 2b\omega \cos(2\omega a) \tag{11.3.46}$$

求解该方程可得无穷个正根 ω_i，由式 (11.3.41) 可得出相应的特征值 λ_i：

$$\lambda_i = \frac{2b\sigma^2}{b^2 \omega_i^2 + 1} \tag{11.3.47}$$

将所得 λ_i 排序，得到单调递减的特征值序列。根据不同的 λ_i 值得出不同的特征函数，特征函数具有以下解的形式：

$$f_i(x) = \alpha_i \cos(\omega_i x) + \beta_i \sin(\omega_i x) \tag{11.3.48}$$

式中，系数 α_i，β_i 随 ω_i 不同而不同，根据特征函数正交性质可求得，于是特征函数也可解得：

$$f_i(x) = \frac{b\omega_i \cos(\omega_i x) + \sin(\omega_i x)}{\sqrt{(b^2 \omega_i^2 + 1)a/2 + b}} \tag{11.3.49}$$

由于单调递减的特征值序列靠前的各项递减非常快，之后趋于平缓，且令式 (11.3.38) 中 $x_1 = x_2 = x$，并将方程两端在研究域上对 x 求积分，则有

$$\sum_{i=1}^{\infty} \lambda_i = \sigma^2 \int_D \mathrm{d}x = \sigma^2 a \tag{11.3.50}$$

式中，a 为区域长度、面积或体积，分别对应一维、二维及三维情况。为分析其递减速度，定义变量特征值累加值 γ：

$$\gamma = \sum_{i=1}^{M} \lambda_i \Big/ \sum_{i=1}^{\infty} \lambda_i = \sum_{i=1}^{M} \lambda_i \Big/ \sigma^2 a \tag{11.3.51}$$

当 M 足够大时，γ 趋近于 1，则包含越完整的随机性质，当取定截断项数 M 后，就可采用有限项级数展开来代替无穷级数展开：

$$\omega(x,\theta) = \langle \omega(x,\theta) \rangle + \sum_{i=1}^{M} \sqrt{\lambda_i} f_i(x) \xi_i(\theta) \tag{11.3.52}$$

对于二维随机场，协方差函数为 $C(x,y) = \sigma^2 \mathrm{e}^{-|x_1-x_2|/b_1} \mathrm{e}^{-|y_1-y_2|/b_2}$，根据协方差函数可分离性，即可依据分离变量法，分别在 x，y 两个方向上求解方程，得到二维情况下的特征值和特征函数，其后直接相乘即可，即

$$\lambda_i = \frac{4 b_1 b_2 \sigma^2}{(b_1^2 \omega_{i,1}^2 + 1)(b_2^2 \omega_{i,2}^2 + 1)} \tag{11.3.53}$$

$$f_i(x) = \frac{b_1 \omega_{i,1} \cos(\omega_{i,1} x_1) + \sin(\omega_{i,1} x_1)}{\sqrt{(b_1^2 \omega_{i,1}^2 + 1) a_1 / 2 + b_1}} \frac{b_2 \omega_{i,2} \cos(\omega_{i,2} x_2) + \sin(\omega_{i,2} x_2)}{\sqrt{(b_2^2 \omega_{i,2}^2 + 1) a_2 / 2 + b_2}} \tag{11.3.54}$$

三维的也可依此类推。

(2) 数值解法

当协方差函数表达式较为复杂(如条件模拟)或者定义在不规则区域、不能用以上解析方法求解时，可采用数值方法求解积分方程(11.3.36)，如史良胜等(2005)采用的 Galerkin 有限元方法，其过程如下所述

对于二维情况，将 D 离散为有 T 个三角形单元 L 个节点的网格。特征函数 f 在某三角形单元 e 三个节点上的值依次为 f_i, f_j, f_k。在该单元内特征函数的近似表达式：

$$\tilde{f}(x,y) = \sum_{p=i,j,k} \phi_p(x,y) f_p \tag{11.3.55}$$

式中，$\phi_p(x,y)$ 为单元 e 上的线性插基函数。将协方差简单记为 C，则式(11.3.36)有二维形式的 Galerkin 方程如下：

$$\sum_{e=1}^{T} \int_{D_e} \left[\int_D C f(x,y) \mathrm{d}D \right] \phi_n \mathrm{d}D_e = \sum_{e=1}^{T} \sum_{p=i,j,k} \int_{D_e} \lambda \phi_p \phi_n \mathrm{d}D_e \tag{11.3.56}$$

将式(11.3.56)写成以下方程组形式为

$$[A]\{F\} = \lambda [B]\{F\} \tag{11.3.57}$$

式中，$A_{pn} = \sum_{e=1}^{T} \int_{D_e} [\int_D C \phi_p \phi_n \mathrm{d}D] \mathrm{d}D_e$ 采用高斯型求积分方法求出。

$$B_{pn} = \int_{D_e} \phi_p \phi_n \mathrm{d}D_e \qquad p = i,j,k; n = 1,2,\cdots,L$$

对于式(11.3.56)，若 B 非奇异，则有

$$[B]^{-1}[A]\{F\} = \lambda\{F\} \qquad (11.3.58)$$

为标准矩阵特征值问题，可以通过 QR 算法求解。

11.4　地下水运动随机模拟方法简介

以非均质介质中稳定饱和流为例，介绍几种主要的随机模拟方法。水流控制方程为

$$\nabla[K(x)\nabla h(x)] = 0 \qquad (11.4.1)$$

流动方程定义在区域 Ω 上，并且有恰当的确定性边界条件。将饱和水力传导度视为随机场，那么在方程(11.4.1)中水头也是随机场。这样必须寻找物理量的概率分布或统计矩。根据已有试验资料和随机分析中的常用方法，认为 $f = \ln K_s$ 为高斯随机场，同时其均值和协方差函数已知。水头场并不一定为正态或对数正态分布，为了完全描述水头，则必须知道所有阶数的统计矩。然而对于实际应用，主要关心的是前两阶矩，即期望值与(协)方差。

将对数饱和水力传导度和水头表示为均值和扰动之和，即

$$f(x) = \langle f(x)\rangle + f'(x)$$
$$h(x) = \langle h(x)\rangle + h'(x) \qquad (11.4.2)$$

将式(11.4.2)代入式(11.4.1)并对方程两边取集平均，可得到水头均值的微分方程：

$$\nabla^2\langle h(x)\rangle + \nabla\langle f(x)\rangle \cdot \nabla\langle h(x)\rangle = -\langle\nabla f'(x)\cdot\nabla h'(x)\rangle \qquad (11.4.3)$$

由式(11.4.3)可见，必须首先确定右端项才能求解水头均值 $\langle h(x)\rangle$。

式(11.4.1)减去式(11.4.3)可得水头扰动的微分方程，为

$$\begin{aligned}\nabla^2 h'(x) &+ \nabla\langle f(x)\rangle\cdot\nabla h'(x) + \nabla f'(x)\cdot\nabla\langle h(x)\rangle \\ &= -\nabla f'(x)\cdot\nabla h'(x) + \langle\nabla f'(x)\cdot\nabla h'(x)\rangle\end{aligned} \qquad (11.4.4)$$

当输入参数的扰动较小时，可认为高阶交叉项远小于低阶项，因而将其忽略，得到线性化的随机扰动方程，从而可以求解：

$$\nabla^2 h'(x) + \nabla\langle f(x)\rangle\cdot\nabla h'(x) = -\nabla f'(x)\cdot\nabla\langle h(x)\rangle \qquad (11.4.5)$$

11.4.1　谱分析方法

谱分析方法提供了一个从线性化方程(10.4.5)推导和求解统计矩的途径。传统谱分析方法要求随机场是平稳场，将扰动表示为 Fourier-Stieltjes 积分形式：

$$f'(x) = \int\exp(i k\cdot x)\,dZ_f(k) \qquad (11.4.6)$$

$$h'(x) = \int\exp(i k\cdot x)\,dZ_h(k) \qquad (11.4.7)$$

式中，$i \equiv \sqrt{-1}$；k 为波数向量；$dZ_f(k)$ 和 $dZ_h(k)$ 分别为扰动的零均值复傅立叶增量。积

分区间为波数空间的无限域$(-\infty, \infty)$。平稳傅立叶增量有如下正交性质：

$$\left\langle \left\langle \mathrm{d}Z(\boldsymbol{k}) \right\rangle \left\langle \mathrm{d}Z^*(\boldsymbol{k}') \right\rangle \right\rangle = S(\boldsymbol{k})\delta(\boldsymbol{k} - \boldsymbol{k}')\mathrm{d}\boldsymbol{k}\mathrm{d}\boldsymbol{k}' \tag{11.4.8}$$

式中，$\mathrm{d}Z_f^*$ 为 $\mathrm{d}Z_f$ 的复共轭；$S(\boldsymbol{k})$ 为谱密度函数。

对于平稳介质的无界区域中的均匀平均流动，将积分表达式(11.4.6)和式(11.4.7)代入原方程(11.4.5)可得：

$$\mathrm{d}Z_h(\boldsymbol{k}) = -\frac{\mathrm{i}J_1\boldsymbol{k}_1}{k^2}\mathrm{d}Z_f(\boldsymbol{k}) \tag{11.4.9}$$

式中，$\boldsymbol{k}^2 = \boldsymbol{k} \cdot \boldsymbol{k}$。利用性质(11.4.8)有：

$$S_h(\boldsymbol{k}) = \frac{J_1^2 \boldsymbol{k}_1^2}{k^4} S_f(\boldsymbol{k}) \tag{11.4.10}$$

对式(11.4.10)进行傅立叶变换就得到水头协方差：

$$C_h(r) = \int \exp(\mathrm{i}\boldsymbol{k} \cdot r) \frac{J_1^2 \boldsymbol{k}_1^2}{k^4} S_f(\boldsymbol{k})\mathrm{d}\boldsymbol{k} \tag{11.4.11}$$

Li 等(1991)提出了非平稳谱分析方法，使得谱方法得到进一步的发展。随机输入仍然作为平稳场，但是水头的扰动可以为非平稳场，将其表示为广义傅立叶积分形式，

$$h'(\boldsymbol{x}) = \int \varphi_{hf}(\boldsymbol{x}, \boldsymbol{k})\mathrm{d}Z_f(\boldsymbol{k}) \tag{11.4.12}$$

将式(11.4.12)与式(11.4.7)代入式(11.4.5)，两边同时乘以复共轭，并取集平均得：

$$\int \left| \nabla^2 \phi_{hf}(\boldsymbol{x}, \boldsymbol{k}) + \nabla \left\langle f \right\rangle \nabla \phi_{hf}(\boldsymbol{x}, \boldsymbol{k}) + \nabla \left\langle h(\boldsymbol{x}) \right\rangle \nabla \left(\exp(\mathrm{i}\boldsymbol{k} \cdot \boldsymbol{x}) \right) \right|^2 S_f(\boldsymbol{k})\mathrm{d}\boldsymbol{k} = 0 \tag{11.4.13}$$

式(11.4.13)成立的充分必要条件为

$$\nabla^2 \phi_{hf}(\boldsymbol{x}, \boldsymbol{k}) + \nabla \left\langle f \right\rangle \nabla \phi_{hf}(\boldsymbol{x}, \boldsymbol{k}) = -\nabla \left\langle h(\boldsymbol{x}) \right\rangle \nabla \left(\exp(\mathrm{i}\boldsymbol{k} \cdot \boldsymbol{x}) \right) \tag{11.4.14}$$

通过数值方法求解方程(11.4.14)，就得到水头的扰动表达式，从而可以获得水头的统计矩。Li 等(2003，2004)又进一步改进了非平稳谱方法，但是仍然要求介质参数场平稳。

11.4.2 矩方程方法

矩方程方法(ME 方法)也是将随机输入表示为均值和扰动之和，$f = \left\langle f \right\rangle + f'$，但是将未知的水头表示为渐进级数展开

$$h(\boldsymbol{x}) = h^{(0)}(\boldsymbol{x}) + h^{(1)}(\boldsymbol{x}) + \cdots \tag{11.4.15}$$

将式(11.4.15)代入到式(11.4.1)中，然后根据摄动方法将各阶的方程分开，得到各阶方程：

$$\nabla^2 h^{(0)}(\boldsymbol{x}) + \nabla \left\langle f(\boldsymbol{x}) \right\rangle \cdot \nabla h^{(0)}(\boldsymbol{x}) = 0 \tag{11.4.16}$$

$$\nabla^2 h^{(1)}(\boldsymbol{x}) + \nabla \left\langle f(\boldsymbol{x}) \right\rangle \cdot \nabla h^{(1)}(\boldsymbol{x}) + \nabla f'(\boldsymbol{x}) \cdot \nabla h^{(0)}(\boldsymbol{x}) = 0 \tag{11.4.17}$$

矩方程方法通常计算到一阶，在一阶方程的基础上得到水流变量协方差所满足的方程：

$$\nabla^2 C_h(\boldsymbol{x}, \boldsymbol{y}) + \nabla \langle f(\boldsymbol{x}) \rangle \cdot \nabla C_h(\boldsymbol{x}, \boldsymbol{y}) + \nabla C_{fh}(\boldsymbol{x}, \boldsymbol{y}) \cdot \nabla h^{(0)}(\boldsymbol{x}) = 0 \qquad (11.4.18)$$

$$\nabla^2 C_{fh}(\boldsymbol{x}, \boldsymbol{y}) + \nabla \langle f(\boldsymbol{y}) \rangle \cdot \nabla C_{fh}(\boldsymbol{x}, \boldsymbol{y}) + \nabla C_f(\boldsymbol{x}, \boldsymbol{y}) \cdot \nabla h^{(0)}(\boldsymbol{y}) = 0 \qquad (11.4.19)$$

由式(11.4.16)和式(11.4.18)、式(11.4.19)可见均值方程和二阶矩方程是递推关系，只需按顺序求解即可。Zhang(1998)与 Zhang 和 Winter(1998)采用矩方程法对饱和流和非饱和流问题进行了随机分析，其中对统计矩的方程采用有限差分法求解，将所得到的结果都与相应的蒙特卡罗方法的计算结果进行了比较，证明矩方程方法具有较好的精度和实际应用价值。

矩方程方法求解二阶矩方程的计算工作量较大，在一阶分析的情况下所需要求解的方程个数与剖分节点数目成正比。例如，计算压力水头的协方差 $C_h(\boldsymbol{x}, \boldsymbol{y})$，首先需要求解每个节点相对所有 n 个网格节点的互协方差 $C_{fh}(\boldsymbol{x}, \boldsymbol{y})$，这样就很容易引起对内存和 CPU 的要求超出现有计算机所能达到的上限。

11.4.3　蒙特卡罗模拟

蒙特卡罗(Monte-Carlo)方法是最为直接的求解随机地下水流运动方程的数值方法，将介质参数作为随机场，通过一定的数学技术，产生介质参数随机分布的大量实现。参数场的每一个随机实现被用于数值求解流动方程，每一个参数场的实现得到一个相应水头场的实现，通过大量的数值模拟计算后，对所有的水头场的实现进行统计分析，能够得到水流变量的均值、方差等各种统计量。

蒙特卡罗模拟包括两个主要的步骤：①生成具有一定统计性质的介质参数的实现；②数值求解流动方程。这两个步骤需要重复多次。Monte-Carlo 模拟的质量主要取决于实现产生的好坏，必须保证实现能够重现随机场的输入统计矩。有多种办法可以生成随机场，包括转动带法、谱方法以及最近相邻方法等等。可以用有限差分法、有限元法、边界元法等数值求解方程。水力性质需在计算节点之间插值或平均，计算节点的网格应该避免将水力性质的小尺度波动平均掉。有文献建议土壤水力性质的相关长度之间最少有 4~5 个节点。

对于非饱和问题，由于非饱和 Richards 流动方程的非线性，数值方法必须采用迭代方法，求解需要大量的迭代。此外 Monte-Carlo 模拟要求相对密集的网格来求解随机场的高频变化。因此用 Monte-Carlo 模拟求解 Richards 方程需要很大的计算工作量。对非饱和流的 Monte-Carlo 模拟还碰到的一个困难就是当介质是高度非均质时，不能保证数值求解非饱和水流运动问题的收敛。为了获得有意义的统计结果，必须运行大量的模拟，模拟的次数随着介质的非均质性而增加。

蒙特卡罗模拟方法通常不需要过多假设，广泛应用于线性和非线性的水流问题和溶质运移问题。虽然蒙特卡罗模拟有着无可置疑的优势，但是它的缺点也是非常明显的。蒙特卡罗模拟的一个概念上的劣势就是无法直接给出物理现象的理论表达式，因而不能直接得知各物理量之间的统计关系。蒙特卡罗模拟方法的结果不具有通用性，当条件稍有变化，便不能利用先前的模拟结果，而必须重新计算。蒙特卡罗模拟方法是基于随机抽样试验的，它的计算工作量非常大，需要计算大量样本，对计算机的性能要求较高，随机抽样方法也是影响蒙特卡罗方法效率的关键因素。对于高度非线性随机微分方程，蒙特卡罗模拟也无法保证其收敛性，目前还没有一个计算准则能够给出保证一定精度所需的样本计算量。该方法通常用来检验其他随机方法的正确性。鉴于蒙特卡罗模拟的缺点，人们一直在发展其他方法来求解随机流动问题。

11.4.4　基于 Karhunen-Loève 展开的随机分析方法

该方法由联合运用 Karhunen-Loève (KL) 展开和摄动展开的随机分析方法发展而来，具有较高的计算效率。KL 分解提供了一种描绘随机场的有效方法。随机场可以写成展开式序列，由于这些函数在均方意义上是统计最优的，因而在展开式中只需要少量的项数即可较准确地描述随机场。作为基于协方差矩阵的随机场简化的时间空间描述，KL 展开提供了一种独特的描述介质特性随机场的工具。

KL 展开在本质上是分解随机过程协方差的一种谱空间展开，并且它的确定性展开系数是与输入协方差函数的特征值和特征函数相关的。多项式扰动展开的系数可以从原始的水流方程中求出。在此基础上只要通过简单的代数运算就可以求出水流变量的均值、协方差以及其他各阶矩。

Roy and Grilli(1997)在饱和流的一阶摄动分析中引入了 KL 展开。Zhang 和 Lu(2004)联合 KL 展开和摄动方法，针对一个简单的二维承压水运动问题计算了高阶水头均值和方差。Yang 等(2004)采用此方法研究非饱和流问题，考虑了 Gardner 模型中饱和水力传导度和孔隙大小分布参数这两个随机场输入的情况。

11.4.5　随机配点方法

配点法在数学上常用来数值求解常微分方程、偏微分方程、积分方程的数值解，在地下水随机模拟中可以用来求解 Richards 方程和对流-弥散方程的数值解。随机配点法的主要思想是建立一个替代系统来模拟复杂的实际问题。现今的配点法主要用来分解随机场，通过 KL 展开或主成分分析法，将输入随机场表示为一系列相互独立随机变量在不同权重下的线性组合，协方差函数具有解析表达式的问题一般采用 KL 展开分解输入随机场，协方差函数为矩阵形式的问题一般采用主成分分析法；然后采用多项式混沌(Tatang et al., 1997)或者 Lagrange 多项式(Xiu and Hesthaven, 2005)来分解输出随机场，多项式依赖于一系列相互独立的随机变量(一般采用与输入随机场展开式中相同的随机变量)；然后通过某种算法选取随机变量的取值(该值被称为该随机变量的插值点，典型的做法是选取高斯积分点为插值点)；最后按特定算法对不同随机变量的插值点进行组合(称该插值点的组合为配点)，从而使输出随机场在特定配点上演化为一个确定性问题。配点法将随机问题转化为不同配点下的确定性方程，可以直接采用现有软件或代码来求解这些确定性方程，对输出进行相应的后处理就可得到该随机问题的各阶统计矩，从而实现地下水和溶质运移的不确定分析。随机配点法实际上就是对现有的确定性模块的随机参数的取值进行前处理和对模拟结果进行后处理。由于配点法的高效性与非侵入性等优点，该方法正被应用于多个学科中。

对于非均匀土壤中地下水和土壤水运动所遵循的随机偏微分方程，采用 Lagrange 多项式来分解输出随机场，其中 Lagrange 多项式依赖于一系列相互独立的随机变量，可以通过高斯积分点或者 Clenshaw-Curtis 点来选取随机变量的取值，即随机变量的插值点；如果按照 Smolyak 算法(Wasilkowski and Wozniakowski，1995)对不同随机变量的插值点进行组合，最后根据随机变量的不同取值将方程转化为定点的确定性问题，这个方法常称为稀疏网格配点法。

第 12 章　地下水和土壤水运动的随机数值模型

多孔介质中水分及溶质运移随机理论的基本思想是将介质特性视为随机函数，从而描述介质中水流运动和溶质运移的方程是随机偏微分方程，一旦非均质参数的统计性质确定后，将它们作为系统输入，就可以通过不同的数值方法求解相应的随机偏微分方程，获得系统输出的统计特征。通过随机数值方法获得的输出统计特征，主要是一阶矩和二阶矩，即均值和(协)方差。一、二阶矩包含有大量对描述非均质介质中水流及溶质运动的有用信息。对于地下水流问题的分析而言，均值代表了地下水水头分布的平均特征；方差则表示某一点实际的水头值分布对该点水头均值的分散和偏离情况，可用来反映预测值的误差，衡量计算结果的精确度和可信域。如果三阶矩或者更高阶矩不是相对较小，理论上应该计算，用以描述随机场，但是在实用上往往忽略它们，仅考虑前两阶矩。由此可见，随机数值方法的两个主要步骤为：①土壤性质或系统输入的统计表征；②根据输入变量的统计性质推导输出变量的统计性质。

与确定性数值模拟方法比较，利用随机数值方法求解地下水运动的主要难点是计算工作量太大。在满足一定计算精度的条件下，如何降低随机数值方法的计算工作量是研究的关键。本章主要介绍三种地下水运动的随机数值方法。首先介绍蒙特卡罗方法，该方法的最大优点是适用性强，无论是线性问题还是非线性的地下水和土壤水运动问题，都可以得到可靠的结果。对于地下水运动的随机偏微分方程，一般难以得到精确解，蒙特卡罗方法常用于检验其他随机数值方法的标准算法。计算工作量大是蒙特卡罗方法的主要缺点，因此，高效的随机函数的抽样方法是降低蒙特卡罗计算工作量的关键技术。本章另外介绍的两种随机数值方法分别为 KLPC 方法和随机配点法，这两种方法是目前求解地下水随机模拟的常用和高效的数值方法。

12.1　地下水运动随机问题的蒙特卡罗方法

12.1.1　地下水运动问题的模拟步骤和随机函数的统计矩

对于饱和地下水渗流问题，控制方程可写为

$$\mu \frac{\partial H}{\partial t} = \frac{\partial}{\partial x}\left[KB(H)\frac{\partial H}{\partial x} \right] + \frac{\partial}{\partial y}\left[KB(H)\frac{\partial H}{\partial y} \right] + f \qquad (12.1.1)$$

式中，K 为含水层饱和水力传导度；μ 为给水度；H 为地下水水头；$B(H)$ 为含水层厚度；f 为源汇项，包括地下水的入渗、蒸发和开采。式(12.1.1)的定解条件可写为

$$H(x,y,t)\big|_{t=0} = H_0(x,y)$$

$$H(x,y,t)\big|_{(x,y)\in\Gamma_1} = H_1(x,y,t) \tag{12.1.2}$$

$$-\left(K\frac{\partial H}{\partial x}n_x + K\frac{\partial H}{\partial y}n_y\right)_{(x,y)\in\Gamma_2} = Q(x,y,t)$$

式中，H_0 为起始水头分布；H_1 为在一类边界 Γ_1 上的水头值；Q 为在二类边界 Γ_2 上的流量值；n_x、n_y 为边界的外法向余弦。由于 K、μ、f、H_0、H_1、Q 都可能是空间随机函数，式(12.1.1)和式(12.1.2)为一组描述地下水运动的随机偏微分方程，得到的方程解 H 也是一个空间随机函数。利用蒙特卡罗方法求解式(12.1.1)至式(12.1.2)的步骤为

(1)根据随机函数 $K(\omega, x, y)$、$\mu(\omega, x, y)$、$f(\omega, x, y)$、$H_0(\omega, x, y)$、$H_1(\omega, x, y)$、$Q(\omega, x, y)$ 的统计特征和各随机函数的相关关系，利用第 10 章所述方法得到随机函数的一个实现 $K(\omega_k, x, y)$、$\mu(\omega_k, x, y)$、$f(\omega_k, x, y)$、$H_0(\omega_k, x, y)$、$H_1(\omega_k, x, y)$、$Q(\omega_k, x, y)$，这个实现即为各随机函数在空间的分布，是一个确定性函数，ω_k 为随机空间的第 k 次实现。这时，随机偏微分方程式(12.1.1)和式(12.1.2)变为一组确定性偏微分方程。

(2)利用任何已有的数值方法(如有限元或有限差)求解所得到的确定性模型，得到该实现条件下水头在空间离散点上的值 $H_{ij}^k(t)$。其中 (i, j) 表示离散节点的编号，k 为形成随机场实现的编号。

(3)对得到的离散点水头值 $H_{ij}^k(t)$ 进行统计分析，得到水头的统计特征参数(主要包括水头均值、方差和协方差等)。

水头均值可利用下式估计：

$$\left\langle H_{ij}(t)\right\rangle = \frac{1}{N_k}\sum_{k=1}^{N_k} H_{ij}^k(t) \tag{12.1.3}$$

式中，N_k 为对于随机场 $(K$、μ、f、H_0、H_1、$Q)$ 所形成实现的总次数。

水头方差可利用下式估计：

$$\sigma_H^2 = \frac{1}{N_k-1}\sum_{k=1}^{N_k}\left(H_{ij}^k(t) - \left\langle H_{ij}(t)\right\rangle\right)^2 \tag{12.1.4}$$

12.1.2　吸附性溶质在非饱和土壤中运移的蒙特卡罗模拟

非饱和土壤具有强烈的空间变异特征，在较小的研究范围内，土壤水力传导度和介质形状参数 α 常有较剧烈变化。不仅非饱和土壤水力参数具有非均匀性，而且这些参数既依赖于土壤特性又依赖于土壤含水量。出于这种复杂性，在非饱和情况下，具有空间变异的土壤参数对溶质弥散度的影响还知之甚少。由于土壤介质参数、土壤吸附参数和非饱和水分运动特征的随机性和不确定性，可以通过各种类型参数的相互关系，产生耦合的随机场，利用蒙特卡罗随机模拟方法研究溶质的分布特征和弥散特征。一般来说，与对流的时间尺度相比，溶质与介质的物理化学作用时间很短，因此，可用等温吸附模型来表征地下水流中的污染物浓度与介质固体浓度之间的局部平衡关系。即使是在这种

简单的平衡吸附条件下，当溶质是在等温吸附参数随空间变化的介质中运移时，运移过程也相当复杂，本节用数值模拟的方法评估非均匀水动力性质和反应性化合物条件下的非饱和弥散度（Yang et al.，1996）。

1. 非饱和水分运动和溶质运移方程

非饱和水流运动可用传统的 Richard 方程描述。对于二维水流动问题，运动方程可以写为

$$\frac{\partial \theta}{\partial t} = \frac{\partial}{\partial x}\left[K\frac{\partial h}{\partial x}\right] + \frac{\partial}{\partial z}\left[K\frac{\partial h}{\partial z}\right] + \frac{\partial K}{\partial z} \tag{12.1.5}$$

式中，θ 为体积含水量；t 为时间；K 为非饱和水力传导度；h 为压力水头；x 为水平坐标；z 为垂直坐标，z 取向上为正。

溶质运移可用经典的对流-弥散方程来描述。对于非饱和土壤中的吸附性溶质，对流弥散方程为

$$\frac{\partial \theta C}{\partial t} + \rho\frac{\partial C_s}{\partial t} = \frac{\partial}{\partial x_i}\left[\theta D_{ij}\frac{\partial C}{\partial x_j}\right] - \frac{\partial}{\partial x_i}[\theta V_i C], \quad i, j=1, 2 \tag{12.1.6}$$

式中，C 为液相中溶质的浓度；C_s 为吸附溶质的浓度；ρ 为土壤容重；V_i 为土壤水流速在 x_i 方向的分量；D_{ij} 为实验室尺度的弥散系数张量的第 (i, j) 个分量，可以表示为

$$D_{ij} = \alpha_T |V|\delta_{ij} + (\alpha_L - \alpha_T)\frac{V_i V_j}{|V|} + D_d \tau\delta_{ij} \tag{12.1.7}$$

式中，α_L、α_T 为孔隙尺度纵向和横向弥散度；$|V| = (V_x^2 + V_z^2)^{1/2}$ 为孔隙流速的模；D_d 为溶质在自由水体中的离子或分子扩散系数；τ 为孔隙的弯曲率因子。当方程用于垂直剖面二维问题时，取 $x_1 = x$ 作为水平坐标，取 $x_2 = z$ 作为垂直坐标。在式（12.1.6）和式（12.1.7）中，用了求和的惯例。考虑线性均衡吸附问题，均衡吸附等温线可表示为

$$C_s(x,z,t) = K_d(x,z)C(x,z,t) \tag{12.1.8}$$

式中，K_d (x, i) 为吸附系数，是一个空间随机函数。

2. 土壤水力特性和化学吸附特性的空间变异性

采用空间随机场来模拟控制运移过程的参数的空间变异性，溶质运移主要受到非饱和水力传导度 $K(h)$ 的控制，这些水力特性可用 van Genuchten（1980）的解析表达式来描述，同时假设土壤饱和水力传导率 K_s 和土壤形状参数 α 为空间随机函数，其他的土壤水力参数不是随机变量。

假定 K_s 和 α 为二阶平稳空间随机函数，其协方差函数具有以下形式：

$$C_P(\boldsymbol{h}) = \langle P'(\boldsymbol{r}+\boldsymbol{h})P'(\boldsymbol{r})\rangle$$
$$= \sigma_P^2 \exp\left\{-\left[\left(\frac{h_{px}}{I_{px}}\right)^2 + \left(\frac{h_{pz}}{I_{pz}}\right)^2\right]^{1/2}\right\} \tag{12.1.9}$$

式中，P 为 $\ln K_s$ 和 $\ln\alpha$；$P' = P - \langle P \rangle$ 为 P 对于均值 $\langle P \rangle$ 的波动值；I_{px} 和 I_{pz} 为 P 在 x 和 z 方向的相关长度；σ_p^2 为 P 的方差；h 为分量 h_{px} 和 h_{pz} 的分离距离矢量；r 为空间位置。假设 K_s 和 α 之间的相关很弱，可以看作两个相互独立的随机函数。

采用均衡等温线并假定吸附系数为空间随机函数，为了简化吸附系数 K_d 的空间变异性，使用了与 K_s 相似的对数正态分布，考虑 $\ln K_s$ 与 $\ln K_d$ 最简单的相关问题，当 $\ln K_s$ 与 $\ln K_d$ 统计上不相关时，K_d 可表示为

$$K_d(x,z) = K_d^G \exp[N(x,z)] \tag{12.1.10}$$

式中，K_d^G 为 K_d 的几何平均值；$N(x,z)$ 为零均值二阶平稳正态分布随机函数；方差为 σ_d^2。如果 $\ln K_d$ 与 $\ln K_s$ 是线性相关时，K_d 可表示为

$$K_d(x,z) = K_d^G \exp[\beta Y'_{(x,z)}] \tag{12.1.11}$$

式中，$Y'_{(x,z)} = Y_{(x,z)} - \langle Y_{(x,z)} \rangle$ 为 $\ln K_s$ 相对于均值的偏离值，如果 $\ln K_d$ 与 $\ln K_s$ 是正相关时，$\beta = 1$；负相关时，$\beta = -1$。

3. 土壤水分和溶质运移的统计分析方法

溶质运移和扩散的统计特征可采用计算浓度分布的零至二阶矩的方法分析，零阶空间矩表示整个系统中溶质的质量，即

$$m = \int_{-\infty}^{\infty}\int_{-\infty}^{\infty} \theta(x,z,t)C(x,z,t)\mathrm{d}x\,\mathrm{d}z \tag{12.1.12}$$

一阶矩表示浓度分布质量中心的坐标

$$x_c(t) = \frac{1}{m}\int_{-\infty}^{\infty}\int_{-\infty}^{\infty} \theta(x,z,t)C(x,z,t)x\,\mathrm{d}x\,\mathrm{d}z$$
$$z_c(t) = \frac{1}{m}\int_{-\infty}^{\infty}\int_{-\infty}^{\infty} \theta(x,z,t)C(x,z,t)z\,\mathrm{d}x\,\mathrm{d}z \tag{12.1.13}$$

因此运移的平均速度可表示为

$$\langle V_x \rangle = \frac{\mathrm{d}x_c(t)}{\mathrm{d}t}, \quad \langle V_z \rangle = \frac{\mathrm{d}z_c(t)}{\mathrm{d}t} \tag{12.1.14}$$

相对于溶质分布质量中心的二阶矩表征了溶质空间分布的分散程度，这些二阶矩可表示为

$$M_{xx}(t) = \frac{1}{m}\int_{-\infty}^{\infty}\int_{-\infty}^{\infty} \theta(x,z,t)C(x,z,t)(x-x_c)^2\,\mathrm{d}x\,\mathrm{d}z$$
$$M_{xz}(t) = M_{zx}(t) = \frac{1}{m}\int_{-\infty}^{\infty}\int_{-\infty}^{\infty} \theta(x,z,t)C(x,z,t)(x-x_c)(z-z_c)\,\mathrm{d}x\,\mathrm{d}z \tag{12.1.15}$$
$$M_{zz}(t) = \frac{1}{m}\int_{-\infty}^{\infty}\int_{-\infty}^{\infty} \theta(x,z,t)C(x,z,t)(z-z_c)^2\,\mathrm{d}x\,\mathrm{d}z$$

宏观弥散系数张量 D 可以由二阶空间矩来确定（Burr et al., 1994）

$$D = \frac{\langle R \rangle}{2}\frac{\mathrm{d}M}{\mathrm{d}t}, \quad M = \begin{bmatrix} M_{xx} & M_{xz} \\ M_{zx} & M_{zz} \end{bmatrix} \tag{12.1.16}$$

这里 $\langle R \rangle$ 是滞后因子，当沿 z 方向的平均流速为常数时，宏观弥散度可表示为

$$A_{zz} = \frac{1}{2}\frac{\mathrm{d}M_{zz}}{\mathrm{d}z_c} \qquad (12.1.17)$$

4. 模拟分析的空间尺度

在非饱和水流的数值模拟中，考虑如下条件下的二维垂直剖面问题：在土壤表面保持常入渗水量或常水头压力，在土壤剖面底部保持自由排水或压力水头分布，两侧为不透水边界，模拟的空间区域为 3 m × 6 m。网络节点数为 61 × 121 个，由于所用的 $\ln K_s$ 的相关尺度为 0.25 m，计算区域在水平和垂直方向上分别包括了 12 和 24 个相关尺度。

对于溶质运移模拟，起始时刻在研究区域内具有均匀分布溶液浓度，在该区域之外，浓度则为零。地表为溶质通量边界，底部为零浓度梯度边界，土壤剖面两侧为零通量边界条件。

表 12.1 中列出了数值模拟中所采用的物理和化学参数。用转动带法来产生空间变异参数的随机场。为了获得非饱和水力传导度的随机场，在所研究空间的 61 × 121 个节点上独立地产生饱和水力传导度和参数 β 的随机场。经检验产生的参数随机场计算的几何平均值、方差和相关尺度值与表 12.1 中输入的参数值一致。

表 12.1　数值模拟所采用的参数

参数	取值
饱和含水量，θ_s	0.4
残余含水量，θ_r	0.05
平均饱和水力传导度，K_s	1.0 m/d
土壤特征曲线中参数 α 的均值	1.0 m^{-1}
土壤特征曲线中指数参数，n	2
平均吸附系数，K_d^G	0，0.2，0.6 cm^3/g
土壤容重，ρ	1.4 g/cm^3
纵向弥散度，α_L	0.01 m
横向弥散度，α_T	0.01 m
$\ln K_s$ 的方差，$\sigma^2_{\ln K_s}$	0.25
$\ln \alpha$ 的方差，$\sigma^2_{\ln \alpha}$	0.25
$\ln K_s$ 的相关尺度	0.25 m
$\ln \alpha$ 的相关尺度	0.25 m

在相同的定解条件下，对 α 和 K_s 的随机场的 20 个实现进行了数值模拟，其中 10 个模拟使用一个固定的 α 实现和 10 个 K_s 的不同实现，另外 10 个模拟使用一个固定的 K_s 实现和 10 个 α 的不同实现。对得到的土壤水分中溶质的浓度和土壤含水量利用式 (12.1.12) 至式 (12.1.17) 研究和分析浓度的随机分布特征。

5. 蒙特卡罗数值模拟结果分析

1) 浓度分布的空间矩和宏观弥散度

图 12.1(a) 为对于 20 个不同实现的二阶矩 M_{zz} 和 M_{xx} 的集平均结果，也显示了其 95% 的置信区间，图 12.1(b) 对于宏观弥散系数也呈现出类似的结果。从图 12.1(a) 可见，水流方向的二阶矩 M_{zz} 远大于垂直于水流方向的二阶矩 M_{xx}。在饱和与非饱和土壤中，溶质的扩散主要是由水流速的局部变化引起的，因此在水流方向上的速度及其方差要比在垂直于水流方向的大得多。并且，对于不同的实现，水流方向上的二阶矩 M_{zz} 显著的不同，M_{zz} 与集平均的偏差随时间增加 [图 12.1(a)]。

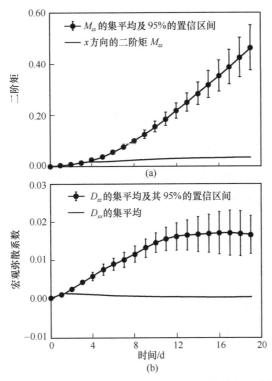

图 12.1　浓度二阶矩的集平均(a)与根据二阶矩计算的宏观弥散系数(b)

宏观弥散系数 D_{zz} 在起始阶段随时间逐渐增大，而后，集平均值逐渐趋近于一常数值。垂直于水流方向的宏观弥散系数 D_{xx} 比 M_{zz} 小得多 [图 12.1(b)]，事实上，D_{xx} 基本保持为实验室尺度的弥散度。

2) 土壤含水量对溶质扩散的影响

图 12.2 显示在平均土壤含水量 $\langle\theta\rangle = 0.35,\ 0.30$ 和 0.26 时，溶质浓度的二阶矩以及宏观弥散度随溶质运移距离的变化。如图 11.2 所示，二阶矩 M_{zz} 和宏观弥散度 A_{zz} 随含水量的减少而增加，这一结果可通过 $\langle\theta\rangle$ 对于土壤孔隙流速的影响来解释。在饱和与非

饱和水流中，弥散是随土壤孔隙流速的变异性而增加的，在饱和水流中，孔隙流速的变异性主要来自于饱和传导度的变异性，而在非饱和土壤中，孔隙流速的变异性既来自于非饱和水力传导度的变异性，又来自于土壤含水量的变异性，这两种变异性都随土壤含水量的减少而增加。

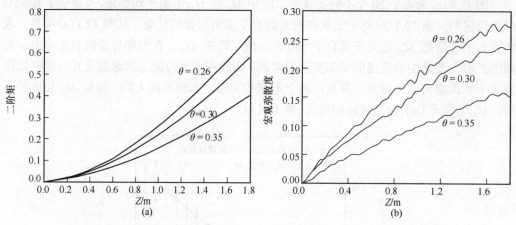

图 12.2　平行水流方向的二阶矩(a)及宏观弥散度(b)与溶质运移距离的关系

3) 吸附系数对溶质扩散的影响

对于线性等温吸附，滞后因子 $R = 1 + \rho K_d / \theta$ 表示溶质吸附性对运移速度的影响，吸附溶质的有效运移速度小于非吸附溶质的运移速度。在含水量 θ 和 R 为常数的情况下，通过引入新的时间变量 $t_R = tR$，就可将具有溶质吸附作用的对流弥散方程转化为传统的非吸附对流弥散方程，这种转换表明吸附性溶质运移的速度是非吸附溶质的 $1/R$ 倍，当 K_d 和 θ 为随机函数时，溶质的平均吸附因子可以通过吸附性溶质和相应的非吸附溶质的一阶矩求解。

图 12.3(a) 和图 12.3(b) 所示的结果是二阶矩 M_{zz} 和宏观弥散度 A_{zz}，显然 M_{zz} 和 A_{zz} 都随吸附系数 K_d 的增加而增加。

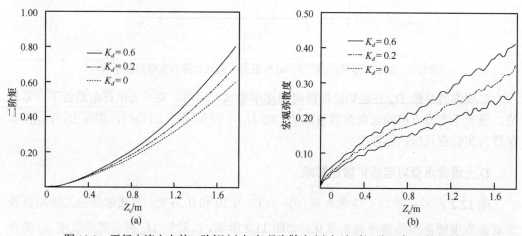

图 12.3　平行水流方向的二阶矩(a)与宏观弥散度(b)与溶质运移距离 Z_c 的关系

4) 随机参数相关结构对溶质扩散的影响

由于缺少吸附系数 K_d 和饱和水力传导度 K_s 之间相关关系的实验数据和理论分析结果,在随机数值模拟中采用了不相关、正相关和负相关代表这两个变量之间的极端情况。

模拟结果显示(图 12.4),如果 $\ln K_d$ 和 $\ln K_s$ 是负相关,就会提高二阶矩和宏观弥散度随距离而变化的程度;相反,当 $\ln K_d$ 和 $\ln K_s$ 呈正相关时,溶质的扩散就会减慢。这一现象具有以下物理意义:当 $\ln K_d$ 和 $\ln K_s$ 负相关时,土壤中水力传导度较大的地带,其吸附系数较小(或较小的滞后因子),则这些点上溶质的运移速度就很大;相反,在传导度小的地带具有较大的吸附系数,这样溶

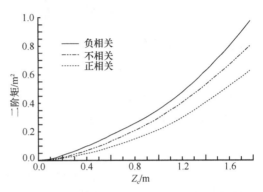

图 12.4　K_d 和 K_s 之间相关结构对于溶质二阶矩的影响

质运移速率就很小。因此,$\ln K_d$ 和 $\ln K_s$ 负相关会增强溶质运移速度的变异性,导致弥散度的增加。

12.2　地下水运动随机问题的 Karhunen-Loève 展开模型

12.2.1　Karhunen-Loève 展开(KL 展开)

设 $\psi_i(\boldsymbol{x})$ 相互正交构成完备集,确定性的或随机的空间函数 $U'(\boldsymbol{x})$ 可以展开为广义 Fourier 级数的形式:

$$U'(\boldsymbol{x}) = \sum_{i=1}^{\infty} c_i \psi_i(\boldsymbol{x}) \tag{12.2.1}$$

基函数 $\psi_i(\boldsymbol{x})$ 可根据如下准则标准正交化

$$\int_{\Omega} \psi_i(\boldsymbol{x}) \psi_j(\boldsymbol{x}) \mathrm{d}\boldsymbol{x} = \delta_{ij} \tag{12.2.2}$$

由式(12.2.1)可知展开系数为

$$c_i = \int_{\Omega} U'(\boldsymbol{x}) \psi_i(\boldsymbol{x}) \mathrm{d}\boldsymbol{x} \tag{12.2.3}$$

如果 $U'(\boldsymbol{x})$ 为随机空间函数,展开系数 c_i 就是随机系数。不失一般性,我们讨论零均值即 $\langle U'(\boldsymbol{x}) \rangle = 0$ 的随机场。

如果随机展开系数具有以下性质:

$$\langle c_i c_j \rangle = \begin{cases} \chi_i & i = j \\ 0 & i \neq j \end{cases} \tag{12.2.4}$$

那么基函数就会满足如下积分方程：

$$\int_{\Omega} C(\boldsymbol{x}, \boldsymbol{y}) \psi_i(\boldsymbol{y}) \mathrm{d}\boldsymbol{y} = \chi_i \psi_i(\boldsymbol{x}) \tag{12.2.5}$$

式中，$C(\boldsymbol{x}, \boldsymbol{y})$ 为空间随机场 $U'(\boldsymbol{x})$ 的协方差函数。这个较容易证明，利用式 (12.2.1) 有

$$\langle U'(\boldsymbol{x}) c_i \rangle = \sum_{j=1}^{\infty} \langle c_j c_i \rangle \psi_j(\boldsymbol{x}) = \chi_i \psi_i(\boldsymbol{x}) \tag{12.2.6}$$

又由式 (12.2.3) 可知：

$$\langle U'(\boldsymbol{x}) c_i \rangle = \int_{\Omega} \langle U'(\boldsymbol{x}) U'(\boldsymbol{y}) \rangle \psi_i(\boldsymbol{y}) \mathrm{d}\boldsymbol{y} = \int_{\Omega} C(\boldsymbol{x}, \boldsymbol{y}) \psi_i(\boldsymbol{y}) \mathrm{d}\boldsymbol{y} \tag{12.2.7}$$

由此可见式 (12.2.5) 成立。

如果正交基函数满足积分方程 (12.2.5)，那么

$$\begin{aligned}
\langle c_i c_j \rangle &= \left\langle \int_{\Omega} U'(\boldsymbol{x}) \psi_i(\boldsymbol{x}) \mathrm{d}\boldsymbol{x} \int_{\Omega} U'(\boldsymbol{y}) \psi_j(\boldsymbol{y}) \mathrm{d}\boldsymbol{y} \right\rangle \\
&= \iint_{\Omega\,\Omega} \psi_i(\boldsymbol{x}) C(\boldsymbol{x}, \boldsymbol{y}) \psi_j(\boldsymbol{y}) \mathrm{d}\boldsymbol{y} \mathrm{d}\boldsymbol{x} \\
&= \int_{\Omega} \chi_i \psi_i(\boldsymbol{y}) \psi_j(\boldsymbol{y}) \mathrm{d}\boldsymbol{y} \\
&= \chi_i \delta_{ij}
\end{aligned} \tag{12.2.8}$$

这说明随机展开系数是正交的，即式 (12.2.4) 成立。

由上分析可知，当且仅当 $\psi_i(\boldsymbol{x})$ 满足积分方程 (12.2.5) 时，展开系数 c_i 为正交随机变量。方程 (12.2.5) 为第二类 Fredholm 积分方程，χ_i 和 $\psi_i(\boldsymbol{x})$ 分别为协方差函数的特征值和特征函数。

由式 (12.2.1) 可知

$$\begin{aligned}
\langle c_i \rangle &= \int_{\Omega} \langle U'(\boldsymbol{x}) \rangle \psi_i(\boldsymbol{x}) \mathrm{d}\boldsymbol{x} = 0 \\
\mathrm{Var}[c_i] &= \left\langle \int_{\Omega} U'(\boldsymbol{x}) \psi_i(\boldsymbol{x}) \mathrm{d}\boldsymbol{x} \int_{\Omega} U'(\boldsymbol{y}) \psi_i(\boldsymbol{y}) \mathrm{d}\boldsymbol{y} \right\rangle \\
&= \iint_{\Omega\,\Omega} \psi_i(\boldsymbol{x}) C(\boldsymbol{x}, \boldsymbol{y}) \psi_i(\boldsymbol{y}) \mathrm{d}\boldsymbol{x} \mathrm{d}\boldsymbol{y}
\end{aligned} \tag{12.2.9}$$

随机变量的方差不为负值，而且根据协方差函数 $C_U(\boldsymbol{x}, \boldsymbol{y})$ 的定义，它是对称正定的，因此 $\iint_{\Omega\,\Omega} \psi_i(\boldsymbol{x}) C(\boldsymbol{x}, \boldsymbol{y}) \psi_i(\boldsymbol{y}) \mathrm{d}\boldsymbol{x} \mathrm{d}\boldsymbol{y} > 0$。根据积分方程 (12.2.5) 以及基函数的正交性有

$$\chi_i = \int_{\Omega} \psi_i(\boldsymbol{x}) \left(\int_{\Omega} C(\boldsymbol{x}, \boldsymbol{y}) \psi_i(\boldsymbol{y}) \mathrm{d}\boldsymbol{y} \right) \mathrm{d}\boldsymbol{x} = \iint_{\Omega\,\Omega} \psi_i(\boldsymbol{x}) C(\boldsymbol{x}, \boldsymbol{y}) \psi_i(\boldsymbol{y}) \mathrm{d}\boldsymbol{x} \mathrm{d}\boldsymbol{y} \tag{12.2.10}$$

由此可见，特征值 $\chi_i > 0$，并且就是随机展开系数 c_i 的方差，可以将随机展开系数标准化为

$$c_i = \sqrt{\chi_i} \xi_i \tag{12.2.11}$$

式中，$\{\xi_i\}$ 为零均值正交随机变量序列，即具有以下性质：

$$\langle \xi_i \rangle = 0 \qquad \langle \xi_i \xi_j \rangle = \delta_{ij} \tag{12.2.12}$$

这样我们得到了随机场的 KL 展开

$$U'(\boldsymbol{x}) = \sum_{i=1}^{\infty} \sqrt{\chi_i} \psi_i(\boldsymbol{x}) \xi_i \tag{12.2.13}$$

由于在 KL 展开中，特征值和特征函数总是一起出现，同时考虑到随机场的均值，因而可以将其表示为

$$U(\boldsymbol{x}) = \langle U(\boldsymbol{x}) \rangle + \sum_{i=1}^{\infty} \sqrt{\chi_i} \psi_i(\boldsymbol{x}) \xi_i = \langle U(\boldsymbol{x}) \rangle + \sum_{i=1}^{\infty} U_i(\boldsymbol{x}) \xi_i \tag{12.2.14}$$

由式(12.2.14)可见，KL 展开的一个重要特征就是将空间随机扰动分解为一系列确定性函数和随机变量的乘积。

由式(12.2.14)可知协方差函数的谱分解：

$$C_U(\boldsymbol{x}, \boldsymbol{y}) = \sum_{i=1}^{\infty} \chi_i \psi_i(\boldsymbol{x}) \psi_i(\boldsymbol{y}) \tag{12.2.15}$$

由式(12.2.15)很容易得到 $\sigma_U^2 D = \sum_{i=1}^{\infty} \chi_i \psi_i^2(\boldsymbol{x})$，将该式积分可得

$$\sigma_U^2 D = \sum_{i=1}^{\infty} \chi_i \tag{12.2.16}$$

式中，D 为研究区域大小，一维、二维和三维情况下分别为长度、面积和体积。

KL 展开有两个重要的性质(Ghanem and Spanos，1991)，即①随机场的有限项 KL 展开的均方误差最小；②随机场的 KL 展开唯一。由这两个性质可知，随机场的 KL 展开可以用有限的 M 项来近似，而且这一截断级数展开是最优的：

$$U(\boldsymbol{x}) = \langle U(\boldsymbol{x}) \rangle + \sum_{i=1}^{M} \sqrt{\chi_i} \psi_i(\boldsymbol{x}) \xi_i \tag{12.2.17}$$

如果随机空间函数是高斯场，那么随机变量序列 $\{\xi_i\}$ 形成了一个高斯随机向量，任何 $\{\xi_i\}$ 的子集都是联合高斯分布。既然这些随机变量不相关，由高斯场的性质可知，它们也是相互独立的，由此可得以下关系式：

$$\begin{aligned} \langle \xi_1, \cdots, \xi_{2n+1} \rangle &= 0 \\ \langle \xi_1, \cdots, \xi_{2n} \rangle &= \sum \prod \langle \xi_i \xi_j \rangle \end{aligned} \tag{12.2.18}$$

在后面的章节中可以看到，式(12.2.18)在推导水流变量的统计矩过程中非常有用。

12.2.2　随机场的多项式混沌展开

对已知相关函数的随机函数，可以采用 KL 展开，但是，部分随机函数并不能预先知道其相关函数，例如我们可以得到渗透系数随机场的相关函数，但是对于待求的水头分布函数，我们不可能预先知道其相关函数，这时，可以采用随机函数的混沌展开。Winer(1938)提出了随机场多项式混沌展开的概念，以 Hermite 多项式为随机空间的基函数可对二阶随机场进行如下形式展开：

$$h(\boldsymbol{x},t) = H^{(0)}(\boldsymbol{x},t) + \sum_{i=1}^{\infty} H_i(\boldsymbol{x},t)\boldsymbol{\Gamma}_1(\xi_i) + \sum_{i=1}^{\infty}\sum_{j=1}^{i} H_{ij}(\boldsymbol{x},t)\boldsymbol{\Gamma}_2(\xi_i\xi_j)$$

$$+ \sum_{i=1}^{\infty}\sum_{j=1}^{i}\sum_{k=1}^{j} H_{ijk}(\boldsymbol{x},t)\boldsymbol{\Gamma}_3(\xi_i\xi_j\xi_k) + \cdots \tag{12.2.19}$$

式中，$\boldsymbol{\Gamma}_n(.)$ 为 n 阶混沌多项式（简称 PC），通常采用 Hermite 多项式。沿用 Yang 等（2004）的处理方法，采用 Hermite 多项式分解水头场。因为 $\{\boldsymbol{\Gamma}_n(.)\}$ 中都是（ξ_1，ξ_2，$\cdots$，ξ_n）的多项式，因此可将式（12.2.19）表示为以下形式：

$$h(\boldsymbol{x},t) = h^{(0)}(\boldsymbol{x},t) + \sum_{i=1}^{\infty} h_i(\boldsymbol{x},t)\xi_i + \sum_{i,j=1}^{\infty} h_{ij}(\boldsymbol{x},t)\xi_i\xi_j + \sum_{i,j,k=1}^{\infty} h_{ijk}(\boldsymbol{x},t)\xi_i\xi_j\xi_k + \cdots$$

$$= h^{(0)}(\boldsymbol{x},t) + h^{(1)}(\boldsymbol{x},t) + h^{(2)}(\boldsymbol{x},t) + \cdots \tag{12.2.20}$$

式（12.2.19）和式（12.2.20）仅考虑了一个因子的空间变异性对水头场的影响，当水头受四个不相关随机因子作用时，水头场的二阶混沌展开可表述为

$$h(\boldsymbol{x},t) = h^{(0)} + h^{(1)} + h^{(2)} \tag{12.2.21}$$

其中

$$h^{(0)} = h_0 \tag{12.2.22}$$

$$h^{(1)} = \sum_{i=1}^{\infty} \left(h_i^{\xi}\xi_i + h_i^{\eta}\eta_i + h_i^{\varphi}\varphi_i + h_i^{\varsigma}\varsigma_i \right) = \sum_{k=1}^{4}\sum_{i=1}^{\infty} \left[h_i^{\psi_k} \cdot (\psi_k)_i \right] \tag{12.2.23}$$

$$h^{(2)} = \sum_{k,l=1;k\leqslant l}^{4}\sum_{i,j=1}^{\infty} h_{ij}^{\psi_k\psi_l} (\psi_k)_i (\psi_l)_j \tag{12.2.24}$$

式中，$(\psi_1,\psi_2,\psi_3,\psi_4) = (\xi,\eta,\varphi,\varsigma)$；$h_0$，$h_i^{\xi}$，$h_i^{\eta}$，$h_i^{\varphi}$，$h_i^{\varsigma}$ 和 $h_{ij}^{\psi_k\psi_l}$ 均为待求未知数。

12.2.3 饱和水流运动的随机数值模型

含水层的一个重要水力特性就是水力传导度，水力传导度在本质上是确定性的，然而较大的空间变异性和缺乏含水层的详细实验资料，使得准确地用确定性的方法对其描述不大可能。本节将水力传导度作为随机场，通过统计量和空间变异结构来刻画其空间变异性，主要是确定水头随机场的统计矩，从定量角度来估计介质参数的空间变异性对饱和水流运动的影响。

1. 摄动方程

饱和多孔介质中的水流运动满足连续性方程和达西定律

$$S_s \frac{\partial H(\boldsymbol{x},t)}{\partial t} = -\nabla q(\boldsymbol{x},t) + g(\boldsymbol{x},t) \tag{12.2.25}$$

$$q(\boldsymbol{x},t) = -K_s(\boldsymbol{x})\nabla H(\boldsymbol{x},t) \tag{12.2.26}$$

初始条件和边界条件如下：

$$H(\boldsymbol{x},0)=H_{\mathrm{ini}}(\boldsymbol{x}),\quad \boldsymbol{x}\in\varOmega$$
$$H(\boldsymbol{x},t)=H_d(\boldsymbol{x},t),\quad \boldsymbol{x}\in\varGamma_D \tag{12.2.27}$$
$$q(\boldsymbol{x},t)\cdot n(\boldsymbol{x})=Q_n(\boldsymbol{x},t),\quad \boldsymbol{x}\in\varGamma_N$$

式中，S_s 为储水率；$H(\boldsymbol{x},t)$ 为总水头；$q(\boldsymbol{x},t)$ 为达西流速；$g(\boldsymbol{x},t)$ 为源汇项；$K_s(\boldsymbol{x})$ 为饱和水力传导度；$H_{\mathrm{ini}}(\boldsymbol{x})$ 为研究区域 $\varOmega$ 的初始水头分布；$H_d(\boldsymbol{x},t)$ 为 Dirichlet 边界 $\varGamma_D$ 上的已知水头函数；$Q_n(\boldsymbol{x},t)$ 为 Neumann 边界 $\varGamma_N$ 上的已知流量函数；$n(\boldsymbol{x})$ 为研究区域边界 $\varGamma=\varGamma_D+\varGamma_N$ 的单位外法线向量；$\boldsymbol{x}=(x_1,\ x_2,\ x_3)^{\mathrm{T}}$ 为笛卡儿坐标；t 为时间。

为简单起见，我们认为初始条件 $H_{\mathrm{ini}}(\boldsymbol{x})$ 和边界条件 $H_d(\boldsymbol{x},\ t)$，$Q_n(\boldsymbol{x},\ t)$ 以及储水率 S_s 都是确定性的常量或函数，同时假定局部水力传导度是各向同性的，主要考虑水力特性参数的空间变异性，认为饱和水力传导度 $K_s(\boldsymbol{x})$ 是服从对数正态分布的随机场。引入变量

$$f(\boldsymbol{x})=\ln K_s(\boldsymbol{x}) \tag{12.2.28}$$

将对数饱和水力传导度 $f(\boldsymbol{x})$ 分解

$$f(\boldsymbol{x})=\langle f(\boldsymbol{x})\rangle+f'(\boldsymbol{x}) \tag{12.2.29}$$

式中，$\langle f(\boldsymbol{x})\rangle$ 为均值，在空间上是相对光滑的；$f'(\boldsymbol{x})$ 为 $f(\boldsymbol{x})$ 的围绕均值的随机扰动。由高斯场的性质可知，$f(\boldsymbol{x})$ 完全由其均值 $\langle f(\boldsymbol{x})\rangle$ 和协方差函数 $C_f(\boldsymbol{x},\boldsymbol{y})=\langle f'(\boldsymbol{x})f'(\boldsymbol{y})\rangle$ 表征。

这样，由于饱和水力传导度场的随机性，式 (12.2.25) 至式 (12.2.27) 就成为随机偏微分方程，水头 $H(\boldsymbol{x},\ t)$ 也是随机场。一般来说，若地下水水流定解问题中控制方程的系数或定解条件中包含随机函数，就可称此定解问题为随机地下水定解问题。

将式 (12.2.26) 代入式 (12.2.25) 并利用式 (12.2.28) 可得

$$e^{-f(\boldsymbol{x})}S_s\frac{\partial H(\boldsymbol{x},t)}{\partial t}=\nabla^2 H(\boldsymbol{x},t)+\nabla f(\boldsymbol{x})\cdot\nabla H(\boldsymbol{x},t)+e^{-f(\boldsymbol{x})}g(\boldsymbol{x},t)$$
$$H(\boldsymbol{x},0)=H_{ini}(\boldsymbol{x}),\quad \boldsymbol{x}\in\varOmega \tag{12.2.30}$$
$$H(\boldsymbol{x},t)=H_d(\boldsymbol{x},t),\quad \boldsymbol{x}\in\varGamma_D$$
$$e^{f(\boldsymbol{x})}\nabla H(\boldsymbol{x},t)\cdot n(\boldsymbol{x})=-Q_n(\boldsymbol{x},t),\quad \boldsymbol{x}\in\varGamma_N$$

$H(\boldsymbol{x},\ t)$ 作为水流系统的输出，其随机性依赖于水流系统输入的随机性，将总水头展开为渐进级数

$$H(\boldsymbol{x},t)=H^{(0)}(\boldsymbol{x},t)+H^{(1)}(\boldsymbol{x},t)+H^{(2)}(\boldsymbol{x},t)+H^{(3)}(\boldsymbol{x},t)+\cdots \tag{12.2.31}$$

在此级数展开式中，每一展开项 $H^{(p)}(\boldsymbol{x},\ t)$ 的阶数 p 都是关于 $f(\boldsymbol{x})$ 的标准差 σ_f 的，即 $H^{(p)}=O(\sigma_f^p)$。

将 $e^{-f(\boldsymbol{x})}$ 和 $e^{f(\boldsymbol{x})}$ 用泰勒级数展开为

$$e^{-f(\boldsymbol{x})}=\frac{1}{K_G(\boldsymbol{x})}\left[1-f'(\boldsymbol{x})+\frac{1}{2}[f'(\boldsymbol{x})]^2-\frac{1}{6}[f'(\boldsymbol{x})]^3+\cdots\right]$$
$$\tag{12.2.32}$$
$$e^{f(\boldsymbol{x})}=K_G(\boldsymbol{x})\left[1+f'(\boldsymbol{x})+\frac{1}{2}[f'(\boldsymbol{x})]^2+\frac{1}{6}[f'(\boldsymbol{x})]^3+\cdots\right]$$

式中，$K_G(\boldsymbol{x}) = \mathrm{e}^{\langle f(\boldsymbol{x})\rangle}$ 为饱和水力传导度 $K_s(\boldsymbol{x})$ 的几何平均。

将 $H(\boldsymbol{x}, t)$ 和 $f(\boldsymbol{x})$ 相关的展开式(12.2.29)、式(12.2.31)、式(12.2.32)代入式(12.2.30)有

$$\frac{S_s}{K_G(\boldsymbol{x})}\left\{1 - f'(\boldsymbol{x}) + \frac{1}{2}\left[f'(\boldsymbol{x})\right]^2 - \frac{1}{6}\left[f'(\boldsymbol{x})\right]^3 + \cdots\right\}\cdot$$

$$\frac{\partial}{\partial t}\left[H^{(0)}(\boldsymbol{x},t) + H^{(1)}(\boldsymbol{x},t) + H^{(2)}(\boldsymbol{x},t) + H^{(3)}(\boldsymbol{x},t) + \cdots\right]$$

$$= \nabla^2\left[H^{(0)}(\boldsymbol{x},t) + H^{(1)}(\boldsymbol{x},t) + H^{(2)}(\boldsymbol{x},t) + H^{(3)}(\boldsymbol{x},t) + \cdots\right]$$

$$+ \nabla\left[\langle f(\boldsymbol{x})\rangle + f'(\boldsymbol{x})\right]\cdot\nabla\left[H^{(0)}(\boldsymbol{x},t) + H^{(1)}(\boldsymbol{x},t) + H^{(2)}(\boldsymbol{x},t) + H^{(3)}(\boldsymbol{x},t) + \cdots\right]$$

$$+ \frac{g}{K_G(\boldsymbol{x})}\left\{1 - f'(\boldsymbol{x}) + \frac{1}{2}\left[f'(\boldsymbol{x})\right]^2 - \frac{1}{6}\left[f'(\boldsymbol{x})\right]^3 + \cdots\right\}$$

$$(12.2.33)$$

定解条件如下：

$$H^{(0)}(\boldsymbol{x},0) + H^{(1)}(\boldsymbol{x},0) + H^{(2)}(\boldsymbol{x},0) + H^{(3)}(\boldsymbol{x},0) + \cdots = H_{ini}(\boldsymbol{x}), \quad \boldsymbol{x}\in\Omega$$

$$H^{(0)}(\boldsymbol{x},t) + H^{(1)}(\boldsymbol{x},t) + H^{(2)}(\boldsymbol{x},t) + H^{(3)}(\boldsymbol{x},t) + \cdots = H_d(\boldsymbol{x},t), \quad \boldsymbol{x}\in\Gamma_D$$

$$\left\{1 + f'(\boldsymbol{x}) + \frac{1}{2}\left[f'(\boldsymbol{x})\right]^2 + \frac{1}{6}\left[f'(\boldsymbol{x})\right]^3 + \cdots\right\}\cdot$$

$$(12.2.34)$$

$$\nabla\left[H^{(0)}(\boldsymbol{x},t) + H^{(1)}(\boldsymbol{x},t) + H^{(2)}(\boldsymbol{x},t) + H^{(3)}(\boldsymbol{x},t) + \cdots\right]\cdot\boldsymbol{n}(\boldsymbol{x})$$

$$= -\frac{Q_n(\boldsymbol{x},t)}{K_G(\boldsymbol{x})}, \quad \boldsymbol{x}\in\Gamma_N$$

方程(12.2.33)的左边为

$$LHS = \frac{S_s}{K_G}\frac{\partial H^{(0)}}{\partial t}$$

$$+ \frac{S_s}{K_G}\left[\frac{\partial H^{(1)}}{\partial t} - \frac{\partial H^{(0)}}{\partial t}f'\right]$$

$$+ \frac{S_s}{K_G}\left[\frac{\partial H^{(2)}}{\partial t} - f'\frac{\partial H^{(1)}}{\partial t} + \frac{1}{2}\frac{\partial H^{(0)}}{\partial t}(f')^2\right]$$

$$(12.2.35)$$

$$+ \frac{S_s}{K_G}\left[\frac{\partial H^{(3)}}{\partial t} - f'\frac{\partial H^{(2)}}{\partial t} + \frac{1}{2}(f')^2\frac{\partial H^{(1)}}{\partial t} - \frac{1}{6}\frac{\partial H^{(0)}}{\partial t}(f')^3\right] + \cdots$$

式中，第一项为不包含随机扰动的零阶项；第二项为包含一阶随机扰动的一阶项；第三项为包含二阶随机扰动的二阶项；第四项为包含三阶随机扰动的三阶项。在传统摄动方法中往往只展开到一阶项，其他均称为高阶项。

同样的，方程(12.2.33)的右边展开后得

$$RHS = \nabla \langle f \rangle \cdot \nabla H^{(0)} + \nabla^2 H^{(0)} + \frac{g}{K_G}$$

$$+ \nabla \langle f \rangle \cdot \nabla H^{(1)} + \nabla^2 H^{(1)} + \nabla f' \cdot \nabla H^{(0)} - \frac{g}{K_G} f'$$

$$+ \nabla \langle f \rangle \cdot \nabla H^{(2)} + \nabla^2 H^{(2)} + \nabla f' \cdot \nabla H^{(1)} + \frac{g}{2K_G} (f')^2 \qquad (12.2.36)$$

$$+ \nabla \langle f \rangle \cdot \nabla H^{(3)} + \nabla^2 H^{(3)} + \nabla f' \cdot \nabla H^{(2)} - \frac{g}{6K_G} (f')^3 + \cdots$$

将各阶展开分离并且合并同类项，可得水头各阶展开所满足的方程：

$$\frac{S_s}{K_G(\boldsymbol{x})} \frac{\partial H^{(p)}(\boldsymbol{x},t)}{\partial t} = \nabla^2 H^{(p)}(\boldsymbol{x},t) + \nabla \langle f(\boldsymbol{x}) \rangle \cdot \nabla H^{(p)}(\boldsymbol{x},t) + g^{(p)}(\boldsymbol{x},t)$$

$$H^{(p)}(\boldsymbol{x},0) = H_{ini}(\boldsymbol{x})\delta_{p,0}, \quad \boldsymbol{x} \in \Omega \qquad (12.2.37)$$

$$H^{(p)}(\boldsymbol{x},t) = H_d(\boldsymbol{x},t)\delta_{p,0}, \quad \boldsymbol{x} \in \Gamma_D$$

$$\nabla H^{(p)}(\boldsymbol{x},t) \cdot n(\boldsymbol{x}) = Q^{(p)}(\boldsymbol{x},t), \quad \boldsymbol{x} \in \Gamma_N$$

式中，p 为方程的阶数；$\delta_{p,0}$ 为 Kronecker 函数，当 $p=0$，时 $\delta_{p,0}=1$，p 为其他值时，$\delta_{p,0}=0$。

考虑水头的三阶展开。在方程(12.2.37)中，各阶的驱动项 $g^{(p)}(\boldsymbol{x},t)$ 和 $Q^{(p)}(\boldsymbol{x},t)$ 分别定义如下：

$$g^{(0)}(\boldsymbol{x},t) = \frac{g(\boldsymbol{x},t)}{K_G(\boldsymbol{x})}$$

$$Q^{(0)}(\boldsymbol{x},t) = -\frac{Q_n(\boldsymbol{x},t)}{K_G(\boldsymbol{x})} \qquad (12.2.38)$$

$$g^{(1)}(\boldsymbol{x},t) = \frac{S_s}{K_G(\boldsymbol{x})} \frac{\partial H^{(0)}(\boldsymbol{x},t)}{\partial t} f'(\boldsymbol{x}) + \nabla f'(\boldsymbol{x}) \cdot \nabla H^{(0)}(\boldsymbol{x},t) - \frac{g(\boldsymbol{x},t)}{K_G(\boldsymbol{x})} f'(\boldsymbol{x})$$

$$Q^{(1)}(\boldsymbol{x},t) = \frac{Q_n(\boldsymbol{x},t)}{K_G(\boldsymbol{x})} f'(\boldsymbol{x})$$

$$(12.2.39)$$

$$g^{(2)}(\boldsymbol{x},t) = \frac{S_s}{K_G(\boldsymbol{x})} \left\{ \frac{\partial H^{(1)}(\boldsymbol{x},t)}{\partial t} f'(\boldsymbol{x}) - \frac{1}{2} \frac{\partial H^{(0)}(\boldsymbol{x},t)}{\partial t} [f'(\boldsymbol{x})]^2 \right\}$$

$$+ \nabla H^{(1)}(\boldsymbol{x},t) \cdot \nabla f'(\boldsymbol{x}) + \frac{g(\boldsymbol{x},t)}{2K_G(\boldsymbol{x})} [f'(\boldsymbol{x})]^2 \qquad (12.2.40)$$

$$Q^{(2)}(\boldsymbol{x},t) = -\frac{Q_n(\boldsymbol{x},t)}{2K_G(\boldsymbol{x})} [f'(\boldsymbol{x})]^2$$

$$g^{(3)}(\boldsymbol{x},t) = \frac{S_s}{K_G(\boldsymbol{x})} \left\{ \frac{\partial H^{(2)}(\boldsymbol{x},t)}{\partial t} f'(\boldsymbol{x}) - \frac{1}{2} \frac{\partial H^{(1)}(\boldsymbol{x},t)}{\partial t} \left[f'(\boldsymbol{x}) \right]^2 \right.$$

$$\left. + \frac{1}{6} \frac{\partial H^{(0)}(\boldsymbol{x},t)}{\partial t} \left[f'(\boldsymbol{x}) \right]^3 \right\} + \nabla H^{(2)}(\boldsymbol{x},t) \cdot \nabla f'(\boldsymbol{x}) - \frac{g(\boldsymbol{x},t)}{6K_G(\boldsymbol{x})} \left[f'(\boldsymbol{x}) \right]^3 \quad (12.2.41)$$

$$Q^{(3)}(\boldsymbol{x},t) = \frac{Q_n(\boldsymbol{x},t)}{6K_G(\boldsymbol{x})} \left[f'(\boldsymbol{x}) \right]^3$$

当 $p=0$ 时，由方程（12.2.37）得到零阶方程

$$\frac{S_s}{K_G(\boldsymbol{x})} \frac{\partial H^{(0)}(\boldsymbol{x},t)}{\partial t} = \nabla^2 H^{(0)}(\boldsymbol{x},t) + \nabla \langle f(\boldsymbol{x}) \rangle \cdot \nabla H^{(0)}(\boldsymbol{x},t) + g^{(0)}(\boldsymbol{x},t)$$

$$H^{(0)}(\boldsymbol{x},0) = H_{ini}(\boldsymbol{x}), \quad \boldsymbol{x} \in \Omega \tag{12.2.42}$$

$$H^{(0)}(\boldsymbol{x},t) = H_d(\boldsymbol{x},t), \quad \boldsymbol{x} \in \Gamma_D$$

$$\nabla H^{(0)}(\boldsymbol{x},t) \cdot n(\boldsymbol{x}) = Q^{(0)}(\boldsymbol{x},t), \quad \boldsymbol{x} \in \Gamma_N$$

零阶方程是确定性方程，可以直接求解。注意到，零阶方程与原来的流动方程非常相似。事实上，将原流动方程中的 K_s 用其几何平均 K_G 替代，就得到零阶方程。

当 $p = 1, 2, \cdots$ 时，得到相应阶数的摄动方程，它们都是随机微分方程，描述了饱和介质中水头的扰动与介质参数的扰动量之间的关系。这些方程说明饱和水流系统输出的随机扰动是由系统输入参数的随机扰动所引起的，即介质特性的空间变异性导致了水流运动的非均匀性，同时它也依赖于水流平均流动状态。事实上，水力传导度的小尺度脉动会产生明显的大尺度效应，主要的是因为水力传导度的扰动与水流变量的扰动之间存在着非线性关系。

由式（12.2.37）可见，水头展开项满足递推方程，也就是高阶项仅与低阶项有关，因而可以较容易得到任意高阶展开项。理论上可以通过评估各阶展开项的贡献来确定展开式的收敛性，然而实际上越是高阶项越难以计算。由于 $H^{(n)}$ 是随机的，因而展开式的收敛性不能通过 $H^{(n)}$ 的数值大小来判别，但是可以通过其统计矩来判别。往往随机模拟将 Monte-Carlo 方法的结果作为随机问题的真实解，而将模拟结果与其进行比较从而确定展开式的阶数。

2. 基于 KL 展开的摄动方程

根据 KL 展开，将随机场 $f'(\boldsymbol{x})$ 离散为

$$f'(\boldsymbol{x}) = \sum_{I=1}^{\infty} f_I(\boldsymbol{x}) \xi_I \tag{12.2.43}$$

式中，f_I 与随机场的协方差函数的特征值和特征函数有关。

水流系统的不确定性来自于随机场 $f(\boldsymbol{x})$，考虑到随机输入展开式（12.2.43），可以将水头式（12.2.31）展开为式（12.2.43）中随机变量的多项式：

$$H^{(1)} = \sum_{I=1}^{\infty} H_I \xi_I \tag{12.2.44}$$

$$H^{(2)} = \sum_{I,J=1}^{\infty} H_{IJ} \xi_I \xi_J \tag{12.2.45}$$

$$H^{(3)} = \sum_{I,J,K=1}^{\infty} H_{IJK}\xi_I\xi_J\xi_K \tag{12.2.46}$$

式中，H_I，H_{IJ} 和 H_{IJK} 为待求的确定性系数，H_{IJ} 关于下标 I 和 J 对称，H_{IJK} 关于下标 I、J 和 K 对称。求解各展开系数 H_I，H_{IJ}，H_{IJK}，就可以得到水头的随机表达式，从而计算水头的统计矩。

令 $p=1$，将式 (12.2.43) 和式 (12.2.44) 代入式 (12.2.37) 有

$$\sum_{I=1}^{\infty}\left[\frac{S_s}{K_G(\boldsymbol{x})}\frac{\partial H_I(\boldsymbol{x},t)}{\partial t} - \nabla^2 H_I(\boldsymbol{x},t) - \nabla\langle f(\boldsymbol{x})\rangle\cdot\nabla H_I(\boldsymbol{x},t) - g_I(\boldsymbol{x},t)\right]\xi_I = 0$$

$$\sum_{I=1}^{\infty} H_I(\boldsymbol{x},0)\xi_I = 0, \quad \boldsymbol{x}\in\Omega$$

$$\sum_{I=1}^{\infty} H_I(\boldsymbol{x},t)\xi_I = 0, \quad \boldsymbol{x}\in\Gamma_D \tag{12.2.47}$$

$$\nabla\left[\sum_{I=1}^{\infty} H_I(\boldsymbol{x},t)\xi_I\right]\cdot n(\boldsymbol{x}) = \sum_{I=1}^{\infty} Q_I(\boldsymbol{x},t)\xi_I, \quad \boldsymbol{x}\in\Gamma_N$$

在方程 (12.2.47) 两边同时乘以随机变量 ξ_I，I 为 1，2，$\cdots$中任意值，然后取集平均，利用式 (12.2.12) 可得

$$\frac{S_s}{K_G(\boldsymbol{x})}\frac{\partial H_I(\boldsymbol{x},t)}{\partial t} = \nabla^2 H_I(\boldsymbol{x},t) + \nabla\langle f(\boldsymbol{x})\rangle\cdot\nabla H_I(\boldsymbol{x},t) + g_I(\boldsymbol{x},t)$$

$$H_I(\boldsymbol{x},0) = 0, \quad \boldsymbol{x}\in\Omega$$

$$H_I(\boldsymbol{x},t) = 0, \quad \boldsymbol{x}\in\Gamma_D$$

$$\nabla H_I(\boldsymbol{x},t)\cdot n(\boldsymbol{x}) = Q_I(\boldsymbol{x},t), \quad \boldsymbol{x}\in\Gamma_N \tag{12.2.48}$$

$$g_I(\boldsymbol{x},t) = \frac{S_s}{K_G(\boldsymbol{x})}\frac{\partial H^{(0)}(\boldsymbol{x},t)}{\partial t}f_I(\boldsymbol{x}) + \nabla f_I(\boldsymbol{x})\cdot\nabla H^{(0)}(\boldsymbol{x},t) - \frac{g(\boldsymbol{x},t)}{K_G(\boldsymbol{x})}f_I(\boldsymbol{x})$$

$$Q_I(\boldsymbol{x},t) = \frac{Q_n(\boldsymbol{x},t)}{K_G(\boldsymbol{x})}f_I(\boldsymbol{x})$$

由 KL 展开的定义可知，式 (12.2.48) 中的驱动项 $g_I(\boldsymbol{x},t)$ 和 $Q_I(\boldsymbol{x},t)$ 都与 $f'(\boldsymbol{x})$ 的 KL 展开的特征值的平方根成比例，因而随着下标 I 的增加而单调减少。一般地，这使得 $H_I(\boldsymbol{x},t)$ 对 $H^{(1)}(\boldsymbol{x},t)$ 的作用随着 I 的增加而降低，当 I 为某一数值时其后的项均可忽略不计，那么可以将 H_I 取到一定项数而得到 $H^{(1)}$ 的较好的近似表达。同时也说明 $H_I(\boldsymbol{x},t)$ 与 $f(\boldsymbol{x})$ 的标准差 σ_f 成比例，因此 $H^{(1)}(\boldsymbol{x},t)$ 的展开式 (12.2.44) 是合理的。

令 $p=2$，将展开式 (12.2.43) 至式 (12.2.45) 代入式 (12.2.37) 得到

$$\sum_{I,J=1}^{\infty} D_{IJ}\xi_I\xi_J = 0 \tag{12.2.49}$$

式中，$D_{IJ} = \dfrac{S_s}{K_G(\boldsymbol{x})}\dfrac{\partial H_{IJ}(\boldsymbol{x},t)}{\partial t} - \nabla^2 H_{IJ}(\boldsymbol{x},t) - \nabla\langle f(\boldsymbol{x})\rangle\cdot\nabla H_{IJ}(\boldsymbol{x},t) - g_{IJ}(\boldsymbol{x},t)$。

对式(12.2.49)直接取集平均有

$$\sum_{I=1}^{\infty} D_{II} = 0 \tag{12.2.50}$$

在式(12.2.49)两边同时乘以$\xi_K\xi_L$，其中K、L为1，2，…中任意值，然后取集平均得到

$$\sum_{I,J=1}^{\infty} D_{IJ}(\delta_{IJ}\delta_{KL} + \delta_{IK}\delta_{JL} + \delta_{IL}\delta_{JK}) = 0 \tag{12.2.51}$$

分析式(12.2.51)可知：当$K \neq L$时，$D_{KL}+D_{LK}=0$，由于D_{IJ}关于下标I和J是对称的，于是有$D_{KL}=0$；当$K=L$时，$2D_{KK} + \sum_{I=1}^{\infty} D_{II} = 0$，结合式(12.2.50)有$D_{KK}=0$。这样，对于任意$K$，$L=1,2\cdots$都有$D_{KL}=0$，由$K$和$L$的任意性可知$D_{IJ}=0$。对边界条件也可得到类似的结论。于是，水头二阶展开系数的方程为

$$\frac{S_s}{K_G(\boldsymbol{x})}\frac{\partial H_{IJ}(\boldsymbol{x},t)}{\partial t} = \nabla^2 H_{IJ}(\boldsymbol{x},t) + \nabla\langle f(\boldsymbol{x})\rangle \cdot \nabla H_{IJ}(\boldsymbol{x},t) + g_{IJ}(\boldsymbol{x},t)$$

$$H_{IJ}(\boldsymbol{x},0) = 0, \quad \boldsymbol{x} \in \Omega$$

$$H_{IJ}(\boldsymbol{x},t) = 0, \quad \boldsymbol{x} \in \Gamma_D$$

$$\nabla H_{IJ}(\boldsymbol{x},t) \cdot n(\boldsymbol{x}) = Q_{IJ}(\boldsymbol{x},t), \quad \boldsymbol{x} \in \Gamma_N$$

$$g_{IJ}(\boldsymbol{x},t) = \frac{S_s}{2K_G(\boldsymbol{x})}\left[f_I(\boldsymbol{x})\frac{\partial H_J(\boldsymbol{x},t)}{\partial t} + f_J\frac{\partial H_I(\boldsymbol{x},t)}{\partial t}\right] \tag{12.2.52}$$

$$+ \frac{1}{2}\left[\nabla f_I(\boldsymbol{x}) \cdot \nabla H_J(\boldsymbol{x},t) + \nabla f_J(\boldsymbol{x}) \cdot \nabla H_I(\boldsymbol{x},t)\right]$$

$$- \frac{S_s}{2K_G(\boldsymbol{x})}\frac{\partial H^{(0)}(\boldsymbol{x},t)}{\partial t}f_I(\boldsymbol{x})f_J(\boldsymbol{x}) + \frac{g(\boldsymbol{x},t)}{2K_G(\boldsymbol{x})}f_I(\boldsymbol{x})f_J(\boldsymbol{x})$$

$$Q_{IJ}(\boldsymbol{x},t) = -\frac{Q_n(\boldsymbol{x},t)}{2K_G(\boldsymbol{x})}f_I(\boldsymbol{x})f_J(\boldsymbol{x})$$

式(12.2.42)、式(12.2.48)和式(12.2.52)为确定性偏微分方程，这些方程除齐次项和定解条件外，方程的形式完全相同，可利用任何偏微分方程的数值方法对上述求解。在利用数值方法求解的过程中，所得到的矩阵方程的系数矩阵具有相同的形式，这样就可以大大减少计算工作量。为了得到随机函数二阶精度的解，需要求解偏微分方程的个数为$1+N+N^2$，其中N为KL展开的阶数。

3. 地下水计算结果的统计矩

一旦求解方程式(12.2.42)、式(12.2.48)、(12.2.52)获得$H^{(0)}(\boldsymbol{x},t)$，$H_I(\boldsymbol{x},t)$，$H_{IJ}(\boldsymbol{x},t)$，就得到水头随机场$H(\boldsymbol{x},t)$的随机表达式，这样可以直接计算水头的统计矩。

1) 水头的统计矩

考虑水头的三阶展开，那么水头随机场近似表达为

$$H(\boldsymbol{x},t) \approx H^{(0)}(\boldsymbol{x},t) + H^{(1)}(\boldsymbol{x},t) + H^{(2)}(\boldsymbol{x},t) + H^{(3)}(\boldsymbol{x},t) \tag{12.2.53}$$

对式(12.2.53)取集平均得到

$$\begin{aligned} \langle H(\boldsymbol{x},t) \rangle &= H^{(0)}(\boldsymbol{x},t) + \langle H^{(2)}(\boldsymbol{x},t) \rangle \\ &= H^{(0)}(\boldsymbol{x},t) + \sum_{I=1}^{\infty} H_{II}(\boldsymbol{x},t) \end{aligned} \tag{12.2.54}$$

上式右端第一项为零阶或一阶水头均值，第二项为一阶均值的二阶或三阶修正项。

由式(12.2.53)减去(12.2.54)可得到水头扰动

$$H'(\boldsymbol{x},t) = H^{(1)}(\boldsymbol{x},t) + H^{(2)}(\boldsymbol{x},t) + H^{(3)}(\boldsymbol{x},t) - \langle H^{(2)}(\boldsymbol{x},t) \rangle \tag{12.2.55}$$

由式(12.2.55)和式(12.2.43)可得对数饱和水力传导度与水头的互协方差

$$\begin{aligned} C_{fH}(\boldsymbol{x},\boldsymbol{y},\tau) &= \langle f'(\boldsymbol{x})H'(\boldsymbol{x},\tau) \rangle \\ &= \left\langle f'(\boldsymbol{x}) \left[H^{(1)}(\boldsymbol{x},\tau) + H^{(2)}(\boldsymbol{x},\tau) + H^{(3)}(\boldsymbol{x},\tau) - \langle H^{(2)}(\boldsymbol{x},\tau) \rangle \right] \right\rangle \\ &= \langle f'(\boldsymbol{x})H^{(1)}(\boldsymbol{x},\tau) \rangle + \langle f'(\boldsymbol{x})H^{(3)}(\boldsymbol{x},\tau) \rangle \\ &= \sum_{I=1}^{\infty} f_I(\boldsymbol{x})H_I(\boldsymbol{y},\tau) + 3\sum_{I,J=1}^{\infty} f_I(\boldsymbol{x})H_{IJJ}(\boldsymbol{y},\tau) \end{aligned} \tag{12.2.56}$$

保留到水头展开的二次项系数，则可得到水头的协方差为

$$\begin{aligned} C_H(\boldsymbol{x},t;\boldsymbol{y},\tau) &= \langle H'(\boldsymbol{x},t)H'(\boldsymbol{x},\tau) \rangle \\ &= \langle H^{(1)}(\boldsymbol{x},t)H^{(1)}(\boldsymbol{y},\tau) + H^{(2)}(\boldsymbol{x},t)H^{(2)}(\boldsymbol{y},\tau) \\ &\quad + H^{(1)}(\boldsymbol{x},t)H^{(3)}(\boldsymbol{y},\tau) + H^{(3)}(\boldsymbol{x},t)H^{(1)}(\boldsymbol{y},\tau) \rangle \\ &\quad - \langle H^{(2)}(\boldsymbol{x},t) \rangle \langle H^{(2)}(\boldsymbol{y},\tau) \rangle \\ &= \sum_{I=1}^{\infty} H_I(\boldsymbol{x},t)H_I(\boldsymbol{y},\tau) + 2\sum_{I,J=1}^{\infty} H_{IJ}(\boldsymbol{x},t)H_{IJ}(\boldsymbol{y},\tau) \end{aligned} \tag{12.2.57}$$

由式(12.2.57)可得水头方差

$$\sigma_H^2(\boldsymbol{x},t) = \sum_{I=1}^{\infty} \left[H_I(\boldsymbol{x},t) \right]^2 + 2\sum_{I,J=1}^{\infty} \left[H_{IJ}(\boldsymbol{x},t) \right]^2 \tag{12.2.58}$$

式(12.2.58)右端第一项为一阶水头方差，第二项和第三项为一阶方差的二阶修正项。

2) 地下水渗透流速的统计矩

求解了水头的各阶展开后，就可以得到其他水流变量的统计矩。流速的统计矩可从达西定律推导得到

$$\begin{aligned} q(\boldsymbol{x},t) &= -K_G(\boldsymbol{x}) \left[1 + f'(\boldsymbol{x}) + \frac{1}{2}\left[f'(\boldsymbol{x}) \right]^2 + \frac{1}{6}\left[f'(\boldsymbol{x}) \right]^3 + \cdots \right] \cdot \\ &\quad \nabla \left[H^{(0)}(\boldsymbol{x},t) + H^{(1)}(\boldsymbol{x},t) + H^{(2)}(\boldsymbol{x},t) + H^{(3)}(\boldsymbol{x},t) + \cdots \right] \end{aligned} \tag{12.2.59}$$

按照不同阶数合并同类项，保留三阶项，有

$$qi(\boldsymbol{x},t) = qi^{(0)}(\boldsymbol{x},t) + qi^{(1)}(\boldsymbol{x},t) + qi^{(2)}(\boldsymbol{x},t) + qi^{(3)}(\boldsymbol{x},t) \tag{12.2.60}$$

式中，qi 为流速场的第 i 个分量，$i=1,2$。各阶展开项为

$$qi^{(0)}(\boldsymbol{x}) = -K_G(\boldsymbol{x})\frac{\partial H^{(0)}(\boldsymbol{x},t)}{\partial \boldsymbol{x}_i}$$

$$qi^{(1)} = -K_G(\boldsymbol{x})\left[\frac{\partial H^{(1)}}{\partial \boldsymbol{x}_i} + f'\frac{\partial H^{(0)}}{\partial \boldsymbol{x}_i}\right] \tag{12.2.61}$$

$$qi^{(2)} = -K_G(\boldsymbol{x})\left[\frac{\partial H^{(2)}}{\partial \boldsymbol{x}_i} + f'\frac{\partial H^{(1)}}{\partial \boldsymbol{x}_i} + \frac{1}{2}f'^2\frac{\partial H^{(0)}}{\partial \boldsymbol{x}_i}\right]$$

式 (12.2.61) 表明，$\langle qi \rangle = qi^{(0)}$ 为零阶或一阶平均流速，$\langle qi \rangle = qi^{(0)} + \langle qi^{(2)} \rangle$ 为二阶或三阶平均流速，$q' = q^{(1)}$ 为一阶流速扰动。一阶摄动方法得到的平均流速和流速方差为

$$\langle qi(\boldsymbol{x}) \rangle = K_G J_i \tag{12.2.62}$$

$$\begin{aligned} C_{qi}(\boldsymbol{x},\boldsymbol{y}) = K_G{}^2 \Big[& J(\boldsymbol{x})J(\boldsymbol{y})C_f(\boldsymbol{x},\boldsymbol{y}) - J(\boldsymbol{x})\frac{\partial}{\partial \boldsymbol{y}}C_{fH}(\boldsymbol{x},\boldsymbol{y}) \\ & - J(\boldsymbol{y})\frac{\partial}{\partial \boldsymbol{x}}C_{fH}(\boldsymbol{y},\boldsymbol{x}) + \frac{\partial^2}{\partial \boldsymbol{x}\partial \boldsymbol{y}}C_h(\boldsymbol{x},\boldsymbol{y}) \Big] \end{aligned} \tag{12.2.63}$$

式中，$J_i(\boldsymbol{x}) = -\partial H^{(0)} / \partial \boldsymbol{x}_i$ 为零阶平均水力梯度。

平均流速的二阶修正项为

$$\left\langle q^{(2)}(\boldsymbol{x}) \right\rangle = K_G\left[\frac{J(\boldsymbol{x})}{2}\sigma_f^2(\boldsymbol{x}) - \frac{\partial}{\partial \boldsymbol{x}}\left\langle H^{(2)}(\boldsymbol{x}) \right\rangle - \frac{\partial}{\partial \boldsymbol{y}}C_{fH}(\boldsymbol{x},\boldsymbol{y})\Big|_{\boldsymbol{x}=\boldsymbol{y}}\right] \tag{12.2.64}$$

将 f' 的展开式及各阶水头 $H^{(p)}$ 的展开代入式 (12.2.60) 可得

$$qi(\boldsymbol{x},t) = qi^{(0)}(\boldsymbol{x},t) + \sum_{I=1}^{\infty}qi_I(\boldsymbol{x},t)\xi_I + \sum_{I,J=1}^{\infty}qi_{IJ}(\boldsymbol{x},t)\xi_I\xi_J \tag{12.2.65}$$

各阶的展开项为

$$qi_I = -K_G(\boldsymbol{x})\left[\frac{\partial H_I(\boldsymbol{x},t)}{\partial \boldsymbol{x}_i} + f_I(\boldsymbol{x})\frac{\partial H^{(0)}(\boldsymbol{x},t)}{\partial \boldsymbol{x}_i}\right]$$

$$\begin{aligned} qi_{IJ} = -K_G(\boldsymbol{x})\Big[& \frac{\partial H_{IJ}(\boldsymbol{x},t)}{\partial \boldsymbol{x}_i} + \frac{1}{2}\left(f_I(\boldsymbol{x})\frac{\partial H_J(\boldsymbol{x},t)}{\partial \boldsymbol{x}_i} + f_J(\boldsymbol{x})\frac{\partial H_I(\boldsymbol{x},t)}{\partial \boldsymbol{x}_i}\right) \\ & + \frac{1}{2}f_I(\boldsymbol{x})f_J\frac{\partial H^{(0)}(\boldsymbol{x},t)}{\partial \boldsymbol{x}_i}\Big] \end{aligned} \tag{12.2.66}$$

流速的均值为

$$\langle qi(\boldsymbol{x},t) \rangle = qi^{(0)}(\boldsymbol{x},t) + \left\langle qi^{(2)}(\boldsymbol{x},t) \right\rangle = qi^{(0)}(\boldsymbol{x},t) + \sum_{I=1}^{\infty}qi_{II}(\boldsymbol{x},t) \tag{12.2.67}$$

流速的随机扰动为

$$qi'(\pmb{x},t) = qi^{(1)}(\pmb{x},t) + qi^{(2)}(\pmb{x},t) + qi^{(3)}(\pmb{x},t) - \left\langle qi^{(2)}(\pmb{x},t)\right\rangle \tag{12.2.68}$$

流速的协方差为

$$C_{qi}(\pmb{x},t;\pmb{y},\tau) = \left\langle qi'(\pmb{x},t)qi'(\pmb{y},\tau)\right\rangle$$
$$= \sum_{i=1}^{\infty} qi_I(\pmb{x},t)qi_I(\pmb{y},\tau) + 2\sum_{i,j=1}^{\infty} qi_{IJ}(\pmb{x},t)qi_{IJ}(\pmb{y},\tau) \tag{12.2.69}$$

由式 (12.2.69) 可得流速的方差为

$$\sigma_{qi}^2(\pmb{x},t) = \sum_{I=1}^{\infty}\left[qi_I(\pmb{x},t)\right]^2 + 2\sum_{I,J=1}^{\infty}\left[qi_{IJ}(\pmb{x},t)\right]^2 \tag{12.2.70}$$

4. 饱和水流运动问题的算例分析

水流运动矩形区域大小 $L_1 = L_2 = 100$ m,均匀离散为 40×40 个正方形单元,模拟区域的概化图如图 12.5 所示。协方差为离散指数型,方差 σ_f^2 为 1.0,相关长度 λ 为 4.0 m。研究区域初始处于静止状态,初始水头 $H_{\mathrm{ini}}=5$ m,从 $t=0$ 时刻开始,给定左边界 $x_2=0$ m 处的定水头 $H_{d_1}=10$ m,边界 $x_2=100$ m 处的定水头 $H_{d_2}=0.0$ m,另外两个边界 ($x_1=0$ m 和 $x_1=100$ m) 为隔水边界。利用二维有限元方法求解式 (12.2.42)、式 (12.2.48) 和式 (12.2.52)。

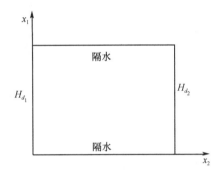

图 12.5　模拟区域概化图

图 12.6 和图 12.7 为平均水头、水头方差、流速均值以及流速方差在不同时刻沿纵向中心线 $x_1=50$ m 的分布,各统计矩都计算到二阶。图中的实线为水流达到稳定状态时的各统计矩。当边界条件刚刚开始起作用时,含水层中的地下水流运动主要发生在两定水头边界,区域的中心还没有受到影响,因而依然保持常水头,水头方差、流速及其方差都为 0。随着时间的推移,水流逐渐传播到区域中心。水头方差在随时间的演变过程中,由于边界水头为确定的,而中心区域受水流影响较小,因而形成了关于中心对称的两个峰值。水流稳定后,区域中心远离边界,受边界的影响很小,达到水头方差的最大值。流速的方差与其均值的变化类似,在水流的过程中,边界附近出现峰值,达到稳定状态后,含水层中地下水为均匀流动,流速的均值和方差基本上为常数。

考虑区内有源汇的地下水流问题。模拟区域为 $L_1=L_2=100$ m 的矩形承压含水层,侧向两边为隔水边界,另两边为定水头边界,水头 $H_{d_1}=H_{d_2}=10$ m。区域中心 (50 m,50 m) 处有一口定流量承压完整抽水井,抽水强度为 0.3 m^2/d,弹性储水率 S_s 为 1.0×10^{-4}/m。初始状态,含水层的水头为静态分布,初始水头 $H_{\mathrm{ini}}=10$ m,抽水井从 $t=0$ 时刻开始工作,边界条件不变。

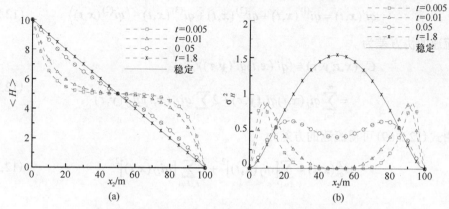

图 12.6　边界条件变动引起的非稳定流的各时段水头均值(a)和方差(b)

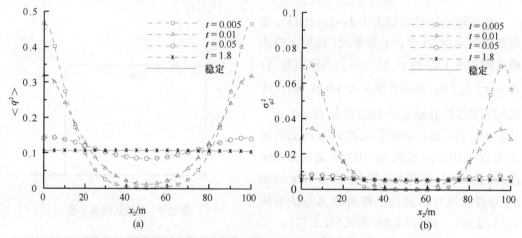

图 12.7　边界条件变动引起的非稳定流的各时段流速均值(a)和方差(b)

　　在抽水刚开始的初始时刻，井附近的水位首先开始下降，远离抽水井的地方，地下水位没有受到影响。随着时间的推移，抽水井的影响范围扩大。在抽水初期水位下降较快，抽水达到稳定以后，形成了以井为中心的下降漏斗，抽水井处的水位比定水头边界下降了1.8 m[图 12.8(a)]。在两定水头边界处，由于边界条件为确定的，水头方差始终为0。抽水初期，井及其周围的水头方差较大[图 12.8(b)]，而其他地方，由于流动还没发展过去，水头方差仍然为0。在井中心附近，水位变化剧烈，形成了方差的峰值。随着时间的推移，抽水井处的水头方差越来越大。达到稳定后，水头方差的标准差为1.26 m，即水头的估计值的变动范围为±1.26 m。对于一个具体的含水层，由于渗透系数的空间变异性，在抽水之前，具体水位降深的大小不可能给出，只能求得一定可信度范围内水头的可能分布范围。

　　在抽水井所处的节点处，水头在井点沿各方向的梯度都近似为 0，该点的流速近似为0[图 12.9(a)]。在井的周围，水力梯度非常大，因而形成流速的峰值，越靠近水头边界，梯度越小，所以流速也变得很小。纵向流速的方差沿井水平中心线的分布与水头方差的分布类似[图 12.9(b)]，靠近定水头边界附近，纵向流速的方差较小，变化也较平缓，在井中心附近方差剧烈增高，但是到井中心由于基本没有流速而受介质随机性影响不大，形成了方差的低谷。在整个非稳定流动过程中，水头的均值和方差都比流速的均值和方差变化幅度要大。抽水井中心的横向中心线相当于一个隔水边界，没有纵向流速，但是有横向的流速，其均值与方差的分布情况与纵向流速一样。

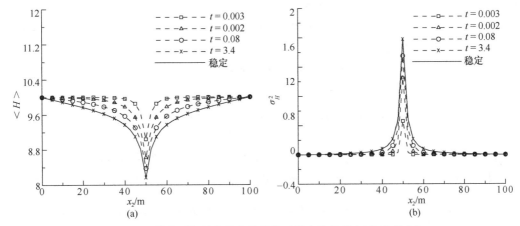

图 12.8　抽水引起的非稳定流的各时段水头均值(a)和方差(b)

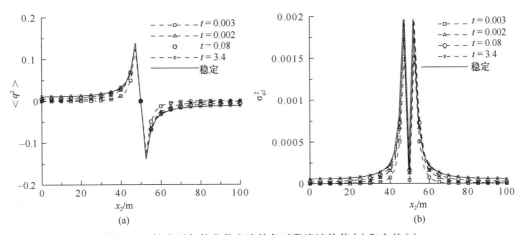

图 12.9　抽水引起的非稳定流的各时段流速均值(a)和方差(b)

12.2.4　非饱和水流运动的随机数值模型

非饱和流运动的一个特点就是水流运动参数为水头或含水率的函数，因而描述水流运动的方程为非线性方程。由于非饱和流运动的高度非线性，土壤非均质性对水流过程的影响很难预测，相对非均质含水层中的饱和水流运动问题要复杂得多。同时，描述非饱和流运动的方程中参数较多，在随机分析中将要引入多个随机场，进一步增加了描述问题和求解过程的难度。

1. 摄动方程

非饱和介质中水流运动方程的基本形式为

$$C(\boldsymbol{x},t)\frac{\partial h(\boldsymbol{x},t)}{\partial t} = \nabla\big[K(\boldsymbol{x},t)\nabla\big(h(\boldsymbol{x},t)+z\big)\big] + g(\boldsymbol{x},t) \qquad (12.2.71)$$

式(12.2.71)描述了局部水流变量在时间和空间上的分布关系，通常与一定的定解条件联合求解。在研究区域 Ω 内给定初始分布条件

$$h(\boldsymbol{x},0) = h_{ini}(\boldsymbol{x}) \qquad (12.2.72)$$

第一类和第二类边界条件

$$\begin{aligned} h(\boldsymbol{x},t) &= h_d(\boldsymbol{x},t), \quad \boldsymbol{x} \in \Gamma_D \\ -K(\boldsymbol{x},t)\nabla\big(h(\boldsymbol{x},t)+z\big)\cdot\boldsymbol{n}(\boldsymbol{x}) &= Q_n(\boldsymbol{x},t), \quad \boldsymbol{x} \in \Gamma_N \end{aligned} \qquad (12.2.73)$$

式中，$C(\boldsymbol{x},t)$ 为容水度；$h(\boldsymbol{x},t)$ 为压力水头；$K(\boldsymbol{x},t)$ 为非饱和水力传导度；$g(\boldsymbol{x},t)$ 为源汇项；z 为垂向坐标，以向上为正；$\boldsymbol{n}(\boldsymbol{x})$ 为边界上的单位外法线向量；$h_{ini}(\boldsymbol{x})$，$h_d(\boldsymbol{x},t)$ 和 $Q_n(\boldsymbol{x},t)$ 分别为初始水头函数、第一类边界水头函数和第二类边界流量函数。

利用变换 $Y(\boldsymbol{x},t)=\ln K(\boldsymbol{x},t)$ 对定解问题式(12.2.71)至式(12.2.73)作变形处理，得到

$$\begin{aligned} \mathrm{e}^{-Y(\boldsymbol{x},t)}C(\boldsymbol{x},t)\frac{\partial h(\boldsymbol{x},t)}{\partial t} &= \nabla^2 h(\boldsymbol{x},t) + \nabla Y(\boldsymbol{x},t)\nabla\big(h(\boldsymbol{x},t)+z\big) + \mathrm{e}^{-Y(\boldsymbol{x},t)}g(\boldsymbol{x},t) \\ h(\boldsymbol{x},0) &= h_{ini}(\boldsymbol{x}), \quad \boldsymbol{x} \in \Omega \\ h(\boldsymbol{x},t) &= h_d(\boldsymbol{x},t), \quad \boldsymbol{x} \in \Gamma_D \\ \mathrm{e}^{Y(\boldsymbol{x},t)}\nabla\big(h(\boldsymbol{x},t)+z\big)\cdot\boldsymbol{n}(\boldsymbol{x}) &= -Q_n(\boldsymbol{x},t), \quad \boldsymbol{x} \in \Gamma_N \end{aligned}$$

$$(12.2.74)$$

在不引起混淆的情况下，部分公式将 $(\boldsymbol{x},t)$ 和 $(\boldsymbol{x})$ 省略。

式(12.2.74)中 $Y(\boldsymbol{x},t)$ 和 $C(\boldsymbol{x},t)$ 是水头及土壤性质的函数，由于天然土壤的空间变异性，将土壤性质参数视为随机场，那么 $Y(\boldsymbol{x},t)$ 和 $C(\boldsymbol{x},t)$ 以及 $h(\boldsymbol{x},t)$ 都是随机场。将它们展开为级数形式，各阶展开项对应于水流系统随机输入的标准差的阶数次方，即

$$h(\boldsymbol{x},t) = h^{(0)}(\boldsymbol{x},t) + h^{(1)}(\boldsymbol{x},t) + h^{(2)}(\boldsymbol{x},t) + \cdots \qquad (12.2.75)$$

$$Y(\boldsymbol{x},t) = Y^{(0)}(\boldsymbol{x},t) + Y^{(1)}(\boldsymbol{x},t) + Y^{(2)}(\boldsymbol{x},t) + \cdots \qquad (12.2.76)$$

$$C(\boldsymbol{x},t) = C^{(0)}(\boldsymbol{x},t) + C^{(1)}(\boldsymbol{x},t) + C^{(2)}(\boldsymbol{x},t) + \cdots \qquad (12.2.77)$$

同样，$\mathrm{e}^{Y(\boldsymbol{x},t)}$ 和 $\mathrm{e}^{-Y(\boldsymbol{x},t)}$ 可以展开为

$$\begin{aligned} \mathrm{e}^{-Y(\boldsymbol{x},t)} &= \mathrm{e}^{-Y^{(0)}}\big[en^{(0)} + en^{(1)} + en^{(2)} + \cdots\big] \\ \mathrm{e}^{Y(\boldsymbol{x},t)} &= \mathrm{e}^{Y^{(0)}}\big[ep^{(0)} + ep^{(1)} + ep^{(2)} + \cdots\big] \end{aligned} \qquad (12.2.78)$$

式(12.2.78)中各项为

$$\begin{aligned} en^{(0)} &= 1, \quad en^{(1)} = -Y^{(1)}, \quad en^{(2)} = -Y^{(2)} + \frac{1}{2}Y^{(1)}Y^{(1)} \\ ep^{(0)} &= 1, \quad ep^{(1)} = Y^{(1)}, \quad ep^{(2)} = Y^{(2)} + \frac{1}{2}Y^{(1)}Y^{(1)} \end{aligned} \qquad (12.2.79)$$

将式(12.2.75)至式(12.2.78)代入式(12.2.74)有

$$\sum_{r=0}^{p}\sum_{s=0}^{p-r}\left[\mathrm{e}^{-Y^{(0)}(\boldsymbol{x},t)}en^{(r)}(\boldsymbol{x},t)C^{(s)}(\boldsymbol{x},t)\frac{\partial h^{(p-r-s)}(\boldsymbol{x},t)}{\partial t}\right]=\nabla^2 h^{(p)}(\boldsymbol{x},t)$$

$$+\sum_{k=0}^{p}\nabla Y^{(r)}(\boldsymbol{x},t)\nabla\left(h^{(p-r)}(\boldsymbol{x},t)+z\delta_{p-r,0}\right)+\mathrm{e}^{-Y^{(0)}(\boldsymbol{x},t)}en^{(p)}(\boldsymbol{x},t)g(\boldsymbol{x},t)$$

$$h^{(p)}(\boldsymbol{x},0)=h_{ini}(\boldsymbol{x})\delta_{p,0},\quad \boldsymbol{x}\in\Omega \tag{12.2.80}$$

$$h^{(p)}(\boldsymbol{x},t)=h_d(\boldsymbol{x},t)\delta_{p,0},\quad \boldsymbol{x}\in\Gamma_D$$

$$\sum_{k=0}^{p}\mathrm{e}^{Y^{(0)}(\boldsymbol{x},t)}ep^{(r)}(\boldsymbol{x},t)\nabla\left[h^{(p-r)}(\boldsymbol{x},t)+z\delta_{p-r,0}\right]\cdot n(\boldsymbol{x})=-Q_n(\boldsymbol{x},t)\delta_{p,0},\quad \boldsymbol{x}\in\Gamma_N$$

方程(12.2.80)中包含有水头的各阶项, 将各阶分离合并同类项, 方程(12.2.80)可简化为

$$c_0\frac{\partial h^{(p)}(\boldsymbol{x},t)}{\partial t}=\nabla^2 h^{(p)}(\boldsymbol{x},t)+\nabla Y^{(0)}(\boldsymbol{x},t)\nabla h^{(p)}(\boldsymbol{x},t)+g^{(p)}(\boldsymbol{x},t)$$

$$h^{(p)}(\boldsymbol{x},0)=h_{ini}(\boldsymbol{x})\delta_{p,0},\quad \boldsymbol{x}\in\Omega \tag{12.2.81}$$

$$h^{(p)}(\boldsymbol{x},t)=h_d(\boldsymbol{x},t)\delta_{p,0},\quad \boldsymbol{x}\in\Gamma_D$$

$$\nabla h^{(p)}(\boldsymbol{x},t)\cdot n(\boldsymbol{x})=Q^{(p)}(\boldsymbol{x},t),\quad \boldsymbol{x}\in\Gamma_N$$

式中, $c_0=e^{-Y^{(0)}}en^{(0)}C^{(0)}$, $\delta_{p,0}$ 为 Kronecker 函数。

方程(12.2.81)中的驱动项 $g^{(p)}(\boldsymbol{x},\ t)$ 和 $Q^{(p)}(\boldsymbol{x},\ t)$ 分别为

$$g^{(0)}(\boldsymbol{x},t)=\mathrm{e}^{-Y^{(0)}(\boldsymbol{x},t)}en^{(0)}g(\boldsymbol{x},t)+\frac{\partial Y^{(0)}(\boldsymbol{x},t)}{\partial z} \tag{12.2.82}$$

$$Q^{(0)}(\boldsymbol{x},t)=-\mathrm{e}^{-Y^{(0)}(\boldsymbol{x},t)}Q_n(\boldsymbol{x},t)/ep^{(0)}-\nabla z\cdot n(\boldsymbol{x})$$

$$g^{(1)}(\boldsymbol{x},t)=\nabla Y^{(1)}(\boldsymbol{x},t)\nabla\left[h^{(0)}(\boldsymbol{x},t)+z\right]$$

$$-\mathrm{e}^{-Y^{(0)}(\boldsymbol{x},t)}\left[C^{(1)}(\boldsymbol{x},t)en^{(0)}+C^{(0)}(\boldsymbol{x},t)en^{(1)}(\boldsymbol{x},t)\right]\frac{\partial h^{(0)}(\boldsymbol{x},t)}{\partial t} \tag{12.2.83}$$

$$+\mathrm{e}^{-Y^{(0)}(\boldsymbol{x},t)}en^{(1)}(\boldsymbol{x},t)g(\boldsymbol{x},t)$$

$$Q^{(1)}(\boldsymbol{x},t)=-ep^{(1)}(\boldsymbol{x},t)\nabla\left[h^{(0)}(\boldsymbol{x},t)+z\right]\cdot n(\boldsymbol{x})/ep^{(0)}$$

$$g^{(2)}(\boldsymbol{x},t)=\nabla Y^{(1)}(\boldsymbol{x},t)\nabla h^{(1)}(\boldsymbol{x},t)+\nabla Y^{(2)}(\boldsymbol{x},t)\nabla\left[h^{(0)}(\boldsymbol{x},t)+z\right]$$

$$-\mathrm{e}^{-Y^{(0)}(\boldsymbol{x},t)}\left[C^{(1)}(\boldsymbol{x},t)en^{(0)}+C^{(0)}(\boldsymbol{x},t)en^{(1)}(\boldsymbol{x},t)\right]\frac{\partial h^{(1)}(\boldsymbol{x},t)}{\partial t}$$

$$-\mathrm{e}^{-Y^{(0)}(\boldsymbol{x},t)}\left[C^{(2)}(\boldsymbol{x},t)en^{(0)}+C^{(1)}(\boldsymbol{x},t)en^{(1)}(\boldsymbol{x},t)+C^{(0)}(\boldsymbol{x},t)en^{(2)}(\boldsymbol{x},t)\right]\frac{\partial h^{(0)}}{\partial t}$$

$$+\mathrm{e}^{-Y^{(0)}(\boldsymbol{x},t)}en^{(2)}(\boldsymbol{x},t)g(\boldsymbol{x},t)$$

$$Q^{(2)}(\boldsymbol{x},t)=-\left\{ep^{(1)}(\boldsymbol{x},t)\nabla h^{(1)}(\boldsymbol{x},t)+ep^{(2)}(\boldsymbol{x},t)\nabla\left[h^{(0)}(\boldsymbol{x},t)+z\right]\right\}\cdot n(\boldsymbol{x})/ep^{(0)}$$

$$\tag{12.2.84}$$

方程(12.2.81)是非饱和水流运动的各阶摄动方程, 这些方程是后面推导和求解非饱

和流运动随机问题的基础。当 $p=0$、1、2 时分别得到零阶方程、一阶方程和二阶方程，以此类推。

在以上推导的方程(12.2.81)中，$Y(\boldsymbol{x},t)$ 和 $C(\boldsymbol{x},t)$ 是未知的，为了定量化描述非饱和流动，非饱和水力传导度对压力水头和土壤含水率对压力水头的数学关系必须确定，即必须给定 $Y(\boldsymbol{x},t)$ 和 $C(\boldsymbol{x},t)$ 的具体函数表达式，同时还有它们的联合概率密度函数。为了简化随机分析，较为常用的方法就是将 $K(h)$ 和 $\theta(h)$ 函数表示为解析模型的形式。认为这些关系式在土壤中的每一个点都适用，并且土壤水力性质的区域变化能够用模型中参数的空间变化来描述。

在众多描述局部非饱和水力传导度和水分特征曲线的模型中，具有代表性的有三个，分别是 Gardner-Russo(GR)模型，Brooks-Corey(BC)模型和 van Genuchten-Mualem(GM)模型。由于 GR 模型比较简单且具有很好的解析性质，很多研究者使用该模型来推导非饱和流问题确定性分析和随机分析的解析解。下面采用非饱和水力参数的 GR 模型建立非饱和流随机数值模型，利用 BC 模型和 GM 模型的推导方法类同。

2. 土壤随机参数展开

采用 GR 模型：

$$K(h) = K_s \mathrm{e}^{\alpha_G h} \tag{12.2.85}$$

$$\theta(\boldsymbol{x},t) = \theta_r + (\theta_s - \theta_r)\left\{\exp\left[0.5\alpha_G h(\boldsymbol{x},t)\right]\left[1 - 0.5\alpha_G h(\boldsymbol{x},t)\right]\right\}^{2/(\gamma+2)} \tag{12.2.86}$$

对非饱和水力传导度进行对数变换，可得

$$Y(\boldsymbol{x}) = f(\boldsymbol{x}) + \alpha(\boldsymbol{x})h(\boldsymbol{x},t) \tag{12.2.87}$$

$f=\ln K_s$ 和 α 是非饱和水流系统的输入，作为高斯随机场，假定其统计量和空间结构如均值和协方差函数已知，可将其表示为

$$f(\boldsymbol{x}) = \langle f(\boldsymbol{x})\rangle + f'(\boldsymbol{x}), \quad \alpha(\boldsymbol{x}) = \langle \alpha(\boldsymbol{x})\rangle + \alpha'(\boldsymbol{x}) \tag{12.2.88}$$

式中，$\langle f(\boldsymbol{x})\rangle$ 和 $\langle \alpha(\boldsymbol{x})\rangle$ 为各随机场的均值部分；$f'(\boldsymbol{x})$ 和 $\alpha'(\boldsymbol{x})$ 为随机扰动分量。

将式(12.2.75)和式(12.2.88)代入式(12.2.87)得

$$Y(\boldsymbol{x}) = \langle f(\boldsymbol{x})\rangle + f'(\boldsymbol{x}) + \left[\langle \alpha(\boldsymbol{x})\rangle + \alpha'(\boldsymbol{x})\right]\left[h^{(0)} + h^{(1)} + h^{(2)} + \cdots\right] \tag{12.2.89}$$

考虑到 Y 的级数展开式(12.2.76)则有

$$Y^{(0)}(\boldsymbol{x},t) = \langle f(\boldsymbol{x})\rangle + \langle \alpha(\boldsymbol{x})\rangle h^{(0)}(\boldsymbol{x},t) \tag{12.2.90}$$

$$Y^{(1)}(\boldsymbol{x},t) = f' + \langle \alpha(\boldsymbol{x})\rangle h^{(1)}(\boldsymbol{x},t) + h^{(0)}(\boldsymbol{x},t)\alpha'(\boldsymbol{x}) \tag{12.2.91}$$

$$Y^{(2)}(\boldsymbol{x},t) = \langle \alpha(\boldsymbol{x})\rangle h^{(2)}(\boldsymbol{x},t) + \alpha'(\boldsymbol{x})h^{(1)}(\boldsymbol{x},t) \tag{12.2.92}$$

容水度 $C=\mathrm{d}\theta/\mathrm{d}h$，由 GR 模型中土壤含水量的表达式可得到：

$$C(\boldsymbol{x},t) = -\frac{\theta_s - \theta_r}{2(m_{GR}+2)}\exp(0.5\alpha h)\alpha^2 h\left[\exp(0.5\alpha h)(1-0.5\alpha h)\right]^{-m_{GR}/(m_{GR}+2)} \tag{12.2.93}$$

式中，m_{GR} 为 GR 模型中的参数。由式(12.2.93)可见，$C(\boldsymbol{x},t)$ 的表达式比较复杂，与 $h(\boldsymbol{x},t)$ 和 $\alpha(\boldsymbol{x})$ 呈非线性关系，可借助泰勒级数公式将其围绕 $h^{(0)}$ 和 $<\alpha>$ 展开为级数，即

$$C^{(0)} = -\frac{\theta_s - \theta_r}{2(m_{GR}+2)} \langle\alpha\rangle^2 h^{(0)} \exp\left(0.5\langle\alpha\rangle h^{(0)}\right) \left\{\exp\left(0.5\langle\alpha\rangle h^{(0)}\right)\left[1 - 0.5\langle\alpha\rangle h^{(0)}\right]\right\}^{\frac{-m_{GR}}{m_{GR}+2}}$$

$$(12.2.94)$$

$$C^{(1)} = \left.\frac{\partial C}{\partial h}\right|_{\langle\,\rangle} h^{(1)} + \left.\frac{\partial C}{\partial \alpha}\right|_{\langle\,\rangle} \alpha' \qquad (12.2.95)$$

式中，$\left.\dfrac{\partial C}{\partial h}\right|_{\langle\,\rangle}$ 和 $\left.\dfrac{\partial C}{\partial \alpha}\right|_{\langle\,\rangle}$ 分别为导函数在 $h^{(0)}$ 和 $\langle\alpha\rangle$ 处取值。为简化符号表示，可记为

$$C^{(1)}(\boldsymbol{x},t) = C_{11}h^{(1)}(\boldsymbol{x},t) + C_{12}\alpha'(\boldsymbol{x}) \qquad (12.2.96)$$

其中，

$$C_{11} = \bar{C}\frac{\langle\alpha\rangle^2\left[\left(\langle\alpha\rangle h^{(0)}\right)^2 - 2(m_{GR}+2)\right]}{(m_{GR}+2)\left(\langle\alpha\rangle h^{(0)} - 2\right)}$$

$$C_{12} = \bar{C}\frac{\langle\alpha\rangle h^{(0)}\left[\left(\langle\alpha\rangle h^{(0)}\right)^2 + (m_{GR}+2)\langle\alpha\rangle h^{(0)} - 4(m_{GR}+2)\right]}{(m_{GR}+2)\left(\langle\alpha\rangle h^{(0)} - 2\right)} \qquad (12.2.97)$$

类似的

$$C^{(2)} = \left.\frac{\partial C}{\partial h}\right|_{\langle\,\rangle} h^{(2)} + \frac{1}{2}\left.\frac{\partial^2 C}{\partial h^2}\right|_{\langle\,\rangle}\left(h^{(1)}\right)^2 + \left.\frac{\partial^2 C}{\partial h\partial\alpha}\right|_{\langle\,\rangle}\alpha' h^{(1)} + \frac{1}{2}\left.\frac{\partial^2 C}{\partial \alpha^2}\right|_{\langle\,\rangle}\left(\alpha'\right)^2 \qquad (12.2.98)$$

将其简记为

$$C^{(2)}(\boldsymbol{x},t) = C_{21}h^{(2)}(\boldsymbol{x},t) + C_{22}\left[h^{(1)}(\boldsymbol{x},t)\right]^2 + C_{23}h^{(1)}(\boldsymbol{x},t)\alpha'(\boldsymbol{x}) + C_{24}\alpha'(\boldsymbol{x})^2 \qquad (12.2.99)$$

式中的系数项可表示为

$$C_{21} = C^{(0)}\frac{\langle\alpha\rangle^2\left[\left(\langle\alpha\rangle h^{(0)}\right)^2 - 2(m_{GR}+2)\right]}{h^{(0)}(m_{GR}+2)\left(\langle\alpha\rangle h^{(0)} - 2\right)}$$

$$C_{22} = C^{(0)}\frac{\langle\alpha\rangle\left[\left(\langle\alpha\rangle h^{(0)}\right)^3 - 6(m_{GR}+2)\langle\alpha\rangle h^{(0)} + 4(m_{GR}+2)^2\right]}{2h^{(0)}(m_{GR}+2)^2\left(\langle\alpha\rangle h^{(0)} - 2\right)^2}$$

$$C_{23} = C^{(0)}\frac{\left[\left(\langle\alpha\rangle h^{(0)}\right)^4 + 2(m_{GR}+2)\left(\langle\alpha\rangle h^{(0)}\right)^3 - 10(m_{GR}+2)\left(\langle\alpha\rangle h^{(0)}\right)^2 + 8(m+2)^2\right]}{\langle\alpha\rangle h^{(0)}(m_{GR}+2)^2\left(\langle\alpha\rangle h^{(0)} - 2\right)^2}$$

$$C_{24} = C^{(0)}\frac{\left[\left(\langle\alpha\rangle h^{(0)}\right)^4 + 2(m_{GR}+2)\left(\langle\alpha\rangle h^{(0)}\right)^3 - 10(m_{GR}+2)\left(\langle\alpha\rangle h^{(0)}\right)^2 + 8(m_{GR}+2)^2\right]}{2\langle\alpha\rangle^2(m_{GR}+2)^2\left(\langle\alpha\rangle h^{(0)} - 2\right)^2}$$

$$(12.2.100)$$

3. 基于 KL 展开的摄动方程

方程(12.2.81)中的 p 表示摄动方程的阶数，p 的取值越大则得到的随机函数的精度越高，求解的计算工作量越大，在随机数值模拟中 p 的取值一般为 2～4。将输入参数的随机展开代入到方程(12.2.81)并将 p 取不同的值，可得到相应阶数的确定性方程。

1) 零阶方程

在方程(12.2.81)中令 $p=0$，将式(12.2.90)和式(12.2.94)代入方程(12.2.81)可得

$$c_0 \frac{\partial h^{(0)}(\boldsymbol{x},t)}{\partial t} = \nabla^2 h^{(0)}(\boldsymbol{x},t) + a_1 \nabla h^{(0)}(\boldsymbol{x},t) + a_2 h^{(0)}(\boldsymbol{x},t)$$

$$+ e^{-Y^{(0)}(\boldsymbol{x},t)} e n^{(0)} g(\boldsymbol{x},t) + a_3$$

$$h^{(0)}(\boldsymbol{x},0) = h_{ini}(\boldsymbol{x}), \boldsymbol{x} \in \Omega \qquad (12.2.101)$$

$$h^{(0)}(\boldsymbol{x},t) = h_d(\boldsymbol{x},t), \boldsymbol{x} \in \Gamma_D$$

$$\nabla h^{(0)}(\boldsymbol{x},t) \cdot \boldsymbol{n}(\boldsymbol{x}) = -e^{-Y^{(0)}(\boldsymbol{x},t)} Q_n(\boldsymbol{x},t) / e p^{(0)} - \nabla z \cdot \boldsymbol{n}(\boldsymbol{x}), \quad \boldsymbol{x} \in \Gamma_N$$

式中，$a_1 = \langle \alpha(\boldsymbol{x}) \rangle \nabla (h^{(0)} + z)$；$a_2 = \nabla \langle \alpha(\boldsymbol{x}) \rangle \nabla (h^{(0)} + z)$；$a_3 = \nabla \langle f(\boldsymbol{x}) \rangle \nabla (h^{(0)} + z)$。

式(12.2.101)中的系数都是 $h^{(0)}(\boldsymbol{x}, t)$ 的函数，因而零阶方程是关于 $h^{(0)}(\boldsymbol{x}, t)$ 的非线性方程。在级数展开式(12.2.75)至式(1.2.77)中，零阶项 $h^{(0)}(\boldsymbol{x}, t)$、$Y^{(0)}(\boldsymbol{x}, t)$、$C^{(0)}(\boldsymbol{x}, t)$ 是确定性函数，因而零阶方程又是确定性方程。方程(12.2.101)是可以直接求解的，然而一阶和二阶方程中包含的 $h^{(1)}(\boldsymbol{x}, t)$、$Y^{(1)}(\boldsymbol{x}, t)$、$C^{(1)}(\boldsymbol{x}, t)$、$h^{(2)}(\boldsymbol{x}, t)$、$Y^{(2)}(\boldsymbol{x}, t)$、$C^{(2)}(\boldsymbol{x}, t)$ 都是随机项，相应的方程为随机方程，其求解过程不同于零阶方程那么直接。而且这两个方程中的随机输入有两个随机场 $f(\boldsymbol{x})$ 和 $\alpha(\boldsymbol{x})$，它们之间的相关关系也会对随机分析结果产生一定影响，在理论上可以按照两随机场完全相关和不相关两种情况分别进行建模。

2) 完全相关情况的一阶和二阶方程

假定两零均值随机场 $f'(\boldsymbol{x})$ 和 $\alpha'(\boldsymbol{x})$ 完全相关，它们的 KL 展开可采用同一随机变量序列：

$$f'(\boldsymbol{x}) = \sum_{i=1}^{\infty} f_i \xi_i, \quad \alpha'(\boldsymbol{x}) = \sum_{i=1}^{\infty} \alpha_i \xi_i \qquad (12.2.102)$$

由 KL 展开的定义和性质可知，式(12.2.102)中的 f_i 和 α_i 分别与随机场 f 和 α 的标准差成正比。

由相关系数的定义可知：

$$\rho_{f'\alpha'} = \frac{\mathrm{cov}(f', \alpha')}{\sigma_{f'} \sigma_{\alpha'}} \qquad (12.2.103)$$

同时又有

$$\mathrm{cov}(f,\alpha) = \langle f'\alpha' \rangle = \left\langle \sum_{i=1}^{\infty} f_i \xi_i \times \sum_{i=1}^{\infty} \alpha_i \xi_i \right\rangle = \sum_{i=1}^{\infty} f_i \alpha_j \langle \xi_i \xi_j \rangle = \sum_{i=1}^{\infty} f_i \alpha_i \qquad (12.2.104)$$

$$\sigma_{f'}^2 = \langle f'^2 \rangle = \sum_{i=1}^{\infty} f_i^2, \qquad \sigma_{\alpha'}^2 = \langle \alpha'^2 \rangle = \sum_{i=1}^{\infty} \alpha_i^2 \qquad (12.2.105)$$

所以

$$\rho_{f'\alpha'} = \frac{\displaystyle\sum_{i=1}^{\infty} f_i \alpha_i}{\sqrt{\displaystyle\sum_{i=1}^{\infty} f_i^2 \sum_{i=1}^{\infty} \alpha_i^2}} \qquad (12.2.106)$$

根据柯西不等式，当 $f_i = r\alpha_i$ 时 $\rho_{f'\alpha'} = 1$，r 为任意实数。显然，当 $r>0$ 时，f' 和 α' 是完全线性正相关；当 $r<0$ 时，f' 和 α' 是完全线性负相关。完全线性相关的随机场 f' 和 α' 存在下列线性关系

$$f'(\boldsymbol{x}) = r\alpha'(\boldsymbol{x}) \qquad (12.2.107)$$

由于水流系统的不确定性来源于土壤参数随机输入 f 和 α 的不确定性，同时考虑到随机输入的 KL 展开式 (12.2.102)，水头可用以下多项式展开表示

$$h^{(1)}(\boldsymbol{x},t) = \sum_{i=1}^{\infty} h_i \xi_i \qquad (12.2.108)$$

$$h^{(2)}(\boldsymbol{x},t) = \sum_{i,j=1}^{\infty} h_{ij} \xi_i \xi_j \qquad (12.2.109)$$

将式 (12.2.102)、式 (12.2.108) 和式 (12.2.109) 代入式 (12.2.91)、式 (12.2.92)、式 (12.2.96) 及式 (12.2.99) 可得

$$Y^{(1)} = \sum_{i=1}^{\infty} Y_i \xi_i, \quad C^{(1)} = \sum_{i=1}^{\infty} C_i \xi_i \qquad (12.2.110)$$

$$Y^{(2)} = \sum_{i,j=1}^{\infty} Y_{ij} \xi_i \xi_j, \quad C^{(2)} = \sum_{i,j=1}^{\infty} C_{ij} \xi_i \xi_j \qquad (12.2.111)$$

同样地

$$en^{(1)} = \sum_{i=1}^{\infty} en_i \xi_i, \quad ep^{(1)} = \sum_{i=1}^{\infty} ep_i \xi_i \qquad (12.2.112)$$

$$en^{(2)} = \sum_{i,j=1}^{\infty} en_{ij} \xi_i \xi_j, \quad ep^{(2)} = \sum_{i=1}^{\infty} ep_{ij} \xi_i \xi_j \qquad (12.2.113)$$

式 (12.2.110) 至式 (12.2.113) 中各展开项的系数为

$$\begin{aligned} Y_i &= f_i + \langle \alpha \rangle h_i + h^{(0)} \alpha_i \\ C_i &= C_{11} h_i + C_{12} \alpha_i \\ en_i &= -Y_i, \quad ep_i = Y_i \end{aligned} \qquad (12.2.114)$$

$$Y_{ij} = \langle \alpha \rangle h_{ij} + \frac{1}{2}(h_i \alpha_j + h_j \alpha_i)$$

$$C_{ij} = C_{21} h_{ij} + C_{22} h_i h_j + \frac{1}{2} C_{23}(h_i \alpha_j + h_j \alpha_i) + C_{24} \alpha_i \alpha_j \tag{12.2.115}$$

$$en_{ij} = -Y_{ij} + \frac{1}{2} Y_i Y_j, \quad ep_{ij} = Y_{ij} + \frac{1}{2} Y_i Y_j$$

令 $p=1$，将式（12.2.108）、式（12.2.110）和式（12.2.112）代入式（12.2.81），在方程两边同时乘以 $\xi_i (i=1, 2, \cdots)$，然后取集平均，利用式（12.2.12）可得

$$c_0 \frac{\partial h_i(\boldsymbol{x}, t)}{\partial t} = \nabla^2 h_i(\boldsymbol{x}, t) + \nabla Y^{(0)}(\boldsymbol{x}, t) \nabla h_i(\boldsymbol{x}, t) + g_i(\boldsymbol{x}, t)$$

$$h_i(\boldsymbol{x}, 0) = 0, \quad \boldsymbol{x} \in \Omega$$

$$h_i(\boldsymbol{x}, t) = 0, \quad \boldsymbol{x} \in \Gamma_D$$

$$\nabla h_i(\boldsymbol{x}, t) \cdot n(\boldsymbol{x}) = Q_i(\boldsymbol{x}, t), \quad \boldsymbol{x} \in \Gamma_N \tag{12.2.116}$$

$$g_i(\boldsymbol{x}, t) = -e^{-Y^{(0)}(\boldsymbol{x}, t)} \left[C_i(\boldsymbol{x}, t) en^{(0)} + C^{(0)}(\boldsymbol{x}, t) en_i(\boldsymbol{x}, t) \right] \frac{\partial h^{(0)}(\boldsymbol{x}, t)}{\partial t}$$

$$+ \nabla Y_i(\boldsymbol{x}, t) \nabla \left[h^{(0)}(\boldsymbol{x}, t) + z \right] + e^{-Y^{(0)}(\boldsymbol{x}, t)} en_i(\boldsymbol{x}, t) g(\boldsymbol{x}, t)$$

$$Q_i(\boldsymbol{x}, t) = -ep_i(\boldsymbol{x}, t) \nabla \left[h^{(0)}(\boldsymbol{x}, t) + z \right] \cdot n(\boldsymbol{x}) / ep^{(0)}$$

在方程（12.2.116）中 $g_i(\boldsymbol{x}, t)$ 和 $Q_i(\boldsymbol{x}, t)$ 是 $h_i(\boldsymbol{x}, t)$ 的线性函数，因而方程（12.2.116）是关于 h_i 的线性方程。此外，将含有 h_i 的项全部移到方程的左边，其余的项留在方程的右边，可以看到方程的右端项与随机输入 f 或 α 的标准差成正比，这表明 h_i 与随机输入 f 或 α 的标准差成比例。

类似地，令 $p=2$，将式（12.2.109）、式（12.2.111）和式（12.2.113）代入式（12.2.81），在方程两边同时乘以 $\xi_l \xi_n (l, n=1, 2\cdots)$，考虑到 $\{\xi_i\}$ 的正交性，取集平均后可得：

$$c_0 \frac{\partial h_{ij}(\boldsymbol{x}, t)}{\partial t} = \nabla^2 h_{ij}(\boldsymbol{x}, t) + \nabla Y^{(0)}(\boldsymbol{x}, t) \nabla h_{ij}(\boldsymbol{x}, t) + g_{ij}(\boldsymbol{x}, t)$$

$$h_{ij}(\boldsymbol{x}, 0) = 0, \quad \boldsymbol{x} \in \Omega$$

$$h_{ij}(\boldsymbol{x}, t) = 0, \quad \boldsymbol{x} \in \Gamma_D$$

$$\nabla h_{ij}(\boldsymbol{x}, t) \cdot n(\boldsymbol{x}) = Q_{ij}, \quad \boldsymbol{x} \in \Gamma_N$$

$$g_{ij}(\boldsymbol{x}, t) = \frac{1}{2} \left(\nabla Y_i \nabla h_j + \nabla Y_j \nabla h_i \right) + \nabla Y_{ij} \nabla \left(h^{(0)} + z \right) + e^{-Y^{(0)}} en_{ij} g \tag{12.2.117}$$

$$- \frac{1}{2} e^{-Y^{(0)}} \left[\left(C_i \frac{\partial h_j}{\partial t} + C_j \frac{\partial h_i}{\partial t} \right) en^{(0)} + C^{(0)} \left(en_i \frac{\partial h_j}{\partial t} + en_j \frac{\partial h_i}{\partial t} \right) \right]$$

$$- e^{-Y^{(0)}} \left[C_{ij} en^{(0)} + \frac{1}{2} \left(C_i en_j + C_j en_i \right) + C^{(0)} en_{ij} \right] \frac{\partial h^{(0)}}{\partial t}$$

$$Q_{ij}(\boldsymbol{x}, t) = -\left[\frac{1}{2} \left(ep_i \nabla h_j + ep_j \nabla h_i \right) + ep_{ij} \nabla \left(h^{(0)} + z \right) \right] \cdot n(\boldsymbol{x}) / ep^{(0)}$$

式 (12.2.117) 中 $g_{ij}(\boldsymbol{x}, t)$ 和 $Q_{ij}(\boldsymbol{x}, t)$ 是 $h_{ij}(\boldsymbol{x}, t)$ 的线性函数, 因而方程 (12.2.117) 是关于 $h_{ij}(\boldsymbol{x}, t)$ 的线性方程。将含有 $h_{ij}(\boldsymbol{x}, t)$ 的项移到方程的左边, 其余的项留在方程的右边, 可以发现方程的右端项与随机输入 f 或 α 的方差或它们的标准差的乘积成比例, 这表明 $h_{ij}(\boldsymbol{x}, t)$ 也具有同样的比例关系。

3) 不相关情况的一阶和二阶方程

当随机场 $f'(\boldsymbol{x})$ 和 $\alpha'(\boldsymbol{x})$ 不相关时, 它们的 KL 展开需用相互独立的随机变量序列 $\{\xi_i\}$、$\{\eta_i\}$ 展开

$$f'(\boldsymbol{x}) = \sum_{i=1}^{\infty} f_i \xi_i, \quad \alpha'(\boldsymbol{x}) = \sum_{i=1}^{\infty} \alpha_i \eta_i \tag{12.2.118}$$

显然此时相关系数 $\rho_{f'\alpha'} = 0$。

由 KL 展开的定义和性质可知, 式 (12.2.118) 中的 f_i 和 α_i 分别与随机场 f 和 α 的标准差成正比。由于水流系统的不确定性来源于不相关随机输入的不确定性, 因而水头可用以下多项式展开表示

$$h^{(1)}(\boldsymbol{x}, t) = \sum_{i=1}^{\infty} \left(h_i^{\xi} \xi_i + h_i^{\eta} \eta_i \right) \tag{12.2.119}$$

$$h^{(2)}(\boldsymbol{x}, t) = \sum_{i,j=1}^{\infty} \left(h_{ij}^{\xi\xi} \xi_i \xi_j + h_{ij}^{\xi\eta} \xi_i \eta_j + h_{ij}^{\eta\eta} \eta_i \eta_j \right) \tag{12.2.120}$$

将式 (12.2.118) 至式 (12.2.120) 代入式 (12.2.91)、式 (12.2.92)、式 (12.2.96) 及式 (12.2.99) 可得

$$Y^{(1)} = \sum_{i=1}^{\infty} \left(Y_i^{\xi} \xi_i + Y_i^{\eta} \eta_i \right), \quad C^{(1)} = \sum_{i=1}^{\infty} \left(C_i^{\xi} \xi_i + C_i^{\eta} \eta_i \right) \tag{12.2.121}$$

$$Y^{(2)} = \sum_{i,j=1}^{\infty} \left(Y_{ij}^{\xi\xi} \xi_i \xi_j + Y_{ij}^{\xi\eta} \xi_i \eta_j + Y_{ij}^{\eta\eta} \eta_i \eta_j \right)$$

$$C^{(2)} = \sum_{i,j=1}^{\infty} \left(C_{ij}^{\xi\xi} \xi_i \xi_j + C_{ij}^{\xi\eta} \xi_i \eta_j + C_{ij}^{\eta\eta} \eta_i \eta_j \right) \tag{12.2.122}$$

同样地

$$en^{(1)} = \sum_{i=1}^{\infty} \left(en_i^{\xi} \xi_i + en_i^{\eta} \eta_i \right), \quad ep^{(1)} = \sum_{i=1}^{\infty} \left(ep_i^{\xi} \xi_i + ep_i^{\eta} \eta_i \right) \tag{12.2.123}$$

$$en^{(2)} = \sum_{i,j=1}^{\infty} \left(en_{ij}^{\xi\xi} \xi_i \xi_j + en_{ij}^{\xi\eta} \xi_i \eta_j + en_{ij}^{\eta\eta} \eta_i \eta_j \right) \tag{12.2.124}$$

式 (12.2.121) 至式 (12.2.124) 中各展开项的系数为

$$Y_i^{\xi} = f_i + \langle\alpha\rangle h_i^{\xi}$$

$$Y_i^{\eta} = \langle\alpha\rangle h_i^{\eta} + h^{(0)}\alpha_i$$

$$C_i^{\xi} = C_{11}h_i^{\xi}$$

$$C_i^{\eta} = C_{11}h_i^{\eta} + C_{12}\alpha_i \qquad (12.2.125)$$

$$en_i^{\xi} = -Y_i^{\xi}, en_i^{\eta} = -Y_i^{\eta}$$

$$ep_i^{\xi} = Y_i^{\xi}, ep_i^{\eta} = Y_i^{\eta}$$

$$Y_{ij}^{\xi\xi} = \langle\alpha\rangle h_{ij}^{\xi\xi}, Y_{ij}^{\xi\eta} = \langle\alpha\rangle h_{ij}^{\xi\eta} + \frac{1}{2}\left(h_i^{\xi}\alpha_j + h_j^{\xi}\alpha_i\right), Y_{ij}^{\eta\eta} = \langle\alpha\rangle h_{ij}^{\eta\eta} + \frac{1}{2}\left(h_i^{\eta}\alpha_j + h_j^{\eta}\alpha_i\right)$$

$$C_{ij}^{\xi\xi} = C_{21}h_{ij}^{\xi\xi} + C_{22}h_i^{\xi}h_j^{\xi}, C_{ij}^{\xi\eta} = C_{21}h_{ij}^{\xi\eta} + 2C_{22}h_i^{\xi}h_j^{\eta} + C_{23}h_i^{\xi}\alpha_i,$$

$$C_{ij}^{\eta\eta} = C_{21}h_{ij}^{\eta\eta} + C_{22}h_i^{\eta}h_j^{\eta} + C_{23}h_i^{\eta}\alpha_i + C_{24}\alpha_i\alpha_i \qquad (12.2.126)$$

$$en_{ij}^{\xi\xi} = -Y_{ij}^{\xi\xi} + \frac{1}{2}Y_i^{\xi}Y_j^{\xi}, en_{ij}^{\xi\eta} = -Y_{ij}^{\xi\eta} + Y_i^{\xi}Y_j^{\eta}, en_{ij}^{\eta\eta} = -Y_{ij}^{\eta\eta} + \frac{1}{2}Y_i^{\eta}Y_i^{\eta}$$

令 $p=1$，将式（12.2.119）、式（12.2.121）和式（12.2.123）代入式（12.2.81），在方程两边同时乘以 ξ_i 或 $\eta_i(i=1,2,\cdots)$，取集平均，考虑到 $\{\xi_i\}$ 和 $\{\eta_i\}$ 的正交性，可得

$$c_0\frac{\partial h_i^{\xi}(\boldsymbol{x},t)}{\partial t} = \nabla^2 h_i^{\xi}(\boldsymbol{x},t) + \nabla Y^{(0)}(\boldsymbol{x},t)\nabla h_i^{\xi}(\boldsymbol{x},t) + g_i^{\xi}(\boldsymbol{x},t)$$

$$h_i^{\xi}(\boldsymbol{x},0) = 0, \quad \boldsymbol{x}\in\Omega$$

$$h_i^{\xi}(\boldsymbol{x},t) = 0, \quad \boldsymbol{x}\in\Gamma_D$$

$$\nabla h_i^{\xi}(\boldsymbol{x},t)\cdot n(\boldsymbol{x}) = Q_i^{\xi}(\boldsymbol{x},z), \quad \boldsymbol{x}\in\Gamma_N \qquad (12.2.127)$$

$$g_i^{\xi}(\boldsymbol{x},t) = \nabla Y_i^{\xi}\nabla\left(h^{(0)} + z\right) - \mathrm{e}^{-Y^{(0)}}\left(C_i^{\xi}en^{(0)} + C^{(0)}en_i^{\xi}\right)\frac{\partial h^{(0)}}{\partial t} + \mathrm{e}^{-Y^{(0)}}en_i^{\xi}g$$

$$Q_i^{\xi}(\boldsymbol{x},t) = -ep_i^{\xi}\nabla\left(h^{(0)} + z\right)\cdot n(\boldsymbol{x})/ep^{(0)}$$

$$c_0\frac{\partial h_i^{\eta}(\boldsymbol{x},t)}{\partial t} = \nabla^2 h_i^{\eta}(\boldsymbol{x},t) + \nabla Y^{(0)}(\boldsymbol{x},t)\nabla h_i^{\eta}(\boldsymbol{x},t) + g_i^{\eta}(\boldsymbol{x},t)$$

$$h_i^{\eta}(\boldsymbol{x},0) = 0, \quad \boldsymbol{x}\in\Omega$$

$$h_i^{\eta}(\boldsymbol{x},t) = 0, \quad \boldsymbol{x}\in\Gamma_D$$

$$\nabla h_i^{\eta}\cdot n(\boldsymbol{x}) = Q_i^{\eta} \qquad (12.2.128)$$

$$g_i^{\eta}(\boldsymbol{x},t) = \nabla Y_i^{\eta}\nabla\left(h^{(0)} + z\right) - \mathrm{e}^{-Y^{(0)}}\left(C_i^{\eta}en^{(0)} + C^{(0)}en_i^{\eta}\right)\frac{\partial h^{(0)}}{\partial t} + \mathrm{e}^{-Y^{(0)}}en_i^{\eta}g$$

$$Q_i^{\eta}(\boldsymbol{x},t) = -ep_i^{\eta}\nabla\left(h^{(0)} + z\right)\cdot\boldsymbol{n}\big|_{\Gamma_2}/ep^{(0)}$$

在式（12.2.127）中 g_i^{ξ} 和 Q_i^{ξ} 是 h_i^{ξ} 的线性函数，因而式（12.2.127）是关于 h_i^{ξ} 的线性方程。将含有 h_i^{ξ} 的项移到方程的左边，其余的项留在方程的右边，可以发现方程的右端项与随机输入 f 的标准差成比例，这表明 h_i^{ξ} 与随机输入 f 的标准差成比例。同样地从式（12.2.128）也能看出 h_i^{η} 与随机输入 α 的标准差成比例。

令 $p=2$，将式(12.2.120)、式(12.2.122)和式(12.2.124)代入式(12.2.81)，同时合并关于不相关高斯随机变量 ξ_i 和 η_i 的同类项

$$\sum_{i,j=1}^{\infty} L_{ij}^{\xi\xi}(h)\xi_i\xi_j + \sum_{i,j=1}^{\infty} L_{ij}^{\xi\eta}(h)\xi_i\eta_j + \sum_{i,j=1}^{\infty} L_{ij}^{\eta\eta}(h)\eta_i\eta_j = 0 \qquad (12.2.129)$$

式中，$L_{ij}^{\xi\xi}(h)$、$L_{ij}^{\xi\eta}(h)$、$L_{ij}^{\eta\eta}(h)$ 为作用在 h 上的算子。由于 $\{\xi_i\}$ 和 $\{\eta_i\}$ 的正交性，通过数学推导可以得到三个系列方程(Yang et al., 2004)

$$L_{ij}^{\xi\xi}(h) = 0, \quad L_{ij}^{\xi\eta}(h) = 0, \quad L_{ij}^{\eta\eta}(h) = 0 \qquad (12.2.130)$$

这些二阶方程的形式与方程(12.2.117)类似，具体推导过程可参考文献(Yang et al., 2004)，不再赘述。

4. 水流变量的统计矩

上述数学推导得到了关于水头展开系数的控制方程，求解这些方程后并结合水头函数的混沌展开，就可得到水头的随机描述，也就是得到了水头的随机函数，进而可以计算水流变量如水头、含水率和流速等的统计矩。

1) 水头的统计矩

将水头展开为级数 $h(\boldsymbol{x},t) = h^{(0)} + h^{(1)} + h^{(2)}$，由方程(12.2.81)可知，$\langle h^{(0)} \rangle = h^{(0)}$，$\langle h^{(1)} \rangle = 0$，则对水头展开式取集平均，有

$$\langle h(\boldsymbol{x},t) \rangle = h^{(0)}(\boldsymbol{x},t) + \langle h^{(2)}(\boldsymbol{x},t) \rangle \qquad (12.2.131)$$

$h^{(0)}$ 为关于随机输入标准差 σ 的零阶或一阶水头均值，而式(12.2.131)是关于随机输入标准差 σ 的二阶水头均值，其右边的第二项就是水头均值的二阶修正项。由式(12.2.75)减去式(12.2.131)可得

$$h'(\boldsymbol{x},t) = h^{(1)}(\boldsymbol{x},t) + h^{(2)}(\boldsymbol{x},t) - \langle h^{(2)}(\boldsymbol{x},t) \rangle \qquad (12.2.132)$$

$h^{(1)}$ 为关于随机输入标准差 σ 的一阶水头扰动，式(12.2.132)是关于 σ 的二阶扰动。由式(12.2.132)可以得到水头关于 σ^2 的一阶协方差

$$C_h(\boldsymbol{x},t;\boldsymbol{y},\tau) = \langle h^{(1)}(\boldsymbol{x},t)h^{(1)}(\boldsymbol{y},\tau) \rangle \qquad (12.2.133)$$

(1) 相关情况下的水头均值

将式(12.2.109)代入式(12.2.131)可得

$$\langle h(\boldsymbol{x},t) \rangle = h^{(0)}(\boldsymbol{x},t) + \sum_{i=1}^{\infty} h_{ii}(\boldsymbol{x},t) \qquad (12.2.134)$$

(2) 不相关情况下的水头均值

将式(12.2.120)代入式(12.2.131)可得到水头二阶均值

$$\langle h(\boldsymbol{x},t)\rangle = h^{(0)}(\boldsymbol{x},t)+\sum_{i=1}^{\infty}\Big[h_{ii}^{\xi\xi}(\boldsymbol{x},t)+h_{ii}^{\eta\eta}(\boldsymbol{x},t)\Big] \tag{12.2.135}$$

(3)相关情况下的水头(协)方差

将式(12.2.112)代入式(12.2.133)，可得

$$C_h(\boldsymbol{x},t;\boldsymbol{y},\tau)=\sum_{i=1}^{\infty}\big[h_i(\boldsymbol{x},t)h_i(\boldsymbol{y},\tau)\big] \tag{12.2.136}$$

(4)不相关情况下的水头(协)方差

将式(12.2.119)代入式(12.2.133)，可得基于 GR 模型的水头协方差

$$C_h(\boldsymbol{x},t;\boldsymbol{y},\tau)=\sum_{i=1}^{\infty}\Big[h_i^{\xi}(\boldsymbol{x},t)h_i^{\xi}(\boldsymbol{y},\tau)+h_i^{\eta}(\boldsymbol{x},t)h_i^{\eta}(\boldsymbol{y},\tau)\Big] \tag{12.2.137}$$

在以上各水头协方差表达式中，令 $\boldsymbol{y}=\boldsymbol{x}$，$\tau=t$ 就可得到相应的水头方差。

2)含水率的统计矩

含水率不仅反映了土壤的水分状况，也是确定流体实际流速的重要因素，因此其随机分析可应用于非饱和带的溶质运移问题。将含水率随机场展开为级数

$$\theta(\boldsymbol{x},t)=\theta^{(0)}(\boldsymbol{x},t)+\theta^{(1)}(\boldsymbol{x},t)+\theta^{(2)}(\boldsymbol{x},t) \tag{12.2.138}$$

与水头的统计矩类似，含水率的均值和协方差为

$$\langle\theta(\boldsymbol{x},t)\rangle=\theta^{(0)}(\boldsymbol{x},t)+\langle\theta^{(2)}(\boldsymbol{x},t)\rangle \tag{12.2.139}$$

$$C_{\theta}(\boldsymbol{x},t;\boldsymbol{y},\tau)=\langle\theta^{(1)}(\boldsymbol{x},t)\theta^{(1)}(\boldsymbol{y},\tau)\rangle \tag{12.2.140}$$

下面主要推导各参数随机场不相关情况的统计矩，相关情况下的统计矩的推导与之类似，不再赘述。

由 GR 模型可得

$$\begin{aligned}\theta_e(\boldsymbol{x},t)=(\theta_s-\theta_r)&\Big\{\exp\Big[0.5\big(\langle\alpha\rangle+\alpha'\big)\big(h^{(0)}+h^{(1)}+h^{(2)}\big)\Big]\\&\times\Big[1-0.5\big(\langle\alpha\rangle+\alpha'\big)\big(h^{(0)}+h^{(1)}+h^{(2)}\big)\Big]\Big\}^{2/(m_{\text{GR}}+2)}\end{aligned} \tag{12.2.141}$$

$\theta_e(\boldsymbol{x},\ t)$ 展开为级数，将各阶分离且合并同类项有

$$\theta^{(0)}(\boldsymbol{x},t)=(\theta_s-\theta_r)\Big[\big(1-0.5\langle\alpha\rangle h^{(0)}\big)\exp\big(0.5\langle\alpha\rangle h^{(0)}\big)\Big]^{2/(m+2)} \tag{12.2.142}$$

$$\theta^{(1)}(\boldsymbol{x},t)=-\frac{\theta^{(0)}}{2(m+2)}\frac{\langle\alpha\rangle h^{(0)}}{1-0.5\langle\alpha\rangle h^{(0)}}\big(\langle\alpha\rangle h^{(1)}+h^{(0)}\alpha'\big) \tag{12.2.143}$$

$$\theta^{(2)}(\boldsymbol{x},t) = -\frac{\theta^{(0)}}{2(m+2)\left(1-0.5\langle\alpha\rangle h^{(0)}\right)^2}\left\{\langle\alpha\rangle^2 h^{(0)}\left(1-0.5\langle\alpha\rangle h^{(0)}\right)h^{(2)}\right.$$

$$+0.25\langle\alpha\rangle^2\left(2-\frac{1}{m+2}\langle\alpha\rangle^2 h^{(0)2}\right)h^{(1)2}$$

$$+\langle\alpha\rangle h^{(0)}\left[2-0.5\langle\alpha\rangle h^{(0)}-\frac{0.5}{m+2}\langle\alpha\rangle^2 h^{(0)2}\right]h^{(1)}\alpha'$$

$$\left.+h^{(0)2}\left[0.5-\frac{0.25}{m+2}\langle\alpha\rangle^2 h^{(0)2}\right]\alpha'\alpha'\right\} \tag{12.2.144}$$

系统输入随机场不相关情况下的含水率协方差为

$$C_\theta(\boldsymbol{x},t;\boldsymbol{y},\tau) = \sum_{i=1}^{\infty}\left[\theta_i^\xi(\boldsymbol{x},t)\theta_i^\xi(\boldsymbol{y},\tau)+\theta_i^\eta(\boldsymbol{x},t)\theta_i^\eta(\boldsymbol{y},\tau)\right] \tag{12.2.145}$$

其中,

$$\theta_i^\xi(\boldsymbol{x},t) = -\frac{\theta^{(0)}}{2(m+2)}\frac{\langle\alpha\rangle h^{(0)}}{1-0.5\langle\alpha\rangle h^{(0)}}\langle\alpha\rangle h_i^\xi \tag{12.2.146}$$

$$\theta_i^\eta(\boldsymbol{x},t) = -\frac{\theta^{(0)}}{2(m+2)}\frac{\langle\alpha\rangle h^{(0)}}{1-0.5\langle\alpha\rangle h^{(0)}}\left(\langle\alpha\rangle h_i^\eta + h^{(0)}\alpha_i\right) \tag{12.2.147}$$

此时的含水率方差为

$$\sigma_{\theta(\boldsymbol{x},t)}^2 = \sum_{i=1}^{\infty}\left\{\left[\theta_i^\xi(\boldsymbol{x},t)\right]^2+\left[\theta_i^\eta(\boldsymbol{x},t)\right]^2\right\} \tag{12.2.148}$$

3) 流速的统计矩

达西流速为矢量,下面以分量形式推导其统计矩。由非饱和流达西定律可得

$$q_i(\boldsymbol{x},t) = -e^{Y^{(0)}}\left(ep^{(0)}+ep^{(1)}+ep^{(2)}\right)\left[\frac{\partial\left(h^{(0)}+h^{(1)}+h^{(2)}\right)}{\partial\boldsymbol{x}_i}+\delta_{i1}\right] \tag{12.2.149}$$

将其展开为级数

$$q_i^{(0)}(\boldsymbol{x},t) = -e^{Y^{(0)}(\boldsymbol{x},t)}\left[\frac{\partial h^{(0)}(\boldsymbol{x},t)}{\partial\boldsymbol{x}_i}+\delta_{i1}\right] \tag{12.2.150}$$

$$q_i^{(1)}(\boldsymbol{x},t) = -e^{Y^{(0)}(\boldsymbol{x},t)}\left\{\frac{\partial h^{(1)}(\boldsymbol{x},t)}{\partial\boldsymbol{x}_i}+ep^{(1)}(\boldsymbol{x},t)\left[\frac{\partial h^{(0)}(\boldsymbol{x},t)}{\partial\boldsymbol{x}_i}+\delta_{i1}\right]\right\} \tag{12.2.151}$$

$$q_i^{(2)}(\boldsymbol{x},t) = -e^{Y^{(0)}(\boldsymbol{x},t)}\left\{\frac{\partial h^{(2)}(\boldsymbol{x},t)}{\partial\boldsymbol{x}_i}+ep^{(1)}(\boldsymbol{x},t)\frac{\partial h^{(1)}(\boldsymbol{x},t)}{\partial\boldsymbol{x}_i}\right.$$

$$\left.+ep^{(2)}(\boldsymbol{x},t)\left[\frac{\partial h^{(0)}(\boldsymbol{x},t)}{\partial\boldsymbol{x}_i}+\delta_{i1}\right]\right\} \tag{12.2.152}$$

流速的均值和协方差分别为

$$\langle q_i(\boldsymbol{x},t)\rangle = q_i^{(0)}(\boldsymbol{x},t) + \langle q_i^{(2)}(\boldsymbol{x},t)\rangle \tag{12.2.153}$$

$$C_{qi}(\boldsymbol{x},t;\boldsymbol{y},\tau) = \langle q_i^{(1)}(\boldsymbol{x},t)q_i^{(1)}(\boldsymbol{y},\tau)\rangle$$

$$= e^{2Y^{(0)}(\boldsymbol{x},t)}\left\langle \frac{\partial h^{(1)}(\boldsymbol{x},t)}{\partial \boldsymbol{x}_i}\frac{\partial h^{(1)}(\boldsymbol{y},\tau)}{\partial \boldsymbol{x}_i}\right\rangle$$

$$+ e^{2Y^{(0)}(\boldsymbol{x},t)}\left\langle \frac{\partial h^{(1)}(\boldsymbol{x},t)}{\partial z}ep^{(1)}(\boldsymbol{y},\tau)\right\rangle \left[\frac{\partial h^{(0)}(\boldsymbol{y},\tau)}{\partial z}+\delta_{i1}\right]$$

$$+ e^{2Y^{(0)}(\boldsymbol{x},t)}\left\langle ep^{(1)}(\boldsymbol{x},t)\frac{\partial h^{(1)}(\boldsymbol{y},\tau)}{\partial z}\right\rangle \left[\frac{\partial h^{(0)}(\boldsymbol{x},t)}{\partial z}+\delta_{i1}\right]$$

$$+ e^{2Y^{(0)}(\boldsymbol{x},t)}\left\langle ep^{(1)}(\boldsymbol{x},t)ep^{(1)}(\boldsymbol{y},\tau)\right\rangle \left[\frac{\partial h^{(0)}(\boldsymbol{x},t)}{\partial \boldsymbol{x}_i}+\delta_{i1}\right]\left[\frac{\partial h^{(0)}(\boldsymbol{y},\tau)}{\partial \boldsymbol{x}_i}+\delta_{i1}\right] \tag{12.2.154}$$

12.3　随机配点法

随机配点法通过 KL 展开或主成分分析法将输入随机场表示为一系列相互独立随机变量在不同权重下的线性组合，协方差函数具有解析表达式的问题一般采用 KL 展开分解输入随机场，协方差函数为矩阵形式的问题一般采用主成分分析法；然后采用多项式混沌（Tatang et al.，1997)或者 Lagrange 多项式（Xiu and Hesthaven，2005)来分解输出随机场，通过选取随机变量的取值对不同随机变量的插值点进行组合，使输出随机场在插值点上转化为确定性问题。随机配点法在插值点上将随机问题转化为确定性问题，该方法具有蒙特卡罗方法的特点，可以利用已有的定性问题解法。

12.3.1　输入参数的随机表达

1. 随机场方法

对于输入随机场通过 KL 展开等方法得到随机场实现，其中随机数的产生方法包括 Monte Carlo 算法、拉丁超立方算法、重要抽样算法、配点方法等，然后根据数学物理方程分别求解各实现对应的输出变量，最后对输出变量进行统计分析，得到模拟值的统计结果。设考虑随机场 Y，通过 KL 展开生成随机场，即

$$Y_j = \langle Y\rangle + \sum_{i=1}^{N}\sqrt{\eta_Y^{(i)}}f_Y^{(i)}\xi_j^i \tag{12.3.1}$$

式中，ξ_j^i 为随机数，对于每个实现，均需选取随机向量 $\boldsymbol{\xi}_j = \left\{\xi_j^1,\cdots,\xi_j^N\right\}$，$M$ 个实现组成向量组 $\left\{\boldsymbol{\xi}_1,\cdots,\boldsymbol{\xi}_M\right\}^{\mathrm{T}}$，每个随机向量 $\boldsymbol{\xi}_j = \left\{\xi_j^1,\cdots,\xi_j^N\right\}$ 代入式 (12.3.1) 中都能得到一个输出变量 Y_j，将 Y_j 代入确定性模型中进行模拟，得到每个随机向量的模拟值，将最后得到的

所有模拟值进行统计矩分析。

在已知相关长度、方差、协方差类型等数据的条件下，可以得到式(12.3.1)中的特征值 $\eta_Y^{(i)}$ 和特征函数 $f_Y^{(i)}$。由于蒙特卡罗方法计算成本很高，目前很多研究中利用随机配点法产生随机场，再进行数值模拟。配点的维数即输入随机变量的个数对应 KL 展开式(12.3.1)中的 N，配点的组数 M 对应于随机场的实现次数。

2. 随机变量方法

值得注意的是，之前的大部分研究采用随机场理论来描述参数的空间变异性；虽然随机场能够描述参数的空间结构，但它也具有许多不便之处。利用 KL 方法展开随机场，就必须获得随机场的方差、协方差函数类型和相关长度等数据，这些数据需要以大量的实测数据为基础进行地质统计分析才能得到。在实际的多孔介质水流运动问题中，能够获取的实测数据相对于模拟区域通常非常稀少，而且在空间上不连续，因此在解决实际问题时，一般都通过随机变量途径来反映输入随机参数的变化范围和分布形式，而不用再考虑参数在不同的空间点上的变异特性，认为研究区域内任两点的参数值是全相关的，这是随机场相关长度无穷大的特殊情况。

若研究区域考虑 N 个随机变量，那么对于随机输出变量 Y^i，其第 j 次实现可以表示为

$$Y_j^i = \langle Y^i \rangle + \sigma_Y \xi_j^i \tag{12.3.2}$$

式中，$i = 1, 2, \cdots, N$；Y_j^i 为 Y^i 第 j 次的实现结果；$\langle Y^i \rangle$ 为 Y^i 的集平均；σ_Y 为 Y^i 的标准差；ξ_j^i 为第 j 次生成的随机数或配点。与随机场方法类似，对最后经确定性模型模拟得到的输出结果进行统计矩分析。实际上相比于随机场方法，将参数表示为随机变量已将复杂问题进行了高度简化。随机场方法中 KL 展开的截断阶数 N 在随机变量方法里类同于随机变量的个数，如土壤水运动中 VG 改进模型有 9 个土壤参数，其在随机变量中的表达方法对应的是单个随机场 KL 展开的 9 阶截断，相应的计算工作量将得到大幅度的减少。本方法也可以表示其中多个土壤参数的分区分布情况，这时，各土壤参数在不同的分区中应具有不同的均值和方差。

12.3.2　随机配点技术

随机配点法模拟效果好，计算成本小，可以快速、准确地模拟随机介质中的问题，已逐渐发展成为随机数值模拟的常用方法。

1. 随机偏微分方程

考虑到地下水运动的随机特征，描述水分运动的定解问题可以简化为
控制方程：

$$\mathcal{L}(u;\omega,\boldsymbol{x},t)=f(\omega,\boldsymbol{x},t) \qquad \boldsymbol{x}\in D \qquad (12.3.3)$$

边界条件：

$$\mathcal{B}(u;\omega,\boldsymbol{x},t)=g(\omega,\boldsymbol{x},t) \qquad \boldsymbol{x}\in\partial D \qquad (12.3.4)$$

式中，D 为有界凸多边形区域 $D\subset\mathbb{R}^d$，边界为 ∂D；$X=(\boldsymbol{x}_1,\cdots,\boldsymbol{x}_d)$ 为空间 $\mathbb{R}^d$ 的坐标；$\mathcal{L}$ 为线性或非线性的偏微分算子；$\mathcal{B}$ 为边界算子；$\omega\in\Omega$，为样本空间 Ω 的产出。

2. 有限维噪声假设

式(12.3.3)中的 u 既是时空变量的函数，也是随机变量的函数，以下仅考虑随机空间的处理。为了求解式(12.3.3)和式(12.3.4)，需要把无限维的概率空间退化为一个有限的空间，这个过程称为有限维噪声假设，它往往是通过某种特定的分解，在所需的精度内去近似目标随机过程来实现（Loève，1977）。实现的方法主要有 KL 展开和混沌多项式（或 Lagrange 多项式）。KL 展开是基于输入随机过程协方差的谱分解的基础上，然后假设随机输入被分解为 N 个随机变量，那么我们可一次得到随机输入的抽象形式

$$\mathcal{L}(u;\omega,\boldsymbol{x},t)=\mathcal{L}(u;\xi_1(\omega),\cdots,\xi_N(\omega),\boldsymbol{x},t)$$
$$f(\omega,\boldsymbol{x},t)=f(\xi_1(\omega),\cdots,\xi_N(\omega),\boldsymbol{x},t) \qquad (12.3.5)$$

式中，$\{\xi_i\}_{i=1}^N$ 为均值为 0、方差为单位方差的独立随机变量。这样就把无限维的概率空间分解为 N 维。值得指出的是，在用随机变量描述输入参数的不确定性时，处理输入参数时不需要进行这种假设，但是在处理输出参数时该假设仍然成立。

进行 N 维截断后，就可以得到随机偏微分方程的强形式

$$\begin{cases} \mathcal{L}(u_N;\boldsymbol{\xi},\boldsymbol{x},t)=f_N(\boldsymbol{\xi},\boldsymbol{x},t) & (\boldsymbol{\xi},\boldsymbol{x},t)\in\varGamma^N\times\overline{D} \\ \mathfrak{B}(u_N;\boldsymbol{\xi},\boldsymbol{x},t)=g_N(\boldsymbol{\xi},\boldsymbol{x},t) & (\boldsymbol{\xi},\boldsymbol{x},t)\in\varGamma^N\times\partial\overline{D} \end{cases} \qquad (12.3.6)$$

式中，u_N 为进行 N 维截断后的待求变量；$\varGamma^N$ 为 N 维的随机空间；$\overline{D}$ 为确定性的物理空间，包括了时间和空间。由于有限维噪声假设而引入的截断误差为 $u-u_N$。

随机变量的配点方法相比于随机场的配点方法有所不同，不存在将无限维概率空间截断成有限维的概念，并且随机场方法里的截断维数 N 即为随机变量方法里的随机变量个数 N，此时随机空间为 $\boldsymbol{\xi}(\omega)=[\xi_1(\omega),\cdots,\xi_N(\omega)]:\Omega\to\mathbb{R}^N$，就不需要进行随机场方法中的截断。

3. 随机微分方程的等效弱形式

以式(12.3.6)为研究对象，为了求解 u_N 的数学估计 $\hat{u}_N$，需要将式(12.3.6)转化为它的等价变分形式，即弱形式

$$\int\mathcal{L}(u_N,\boldsymbol{\xi},\boldsymbol{x},t)v(\boldsymbol{\xi})\mathrm{d}\boldsymbol{\xi}=\int f_N(\boldsymbol{\xi},\boldsymbol{x},t)v(\boldsymbol{\xi})\mathrm{d}\boldsymbol{\xi}, \quad \forall v(\boldsymbol{\xi})\in V:\Omega\to\mathbb{R}^N \qquad (12.3.7)$$

式中，V 为试验函数空间，式(12.3.7)的变分操作在该空间内进行，只需要满足

$\int_{\Gamma} v(\xi) \mathrm{d}\xi = 1$ 的要求即可，$v(\xi)$ 也即相当于伽辽金有限元中的测试函数 $N(x,t)$（张蔚榛，1983）。

对于随机有限元的弱解形式可以这样理解：偏微分方程的残值依据测试函数 $v(\xi)$ 按照概率密度函数 $\rho(\xi)$ 等于零。随机偏微分方程的弱解形式可写为

$$\int \rho(\xi) \mathfrak{L}(\hat{u}_N, \xi, x, t) v(\xi) \mathrm{d}\xi = \int \rho(\xi) f_N(\xi, x, t) v(\xi) \mathrm{d}\xi, \quad \forall v(\xi) \in V : \Omega \to \mathbb{R}^N \quad (12.3.8)$$

如果令 $F = \left(\mathfrak{L}(\hat{u}_N, \xi, x, t) - f_N(\xi, x, t) \right) v(\xi)$，就可以得到

$$\int \rho(\xi) F \mathrm{d}\xi = 0 \quad (12.3.9)$$

上式表明 F 的均值为 0，这就是说，在求解随机偏微分方程时按照一定的试验函数保证初始随机偏微分方程残差概率的均值为零。

4. 随机偏微分方程的蜕化形式

随机配点法包括张量积配点法、稀疏网格配点法、Stroud 配点法、概率配点法四种，不同类型的配点法在于随机函数的展开多项式和试验函数不同。前三者中随机函数利用 Lagrange 多项式 $L_i(\xi)$ 展开，试验函数利用 Dirac delta 函数 $\delta(\xi)$；概率配点法为混沌多项式 $\Phi_i(\xi)$ 展开，试验函数也利用 Dirac delta 函数 $\delta(\xi)$。

$\delta(\xi)$ 函数具有如下性质：

$$\begin{cases} \int_{-\infty}^{+\infty} \delta(x) t(x) \mathrm{d}x = t(0) \\ \int_{-\infty}^{+\infty} \delta(x-a) t(x) \mathrm{d}x = t(a) \end{cases} \quad (12.3.10)$$

于是就得到了 $\int_{-\infty}^{+\infty} \delta(x) \mathrm{d}x = 1$，Dirac delta 函数符合试验函数空间的要求。

如果以 Lagrange 多项式 $L_i(\xi)$ 为基函数，式（12.3.6）的残差可表示为

$$R(L_i(\xi), \xi) = \mathfrak{L}(u_N, \xi, x, t) - f_N(\xi, x, t) \quad (12.3.11)$$

若以混沌多项式 $\Phi_i(\xi)$ 为基函数，残差可表示为

$$R(\Phi_i(\xi), \xi) = \mathfrak{L}(u_N, \xi, x, t) - f_N(\xi, x, t) \quad (12.3.12)$$

最小化残差可得

$$\int_{\Gamma^N} R(L_i(\xi), \xi) \delta(\xi - \xi_j) \rho(\xi) \mathrm{d}\xi = 0 \quad j = 1, \cdots, M \quad (12.3.13)$$

或者

$$\int_{\Gamma^N} R(\Phi_i(\xi), \xi) \delta(\xi - \xi_j) \rho(\xi) \mathrm{d}\xi = 0 \quad j = 1, \cdots, M \quad (12.3.14)$$

式（12.3.13）和式（12.3.14）即为偏微分方程的蜕化形式，式中 ξ_j 称为插值点。

根据 Dirac delta 函数的性质（12.3.10）和概率密度函数 $\rho(\xi_j) \neq 0$，可以将式（12.3.13）和式（12.3.14）化简为

$$R\left(L_i\left(\xi_j\right),\xi_j\right)=0 \quad j=1,\cdots,M \tag{12.3.15}$$

和

$$R\left(\varPhi_i\left(\xi_j\right),\xi_j\right)=0 \quad j=1,\cdots,M \tag{12.3.16}$$

利用 Dirac delta 函数的性质将方程蜕化为定点上的方程,若对式(12.3.13)和式(12.3.14)进行数值积分, ξ_j 等同于数值积分点。试验函数采用 Dirac delta 函数的原因为:每使用一次 Dirac delta 函数的性质就得到一个方程,每个方程都能求解得出一个系数 u。通常需要根据概率密度函数、精度要求和计算成本对 ξ_j 进行相应的配置,因此将 ξ_j 称为配点。

假设时空中物理空间与随机空间是不相关的,先用配点法处理随机空间,不考虑物理空间,再在物理空间中进行网格剖分等处理,然后用确定性模型进行求解。配点法是一种依据概率分布的特点进行抽样的方法,选择概率密度高处的点作为随机序列,从而达到以较少的运算次数精确求解随机问题的目的。

12.3.3 随机配点法基本概念

1. Lagrange 插值

定义在区间$[a,b]$上的光滑函数 $f(x)$,给定 n 个插值点$\{x_1,\cdots,x_n\}\subset[a,b]$,那么其一维 Lagrange 插值公式为

$$f_n\left(x\right)=\sum_{j=1}^{n}L_j\left(x\right)f\left(x_j\right) \tag{12.3.17}$$

式中, $L_j\left(x\right)$ 为插值基函数,取为

$$L_j\left(x\right)=\prod_{\substack{i=1\\i\neq j}}^{n}\frac{x-x_i}{x_j-x_i}, \quad j=1,\cdots,n \tag{12.3.18}$$

$L_j\left(x\right)$ 都是 n 次多项式,并且具有下列性质

$$L_j\left(x_i\right)=\delta_{ij}=\begin{cases}1 & i=j\\0 & i\neq j\end{cases} \tag{12.3.19}$$

对于多维 Lagrange 插值而言,相当于一维情况的扩展,如对于二维的情况,其插值多项式为

$$f_{nm}\left(x,y\right)=\sum_{j=1}^{n}\sum_{k=1}^{m}L_j\left(x\right)\tilde{L}_k\left(y\right)f\left(x_j,y_k\right) \tag{12.3.20}$$

依此类推,可以得到多维插值多项式计算公式。

2. 高斯求积公式

设要计算积分 $\int_a^b \rho(x)f(x)\mathrm{d}x$，式中 $\rho(x)$ 为区间 $[a,b]$ 上的权函数。在区间 $[a,b]$ 上取 n 个互异的求积结点 x_1，x_2，$\cdots$，x_n，可形成数值求积公式

$$\int_a^b \rho(x)f(x)\mathrm{d}x \approx \sum_{i=0}^n A_i f(x_i) \tag{12.3.21}$$

式中，A_i 为求积系数，与函数 $f(x)$ 无关。以求积点 x_1，x_2，$\cdots$，x_n 作插值结点，对 $f(x)$ 进行 Lagrange 插值近似，并设 $f(x)$ 在区间 $[a,b]$ 上有 n 阶导数，则有

$$f(x) = \sum_{i=1}^n L_i(x)f(x_i) + \frac{f^{(n)}(\xi)}{n!}\omega_n(x) \tag{12.3.22}$$

式中，$L_i(x)$ 为插值基函数；$\omega_n(x) = (x-x_1)(x-x_2)\cdots(x-x_n)$。于是可以得到高斯求积型公式 (12.3.21)，其中求积系数为

$$A_i = \int_a^b \rho(x)L_i(x)\mathrm{d}x = \int_a^b \frac{\rho(x)\omega_n(x)}{(x-x_i)\omega_n'(x_i)}\mathrm{d}x \tag{12.3.23}$$

12.3.4　张量积配点法

在多维情况下 ($N>1$)，张量积插值公式可以表示为 (Wasilkowski and Wozniakowski，1995)

$$\mathbb{P}u(\xi) = \mathbb{P}u^{i_1} \otimes \mathbb{P}u^{i_2} \cdots \otimes \mathbb{P}u^{i_N} = \sum_{j_1=1}^{m_1}\cdots\sum_{j_N=1}^{m_N} u\left(\xi_{j_1}^{i_1},\cdots,\xi_{j_N}^{i_N}\right)\cdot\left(L_{j_1}^{i_1}\otimes L_{j_2}^{i_2}\cdots\otimes L_{j_N}^{i_N}\right) \tag{12.3.24}$$

式中，$\mathbb{P}$ 为张量积插值的记号；$f = f_1 \otimes f_2 \cdots \otimes f_n$ 定义为 f_i 的向量积。如果 f_i 为实数，$f = \prod_{i=1}^n f_i$，即 f 为 n 个实数的连乘；如果 f_i 为标量函数，$f(x_1,x_2,...,x_n) = \prod_{i=1}^n f_i(x_i)$，$f$ 为 n 个变量的函数，其可以表达为 n 个函数 $f_i(x_i)$ 的连乘。m_i 表示第 i 维插值点数，ξ_j^i 表示第 i 维的第 j 个配点的值，$i_j \geqslant 1$ 为插值点选择参数，i_j 不同，插值点的数目也不同，如 $i_j = 1,2,3$ 时选取的插值点数目分别为 1、3、5，对于正态分布的随机场或者随机变量来说，插值点分别为 $\{0\}$、$\{0，1.732，-1.732\}$、$\{0，2.857，-2.857，1.356，-1.356\}$，可以理解为若 $i_1 = 1$，表明第一维的插值点有 1 个，为 0；如果 $i_3 = 2$，表明第 2 维的插值点有 3 个，为 0、1.732、-1.732。L_j^i 为插值基函数，根据式 (12.3.18) 为

$$L_j^i(x) = \prod_{\substack{l=0\\l\neq j}}^{m_i} \frac{\xi^i - \xi_l^i}{\xi_j^i - \xi_l^i} \tag{12.3.25}$$

则式(12.3.25)中配点组数总数为 $m_1 \times \cdots \times m_N = \prod\limits_{i=1}^{N} m_i$ ，对于某 N 维随机变量，每维均采用 3 个插值点，若所有插值点数值均不相等，也就是不会产生完全相同的配点，总的配点组数即为 $M = 3^N$ ，配点组数随维数增加呈指数增长。例如对于 10 维问题，则总的配点组数为 $3^{10} = 59049$ ，因为每组配点对应一个方程，那么对于高维问题，张量积配点法需要求解的方程数目会远远大于 Monte Carlo 模拟所需次数，因此该方法仅限于求解低维问题。

12.3.5　稀疏网格配点法

1. 算法的基本原理

在高维问题中，张量积配点法生成的配点数量巨大，易产生"维度灾"，使得其不适用于高维问题。Wasilkowski 和 Wozniakowski(1995)提出的 Smolyak 算法，是通过构造张量积的线性组合来选取配点，与张量积方法不同的是，Smolyak 算法并不是将任一维的插值点进行全域的组合，而是根据一定的权重来组合配点。该算法中引入 Δ^i ，并进行如下假设：

$$\Delta^0 = \mathbb{P}u^0 = 0 \qquad \Delta^i = \mathbb{P}u^i - \mathbb{P}u^{i-1} \tag{12.3.26}$$

为了分析方便，定义如下几个集合

$$
\begin{aligned}
X(q,N) &= \left\{ \mathbf{i} \middle| \mathbf{i} \geqslant \mathbf{e}, |\mathbf{i}| \leqslant q \right\} \\
\tilde{X}(q,N) &= \left\{ \mathbf{i} \middle| \mathbf{i} \geqslant \mathbf{e}, |\mathbf{i}| = q \right\} \\
Y(q,N) &= \left\{ \mathbf{i} \middle| \mathbf{i} \geqslant \mathbf{e}, q - N + 1 \leqslant |\mathbf{i}| \leqslant q \right\} \\
\tilde{Y}(k,N) &= \left\{ \mathbf{i} \middle| \mathbf{i} \geqslant \mathbf{e}, k + 1 \leqslant |\mathbf{i}| \leqslant k + N \right\}
\end{aligned}
\tag{12.3.27}
$$

式中， $\mathbf{e} = \{1, 1, \cdots, 1\}$ ； $\mathbf{i} = (i_1, \cdots, i_N)$ ； $|\mathbf{i}| = \sum\limits_{j=1}^{N} i_j$ ； N 为随机变量的维数，当 $N \geqslant 1$ 时，将张量积问题转化如下的算法(唐云卿，2014)：

$$A(q,N) = \sum_{\mathbf{i} \in X(q,N)} \Delta^{i_1} \otimes \cdots \otimes \Delta^{i_N} \tag{12.3.28}$$

如果 $q < N$ ，则必有一个 $i_j = 0$ ，此时 $\Delta^0 = 0$ ，这样就得到了 $\Delta^{i_j} = 0$ ，从而使得 $A(q,N) = 0$ ，于是只有当所有 $i_j \geqslant 1$ ，即 $|\mathbf{i}| \geqslant N$ 时，才有 $A(q,N) > 0$ ，所以就要求 $q \geqslant N$ 。

对式(12.3.28)进行化简，根据式(12.3.26)的假设可以得到：

$$A(q,N) = \sum_{\mathbf{i}\in X(q,N)} \Delta^{i_1} \otimes \cdots \otimes \Delta^{i_N} = \sum_{\mathbf{i}\in \tilde{X}(q,N)} \Delta^{i_1} \otimes \cdots \otimes \Delta^{i_N} + \sum_{\mathbf{i}\in \tilde{X}(q-1,N)} \Delta^{i_1} \otimes \cdots \otimes \Delta^{i_N}$$

$$+ \cdots + \sum_{\mathbf{i}\in \tilde{X}(N,N)} \Delta^{i_1} \otimes \cdots \otimes \Delta^{i_N} = \sum_{l=0}^{q-N} \left(\sum_{\mathbf{i}\in \tilde{X}(q-l,N)} \left(\mathbb{P}u^{i_1} - \mathbb{P}u^{i_1-1} \right) \otimes \cdots \otimes \left(\mathbb{P}u^{i_N} - \mathbb{P}u^{i_N-1} \right) \right)$$

$$(12.3.29)$$

又因为

$$\sum_{\mathbf{i}\in \tilde{X}(q-l,N)} \left[\left(\mathbb{P}u^{i_1} - \mathbb{P}u^{i_1-1} \right) \otimes \cdots \otimes \left(\mathbb{P}u^{i_N} - \mathbb{P}u^{i_N-1} \right) \right] = (-1)^0 C_N^0 \sum_{\mathbf{i}\in \tilde{X}(q-l,N)} \left(\mathbb{P}u^{i_1} \otimes \cdots \otimes \mathbb{P}u^{i_N} \right)$$

$$+ (-1)^1 C_N^1 \sum_{\mathbf{i}\in \tilde{X}(q-l-1,N)} \left(\mathbb{P}u^{i_1} \otimes \cdots \otimes \mathbb{P}u^{i_N} \right) + \cdots + (-1)^k C_N^k \sum_{\mathbf{i}\in \tilde{X}(q-l-k,N)} \left(\mathbb{P}u^{i_1} \otimes \cdots \otimes \mathbb{P}u^{i_N} \right)$$

$$= \sum_{j=0}^{q-l-N} \left[(-1)^j C_N^j \cdot \sum_{\mathbf{i}\in \tilde{X}(q-l-j,N)} \left(\mathbb{P}u^{i_1} \otimes \cdots \otimes \mathbb{P}u^{i_N} \right) \right]$$

$$(12.3.30)$$

所以

$$A(q,N) = (-1)^0 C_N^0 \sum_{\mathbf{i}\in X(q,N)} \left(\mathbb{P}u^{i_1} \otimes \cdots \otimes \mathbb{P}u^{i_N} \right) + \left[(-1)^0 C_N^0 + (-1)^1 C_N^1 \right]$$

$$\sum_{\mathbf{i}\in X(q-1,N)} \left(\mathbb{P}u^{i_1} \otimes \cdots \otimes \mathbb{P}u^{i_N} \right) + \left[(-1)^0 C_N^0 + (-1)^1 C_N^1 + (-1)^2 C_N^2 \right]$$

$$\sum_{\mathbf{i}\in X(q-2,N)} \left(\mathbb{P}u^{i_1} \otimes \cdots \otimes \mathbb{P}u^{i_N} \right) + \cdots$$

$$(12.3.31)$$

$$= \sum_{l=0}^{q-N} \left[\left(\sum_{j=0}^{l} (-1)^j C_N^j \right) \sum_{\mathbf{i}\in X(q-l,N)} \left(\mathbb{P}u^{i_1} \otimes \cdots \otimes \mathbb{P}u^{i_N} \right) \right]$$

根据排列组合公式 $C_n^m + C_n^{m+1} = C_{n+1}^{m+1}$，可得

$$\sum_{j=0}^{l} (-1)^j C_N^j = C_N^0 - C_N^1 + \cdots + (-1)^l C_N^l = C_N^0 - C_N^1 + \cdots + (-1)^{l-1} C_N^{l-1} + (-1)^l \left(C_{N-1}^{l-1} + C_{N-1}^l \right)$$

$$= C_N^0 - C_N^1 + \cdots + (-1)^{l-1} C_{N-1}^{l-2} + (-1)^l C_{N-1}^{l-1} = \cdots = C_N^0 - C_N^1 + C_{N-1}^1 + (-1)^l C_{N-1}^l$$

$$= (-1)^l C_{N-1}^l$$

$$(12.3.32)$$

于是，式(12.3.31)可以化简成

$$A(q,N) = \sum_{l=0}^{q-N} \left[(-1)^l C_{N-1}^l \cdot \sum_{\mathbf{i}\in X(q-l,N)} \left(\mathbb{P}u^{i_1} \otimes \cdots \otimes \mathbb{P}u^{i_N} \right) \right]$$

$$(12.3.33)$$

$$= \sum_{\mathbf{i}\in X(q,N)} (-1)^{q-|\mathbf{i}|} \cdot \binom{N-1}{q-|\mathbf{i}|} \cdot \left(\mathbb{P}u^{i_1} \otimes \cdots \otimes \mathbb{P}u^{i_N} \right)$$

令 $k = q - N$，k 定义为插值等级（以下简称为阶数），又因为组合式 $C_{N-1}^{q-|\mathbf{i}|} = \begin{pmatrix} N-1 \\ q-|\mathbf{i}| \end{pmatrix}$ 要求满足

$$N-1 \geqslant q - |\mathbf{i}| \Rightarrow |\mathbf{i}| \geqslant k+1 \tag{12.3.34}$$

于是

$$\mathbb{P}u_{k,N}(\boldsymbol{\xi}) = \sum_{k+1 \leqslant |\mathbf{i}| \leqslant N+k} (-1)^{N+k-|\mathbf{i}|} \cdot \begin{pmatrix} N-1 \\ N+k-|\mathbf{i}| \end{pmatrix} \cdot \left(\mathbb{P}u^{i_1} \otimes \cdots \otimes \mathbb{P}u^{i_N} \right) \tag{12.3.35}$$

实际上，根据前面的分析，$|\mathbf{i}|$ 还应该满足 $|\mathbf{i}| \geqslant N$。

为了求解 $\mathbb{P}u_{k,N}(\boldsymbol{\xi})$，只需要知道稀疏网格上的函数值 $\mathbb{P}u^{i}$，式 (12.3.35) 是建立在一套稀疏的网格上的，通常称算法 (12.3.35) 为稀疏网格配点法 (sparse grid collocation method，SGCM)。其是通过稀疏网格上各点的函数值 $\mathbb{P}u^{i_1}$，$\cdots$，$\mathbb{P}u^{i_N}$ 来计算 $\mathbb{P}u_{k,N}(\boldsymbol{\xi})$，对应的配稀疏网格点可表示为

$$H(k,N) = \bigcup_{i \in \tilde{Y}(k,N)} \left(\vartheta^{i_1} \times \cdots \times \vartheta^{i_N} \right) \tag{12.3.36}$$

式中 $\vartheta^i = \left\{ \xi_1^i, \cdots, \xi_{m_i}^i \right\}$，$\vartheta^{i_1} \times \cdots \times \vartheta^{i_N}$ 为笛卡儿积。

2. 插值点的选取

Smolyak 配点法在具体选择配点的方法上，通常有 Clenshaw-Curtis 点和 Gaussian 点两种选择 (Xiu and Hesthaven，2005)。

1) Clenshaw-Curtis 点

Clenshaw-Curtis 点是 Chebyshev 多项式的极值 (Clenshaw and Curtis，1960)，并且对于任意 $m_i > 1$，Clenshaw-Curtis 点可以由如下公式给出

$$\xi_j^i = -\cos\left(\frac{\pi(j-1)}{m_i - 1} \right), \quad j = 1, \cdots, m_i \tag{12.3.37}$$

另外，如果 $m_i = 1$，约定 $\xi_1^i = 0$。对于稀疏网格配点法，每维的插值点按照 $m_1 = 1$，$m_i = 2^{i-1} + 1(i > 1)$ 选取。Clenshaw-Curtis 点所生成的插值点在相邻的等级是嵌套的，即 $H(k,N) \subset H(k+1,N)$。

根据式 (12.3.37) 可以算得不同阶数的 Clenshaw-Curtis 插值点见表 12.2。

表 12.2 不同阶数的 Clenshaw-Curtis 点

阶数 i	插值点个数 m_i	Clenshaw-Curtis 点
1	1	0
2	3	0，1，−1
3	5	0，1，−1，0.707，−0.707
4	9	0，±1，±0.924，±0.707，±0.383

2）Ganssian 点

Gaussian 点即是常见的高斯积分点，高斯点虽然不像 Clenshaw-Curtis 点一样具备嵌套性，但从数值积分的角度考虑，高斯积分点具有最高的代数精度 $(2n+1)$，因此 Gaussian 点仍是稀疏网格配点法中一种较优的选择。

根据随机场或者随机变量分布类型的不同，需要使用不同的高斯求积公式，常见的高斯求积公式有 Gauss-Laguerre、Gauss-Legendre、Gauss-Hermite、Gauss-chebyshev 四种高斯求积公式，对应多项式的零点即为高斯积分点见表 12.3。

表 12.3　几种常见的高斯型求积公式

类型	权函数	对应多项式
Gauss-Legendre	$\rho(x)\equiv 1$	Legendre 多项式 $L_n(x)=\dfrac{1}{2^n n!}\cdot\dfrac{\mathrm{d}^n}{\mathrm{d}x^n}\left(x^2-1\right)^n$
Gauss-Laguerre	$\rho(x)=\mathrm{e}^{-x}$	Laguerre 多项式 $U_n(x)=\mathrm{e}^x\dfrac{\mathrm{d}^n}{\mathrm{d}x^n}\left(x^n\mathrm{e}^{-x}\right)$
Gauss-Hermite	$\rho(x)=\mathrm{e}^{-x^2}$	Hermite 多项式 $H_n(x)=(-1)^n\,\mathrm{e}^{x^2}\dfrac{\mathrm{d}^n}{\mathrm{d}x^n}\left(\mathrm{e}^{-x^2}\right)$
Gauss-chebyshev	$\rho(x)=\dfrac{1}{\sqrt{1-x^2}}$	Chebyshev 多项式 $T_n(x)=\cos(n\arccos x)$

由于在多孔介质中水流运动的随机模拟中，常常认为参数服从正态分布或者对数正态分布，权函数形如 $\rho(x)=\mathrm{e}^{-x^2}$，这时就需要采用 Gauss-Hermite 求积公式。

下面以 Gauss-Hermite 求积公式为例进行分析，当积分区间为 $(-\infty,+\infty)$ 时，Gauss-Hermite 求积公式为

$$\int_{-\infty}^{+\infty}\mathrm{e}^{-x^2}f(x)\mathrm{d}x\approx\sum_{i=1}^{n}A_i f(x_i) \tag{12.3.38}$$

式中，x_i 是在区间 $(-\infty,+\infty)$ 上权函数为 $\rho(x)=\mathrm{e}^{-x^2}$ 的 n 次正交多项式（即 Hermite 多项式）的零点，Hermite 多项式为

$$H_n(x)=(-1)^n\,\mathrm{e}^{x^2}\,\frac{\mathrm{d}^n}{\mathrm{d}x^n}\left(\mathrm{e}^{-x^2}\right) \tag{12.3.39}$$

在多孔介质水流运动中，使用较多的是正态分布，其概率密度函数为

$$\rho(x)=\frac{1}{\sqrt{2\pi}\sigma}\mathrm{e}^{-\frac{(x-\mu)^2}{2\sigma^2}} \tag{12.3.40}$$

在 $\mu=0$，$\sigma^2=1$ 这种标准形式下时

$$\rho(x)=\frac{1}{\sqrt{2\pi}}\mathrm{e}^{-\frac{x^2}{2}} \tag{12.3.41}$$

对应的 Hermite 多项式为

$$H_n(x) = (-1)^n \frac{1}{\sqrt{2\pi}} e^{\frac{x^2}{2}} \frac{d^n}{dx^n} e^{-\frac{x^2}{2}} \quad (12.3.42)$$

式 (12.3.42) 的零点即为 Gaussian 点，由于每维的配点的选取方法为

$$m_1 = 1, \quad m_i = 2^{i-1} + 1(i > 1) \quad (12.3.43)$$

因此 Gaussian 点分别对应于 m_i=1, 3, 4, 9, … 时 Hermite 多项式的零点，不同阶数的 Gaussian 点见表 12.4。

表 12.4　不同阶数的 Guassian 插值点

阶数 i	插值点个数 m_i	Gaussian 插值点
1	1	0
2	3	0，±1.732
3	5	0，±1.356，±2.857
4	9	0，±1.023，±2.077，±3.205，±4.513
5	17	0，±0.752，±1.510，±2.281，±3.074，±3.900，±4.779，±5.744，±6.889

图 12.10 给出了张量积配点法和稀疏网格配点法生成的配点。从图可以看出，张量积配点法有 49 个配点，稀疏网格配点法仅有 17 个，稀疏网格配点法产生的配点数目明显比张量积配点法要少。

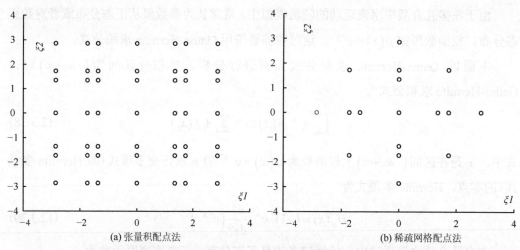

(a) 张量积配点法　　　　　　　　(b) 稀疏网格配点法

图 12.10　在 N=2 时张量积配点法和稀疏网格配点法生成的配点对比

表 12.5 中给出的是稀疏网格配点法在各不同阶数条件下的计算次数，从表中可以看出，当 N 不是很大的情况下，在各个阶数条件下，SGCM 的计算成本相比于 Monte Carlo 方法较小。但是当 N 的取值增大时，SGCM 的计算成本急剧增加，说明稀疏网格配点法不适用于随机变量个数较多或者随机场截断维数较高的情况。

表 **12.5**　不同阶数的 **SGCM** 的配点数

N	SGCM			
	1 阶	2 阶	3 阶	4 阶
1	3	7	15	31
2	5	17	49	129
3	7	31	111	351
4	9	49	209	769
5	11	71	351	1 471
6	13	97	545	2 561
7	15	127	799	4 159
8	17	161	1 121	6 401
9	19	199	1 519	9 439
10	21	241	2 001	13 441
11	23	287	2 575	18 591
12	25	337	3 249	25 089

注：不同随机变量个数 N，对应的插值阶数 i 的配点数 m_i

3. 统计矩的计算方法

通过对 u 进行展开后，u 的均值和方差可以表示为

$$\left\langle u(\xi)\right\rangle = \int_{\Gamma^N} u(\xi)\rho(\xi)\mathrm{d}\xi \approx \sum_{i=1}^{M} u(\xi)\int_P L_i(\xi)\rho(\xi)\mathrm{d}\xi = \sum_{i=1}^{M} u_i w_i \tag{12.3.44}$$

$$Var\big(u(\xi)\big) = \int_{\Gamma^N}\big[u(\xi)-\left\langle u(\xi)\right\rangle\big]^2\rho(\xi)\mathrm{d}\xi = \int_{\Gamma^N} u^2(\xi)\rho(\xi)\mathrm{d}\xi - \left(\int_{\Gamma^N} u(\xi)\rho(\xi)\mathrm{d}\xi\right)^2$$

$$\sum_{i=1}^{M} u^2(\xi)\int_P L_i(\xi)\rho(\xi)\mathrm{d}\xi - \left(\sum_{i=1}^{M} u(\xi)\int_P L_i(\xi)\rho(\xi)\mathrm{d}\xi\right)^2$$

$$= \sum_{i=1}^{M} u_i^2 w_i - \left(\sum_{i=1}^{M} u_i w_i\right)^2 = \sum_{i=1}^{M} u_i^2 w_i - \left\langle u(\xi)\right\rangle^2$$

$$\tag{12.3.45}$$

式中，$u_i = u_i(\xi)$ 为不同配点求得的系数；$\{w_i\}_{i=1}^{M}$ 为积分权重，也是高斯求积公式中的求积系数 A_i，表示为

$$A_i = w_i = \int_P L_i(\xi)\rho(\xi)\mathrm{d}\xi \tag{12.3.46}$$

式中，$\rho(\xi)$ 为联合概率密度函数，下面以高斯联合概率密度函数为例进行说明。积分权重 w_i 实际上是高斯型求积公式中的求积系数，是数学上的概念，只要求积满足 $\sum_{i=1}^{M} w_i = 1$，并不要求全部是非负的。通过利用式 (12.3.46) 进行积分，可以得到不同阶数条件下的积分

权重值(唐云卿，2014)。阶数为 $k=1, 2, 3, 4$ 时，不同的随机变量个数或随机场截断维数 N 的配点编号 i 对应的权重 w_i 由以下多项式计算：

$$w_i = \sum_{j=1}^{k+1} d_i N^{k+1-j} \tag{12.3.47}$$

式中，d_i 为权重多项式的系数见表 12.6 至表 12.9(唐云卿，2014)。

表 12.6　$k=1$ 时的权重系数值

配点编号 i	权重系数 w_i	
	d_1	d_2
1	−1/3	1
2～2N+1	0	1/6

表 12.7　$k=2$ 时的权重系数值

配点编号 i	权重系数 w_i		
	d_1	d_2	d_3
1	0.055 556	−0.522 222	0
2～2N+1	0	−0.055 556	0.055 556
2N+2～4N+1	0	0	0.011 257
4N+2～6N+1	0	0	0.222 075
6N+2～2N²+4N+1	0	0	0.027 778

表 12.8　$k=3$ 时的权重系数值

配点编号 i	权重系数 w_i			
	d_1	d_2	d_3	d_4
1	−0.006 173	0.118 519	−0.705 997	1
[2，2N+1]	0	0.009 260	−0.05	0.040 740
[2N+2，4N+1]	0	0	−0.003 752	0.003 752
[4N+2，6N+1]	0	0	0.074 025	−0.074 025
[6N+2，8N+1]	0	0	0	0.000 022
[8N+2，10N+1]	0	0	0	0.002 789
[10N+2，12N+1]	0	0	0	0.049 916
[12N+2，14N+1]	0	0	0	0.244 097
[14N+2，2N²+12N+1]	0	0	−0.009259	0.009 259
[2N²+12N+2，4N³/3-2N²+44N/3+1]	0	0	0	0.004 630
[4N³/3−2N²+44N/3+2，4N³/3+2N²+32N/3+1]	0	0	0	0.001 876
[4N³/3+2N²+32N/3+2，4N³/3+6N²+20N/3+1]	0	0	0	0.037 013

表 12.9　$k=4$ 时的权重系数值

配点编号 i	权重系数 w_i				
	d_1	d_2	d_3	d_4	d_5
1	0.000 514	−0.016 667	0.197 616	−0.881 925	1
$[2,\ 2N+1]$	0	−0.001 029	0.013 580	−0.054 703	0.042 152
$[2N+2,\ 4N+1]$	0	0	0.000 625	−0.003 377	0.002 752
$[4N+2,\ 6N+1]$	0	0	0.012 338	−0.066 623	0.054 285
$[6N+2,\ 8N+1]$	0	0	0	−0.000 007	0.000 007
$[8N+2,\ 10N+1]$	0	0	0	−0.000 930	0.000 930
$[10N+2,\ 12N+1]$	0	0	0	−0.016 639	0.016 639
$[12N+2,\ 14N+1]$	0	0	0	−0.081 366	0.081 366
$[14N+2,\ 16N+1]$					$0.258\ 431\times10^{-10}$
$[16N+2,\ 18N+1]$					$0.280\ 802\times10^{-7}$
$[18N+2,\ 20N+1]$					$0.401\ 268\times10^{-5}$
$[20N+2,\ 22N+1]$					0.000 168
$[22N+2,\ 24N+1]$					0.002 859
$[24N+2,\ 26N+1]$					0.023 087
$[26N+2,\ 28N+1]$					0.097 406
$[28N+2,\ 30N+1]$					0.226 706
$[30N+2,\ 2N^2+28N+1]$			0.001 543	−0.002 161	−0.001 852
$[2N^2+28N+2,\ 4N^3/3-2N^2+92N/3+1]$				−0.001 543	−0.004 629
$[4N^3/3-2N^2+92N/3+2,\ 4N^3/3+2N^2+80N/3+1]$				−0.000 625	−0.000 626
$[4N^3/3+2N^2+80N/3+2,\ 4N^3/3+6N^2+68N/3+1]$				−0.012 338	0.012 337
$[4N^3/3+6N^2+68N/3+2,\ 4N^3/3+10N^2+56N/3+1]$					$3.666\ 667\times10^{-6}$
$[4N^3/3+10N^2+56N/3+2,\ 4N^3/3+14N^2+44N/3+1]$					0.000 465
$[4N^3/3+14N^2+44N/3+2,\ 4N^3/3+18N^2+32N/3+1]$					0.008 319
$[4N^3/3+18N^2+32N/3+2,\ 4N^3/3+22N^2+20N/3+1]$					0.040 682
$[4N^3/3+22N^2+20N/3+2,\ 4N^3/3+24N^2+14N/3+1]$					0.000 127
$[4N^3/3+24N^2+14N/3+2,\ 4N^3/3+26N^2+8N/3+1]$					0.049 317
$[4N^3/3+26N^2+8N/3+2,\ 4N^3/3+30N^2-4N/3+1]$					0.002 500
$[4N^3/3+30N^2-4N/3+2,\ 16N^3/3+18N^2+20N/3+1]$					0.000 313
$[16N^3/3+18N^2+20N/3+2,\ 28N^3/3+6N^2+44N/3+1]$					0.006 169
$[28N^3/3+6N^2+44N/3+2,\ 2N^4/3+16N^3/3+40N^2/3+32N/3+1]$					0.000 772

4. 程序实现框架

多孔介质中水流运动随机模拟的实现是在原有的确定性模型的基础上进行的，也就

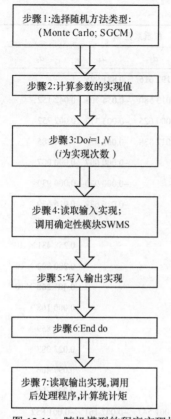

图 12.11　随机模型的程序实现框架

是在确定性模型中加上前处理和后处理（图 12.11）。

相比于 Monte Carlo 模拟方法，稀疏网格配点法生成的实现是非等权重的，因此在后处理中需要通过相关的程序进行处理。

12.3.6　非高斯分布的稀疏网格配点法

在大部分现有的研究和工程的应用中，由于高斯分布的简单性和中心极限定理，随机输入通常被假定为高斯分布的随机场或者随机变量。因此，绝大多数的随机数值方法是基于高斯分布的随机场或者随机变量发展起来的（Freeze，1975；Dagan，1989；Gelhar，1992；Zhang，2001）。虽然基于高斯分布的随机场或者随机变量的模拟应用广泛，但在各种工程应用中仍有问题，因为大量的实验数据表明许多表征物理性能的参数分布形式是非高斯的，如结构力学中的杨氏模量，它们中有些参数甚至是离散的（Wan and Karniadakis，2009）。地下水流动模型中的参数被广泛认为服从对数正态分布，但是对于这个假设一直存在争议。Smith（1981）通过随机抽样的方法发现渗透系数既服从对数正态分布也服从正态分布。黄冠华等（1999）根据土壤特性空间变异的试验研究得出渗透系数服从正态分布的结论。Beta 分布是常用的非高斯随机分布。

1. 插值点的选取

认为水力参数服从 Beta 分布，概率密度函数为

$$f(x) = \frac{\Gamma(\alpha + \beta + 2)}{(b-a)^{\alpha+\beta+1}\Gamma(\alpha+1)\Gamma(\beta+1)}(b-x)^{\alpha}(x-a)^{\beta}, a \leqslant x \leqslant b \quad (12.3.48)$$

式中，α 和 β 为形状参数；a、b 为分布区间；$\Gamma(n)$ 为伽玛函数，是定义在除了非正整数外的复数范围内的亚纯函数。在正实数域上伽玛函数通过一个广义积分定义

$$\Gamma(n) = \int_0^{\infty} e^{-t}t^{z-1}\mathrm{d}t \quad (12.3.49)$$

如果 n 是一个正整数

$$\Gamma(n) = (n-1)! \quad (12.3.50)$$

将 Beta 分布的概率密度函数标准化到区间[-1, 1]，得到的概率密度函数为

$$f(x) = \frac{\Gamma(\alpha+\beta+2)}{2^{\alpha+\beta+1}\Gamma(\alpha+1)\Gamma(\beta+1)}(1-x)^{\alpha}(1+x)^{\beta} \tag{12.3.51}$$

同时，Jacobi 多项式 $P_n^{(\alpha,\beta)}(x)$ 为

$$P_n^{(\alpha,\beta)}(x) = \frac{(-1)^n}{2^n n!} \cdot \frac{1}{(1-x)^{\alpha}(1+x)^{\beta}} \cdot \frac{\mathrm{d}^n}{\mathrm{d}x^n}\left[(1-x)^{n+\alpha}(1+x)^{n+\beta}\right] \tag{12.3.52}$$

很明显，Jacobi 多项式中的权函数 $\rho(x)=(1-x)^{\alpha}(1+x)^{\beta}$ 与 Beta 分布在区间[-1, 1]上的概率密度函数相同(Xiu and Karniadakis，2003)。因此，当随机输入满足 Beta 分布的概率密度函数时，可以用 Gaussian-Jacobi 求积公式来求 Gaussian 插值点。Gaussian-Jacobi 求积公式为

$$\int_{-1}^{1} f(x)\mathrm{d}x \approx \sum_{i=1}^{n} A_i f(x_i) \tag{12.3.53}$$

式中，x_i 为式(12.3.52)在区间[-1, 1]上的零点；A_i 为求积系数。根据各维插值点的选取原则，Gaussian 点分别对应于 $m_i=1,3,5,9,\cdots$ 时，式(12.3.52)的零点(唐云卿，2014)。当 $\alpha=3.2804$ 和 $\beta=8.0062$ 时，不同插值点数的 Gaussian 点见表 12.10。

表 12.10　Beta 分布不同阶数的 Guassian 点($\alpha=3.2804$，$\beta=8.0062$)

i	m_i	Gaussian 插值点
1	1	0.355 7
2	3	0.673 8，0.297 3，-0.150 9
3	5	0.735 3，0.552 3，0.255 7，-0.074 3，-0.418 8
4	9	0.895 4，0.767 2，0.604 1，0.412 3，0.199 9，-0.024 2，-0.250 8，-0.471 5，-0.680 1

表 12.11 中给出的是 Beta 分布的稀疏网格配点法 1 阶、2 阶、3 阶条件下的计算成本，可以发现，在 N 不是很大的情况下，各种阶数条件下的稀疏网格配点法的计算成本远小于 Monte Carlo 方法。随着 N 的增大，高阶的计算次数是成指数倍增加的。

表 12.11　不同阶数的 Beta 分布 SGCM 的配点数

N	SGCM		
	1 阶	2 阶	3 阶
1	4	9	18
2	7	26	74
3	10	52	196
4	13	87	411
5	16	131	746
6	19	184	1 228
7	22	246	1 884
8	25	317	2 741

N	SGCM		
	1 阶	2 阶	3 阶
9	28	397	3 826
10	31	486	5 166
11	34	584	6 788
12	37	691	8 719
13	40	807	10 986
14	43	932	13 616
15	46	1 066	16 36

注: 不同随机变量个数 N, 对应的插值阶数 i 的配点数 m_i

2. 统计矩的计算方法

根据式 (12.3.44) 至式 (12.3.46) 来计算 Beta 分布的稀疏网格配点法随机变量输出结果的统计矩和积分权重。当插值阶数 k=1, 2, 3 时, 对于不同的随机变量个数或随机场截断维数 N, 所对应的配点编号为 i, 权重 w_i 由以下多项式计算:

$$w_i = \sum_{j=1}^{k+1} d_i N^{k+1-j} \qquad (12.3.54)$$

配点对应的权重多项式的系数 d_i 见表 12.12 至表 12.14 (唐云卿, 2014)。

表 12.12　k=1 时的权重系数值

配点编号 i	权重系数 w_i	
	d_1	d_2
1	−1	1
2～N+1	0	0.292 23
N+2～2 N+1	0	0.592 67
2 N+2～3 N+1	0	0.115 148

表 12.13　k=2 时的权重系数值

配点编号 i	权重系数 w_i		
	d_1	d_2	d_3
1	0.5	−1.5	1
2～N+1	0	−0.292 23	0.292 23
N+2～2 N+1	0	−0.592 673	0.592 673
2 N+2～3 N+1	0	−0.115 148	0.115 148
3 N+2～4 N+1	0	0	0.070 645
4 N+2～5 N+1	0	0	0.371 981
5 N+2～6 N+1	0	0	0.419 081
6 N+2～7 N+1	0	0	0.130 307
7 N+2～8 N+1	0	0	0.008 037
8 N+2～1/2 N 2+15/2 N+1	0	0	0.085 398

续表

配点编号 i	权重系数 w_i		
	d_1	d_2	d_3
$1/2\,N2+15/2\,N+2\sim N2+7\,N+1$	0	0	0.351 261
$N2+7\,N+2\sim 3/2\,N2+13/2\,N+1$	0	0	0.013 259
$3/2\,N2+13/2\,N+2\sim 5/2\,N2+11/2\,N+1$	0	0	0.173 197
$5/2\,N2+11/2\,N+2\sim 7/2\,N2+9/2\,N+1$	0	0	0.033 650
$7/2\,N2+9/2\,N+2\sim 9/2\,N2+7/2\,N+1$	0	0	0.068 245

表 12.14　$k=3$ 时的权重系数值

配点编号 i	权重系数 w_i			
	d_1	d_2	d_3	d_4
1	$-1/6$	1	$-11/6$	1
$2\sim N+1$	0	0.146 115	$-0.438\ 345$	0.292 230
$N+2\sim 2\,N+1$	0	0.296 336	$-0.889\ 009$	0.592 673
$2\,N+2\sim 3\,N+1$	0	0.057 574	$-0.172\ 722$	0.115 148
$3\,N+2\sim 4\,N+1$	0	0	$-0.070\ 645$	0.070 645
$4\,N+2\sim 5\,N+1$	0	0	$-0.371\ 981$	0.371 981
$5\,N+2\sim 6\,N+1$	0	0	$-0.419\ 081$	0.419 081
$6\,N+2\sim 7\,N+1$	0	0	$-0.130\ 307$	0.130 307
$7\,N+2\sim 8\,N+1$	0	0	$-0.008\ 037$	0.008 037
$8\,N+2\sim 9\,N+1$	0	0	0	0.006 253
$9\,N+2\sim 10\,N+1$	0	0	0	0.066 006
$10\,N+2\sim 11\,N+1$	0	0	0	0.211 692
$11\,N+2\sim 12\,N+1$	0	0	0	0.317 712
$12\,N+2\sim 13\,N+1$	0	0	0	0.256 026
$13\,N+2\sim 14\,N+1$	0	0	0	0.113 553
$14\,N+2\sim 15\,N+1$	0	0	0	0.026 133
$15\,N+2\sim 16\,N+1$	0	0	0	0.002 608
$16\,N+2\sim 17\,N+1$	0	0	0	0.000 068
$17\,N+2\sim 1/2\,N2+33/2\,N+1$	0	0	$-0.085\ 398$	0.085 398
$1/2\,N2+33/2\,N+2\sim N2+16\,N+1$	0	0	$-0.351\ 261$	0.351 261
$N2+16\,N+2\sim 3/2\,N2+31/2\,N+1$	0	0	$-0.013\ 259$	0.013 259
$3/2\,N2+31/2\,N+2\sim 5/2\,N2+29/2\,N+1$	0	0	$-0.173\ 197$	0.173 197
$5/2\,N2+29/2\,N+2\sim 7/2\,N2+27/2\,N+1$	0	0	$-0.033\ 650$	0.033 650
$7/2\,N2+27/2\,N+2\sim 9/2\,N2+25/2\,N+1$	0	0	$-0.068\ 245$	0.068 245
$9/2\,N2+25/2\,N+2\sim 11/2\,N2+23/2\,N+1$	0	0	0	0.020 645
$11/2\,N2+23/2\,N+2\sim 13/2\,N2+21/2\,N+1$	0	0	0	0.108 704

续表

配点编号 i	权重系数 w_i			
	d_1	d_2	d_3	d_4
13/2 N2+21/2 N+2～15/2 N2+19/2 N+1	0	0	0	0.122 468
15/2 N2+19/2 N+2～15/2 N2+17/2 N+1	0	0	0	0.038 080
15/2 N2+17/2 N+2～19/2 N2+15/2 N+1	0	0	0	0.002 349
19/2 N2+15/2 N+2～21/2 N2+13/2 N+1	0	0	0	0.041 870
21/2 N2+13/2 N+2～23/2 N2+11/2 N+1	0	0	0	0.220 463
23/2 N2+11/2 N+2～25/2 N2+9/2 N+1	0	0	0	0.248 378
25/2 N2+9/2 N+2～27/2 N2+7/2 N+1	0	0	0	0.077 229
27/2 N2+7/2 N+2～29/2 N2+5/2 N+1	0	0	0	0.004 763
29/2 N2+5/2 N+2～31/2 N2+3/2 N+1	0	0	0	0.008 135
31/2 N2+3/2 N+2～33/2 N2+1/2 N+1	0	0	0	0.042 833
33/2 N2+1/2 N+2～35/2 N2–1/2 N+1	0	0	0	0.048 256
35/2 N2–1/2 N+2～37/2 N2–3/2 N+1	0	0	0	0.015 005
37/2 N2–3/2N+2～39/2 N2–5/2 N+1	0	0	0	0.000 925
39/2 N2–5/2 N+2～1/6 N3+19 N2–13/6 N+1	0	0	0	0.024 956
1/6 N3+19 N2–13/6 N+2～1/3 N3+37/2 N2–11/6 N+1	0	0	0	0.208 183
1/3 N3+37/2 N2–11/6 N+2～1/2 N3+18 N2–3/2 N+1	0	0	0	0.001 527
1/2 N3+18 N2–3/2 N+2～N3+33/2 N2–1/2 N+1	0	0	0	0.050 613
N3+33/2 N2–1/2 N+2～ 3/2 N3+15 N2+1/2 N+1	0	0	0	0.009 833
3/2 N3+15 N2+1/2 N+2～2 N3+27/2 N2+3/2 N+1	0	0	0	0.102 649
2 N3+27/2 N2+3/2 N+2～5/2 N3+12 N2+5/2 N+1	0	0	0	0.040 447
5/2 N3+12 N2+5/2 N+2～3 N3+21/2 N2+7/2 N+1	0	0	0	0.003 875
3 N3+21/2 N2+7/2 N+2～7/2 N3+9 N2+9/2 N+1	0	0	0	0.007 858
7/2 N3+9 N2+9/2 N+2～9/2 N3+6 N2+13/2 N+1	0	0	0	0.019 943

12.3.7　稀疏网格配点法算例

当输入参数服从高斯分布或者对数高斯分布时，应用随机配点法分析多孔介质中饱和-非饱和水流运动的问题。

1. 非饱和地下水流动的确定性描述

饱和-非饱和介质中水流运动的定解问题可以描述为

$$C(h)\frac{\partial h}{\partial t} = \nabla\left[K(h)\nabla h\right] + \frac{\partial K(h)}{\partial z}$$
$$h(z,t)|_{t=0} = h_{\text{ini}}(z)$$
$$h(z,t)|_{\Gamma_1} = h_{\Gamma_1}(z,t)$$

$$(12.3.55)$$

式中，$C(h)$ 为容水度；h 为压力水头；$K(h)$ 为非饱和水力传导度；z 方向以向上为正；$h_{\text{ini}}(z)$ 和 $h_{\Gamma_1}(z, t)$ 分别为初始水头和一类边界水头。

采用 van Genuchten 模型来表征非饱和水力传导度和水分特征曲线

$$\theta(h) = \begin{cases} \theta_r + \dfrac{\theta_s - \theta_r}{\left(1+|\alpha h|^n\right)^m} & h < 0 \\ \theta_s & h \geqslant 0 \end{cases} \tag{12.3.56}$$

$$K(h) = \begin{cases} K_s \dfrac{\left\{1-\left(\alpha|h|\right)^{n-1}\left[1+\left(\alpha|h|\right)^n\right]^{-m}\right\}^2}{\left[1+\left(\alpha|h|\right)^n\right]^{\frac{m}{2}}} & h < 0 \\ K_s & h \geqslant 0 \end{cases} \tag{12.3.57}$$

式中，θ_r 为残余体积含水率；θ_s 为饱和体积含水率；K_s 为饱和水力传导率；α，n，m 是水分特征曲线的参数，并且 $m = 1 - 1/n$。

2. 单分层非饱和水流模型

1) 算例描述

考虑一维非饱和土壤水分运动问题，研究区域为 61 cm 高的土柱，土柱和有限元网格剖分如图 12.12 所示，土柱中充填砂质土壤，假设土壤介质是均值各向同性的，初始土壤压力水头为−150 cm。介质土柱上端为定水头边界，水深保持为 0.75 cm，土柱底部为渗出面类型边界，即只有在土柱底部达到饱和时（压力水头 $h>0$）才有水流从底部渗出。取 z 坐标轴向上为正，原点位于土柱底部。取模拟时长为 5400 s。VG 模型包括 5 个水流参数，本算例中取 α、n、K_s 三个参数为随机变量，三者均服从对数正态分布，随机变量之间互不相关。α、n、K_s 平均值分别为 0.041 1/cm、1.964、0.000 722 cm/s。令 $Y_1 = \ln\alpha$，$Y_2 = \ln n$，$Y_3 = \ln K_s$，Y_1、Y_2、Y_3 的均值分别为 $\langle Y_1 \rangle = -3.1942$、$\langle Y_2 \rangle = 0.6750$、$\langle Y_3 \rangle = -4.9309$。$\alpha$、$n$、$K_s$ 的对数方差分别为 $\sigma_{Y_1}^2 = \sigma_{Y_2}^2 = 0.0001$，同时 $\sigma_{Y_3}^2$ 分别取

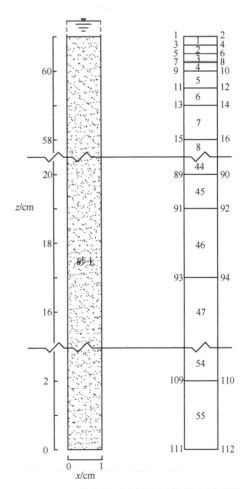

图 12.12 一维土柱示意图和网格节点剖分图

$0.05\text{cm}^2/\text{s}^2$、$0.2\ \text{cm}^2/\text{s}^2$、$0.5\ \text{cm}^2/\text{s}^2$ 和 $1.0\ \text{cm}^2/\text{s}^2$ 进行对比模拟，对应的变异系数分别为 22.6%、47.1%、80.5% 和 131.1%。另外 6 个参数为确定性量，分别取为 $\theta_r = \theta_a = 0.02$，$\theta_s = \theta_m = 0.35$，$K_k = 0.000695$ cm/s，$\theta_k = 0.2875$。

将研究区域划分为 55 个矩形单元，112 个结点。分别利用 1、2、3 阶的 SGCM 方法进行水头均值和方差的模拟，在对数方差为 $1.0\ \text{cm}^2/\text{s}^2$ 时，采用 4 阶的 SGCM 模拟，同时利用 2000 次实现的 Monte Carlo 模拟作为参照解，用以验证随机配点法的计算求解精度。

2）模拟结果分析

在使用随机变量方法进行模拟时，将整个模拟区域简化为一个区，区域内每个点的水力特性参数完全相同。

图 12.13 对比了 $t=5400\text{s}$ 时 1 阶、2 阶、3 阶的稀疏网格配点法，在 $\sigma_{Y_3}^2 = 0.05\ \text{cm}^2/s^2$，$\sigma_{Y_3}^2 = 0.2\ \text{cm}^2/s^2$，$\sigma_{Y_3}^2 = 0.5\ \text{cm}^2/s^2$，$\sigma_{Y_3}^2 = 1.0\ \text{cm}^2/s^2$ 这四种情况下的模拟得到的水头均值和水头方差以及 Monte Carlo 模拟得到的参照解。从图中可以看出，方差相同的条件下，阶数越高，模拟结果与参照解（2000 次 Monte Carlo 模拟）越接近，当 $\sigma_{Y_3}^2 = 0.05$ 时，1 阶的 SGCM 已经能够非常精确地模拟出水头均值[图 12.13（a）]，也能模拟出非常接近参照解的水头方差值；2 阶的 SGCM 能够非常精确地模拟出水头方差[图 12.13（b）]。同时，随着方差的增大，1 阶的 SGCM 虽然还能较为精确地模拟出水头均值[图 12.13（c）]，但是得到的方差与参照解对比开始恶化，利用 2 阶和 3 阶的 SGCM 仍能较好地刻画出水头方差[图 12.13（d）]。随着方差的继续增大，当达到 0.5 时，3 阶模拟的水头均值与参照解匹配较好[图 12.13（e）]，然而方差的模拟效果开始恶化[图 12.13（f）]。当方差达到 1.0 时，压力水头均值的模拟效果也开始恶化[图 12.13（g）]，水头方差与参照解的差异更大[图 12.13（h）]，这说明当参数方差较大时，此时 3 阶也不能满足模拟的精度要求，4 阶模拟的水头均值与参照解匹配较好，但是方差的模拟效果开始恶化[图 12.13（h）]。实际上在非饱和水流模拟的时候，非饱和水流具有非线性的特征，比饱和水流复杂得多，因此计算效果也难以保证。

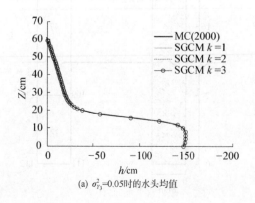

(a) $\sigma_{Y_3}^2=0.05$时的水头均值

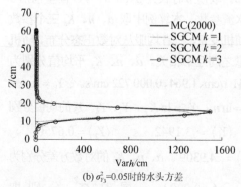

(b) $\sigma_{Y_3}^2=0.05$时的水头方差

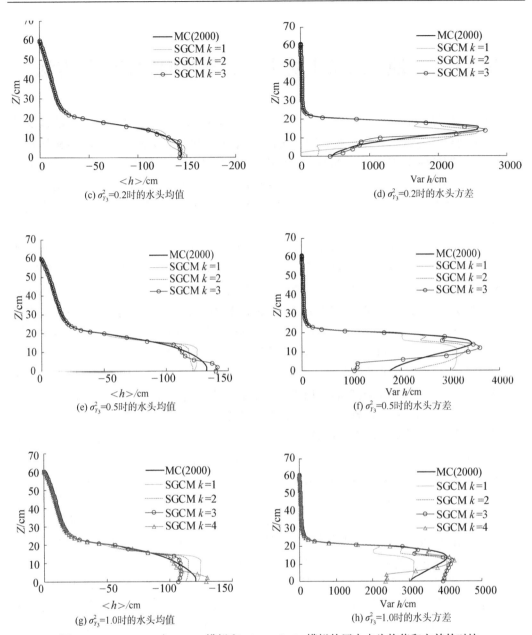

(c) $\sigma_{Y_3}^2$=0.2时的水头均值　　　　(d) $\sigma_{Y_3}^2$=0.2时的水头方差

(e) $\sigma_{Y_3}^2$=0.5时的水头均值　　　　(f) $\sigma_{Y_3}^2$=0.5时的水头方差

(g) $\sigma_{Y_3}^2$=1.0时的水头均值　　　　(h) $\sigma_{Y_3}^2$=1.0时的水头方差

图 12.13　t=5400 s 时 SGCM 模拟和 Monte Carlo 模拟的压力水头均值和方差的对比

　　本算例模拟的是一维垂直入渗的非饱和水分运动,从图 12.13 中的压力水头均值可以看出 Z=10~20 cm 处压力水头均值迅速增加,水分运动过程有一个前锋,这样就会在前锋附近形成水头突变的区域。在相同的入渗时间下,渗透性能决定了前锋的位置。在不同的饱和水力传导度所导致的前锋范围内的同一位置处水头结果差异很大,导致了在前锋处水头方差很大。在采用稀疏网格配点法模拟时,1 阶、2 阶、3 阶、4 阶采用的配点数分别为 7、31、111、351,远低于 Monte Carlo 参照解的 2000 次,能够以较低的成本模拟非饱和水流运动。

第13章　地下水及土壤水动态预测的数据同化方法

数据同化算法是一系列方法的总称，包括变分类算法、卡尔曼滤波系列算法以及粒子滤波系列算法等（马建文和秦思娴，2012）。数据同化类方法在大气和海洋科学研究领域得到长期的应用（Kalnay，2003；王跃山，1999，2000），被视为一种校正模型中变量状态的主要技术手段，集合卡尔曼滤波方法（ensemble Kalman filter，EnKF）由于其良好的模型移植性、较低的计算成本、一定程度的非线性问题适应能力，成为目前广泛应用的数据同化方法。

卡尔曼滤波方法（KF方法）最早由Kalman（1960）提出，是一种递归的贝叶斯估计方法，方法提出后迅速成为一种应用广泛的顺序状态估计方法（Gelb et al.，1974；Stengel，1994）。卡尔曼滤波的常见的推导方法有两种：求解权重最小二乘问题（Stengel 1994）；从贝叶斯原理（Cohn，1997；Peter and Maybeck.，1979）角度出发寻求最优估计，推导的过程往往还需要观测误差、模型误差满足高斯分布以及线性模型等假设。原始的卡尔曼滤波在每个同化步进行更新时需要计算整个状态向量矩阵，计算负荷巨大，其线性假设也限制了在非线性问题上的应用。作为卡尔曼滤波的一种非线性变体，扩展卡尔曼滤波（extended kalman filter，EKF）被发展起来（Eppstein，1996；Leng，2003）。EKF方法通过对模型作一阶线性化计算切线性算子，在高度非线性的问题会出现较大误差；在每个同化步都需要多次运行模型计算，并且也需要对整个模型状态协方差矩阵进行计算与存储，这使其同样难应用于较大规模问题的求解。

EnKF方法由Evensen（1994）提出，作为KF方法的蒙特卡罗形式的变体，EnKF方法是近几年来最受关注的数据同化方法之一。类似KF，EnKF方法在实现过程中包含预报与更新两部分；其与KF方法的显著区别在于使用一组样本描述状态向量的概率特征。在EnKF预报部分中，所有的样本同时沿时间推进；更新部分采用与KF类似的更新方程，但EnKF中的协方差矩阵由样本统计获得。

从矩阵的处理角度来看，EnKF是一种降维的滤波方法，这一类方法之所以近几十年来在海洋学和大气科学领域被发展起来，一个重要的原因就是为了减轻传统滤波方法（如EKF）的计算压力。EnKF方法的优点在于：顺序的同化数据，因此可以实时融合观测数据；采取样本统计的方法，从而可以以较低的计算成本获得观测与参数、变量的相关性信息；只需状态向量与观测之间的互协方差矩阵，避免了整个状态向量自协方差矩阵的计算；更新后状态向量的不确定性也可直接通过样本统计获得；算法可以方便地与原有确定性模拟程序结合，不需要对确定性模型做额外的推导，因此易于同现有的数值模拟工具相结合；作为蒙特卡罗形式的变体，此方法有较好的并行计算的潜力。

13.1　数据同化方法涉及的基本概念

13.1.1　正问题与反问题

以一维饱和-非饱和数值模型为例，介绍在饱和–非饱和水流运动模拟中的正问题与反问题。考虑源汇项，一维饱和-非饱和水流运动控制方程可以表达为

$$\frac{\partial}{\partial z}\left[K\left(1+\frac{\partial h}{\partial Z}\right)\right]+s(z,t)=\frac{\partial}{\partial t}[\theta+\mu h] \tag{13.1.1}$$

式中，z 为空间坐标，[L]；t 为时间，[T]；s 为源汇项，[T^{-1}]；μ 为弹性释水系数，[L^{-1}]；θ 为含水率，[L^3/L^3]；h 为压力水头，[L]；K 为非饱和水力传导度，[L/T]；θ、K 和 h 之间的关系可以用经典的 van Genuchten-Mualem 模型（Mualem，1976，van Genuchten，1980）描述：

$$\theta(h)=\begin{cases}\theta_r\times\dfrac{\theta_s-\theta_r}{(1+|ah|^h)^m} & h<0\\[2mm]\theta_s & h\geqslant 0\end{cases} \tag{13.1.2}$$

$$K(h)=\begin{cases}K_sS_e^{1/2}\left[1-(1-S_e^{1/m})^m\right]^2 & h<0\\[2mm]Ks & h\geqslant 0\end{cases} \tag{13.1.3}$$

其中：

$$m=1-1/n,\quad n>1 \tag{13.1.4}$$

$$S_e=\frac{\theta-\theta_r}{\theta_s-\theta_r} \tag{13.1.5}$$

式中，S_e 为饱和度[-]；θ_s 为饱和含水率，[L^3/L^3]；θ_r 为残余含水率，[L^3/L^3]；K_s 为饱和水力传导度，[L/T]；$\alpha[L^{-1}]$ 和 $n[-]$ 为形状参数。

在建立控制方程(13.1.1)后，为进行数值模拟还需要确定研究区域的初始以及边界条件

$$\begin{cases}h(z,t)\big|_{t=0}=h_0(z)\\[1mm]h(z,t)\big|_{\Gamma_1}=h_B(z,t) & z\in\Gamma_1\\[1mm]-K\left(1+\dfrac{\partial h}{\partial z}\right)\bigg|_{\Gamma_2}=q_B(z,t) & z\in\Gamma_2\end{cases} \tag{13.1.6}$$

式中，h_0 为初始水头值，[L]；h_B 为第一类边界（Dirichlet 条件）Γ_1 上的水头值，[L]；q_B 为第二类边界（Neumann 条件）Γ_2 上的通量值，[L/T]。

对于上述一维模型，饱和-非饱和模拟的正问题可以描述为：在给定的模型参数（上述的土壤参数 K_z、θ_s 以及 θ_r 等）、初始和边界条件 [式 (13.1.6)] 下使用数值解法求解模

型 [式(13.1.1)]，最终获得模型输出（θ，h 等）。

正问题的求解需要给定的参数值和初始、边界条件，但由于直接测量手段的局限性，这些物理量往往存在着不同程度的不确定性，很难给出合理的描述。可行的做法是使用实际中获取的各种相关观测值反求数值模型中的参数，这种拟合参数的过程即被认为是求解反问题，又称为参数反演。

13.1.2 状态变量与模型参数

在饱和-非饱和水流运动研究中，状态变量一般指水头 h、含水率 θ 等受边界条件驱动、随时间变化的物理量。定义状态变量为 u，变量数目为 N_u，则 u 可视为一个由 N_u 个元素组成的向量。

相应的，定义所研究问题中的模型参数为 m、参数总数为 N_m，则 m 可视为一个由 N_m 个元素组成的向量。饱和-非饱和水流运动研究中的模型参数以土壤参数为主，包括饱和水力传导度 K_s、饱和含水率 θ_s、残余含水率 θ_r、水分特征曲线函数中的其他参数等，同时也包括一些水文过程的参数，如降雨入渗补给系数 λ，作物根系密度函数 ρ，以及蒸发蒸腾函数(如 Penman-Monteith 公式中的参数)等。

当对研究的问题获取部分观测数据时(包括模型参数和状态变量)，为了更精确地认识和应用所建立的模拟系统，利用数据同化方法可以进行以下几方面的工作：一方面，可以通过求解反问题以获取更加合理的模型参数估计，即在顺次的观测过程中逐步更新模型参数；另一方面，可利用观测数据来预测考虑了新的观测数据的模型变量，即状态估计方法；结合上述两种方法，随着观测数据的顺序累积，实时地对模型参数进行识别和修正，同时以最新的观测数据和前已获得的对于当前状态变量的预测结果相平衡作为系统的起始条件，对系统的未来做出最新的预测。数据同化方法可以同时提供参数与状态的更新，并将观测信息不断融入到模型中，这一点使其明显区别于传统反问题求解方法。

13.1.3 观测值和预测值

数值模型不是完美的，同时观测值本身也存在观测误差，合理的方法是恰当评估观测值和模型各自的不确定性，获取各自正确的信息部分，在此基础上对模型中的物理量进行改进。饱和-非饱和水流运动研究中的观测值主要包括田间获取的含水率、负压、电导率等观测数据、气象站收集的降雨和蒸发值，以及探地雷达获得的反射波、遥感遥测获得土壤表面热通量和含水率等数值。

定义某时刻实际观测值为 d_{obs}，维数为 N_d。由于观测误差的存在，导致实际观测值必然与观测的"真实值" d 有所偏离，则有

$$d_{\text{obs}} = d + \varepsilon_{\text{obs}} \tag{13.1.7}$$

式中，d 为所对应的物理量的真实值；ε_{obs} 为观测误差，通常假设 ε_{obs} 为高斯分布的 N_d 维随机变量。

除了实际观测，通过数值模拟可以得到与观测一一对应的模型预测结果，由于数值模型只是对真实物理过程的近似，因此模拟也不可避免地存在着误差项。用 g(·) 表示预测值与模型参数和变量的函数关系，则有：

$$d = g(m, u) + \varepsilon_m \in \mathbb{R}^{N_d} \tag{13.1.8}$$

式中，$g(m, u)$ 为数值模拟得到的预测值；ε_m 为模型误差项，通常假设 ε_m 为高斯分布的 N_m 维随机变量。

联合式(13.1.7)和式(13.1.8)，可得

$$d_{\mathrm{obs}} = d + \varepsilon_{\mathrm{obs}} = g(m, u) + \varepsilon \tag{13.1.9}$$

式(13.1.9)反映了实际观测 d_{obs} 与模型预测 $g(m, u)$ 之间的关系，两者是对同一真实物理量 d 的近似，$\varepsilon = \varepsilon_m + \varepsilon_{\mathrm{obs}}$，同样为高斯分布的 N_d 维随机变量。

13.1.4　贝叶斯理论

使用观测值更正模型的过程，本质上是结合数值模型结果与实际观测结果，实现对模型参数和状态变量等的最优估计。根据贝叶斯原理，使用任意观测 d_{obs} 来实现模型最优估计，可以视为条件概率问题（Evensen，2009b），即

$$p(u, m, u_0 \mid d_{\mathrm{obs}}) \propto p(u \mid m, u_0) p(m) p(u_0) p(d_{\mathrm{obs}} \mid u, m) \tag{13.1.10}$$

如果考虑具体离散时刻的不同观测值，如图 13.1 所示。

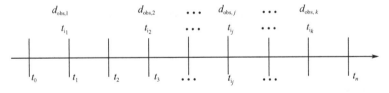

图 13.1　离散的观测序列

式(13.1.10)中的条件概率可以表示为

$$p(u_1 \cdots u_n, m, u_0 \mid d_{\mathrm{obs},1} \cdots d_{\mathrm{obs},k}) \tag{13.1.11}$$

式中，k 为观测时间序号；i 为数值模型离散的时间序号。式(13.1.11)的物理概念为：在已知观测值系列($d_{\mathrm{obs},1}$，$d_{\mathrm{obs},2}$，$\cdots$，$d_{\mathrm{obs},k}$)的条件下，根据系统的模型变量 m 和系统的起始状态 u_0，预测系统在不同时刻的状态(u_1，u_2，$\cdots$，u_n)。一般来说，系统的观测次数和数值模型系统的时间步数是不同的，但是在数值模拟的过程中，使得观测的时间点与数值模拟过程中的某个时间点一致，在该时刻，将观测数据与数值模拟结果进行平衡，由此，更新系统的模型参数同时修正新的系统状态。

为得到系统的贝叶斯估计结果，需对系统作以下假设：

(1)模型为一阶马尔科夫过程，即 t+1 时刻系统状态的概率分布只与 t 时刻的状态有

关，与 t 时刻以前的状态无关，则有：

$$p(u_1,\cdots,u_n,m,u_0) \propto p(m)p(u_0)\prod_{i=1}^{n} p(u_i \mid u_{i-1},m) \tag{13.1.12}$$

(2) 不同时刻的观测误差相互独立，如果存在模型误差，则不同时刻的模型误差也相互独立。

(3) 任何时刻的模型预测值只与当前时刻的参数和状态相关，与其他时刻相互独立。

则有：

$$p\left(d_{\mathrm{obs},1},\cdots,d_{\mathrm{obs},k}\,\middle|\,u_1,\cdots,u_n,m,u_0\right)=\prod_{j=1}^{k} p\left(d_{\mathrm{obs},j}\,\middle|\,u_{i_j},m\right) \tag{13.1.13}$$

类似式 (13.1.10)，使用贝叶斯定理，并将式 (13.1.12) 和 (13.1.13) 代入 (13.1.11) 中，有

$$p(u_1,\cdots,u_n,m,u_0 \mid d_{\mathrm{obs},1},\cdots,d_{\mathrm{obs},n}) \propto p(m)p(u_0)$$

$$\prod_{i=1}^{n} p(u_i \mid u_{i-1},m)\prod_{j=1}^{k} p(d_{\mathrm{obs},j} \mid u_{i_j},m) \tag{13.1.14}$$

可以重新写成如下的递归形式：

$$p(u_1,\cdots,u_n,m,u_0 \mid d_{\mathrm{obs},1},\cdots,d_{\mathrm{obs},k}) \propto p(m)p(u_0)$$

$$\prod_{i=1}^{i_1} p(u_i \mid u_{i-1},m)p(d_{\mathrm{obs},1} \mid u_{i_1},m)$$

$$\prod_{i=i_1+1}^{i_2} p(u_i \mid u_{i-1},m)p(d_{\mathrm{obs},2} \mid u_{i_2},m)\cdots \tag{13.1.15}$$

$$\prod_{i=i_{k-1}+1}^{i_k} p(u_i \mid u_{i-1},m)p(d_{\mathrm{obs},k} \mid u_{ik},m)$$

$$\prod_{i=i_k+1}^{n} p(u_i \mid u_{i-1},m)$$

即 d_1 对应的第一次更新为

$$p(u_1,\cdots,u_{i_1},m,u_0 \mid d_{\mathrm{obs},1}) \propto p(m)p(u_0)$$

$$\prod_{i=1}^{i_1} p(u_i \mid u_{i-1},m)p(d_{\mathrm{obs},1} \mid u_{i_1},m) \tag{13.1.16}$$

在式 (13.1.16) 基础上，d_2 对应的第二次更新为

$$p(u_1\cdots u_{i_2},m,u_0 \mid d_{\mathrm{obs},1},d_{\mathrm{obs},2}) \propto p(u_1\cdots u_{i_1},m,u_0 \mid d_{\mathrm{obs},1})$$

$$\prod_{i=i_1+1}^{i_2} p(u_i \mid u_{i-1},m)p(d_{\mathrm{obs},2} \mid u_{i_2},m) \tag{13.1.17}$$

依次递推。

假设从初始时刻到 t_k 时刻的所有观测值集合为 $\mathbf{D}_{\mathrm{obs},k}$

$$\mathbf{D}_{\mathrm{obs},k}=\left\{d_{\mathrm{obs},1},d_{\mathrm{obs},2},\cdots,d_{\mathrm{obs},k}\right\} \tag{13.1.18}$$

则式(13.1.16)和式(13.1.17)可以统一简化表达，任一观测时刻有

$$p\left(\boldsymbol{m}_{i_k}, \boldsymbol{u}_{i_k} \middle| \mathbf{D}_{\text{obs},k}\right) = \frac{p\left(\boldsymbol{d}_{\text{obs},k} \middle| \boldsymbol{m}_{i_k}, \boldsymbol{u}_{i_k}\right) p\left(\boldsymbol{m}_{i_k}, \boldsymbol{u}_{i_k} \middle| \mathbf{D}_{\text{obs},k-1}\right)}{p\left(\boldsymbol{d}_{\text{obs},k} \middle| \mathbf{D}_{\text{obs},k-1}\right)} \tag{13.1.19}$$

$$\propto p\left(\boldsymbol{d}_{\text{obs},k} \middle| \boldsymbol{m}_{i_k}, \boldsymbol{u}_{i_k}\right) p\left(\boldsymbol{m}_{i_k}, \boldsymbol{u}_{i_k} \middle| \mathbf{D}_{\text{obs},k-1}\right)$$

式中，$p\left(\boldsymbol{m}_{i_k}, \boldsymbol{u}_{i_k} \middle| \mathbf{D}_{\text{obs},k}\right)$ 一般被称为 t_{i_k} 时刻的后验概率，后验概率的求解可以视为滤波类方法以及其他最优估计方法的基本出发点；$p\left(\boldsymbol{m}_{i_k}, \boldsymbol{u}_{i_k} \middle| \mathbf{D}_{\text{obs},k-1}\right)$ 为先验概率，即基于 t_{i_k} 时刻之前所有观测值 $\mathbf{D}_{\text{obs},k-1}$ 的参数和变量概率，$p\left(\boldsymbol{d}_{\text{obs},k} \middle| \boldsymbol{m}_{i_k}, \boldsymbol{u}_{i_k}\right)$ 为当前观测的似然概率，$p\left(\boldsymbol{d}_{\text{obs},k} \middle| \mathbf{D}_{\text{obs},k-1}\right)$ 是常数项。一般定义两次观测之间的时间为一个同化步长，t_{i_k} 时刻则被称为第 k 个同化步。

式(13.1.19)为类似于卡尔曼滤波算法的贝叶斯理论基础，即根据模型的先验估计和似然估计，来求得当前模型参数和变量的最大后验估计。注意到(13.1.19)本身的推导过程主要应用了贝叶斯理论，并不存在任何线性化和高斯分布假设。

13.2 集合卡尔曼滤波

13.2.1 目标函数构建

为了表示方便，在联合估计参数和状态变量时，往往把这两类物理量以及模型预测放在一起，构成一个"状态向量"(Evensen，2009a，2009b)，即

$$\boldsymbol{y}_k = \begin{bmatrix} \boldsymbol{m}_{i_k} \\ \boldsymbol{u}_{i_k} \\ \boldsymbol{d}_k \end{bmatrix} \tag{13.2.1}$$

式中，状态向量 $\boldsymbol{y}_k$ 的维度为 $N_y = N_m + N_u + N_d$

$$\boldsymbol{d}_k = g(\boldsymbol{m}_{i_k}, \boldsymbol{u}_{i_k}) \tag{13.2.2}$$

采取(13.2.1)所示的状态向量，有

$$\boldsymbol{d}_k = \boldsymbol{H}_k \boldsymbol{y}_k \tag{13.2.3}$$

式中，$\boldsymbol{d}_k$ 为模型的预测值(模型观测向量)；$\boldsymbol{H}_k$ 被称为观测矩阵，代表状态向量与模型预测向量之间的关系。

$$\boldsymbol{H}_k = [\boldsymbol{0}, \boldsymbol{I}] \tag{13.2.4}$$

式中，$\boldsymbol{0}$ 为 $N_d \times (N_m + N_u)$ 维矩阵，矩阵中所有元素均为0；$\mathbf{I}$ 为 $N_d \times N_d$ 维单位矩阵。

使用状态向量 $\boldsymbol{y}_k$，将(13.1.19)表示为

$$p(\boldsymbol{y}_k \middle| \mathbf{D}_{\text{obs},k}) \propto p(\boldsymbol{d}_{\text{obs},k} \middle| \boldsymbol{y}_k) p(\boldsymbol{y}_k \middle| \mathbf{D}_{\text{obs},k-1}) \tag{13.2.5}$$

引入包含观测的状态向量矩阵，可以更容易地推导集合卡尔曼滤波方法的表达式，但应该注意到：从(13.1.19)到(13.2.5)的前提是 y_k 的概率密度函数与 $\{m_{i_k}, u_{i_k}\}$ 一致，这一点只有观测 d_k 与参数和变量 $\{m_{i_k}, u_{i_k}\}$ 之间是线性关系时才严格成立（Zafari and Reynolds，2007）。

假设状态向量的先验概率满足联合高斯分布，即

$$p(y_k \mid D_{\text{obs},k-1}) \propto \exp\left[-\frac{1}{2}(y_k - y_k^{\text{pr}})^{\text{T}} C_{y_k^{pr}}^{-1} (y_k - y_k^{\text{pr}})\right] \tag{13.2.6}$$

式中，y_k^{pr} 为观测向量先验（均）值；$C_{y_k^{pr}}$ 为状态向量先验协方差。

如果观测误差为满足联合高斯分布的随机向量，且均值为 0，方差为 $C_{d_{\text{obs},k}}$，则有

$$p(d_{\text{obs},k} \mid y_k) \propto \exp\left[-\frac{1}{2}(H_k y_k - d_{\text{obs},k})^{\text{T}} C_{d_{\text{obs},k}}^{-1} (H_k y_k - d_{\text{obs},k})\right] \tag{13.2.7}$$

将(13.2.6)和(13.2.7)代入(13.2.5)中有

$$p(y_k \mid D_{\text{obs},k}) \propto \exp\left[\begin{array}{c} -\dfrac{1}{2}(y_k - y_k^{\text{pr}})^{\text{T}} C_{y_k^{pr}}^{-1} (y_k - y_k^{\text{pr}}) \\ -\dfrac{1}{2}(H_k y_k - d_{\text{obs},k})^{\text{T}} C_{d_{\text{obs},k}}^{-1} (H_k y_k - d_{\text{obs},k}) \end{array}\right] \tag{13.2.8}$$

最优估计问题则转化为求解下列目标函数 $J(y_k)$ 的最小值问题

$$J(y_k) = \frac{1}{2}(y_k - y_k^{\text{pr}})^{\text{T}} C_{y_k^{pr}}^{-1} (y_k - y_k^{\text{pr}}) + \frac{1}{2}(H_k y_k - d_{\text{obs},k})^{\text{T}} C_{d_{\text{ods},k}}^{-1} (H_k y_k - d_{\text{obs}k}) \tag{13.2.9}$$

在参数反演等研究中，一般称 $J(y_k)$ 为目标函数；在气象等领域进行变分分析时，一般将其称为代价函数。

13.2.2　目标函数求解及矩阵变换

当 $J(y_k)$ 梯度为零时，有

$$\nabla_{y_k} J\left(y_k^a\right) = C_{y_k^{pr}}^{-1}\left(y_k^a - y_k^{\text{pr}}\right) + H_k^{\text{T}} C_{d_{\text{obs},k}}^{-1}\left(H_k y_k^a - d_{\text{obs},k}\right) = 0 \tag{13.2.10}$$

式中，y_k^a 为状态向量最优估计，一般被称为分析值。式(13.2.10)可表示为

$$C_{y_k^{pr}}^{-1}\left(y_k^a - y_k^{\text{pr}}\right) + H_k^{\text{T}} C_{d_{\text{obs},k}}^{-1} H_k\left(y_k^a - y_k^{\text{pr}}\right) + H_k^{\text{T}} C_{d_{\text{obs},k}}^{-1} (H_k y_k^{\text{pr}} - d_{\text{obs},k}) = 0 \tag{13.2.11}$$

有

$$y_k^a = y_k^{\text{pr}} + (C_{y_k^{pr}}^{-1} + H_k^{\text{T}} C_{d_{\text{obs},k}}^{-1} H_k)^{-1} H_k^{\text{T}} C_{d_{\text{obs},k}}^{-1} (d_{\text{obs},k} - H_k y_k^{\text{pr}}) \tag{13.2.12}$$

式中，等式右端第二项需要对维度为 $N_y \times N_y$ 的矩阵求两次逆矩阵。实际问题下状态向量往往维度很高，造成矩阵运算工作量较大。此时可以对其进行矩阵变换（Oliver et al.，2008）。由下面的等式：

$$H_k^{\mathrm{T}} C_{d_{\mathrm{obs},k}}^{-1} (H_k C_{y_k^{\mathrm{pr}}} H_k^{\mathrm{T}} C_{d_{\mathrm{obs},k}}) = (C_{y_k^{\mathrm{pr}}}^{-1} + H_k^{\mathrm{T}} C_{d_{\mathrm{obs},k}}^{-1} H_k) C_{y_k^{\mathrm{pr}}} + H_k^{\mathrm{T}}$$
$$= H_k^{\mathrm{T}} + H_k^{\mathrm{T}} C_{d_{\mathrm{obs},k}}^{-1} H_k C_{y_k^{\mathrm{pr}}} + H_k^{\mathrm{T}} \tag{13.2.13}$$

可将式(13.2.12)中的右端项的一部分转化如下

$$(C_{y_k^{\mathrm{pr}}}^{-1} + H_k^{\mathrm{T}} C_{d_{\mathrm{obs},k}}^{-1} H_k)^{-1} H_k^{\mathrm{T}} C_{d_{\mathrm{obs},k}}^{-1}) = C_{y_k^{\mathrm{pr}}} H_k^{\mathrm{T}} (H_k C_{y_k^{\mathrm{pr}}} H_k^{\mathrm{T}} + C_{d_{\mathrm{obs},k}})^{-1} \tag{13.2.14}$$

则式(13.2.12)又可以写为

$$y_k^a = y_k^{\mathrm{pr}} + C_{y_{\mathrm{obs},k}^{\mathrm{pr}}} H_k^{\mathrm{T}} (H_k C_{y_k^{\mathrm{pr}}} H_k^{\mathrm{T}} + C_{d_{\mathrm{obs},k}})^{-1} (d_{\mathrm{obs},k} - H_k y_k^{\mathrm{pr}}) \tag{13.2.15}$$

式(13.2.15)中，只需要对 $N_d \times N_d$ 的矩阵进行求逆计算，当模型的参数和变量维度很大时可以极大地减少工作量。这种转换也通常被称为从状态向量空间转换到观测向量空间（Oliver et al.，2008）。

式(13.2.15)中的权重项通常被称为卡尔曼增益(Kalman，1960)，记为

$$K_k = C_{y_k^{\mathrm{pr}}} H_k^{\mathrm{T}} (H_k C_{y_k^{\mathrm{pr}}} H_k^{\mathrm{T}} + C_{d_{\mathrm{obs},k}})^{-1} \tag{13.2.16}$$

此时，式(13.2.15)又可以表示为

$$y_k^a = y_k^{\mathrm{pr}} + K_k (d_{\mathrm{obs},k} - H_k y_k^{\mathrm{pr}}) \tag{13.2.17}$$

更新后的状态向量 y_k^a 对应的协方差矩阵为

$$C_{y_{,k}^a} = (I - K_k H_k) C_{y_k^{\mathrm{pr}}} (I - K_k H_k)^{\mathrm{T}} + K_k C_{d_{\mathrm{obs},k}} K_k^{\mathrm{T}} \tag{13.2.18}$$

将(13.2.16)代入(13.2.18)中并化简可得

$$C_{y_{,k}^a} = (I - K_k H_k) C_{y_{,k}^{\mathrm{pr}}} \tag{13.2.19}$$

13.2.3　基于样本统计的 EnKF 方法

作为卡尔曼滤波方法的一种蒙特卡罗形式的变体，EnKF 方法的贝叶斯理论基础与卡尔曼滤波形式基本一致。区别在于使用统计样本的方法来获得卡尔曼滤波中的协方差等项，以此来避免使用其他替代方法的计算工作量，如扩展卡尔曼滤波(EKF)对切线性算子的计算、变分类同化对伴随矩阵的计算等。

EnKF 方法的思路是，根据对于问题的先验认识构造出多组不同样本，用样本构成的集合反映状态向量的概率特征；将集合中的样本分别放入确定性模型进行计算可得到模型预测值的集合；通过对计算后的样本进行统计，可以较低的成本得到对协方差等信息的估计。

由于假设状态向量满足高斯分布，即可以用一组样本的均值和方差来代表状态向量的分布情况(Evensen，2003)。此时卡尔曼增益中[式(13.2.16)]未知的先验协方差矩阵可以用下列一组样本的统计形式表示：

$$C_{y_k^{\mathrm{pr}}} \approx \frac{1}{N_e - 1} \sum_{j=1}^{N_e} \left(y_{k,j}^{\mathrm{pr}} - \langle y_k^{\mathrm{pr}} \rangle \right) \left(y_{k,j}^{\mathrm{pr}} - \langle y_k^{\mathrm{pr}} \rangle \right)^{\mathrm{T}} \tag{13.2.20}$$

式中，N_e 为样本的总数目；j 为样本的序号；$\langle \cdot \rangle$ 代表集合平均值。

通过统计得到的 $C_{y_k^{\text{pr}}}$，可以使用公式 (13.2.16) 计算出一个平均化的卡尔曼增益，对于每一个样本应用 KF 的更新公式 (13.2.17)，则有

$$y_{k,j}^a = y_{k,j}^{\text{pr}} + K_k\left(d_{\text{uc},k,j} - H_k y_{k,j}^{\text{pr}}\right) \tag{13.2.21}$$

式中，$d_{\text{uc},k,j}$ 为扰动后的观测值。式 (13.2.21) 即为 EnKF 的更新方程。

式 (13.2.20) 中计算的是整个状态向量的协方差矩阵，但实际中只需要计算这个矩阵的一部分（Chen and Zhang, 2006），考虑到式 (13.2.1)：

$$y_k = \begin{bmatrix} m_{i_k} \\ u_{i_k} \\ d_k \end{bmatrix}$$

去掉时间下标以简化表达，则 $C_{y_k^{\text{pr}}}$ 是一个如式 (13.2.22) 所示的矩阵：

$$C_{y_k^{\text{pr}}} = \begin{bmatrix} C_{m_{i_k}^{\text{pr}}, m_{i_k}^{\text{pr}}} & C_{m_{i_k}^{\text{pr}}, u_{i_k}^{\text{pr}}} & C_{m_{i_k}^{\text{pr}}, d_k} \\ C_{u_{i_k}^{\text{pr}}, m_{i_k}^{\text{pr}}} & C_{u_{i_k}^{\text{pr}}, u_{i_k}^{\text{pr}}} & C_{u_{i_k}^{\text{pr}}, d_k} \\ C_{d_k, m_{i_k}^{\text{pr}}} & C_{d_k, u_{i_k}^{\text{pr}}} & C_{d_k, d_k} \end{bmatrix} \tag{13.2.22}$$

则由式 (13.2.4) 和式 (13.2.22) 可知：

$$\begin{aligned} C_{y_k^{\text{pr}}} H_k^{\text{T}} &= \begin{bmatrix} C_{m_{i_k}^{\text{pr}}, m_{i_k}^{\text{pr}}} & C_{m_{i_k}^{\text{pr}}, u_{i_k}^{\text{pr}}} & C_{m_{i_k}^{\text{pr}}, d_k} \\ C_{u_{i_k}^{\text{pr}}, m_{i_k}^{\text{pr}}} & C_{u_{i_k}^{\text{pr}}, u_{i_k}^{\text{pr}}} & C_{u_{i_k}^{\text{pr}}, d_k} \\ C_{d_k, m_{i_k}^{\text{pr}}} & C_{d_k, u_{i_k}^{\text{pr}}} & C_{d_k, d_k} \end{bmatrix} [\mathbf{0} \ \mathbf{I}]^{\text{T}} \\ &= \begin{bmatrix} C_{m_{i_k}^{\text{pr}}, d_k} \\ C_{u_{i_k}^{\text{pr}}, d_k} \\ C_{d_k, d_k} \end{bmatrix} \end{aligned} \tag{13.2.23}$$

式中，$C_{y_k^{\text{pr}}} H_k^{\text{T}}$ 为状态向量和观测向量的互协方差：

$$H_k C_{y_k^{\text{pr}}} H_k^{\text{T}} = [\mathbf{0} \ \mathbf{I}] \begin{bmatrix} C_{m_{i_k}^{\text{pr}}, d_k} \\ C_{u_{i_k}^{\text{pr}}, d_k} \\ C_{d_k, d_k} \end{bmatrix} = C_{d_k, d_k} \tag{13.2.24}$$

式中，$H_k C_{y_k^{\text{pr}}} H_k^{\text{T}}$ 为观测向量的自协方差。

式 (13.2.23) 和式 (13.2.24) 说明，EnKF 方法不需要计算整个状态向量的自协方差矩

阵，而只需要分别计算状态向量和观测向量的互协方差以及观测向量的自协方差。这两者也可以使用样本统计的方法计算如下：

$$C_{y_k^{pr}} H_k^{T} \approx \frac{1}{N_e - 1} \sum_{j=1}^{N_e} \left(y_{k,j}^{pr} - \left\langle y_k^{pr} \right\rangle \right) \left(d_{k,j} - \left\langle d_k \right\rangle \right)^{T} \tag{13.2.25}$$

$$H_k C_{y_k^{pr}} H_k^{T} \approx \frac{1}{N_e - 1} \sum_{j=1}^{N_e} \left(d_{k,j} - \left\langle d_k \right\rangle \right) \left(d_{k,j} - \left\langle d_k \right\rangle \right)^{T} \tag{13.2.26}$$

13.2.4　EnKF 方法的实现过程

归纳起来，集合卡尔曼滤波方法的核心步骤在于模型"预报"和"更新"两个环节：使用确定性模型将一定数量的样本从前一观测时刻运行到当前观测时刻，以获得模型的先验值（预报值）；有了观测数据后，使用样本统计的方法权衡模型的预测结果与实际观测数据，对状态变量进行更新。从而可以不断获得状态向量的最优估计，如果状态向量中包含模型的参数，这个过程又可以看作一个不断反演模型参数的过程。EnKF 算法的执行过程如下：

1. 生成初始样本

根据收集的资料或者合理的猜测，判断模型中存在不确定性物理量的统计特征，通过数学方法生成初始样本。例如，通过随机场生成程序 Karhunen-Loeve 展开等（Lu and Zhang，2004；史良胜等，2005），生成若干符合高斯分布的样本（实现），以这些样本为数据同化的起点。

2. 模型预报

在预测过程中，通过求解每个样本的控制方程，所有样本相互独立地向前推进，得到状态向量在第 k 个同化步的预报值。

$$y_{k,j}^{pr} = F_{k-1 \to k}(y_{k-1,j}^{a}) \tag{13.2.27}$$

式中，$F_{k-1 \to k}(\cdot)$ 为第 k 个同化步的预报算子，在地下水土壤水模拟分析中为一系列饱和-非饱和土壤水分运动模拟程序。

3. 同化观测信息，更新状态向量

在每一个同化步 k 通过式(13.2.17)、式(13.2.18)和式(13.2.19)更新状态向量，即获取状态变量的分析值。

4. 状态向量的统计平均

以更新后的状态向量均值作为当前观测时刻各物理量最优估计，即

$$\langle \boldsymbol{y}_k^a \rangle \approx \frac{1}{N_e} \sum_{j=1}^{N_e} \boldsymbol{y}_{k,j}^a \tag{13.2.28}$$

在完成同化步 k 的更新后,将获取的状态变量的分析值作为下一计算时刻的初始值,如此循环执行步骤(2)~(4),直至模拟结束。EnKF 的计算流程图如图 13.2 所示。

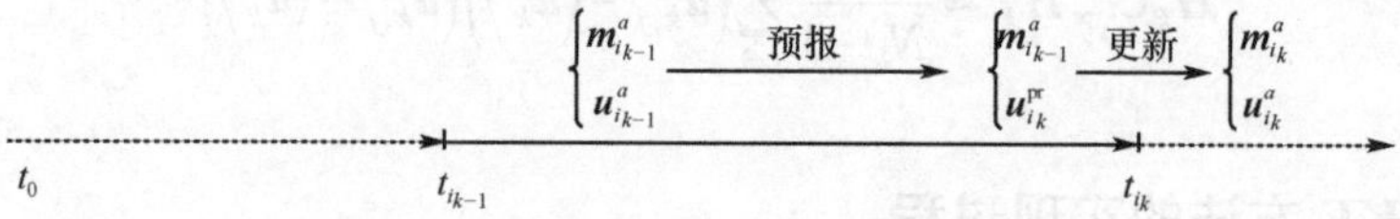

图 13.2　集合卡尔曼滤波方法流程图

13.2.5　举例说明 EnKF 的计算过程

假设我们要研究的对象是一个房间的温度。根据你的经验判断,这个房间的温度是恒定的,也就是下一分钟的温度等于现在这一分钟的温度(假设我们用一分钟来做时间单位)。假设你对你的经验不是 100% 的相信,可能会有上下偏差几度。我们把这些偏差看成是高斯白噪声,即这些偏差跟前后时间没有关系而且符合高斯分布。另外,我们在房间里放一个温度计,但是这个温度计也是不准确的,测量值跟实际值有偏差,我们也把这些偏差看成是高斯白噪声。

现在对于某一分钟我们有两个有关于该房间的温度值:你根据经验的预测值(系统的预测值)和温度计的值(测量值)。我们要用这两个值结合他们各自的噪声来估算出房间的实际温度值。

假如我们要估算 k 时刻的实际温度值。首先你要根据 k–1 时刻的温度值,来预测 k 时刻的温度。因为你相信温度是恒定的,所以你会得到 k 时刻的温度预测值是跟 k–1 时刻一样的,假设是 23 度,同时该值的高斯噪声的偏差是 5 度(5 是这样得到的:如果 k–1 时刻估算出的最优温度值的偏差是 3,你对自己预测的不确定度是 4 度,他们的平方和再开方,就是 5)。然后,你从温度计那里得到了 k 时刻的温度值,假设是 25 度,同时该值的偏差是 4 度。

由于我们用于估算 k 时刻的实际温度有两个温度值,分别是 23 度和 25 度。究竟实际温度是多少呢?相信自己还是相信温度计呢?究竟相信谁多一点,我们可以用他们的协方差来判断。此处就要用到卡尔曼增益的式(13.2.29):

$$\boldsymbol{K}_k = \boldsymbol{C}_{\boldsymbol{y}_k^{pr}} \boldsymbol{H}_k^T (\boldsymbol{H}_k \boldsymbol{C}_{\boldsymbol{y}_k^{pr}} \boldsymbol{H}_k^T + \boldsymbol{C}_{\boldsymbol{d}_{obs,k}})^{-1} \tag{13.2.29}$$

即　$\boldsymbol{K}_k = 5^2/(5^2+4^2) = 0.61$(此处状态向量与观测向量维度相同),再由更新公式(13.2.30):

$$\boldsymbol{y}_k^a = \boldsymbol{y}_k^{pr} + \boldsymbol{K}_k (\boldsymbol{d}_{obs,k} - \boldsymbol{H}_k \boldsymbol{y}_k^{pr}) \tag{13.2.30}$$

我们可以估算出 k 时刻的实际温度值是:$23+0.61×(25-23)=24.22℃$。可以看出,因为温度计的协方差比较小(比较相信温度计),所以估算出的最优温度值偏向温度计的值。

现在我们已经得到 k 时刻的最优温度值了,下一步就是要进入 k+1 时刻,进行新的最优估算。到此为止，还没看到自回归的东西出现。在进入 $k+1$ 时刻之前，我们还要算出 k 时刻最优值(24.22℃)的偏差。算法见式(13.2.31)：

$$C_{y_k^a} = (I - K_k H_k)C_{y_k^{pr}} \tag{13.2.31}$$

得到：$((1-K_k)\times 5^2)^{\frac{1}{2}}=3.12$。

这里的 5 就是 k 时刻预测的 23℃温度值的偏差(即状态向量的协方差的平方根)，得出的 3.12 就是进入 $k+1$ 时刻以后 k 时刻估算出的最优温度值的偏差(对应于上面的 3)。

这样，卡尔曼滤波器就不断地把协方差递归，从而估算出最优的温度值。

13.2.6　数据同化方法的步骤流程图

此处绘制的流程图以 Original EnKF，非并行计算为例(图 13.3)。

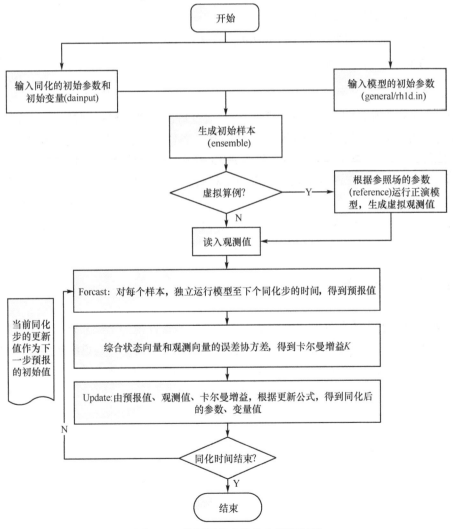

图 13.3　数据同化方法的步骤流程图

13.3　集合随机最大似然滤波

集合随机最大似然滤波方法（ensemble randomized maximum likelihood，EnRML）使用样本集合和奇异值分解求解敏感矩阵，使用高斯牛顿迭代方法求解目标函数，使用与 EnKF 类似的方式更新样本集合。由于 EnRML 实现过程中敏感矩阵由样本集合方法获得并应用于所有样本，无需应用共轭方程法求解梯度信息，这使得该方法更加容易实现。

在前文关于 EnKF 的相应推导中，根据贝叶斯定理，有以下条件概率公式：

$$p(m_{i_k}, u_{i_k} \mid \mathbf{D}_{\mathrm{obs},k}) \propto p(d_{\mathrm{obs},k} \mid m_{i_k}, u_{i_k}) p(m_{i_k}, u_{i_k} \mid \mathbf{D}_{\mathrm{obs},k-1}) \tag{13.3.1}$$

分离(13.3.1)中参数和状态变量（Gu and Oliver，2007），则有

$$p(m_{i_k} u_{i_k} \mid \mathbf{D}_{\mathrm{obs},k}) \propto p(d_{\mathrm{obs},k} \mid m_{i_k}, u_{i_k}) p(u_{i_k} \mid m_{i_k}, \mathbf{D}_{\mathrm{obs},k-1}) p(m_{i_k} \mid \mathbf{D}_{\mathrm{obs},k-1}) \tag{13.3.2}$$

考虑到在给定初始条件、边界条件的前提下，状态变量 u_{i_k} 可由模型参数经过模拟获得，则可以简化(13.3.2)为

$$p(m_{i_k} \mid \mathbf{D}_{\mathrm{obs},k}) \propto p(d_{\mathrm{obs},k} \mid m_{i_k}) p(m_{i_k} \mid \mathbf{D}_{\mathrm{obs},k-1}) \tag{13.3.3}$$

式 (13.3.3) 中第一项 $p(m_{i_k} \mid \mathbf{D}_{\mathrm{obs},k})$ 为模型参数的后验概率，右侧第一项 $p(d_{\mathrm{obs},k} \mid m_{i_k})$ 为似然概率，$p(m_{i_k} \mid \mathbf{D}_{\mathrm{obs},k-1})$ 为先验概率，即历史约束。

式(13.3.3)给我们提供了另外一种思路：通过每次回溯到模拟刚开始的时刻，我们可以将系统的不确定性归结到模型参数(以及初始条件)上去，从而不考虑状态的估计，而把问题完全转化为参数反演问题。这就是 EnRML 方法的贝叶斯理论基础。

理论上，EnRML 方法要求我们每次同化观测值之前都从零时刻开始重新运转模型，无疑会带来巨大的计算成本；但是对于一个强烈非线性的问题，随时间逐步推进的 EnKF 方法不能总保证参数和状态的一致性，在一定程度上违背参数非时变的物理特征，而 EnRML 则通过每次都从初始时刻起重新运行模型避免了这一问题。

13.3.1　构造目标函数

如果需要考虑初始条件的不确定性，可以把初始条件视为一类额外的参数，加入到状态向量中（Thulin et al.，2007）。为了推导的便利，下文不特别说明初始条件的不确定性。由于每次从零时刻起开始运行模型，则模型的预测可以表示为

$$d_k = g_k(m_{i_k}) \tag{13.3.4}$$

式中，$g_k(\cdot)$ 为预测算子。

假设参数的先验概率满足联合高斯分布，即

$$p(m_{i_k} \mid \mathbf{D}_{\mathrm{obs},k-1}) \propto \exp[-\frac{1}{2}(m_{i_k} - m_{i_k}^{\mathrm{pr}})^{\mathrm{T}} C_{m_{i_k}^{\mathrm{pr}}}^{-1} (m_{i_k} - m_{i_k}^{\mathrm{pr}})] \tag{13.3.5}$$

同样，认为观测误差为满足联合高斯分布的随机向量，且均值为 0，方差为 $C_{d_{\mathrm{obs},k}}$，则有

$$p(\boldsymbol{d}_{\text{obs},k} \mid \boldsymbol{m}_{i_k},) \propto \exp(-\frac{1}{2}(g_k(\boldsymbol{m}_{i_k}) - \boldsymbol{d}_{\text{obs},k})^{\text{T}} \boldsymbol{C}_{d_{\text{obs},k}}^{-1} (g_k(\boldsymbol{m}_{i_k}) - \boldsymbol{d}_{\text{obs},k}) \tag{13.3.6}$$

则将式(13.3.5)和式(13.3.6)代入式(13.3.3)中有

$$p(\boldsymbol{m}_{i_k} \mid \mathbf{D}_{\text{obs},k}) \propto \exp \begin{bmatrix} (-\dfrac{1}{2}(\boldsymbol{m}_{i_k} - \boldsymbol{m}_{i_k}^{\text{pr}})^{\text{T}} \boldsymbol{C}_{m_k^{\text{pr}}}^{-1} (\boldsymbol{m}_{i_k} - \boldsymbol{m}_{i_k}^{\text{pr}}) \\ -\dfrac{1}{2}(g_k(\boldsymbol{m}_{i_k}) - \boldsymbol{d}_{\text{obs},k})^{\text{T}} \boldsymbol{C}_{d_{\text{obs},k}}^{-1} (g_k(\boldsymbol{m}_{i_k}) - \boldsymbol{d}_{\text{obs},k}) \end{bmatrix} \tag{13.3.7}$$

最优估计问题则转化为求解下列目标函数 $J(\boldsymbol{m}_k)$ 的最小值问题

$$\begin{aligned} j(\boldsymbol{m}_{i_k}) &= \frac{1}{2}(\boldsymbol{m}_{i_k} - \boldsymbol{m}_{i_k}^{\text{pr}})^{\text{T}} \boldsymbol{C}_{m_{i_k}^{\text{pr}}}^{-1} (\boldsymbol{m}_{i_k} - \boldsymbol{m}_{i_k}^{\text{pr}}) \\ &+ \frac{1}{2}(g_k(\boldsymbol{m}_{i_k}) - \boldsymbol{d}_{\text{obs},k})^{\text{T}} \boldsymbol{C}_{d_{\text{obs},k}}^{-1} (g_k(\boldsymbol{m}_{i_k}) - \boldsymbol{d}_{\text{obs},k}) \end{aligned} \tag{13.3.8}$$

13.3.2 高斯牛顿法求解目标函数

1. 梯度类方法变量定义

为了表示的方便，本节略去时间下标 k 和 i_k。

目标函数一般使用迭代的梯度类算法进行求解（Oliver et al.，2008），假设目标函数 $J(\boldsymbol{m})$ 二阶可导，第 ℓ 次迭代的模型参数为 $\boldsymbol{m}^{\ell}$。定义 $\delta \boldsymbol{m} = \boldsymbol{m} - \boldsymbol{m}^{\ell}$，可对目标函数 $J(\boldsymbol{m})$ 做二阶泰勒展开如下：

$$J(\boldsymbol{m}^{\ell} + \delta \boldsymbol{m}) = J(\boldsymbol{m}^{\ell}) + \nabla_m J(\boldsymbol{m}^{\ell})^{\text{T}} \delta \boldsymbol{m} + \frac{1}{2} \delta \boldsymbol{m}^{\text{T}} H(\boldsymbol{m}^{\ell}) \delta \boldsymbol{m} + O(\delta \boldsymbol{m})^2 \tag{13.3.9}$$

式中，$\nabla J(\boldsymbol{m}^{\ell})$ 为 $J(\boldsymbol{m})$ 在 $\boldsymbol{m}^{\ell}$ 的梯度，可由式(13.3.10)计算得到：

$$\nabla_m J(\boldsymbol{m}^{\ell}) = \boldsymbol{C}_{m^{\text{pr}}}^{-1} (\boldsymbol{m}^{\ell} - \boldsymbol{m}^{\text{pr}}) + \mathbf{G}_{\ell}^{\text{T}} \boldsymbol{C}_{d_{\text{obs}}}^{-1} (g(\boldsymbol{m}^{\ell}) - \boldsymbol{d}_{\text{obs}}) \tag{13.3.10}$$

目标函数梯度为一个维度为 N_m 的向量：

$$\nabla_m J(\boldsymbol{m}^{\ell}) = \left[\frac{\partial^2 J(\boldsymbol{m}^{\ell})}{\partial \boldsymbol{m}_1}, \cdots, \frac{\partial^2 J(\boldsymbol{m}^{\ell})}{\partial \boldsymbol{m}_{N_m}} \right] \tag{13.3.11}$$

式(13.3.9)中 $H(\boldsymbol{m}^{\ell})$ 为海森矩阵(Hessian)，表达式为

$$\begin{aligned} H(\boldsymbol{m}^{\ell}) &= \nabla_m \left[(\nabla_m J(\boldsymbol{m}^{\ell}))^{\text{T}} \right] \\ &= \boldsymbol{C}_{m^{\text{pr}}}^{-1} + G_l^{\text{T}} \boldsymbol{C}_{d_{\text{obs}}}^{-1} G_l + \nabla_m (G_l^{\text{T}}) \boldsymbol{C}_{d_{\text{obs}}}^{-1} (g(\boldsymbol{m}^{\ell}) - \boldsymbol{d}_{\text{obs}}) \end{aligned} \tag{13.3.12}$$

海森矩阵为一个 $N_m \times N_m$ 的方阵：

$$H(m^\ell) = \begin{bmatrix} \dfrac{\partial^2 J(m^\ell)}{\partial m_1 \partial m_1} & \cdots & \dfrac{\partial^2 J(m^\ell)}{\partial m_1 \partial m_{N_m}} \\ \vdots & \ddots & \vdots \\ \dfrac{\partial^2 J(m^\ell)}{\partial m_{N_m} \partial m_1} & \cdots & \dfrac{\partial^2 J(m^\ell)}{\partial m_{N_m} \partial m_{N_m}} \end{bmatrix} \tag{13.3.13}$$

式(13.3.10)中，G_l 为观测对模型参数的梯度，即敏感矩阵，为一个 $N_d \times N_m$ 的矩阵，表达式如下：

$$G_l = (\nabla_m g^{\mathrm{T}})^{\mathrm{T}} = \begin{bmatrix} \dfrac{\partial g_1}{\partial m_1^l} & \cdots & \dfrac{\partial g_1}{\partial m_{N_m}^l} \\ \vdots & \ddots & \vdots \\ \dfrac{\partial g_{N_d}}{\partial m_1^l} & \cdots & \dfrac{\partial g_{N_d}}{\partial m_{N_m}^l} \end{bmatrix} \tag{13.3.14}$$

敏感矩阵反映了观测对参数变化的响应，敏感矩阵的求解是梯度类反演方法的基础（Oliver and Chen，2011）。求解敏感矩阵的几种传统方法包括差分法、直接法和伴随矩阵法（Oblow，1978）等。

2. 牛顿法

令目标函数的梯度[（式(13.3.11)]为零，并对其在 m^ℓ 处做一阶泰勒展开如下

$$\nabla_m J(m^\ell + \delta m) = \nabla_m J(m^\ell) + H(m^\ell)\delta m + O(\delta m)^2 = 0 \tag{13.3.15}$$

忽略高阶项，可得

$$\nabla_m J(m^\ell) + H(m^\ell)\delta m \approx 0 \tag{13.3.16}$$

将梯度表达式(13.3.10)代入上式可得

$$\delta m = -\left[H(m^\ell) \right]^{-1} \left[C_{m^{\mathrm{pr}}}^{-1}(m^\ell - m^{\mathrm{pr}}) + G_\ell^{\mathrm{T}} C_{d_{\mathrm{obs}}}^{-1}(g(m^\ell) - d_{\mathrm{obs}}) \right] \tag{13.3.17}$$

式中，δm 为迭代需要的增量。利用式(13.3.17)求解目标函数最小值的方法即为牛顿方法。

从(13.3.17)可知，牛顿法的求解需要求解观测数据对模型参数的一阶导数和二阶导数。在实际应用中，观测与模型参数的函数关系复杂，二阶导数往往计算工作量巨大甚至难以求解。高斯牛顿方法对牛顿方法作了进一步简化，以避免海森矩阵的计算。

3. 高斯牛顿法

当 m^ℓ 增加到 $m^\ell + \delta m$ 时 $g(\cdot)$ 是近似线性的、或者当观测与预测差异很小时，式(13.3.12)中难于计算的第三项 $\nabla_m (G_l^{\mathrm{T}}) C_{d_{\mathrm{obs}}}^{-1}(g(m^\ell) - d_{\mathrm{obs}})$ 可以被忽略（Oliver and Chen，2011）。则简化的海森矩阵为

$$H(m^\ell) = C_{m^{pr}}^{-1} + G_\ell^T C_{d_{obs}}^{-1} G_\ell \tag{13.3.18}$$

将式(13.3.18)代入牛顿法的表达式(13.3.17)得

$$\delta m = -\left[C_{m^{pr}}^{-1} + G_\ell^T C_{d_{obs}}^{-1} G_\ell \right]^{-1} \left[C_{m^{pr}}^{-1}(m^\ell - m^{pr}) + G_\ell^T C_{d_{obs}}^{-1}(g(m^\ell) - d_{obs}) \right] \tag{13.3.19}$$

即第 $\ell + 1$ 次迭代的参数应该为

$$m^{\ell+1} = m^\ell - (C_{m^{pr}}^{-1} + G_\ell^T C_{d_{obs}}^{-1} G_\ell)^{-1} \left[C_{m^{pr}}^{-1}(m^\ell - m^{pr}) + G_\ell^T C_{d_{obs}}^{-1}(g(m^\ell) - d_{obs}) \right] \tag{13.3.20}$$

整理(13.3.20)可得

$$m^{\ell+1} = m^{pr} - (C_{m^{pr}}^{-1} + G_\ell^T C_{d_{obs}}^{-1} G_\ell)^{-1} G_\ell^T C_{d_{obs}}^{-1} \left[g(m^\ell) - d_{obs} - G_\ell(m^\ell - m^{pr}) \right] \tag{13.3.21}$$

在参数数量很大，而单次观测数据的数目较少时，可以类比 EnKF 的推导过程，将矩阵的计算由参数空间转换到观测空间下，可得

$$m^{\ell+1} = m^{pr} - C_{m^{pr}}^{-1} G_\ell^T (C_{d_{obs}} + G_\ell C_{m^{pr}} G_\ell^T)^{-1} \left[g(m^\ell) - d_{obs} - G_\ell(m^\ell - m^{pr}) \right] \tag{13.3.22}$$

式(13.3.22)即为全步长的高斯牛顿迭代公式，当问题高度非线性时，可以增加一个系数来调整搜索步长，则有

$$m^{\ell+1} = \beta_\ell m^{pr} + (1 - \beta_\ell)m^\ell - \beta_\ell C_{m^{pr}} G_\ell^T (C_{d_{obs}} + G_\ell C_{m^{pr}} G_\ell^T)^{-1} \\ \times \left[g(m^\ell) - d_{obs} - G_\ell(m^\ell - m^{pr}) \right] \tag{13.3.23}$$

式中，$C_{m^{pr}}$ 为模型参数协方差矩阵的先验值，在 Gauss-Newton 迭代过程中这个值不发生变化，求解可以参照 EnKF，通过统计所有样本得到一个近似估计的 $\overline{C_{m^{pr}}}$；敏感矩阵 G_ℓ 反映了观测点预报值变化与模型参数变化值的关系，迭代的过程不断改变。敏感矩阵 G_ℓ 的求解方法是反演中的关键问题，常用的方法有直接法、差分法、共轭梯度法等多种方法，EnRML 方法通过矩阵的奇异值分解、利用样本计算得到一个平均化的 $\overline{G_\ell}$；由于迭代过程中 G_ℓ 不断改变，式(13.3.23)中的 $C_{m^{pr}} G_\ell^T$ 和 $G_\ell C_{m^{pr}} G_\ell^T$ 也不像 EnKF 方法中的 $HC_{y^{pr}} H^T$ 一样直接通过计算观测向量集合得到 (Evensen, 2003)，而必须经过矩阵计算。

注意到，式(13.3.23)如果采取全步长、一步迭代方式，则可以得到类似 EnKF 方法的更新公式，说明 EnKF 方法也可以视为是高斯牛顿方法求解的一种特例。

13.3.3　基于样本统计的 EnRML 方法

利用高斯牛顿方法求解最大似然估计的基本思路被多种迭代(集合)卡尔曼滤波所采用。EnRML 方法的主要特点是：①使用集合估计的参数先验协方差矩阵；②使用奇异值分解的方法求解平均化的敏感矩阵。这种方法的计算工作量相对较小，虽然平均化的敏感矩阵不太适于解决多峰问题，但也有利于避免参数反演过程中停留在局部最小值情况的发生(Chen and Oloiver, 2012)。

1. 样本统计和奇异值分解

依靠对参数的先验认识，可以通过随机方法生成若干满足参数分布的样本。考虑一个特定的样本，则有

$$m_j^{\ell+1} = \beta_\ell m_j^{\mathrm{pr}} + (1-\beta_\ell)m_j^\ell - \beta_\ell C_{m^{\mathrm{pr}}} G_{\ell,j}^{\mathrm{T}}(C_{d_{\mathrm{obs}}} + G_{\ell,j} C_{m^{\mathrm{pr}}} G_{\ell,j}^{\mathrm{T}})^{-1}$$
$$\times \left[g(m_j^\ell) - d_{\mathrm{uc},j} - G_{\ell,J}(m_j^\ell - m_j^{\mathrm{pr}}) \right] \tag{13.3.24}$$

类似于 EnKF，式中，$d_{\mathrm{uc},k,j}$ 为扰动后的观测值；j 为样本序号，参数先验值的协方差 $C_{m^{\mathrm{pr}}}$ 可以由集合估计得到：

$$C_{m^{\mathrm{pr}}} \approx \frac{1}{N_e-1}\sum_{j=1}^{N_e}\left(m_j^{\mathrm{pr}} - \langle m^{\mathrm{pr}}\rangle\right)\left(m_j^{\mathrm{pr}} - \langle m^{\mathrm{pr}}\rangle\right)^{\mathrm{T}} \tag{13.3.25}$$

式中，N_e 为样本数目；$\langle \cdot \rangle$ 代表集合平均值。注意 EnKF 方法不需要计算 $C_{m^{\mathrm{pr}}}$，而是直接计算 $HC_{y^{\mathrm{pr}}}H^{\mathrm{T}}$ 和 $C_{y^{\mathrm{pr}}}H^{\mathrm{T}}$，因此 EnKF 的计算成本相对更低。

EnRML 方法用一个平均化的敏感矩阵 $\overline{G_\ell}$ 代替式(13.3.24)中的 G_{ℓ_J}，在第 ℓ 次迭代中，由(13.3.14)可知，敏感性矩阵 G_ℓ 为观测对参数的梯度，则有

$$\Delta \mathbf{D}^\ell = \overline{G_\ell}\Delta M^\ell \tag{13.3.26}$$

式中，$\Delta \mathbf{D}^\ell$ 为观测点预报集合相对于其均值的偏差，为一个 $N_d \times N_e$ 矩阵；ΔM^ℓ 为模型参数集合相对于其均值的偏差，为一个 $N_m \times N_e$ 矩阵；$\overline{G_\ell}$ 为 $N_d \times N_m$ 矩阵。

由于 ΔM^ℓ 不一定可逆，甚至一般不是方阵，因此无法使用直接的矩阵变换方法求解 $\overline{G_\ell}$，EnRML 方法使用奇异值求解(singular value decomposition，SVD)算法计算（可以调用线性代数软件包 linear algebra package，LAPACK）。尽管模型参数的维度较大，但是集合大小通常很小，因此这里采取 SVD 算法的计算成本仍可以接受（Golub and van Loan，1996）。

2. 集合随机最大似然滤波方法 EnRML 计算流程

1)生成初始样本

根据模型中存在不确定性的物理量的统计特征，生成初始的样本 $\mathbf{M}_0$。

$$\mathbf{M}_0 = [m_{1,0}, m_{2,0}, \cdots, m_{j,0}, \cdots, m_{N_e,0}] \tag{13.3.27}$$

2) 模型预报

使用更新后(或者初始)的模型参数 $m_{j,k}^{\ell}$ 从初始 0 时刻起计算至观测时刻 t_{j_k}。

$$d_{j,i_k}^{\ell} = g_{0\to k}(m_{j,i_k}^{\ell}) \tag{13.3.28}$$

3) 计算敏感矩阵

采用 SVD 方法求解 ΔM^{ℓ} 的广义逆矩阵后,通过式(13.3.26)计算敏感矩阵。

4) 模型更新

通过 Gauss-Newton 方法更新,获得模型参数的新估计 $m_{j,k}^{\ell+1}(j=1,2,\cdots,N_e)$。

5) 评价更新质量,调整搜索步长

通过以下公式计算比较 $m_{j,k}^{\ell}$ 和 $m_{j,k}^{\ell+1}$ 对预报值的修正效果

$$S(\mathbf{M}_k) = \sum_{j=1}^{N_e}[g(m_{j,k})-d_{\mathrm{uc},j,k}]^{\mathrm{T}}C_{d_{\mathrm{obs},k}}^{-1}[g(m_{j,k})-d_{\mathrm{uc},j,k}] \tag{13.3.29}$$

式中, $m_{j,k}=m_{j,k}^{\ell}$ 时的 $g(m_{j,k}^{\ell})$ 已经在上一次迭代中得到, $g(m_{j,k}^{\ell+1})$ 仍需要使用 $m_{j,k}^{\ell+1}$ 从 0 时刻起计算得到。

如果 $S(\mathbf{M}_k^{\ell+1})<S(\mathbf{M}_k^{\ell})$,则用 $\mathbf{M}_k^{\ell+1}$ 替换 $\mathbf{M}_k^{\ell}$ 并增大下一步搜索步长 β_{ℓ};否则保持当前的模型参数 $\mathbf{M}_k^{\ell}$ 并减少下一步搜索步长 β_{ℓ}。

6) 检验收敛性

检验以下四种收敛性指标,如果不收敛则进入步骤 2,用调整后的模型参数和搜索步长继续进行迭代;如果满足收敛性要求则进入下次预报-更新循环。

$$\begin{aligned}&(1)\mathrm{MAX}_{1\leqslant i\leqslant N_m;1\leqslant j\leqslant N_e}\left|m_{i,j,k}^{\ell+1}-m_{i,j,k}^{\ell}\right|<\varepsilon_1\\&(2)S(\mathbf{M}_k^{\ell+1})-S(\mathbf{M}_k^{\ell})<\varepsilon_2(\mathbf{M}_k^{\ell})\\&(3)S(\mathbf{M}_k^{\ell+1})\leqslant\varepsilon_D\\&(4)\ell\geqslant I_{\mathrm{MAX}}\end{aligned} \tag{13.3.30}$$

式中,指标(1)为两次迭代最大的参数误差小于预设的误差系数;指标(2)为第 $\ell+1$ 次迭代后,参数集合相对于第 ℓ 次迭代的改变小于预设比例;指标(3)为预报值和实际观测值的差异已经在观测误差范围内;指标(4)为总迭代次数达到预先设置的最大次数。只要满足以上四指标中任何一个,即认为满足收敛性要求。

从收敛的判决标准容易发现，相对于 EnKF 方法，EnRML 方法主要以观测和预测的差异作为收敛判别标准不断迭代，结果可能会更加倾向于观测，而导致先验信息的低估。

13.4　其他几种数据同化方法

由于非饱和水流运动的非线性，在进行数据同化时面临不一致性问题，表现为同化后的变量值与从零时刻起重新运行模型得到的变量值不一致。利用 IC 表示不一致性的大小：

$$\mathrm{IC} = \sqrt{\frac{1}{N_d}\sum_{i=1}^{N_d}\left[E\left(x_i^a\right)-E\left(x_i^r\right)\right]^2} \tag{13.4.1}$$

式中，N_d 为节点的数目；x_i^a 为第 i 个节点上同化得到的变量值；x_i^r 为第 i 个节点上重新运行模型得到的变量值，一般指含水量或压力水头。由上式可见，不一致性越大，IC 值越大，若无差异，则 IC=0。

Confirming EnKF，Restart EnKF 和 Modified Restart EnKF 这三种数据同化方法（以下简称为 CE、RE 和 MRE）利用迭代方法降低不一致性问题。

13.4.1　Confirming EnKF 和 Restart EnKF

Confirming EnKF(CE)方法由 Wen 和 Chen（2005, 2006）提出，初衷是为了解决 EnKF 方法应用在油藏参数模拟时出现的非物理值现象。CE 的做法是在 EnKF 方法使用卡尔曼增益更新后，附加一个"confirming"环节，即使用当前同化步更新后的模型参数和上一个同化步的状态变量，从上个时刻起重新运行确定性模型到当前时刻，即

$$u_{i_k,j}^a = F_{k-1\to k}(m_{i_k,j}^a, u_{i_k-1,j}^a) \tag{13.4.2}$$

式中，$F_{k-1\to k}$ 为第 k 个同化步的预报算子，在本文中即为饱和、非饱和或变饱和土壤水分运动模拟程序。

Restart EnKF(RE)与 CE 的主要区别在于重新运行预报模型的起始时刻不同，RE 每次从初始时刻起运行确定性模型到当前时刻。

$$u_{i_k,j}^a = F_{0\to k}(m_{i_k,j}^a, u_{0,j}) \tag{13.4.3}$$

式中，$F_{0\to k}$ 代表从 0 时刻起预报到当前同化步。

CE 可以视为局部迭代方法，如 Li 和 Reynolds（2007）提出的 IEnKF(3)方法的最简化形式，RE 方法则可以视为全局迭代方法如 Gu 和 Oliver（2007）提出的 EnRML 方法的最简化形式。本章选择 CE 与 RE 代表这两类迭代方法，在等同条件的情况下对这两类方法进行比较。Original EnKF，Confirming EnKF 和 Restart EnKF 的流程示意图如图 13.4(a)、图 13.4(b)和图 13.4(c)所示：

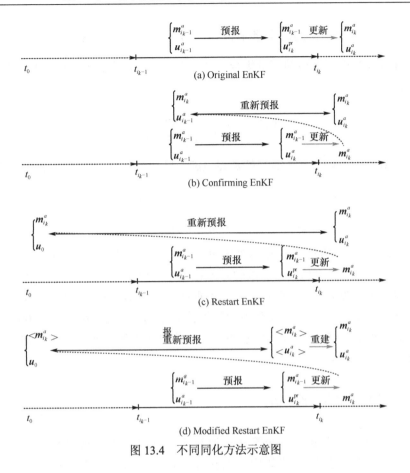

图 13.4 不同同化方法示意图

13.4.2 Modified Restart EnKF

作为全局迭代方法的一种，Restart EnKF 在每次同化更新后需要从零时刻起重新运行确定性模型，当模拟时间较长时计算成本较高。为了解决这一问题，Modified Restart EnKF 方法（简称 MRE）使用集合均值代替所有样本来重新运转确定性模型（宋雪航，2014；Song et al.，2014）。

与 CE 和 RE 相同，MRE 方法在每一个同化步只更新模型的参数，并通过样本来估算参数的均值：

$$E(\boldsymbol{m}_{i_k}^a) \approx \frac{1}{N_e} \sum_{j=1}^{N_e} \boldsymbol{m}_{i_k,j}^a \tag{13.4.4}$$

将更新后的参数均值放入确定性模型中，从零时刻起再次计算至当前时刻，则可以得到变量均值的估计值。

$$E(\boldsymbol{u}_{i_k}^{re}) \approx F_{0 \to k}[E(\boldsymbol{m}_{i_k}^a)] \tag{13.4.5}$$

通过第一次预报时得到的变量集合 $\left\{ u_{i_k,j}^{pr}, j=1,\cdots,N_e \right\}$ 和重新运行模型得到的变量均值 $E(u_{i_k}^{re})$ 可以构造更新后的变量集合。构造的第一步为评估每个样本变量值相对于集合均值的波动：

$$\Delta u_{i_k,j}^{\mathrm{pr}} = u_{i_k,j}^{\mathrm{pr}} - \frac{1}{N_e}\sum_{j=1}^{N_e} u_{i_k,j}^{\mathrm{pr}} \tag{13.4.6}$$

第二步则将 (13.4.6) 计算得到的波动 $\Delta u_{i_k,j}^{\mathrm{pr}}$ 附加到重新运行模型得到的变量均值 $E(u_{i_k}^{re})$ 上，得到更新后的变量：

$$u_{i_k,j}^{a} = E(u_{i_k}^{re}) + \Delta u_{i_k,j}^{\mathrm{pr}} \tag{13.4.7}$$

需要指出的是，MRE 建立在两个假设的基础上：①由参数均值计算得到的变量可以用来估计样本的变量均值；②参数的方差在每个同化步变化不大，因此可以用变量预报值的波动来代替变量分析值的波动。由于观测值是逐渐加入到同化中的，因此第二个假设容易满足；第一个假设则只有当参数均值等于摄动方法(Ye et al.,2004)或谱方法 (Yeh et al.，1985a，1985b，1985c) 求的有效均值时才能保证严格成立。MRE 的流程示意图如图 13.4 (d) 所示。

13.4.3　不同方法的对比分析

在预报环节，以上四种不同算法均通过平行计算样本来获得状态向量的统计信息，这种非线性的预报过程使其均可以在样本量足够多时获得合理估计的统计矩。在更新环节，EnKF 方法则通过一个线性化的相关关系同时更新参数和变量。当应用在线性系统中时，EnKF 方法更新后的参数和变量仍将符合原有的线性关系；但是应用在非线性系统中时，更新后的参数和变量将不再满足既有的物理关系，从而产生不断累积的非一致性。

尽管 CE 通过从上一时刻起重新运行模型，似乎使变量和参数重新满足非线性方程 (例如 Richards 方程) 的约束；但在重新运行模型时，当前时刻的观测信息虽然已经融入到更新后的参数、却未融入到上一时刻的变量中，两者仍然是不一致的。虽然 CE 在油藏及地下水同化领域被视为一种消除 (由不一致性导致的) 非物理值的简便方法 (Gu and Oliver，2006；Krymskaya et al.，2008；Li et al.，2010；Zagayevskiy et al.，2012；Zhang et al.，2012)，Zafari 和 Reynolds (2007) 则通过一个线性的例子证明，即使对于线性问题，CE 也不能保证一致性；此外，CE 的提出者也承认其不存在严格的一致性 (Wen and Chen，2005)。

RE 方法每次从初始时刻起重新运行模型，从本质上避免了不一致性，但是其计算工作量过大。MRE 则试图在一致性与计算成本之间寻找平衡。以下简略分析不同方法的计算成本如下：

假设共有 N 个同化步，每个同化步正演的时间间隔为 Δt，样本总数为 N_e，则 EnKF 方法正演需要的模型总运行时间为

$$T_o = N_e \times N \times \Delta t \qquad (13.4.8)$$

CE 需要的时间为

$$T_c = 2N_e \times N \times \Delta t \qquad (13.4.9)$$

RE 方法需要的时间为

$$T_r = N_e \times N \times \Delta t + N_e \times (\frac{1}{2}N^2 + \frac{1}{2}N - 1) \times \Delta t \qquad (13.4.10)$$

MRE 方法需要的时间为

$$T_m = N_e \times N \times \Delta t + (\frac{1}{2}N^2 + \frac{1}{2}N - 1) \times \Delta t \qquad (13.4.11)$$

若 N=100，Δt=1，N_e=100，可知

$$T_0 = 10\,000 ; T_c = 20\,000 ; T_r = 514\,900 ; T_m = 15\,049 \qquad (13.4.12)$$

即随着模拟时间的增长、样本数量的增多，MRE 相对 RE 存在明显的计算优势。

13.5 数据同化方法的算例分析

依托武汉大学灌溉排水试验场较大规模田间尺度的入渗试验，在对研究区域土壤进行严格的水力特性测定，并对区域含水率分布进行全面测定的基础上，利用数据同化方法分析了一维非饱和土壤水力参数求解和对土壤含水量进行预测，说明数据同化方法在土壤非饱和问题中的实用性。

13.5.1 试验方案

1. 试验场布设

武汉大学灌溉排水综合试验场位于校园内东北角，试验区地理位置东经 114.36°，北纬 30.54°。试验场设有三个联栋大棚，每个大棚长 56 m，宽 8 m，试验场总占地面积约 7000 m²。

试验中选取 2 号联栋大棚的北侧进行裸土入渗试验。灌水时间为 2014 年 1 月 11 日至 1 月 20 日，每日定时定量灌水，每次灌水量为 10 mm/d（图 13.5）。为了保证灌水的均匀性，将整个试验区域均匀划分为 36 个试验小区，并在外围设保护区。在 36 个试验小区均埋设短 TRIME 测管，其中交替布设 13 个埋深为 1.1 m 的长 TRIME 测管以测量剖面含水率，其余 23 个测管埋深为 20 cm 以测量–0.1 m 处含水率，含水率测量时间为每次灌水前。试验小区布置如图 13.6 所示。

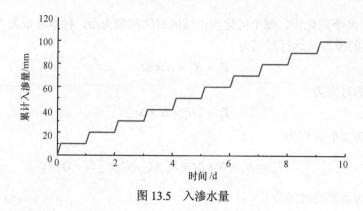

图 13.5　入渗水量

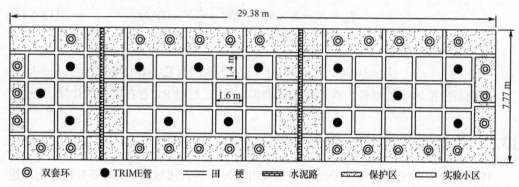

◎ 双套环　　● TRIME管　　══ 田　埂　　▦ 水泥路　　▭ 保护区　　▢ 实验小区

图 13.6　试验小区及 TRIME 管布设示意图

2. 土壤性质测定

为了准确掌握整个研究区域的土壤性质，在整个研究区域内采取 16 组原状土、3 组填装土使用离心机法测定土水特征曲线（采取 VG 模型）、并在保护区内进行 29 组双套环入渗试验测定饱和水力传导度（图 13.6）。

1）离心机试验结果

使用离心机法测得的土壤负压与含水率数据推求 VG 模型参数时，每份样品的饱和含水率 θ_s 由烘干法直接测得，θ_r、α 和 n 则调用 Matlab 中的非线性曲线拟合函数 lsqcurvefit 拟合得到（彭建平和邵爱军，2006）。例如，3 组填装土的拟合曲线（图 13.7）。

依据 16 组原状土同样可以拟合得到 16 组不同的水分特征曲线，将 16 组不同样品的结果取平均值并与填装土的结果进行对比（图 13.8），从图中可以发现：①原状土与填装土的 VG 模型拟合结果有较大差异，主要体现在两者饱和含水率与残余含水率差异较大；②除两组样品（1 号与 8 号）以外，原状土的其他 14 个样品拟合结果差异较少。

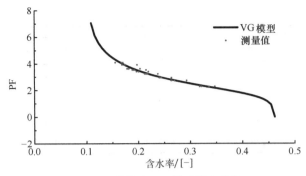

图 13.7 填装土 VG 模型拟合曲线

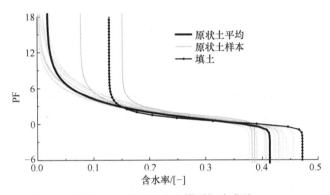

图 13.8 原状土 VG 模型拟合曲线

由表 13.1 中的拟合结果表，可以发现原状土中 1 号与 8 号样品的残余含水率拟合结果明显高于其他 14 组样品，这是造成其结果与其他原状土样品差异较大的主要原因。

表 13.1 原状土 VG 模型拟合结果

样品序号	θ_r/[-]	θ_s/[-]	a/m^{-1}	n/[-]
1	0.076 8	0.38	0.35	1.23
2	0.014 9	0.42	0.77	1.15
3	0.000 1	0.43	1.42	1.15
4	0.000 7	0.43	1.03	1.14
5	0.002 8	0.40	0.67	1.14
6	0.002 2	0.44	1.23	1.14
7	0.000 0	0.46	1.92	1.16
8	0.151 6	0.39	0.13	1.38
9	0.000 0	0.39	0.91	1.13
10	0.000 1	0.38	0.96	1.15
11	0.008 4	0.42	2.78	1.13
12	0.000 1	0.41	1.98	1.11
13	0.013 4	0.44	5.00	1.11

续表

样品序号	θ_r/[-]	θ_s/[-]	a/m^{-1}	n[-]
14	0.007 2	0.39	2.24	1.11
15	0.000 6	0.41	1.15	1.14
16	0.001 1	0.43	2.61	1.10
原状土平均	0.017 482	0.413 398	1.572 629	1.154 794
填装土	0.127 957	0.471 472	1.393 159	1.394 837

2) 双套环试验

双套环是使用广泛的渗透系数(垂向饱和水力传导度)测定方法。在本次试验中测得的 29 组饱和水力传导度结果见表 13.2。

表 13.2 双套环试验结果

样品序号	K_s/(m/d)	样品序号	K_s/(m/d)	样品序号	K_s/(m/d)
1	0.152	11	0.151	21	0.050
2	0.131	12	0.354	22	0.080
3	0.109	13	0.057	23	0.017
4	0.075	14	0.295	24	0.210
5	0.083	15	0.052	25	0.235
6	0.137	16	0.130	26	0.153
7	0.143	17	0.079	27	0.384
8	0.195	18	0.666	28	0.174
9	0.152	19	0.090	29	0.198
10	0.064	20	0.608		

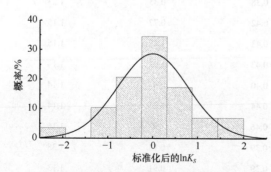

图 13.9 标准化后 $\ln K_S$ 概率密度直方图

对以上 29 个点的饱和水力传导度取对数并标准化,可以绘出其概率密度直方图(图 13.9),说明试验结果基本满足对数高斯分布。对应的饱和水力传导度的几何平均为 0.135 m/d,方差为 0.614。

13.5.2 含水率实测数据分析

在每次灌水前使用 TRIME-IPH 探头测量土壤含水率,36 个 TRIME 测管不同观测时刻(t=0~10 d)所测得−0.1 m 处的平均土壤表面含水率,结果表明,连续 10 天的灌水试验后,第 9~10 天对应时间点的土壤表面含水率已经基本平稳。不同时刻测量的长 TRIME 管剖面含水率分布如图 13.10 所示，图中不同曲线代表不同测管的数据，最后一个图为平均含水率剖面在不同时刻的演变过程。结果表明：①10 天的灌水试验后，相邻两次测量时得到的剖面含水率测量结果趋于稳定；②深度−1.1 m 处的剖面平均含水率稳定在 0.365 左右，模拟时可以将其作为定含水率下边界条件。

依照试验规程，测量时每个数据点均读数三次。统计所有读数的方差并假定测量值对真实值的无偏估计，可以认为本次试验所使用 TRIME 仪器的含水率测量方差在 0.0005 以下。

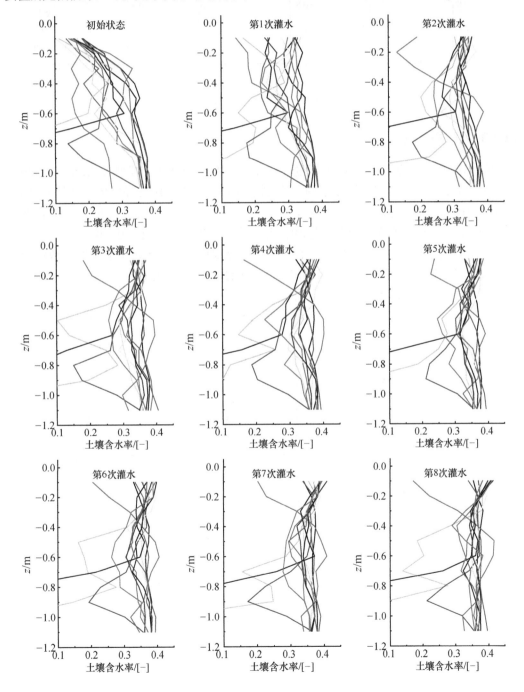

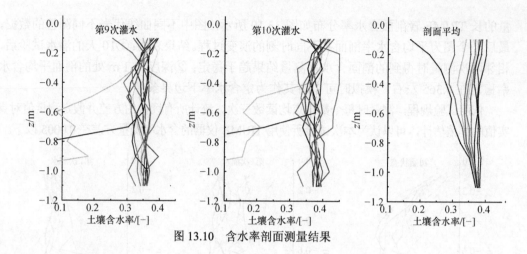

图 13.10 含水率剖面测量结果

13.5.3 正演模拟

依据对试验结果的分析，可以建立高度为 1 m 的一维非饱和模型。模型取 -0.1 m~ -1.1 m 处的土体作为模拟对象，假设土体为均质并均匀划分为 50 个长度为 0.02 m 的网格；模型上边界条件为 0.0/0.08 m/d 的变流量边界、下边界为含水率值为 0.365 的定含水率边界；模型的初始条件直接使用初始土体含水率的测量结果插值得到，这意味着初始含水率存在约 0.0005 的方差。

使用确定性程序 Ross1D（查元源，2014），分别使用原状土、填装土的参数测量结果对试验进行模拟，不同时刻与观测值的比较如图 13.11 所示。

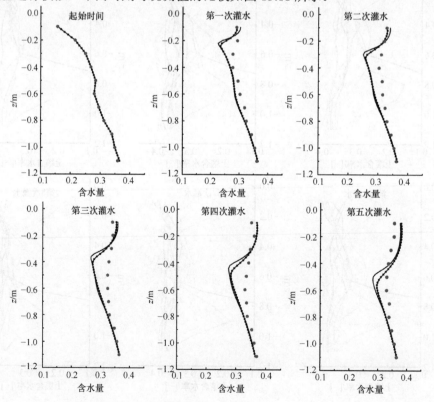

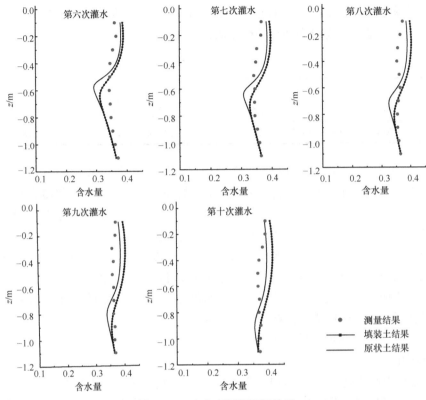

图 13.11　含水率剖面测量结果

　　从图 13.11 中可以发现，使用填装土与原装土均可以反映出真实含水率的演变过程，两者结果也较为接近。统计不同时刻模拟结果与实际观测的 RMSE (均方根误差)，则填装土的前期拟合效果好于原状土、后期效果差于原状土(表 13.3)。考虑到在后期土体含水率较大、模拟和测量误差应该更小，因此可以认为原状土结果总体略好于填装土。因而后文参数反演研究中，以原状土的试验参数作为参照。

表 13.3　原状土/填装土含水率正演值与实测值 RMSE

观测时刻	1	2	3	4	5	6	7	8	9	10
原状土	0.0225	0.0277	0.0297	0.0296	0.0250	0.0246	0.0222	0.0221	0.0192	0.0168
填装土	0.0184	0.0243	0.0269	0.0242	0.0199	0.0211	0.0243	0.0264	0.0270	0.0278

13.5.4　参数反演研究

　　除了作为初始条件的 10 个初始含水率观测以外，还有 10 组共 100 个平均含水率观测值，在此基础上，应用 EnKF 方法对非饱和参数进行反演。采用 EnKF 方法，观测误差方差取为 0.0005，考虑到初始条件为观测得到，存在不确定性，因此也同样使用观测误差 0.0005 对其进行扰动。同化过程中更新所有节点含水率与 θ_r、α、n 和 K_s，饱和含水率 θ_s 直接使用烘干法得到的原状土饱和含水率平均值 0.413；θ_r、α、n 和 K_s 的初始估

计假定为砂壤土,其性质见表 13.4;同化中使用 100 个样本,每个样本的参数均由表 13.4
中的均值和方差通过正态分布随机抽样生成。

表 13.4　土壤参数

土壤性质	θ_s		θ_r		$K_s/$ (m/d)		α/m^{-1}		n	
	均值	方差	均值	方差	均值	方差	均值	方差	均值	方差
砂壤土	0.41	0.09	0.057	0.015	3.5018	2.7264	12.4	4.3	2.28	0.27

　　试算过程中发现,由于本次试验的观测序列较短,10 个同化步结束后 α 和 K_s 仍未
达到稳定值。因此对 EnKF 以改进:在第 10 天的同化计算结束后,将得到的参数样本
重新作为初始样本从初始时刻起重新进行一轮同化;如此往复,直到总计第 28 个同化
步(对应第三轮,终止原因为参数值基本稳定且部分样本开始出现计算不收敛)时才结束
同化模拟。这种处理方式类似于 Krymskaya 等(2008)提出的一种变体 EnKF 方法,区别
在于:Krymskaya 等(2008)的方法是在每轮同化循环结束后,依据得到的参数均值和方
差重新扰动生成样本的集合,并使用扰动后的集合进行下一轮同化;本节所采用的改进
方法则直接使用上一轮结束后的样本。采取这种处理方式的主要原因是,试算中发现重
新扰动同化后的参数样本会增加非饱和模拟时算法的不稳定性,产生奇异参数组合,造
成数值模拟中断。

　　同化过程中参数变化过程如图 13.12。从中可以发现:除残余含水率外,其余三种土壤
水力参数均随着观测的进行不断趋近于离心机与双套环试验的拟合结果,这表明观测信息
确实在改进错误的先验猜想。离心机与双套环试验结果与同化的结果相互印证,进一步证

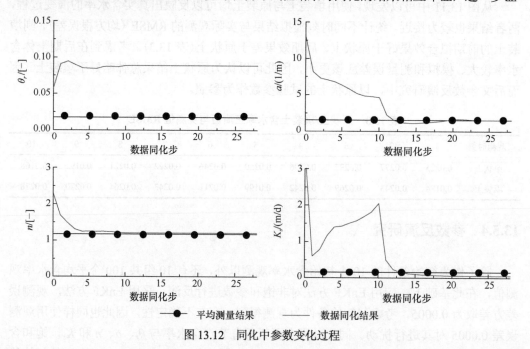

图 13.12　同化中参数变化过程

明两者是对土壤真实性质的描述。如前文所述,离心机试验中缺乏高负压区的测量结果,从而造成残余含水率的拟合结果有一定误差,这可能是同化估计得到的残余含水率值与离心机法得到的残余含水率值差异较大的主要原因;另一个可能的原因是,本次入渗试验过程中残余含水率值对于水分运动的影响较小,从而观测值对其的校正作用也不显著。

此外值得注意的是,同化过程中不同参数的收敛过程是不同的,从收敛速度来看 $n > \alpha > K_s$,这是由于参数 n 属于 VG 模型的指数项,相对最为敏感;α 为与负压值直接相乘的曲线形状参数,收敛速度次之;而 K_s 是非饱和水力传导度的一阶线性项,在本试验只考虑入渗的情况下,只有在其他参数均已基本确定后才能得到较为有效的估计。不同时刻参数的统计指标见表 13.5。从表中可以发现 α、n 和 K_s 的标准差在同化过程中大大降低,说明在观测信息的作用下,随机生成的样本逐渐相互接近,最终使参数估计的不确定性降低到极低水平。同时不同参数的平均值也逐渐与离心机结果靠近。

表 13.5　同化后土壤参数

土壤性质	θ_r		$K_s/(\mathrm{m/d})$		α/m^{-1}		n	
	均值	方差	均值	方差	均值	方差	均值	方差
观测值	0.0175	0.0016	0.1349	0.1688	1.5726	1.4310	1.1548	0.0045
初始估计值	0.0572	0.0161	3.3787	2.6875	12.9287	4.6498	2.2869	0.2646
第 1 轮同化过程	0.0885	0.0179	2.0275	0.5261	4.4640	1.1429	1.1840	0.0185
第 2 轮同化过程	0.0885	0.0179	0.0371	0.0030	1.6767	0.2929	1.1840	0.0185
第 3 轮同化过程	0.0885	0.0179	0.0322	0.0023	1.5289	0.2049	1.1840	0.0185

图 13.13 对比了同化中得到的土壤水分特征曲线与离心机法测得的原状土平均土壤水分特征曲线。从图中可以清晰地发现,初始估计的土壤水分特征曲线与原状土的平均土壤水分特征曲线差异较大,曲线的主要部分均超出了原状土 16 组拟合曲线的范围(图中灰色区域);在经过了第一轮同化之后,土壤水分特征曲线即全部落入离心机试验结果范围之内;此后第二轮、第三轮均略有改进;同化后得到的土壤水分特征曲线形式与离心机试验曲线较为接近,差别仅在高负压区残余含水率附近。

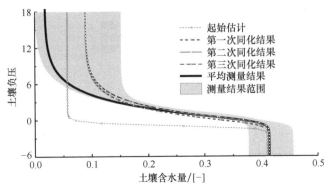

图 13.13　同化中土壤水分特征曲线变化过程

土壤负压以 cm 计负压的对数表示

13.5.5　含水率剖面估计

在参数估计的同时，EnKF 方法可以不断校正每个节点的含水率值，改进整个土柱剖面的含水率预测。本节探讨在仅使用表面节点（–0.1 m）处的含水率观测值的条件下，使用 EnKF 方法预测整个土柱剖面的含水率分布。

使用所建立的同化模型，但是仅使用表层(–0.1 m)第 1～10 天共 10 个含水率观测结果，并仅进行 1 轮 10 个同化步的同化。比较不进行同化、只同化含水率、既同化含水率且同化参数三种条件下整个含水率剖面的预测结果如图 13.14 所示。

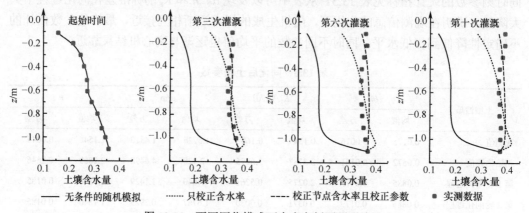

图 13.14　不同同化模式下含水率剖面预测结果

从结果中可以清晰发现:同化中既校正节点含水率且校正参数时,对于含水率剖面的预测效果最好,所得到的含水率剖面与实测数据吻合度很高;只校正含水率的含水率剖面预测结果略差,但是仍在可以接受的误差范围内；如果不进行任何观测值的同化,只进行无条件的随机模拟,则所得到的含水率剖面与实测数据有极大差异。

在仅使用表面含水率观测值进行含水率-参数联合估计时,同样可以得到校正后的土壤水分特征曲线(图 13.15),结果说明只同化表面含水率观测值同样可以得到与真实值吻合度较好的土壤水分特征曲线。

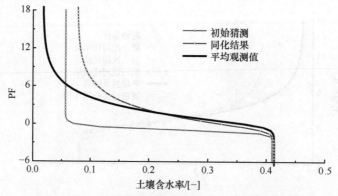

图 13.15　同化表面含水率得到的土壤水分特征曲线
PF 为土壤负压(以 cm 计)的对数

参 考 文 献

贝尔. 1985. 地下水水力学. 北京：地质出版社.

蔡树英, 张瑜芳. 1991. 温度影响下土壤水分蒸发的数值分析. 水利学报, 11：1-8.

陈崇希. 2011. 地下水动力学. 北京：地质出版社.

陈崇希, 唐仲华. 1990. 地下水流动问题数值方法. 武汉：中国地质大学出版社.

褚达华, 杨思治, 田大增, 等. 1983. 河北省主要土壤的机械组成及其地理分布规律. 河北农业大学学报, (2)：117-121.

达尔恩. 1990. 多孔介质：流体渗移与孔隙结构. 杨富民, 黎用启译. 北京：石油工业出版社.

方开泰, 王元. 1996. 数论方法在统计中的应用. 北京：科学出版社.

河北省地质局水文地质四大队. 1978. 水文地质手册. 北京：地质出版社.

黄冠华. 1999. 土壤水力特性空间变异的试验研究进展. 水科学进展, 10(4)：450-457.

孔祥言. 1999. 高等渗流力学. 合肥：中国科技大学出版社.

雷志栋, 杨诗秀, 谢森传. 1988. 土壤水动力学. 北京：清华大学出版社.

李新波, 孙宏勇, 张喜英, 等. 2007. 太行山山前平原区蒸散量和作物灌溉需水量的分析. 农业工程学报, 23(2)：26-30.

刘次华. 2001. 随机过程(第二版). 武汉：华中科技大学出版社.

刘倪, 夏伟, 吴晓蕾, 等. 2009. 几种参考作物蒸散量计算方法的比较. 河北科技大学学报, 30(1)：17-24.

刘晓英, 林而达, 刘培军. 2003. Priestley-Taylor 与 penman 法计算参照作物腾发量的结果比较. 农业工程学报, 19(1)：32-36.

马建文, 秦思娴. 2012. 数据同化算法研究现状综述. 地球科学进展, 27(7)：747-757.

彭建平, 邵爱军. 2006. 基于 Matlab 方法确定 VG 模型参数. 水文地质工程地质, (6)：25-28.

史良胜, 蔡树英, 杨金忠. 2007a. 次降雨入渗补给系数空间变异性研究及模拟. 水利学报, 38(1)：79-85.

史良胜, 蔡树英, 杨金忠. 2007b. 基于降雨空间变异的潜水运动随机模拟方法 I 非条件模拟. 水利学报, 38(4)：395-401.

史良胜, 杨金忠, 李少龙, 等. 2005. 基于 KL-伽辽金解法的地下水流动随机分析. 四川大学学报(工程科学版), 37(5)：31-35.

宋戈. 2014. 基于 NDVI 估算华北平原冬小麦需水量. 灌溉排水学报, 33(6)：1-5.

宋雪航. 2014. 饱和-非饱和水流运动的数据同化方法研究. 武汉：武汉大学博士学位论文.

孙讷正. 1981. 地下水流的数学模型和数值方法. 北京：地质出版社.

孙讷正. 1989. 地下水污染：数学模型与数值方法. 北京：地质出版社.

谭秀翠. 2012. 华北平原地下水补给研究. 武汉：武汉大学博士学位论文.

谭秀翠, 杨金忠. 2012. 石津灌区地下水潜在补给量时空分布及影响因素分析. 水利学报, (2)：143-152.

唐云卿. 2014. 非饱和水流运动的随机数值模拟方法. 武汉：武汉大学博士学位论文.

王丽影. 2007. 饱和—非饱和土壤中氮磷运移转化实验及模型研究. 武汉：武汉大学博士学位论文.

王跃山. 1999. 数据同化——它的缘起, 含义和主要方法. 海洋预报, 16(1)：11-20.

王跃山. 2000. 客观分析和四维同化——站在新世纪的回望(I)客观分析概念辨析. 气象科技, (3)：1-8.

熊毅, 席承藩, 方生. 1965. 华北平原土壤. 北京：科学出版社.

徐燕星, 刘昭, 宋戈, 等. 2013. 基于 infil3.0 模型的地下水补给计算与分析. 中国农村水利水电, (12)：13-18.

薛禹群, 谢春红. 1980. 水文地质学的数值法. 北京：煤炭工业出版社.

薛禹群, 谢春红. 2007. 地下水数值模拟. 北京：科学出版社.

杨金忠. 1985. 弥散系数的室内实验研究. 工程勘察, (1)：55-60.

杨金忠. 1986. 饱和—非饱和土壤水盐运动的理论与实验研究. 武汉：武汉水利电力学院博士学位论文.

杨金忠. 1986. 一维饱和与非饱和水动力弥散的实验研究. 水利学报, (3)：10-21.

杨金忠, 蔡树英. 1989. 土壤中水、汽、热运动的耦合模型和蒸发模拟. 武汉水利电力学院学报, 22(4)：35-43.

杨金忠, 蔡树英, 黄冠华, 等. 2000. 多孔介质中水分及溶质运移的随机理论. 北京：科学出版社.

杨金忠, 蔡树英, 王旭升. 2009. 地下水运动数学模型. 北京：科学出版社.

杨晓光, Bouman BAM, 张秋平, 等. 2006. 华北平原旱稻作物系数试验研究. 农业工程学报, (2)：37-41.

查元源，周发超，杨金忠. 2011. 一种由土壤剖面含水率估算土壤水力参数的方法. 水利学报，42(8)：883-891.

查元源. 2014. 饱和-非饱和水流运动高效数值算法研究及应用. 武汉：武汉大学博士学位论文.

曾季才. 2014. 华北平原地下水补给野外试验和预测分析. 武汉：武汉大学硕士学位论文.

张人权，梁杏，靳孟贵，等. 2011. 水文地质学基础(第六版). 北京：地质出版社.

张蔚榛. 1983. 地下水非稳定流计算和地下水资源评价. 北京：科学出版社.

张蔚榛. 1996. 地下水与土壤水动力学. 北京：中国水利水电出版社.

张蔚榛. 2003. 张蔚榛文集. 武汉：武汉大学出版社.

张蔚榛，等. 1998. 地下水水文学和地下水调控. 北京：中国水利水电出版社.

Allen R G，Pereira L S，Howell T A，et al. 2011. Evapotranspiration information reporting：I. Factors governing measurement accuracy. Agricultural Water Management，98，(6)：899-920.

Allen R G，Pereira L S，Raes D，et al. 1998. Crop evapotranspiration-guidelines for computing crop water requirements-FAO Irrigation and Drainage Paper 56. FAO，Rome 300：89-102.

Allen R,Pereira L,Smith M,et al. 2005. FAO-56 dual crop coefficient method for estimating evaporation from soil and application extensions. Journal of irrigation and drainage engineering. 131(1):2-13.

Arnold J G，Williams J R，Nicks A D，et al. 1990. SWRRB：A basin scale simulation model for soil and water resources management. College station,Texas Texas A&M University Press，Drawer C，College Station.

Arnold J，Srinivasan R，Muttiah R，et al. 1998. Large area hydrologic modeling and assessment Part 1：Model development . Journal of the American Water Resources Association，34：73-89.

Bachmat Y，Bear J. 1964. The general equations of hydrodynamic dispersion in homogeneous，isotropic porous media. Journal of Geophysical Research-Atmospheres，69：2561-2567.

Bear J. 1969. Hydrodynamic dispersion .In：De Wiest R J M . Flow through porous media. New York：Academic press. 4：169-200.

Bear J. 1972. Dynamics of fluids in porous media. New York：American Elsevier.

Bear J，Bachmat Y. 1990. Introduction to modeling of transport phenomena in porous media. Netherlands：Kluwer Academic Publishers.

Bear J，Cheng A H-D. 2010. Modeling groundwater flow and contaminant transport. New York：Springer.

Bellin A，Rinaldo A，Bosma W J P，et al. 1993. Linear equilibrium adsorbing solute transport in physically and chemically heterogeneous porous formations 1. Analytical solutions. Water Resources Research，29(12)：4019-4030.

Boggs J M，Young S C，Beard L M，et al. 1992. Field study of dispersion in a heterogeneous aquifer 1. Overview and site description. Water Resources Research，28(12). 3281-3291.

Boone A，Wetzel P J. 1996. Issues related to low resolution modeling of soil moisture：Experience with the PLACE model. Global and Planetary Change，13(1-4)：161-181.

Bowen I S. 1926. The ratio of heat losses by conduction and by evaporation from any water surface. Physical Review，27：779-787.

Brooker P I. 1985. Two-dimensional simulation by turning bands. Mathematical Geology，17(1)：81-90.

Brooks R H，Corey A T. 1964. Hydraulic properties of porous media. Hydrology Paper 3. Fort Collins：Colorado State University.

Burr D T，Sudicky E A，Naff R L. 1994. Nonreactive and reactive solute transport in three-dimensional heterogeneous porous media：Mean displacement，plume spreading and uncertainty. Water Resources Research，30(3)：791-815.

Campbell G S. 1974. A simple method for determining unsaturated conductivity from moisture retention data. Soil Science，117(6)：311-314.

Campbell G S，Norman J M. 1998. An introduction to environmental biophysics. New York：Springer.

Carsel R F，Parrish R S. 1988. Developing joint probability distributions of soil water retention characteristics. Water Resources Research，24：755-769.

Carsel R F，Simth C N，Mulkey L A，et al. 1984. User's manual for the pesticide root zone model(PRZM)：Release 1. Environmental Research Laboratory，Athens，GA，United States Environmental Protection Agency，EPA-600/3-84-109.

Carvallo H O，Cassel D K，Hammond J，et al. 1976 . Spatial variability of in situ unsaturated hydraulic conductivity in Maddock sandy loam. Soil Science，121(1)：1-8.

Celia M A，Bouloutas E T，Zarba R L. 1990. A general mass-conservative numerical solution for the unsaturated flow equation.

Water Resources Research, 26(7): 1483-1496.

Charbeneau R J. 1984. Kinematic models for soil moisture and solute transport. Water Resources Research, 20(6): 699-706.

Chen Y, Oliver D S. 2012. Ensemble randomized maximum likelihood method as an iterative ensemble smoother. Mathematical Geosciences, 44(1): 1-26.

Chen Y, Zhang D. 2006. Data assimilation for transient flow in geologic formations via ensemble Kalman filter. Advances in Water Resources, 29(8): 1107-1122.

Choudhury B J, Ahmed N U, Idso S B, et al. 1994. Relations between evaporation coefficients and vegetation indices studied by model simulations. Remote Sensing of Environment, 50(1): 1-17.

Christie I, Griffiths D F, Mitchell A R, et al. 1976. Finite element methods for second order differential equations with significant first derivatives. International Journal for Numerical Methods in Engineering, 10(6): 1389-1396.

Clenshaw C W, Curtis A R. 1960. A method for numerical integration on an automatic computer. Numerische Mathematik, 2: 197-205.

Cohn S E. 1997. An introduction to estimation theory. Meteorological Society of Japan Series 2, 75: 147-178.

Colbeck S C. 1972. A theory of water percolation in snow. Journal of Glaciology, 11: 369-385.

Crevoisier D, Chanzy A, Voltz M. 2009. Evaluation of the Ross fast solution of Richards' equation in unfavorable conditions for standard finite element methods. Advances in Water Resources, 32(6): 936-947.

Dagan G. 1982a. Analysis of flow through heterogeneous random aquifers: 2. Unsteady flow in confined formations. Water Resources Research, 18(5): 1571-1585.

Dagan G. 1982b. Stochastic modeling of groundwater flow by unconditional and conditional probabilities: 2. The solute transport. Water Resources Research, 18(4): 835-848.

Dagan G. 1984. Solute transport in heterogeneous formations. Journal of Fluid Mechanics, 145: 151-177.

Dagan G. 1987. Theory of solute transport in groundwater. Annual Review of Fluid Mechanics, 19: 183-215.

Dagan G. 1988. Time-dependent macrodispersivity for solute transport in anisotropic heterogeneous aquifers. Water Resources Research, 24(9): 1491-1500.

Dagan G. 1989. Flow and transport in porous formations. New York: SpringerVerlag.

Davies J A, Allen C D. 1973. Equilibrium, potential and actual evaporation from cropped surfaces in Southern Ontario. Journal of Applied Meteorology, 12(4): 649-657.

de Vries D A. 1958. Simultaneous transfer of heat and moisture in porous media. Transactions, American Geophysical Union, 39(5): 909-916.

DHI. 2006. MIKE SHE user manual-volume 2: Reference guide. DHI Water & Environment(DHI): 386.

Eichinger W E, Parlange M B, Stricker H. 1996. On the concept of equilibrium evaporation and the value of the Priestley-Taylor coefficient. Water Resources Research, 32(1): 161-164.

Eppstein M. 1996. Simultaneous estimation of transmissivity values and zonation. Water Resources Research, 32(11): 3321-3336.

Evensen G. 1994. Sequential data assimilation with a nonlinear quasi-geostrophic model using Monte Carlo methods to forecast error statistics. Journal of Geophysical Research, 99(C5): 10143-10192.

Evensen G. 2003. The ensemble Kalman filter: Theoretical formulation and practical implementation. Ocean Dynamics, 53(4): 343-367.

Evensen G. 2009a. The ensemble Kalman filter for combined state and parameter estimation. IEEE Control Systems Magazine, 29(3): 83-104.

Evensen G. 2009b. Data assimilation: The ensemble Kalman filter. New York: Springer Verlag.

Feddes R A, Kowalik P J, Zaradny H. 1978. Simulation of field water use and crop yield. New York: John Wiley & Sons.

Flint A L, Childs S W. 1987. Calculation of solar radiation in mountainous terrain. Agricultural and Forest Meteorology, 40(3): 233-249.

Flint A L, Childs S W. 1991. Use of the Priestley-Taylor evaporation equation for soil water limited conditions in a small forest clearcut. Agricultural and Forest Meteorology, 56(3-4): 247-260.

Forsyth P A, Wu Y S, Pruess K. 1995. Robust numerical methods for saturated-unsaturated flow with dry initial conditions in heterogeneous media. Advances in Water Resources, 18(1): 25-38.

Freeze R A. 1975. A stochastic-conceptual analysis of one-dimensional groundwater flow in nonuniform homogeneous media. Water Resources Research, 11(5): 725-741.

Fried J J. 1975. Groundwater pollution. Amsterdam: Elsevier.

Gardner W R. 1958. Some steady-state solutions of the unsaturated moisture flow equation with application to evaporation from a water-table. Soil Science, 85(04): 228-232.

Gelb A, Kasper J F, Nash R A, et al. 1974. Applied optimal estimation. Cambridge: MIT Press.

Gelhar L W. 1992. Stochatic subsurface hydrology. Englewood Cliffs, New Jersey: Prentice Hall.

Gelhar L W, Axness C L. 1983. Three-dimensional stochastic analysis of macrodispersion in aquifers. Water Resources Research, 19(1): 161-180.

Gelhar L W, Gutjahr A L, Naff R L. 1979. Stochastic analysis of macrodispersion in a stratifies aquifer. Water Resources Research, 15: 1387-1397.

Gelhar L W, Mantoglou A, Welty C, et al. 1985. A review of field-scale physical solute transport processes in saturated and unsaturated porous media. Electric Power Research Institute, Palo Alto, CA, EPRI EA-4190.

Gelhar L W, Welty C, Rehfeldt K R. 1992. A critical review of data on field-scale dispersion in aquifers. Water Resources Research, 28(7): 1955-1974.

Ghanem R, Spanos P D. 1991. Stochastic finite elements: A spectral approach. New York: Springer.

Golub G H, Van Loan C F. 1996. Matrix Computations, 3 ed. Baltimore and London: Johns Hopkins University Press.

Gray D M, Prowse T D. 1993. Snow and floating ice. Vol 7. New York: McGraw-Hill.

Gu Y, Oliver D S. 2006. The ensemble Kalman filter for continuous updating of reservoir simulation models. Journal of Energy Resources Technology, 128(1): 79-87.

Gu Y, Oliver D. 2007. An iterative ensemble Kalman filter for multiphase fluid flow data assimilation. SPE Journal, 12(4): 438-446.

Gupta S P, Greenkorn R A. 1974. Determination of dispersion and nonlinear adsorption parameter for flow in porous media. Water Resources Research, 10(4): 839-846.

Gupta K S, Batta R K, Pandey R N. 1980. Evaluating hydrodynamic dispersion coefficient. Journal of Hydrology, 47(3-4): 369-372.

Gutjahar A L, Gelhar LW, Bakr A A, et al. 1978. Stochastic analysis of spatial variability in subsurface flows: 2. evaluation and application. Water Resources Research, 14(5): 953-959.

Hargreaves G H, Samani Z A. 1982. Estimating potential evapotranspiration. Technical note, Journal of Irrigation and Drainage Engineering, ASCE, 108(3): 225-230.

Harleman D R F, Mehlhorn P F, Rumer R R. 1963a. Dispersion-permeability correlation in porous media. Journal of the Hydraulics Division, ASCE, 89(Hy2): 67-85.

Harleman D R F, Rumer R R. 1963b. Longitudinal and lateral dispersion in an isotropic porous medium. Journal of Fluid Mechanics, 16: 385-394.

Hevesi J A, Flint A L, Flint L E. 2003. Simulation of net infiltration and potential recharge using a distributed-parameter watershed model of the Death Valley Region. Nevada and California: US Department of the Interior, US Geological Survey.

Hills R, Hudson I, Wierenga P. 1989. Modeling one-dimensional infiltration into very dry soils: 1. Model development and evaluation. Water Resources Research, 25(6): 1271-1282.

Howell T, Evett S. 2004. The Penman-Monteith method. Section 3 in evapotranspiration: Determination of consumptive use in water rights proceedings. Inc Denver, CO, Continuing Legal Education in Colorado.

Huyakorn P S, Pinder G F. 1983. Computational methods in subsurface flow. Academic Press, London, United Kingdom.

Ippisch O, Vogel H J, Bastian P. 2006. Validity limits for the van Genuchten-Mualem model and implications for parameter estimation and numerical simulation. Advances in Water Resources, 29(12): 1780-1789.

Jayawardane N S. 1995. Wastewater treatment and reuse through irrigation, with special reference to the Murray Darling Basin and adjacent coastal areas. CSIRO, Division of Water Resources, Griffith NSW, Divisional Report 95. 1.

Jensen M E, Burman R D, Allen R G. 1990. Evapotranspiration and irrigation water requirements. AMAROEPN 70. New York, American Society of Civil Engineers: 360.

Jiang J, Zhang Y, Wegehenkel M, et al. 2008. Estimation of soil water content and evapotranspiration from irrigated cropland on the North China Plain. Journal of Plant Nutrition and Soil Science, 171(5): 751-761.

Jones C A, Cole C V, Sharpley A N, et al. 1984. A simplified soil and plant phosphorus model: I. Documentation. Soil Science Society of America Journal, 48(4): 800-805.

Journel A, Huijbregts C. 1978. Mining geostatistics. New York: Academic Press.

Jury W A. 1985. Spatial variability of soil physical parameters in solute migration: a critical literature review. Technical Report EA-4228, USR,Deportment of soil and Environmental Sposito Sciences.

Jury W A, Gardner W R, Gardner W H. 1991. Soil Physics,5th ed. Wiley & Sons.

Jury W A, Russo D, G, et al. 1987. The spatial variability of Water and solutetransport properties in unsaturated soil, Hilgardia, 55(4): 1:32.

Kalman R E. 1960. A new approach to linear filtering and prediction problems. Transactions of the ASME-Journal of Basic Engineering, 82(1): 35-45.

Kalnay E. 2003. Atmospheric modeling, data assimilation and predictability. NewYork: Cambridge University Press.

Kavetski D, Binning P, Sloan S W. 2002. Noniterative time stepping schemes with adaptive truncation error control for the solution of Richards equation. Water Resources Research, 38(10): 29-1-29-10.

Kendy E, Gerard-Marchant P, Walter M T, et al. 2003. A soil-water-balance approach to quantify groundwater recharge from irrigated cropland in the North China Plain. Hydrological Processes, 17(10): 2011-2031.

Kirkland M R, Hills R G, Wierenga P J. 1992. Algorithms for solving Richards' equation for variably saturated soils. Water Resources Research, 28: 2049-2058.

Klotz D, Seiler K P, Moser H, et al. 1980. Dispersivity and velocity relationship from laboratory and field experiments. Journal of Hydrology, 45(3-4): 169-184.

Knisel W G, Leonard R A, Davis F M. 1993. GLEAMS Version 2.1 Part I: Model Documentation. UGA-CPES-BAED, Pub. 5. Tifton, University of Georgia.

Kool J B, Huyakorn P S, Sudicky E A, et al. 1994. A composite modeling approach for subsurface transport of degrading contaminants from land disposal sites. Journal of Contaminant Hydrology, 17: 69-90.

Kosugi K. 2008. Comparison of three methods for discretizing the storage term of the Richards equation. Vadose Zone Journal, 7(3): 957-965.

Krabbenhoft K. 2007. An alternative to primary variable switching in saturated-unsaturated flow computations. Advances in Water Resources, 30(3): 483-492.

Kristensen K J,Jensen S E. 1975. A model for estimating actual evapotranspiration from potential evapotranspiration. Nordic Hydrology,6(3):170-188.

Krymskaya M V, Hanea R G, Verlaan M. 2008. An iterative ensemble Kalman filter for reservoir engineering applications. Computational Geosciences, 13(2): 235-244.

Lantz R B. 1971. Quantitative evaluation of numerical diffusion(truncation error). Society of Petroleum Engineers Journal, 11: 315-320.

Lardner R, Cekirge H. 1988. A new algorithm for three-dimensional tidal and storm surge computations. Applied Mathematical Modelling, 12: 471-481.

Lee D H, Abriola L M. 1999. Use of the Richards equation in land surface parameterizations. Journal of Geophysical Research, 104(22): 27, 519-27, 526.

Lehmann F, Ackerer P. 1998. Comparison of iterative methods for improved solutions of the fluid flow equation in partially saturated porous media. Transport in Porous Media, 31(3): 275-292.

Leng C H. 2003. Aquifer parameter identification using the extended Kalman filter. Water Resources Research, 39(3): 1062

Leonard R A, Knisel W G, Still D A. 1987. GLEAMS: Groundwater loading effects of agricultural management systems. Trans ASAE, 30: 1403-1418.

Li F，Crow W T，Kustas W P. 2010. Towards the estimation root-zone soil moisture via the simultaneous assimilation of thermal and microwave soil moisture retrievals. Advances in Water Resources，33（2）：201-214.

Li G，Reynolds A. 2007. An iterative ensemble Kalman filter for data assimilation. In Proceedings of SPE Annual Technical Conference and Exhibition，Society of Petroleum Engineers.

Li S G，Mclaughlin D. 1991. A nonstationary spectral method for solving stochastic groundwater problems: Unconditional analysis. Water Resources Research，27（7）：1589-1605.

Li S G，Liao H S，Ni C-F. 2004. A computationally practical approach for modeling complex mean flows in mildly heterogeneous media. Water Resources Research，40（12）：87.

Li S G，Mclaughlin D，Liao H S. 2003. A computationally practical method for stochastic groundwater modeling. Adv Water Resources，26：1137-1148.

Liang X，Lettenmaier D P，Wood E F，et al. 1994. A simple hydrologically based model of land surface water and energy fluxes for general circulation models. Journal of Geophysical Research，99（D7）：14，415-14，428.

Liang X，Wood E F，Lettenmaier D P. 1996. Surface soil moisture parameterization of the VIC-2L model：Evaluation and modification. Global and Planetary Change，13（1-4）：195-206.

Loève M. 1977. Probability Theory，4th ed. New York：Springer-Verlag.

Lu Z，Zhang D. 2004. Conditional simulations of flow in randomly heterogeneous porous media using a KL-based moment-equation approach. Advances in Water Resources，27（9）：859-874.

Mackay D M，Freberg D L，Cherry J A. 1986. A natural gradient experiment on solute transport in a sand aquifer：1. Approach and overview of plume movement. Water Resources Research，22（13），2017-2029.

Makkink G. 1957. Testing the Penman formula by means of lysimeters. Journal of the Institution of Water Engineers，11（3）：277-288.

Mantoglou A，Wilson J L. 1982. The turning bands method for simulation of random fields using line generation by a spectral method. Water Resources Research，（18）：1379-1394.

Markstrom S L，Survey G. 2008. GSFLOW，coupled ground-water and surface-water flow model based on the integration of the precipitation-runoff modeling system（PRMS）and the modular ground-water flow model（MODFLOW-2005）. San Bernardino County，Califor-nia：US Department of the Interior，US Geological Survey.

Martheron G，de Marsily G. 1980. Is transportation in porous media always diffusive? A counter example. Water Resources Research，16（5）：901-917.

Miller C T，Abhishek C，Farthing M W. 2006. A spatially and temporally adaptive solution of Richards' equation. Advances in Water Resources，29（4）：525-545.

Milly P C D. 1982. Moisture and heat transport in hysteretic，inhomogeneous porous media：A matric heat-based formation and numerical model. Water resources Research，18（3）：489-498.

Milly P C D. 1984. Simulation analysis of thermal effect on evaporation from soil. Water Resources Research，20（8）：1087-1098.

Mirschel W，Wenkel K O，Koitzsch R. 1995. Simulation of soil water and evapotranspiration using the model BOWET and data sets from Krummbach and Eisenbach，two research catchments in North Germany. Ecological Modelling，81：53-69.

Mualem Y. 1976. A new model for predicting the hydraulic conductivity of unsaturated porous media. Water Resources Research，12（3）：513-522.

Neitsch S L，Arnold J G，Kiniry J R，et al. 2005. Soil and water assessment tool theoretical documentation，version 2005. Temple Texas：GSWR Agricultural Research Service & Texas. Agricultural Experiment Station.

Neitsch S，Arnold J，Kiniry J，et al. 2002. Soil and water assessment tool theoretical documentation version 2000. Texas Water Resources Institute，College Station，Texas.

Neuman S P，Narasimhan T N. 1977. Mixed explicit-implicit iterative finite element scheme for diffusion-type problems：1. Theory. International Journal for Numerical Methods in Engineering，11（2）：309-323.

Nielsen D R，Biggar J W，Erh K T. 1973. Spatial variability of field measured soil-water properties. Hilgardia，42（7），215-260.

Nishikawa T. 2004. Joshua Basin Water District. Evaluation of geohydrologic framework，recharge estimates and ground-water flow of the Joshua tree area. San Bernardino County，California：US Department of the Interior，US Geological Survey.

Niswonger R G, Prudic D E, Regan R S. 2006. Documentation of the unsaturated-zone flow(UZF1) Package for modeling unsaturated flow between the land surface and the water table with MODFLOW-2005. San Bernard-ino County,California: US Department of the Interior, US Geological Survey.

Oblow E. 1978. Sensitivity theory for reactor thermal-hydraulics problems. Nuclear Science and Engineering, 68(3): 332-337.

Oliver D S, Chen Y. 2011. Recent progress on reservoir history matching: A review. Computational Geosciences, 15(1): 185-221.

Oliver D S, Reynolds A C, Liu N. 2008. Inverse theory for petroleum reservoir characterization and history matching. Cambridge: Cambridge University Press.

Ourisson P J. 1992. Small scale prospective groundwater study of Amber on winter wheat in Kansas(Vol. 1). Ciba-geigy Corporation, Agricultural Division, Greensboro, NC.

Paniconi C, Aldama A A, Wood E F. 1991. Numerical evaluation of iterative and noniterative methods for the solution of the nonlinear Richards equation. Water Resources Research, 27(6): 1147-1163.

Payre G, De Broissia M, Bazinet J. 1982. An "Upwind" finite element method via numerical integration. International Journal for Numerical Methods in Engineering, 18: 381-396.

Perrochet P, Berod D. 1993. Stability of the standard Crank-Nicolson-Galerkin scheme applied to the diffusion-convection equation: Some new insights. Water Resources Research, 29(9): 3291-3297.

Peter S, Maybeck P S. 1979. Stochastic models, estimation and control. New York: Academic Press.

Philip J R, de Vries D A. 1957. Moisture movement in porous media under temperature gradients. Transactions American Geophysical Union, 38(2): 222-228.

Priestley C, Taylor R. 1972. On the assessment of surface heat flux and evaporation using large-scale parameters. Monthly Weather Review, 100(2): 81-92.

Raes D, Leuven K U. 2002. BUDGET-A soil water and salt balance model reference manual version 5. 0. LEUVEN, Belgium, Faculty of Agricultural and Applied Biological Sciences Institute for Land and Water Management: 88.

Raes D, Geerts S, Kipkorir E, et al. 2006. Simulation of yield decline as a result of water stress with a robust soil water balance model. Agricultural Water Management, 81(3): 335-357.

Rathfelder K, Abriola L M. 1994. Mass conservative numerical solutions of the head-based Richards equation. Water Resources Research, 30(9): 2579-2586.

Richards L A. 1931. Capillary condition of liquids through porous medium. Physics, 1(5): 318-333.

Romano N, Brunone B, Santini A. 1998. Numerical analysis of one-dimensional unsaturated flow in layered soils. Advances in Water Resources, 21(4): 315-324.

Ross P J. 2003. Modeling soil water and solute transport-fast, simplified numerical solutions. Agronomy Journal, 95(6): 1352-1361.

Ross P J, Bristow K L. 1990. Simulating water movement in layered and gradational soils using the Kirchhoff transform. Soil Science Society of America Journal, 54(6): 1519-1524.

Roy R V, Grilli S T. 1997. Probabilistic analysis of the flow in random porous media by stochastic boundary elements. Engrg Analysis with Boundary Elements, 19: 239-255.

Rumer R R. 1962. Longitudinal dispersion in steady and unsteady flow. Proceeding of ASCE, Journal of the Hydraulics Division, 88: 147-172.

Russo D. 1988. Determinating soil hydraulic properties by parameter estimation: On the selection of a model for the hydraulic properties. Water Resources Research, 24(3): 453- 495.

Russo D, Bouton M. 1992. Statistical analysis of spatial variability in unsaturated parameters. Water Resources Research, 28(7), 1911-1925.

Scanlon B R, Christman M, Reedy R C, et al. 2002. Intercode comparisons for simulating water balance of surficial sediments in semiarid regions. Water Resources Research, 38(12): 59-1-59-16.

Schroeder A R, Dozier T S, Zappi P A, et al. 1994. The hydrologic evaluation of landfill performance(HELP) model engineering documentation for version 3. Vicksburg, Environmental Laboratory U. S. Army Corps of Engineers Waterways Experiment Station.

Shakya S R. 2008. Use of MIKE SHE for estimation of evapotranspiration in the Sprague River Basin. Oregon State University.

Sharpley A N, Williams J R. 1990. EPIC-Erosion/Productivity impact calculator: 1. Model documentation. U. S. Department of Agriculture, Agricultural Research Service, Technical Bulletin No. 1768.: 235.

Sheikh V, Visser S, Stroosnijder L. 2009. A simple model to predict soil moisture: Bridging event and continuous hydrological(BEACH) modelling. Environmental Modelling & Software, 24(4): 542-556.

Shen C P, Phanikumar M S. 2010. A process-based, distributed hydrologic model based on a large-scale method for surface-subsurface coupling. Advances in Water Resources, 33(12): 1524-1541.

Shinozuka M, Jan C M. 1972. Digiatal sumulation of random processes and its applications. Journal of Sound and Vibration, 25(1): 111-128.

Shuttleworth W J. 1993. Evaporation. In: Maidment D R., Handbook of Hydrology. New York: McGraw-Hill.

Shuttleworth W J, Gurney R J. 1990. The theoretical relationship between foliage temperature and canopy resistance in sparse crops. Quarterly Journal of the Royal Meteorological Society, 116(492): 497-519.

Simmers I. 1987. Estimation of natural groundwater recharge. New York: Springer.

Šimunek J, van Genuchten M Th, Sejna M. 2008. Development and applications of the HYDRUS and STANMOD software packages and related codes. Vadose Zone Journal, 7(2): 587-600.

Smith J L. 1981. Spatial variability of flow parameters in stratified sand. Mathematical Geology, 13(1): 1-21.

Smith R E. 1983. Approximate sediment water movement by kinematic characteristics. Soil Science Society of American Journal, 47: 3-8.

Song X, Shi L, Ye M, et al. 2014. Numerical comparison of iterative ensemble Kalman filters for unsaturated flow inverse modeling. Vadose Zone Journal, 13(2): 1-12.

Sposito G, White R E, Darrah P R, et al. 1986. A transfer function model of solute transport through soil: 3. The convection dispersion equation. Water Resources Research, 22(2): 255-262.

Srivastava R, Yeh T C J. 1991. Analytical solutions for one-dimensional, transient infiltration toward the water table in homogeneous and layered soils. Water Resources Research, 27(5): 753-762.

Stannard D I. 1993. Comparison of Penman‐Monteith, Shuttleworth‐Wallace, and modified Priestley‐泰勒仅数 evapotranspiration models for wildland vegetation in semiarid rangeland. Water Resources Research, 29(5): 1379-1392.

Stengel R F. 1994. Optimal control and estimation. New York Dover Publications.

Stewart R B, Rouse W R. 1977. Substantiation of the Priestley and Taylor parameter. Journal of Applied Meteorology, 16: 649-650.

Sudicky E A. 1986. A natural gradient experiment on solute transport in a sand and gravel aquifer, spatial variability of hydraulic conductivity and its role in the dispersion process. Water Resources Research, 22(13): 2069-2082.

Sun N Z, Yeh W W G. 1983. A proposed upstream weight numerical method for simulating pollutant transport in groundwater. Water Resources Research,19(6):1489-1500.

Szymkiewicz A, Helmig R. 2011. Comparison of conductivity averaging methods for one-dimensional unsaturated flow in layered soils. Advances in Water Resources, 34(8): 1012-1025.

Tatang M A, Pan W, Prinn R G, et al. 1997. An efficient method for parametric uncertainty analysis of numerical geophysical models. Journal of Geophysical Research-Atmospheres, 102(D18): 21, 925-21, 932.

Thulin K, Li G, Aanonsen S, et al. 2007. Estimation of initial fluid contacts by assimilation of production data With EnKF. In: Proceedings of SPE Annual Technical Conference and Exhibition, No. SPE 109975.

Tracy F. 2006. Clean two and three-dimensional analytical solutions of Richards' equation for testing numerical solvers. Water Resources Research, 42(8): w08503(1-11)

Twarakavi N K C, Saito H, Šimunek J, et al. 2008. A new approach to estimate soil hydraulic parameters using only soil water retention data. Soil Science Society of America Journal, 72(2): 471-479.

USGS. 2008. Documentation of computer program INFIL3. 0-A distributed-parameter watershed model to estimate net infiltration below the root zone. Geological Survey Scientific Investigations Report 2008–5006, U. S. Geological Survey.

Vaccaro J J. 2006. A deep percolation model for estimating ground-water recharge: Documentation of modules for the modular modeling system of the U. S. geological survey. Scientific Investigations Report 2006–5318, Washington, U. S. Department of the Interior and U. S. Geological Survey.

van Dam J C, Feddes R A. 2000. Numerical simulation of infiltration, evaporation and shallow groundwater levels with the Richards equation. Journal of Hydrology, 233(1-4): 72-85.

van der Keur P, Hansen S, Schelde K, et al. 2001. Modification of DAISY SVAT model for potential use of remotely sensed data. Agricultural and Forest Meteorology, 106(3): 215-231.

van Genuchten M Th. 1978. Mass transport in saturated-unsaturated media: One-dimensional solutions. Research Report No. 78-WR-11: 118. Water Resources Program Princeton University, Princeton, New Jersey.

van Genuchten M Th. 1980. A closed-form equation for predicting the hydraulic conductivity of unsaturated soils. Soil Science Society of America Journal, 44: 892-898.

Varado N, Braud I, Ross P J. 2006a. Development and assessment of an efficient vadose zone module solving the 1D Richards' equation and including root extraction by plants. Journal of Hydrology, 323(1-4): 258-275.

Varado N, Braud I, Ross P J, et al. 2006b. Assessment of an efficient numerical solution of the 1D Richards' equation on bare soil. Journal of Hydrology, 323(1-4): 244-257.

Vauclin M, Khanji D, Vachaud G. 1979. Experimental and numerical study of a transient, two-dimensional unsaturated-saturated water table recharge problem. Water Resources Research, 15(5): 1089-1101.

Vogel H J, Ippisch O. 2008. Estimation of a critical spatial discretization limit for solving Richards' Equation at large scales. Vadose Zone Journal, 7(1): 112-114.

Vogel T, Huang K, Zhang R, et al. 1996. Hydrus code for simulating one-dimensional water flow, solute transport and heat movement in variably-saturated media: version 5. 0.Research Report No.140, US salinity Laboratory, ARS, US Department of Agriculture.

Vogel T, Van Genuchten M Th, Cislerova M. 2000. Effect of the shape of the soil hydraulic functions near saturation on variably-saturated flow predictions. Advances in Water Resources, 24(2): 133-144.

Walter I, Allen R, Elliott R, et al. 2000. ASCE's standardized reference evapotranspiration equation. In Watershed Management and Operations Management 2000, American Society of Civil Engineers: 1-11.

Wan X, Karniadakis G E. 2009. Solving elliptic problems with non-Gaussian spatially-dependent random coefficients. Computer Methods in Applied Mechanics and Engineering, 198(21-26): 1985–1995.

Warrick A. 1991. Numerical approximations of Darcian flow through unsaturated soil. Water Resources Research, 27(6): 1215-1222.

Wasilkowski G W, Wozniakowski H. 1995. Explicit cost bounds of algorithms for multivariate tensor product problems. Journal of Complexity, 11: 1-56.

Wen X H, Chen W. 2005. Some practical issues on real-time reservoir model updating using ensemble Kalman filter. In Proceedings of International Petroleum Technology Conference, 156-166.

Wen X H, Chen W. 2006. Real-time reservoir model updating using ensemble Kalman filter with confirming option. SPE Journal, 11(4): 431-442.

White D H, Howden S M, Nix H A. 1996. Modelling agricultural and pastoral systems under environmental change. Ecological Modelling, 86(2): 213-217.

White I, Sully M J. 1992. On the variability and use of the hydraulic conductivity Alpha parameter in stochastic treatments of unsaturated flow. Water Resources Research, 28(1), 209-213.

Wiener N. 1938. The homogeneous chaos. American Journal of Mathematics, 60: 897-936.

Williams J R, Izaurralde R C. 2005. The APEX Model. Texas A&M Blackland Research Center Temple, BRC Report.

Wu L, McGechan M B. 1998. A review of carbon and nitrogen processes in four soil nitrogen dynamics models. Journal of Agricultural Engineering Research, 69: 279-305.

Xiu D, Hesthaven J S. 2005. High-order collocation methods for differential equations with random inputs. SIAM Journal on Scientific Computing, 27(3): 1118-1139.

Xiu D, Karniadakis G E. 2002. The Wiener-Askey polynomial chaos for stochastic differential equations. SIAM Journal on

Scientific Computing，24：619-644.

Xiu D，Karniadakis G E. 2003. Modeling uncertainty in flow simulations via generalized polynomial chaos. Journal of Computational Physics，187(1)：137-167.

Xu X，Huang G，Zhan H，et al. 2012. Integration of SWAP and MODFLOW-2000 for modeling groundwater dynamics in shallow water table areas. Journal of Hydrology，412-413：170-181.

Yang D J，Zhang T Q，Zhang K F，et al. 2009. An easily implemented agro-hydrological procedure with dynamic root simulation for water transfer in the crop-soil system：Validation and application. Journal of Hydrology，370(1-4)：177-190.

Yang J，Zhang D，Lu Z. 2004. Stochastic analysis of saturated-unsaturated flow in heterogeneous media by combining Karhunen-Loeve expansion and perturbation method. Journal of Hydrology，294(1-3)：18-38.

Yang J，Zhang R，Wu J，et al. 1996. Stochastic analysis of adsorbing solute transport in two-dimensional unsaturated soils. Water Resources Research，32(9)：2747-2756.

Yang J，Zhang R，Wu J. 1996. A analytical solution of macrodispersivity for adsorbing solute transport in unsaturated soils. Water Resources Research，32(2)：355-362.

Yang J，Zhang R，Wu J. 1997. Stochastic analysis of adsorbing solute transport in three-dimensional heterogeneous unsaturated soils. Water Resources Research，33(8)：1947-1956.

Ye M，Neuman S P，Meyer P D. 2004. Maximum likelihood Bayesian averaging of spatial variability models in unsaturated fractured tuff. Water Resources Research，40(5)：W05113.

Yeh G T，Tripathi V S. 1990. HYDROGEOCHEM：A coupled model of hydrologic transport and geochemical equilibria in reactive multicomponent systems. Environmental Science Division Publication No. 3170，Oak Ridge National Lab，Oak Ridge，Tennessee.

Yeh T C J，Gelhar L W，Gutjahr A L. 1985a. Stochastic analysis of unsaturated flow in heterogeneous soils：1. Statistically isotropic media. Water Resources Research，21(4)：447-456.

Yeh T C J，Gelhar L W，Gutjahr A L. 1985b. Stochastic analysis of unsaturated flow in heterogeneous soils：2. Statistically anisotropic media with variable. Water Resources Research，21(4)：457-464.

Yeh T C J，Gelhar L W，Gutjahr A L. 1985c. Stochastic analysis of unsaturated flow in heterogeneous soils：3. Observations and applications. Water Resources Research，21(4)：465-471.

Yuan F，Xie Z，Liu Q，et al. 2004. An application of the VIC-3L land surface model and remote sensing data in simulating streamflow for the Hanjiang River basin. Canadian Journal of Remote Sensing，30(5)：680-690.

Zafari M，Reynolds A. 2007. Assessing the uncertainty in reservoir description and performance predictions with the ensemble Kalman filter. SPE Journal，12(3)：382-391.

Zagayevskiy Y，Hosseini A H，Deutsch C V. 2012. Constraining a heavy oil reservoir to temperature and time Lapse seismic data using the EnKF. Quantitative Geology and Geostatistics，17：145-158.

Zha Y，Shi L，Ye M，et al. 2013a. A generalized Ross method for two and three-dimensional variably saturated flow. Advances in Water Resources，54：67-77.

Zha Y，Yang J，Shi L，et al. 2013b. Simulating one-dimensional unsaturated flow in heterogeneous soils with water content-based Richards equation. Vadose Zone Journal，12(2)：1-13.

Zhang D，Lu Z. 2002. Stochastic analysis of flow in a heterogeneous unsaturated-saturated system. Water Resources Research，38(2)：1018.

Zhang D，Lu Z. 2004. An efficient higher-order perturbation approach for flow in randomly heterogeneous porous media via Karhunen-Loeve decomposition. J Comput Phys，194(2)：773-794.

Zhang D. 1998. Numerical solutions to statistical moment equations of groundwater flow in nonstationary bounded heterogeneous media. Water Resources Research，34(3)：529-538.

Zhang D. 2001. Stochastic methods for flow in porous media：Coping with uncertainties. Academic Press.

Zhang D，Winter C L. 1998. Nonstationary stochastic analysis of steady-state flow through variably saturated heterogeneous media. Water Resources Research，34：1091-1100.

Zhang Y，Li H，Yang D. 2012. Simultaneous estimation of relative permeability and capillary pressure using Ensemble-Based history matching techniques. Transport in Porous Media，94(1)：259-276.

Zhu，Y，Shi L，Lin L，et al. 2012. A fully coupled numerical modeling for regional unsaturated–saturated water flow. Journal of Hydrology，475：188-203.